多源空谱遥感图像融合的表示学习方法

肖 亮　杨劲翔　徐 洋　赵永强　著

科学出版社

北　京

内 容 简 介

本书从多维信号表示与先验建模的角度出发，介绍了多维信号稀疏表示、低秩分析和张量表示等理论和方法，及其在空谱遥感图像的融合应用。全书分两部分，共 11 章。第一部分论述多维信号表示与建模基础，第 1 章简述从稀疏低秩分析到深度学习，第 2 章介绍稀疏表示与压缩感知，第 3 章介绍稀疏信号恢复与优化，第 4 章介绍多维信号矩阵低秩恢复理论与应用，第 5 章介绍多维信号张量表示与分析。第二部分介绍基于表示建模的空谱遥感图像融合应用，讨论一类空谱遥感图像融合问题，包括全色与多光谱图像融合、多光谱与高光谱图像融合、双路空谱数据计算融合成像等。其中，第 6 章给出了空谱遥感图像融合问题与研究进展，第 7 章主要介绍稀疏融合方法，第 8 章主要介绍低秩融合方法，第 9 章主要介绍张量融合方法，第 10 章介绍张量框架高光谱计算融合成像模型与方法，第 11 章介绍深度学习融合方法。

本书可作为从事高维数据分析和遥感信息处理等专业科技工作者的参考书；也可作为高校计算机科学与技术、电子工程、信号与信息处理、应用数学等专业的高年级本科生的教材。

图书在版编目（CIP）数据

多源空谱遥感图像融合的表示学习方法 / 肖亮等著. — 北京：科学出版社，2021.8

ISBN 978-7-03-069473-7

Ⅰ. ①多… Ⅱ. ①肖… Ⅲ. ①遥感图像－图像处理－研究 Ⅳ. ①TP751

中国版本图书馆 CIP 数据核字(2021)第 148856 号

责任编辑：陈 静 / 责任校对：胡小洁

责任印制：师艳茹 / 封面设计：迷底书装

科 学 出 版 社 出版

北京东黄城根北街 16 号

邮政编码：100717

http://www.sciencep.com

河北鹏润印刷有限公司印刷

科学出版社发行 各地新华书店经销

*

2021 年 8 月第 一 版 开本：720×1 000 1/16

2021 年 8 月第一次印刷 印张：19 3/4 插页：10

字数：383 000

定价：169.00 元

（如有印装质量问题，我社负责调换）

前　言

伴随着数据规模的不断增长，以彩色图像、视频、高光谱数据等为代表的多维信号出现了“维数灾难”。面对多维信号，学者们希望探索新的信号表示与处理理论，其核心思想是增强多维数据结构化特征的捕获与表达能力。稀疏表示、压缩感知、低秩矩阵与张量表示等为多维信号处理与分析揭开了新的篇章，而深度学习开启了人工智能研究的新旅程。

在图像处理中，针对含噪声、模糊退化、数据缺失、欠采样等观测图像，人们希望重建潜在的清晰图像。诸如图像去噪、去模糊，图像修补、超分辨等图像处理任务，属于数学意义上的反问题。这是因为观测数据往往不完全或信息量不足，所以重建潜在完整图像的数值求解是欠定甚至高度病态的。本书所探讨的多源空谱遥感图像融合问题，是遥感信息处理中的热点。它一般可以建模为多路不完全(低分辨)测量数据重建高分辨光谱图像的过程，同样属于反问题。图像表示和先验建模是解决反问题欠定性的重要途径。

在本书的姊妹篇《多源空谱遥感图像融合机理与变分方法》中，我们已经详细论述了空谱遥感图像融合问题的建模机理和基本方法体系，并主要论述了一类基于图像正则性建模的变分方法。本书试图从多维信号表示与建模的角度，论述融合问题的另一大类建模体系。这类建模体系一般是数值代数的方法。在图像处理和计算机视觉中，稀疏与冗余表示、矩阵低秩表示和张量表示为人们津津乐道。稀疏表示模型曾经盛极一时，稀疏性被认为是信号的重要性质；K-SVD 字典学习方法成为图像表示的里程碑。稀疏表示也成为压缩感知——这一变革性信号采样和重建技术的基石。然而，多维信号必须要经过向量化转换成一维信号。这种转换虽然简单，但是忽略了多维信号内在的结构，并且忽略了局部相关性。张量表示方法恰好可以弥补向量稀疏性建模的缺陷。为了系统地向读者介绍稀疏-低秩-张量表示在多维信号处理与建模的相关知识与研究体会，特编写此书，以飨读者。

第一部分：多维信号表示学习与建模基础。第 1 章给读者呈现该领域完整的理论建模体系和知识要素，简述从稀疏低秩分析到深度学习的发展脉络；第 2 章，回顾了稀疏表示基础、字典学习和压缩感知的相关理论；第 3 章给出了稀疏优化相关理论与算法；第 4 章，系统论述了多维信号低秩表示理论、实现算法与应用，其中侧重介绍了低秩矩阵补全；第 5 章，讨论了张量表示与分析基础概念、模型机理与方法应用。重点从张量分解的原理、唯一性和分解算法三个方面，介绍了代表性张量分解方法。

第二部分：基于表示建模的空谱遥感图像融合应用。该部分集中在后 6 章进行介绍。第 6 章概述了空谱遥感图像融合问题及其发展现状。第 7 章、第 8 章和第 9 章，分别论述了稀疏表示融合、低秩表示融合和张量表示融合的相关模型与算法。第 10 章介绍了一类与空谱融合紧密相关的问题，即双相机系统压缩感知高光谱成像，并给出了张量框架高光谱计算融合成像模型与方法。虽然本书的侧重点在于稀疏、低秩和张量表示方法及其融合应用，但是作为表示学习应用的重要方法，深度学习不得不提。因此，本书在第 11 章简要概述了基于深度学习的空谱融合的基本模型，同时给出了一些应用实例，并探索了融合质量评价的相关方法。

本书得到科技部重大科学仪器设备开发重点专项(2012YQ05025004)、国家自然科学基金重点项目(11431015)、国家自然科学基金面上项目(61871226, 61571230)、国家重点研发计划项目(2016YF0103604)、江苏省重点研发计划项目(BE2018727)、江苏省自然科学基金(BK20161500, BK20170905)和中央高校基本科研业务费专项资金(30918011104)等项目的资助。

本书由肖亮教授构思、系统性整理和撰写，第 1～7 章由肖亮教授撰写，第 8 章主要由肖亮、唐松泽博士撰写，第 9 和第 10 章主要由徐洋博士撰写，第 11 章主要由张玉飞硕士、杨劲翔博士和赵永强教授撰写。博士研究生刘启超、黄楠、方健、相志康等参与该书插图绘制和部分文字整理，硕士研究生张玉飞进行了大量实验和插图绘制的工作，在此致谢。也特别感谢南京理工大学韦志辉教授的全程指导。没有他们的激励和帮助，本书不能与读者见面。在撰写本书过程中，得到诸多同行的支持，并给予许多建设性意见，在此向他们表示诚挚的谢意。

由于作者水平有限，疏漏之处在所难免，不当之处，欢迎斧正。

肖　亮

2020 年 10 月于南京

目　　录

第1章 绪　论

1.1 引　言

自 20 世纪 90 年代出现大数据(big data)一词，特别是 2012 年《纽约时报》专栏文章中所写的“大数据时代已经降临”，人们为数据时代所带来的技术革命欢欣鼓舞，也在为所涌现的五花八门的海量数据感到无所适从。大数据不是字面意义上的“大”，而是被赋予更多的技术内涵。一般而言，除了大体量(volume)，大数据还包括多样性(variety)、可信度(精度)高(veracity)、价值大(value)、快速(velocity)等特征，称为大数据“5V”特征[1]。多样性是互联网时代所产生数据的典型特征，我们不仅仅遇到传统的数据库中的“结构化的数据”，还遇到大量类似于声音、文本、图像、视频和多媒体等“半结构化”甚至“非结构化的数据”；同时，随着信息技术的不断进步、传感器的日新月异和存储技术迅速升级等，各个环节的数据都能够被如实地记录，其数据获取的精度不断提高。这些数据不仅蕴藏着大量的信息，同时蕴含大量的知识。例如，以深度学习(deep learning)为里程碑的“机器学习”系统，也可认为是大数据时代的技术延伸。当今人工智能(artificial intelligence，AI)在工业界一度认为是大数据与深度学习的邂逅。业内将人工智能、大数据和云计算(cloud computing)三种技术的首字母缩写形成“ABC”的通俗概念，表明深度学习和大数据复合推动了人工智能的进步。

我们回到一类视觉信息数据(如图像、视频等)，具体表现为多维度信号，例如，彩色图像、多光谱和高光谱图像，不仅具有空间维度，还有光谱维度；在视频图像中，包含空间维和时间维。如果从“张量”的角度看(具体概念见第 5 章)，那么对于一维数组(向量结构)表示的一维信号是一阶张量，二维数组(矩阵结构)表示的二维信号是二阶张量，三维或更高维数组表示的信号是三阶或更高阶张量。

“工欲善其事，必先利其器”，是我们常常引用的名言，出自《论语》这本书。大多数多维信号处理算法和机器学习算法在很大程度上依赖于数据的高效表示。在工程与科学领域的大量现代应用中，海量、多样性和结构丰富的多维数据与日俱增，特别是近期随着以语音、图像和视频为信息载体的多媒体、多通道生物医学信号、高光谱遥感图像等大数据分析需要，研究者致力于探索更强表达张力的数据表示方法。

在数据表示和调和分析研究的历史长河中，傅里叶(Fourier)变换曾经长时间占据信号处理的统治地位，但由于局部模式分析的不足，人们逐步研究出小波分析、多尺度几何分析(如脊波(Ridgelet)、曲波(Curvelet))等不同形式的固定基函数系统，提供人工解析形式的数据表示或者变换，其典型构造思想在于采取各向异性基提升信号的特征表达、几何奇异性捕获和逼近能力[2,3]。以稀疏性度量为基础的冗余与稀疏表示[4]方法曾风靡一时，延续至今并热力不减。然而，人们也注意到经典的“稀疏表示”方法通常以度量向量的一阶稀疏性为主要手段，对图像等结构数据的紧致表示能力有限。以矩阵“秩(rank)”为度量的低秩表示已经证实结构化表示数据的冗余性，并不会因为向量拉伸方式破坏二维结构，由此形成矩阵填补、矩阵回归、鲁棒主成分分析(robust principal component analysis，RPCA)等方法，并在计算机视觉等领域获得巨大成功[5]。从多线性代数为基础的张量分析的视角看，向量是一阶的张量，矩阵是二阶的张量，针对三维数组或更高阶的数据，高阶张量表示具有更为丰富的多路分量分析和数据多视角内在结构的捕获和表达能力[6]。而线性到非线性的拓展，浅层到深层感知机的拓展，深度学习方法成为里程碑式的机器学习方法，并由此引起人工智能的伟大变革。借助于强大算力、大数据和深度神经网络表示，深度学习方法在学术界和工业界得到广泛关注。然而，大数据驱动的深度表示方式因为“过拟合现象”、“小样本学习能力不足”、“黑盒导致的不可解释性”，以及“大规模参数难调”等问题，常常引起研究者反思。设计轻量化、低功耗和可解释的深度学习方法是科技界日益关注的问题。此外，标准机器学习算法面临“维数灾难”问题，数据量和跨模态耦合导致算法复杂性呈指数级增长。而这正是分析大规模、多模态和多关联数据集所应当避免的，需要解决的关键科学问题包括：①寻找低维鲁棒特征，因此“维数约简”方法至关重要；②大规模数据优化问题的线性和次线性可伸缩算法。

1.2　多维信号表示与建模概论

在信号处理中，我们经常遇到这么几类信号：标量 $x \in \mathbb{R}$，一维信号(向量) $\boldsymbol{x} \in \mathbb{R}^N$，二维信号(矩阵) $\boldsymbol{X} \in \mathbb{R}^{N\times M}$，以及多维信号(张量) $\boldsymbol{\mathcal{X}} \in \mathbb{R}^{I_1\times I_2\times\cdots\times I_N}$。文献[7]通过图示方法给出了多路数组(张量)数据复杂性不断增加时，单个样本和一组样本的图形表示，分别反映了标量、向量、矩阵和高阶张量形式(图 1.1)。

多维信号处理与分析的关键之一就是捕获信号的本征结构，形成有效的数据表示(变换)和先验建模。而在模式分析与机器学习中，需要从原始数据中提取有效的特征。在经典的机器学习中，特征处理和抽取往往通过人工设计完成，由此转化为“特征工程”问题，即机器学习系统的瓶颈在于设计有效的人工特征。因此，人们热衷于通过学习的方法自动得到有效的特征，并提高机器学习模型的性能，这称为表示学习(representation learning)。

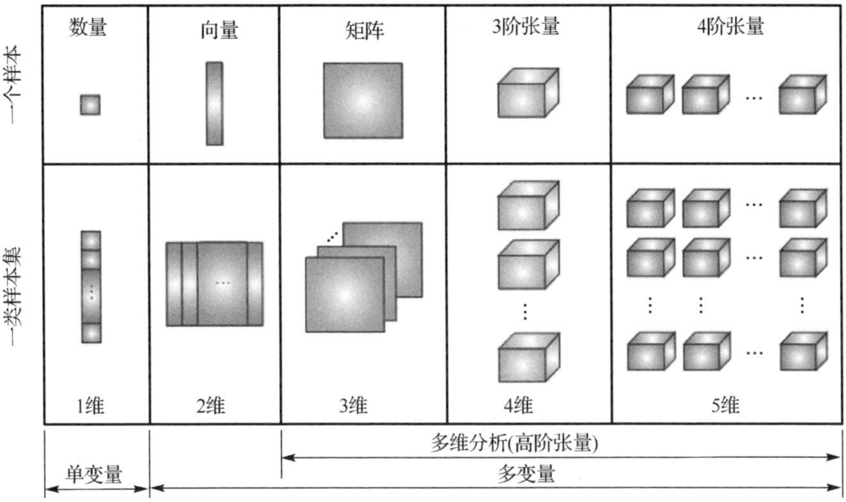

图 1.1　多路数组(张量)数据复杂性不断增加时单个样本和一组样本的图形表示

1.2.1　稀疏表示与压缩感知

首先，我们以最为经典的一维信号恢复问题作为讨论的对象，简要回顾信号建模与表示的历史脉络(图 1.2)。在此讨论中，不妨假设类似于图像等矩阵和张量结构的多维信号通过向量化的方式转化为一维信号(向量表示)。

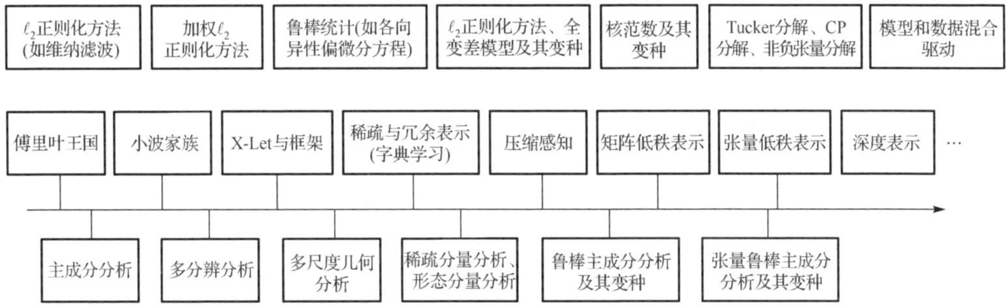

图 1.2　信号处理变换、建模与表示学习的历史演化路径

考察观测一维信号 $\boldsymbol{y}\in\mathbb{R}^N$，其是潜在源信号 $\boldsymbol{x}\in\mathbb{R}^N$ 经过线性退化算子 $\boldsymbol{A}$ 作用和加性高斯随机噪声 $\boldsymbol{n}\propto N(0,\sigma^2\boldsymbol{I})$ 所污染生成：

$$\boldsymbol{y}=\boldsymbol{A}\boldsymbol{x}+\boldsymbol{n} \tag{1.1}$$

其中，$\boldsymbol{n}\propto N(0,\sigma^2\boldsymbol{I})$，$\boldsymbol{I}$ 为单位矩阵，σ^2 为方差。我们的任务是从污染信号 $\boldsymbol{y}$ 中恢复源信号 $\boldsymbol{x}$。通常，尽管知道噪声的高斯特性，但很难将噪声污染信号 $\boldsymbol{y}$ 分离成两部分：$\boldsymbol{x}$ 和 $\boldsymbol{n}$。因此，需要科学合理地对源信号进行表示和刻画。

对源信号 $\boldsymbol{x}$ 的表示模型，本质上是信号的数学刻画。一种可能的方式是我们认为潜在信号是由低维空间的“结构”生成，不妨形式化记作：

$$\boldsymbol{x}=f_{\Theta}(\boldsymbol{\alpha})$$

其中，$f_{\Theta}(\cdot)$ 表示数据生成模型；$\boldsymbol{\alpha}$ 属于低维空间，其维数 $k\ll N$；Θ 表示需要学习或者构造的模型。

对广义恢复问题：

$$\min_{\boldsymbol{x},\boldsymbol{\alpha}}\|\boldsymbol{y}-\boldsymbol{A}\boldsymbol{x}\|_2^2 \quad \text{s.t.} \quad \boldsymbol{x}=f_{\Theta}(\boldsymbol{\alpha}) \tag{1.2}$$

当 $\boldsymbol{A}=\boldsymbol{I}$ 时可以建立去噪模型：

$$\min_{\boldsymbol{x},\boldsymbol{\alpha}}\|\boldsymbol{y}-\boldsymbol{x}\|_2^2 \quad \text{s.t.} \quad \boldsymbol{x}=f_{\Theta}(\boldsymbol{\alpha}) \tag{1.3}$$

(1) 主成分分析(principal component analysis，PCA)模型。如果我们知道 $\boldsymbol{x}$ 落在一个维度为 $k\ll N$ 的子空间，并由矩阵 $\boldsymbol{Q}\in\mathbb{R}^{N\times k}$ 的列向量张成，则按照上述模型，不难推出 $\boldsymbol{x}^*=\boldsymbol{Q}(\boldsymbol{Q}^{\mathrm{T}}\boldsymbol{Q})^{-1}\boldsymbol{y}=\boldsymbol{Q}\boldsymbol{Q}^{\dagger}\boldsymbol{y}$，其中 $\boldsymbol{Q}^{\dagger}$ 表示广义逆。换言之，计算 $\boldsymbol{y}$ 到由 $\boldsymbol{Q}$ 所张成的 k 维空间的投影即为估计的解。这样，将导出 PCA 的去噪方法，可以由 m 组样本 $\{\boldsymbol{x}_1,\boldsymbol{x}_2,\cdots,\boldsymbol{x}_m\},\forall\boldsymbol{x}_i\in\mathbb{R}^N$ 学习得到模型参数 $\boldsymbol{Q}$。

(2) 稀疏域模型。在过去的十多年里，稀疏表示已成为信号分析中广泛应用的数学工具，包括复原、特征抽取、盲源分离、压缩、子空间分类等。稀疏性(sparsity)往往也是刻画信号本质结构的另一个有效途径。通常，假设信号在一个过完备字典 $\boldsymbol{D}\in\mathbb{R}^{N\times L}$（$L\gg N$）下具有较少的非零元素，即

$$\boldsymbol{x}=\boldsymbol{D}\boldsymbol{\alpha}, \qquad \boldsymbol{\alpha}\to\text{sparse} \tag{1.4}$$

在稀疏表示框架中，需要构造或者学习的模型为字典 $\Theta=\{\boldsymbol{D}\}$。字典 $\boldsymbol{D}$ 中的列向量称为波形原子(wave atom)；$\boldsymbol{\alpha}$ 称为稀疏表示系数(或稀疏编码)，其稀疏性度量如图 1.3 所示。直观上，如果将源信号理解为一个复杂波形的话，则式(1.4)可以理解为该复杂波形由一组简单的波形原子线性组合生成，其原子波形的贡献权重由 $\boldsymbol{\alpha}$ 中的元素决定。

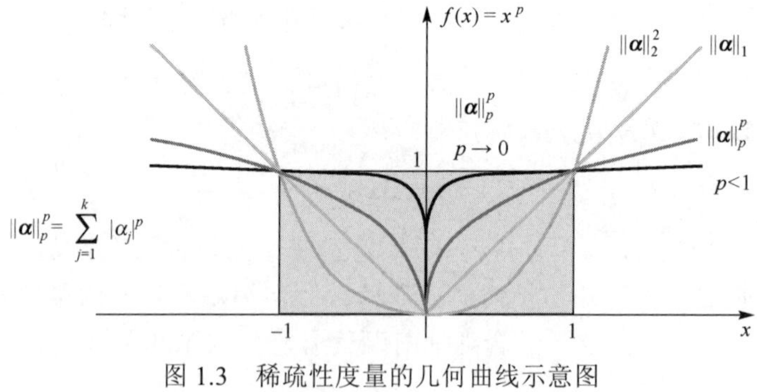

图 1.3　稀疏性度量的几何曲线示意图

我们知道，波的叠加原理是物理学的基本原理之一。无独有偶，在傅里叶分析中，即一个非正弦波可以分解为无数个谐波的正弦波叠加(傅里叶分析级数)；但由于傅里叶基函数不具备局部性，其表示系数不具备稀疏性，适合于处理平稳信号；而在小波分析(Wavelet)中，往往采取具有局部支撑性或快速衰减的小波基的线性组合形成良好的局部时频分析，对点奇异性结构具有良好的表示能力；且其小波系数具有一定的稀疏性和能量聚集性，因此在图像压缩编码应用甚广。

在式(1.4)中，由于$L \gg N$，字典$\boldsymbol{D}$是过完备的，有时称为过完备字典或者过完备原子库；在合适的稀疏性度量下，我们可以建立稀疏表示模型(或稀疏编码)，例如：

$$\min \|\boldsymbol{x} - \boldsymbol{D\alpha}\|_2^2 \quad \text{s.t.} \quad \|\boldsymbol{\alpha}\|_0 \leqslant K \tag{1.5}$$

关于字典$\boldsymbol{D}$，可以通过固定的母函数的伸缩、旋转、平移，或者常见的基函数去人工构造；同样可以由m组样本$\{\boldsymbol{x}_1, \boldsymbol{x}_2, \cdots, \boldsymbol{x}_m\}, \forall \boldsymbol{x}_i \in \mathbb{R}^N$去学习得到稀疏表示字典$\boldsymbol{D}$。通过样本学习字典，在稀疏表示中称为字典学习(dictionary learning)。

(3) 压缩感知。稀疏表示理论的兴起也归根于压缩感知(compressive sensing, CS)或压缩传感，或称为压缩采样(compressive sampling)[8]的巨大推动。这种新的采样理论打破了经典的香农采样以“频率带宽有限”为基础的信号获取与重建的桎梏。通过以稀疏性为信号先验，并建立稀疏表示与采样之间的直接联系，在图像压缩、信号与图像获取与处理、计算成像、融合、遥感数据处理等有广泛的应用[9]。

压缩感知强调信号稀疏性的重要性，其他正则化方法，如Tikhonov正则化，全变差(total variation，TV)、分数阶正则化(fractional regularization)等都可以与稀疏性联合，建立更为优异的压缩感知重建模型。但是，在丰富的压缩感知理论中，信号的稀疏性才是压缩感知重建的强有力基石，是寻找一定条件下精确稀疏解的保证，其他正则化方法很难得到类似的结论。虽然源信号在直接空间(如图像，则为像素空间)不一定是稀疏的，但是在变换空间(如Wavelet、Ridgelet、Curvelet等)或字典下具有特定的稀疏性。

(4) 正则化模型。谈到正则化，这是欠定或者病态反问题求解中惯用的数学方法。典型的图像处理中的图像去噪、恢复、修补、图像超分辨和融合等，都可归结为数学上的不适定反问题。若一个数学物理定解问题的解存在、唯一并且稳定，则称为该问题是适定的；若不满足适定性概念中的上述判据中的一条或者几条，则称该问题是不适定的。正则化方法，有助于克服不适定性，缩小候选解的搜索范围。

以去噪问题式(1.3)为例，可以为源信号$\boldsymbol{x}$引入合适的正则化模型或者先验知识，以促进问题的求解。

$$\min_{\boldsymbol{x},\boldsymbol{\alpha}}\|\boldsymbol{y}-\boldsymbol{A}\boldsymbol{x}\|_2^2+\lambda R(\boldsymbol{x}) \tag{1.6}$$

其中，$R(\boldsymbol{x})$ 是正则化模型，λ 为正则化参数。

沿着这一个主线，研究者对于先验模型 $R(\boldsymbol{x})$ 的构造经历了一个不断改进和认识逐步深化的过程[10]：从最小能量 $\|\boldsymbol{x}\|_2^2$、光滑性模型 $\|\boldsymbol{L}\boldsymbol{x}\|_2^2$ (如 $\boldsymbol{L}$ 表示梯度算子)、加权光滑性模型 $\|\boldsymbol{L}\boldsymbol{x}\|_W^2$、鲁棒统计 $\rho(\boldsymbol{L}\boldsymbol{x})$ (其中 $\rho(\cdot)$ 表示鲁棒范数)、全变差 $\|\nabla\boldsymbol{x}\|_1$，小波稀疏性 $\|\boldsymbol{W}\boldsymbol{x}\|_1$ ($\boldsymbol{W}$ 表示小波变换)，到稀疏性模型 $\|\boldsymbol{T}\boldsymbol{x}\|_1$ ($\boldsymbol{T}$ 表示框架、冗余分析字典等)或者 $\|\boldsymbol{\alpha}\|_1$, s.t. $\boldsymbol{x}=\boldsymbol{D}\boldsymbol{\alpha}$ ($\boldsymbol{D}$ 表示合成字典)等。

很多正则化模型也可以在贝叶斯框架下得到相互印证和解释。由贝叶斯公式 $\max_{\boldsymbol{x}} P(\boldsymbol{x}|\boldsymbol{y})=P(\boldsymbol{y}|\boldsymbol{x})P(\boldsymbol{x})/P(\boldsymbol{y})$，后验概率包括数据的似然概率与数据先验概率两部分，采取最小化负对数准则，可转化为如式(1.6)形式的最优化问题。

1.2.2 矩阵低秩与张量表示

从前面所述，传统的稀疏表示模型是以“向量”稀疏性为基础的。当我们处理图像或者多通道图像数据时，这种稀疏性度量容易破坏矩阵结构。随着成像硬件的发展，所获取的多维数据更表现为大体量、多样化的多模多通道矩阵信号。以高光谱遥感数据、多媒体数据(语音、视频)、医学数据和生物数据为例，通常以巨大的分块矩阵或多路数组(multi-way array)的形式表示，我们称之为张量(tensor)。这些多路数据往往需要进行模式转换才能在特定容许时间内高效处理(快速性)。这促使人们开始重新关注适用于超大数据集的矩阵和张量算法。基于向量、矩阵和张量的信号处理模型如表 1.1 所示。

表 1.1 稀疏、低秩与张量信号分析

	稀疏向量	低秩矩阵	低秩张量
信号类型	一维信号或向量化信号	二维信号或矩阵化信号	多维信号或张量化信号
度量	ℓ_0 范数 $\|\boldsymbol{x}\|_0$	$\mathrm{rank}(\boldsymbol{X})$	$\mathrm{rank}(\mathcal{X})$，秩定义不唯一。例如，张量 $\mathcal{X}$ 的秩-1 分解的最小个数模-n 秩 $\mathrm{rank}_n(\mathcal{X})$
凸范数替代	ℓ_1 范数 $\|\boldsymbol{x}\|_1$	核范数 $\|\boldsymbol{X}\|_*$	因子矩阵的核范数定义，如 $\sum_n\|\boldsymbol{X}_{(n)}\|_*$
压缩感知	$\boldsymbol{y}=\boldsymbol{A}\boldsymbol{x}$	$\boldsymbol{Y}=A(\boldsymbol{X})$	$\mathcal{Y}=\mathcal{A}\circ(\mathcal{X})$ ($\circ$ 表示采样运算)
信号鲁棒恢复	$\boldsymbol{y}=\boldsymbol{A}\boldsymbol{x}+\boldsymbol{\varepsilon}$ ($\boldsymbol{\varepsilon}$为噪声)	$\boldsymbol{Y}=A(\boldsymbol{X})+\boldsymbol{E}$	$\mathcal{Y}=\mathcal{A}\circ(\mathcal{X})+\mathcal{E}$
监督学习(线性回归为例)	$\boldsymbol{y}=f(\boldsymbol{x};\boldsymbol{w},b)$ $=<\boldsymbol{x},\boldsymbol{w}>+b$	$\boldsymbol{Y}=f(\boldsymbol{X};\boldsymbol{W},b)$ $=<\boldsymbol{X},\boldsymbol{W}>+b$	$\mathcal{Y}=f(\mathcal{X};\mathcal{W},b)$ $=<\mathcal{X},\mathcal{W}>+b$

另一方面，在多维信号模式分析中，“维数灾难”是一个最为引人关注的问题，其概念是：在给定精度水平下，用来估计任意函数的样本数量随函数的变量数(即维

度)呈指数增长。在数据处理、机器学习和相关优化问题中,“维数灾难”也指用以描述数据或系统的参数数量或自由度呈指数增长。在张量中,“维数灾难”指$I \times I \times \cdots \times I$大小的$N$阶张量,其元素数量$I^N$按照张量阶数$N$呈指数增长的现象,因此对于维数(“路径”或“模式”)非常高的多路数组来说,其张量的体量很容易变得非常大,从而增加了此类数据计算难度和内存需求。

二维图像信号(二阶张量)$\boldsymbol{X} \in \mathbb{R}^{N \times M}$具有冗余性和自相似性,度量其低维结构的有效方式是结构化的稀疏性,这表现为矩阵的低秩(low rank)特性。矩阵的秩(rank)是向量稀疏性的高阶推广。以向量稀疏性为基础的模型往往在矩阵低秩下可以得到推广,性能更为优异。与向量的ℓ_0范数对应的稀疏优化类似,矩阵的秩函数$R(\boldsymbol{X}) = \mathrm{rank}(\boldsymbol{X})$也是非凸、非光滑的NP难(non-deterministic polynomial hard)问题,由此人们通过构造替代和逼近秩函数的方法,如核范数$\|\boldsymbol{X}\|_*$等,以建立矩阵秩极小化的低秩矩阵恢复模型。

矩阵秩的极小化在数学上的研究由来已久,但是在视觉信息处理中引起足够的影响,主要归结于低秩矩阵填补[11-14]和鲁棒主成分分析(RPCA)等方法[14]的提出。例如,在RPCA中,一般的数据矩阵$\boldsymbol{M}$包含结构信息,也包含噪声或者野值,那么可以将这个矩阵分解为两个矩阵相加:

$$\boldsymbol{M} = \boldsymbol{X} + \boldsymbol{E}$$

其中,$\boldsymbol{X}$是低秩的(内部有一定的结构信息造成各行或列间是线性相关的),$\boldsymbol{E}$是稀疏的(含有噪声或奇异结构)。RPCA就是将一个矩阵分解为一个尽可能低秩矩阵$\boldsymbol{X}$和一个尽可能稀疏的矩阵$\boldsymbol{E}$。

低秩表示(low rank representation,LRR)是子空间分析和鲁棒聚类的新型工具。常用的LRR模型可以表示为

$$\boldsymbol{M} = \boldsymbol{M}\boldsymbol{X} + \boldsymbol{E}$$

其中,$\boldsymbol{M}$是原始的混合数据,$\boldsymbol{X}$是表示不同组数据相关性的低秩矩阵,$\boldsymbol{E}$是稀疏性建模的残差或噪声矩阵。RPCA与LRR方法广泛应用于视频背景建模、人脸识别、雨滴去除、旧电影修复和高光谱异常检测等。

对于更高维的数据,如时-空-谱数据(典型的例子包括多通道图像数据、高光谱图像、视频等),我们不仅要建模时-空相关性,同时也要挖掘空-谱的相关性,甚至是三者的复杂相关性,此时矩阵低秩的表达能力受限。对于高维数据,直接的方法是表达为高阶张量,通过多重线性数据分析挖掘高维数据的内在本质结构。对于N阶张量表达的数据$\boldsymbol{\mathcal{X}} \in \mathbb{R}^{I_1 \times I_2 \times \cdots \times I_N}$,我们可以推广矩阵秩的相关概念,引入张量秩$R(\boldsymbol{\mathcal{X}}) = \mathrm{rank}(\boldsymbol{\mathcal{X}})$,由此可以在张量秩最小化的框架下建立低秩张量恢复、基于张量的RPCA、张量压缩感知等相关理论与方法。

基于张量表示,可以建立张量框架下的机器学习模型。由于张量能够保持关于

对象结构的固有信息，张量表示通常有助于减轻鉴别性子空间选择中出现的小样本问题。同时张量表示能提供多路线性分析，其分解后的多视角因子矩阵，可以施加更为自然和多样性的约束，如光滑性、稀疏性、非负性等，这有助于减少描述模型学习时未知参数的数量。在实际多维信号处理中，也可以将直接域是低阶张量的数据通过张量化操作组织为高阶张量，然后执行多重线性分析。由于张量是向量和矩阵的自然推广，因此在张量表示框架下，可以建立张量 PCA 分解、张量填补(tensor completion)、张量回归(tensor regression)等，同样也可以与深度学习结合，建立张量队列网络(tensor train network)等[15]，发展新型机器学习方法。

1.2.3 深度表示学习

深度学习方法是 AI 研究中激动人心的技术。一般认为，深度学习已经历经了三次发展浪潮，从早期控制论(Cybernetics)的深度学习雏形(大约 20 世纪 40 年代到 60 年代)的出现，到联结主义的浅层神经网络(20 世纪八九十年代)，直到 2006 年才正式诞生深度学习之名，并得到前所未有的复兴。

我们知道，早期的神经网络学习算法是模拟生物学习的计算模型，因此常常称为“人工神经网络”的时代，此时深度学习系统被认为是受人类或其他哺乳类动物等生物系统启发的，但是深度学习的发展超越了神经科学的观点，通过学习“多层次复合函数”的更普遍的原理，产生新的机器学习框架。深度学习通过较简单的表示来表达复杂表示，解决了表示学习的核心问题。其典型的例子是前馈神经网络或多层感知机(multilayer perceptron，MLP)。多层感知机是一个将一组输入值映射到输出值的数学函数，该函数由许多简单的函数复合，可以认为每一个函数的复合应用都为输入产生新的表示。

在表示学习中，通常采取局部表示(local representation)和分布式表示(distributed representation)两种方式表达特征，前者通常是离散表示或者符号表示，体现为“硬编码”方式，如采取“0”和“1”的二值向量进行表示；后者是将特征分散地表示到低维空间中，在机器学习中也称为“嵌入”(embedding)，每个特征不一定落在坐标轴上，通常体现为低维的稠密向量，是一种“软编码”。神经网络可以将高维局部表示空间 $\mathbb{R}^{|V|}$ 映射到分布式表示空间 $\mathbb{R}^{D}, D \ll |V|$ 。深度学习本身是通过深层次模型，从底层特征开始，经过多层非线性变换得到高层分布式语义特征，深层结构也能增加特征的重用性，从而最终提升预测模型的性能。

目前深度学习采用的模型主要是神经网络。神经网络的研究曾经过五个时期的大起大落[16]。大约从早期神经元模型的提出(1943～1969 年)开始，历经算力等无法支撑大型神经网络计算等原因引起的停滞期(1969～1983 年)，又历经反向传播(back propagation，BP)法引起的复兴(1983～1995 年)。该时期，神经网络一度盛行，其主要原因归结为 1974 年哈佛大学 Werbos 发明的反向传播算法[17]。该算法发明的初期，并没有引起足够的重视，但是随着1980年Fukushima提出的带卷积和子采样操作的多层神经网络[18]、物理学家Hopfield提出联想记忆的Hopfield网络到Hinton构建的随机化Hopfield网络——玻尔兹曼机(Boltzmann machine)的艰难进展，以及McClelland等提出的分布式并行处理模型[19]重新焕发了以BP算法为主力算法的神经网络研究的活力。特别是，1989年LeCun等将BP算法引入卷积神经网络(convolutional neural network，CNN)[20]，并在手写体识别上取得巨大成功[21]。在此期间梯度消失问题(vanishing gradient problem，VGP)也一度阻碍神经网络的发展。虽然Schmidhuber在1992年提出的逐层训练和BP算法精细微调可以适度克服VGP[22]，但是，神经网络因为数学基础不清晰、可解释性差、优化困难等缺点，遭到了在这方面表现优异的支持向量机的强势阻击，再度陷入低潮(1995～2006年)。2006年至今，由于训练深层神经网络方法的出现，GPU和云计算等高效能计算能力提升，神经网络再度走向春天。其中，不得不提起的代表性人物有：Hinton、Bengio和LeCun，他们因在深度学习的卓越贡献被授予图灵奖。其中Hinton提出“逐层预训练+精调”方式训练深度信念网络，有效地解决了深度神经网络难以训练的问题[23,24]。进一步随着ImageNet图像分类[25]、阿尔法围棋等标志性AI事件的轰动效应，以及工业界的巨大推手，深度学习重新焕发前所未有的活力。虽然，小样本问题、可解释性问题、调参复杂等让研究者不能释怀，但是人们在深度学习前行的道路上不断前行。一些代表性的深度学习开源框架，如Theano、Caffe、TensorFlow、Pytorch、Paddle Paddle、Chainer和MXNet等让人们的研究变得更为容易。

如果读者需要了解机器学习、表示学习和深度学习的基础和应用方面的知识，建议参考Bengio所撰写的综述性文章[26,27]、Goodfellow等写的*Deep Leaning*[28]，以及周志华教授的西瓜书《机器学习》[29]、焦李成教授等写的《深度学习、优化与识别》[30]、复旦大学邱锡鹏教授写的《神经网络与深度学习》[31]等。而最新的深度学习成果往往出现在机器学习、模式识别、计算机视觉领域的国际顶级会议上，如国际表示学习会议(International Conference on Learning Representation，ICLR)、神经信息处理系统年会(Annual Conference on Neural Information Processing Systems，NeurIPS)、国际机器学习会议(International Conference on Machine Learning，ICML)、国际人工智能联合会议(International Joint Conference on Artificial Intelligence，IJCAI)、美国人工智能协会年会(Conference on American Association for Artificial Intelligence，AAAI)、计算机视觉与模式识别大会(IEEE Conference on Computer Vision and Pattern Recognition，CVPR)、国际计算机视觉会议(IEEE International Conference on Computer Vision，ICCV)和国际计算语言学年会(Annual Meeting of the Association for Computational Linguistics，ACL)等。

1.3　本书面向的读者与速览

本书主要针对两类受众而作。其中一类受众是学习和研究计算机视觉、图像分析和遥感信息处理的大学生、研究生，以及科技工作者。另一类受众是运用数据表示与机器学习理论，从事产品和平台系统研究的软件工程师。在目前大数据科学与AI技术盛行的时代，掌握经典可解释性的数据表示及其学习理论，并与新型机器学习进行结合、推广与重新研究，是学术界经常遇到的事情。在工业界，新兴技术的出现必然促进新型产品和系统的出现。大量运用数据表示的相关理论，广泛应用于电子信息和软件领域，包括计算机视觉、语音和视频处理、自然语言、机器人技术、生物信息学、网络推荐、搜索引擎和智慧金融等。“AI+X”的赋能和使能技术正成为当前讨论的热门话题。

为了更好地服务各类读者，本书组织为两个部分。第一部分为多维信号表示与建模基础，主要是基于表示建模的空谱融合应用专题。本书的主要理论基础与知识要素如图 1.4 所示，从稀疏表示、低秩表示分析、张量表示分析到深度网络。

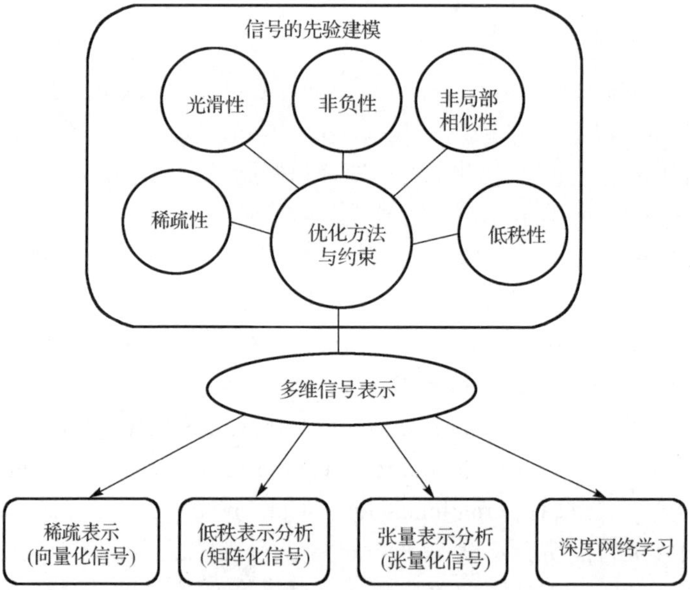

图 1.4　本书的主要理论基础与知识要素

值得指出的是，本书的应用专题虽然聚焦于空谱遥感图像融合应用，但论述了诸多热点应用问题的相关原理，包括：盲信号分离、信号压缩感知、去噪、恢复与超分辨增强、数据补全和重建、机器学习中的监督与无监督分类、异常检测等。同时，本书主线是从反问题建模的视角出发，从信号的高效表示与先验建模的思路进行撰写，这一学术思想始终贯穿本书。由于深度学习涉及众多的最新的研究领域，本书并没有详细介绍深度学习的基础和各类深度生成模型，而仅仅结合融合应用问题，做简单的论述。本书每章都提供了一些参考文献，读者可根据需要深入阅读。

参考文献

[1] 李舰. 统计之美: 人工智能时代的科学思维. 北京: 电子工业出版社, 2019.

[2] Starck J L, Murtagh F, Fadili J M. 稀疏图像和信号处理: 小波, 曲波, 形态多样性. 肖亮, 张军, 刘鹏飞, 译. 北京: 国防工业出版社, 2015.

[3] Mallat S. A Wavelet Tour of Signal Processing: The Sparse Way. New York: Academic, 2008.

[4] Elad M. Sparse and Redundant Representations from Theory to Applications in Signal and Image Processing. New York: Springer-Verlag, 2010.

[5] 林宙辰, 马毅. 信号与数据处理中的低秩模型. 中国计算机学会通讯, 2015, 11(4): 22-26.

[6] 张贤达. 矩阵分析与应用. 2 版. 北京: 清华大学出版社, 2013.

[7] Cichocki A, Lee N, Oseledets I, et al. Tensor networks for dimensionality reduction and large-scale optimization, Part 1: Low-rank tensor decompositions. Foundations and Trends in Machine Learning, 2016, 9(4/5): 249-429.

[8] Candès E, Wakin M. People hearing without listening: An introduction to compressive sampling. IEEE Signal Processing Magazine, 2008, 25(2): 21-30.

[9] Eldar Y C, Kutyniok G. Compressed Sensing: Theory and Applications. Cambridge: Cambridge University Press, 2012.

[10] 肖亮, 邵文泽, 韦志辉. 基于图像先验建模的超分辨增强理论与算法: 变分 PDE、稀疏正则化与贝叶斯方法. 北京: 国防工业出版社, 2017.

[11] Candès E, Recht B. Exact matrix completion via convex optimization. Foundations of Computational Mathematics, 2009,9(6):717-772.

[12] Candès E, Tao T. The power of convex relaxation: Near-optimal matrix completion. IEEE Transactions on Information Theory, 2010, 56(5):2053-2080.

[13] Candès E, Plan Y. Matrix completion with noise. Proceedings of the IEEE, 2010, 98(6): 925-936.

[14] Candès E, Li X, Ma Y, et al. Robust principal component analysis. Journal of the ACM, 2011, 58(3): 1-37.

[15] Cichocki A, Phan A, Zhao Q, et al. Tensor networks for dimensionality reduction and large-scale optimization, Part 2: Applications and future perspectives. Foundations and Trends in Machine

Learning, 2016, 9(6):431-673.

[16] Anderson J A, Rosenfeld E. Talking Nets: An Oral History of Neural Networks. Cambridge: MIT Press, 2000.

[17] Werbos P. Beyond regression: New tools for prediction and analysis in the behavioral sciences. Cambridge: Harvard University, 1974.

[18] Fukushima K. Neocognitron: A self-organizing neural network model for a mechanism of pattern recognition unaffected by shift in position. Biological Cybernetics, 1980, 36(4):193-202.

[19] McClelland J L, Rumelhart D E, Group P R. Parallel Distributed Processing: Explorations in the Microstructure of Cognition Psychological and Biological Models. Cambridge: MIT Press, 1987.

[20] LeCun Y, Boser B, Denker J S, et al. Backpropagation applied to handwritten Zip code recognition. Neural Computation, 1989, 1(4):541-551.

[21] LeCun Y, Bottou L, Bengio Y, et al. Gradient-based learning applied to document recognition. Proceedings of the IEEE, 1998, 86(11):2278-2324.

[22] Schmidhuber J. Learning complex, extended sequences using the principle of history compression. Neural Computation, 1992, 4(2):234-242.

[23] Hinton G, Deng L, Yu D, et al. Deep neural networks for acoustic modeling in speech recognition: The shared views of four research groups. IEEE Signal Processing Magazine, 2012, 29(6): 82-97.

[24] Hinton G E, Salakhutdinov R R. Reducing the dimensionality of data with neural networks. Science, 2006, 313(5786): 504-507.

[25] Krizhevsky A, Sutskever I, Hinton G E. ImageNet classification with deep convolutional neural networks. Advances in Neural Information Processing Systems, 2012, 25: 1106-1114.

[26] Bengio Y. Learning deep architectures for AI. Now Foundations and Trends, 2009, 2(1): 1-136.

[27] Bengio Y, Courville A, Vincent P. Representation learning: A review and new perspectives. IEEE Transactions on Pattern Analysis and Machine Intelligence, 2013, 35(8): 1798-1828.

[28] Goodfellow I, Bengio Y, Courville A, et al. Deep Learning. Cambridge: MIT Press, 2016.

[29] 周志华. 机器学习. 北京: 清华大学出版社, 2016.

[30] 焦李成, 赵进, 杨淑媛, 等. 深度学习、优化与识别. 北京: 清华大学出版社, 2016.

[31] 邱锡鹏. 神经网络与深度学习. 北京: 机械工业出版社, 2020.

第 2 章　图像稀疏表示与压缩感知概要

图像处理、机器学习和计算机视觉等领域一直寻求信号与图像“简洁”而“高效”的表示。采用少量基本信号的线性组合形式表示目标信号，称为信号的稀疏表示。稀疏性已经成为诸多应用(如复原、特征抽取、盲源分离和压缩等)中最为重要的信号先验。大多数信号总是在某种变换基或过完备(over-complete)字典下具有稀疏性(或可压缩)，利用这种信号的可压缩性，产生了一种与传统奈奎斯特(Nyquist)方法不同的采样技术，称为“压缩感知”或者压缩采样。压缩感知理论认为，利用信号的稀疏表示，信号和图像可以从比传统方法少得多的样本中重建。

本章综合整理该领域中的代表性文献成果，特别是文献[1]和[2]中的系统性研究结果。本章 2.1 节概要介绍稀疏表示的基本理论和方法，主要包括稀疏表示的基本原理，三类稀疏优化方法(贪婪方法、松弛方法和阈值方法)，进而在 2.2 节给出了字典学习的基本概念和两种代表性学习方法。2.3 节概述了压缩感知的基本原理，着重讨论从压缩感知测量中进行基于 ℓ_1 凸优化的稀疏信号恢复及其若干理论性恢复条件。最后在 2.4 节概述了稀疏信号恢复、模式分析与识别的代表性应用的基本原理。

2.1　稀 疏 表 示

信号的稀疏表示理论的研究由来已久。关于视觉神经系统的有效(稀疏)编码假说，自 Attneave[3]和 Barlow[4]提出以来，被认为是能够合理解释复杂的外部环境和有限的神经元数量之间矛盾的工具。Vinje 和 Gallant 发表在 *Science* 上的神经生理学实验表明对于复杂场景的视觉刺激，视觉皮层细胞响应具有稀疏性分布[5]；而 Olshausen 和 Field 发表在 *Nature* 上的研究已表明，哺乳动物视觉皮层神经元感受野(receptive field)具有局部化、方向性和带通性特征，且视觉系统仅需少数的神经元即可捕获自然场景中的关键信息，能够对自然场景形成稀疏表示[6]。更多关于视觉感知系统信息处理理论可参见文献[6]。

从图像表示的角度看，稀疏性和局部性感知体现于图像空间中基函数在空域和频域中的支撑区域上，要求支撑区域是有限的；方向性体现于基函数支撑区域的方向和形状上；带通性体现为对图像的多分辨率与多尺度分析，即能够对图像进行由粗到细的连续逼近。由此研究者逐步发展出了 Ridgelet、Curvelet、Contourlet、Bandelet 等一系列几何多尺度分析工具，能够具有更高的方向分辨率，同时具备各向异性特征，从而能够高效地表示图像中的边缘轮廓信息[7-13]。例如，Ridgelet 基可有效匹配图像中直线结构、对含直线奇异的多变量函数具有最优非线性逼近性能；Curvelet 基的支撑区间满足宽度为长度平方的关系，呈现各向异性的尺度关系，能够有效表示图像的曲线奇异性，对于几何正则性图像形成最优表示。几何正则性图像是指除了边缘、轮廓等曲线奇异性外，都是 C^2 连续的，同时奇异曲线自身也是 C^2 连续的。然而对于纹理丰富的图像，几何多尺度分析仍然存在不足，纹理丰富图像的稀疏表示仍是一个难点问题。

现有的正交系统与几何多尺度分析只能最优表示某一特定类型的结构，然而自然图像是形态多样性(morphological diversity)的复杂信号，上述表示系统仍然存在一定的不足。为了稀疏表示图像中的边缘、轮廓、角点、纹理等多种重要局部几何结构，通常需要增加原子的个数与结构种类数，从而构成一个过完备字典。研究表明：适当冗余的系统可提高表示系数的稀疏性，同时增强了表示系统的稳健性。因此过完备稀疏表示具有重要的意义。当前主要采用以下几种方式来选择与构造稀疏表示字典。

(1)直接使用现有的正交基、紧框架、多尺度几何分析等来作为稀疏表示字典，优点是具有快速的变换与反变换算法，但不能够充分稀疏地表示信号与图像。

(2)通过组合正交基、紧框架系统来构成字典，基与(紧)框架系统之间应满足类内强稀疏与类间强不相干性，从而可匹配图像中不同形态的局部几何结构，进而可形成更为稀疏的表示。正交基与紧框架通常都具有快速的分解与重建算法，从而此种方式在稀疏表示性能与稀疏分解复杂度间取得了较好的折中；特别地，对于正交基的级联情形，可具有更为强化的理论结果。此种构造字典的方式在图像处理问题中得到了更为广泛的应用。

(3)设计与图像中不同形态的局部几何结构相匹配的参数化生成函数，变换生成函数中的自由参数可生成一系列不同尺度、方向、支撑区域形状的原子，进而构成过完备字典，可有效表示图像中多种不同方向、尺度的各向异性结构[14]。同时生成函数可具有连续的解析表达式，只需要参数值即可标定字典中的每一个原子，在图像压缩、插值、放大等应用中体现出特有的优势。按此思路构造的字典包括多尺度高斯(Gauss)字典、多尺度 Gabor 字典、各向异性的高斯混合字典、格拉斯曼(Grassmannian)框架[15]等。

(4)针对特定的应用，可通过学习算法学习出稀疏表示字典，如 K 均值-奇异值分解(K means singular value decomposition，K-SVD)[16]，CNDL-FOCUSS(column normalized dictionary learning focal underdetermined system solver)[17,18]、在线学习(online learning)[19]等算法，目标是针对给定的训练样本集，学习出能够对此样本集

稀疏表示的字典，从而对于同样类型的新样本也可形成稀疏表示。与前面的方法相比，对于特定类型的图像如人脸、指纹等，学习出的字典通常可以产生更为稀疏的表示。同时将字典学习融入于图像处理模型中，如图像去噪与恢复，可产生更好的处理结果，但计算复杂度较高。

纵观计算调和分析与稀疏表示理论的发展，图像稀疏表示字典的发展有着从非冗余的正交基到多尺度几何分析等适当冗余的(紧)框架系统，再到过完备字典的演变历程，体现了向冗余系统发展的趋势。本章后续部分将简要概述稀疏表示相关的若干原理和稀疏优化算法。

2.1.1　稀疏表示基本原理

稀疏表示的基本思想是数据在合适的变换(或基或字典等)下的表示系数大部分分量为零，只有少数非零大系数；而非零系数揭示了信号与图像的内在结构与本质属性。记 $\boldsymbol{x}\in\mathbb{R}^N$ 为长度为 N 的数字信号，字典 $\boldsymbol{D}$ 为 L 个 N 维单位长度向量 $\boldsymbol{d}_\gamma$ 的集合，则

$$\boldsymbol{D}=\{\boldsymbol{d}_\gamma\in\mathbb{R}^N \,\big|\, \gamma\in\Gamma,\|\boldsymbol{d}_\gamma\|_2=1\} \tag{2.1}$$

在稀疏表示理论中称每一元素 $\boldsymbol{d}_\gamma$ 为原子；Γ 为可数个原子的指标集，集合 Γ 中元素个数为 L，要求 $L\geqslant N$。一般地，图像向量化信号 $\boldsymbol{x}$ 可分解为字典 $\boldsymbol{D}$ 中原子的线性组合：

$$\boldsymbol{x}=\sum_{\gamma\in\Gamma}\alpha_\gamma\boldsymbol{d}_\gamma \tag{2.2}$$

或者逼近分解为

$$\boldsymbol{x}=\sum_{i=1}^{M}\alpha_{\gamma_i}\boldsymbol{d}_{\gamma_i}+R^{(M)} \tag{2.3}$$

其中，$\boldsymbol{\alpha}=\{\alpha_\gamma,\gamma\in\Gamma\}$ 为信号或图像 $\boldsymbol{x}$ 在字典 $\boldsymbol{D}$ 下的分解系数；$R^{(M)}$ 为 M 项逼近后的残差。如果字典中原子能够张成 N 维欧氏空间 $\mathbb{R}^N$，即 $\mathrm{span}\{\boldsymbol{d}_\gamma\in\boldsymbol{D}\}=\mathbb{R}^N$，则字典 $\boldsymbol{D}$ 是完备的(complete)。当 $L>N$ 时，原子是线性相关的，字典 $\boldsymbol{D}$ 是冗余的，如果同时保证能够张成 N 维欧氏空间 $\mathbb{R}^N$，则称字典 $\boldsymbol{D}$ 是过完备的，如图 2.1 和图 2.2 所示。

对字典(矩阵) $\boldsymbol{D}\in\mathbb{R}^{N\times L}$，通常作如下假设：

(1) $\boldsymbol{D}$ 的行数小于列数，$N\times L(L\geqslant N)$；

(2) $\boldsymbol{D}$ 具有满行秩，即 $\mathrm{rank}(\boldsymbol{D})=N$；

(3) $\boldsymbol{D}$ 的列具有单位欧几里得范数，$\|\boldsymbol{d}_\gamma\|=1$，$\gamma\in\Gamma$。

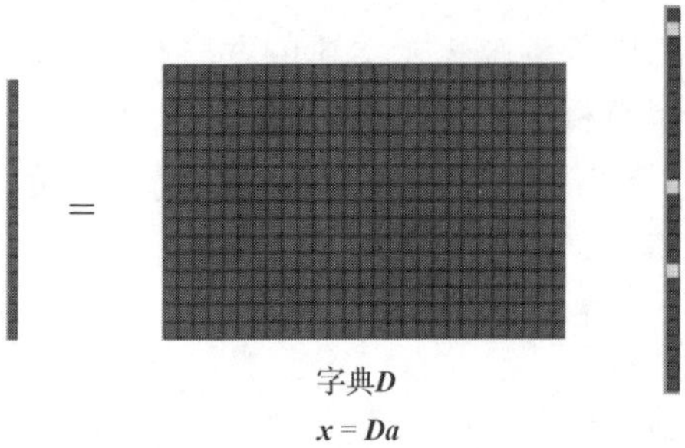

图 2.1　过完备稀疏表示示意图

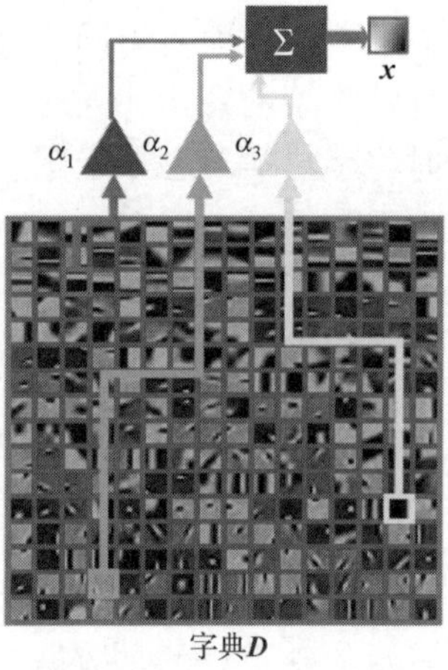

图 2.2　基于图像块字典下的图像块稀疏表示原理

信号过完备分解式(2.2)为欠定(underdetermined)方程，存在无穷多组解向量，即图像在冗余字典下的分解(表示)系数 $\boldsymbol{\alpha}$ 并不唯一，需要结合稀疏性度量选择最适合的表示系数。当采用 ℓ_0 范数作为稀疏性度量函数，图像的过完备稀疏表示数学模型如下：

$$\min\|\boldsymbol{\alpha}\|_0 \qquad \text{s.t.} \quad \boldsymbol{x}=\sum_{\gamma\in\Gamma}\alpha_\gamma \boldsymbol{d}_\gamma \tag{2.4}$$

模型中 ℓ_0 范数定义为 $\boldsymbol{\alpha}$ 中非零系数的个数：

$$\|\boldsymbol{\alpha}\|_0=\#\{\gamma \,|\, \alpha_\gamma\neq 0,\gamma\in\Gamma\} \tag{2.5}$$

将字典中所有原子作为列向量依次排列，可构成一个 $N\times L(L\geqslant N)$ 的矩阵。不妨将该矩阵记为 $\boldsymbol{D}\in\mathbb{R}^{N\times L}$，也称为字典，则可将原稀疏表示模型改写为矩阵-向量形式(图 2.1)：

$$\min_{\boldsymbol{\alpha}}\|\boldsymbol{\alpha}\|_0 \qquad \text{s.t.} \quad \boldsymbol{x}=\boldsymbol{D\alpha} \tag{2.6}$$

数学上，求解过完备稀疏表示模型等价于寻求欠定系统的最稀疏解。一个基本问题就是最稀疏解是否唯一，定理 2.1 回答了这一问题。

定义 2.1[20,21]　(矩阵的 spark)给定矩阵 $\boldsymbol{D}$，定义非负整数 $\sigma=\text{spark}(\boldsymbol{D})$ 为矩阵的 spark，是指使得来自 $\boldsymbol{D}$ 的 σ 个列组成的每个子组是线性无关的最大可能的列的数目，并且 $\boldsymbol{D}$ 的 $\sigma+1$ 列组成的子组至少一个是线性相关的。

定理 2.1[20,21]　(唯一性定理)如果给定欠定系统存在某一稀疏解 $\boldsymbol{\alpha}$ 满足 $\|\boldsymbol{\alpha}\|_0<\sigma/2$，其中 $\sigma=\text{spark}(\boldsymbol{D})$，则该解是唯一的且为最稀疏解。

这一结果表明尽管字典的冗余性导致了分解系数的不唯一，但对于满足特定

Spark 条件的字典，最稀疏解仍然可以是唯一的。该定理可以用于测试当前分解系数 $\boldsymbol{\alpha}$ 是否是最稀疏的。当图像 $\boldsymbol{x}\in\mathbb{R}^N$ 含有噪声时，并不需要能够完全重构的表示，较为精确的稀疏逼近即可满足应用，对应的是稀疏逼近问题(sparse approximation)。

从图像信号“构造基元”(building blocks)的观点看，一个图像块总是可以从一个海量的图像块构成的字典库中，找到若干相似的块集进行线性加权组合，而那些毫不相干的图像块的权重贡献为零或者很小，从而权重系数向量是稀疏的。

$$\min_{\boldsymbol{\alpha}}\|\boldsymbol{\alpha}\|_0 \quad \text{s.t.} \quad \|\boldsymbol{x}-\boldsymbol{D}\boldsymbol{\alpha}\|_2^2\leqslant\varepsilon \tag{2.7}$$

其中，ε 为一小的正常数。式(2.6)与式(2.7)可理解为逼近误差约束的稀疏表示模型。根据应用目的不同，还可建立稀疏性约束的非线性逼近模型：

$$\min_{\boldsymbol{\alpha}}\|\boldsymbol{x}-\boldsymbol{D}\boldsymbol{\alpha}\|_2^2 \quad \text{s.t.} \quad \|\boldsymbol{\alpha}\|_0\leqslant K \tag{2.8}$$

要求 $\boldsymbol{\alpha}$ 中非零系数的个数小于等于 K，也称为 K 项稀疏逼近问题。

2.1.2　稀疏逼近与优化算法

对于式(2.6)中的稀疏表示模型，由于 ℓ_0 范数是非凸的，在冗余情形下，获取图像的稀疏分解是一个需要组合搜索的 NP 难问题，不存在现有的多项式时间分解算法，需要采用次优的逼近算法求解。目前代表性稀疏优化方法体系包括：贪婪方法(greedy algorithm)、凸松弛方法和阈值收缩方法。

2.1.2.1　贪婪方法

稀疏优化的一大类方法是贪婪算法，其基本思想是不求全局最优解，而是试图尽快找到某种意义上的局部最优解。贪婪法虽然不能对所有问题得到全局最优解，但对相当范围的大量问题能够得到全局最优或近似最优解。在这一类算法中，代表性方法包括[22-26]：匹配追踪(matching pursuit，MP)方法、正交匹配追踪(orthogonal matching pursuit，OMP)方法、正则正交匹配追踪(regularized orthogonal matching pursuit，ROMP)方法、分段正交匹配追踪(Stagewise OMP，StOMP)方法和压缩采样匹配追踪(Compressive Sampling MP，CoSaMP)方法。

1) MP 算法

基本原理是通过特定的相似性度量准则从字典中逐次选择用于信号分解的原子，不断迭代此过程可构成对原信号的稀疏逼近。Mallat 与 Zhang 首先提出了 MP 算法[22]，该算法运用贪婪技巧降低了计算复杂度。它是一个迭代算法，采用内积作为相关性度量准则，每次从字典 $\boldsymbol{D}=\left\{\boldsymbol{d}_\gamma \,\middle|\, \|\boldsymbol{d}_\gamma\|=1,\gamma\in\Gamma\right\}$ 中选择一个与残差信号最相

关的原子，每一次迭代都使得对信号 $\boldsymbol{x}$ 的逼近更为优化(具体步骤见算法 2.1)。与松弛优化算法相比，匹配追踪算法通常具有较低的复杂度。

算法 2.1　稀疏分解的匹配追踪(MP)算法

任务：对图像信号 $\boldsymbol{x}$ 进行稀疏分解。

初始化：给定字典 $\boldsymbol{D}$，令初始残差信号为原信号 $R^0\boldsymbol{x}=\boldsymbol{x}$，初始迭代次数 $i=0$，ξ_{stop}。

主迭代：

(1) 内积系数计算。

计算残差信号 $R^i\boldsymbol{x}$ 与字典 $\boldsymbol{D}$ 中所有原子的内积系数 $\alpha_\gamma=\left\langle R^i\boldsymbol{x},\boldsymbol{d}_{\gamma\in\Gamma}\right\rangle$。

(2) 内积极大化搜索。

$\gamma_i=\arg\max\limits_{\gamma\in\Gamma}\left|\alpha_\gamma\right|$，记录原子下标 γ_i 与系数 α_{γ_i}。

(3) 残差信号更新。

$$R^{i+1}\boldsymbol{x}=R^i\boldsymbol{x}-\alpha_{\gamma_i}\boldsymbol{d}_{\gamma_i}$$

(4) 终止规则。

如果残差信号能量小于给定的阈值 ξ_{stop}：$\left\|R^{i+1}\boldsymbol{x}\right\|_2^2\leqslant\xi_{\text{stop}}$，则停止迭代；否则，$i=i+1$，转至步骤(2)。

输出：稀疏表示系数 $\left\{\alpha_{\gamma_i}\right\}$。

匹配追踪算法首先将 $\boldsymbol{x}$ 投影到一个原子向量 $\boldsymbol{d}_{\gamma_0}$，并极小化残差 $R^{(1)}\boldsymbol{x}$。为此，取 $\boldsymbol{d}_{\gamma_0}\in\boldsymbol{D}$，使得 $\left|\left\langle\boldsymbol{x},\boldsymbol{d}_{\gamma_0}\right\rangle\right|\geqslant\tau\cdot\sup\limits_{\gamma\in\Gamma}\left|\left\langle\boldsymbol{x},\boldsymbol{d}_\gamma\right\rangle\right|$，其中 $\tau\in(0,1]$ 为松弛因子。追踪法进一步通过对残差项做分解而迭代地进行此过程。记 $R^{(m)}\boldsymbol{x}$ 为第 $m(m\geqslant0)$ 步的残差，则 $m+1$ 步的迭代是选取 $\boldsymbol{d}_{\gamma_m}\in\boldsymbol{D}$，使得

$$\left|\left\langle R^{(m)}\boldsymbol{x},\boldsymbol{d}_{\gamma_m}\right\rangle\right|\geqslant\tau\cdot\sup_{\gamma\in\Gamma}\left|\left\langle R^{(m)}\boldsymbol{x},\boldsymbol{d}_\gamma\right\rangle\right| \tag{2.9}$$

将 $R^{(m)}\boldsymbol{x}$ 投影到 $\boldsymbol{d}_{\gamma_m}$ 上，得

$$R^{(m)}\boldsymbol{x}=\left\langle R^{(m)}\boldsymbol{x},\boldsymbol{d}_{\gamma_m}\right\rangle\boldsymbol{d}_{\gamma_m}+R^{(m+1)}\boldsymbol{x} \tag{2.10}$$

由 $R^{(m+1)}\boldsymbol{x}$ 和 $\boldsymbol{d}_{\gamma_m}$ 的正交性，得

$$\left\|R^{(m)}\boldsymbol{x}\right\|_2^2=\left|\left\langle R^{(m)}\boldsymbol{x},\boldsymbol{d}_{\gamma_m}\right\rangle\right|^2+\left\|R^{(m+1)}\boldsymbol{x}\right\|_2^2$$

由式(2.10)可知，若记 $\alpha_{\gamma_m}=\left\langle R^{(m)}\boldsymbol{x},\boldsymbol{d}_{\gamma_m}\right\rangle$，则经过 M 次迭代后，信号 $\boldsymbol{x}$ 可被稀疏分解为

$$x=\sum_{m=0}^{M-1}\alpha_{\gamma_m}d_{\gamma_m}+R^{(M)}x \tag{2.11}$$

当 M 趋近无穷时，在有限维信号空间 $\left\|R^{(M)}x\right\|$ 按指数级收敛 $\lim\limits_{M\to+\infty}\left\|R^{(M)}x\right\|=0$。相应地，获得信号分解为 $x=\sum\limits_{m=0}^{+\infty}\alpha_{\gamma_m}d_{\gamma_m}$，且 $\|x\|_2^2=\sum\limits_{m=0}^{+\infty}\left\|\alpha_{\gamma_m}d_{\gamma_m}\right\|_2^2$(参见文献[27]之定理 2.10)

最新的视觉感知模型指出视觉皮层中各邻近神经元相互抑制，与视觉刺激结构最匹配的神经元的响应得到增强，而不匹配的神经元则受到抑制，通过局部竞争机制选择与视觉刺激结构最匹配的神经元。将匹配追踪算法第三步的残差信号更新公式两边分别与 d_γ 做内积，可得

$$\left\langle R^{i+1}x,d_\gamma\right\rangle=\left\langle R^ix,d_\gamma\right\rangle-\left\langle R^ix,d_{\gamma_i}\right\rangle\left\langle d_{\gamma_i},d_\gamma\right\rangle \tag{2.12}$$

从神经科学的角度来看，它是通过所选择的权重为 $\left\langle d_{\gamma_i},d_\gamma\right\rangle$ 的模式 d_{γ_i} 而对 $\left\langle R^ix,d_\gamma\right\rangle$ 产生的一个抑制，其中权重是模式与 d_γ 的相关性度量。并通过内积极大化搜索选择最优匹配的原子。因此匹配追踪模拟了视觉皮层的抑制与局部竞争机制。

2) OMP 算法

匹配追踪能够保证每一次迭代中残差信号 $R^{k-1}x$ 与当前选择的原子向量 d_{γ_k} 相互正交，然而并不能保证残差信号与先前选择的 $k-1$ 个原子向量 $\{d_{\gamma_m}\}_{0\leqslant m<k}$ 相互正交，因而降低了收敛速度，OMP 算法的基本原理是利用格拉姆-施密特(Gram-Schmidt)正交化过程将投影方向正交化来改进匹配追踪。令 $v_0=d_{\gamma_0}$，与基本的 MP 算法相同。对 $m\geqslant0$，OMP 根据内积极大化搜索选择最优匹配的原子 d_{γ_m}。

应用 Gram-Schmidt 算法将 $\{d_{\gamma_p}\}_{0\leqslant p<m}$ 正交化，定义：

$$v_m=d_{\gamma_m}-\sum_{p=0}^{m}\frac{<d_{\gamma_p},v_p>}{\left\|v_p\right\|_2^2}v_p \tag{2.13}$$

残差将 $R^{(m)}x$ 投影到 v_m(而不是 d_{γ_m})上，可得

$$R^{(m)}x=\frac{\left\langle R^{(m)}x,v_m\right\rangle}{\left\|v_m\right\|_2^2}v_m+R^{(m+1)}x \tag{2.14}$$

则将式(2.14)对 $0\leqslant m<k$ 求和，得

$$\boldsymbol{x}=\sum_{m=0}^{k-1}\frac{\left\langle R^{(m)}\boldsymbol{x},\boldsymbol{v}_m\right\rangle}{\left\|\boldsymbol{v}_m\right\|_2^2}\boldsymbol{v}_m+R^{(k)}\boldsymbol{x}=P_{\boldsymbol{v}_k}\boldsymbol{x}+R^{(k)}\boldsymbol{x} \tag{2.15}$$

其中，$P_{\boldsymbol{v}_k}$ 是在 $\left\{\boldsymbol{v}_m\right\}_{0\leqslant m<k}$ 所张成的空间 $\boldsymbol{V}_k$ 上的正交投影。对任意 $k\geqslant 0$，残差 $R^{(k)}\boldsymbol{x}$ 是 $\boldsymbol{x}$ 正交于 $\boldsymbol{V}_k$ 的部分。对 $m=k$，显然有 $\left\langle R^{(m)}\boldsymbol{x},\boldsymbol{v}_m\right\rangle=\left\langle R^{(m)}\boldsymbol{x},\boldsymbol{d}_{\gamma_m}\right\rangle$。由于 $\boldsymbol{V}_k$ 的维数为 k，故存在 $M\leqslant N$，N 为信号长度，使得 $\boldsymbol{x}\in\boldsymbol{V}_M$，$R^{(M)}\boldsymbol{x}=0$。由式(2.14)和 $R^{(M)}\boldsymbol{x}=0$，可得

$$\boldsymbol{x}=\sum_{m=0}^{M-1}\frac{\left\langle R^{(m)}\boldsymbol{x},\boldsymbol{v}_m\right\rangle}{\left\|\boldsymbol{v}_m\right\|_2^2}\boldsymbol{v}_m \tag{2.16}$$

上式表明，仅需 $M(\leqslant N)$ 次有限迭代可以得到收敛解。由于是一簇正交基上的分解，因此满足 $\|\boldsymbol{x}\|_2^2=\sum_{m=0}^{M-1}\frac{\left|\left\langle R^{(m)}\boldsymbol{x},\boldsymbol{v}_m\right\rangle\right|^2}{\left\|\boldsymbol{v}_m\right\|_2^2}$。

2.1.2.2 凸松弛方法

基于 ℓ_0 范数的稀疏表示模型的求解是一个 NP 难问题。一类方法是将原先非凸的 ℓ_0 范数替换为凸的或更为容易处理的稀疏性度量函数，从而通过转换后的凸规划或非线性规划问题来逼近求解原先的组合优化问题，变换后的模型可采用诸多现有的高效优化算法进行求解，简化了问题的求解，降低了问题的复杂度。

将 ℓ_0 替换为 ℓ_1 范数的凸松弛方法称为基追踪(basis pursuit，BP)算法[20]，其数学模型如下：

$$\min_{\boldsymbol{\alpha}}\|\boldsymbol{\alpha}\|_1 \quad \text{s.t.} \quad \boldsymbol{x}=\boldsymbol{D}\boldsymbol{\alpha} \tag{2.17}$$

式(2.17)对应的是线性规划问题，可采用内点法进行求解，时间复杂度为 $O(L^{3.5})$，L 为字典中原子个数，能够保持解的稀疏性，在特定情形下能够获得与 ℓ_0 范数等同的稀疏解。然而对于大尺度问题，时空复杂度高，通过内点法求解的基追踪算法仍然是不可行的。

给定信号 $\boldsymbol{x}$，字典 $\boldsymbol{D}\in\mathbb{R}^{N\times L}$，且矩阵中列向量原子为 ℓ_2 规范化的，记 $\boldsymbol{D}$ 的相干系数为 $\mu_{\boldsymbol{D}}$，定义为

$$\mu_{\boldsymbol{D}}=\max_{\omega,\gamma\in\Gamma,\omega\neq\gamma}\left|\left\langle\boldsymbol{d}_\omega,\boldsymbol{d}_\gamma\right\rangle\right| \tag{2.18}$$

其中，Γ 为字典 $\boldsymbol{D}$ 中所有原子参数的指标集。则基追踪方法有如下结论。

定理 2.2[28,29] 给定信号 $\boldsymbol{x}=\boldsymbol{D}\boldsymbol{\alpha}+\boldsymbol{n}$，其中 $\boldsymbol{n}$ 为能量有界噪声 $\|\boldsymbol{n}\|_2\leqslant\varepsilon$，字典

$\boldsymbol{D}\in\mathbb{R}^{N\times L}$，记 $\boldsymbol{D}$ 的相干系数为 $\mu_{\boldsymbol{D}}$，如果信号 $\boldsymbol{x}$ 在字典 $\boldsymbol{D}$ 下可表示为 $\boldsymbol{x}=\boldsymbol{D\alpha}$，且满足 $\|\boldsymbol{\alpha}\|_0<\frac{1}{4}\left(1+\frac{1}{\mu_{\boldsymbol{D}}}\right)$，则给定 BP 最优化解 $\hat{\boldsymbol{\alpha}}$：

$$\hat{\boldsymbol{\alpha}}=\arg\min_{\boldsymbol{\alpha}}\|\boldsymbol{\alpha}\|_1 \quad \text{s.t.} \quad \|\boldsymbol{x}-\boldsymbol{D\alpha}\|_2\leqslant\varepsilon \tag{2.19}$$

将趋向稳定解：

$$\|\hat{\boldsymbol{\alpha}}-\boldsymbol{\alpha}\|_2\leqslant\frac{4\varepsilon^2}{1-\mu_{\boldsymbol{D}}(4\|\boldsymbol{\alpha}\|_0-1)} \tag{2.20}$$

上述定理表明：

(1) 当 $\varepsilon=0$ 时，BP 算法可以完全恢复稀疏信号 $\boldsymbol{\alpha}$；

(2) 在能量有界噪声干扰下最坏情形，BP 算法仍然能确保稀疏信号的鲁棒恢复。

在一些实际情况下，如当噪声服从高斯分布时，上述结论在较温和的条件下可以推广到概率情形(依概率 1 收敛于稀疏解)。

2.1.2.3　阈值收缩方法

当观测值 $\boldsymbol{x}$ 受到噪声污染时，$\boldsymbol{x}=\boldsymbol{D\alpha}+\boldsymbol{n}$，$\boldsymbol{n}$ 建模为均值为零的高斯白噪声，此时式(2.17)的等式约束必须被松弛以考虑噪声的影响，利用拉格朗日乘子法，得到基追踪去噪(basis pursuit denoising，BPDN)模型：

$$\min_{\boldsymbol{\alpha}}\frac{1}{2}\|\boldsymbol{x}-\boldsymbol{D\alpha}\|_2^2+\lambda\|\boldsymbol{\alpha}\|_1 \tag{2.21}$$

对于基追踪去噪问题，此时的解可用软阈值方法给出。不妨引入软阈值算子 $\text{softThresh}(\bullet)$，定义为

$$\text{softThresh}(\boldsymbol{\alpha})=\left(\left(1-\frac{\lambda}{|\boldsymbol{\alpha}[i]|}\right)_+\boldsymbol{\alpha}[i]\right)_{1\leqslant i\leqslant T} \tag{2.22}$$

其中，$(\bullet)_+=\max(\bullet,0)$。由于数据保真项 $\frac{1}{2}\|\boldsymbol{x}-\boldsymbol{D\alpha}\|_2^2$ 是可微且梯度利普希茨(Lipschitz)连续，其 Lipschitz 常数的上界为 $\|\boldsymbol{D}\|^2$。因此可以采取迭代软阈值(iterative soft thresholding，IST)方法[30]解决基追踪问题。算法过程归纳为算法 2.2。

算法 2.2　利用迭代软阈值求解 BPDN

初始化： 选择某个 $\boldsymbol{\alpha}^{(0)}\in\mathbb{R}^N$，一系列或者固定的 $\mu_n\in\left(0,2/\|\boldsymbol{D}\|_2^2\right)$，$\lambda>0$。

主迭代：for $n=0$ to $N_{\text{itr}}-1$，进行如下运算

$$\boldsymbol{\alpha}^{(n+1)}=\text{softThresh}_{\lambda\mu_n}\left(\boldsymbol{\alpha}^{(n)}+\mu_n\boldsymbol{D}^*\left(\boldsymbol{x}-\boldsymbol{D}\boldsymbol{\alpha}^{(n)}\right)\right)$$

输出：$\boldsymbol{\alpha}^{(N_{\text{itr}})}$。

上述迭代软阈值方法可以继续推广到更为复杂的图像去模糊、超分辨和压缩感知等反问题处理。对于这类问题，更为高效的数值计算方法可以在算子分裂和交替方向迭代格式下设计计算框架。感兴趣的读者可以参考文献[31]。

2.2 字 典 学 习

对信号和图像形成稀疏表示的途径包括：①基函数系统(或框架)、多尺度几何分析；②原子级联形成过完备字典；③字典学习方法。一般而言，前两种方法往往是与图像样本和内容无关的。字典学习的方法是针对给定的训练样本集，学习出能够对此样本集稀疏表示的字典，从而对于同样类型的新样本也可形成稀疏表示。与前面的方法相比，通过样本学习得到的字典通常可以产生更稀疏表示。

本节仅简要回顾两个著名的字典学习方法[2,16]：第一个是由 Engan 等人提出的最优方向法(method of optional direction，MOD)；第二个是由 Aharon 等人提出的 K-SVD 方法。

给定 M 个样本 $\{\boldsymbol{y}_i\}_{i=1}^M$，字典学习的数学问题是同时训练得到字典 $\boldsymbol{D}$，并且使得样本在字典下形成稀疏表示。假设给定样本拟合的模型误差 ε，则字典学习可建模为表示拟合误差约束下的稀疏优化问题：

$$\left(\boldsymbol{D}^*,\left\{\boldsymbol{\alpha}_i^*\right\}_{i=1}^M\right)=\underset{\boldsymbol{D},\{\boldsymbol{\alpha}_i\}_{i=1}^M}{\arg\min}\sum_{i=1}^M\|\boldsymbol{\alpha}_i\|_0\quad \text{s.t.}\quad \|\boldsymbol{y}_i-\boldsymbol{D}\boldsymbol{\alpha}_i\|_2^2\leqslant\varepsilon,1\leqslant i\leqslant M \tag{2.23}$$

如果我们选择稀疏性度量约束下的最佳拟合，并限定每一个样本稀疏表示系数向量的非零个数小于 k_0，则式(2.23)中的惩罚项和约束项可互换：

$$\left(\boldsymbol{D}^*,\left\{\boldsymbol{\alpha}_i^*\right\}_{i=1}^M\right)=\underset{\boldsymbol{D},\{\boldsymbol{\alpha}_i\}_{i=1}^M}{\arg\min}\sum_{i=1}^M\|\boldsymbol{y}_i-\boldsymbol{D}\boldsymbol{\alpha}_i\|_2^2\quad \text{s.t.}\quad \|\boldsymbol{\alpha}_i\|_0\leqslant k_0,1\leqslant i\leqslant M \tag{2.24}$$

关于上述两个模型的适定性和解的存在唯一性，Aharon 等人给出了分析。他们的研究表明：假设具有足够多样性的样本数据库，如果固定列的伸缩和排列顺序，至少在 $\varepsilon=0$ 的情况下，上述问题存在唯一解 $\boldsymbol{D}^*$；且所有样本至多用 $k_0<\text{spark}(\boldsymbol{D}^*)/2$ 个原子就可以稀疏表示。

上述问题也可看作是带约束的矩阵分解问题。将所有数据样本按照列矢量形式连接形成一个大小为 $n\times M$ 的矩阵 $\boldsymbol{Y}$；类似地，相应的所有稀疏表示系数形

成一个大小为 $m \times M$ 的矩阵 $\boldsymbol{X}$。因此，字典学习算法即为求解非负矩阵分解优化问题。

2.2.1　MOD 方法

MOD 方法是 Engan 等人提出的块坐标松弛算法(算法 2.3)，其原理是将优化问题(式(2.24))，看作一个嵌套最小化问题：内部是固定字典 $\boldsymbol{D}$，使表示系数矢量 $\boldsymbol{\alpha}_i$ 的非零个数最少；外部是求解字典 $\boldsymbol{D}$ 的最小化问题。从而形成稀疏编码和字典更新的交替迭代，在第 k 步，我们用第 $k-1$ 步求得的字典 $\boldsymbol{D}_{(k-1)}$，应用追踪算法(如前面提到的 MP 或 OMP)对每个样本 $\boldsymbol{y}_i$ 获得稀疏编码 $\boldsymbol{\alpha}_i^{(k)}$，并得到稀疏编码矩阵 $\boldsymbol{X}_{(k)}$；然后利用 Frobenius 范数(F 范数)下的最小二乘求解，得到第 k 步的字典 $\boldsymbol{D}_{(k)}$：

$$\boldsymbol{D}_{(k)}=\arg\min_{\boldsymbol{D}}\left\|\boldsymbol{Y}-\boldsymbol{D}\boldsymbol{X}_{(k)}\right\|_{\mathrm{F}}^{2}=\boldsymbol{Y}\boldsymbol{X}_{(k)}^{\mathrm{T}}\left(\boldsymbol{X}_{(k)}\boldsymbol{X}_{(k)}^{\mathrm{T}}\right)^{-1} \tag{2.25}$$

可以重新缩放得到字典中的列，不断增加 k 值并重复上述的循环，直到满足收敛性判定准则。

算法 2.3　字典学习的 MOD 算法

任务：利用 M 个样本数据 $\{\boldsymbol{y}_i\}_{i=1}^{M}$ 进行学习，同时训练得到字典 $\boldsymbol{D}$ 和样本的稀疏编码。

初始化：初始 $k=0$，足够小的误差 $\varepsilon>0$。

(1) 初始化字典。构造 $\boldsymbol{D}_0\in\mathbb{R}^{n\times K}$，既可利用随机元素构造，也可利用 K 个随机选择的样本构造。

(2) 归一化：对字典 $\boldsymbol{D}_0$ 的每一列进行归一化。

主迭代：

(1) 稀疏编码阶段，利用追踪算法逼近求解。

$$\boldsymbol{\alpha}_i^{(k)}=\arg\min_{\boldsymbol{\alpha}_i}\sum_{i=1}^{M}\left\|\boldsymbol{y}_i-\boldsymbol{D}_{(k-1)}\boldsymbol{\alpha}_i\right\|_2^2 \quad \text{s.t.} \quad \left\|\boldsymbol{\alpha}_i\right\|_0\leqslant k_0, 1\leqslant i\leqslant M$$

得到第 k 步的稀疏编码 $\boldsymbol{\alpha}_i^{(k)}$，其中 $1\leqslant i\leqslant M$，并按列形成矩阵 $\boldsymbol{X}_{(k)}$。

(2) MOD 字典更新阶段，利用如下公式更新字典。

$$\boldsymbol{D}_{(k)}=\arg\min_{\boldsymbol{D}}\left\|\boldsymbol{Y}-\boldsymbol{D}\boldsymbol{X}_{(k)}\right\|_{\mathrm{F}}^{2}=\boldsymbol{Y}\boldsymbol{X}_{(k)}^{\mathrm{T}}\left(\boldsymbol{X}_{(k)}\boldsymbol{X}_{(k)}^{\mathrm{T}}\right)^{-1}$$

(3) 终止规则。

如果 $\left\|\boldsymbol{Y}-\boldsymbol{D}_{(k)}\boldsymbol{X}_{(k)}\right\|_{\mathrm{F}}^{2}\leqslant\varepsilon$，则停止迭代；否则，$k=k+1$，继续迭代。

输出：求得的结果 $\boldsymbol{D}_{(k)}$。

2.2.2 K-SVD 方法

K-SVD 字典学习算法是 K 均值聚类算法的广义形式。K 均值聚类算法是从样本数据集 $\boldsymbol{Y}$ 中学习一个聚类中心，这个聚类中心类似字典的原子，$\boldsymbol{Y}$ 被划分成 K 类，每一类中的样本与其聚类中心的欧氏距离最近。当在 K-SVD 的稀疏求解步骤中限定每个信号的稀疏系数的非零元个数 $k_0=1$，且非零元取值也是 1 时，K-SVD 即是 K 均值聚类算法。当初始化字典 $\boldsymbol{D}_0$ 时，可以利用随机元素构造，也可利用 K 个随机选择的样本构造。问题(2.24)可以分解为如下 M 个子问题：

$$\boldsymbol{\alpha}_i^{(k)}=\underset{\boldsymbol{D},\{\boldsymbol{\alpha}_i\}_{i=1}^M}{\arg\min}\sum_{i=1}^{M}\left\|\boldsymbol{y}_i-\boldsymbol{D}_{(k-1)}\boldsymbol{\alpha}_i\right\|_2^2 \quad \text{s.t.} \quad \left\|\boldsymbol{\alpha}_i\right\|_0\leqslant k_0, 1\leqslant i\leqslant M \tag{2.26}$$

同 MOD 算法的稀疏编码步一样，可以采取追踪算法实现。求解稀疏编码 $\boldsymbol{\alpha}_i^{(k)}$，排成稀疏编码矩阵 $\boldsymbol{X}_{(k)}$。K-SVD 算法采取不同的字典更新规则，即逐列对该字典 $\boldsymbol{D}$ 中的原子进行更新。除了第 j_0 个列 $\boldsymbol{d}_{j_0}$，固定字典中的其他所有列，更新该列及其与 $\boldsymbol{Y}$ 相乘的系数。分离 $\boldsymbol{d}_{j_0}$ 的相关项，将式(2.26)重新表达为①

$$\begin{aligned}\boldsymbol{D}=\underset{\boldsymbol{D}}{\arg\min}\left\|\boldsymbol{Y}-\boldsymbol{D}\boldsymbol{X}\right\|_{\mathrm{F}}^2&=\left\|\boldsymbol{Y}-\sum_{j=1}^{K}\boldsymbol{d}_j\boldsymbol{\alpha}_j^{\mathrm{T}}\right\|_{\mathrm{F}}^2\\&=\left\|\left(\boldsymbol{Y}-\sum_{j\neq j_0}^{K}\boldsymbol{d}_j\boldsymbol{\alpha}_j^{\mathrm{T}}\right)-\boldsymbol{d}_{j_0}\boldsymbol{\alpha}_{j_0}^{\mathrm{T}}\right\|_{\mathrm{F}}^2\\&=\left\|\boldsymbol{E}_{j_0}-\boldsymbol{d}_{j_0}\boldsymbol{\alpha}_{j_0}^{\mathrm{T}}\right\|_{\mathrm{F}}^2\end{aligned} \tag{2.27}$$

其中，$\boldsymbol{\alpha}_j^{\mathrm{T}}$ 代表 $\boldsymbol{X}$ 的第 j 行。该更新步骤的目标是 $\boldsymbol{d}_{j_0}$ 和 $\boldsymbol{\alpha}_{j_0}^{\mathrm{T}}$，且有：

$$\boldsymbol{E}_{j_0}=\boldsymbol{Y}-\sum_{j\neq j_0}^{K}\boldsymbol{d}_j\boldsymbol{\alpha}_j^{\mathrm{T}} \tag{2.28}$$

作为一个已知的预先计算的误差矩阵。

最小化式(2.28)表明：$\boldsymbol{X}$ 被分解为 K 个秩为 1 的矩阵之和。K–1 项秩为 1 的矩阵是固定的，通过 K 次迭代更新，每一次迭代只更新第 j_0 个原子使得误差的 Frobenius 范数最小。所得的最优 $\boldsymbol{d}_{j_0}$ 和 $\boldsymbol{\alpha}_{j_0}^{\mathrm{T}}$ 是 $\boldsymbol{E}_{j_0}$ 的秩 1 逼近，可以通过奇异值分解(singular value decomposition，SVD)方法得到，但是这样通常会产生一个稠密的矢量 $\boldsymbol{\alpha}_{j_0}^{\mathrm{T}}$，这就意味着我们增加了稀疏表示中的非零个数。

为了最小化 $\boldsymbol{E}_{j_0}$，同时保持稀疏表示的基数不变，我们必须选取 $\boldsymbol{E}_{j_0}$ 列中的一个

① 为了简化记号，我们现在省略迭代数 k。

子集，该子集对应利用第 j_0 个原子来表示样例集合中的信号，也就是说这些列所对应 $\boldsymbol{\alpha}_{j_0}^{\mathrm{T}}$ 中的行元素是非零的。这样，我们只允许改变 $\boldsymbol{\alpha}_{j_0}^{\mathrm{T}}$ 中已有的非零系数，保持稀疏表示的基数不变。

因此，我们定义一个约束运算 $\boldsymbol{P}_{j_0}$ ，右乘矩阵 $\boldsymbol{E}_{j_0}$ 从而移除不相关的列。这个矩阵 $\boldsymbol{P}_{j_0}$ 有 M 行(所有样本的数量) M_{j_0} 列(用第 j_0 个原子表示样本的数量)。我们定义 $\left(\boldsymbol{\alpha}_{j_0}^{R}\right)^{\mathrm{T}}=\boldsymbol{\alpha}_{j_0}^{\mathrm{T}}\boldsymbol{P}_{j_0}$ 作为 $\boldsymbol{\alpha}_{j_0}^{\mathrm{T}}$ 中行的约束，并且只选取非零的元素。

对于这个子矩阵 $\boldsymbol{E}_{j_0}\boldsymbol{P}_{j_0}$ 而言，通过 SVD 方法进行秩 1 的逼近，并且同时更新原子 $\boldsymbol{d}_{j_0}$ 和相应的稀疏表示系数 $\boldsymbol{\alpha}_{j_0}^{R}$ 。这样，联合更新策略能提高训练算法的收敛速度。

注意，我们不需要全部都用 SVD 方法，因为它只要求 $\boldsymbol{E}_{j_0}\boldsymbol{P}_{j_0}$ 中的第一个秩的部分。为了求解 $\boldsymbol{d}_{j_0}$ 和 $\boldsymbol{\alpha}_{j_0}^{R}$，同样遵循块坐标基本原理交替进行：固定 $\boldsymbol{d}_{j_0}$ ，利用普通的最小二乘更新 $\boldsymbol{\alpha}_{j_0}^{R}$，求解下式：

$$\min_{\boldsymbol{\alpha}_{j_0}^{R}}\left\|\boldsymbol{E}_{j_0}\boldsymbol{P}_{j_0}-\boldsymbol{d}_{j_0}(\boldsymbol{\alpha}_{j_0}^{R})^{\mathrm{T}}\right\|_{\mathrm{F}}^{2}\Rightarrow\boldsymbol{\alpha}_{j_0}^{R}=\frac{(\boldsymbol{E}_{j_0}\boldsymbol{P}_{j_0})^{\mathrm{T}}\boldsymbol{d}_{j_0}}{\left\|\boldsymbol{d}_{j_0}\right\|_{2}^{2}}\tag{2.29}$$

上式更新完毕后，$\boldsymbol{\alpha}_{j_0}^{R}$ 保持不变，然后利用下式更新 $\boldsymbol{d}_{j_0}$：

$$\min_{\boldsymbol{\alpha}_{j_0}}\left\|\boldsymbol{E}_{j_0}\boldsymbol{P}_{j_0}-\boldsymbol{d}_{j_0}(\boldsymbol{\alpha}_{j_0}^{R})^{\mathrm{T}}\right\|_{\mathrm{F}}^{2}\Rightarrow\boldsymbol{d}_{j_0}^{R}=\frac{\boldsymbol{E}_{j_0}\boldsymbol{P}_{j_0}\boldsymbol{d}_{j_0}\boldsymbol{d}_{j_0}}{\left\|\boldsymbol{\alpha}_{j_0}^{R}\right\|_{2}^{2}}\tag{2.30}$$

对这两个未知变量，经过上述几个回合的循环更新足以获得所需的字典更新。

有趣的是，如果上述过程考虑 $k_0=1$ 的情况，并且限制其表达系数为二进制(1 或者 0)，那么该问题将简化为一个简单聚类问题。此外，在这种情况下，上述的训练算法简化为著名的 K 均值算法。而 K 均值算法的每步迭代都计算 K 个不同子集的均值，K-SVD 算法在每 K 个不同的子矩阵中都进行 SVD 分解，因此命名为 K-SVD(K 是字典的列的个数)。K-SVD 算法的过程如算法 2.4。

算法 2.4　字典学习的 K-SVD 算法

任务：利用 M 个样本数据 $\{\boldsymbol{y}_i\}_{i=1}^{M}$ 进行学习，同时训练得到字典 $\boldsymbol{D}$ 和样本的稀疏编码。

初始化：初始 $k=0$ 。

(1) 初始化字典。构造 $\boldsymbol{D}_0\in\mathbb{R}^{n\times K}$ ，既可利用随机元素构造，也可利用 m 个随机选择的样本构造。

(2) 归一化。对字典 $\boldsymbol{D}_0$ 的每一列进行归一化。

主迭代：

(1) 稀疏编码阶段。利用追踪算法逼近求解：

$$\boldsymbol{\alpha}_i^{(k)} = \arg\min_{\boldsymbol{\alpha}_i} \sum_{i=1}^{M} \left\| \boldsymbol{y}_i - \boldsymbol{D}_{(k-1)}\boldsymbol{\alpha}_i \right\|_2^2 \quad \text{s.t.} \quad \|\boldsymbol{\alpha}_i\|_0 \leqslant k_0, 1 \leqslant i \leqslant M$$

得到第 k 步的稀疏编码 $\boldsymbol{\alpha}_i^{(k)}$，其中 $1 \leqslant i \leqslant M$，并按列形成矩阵 $\boldsymbol{X}_{(k)}$。

(2) K-SVD 字典更新阶段。利用下面的步骤更新字典中的列，从而得到 $\boldsymbol{D}_{(k)}$，重复执行 $j_0 = 1,2,\cdots,m$。

①定义使用原子 $\boldsymbol{d}_{j_0}$ 的样本组：

$$\Omega_{j_0} = \left\{ i \middle| 1 \leqslant i \leqslant M, \boldsymbol{X}_{(k)}[j_0, i] \neq 0 \right\}$$

②计算残差矩阵：

$$\boldsymbol{E}_{j_0} = \boldsymbol{Y} - \sum_{j \neq j_0}^{K} \boldsymbol{d}_j \boldsymbol{\alpha}_j^{\mathrm{T}}$$

③约束 $\boldsymbol{E}_{j_0}$ 只选取 Ω_{j_0} 中相应的列，从而得到 $\boldsymbol{E}_{j_0}^R$。

④利用 SVD 方法分解 $\boldsymbol{E}_{j_0}^R = \boldsymbol{U}\boldsymbol{S}\boldsymbol{V}^{\mathrm{T}}$。更新字典的原子 $\boldsymbol{d}_{j_0} = \boldsymbol{u}_1$，且稀疏表示更新为 $\boldsymbol{\alpha}_{j_0}^R = \boldsymbol{S}[1,1]\boldsymbol{v}_1$。

(3) 停止规则。

如果式 $\left\| \boldsymbol{Y} - \boldsymbol{D}_{(k)}\boldsymbol{X}_{(k)} \right\|_{\mathrm{F}}^2 \leqslant \varepsilon$，则停止迭代；否则，$k=k+1$，执行下一步迭代。

输出：求得的结果 $\boldsymbol{D}_{(k)}$。

在文献[2]中，Elad 给出了对 512×512 大小的 Barbara 图像的字典学习的例子，应用滑窗分块技术按照从左到右、从上到下的顺序将 Barbara 分成大小为 8×8 的重叠块，共计获取 $(512-7)^2 = 255025$ 个图像重叠块。实验中按均匀分布随机抽取 10% 的重叠块作为训练集合，分别利用 MOD 和 K-SVD 算法进行 50 步迭代。对上述两个算法，设定每块稀疏表示基的个数 $k_0 = 4$，且利用大小为 64×121 的二维可分离离散余弦变换(discrete cosine transform，DCT)字典进行初始化。首先利用第一个大小为 8×11 的一维的 DCT 矩阵创建一维字典 $\boldsymbol{D}_{1D}$，其中第 k 个原子利用 $d_k^{1D} = \cos((i-1)(k-1)\pi/11), i = 1,2,\cdots,8$ 进行赋值。除了第 1 个原子，其他所有原子都进行去均值处理。利用克罗内克积(Kronecker product) $\boldsymbol{D}_{2D} = \boldsymbol{D}_{1D} \otimes \boldsymbol{D}_{1D}$ 得到最终的字典，这意味着当对二维的图像块进行操作时，这个矩阵具有可分离性。

图 2.3 给出了两种算法在训练集上的表示误差，图 2.4 显示了 DCT 字典和两个生成的字典(MOD 字典和 K-SVD 字典)。我们可以看到虽然 DCT 字典能对图像块进行很好的稀疏表示，但两个算法都在初始化 DCT 字典的基础上大幅改善了稀疏表示性能。在该实验中，MOD 算法和 K-SVD 算法表现大致相同，表示误差几乎相等。

MOD 算法和 K-SVD 算法的学习过程都产生了一个字典，由于是对自然图像进行训练，所以训练得到的字典包括了分段光滑原子和纹理原子。实验表明 MOD 和 K-SVD 的字典是相同的或者几乎接近的，利用上述同样的过程来测试两个字典之间的距离，我们发现仅存在大约 14%的重叠原子，其余的原子都不一样。

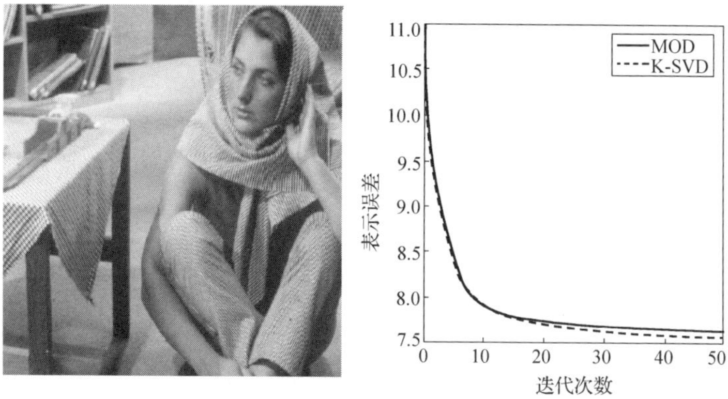

(a) Barbara原始图像　　(b)表示误差[2]

图 2.3　Barbara 原始图像和 MOD 与 K-SVD 算法的表示误差

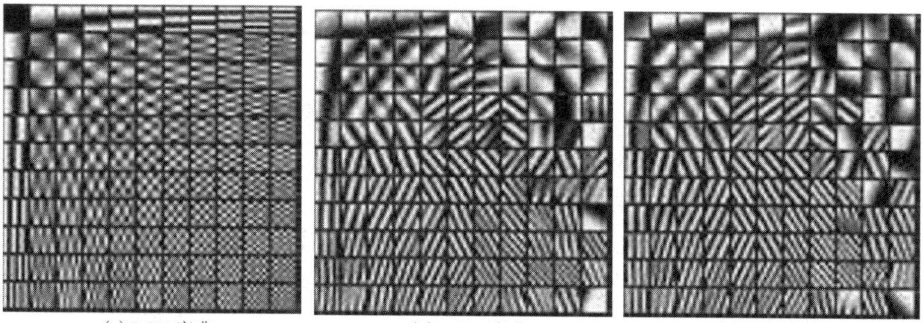

(a) DCT 字典　　(b) MOD 字典　　(c) K-SVD 字典

图 2.4　DCT 字典、MOD 字典和 K-SVD 字典利用 Barbara 图像中 8×8 的图像块进行训练[2]

由于实验中只利用图像块中的一小部分进行字典训练，那么人们自然会提出这样一个问题，通过训练得到的字典是否能对其余的图像块进行稀疏表示？实验利用 OMP 算法对所有的图像块进行计算，采用 DCT 字典，其表示误差是 10.97；采用 MOD 字典，其表示误差是 7.82；采用 K-SVD 字典，其表示误差是 7.80。后两个训练得到的字典在训练集合上产生的误差非常的接近，且都远好于 DCT 字典，这就意味着稀疏化的性质对图像中的其他块也能很好地适用。

正如 Elad 所讨论的，字典学习问题是一个广义聚类问题。作为机器学习任务，亟待解决以下问题。

(1) 求解聚类问题和 K 均值问题，并不能保证 MOD 和 K-SVD 算法能够得到惩罚项函数的全局最小值。事实上，即使是局部最小解也不能保证，因为这些算法或许会落在一个鞍点的稳定解上。

(2) 收敛性问题。稀疏编码阶段的追踪算法得到的可能是一个次优解，在函数迭代的过程中，并不能保证得到一个单调非增的惩罚值。然而，可以通过对算法进行修改以保证对这些样例采用追踪算法处理后，其表达误差是下降的，这样就保证了整个误差是逐渐减小的。

2.3　由稀疏表示到压缩感知

本节给出压缩感知的基本原理，该理论由 Candès、Tao 以及 Donoho 等人提出。压缩感知的英文表达有 compressive sensing、compressed 或者 compressive sampling 等[32-36]。

根据著名的香农采样定理，在传统数字信号处理中，一个带限信号为了能够从其采样中进行精确重构，要求其采样频率必须大于或等于两倍带宽(称之为奈奎斯特频率)。然而对于超宽带通信和信号处理、计算机视觉、生物医学成像、光谱计算成像等众多应用，信号的带宽越来越大，导致对信号的采样率(sampling rate，SR)、传输速度和存储空间要求越来越大。为了应对和缓和这些挑战，传统做法是先进行奈奎斯特频率采样，再进行采样数据的压缩。然而，对于超宽带信号，奈奎斯特频率采样成本太高，直接采样的数据冗余性高，数据压缩是去掉那些冗余和不重要的信息。我们不禁要问：既然被压缩掉的数据是奈奎斯特频率采样带来的冗余数据，为什么要浪费那么大的精力去采样那么多的冗余数据？

利用信号的稀疏性结构，压缩感知是一个可以让我们不再受香农定理限制的采样模式。压缩感知允许我们在采样频率远低于奈奎斯特率的情况下获取和表示可压缩的信号。其采样步骤非常快，因为它采用非自适应的线性投影来保持信号的结构。通过将解码步骤建模为一个基于稀疏正则化的凸优化线性反问题，我们可以从这些投影中重构该信号。

本节简单讨论从压缩感知测量中进行基于 ℓ_1 凸优化的恢复。但是，ℓ_1 的最小化求解并不是唯一的求解方法，还存在其他恢复算法，例如，贪婪算法及其变种[25,26]，或者非凸 $\ell_p(0\leqslant p\leqslant 1)$ 正则化[36-39]等。这里不再赘述。

压缩感知的魅力之一是其为跨学科的方法，因为它来源于各种应用数学的学科，包括：线性代数、概率论、高维几何、泛函分析、计算调和分析和优化算法。它也隐含了统计学、信号处理、信息论和学习论。尽管稀疏性是压缩感知理论的一个基本要素，但是在本章中，我们强调压缩感知作为一种采样模式，以避免与一般的基于稀疏正则化反问题相混淆。

压缩感知理论认为，它能从远少于 N 个数据样本的 m 个测量值中恢复特定信号和图像。为了实现这个目标，压缩感知依赖于以下两个原则。

(1) 可压缩性。信号的稀疏性，信号中包含的信息可以比其有效的带宽小得多。更明确地说，压缩感知利用了如下事实，当用某些字典 $\boldsymbol{D}$ 时，数据具有更简洁的表示，或可压缩。

(2) 感知模式与字典 $\boldsymbol{D}$ 的不相干性。在某种意义上，它拓展了时频分析之间的不确定性原理，在字典 $\boldsymbol{D}$ 下稀疏的信号必然在信号获取区域内分散，也就是说，感知矢量要尽可能与稀疏表示的原子不同，反之亦然。与信号不同，感知矢量在字典 $\boldsymbol{D}$ 下必须是稠密的表示。

变换编码器利用的事实是：很多信号在一个固定基上具有一个稀疏表示，意味着我们只需存储少数的自适应选择的变换系数，也不会有太大的损失。在典型数据采集系统中，首先获取整个 N-采样的信号 $\boldsymbol{x}$；然后计算一套完整的变换系数 $\boldsymbol{D}^*\boldsymbol{x}$；最后仅仅对最大的若干系数进行编码，而丢弃其余的系数。那么一个自然的问题是：如果我们知道信号的大部分最终会被扔掉，那么为什么还要花那么大的努力来获取整个信号呢？

压缩感知的机理在于它证明了不需要获取 N 个样本的中间过程，就能同时对数据进行感知和压缩。压缩感知是在事先不知道信号 $\boldsymbol{x}$ 的情况下，直接通过获取信号的重要信息进行操作。这是压缩感知的一个独特性质，测量过程是非自适应的，即它不依赖于信号 $\boldsymbol{x}$ 的显性知识。

考虑一般线性测量过程，该过程记录了 $\boldsymbol{x}$ 和一组向量 $(\boldsymbol{h}_i)_{1<i<m}$ 之间的 $m<N$ 个内积：

$$\boldsymbol{y}[i] = \langle \boldsymbol{h}_i, \boldsymbol{x} \rangle \tag{2.31}$$

或者，其矩阵-向量形式为

$$\boldsymbol{y} = \boldsymbol{H}\boldsymbol{x} = \boldsymbol{H}\boldsymbol{D}\boldsymbol{\alpha} = \boldsymbol{F}\boldsymbol{\alpha} \tag{2.32}$$

其中，测量向量 $\boldsymbol{h}_i^*$ 被组织为一个大小为 $m\times N$ 的矩阵 $\boldsymbol{H}$ 中的行 (图 2.5)。当 $\boldsymbol{h}_i^*$ 是狄拉克 (Dirac) 函数时，对应香农型采样的特殊情况；当磁共振成像时 $\boldsymbol{h}_i^*$ 是正弦函数，$\boldsymbol{y}$ 是傅里叶系数向量，这正是核磁共振成像 (magnetic resonance imaging，MRI) 的感知模式。

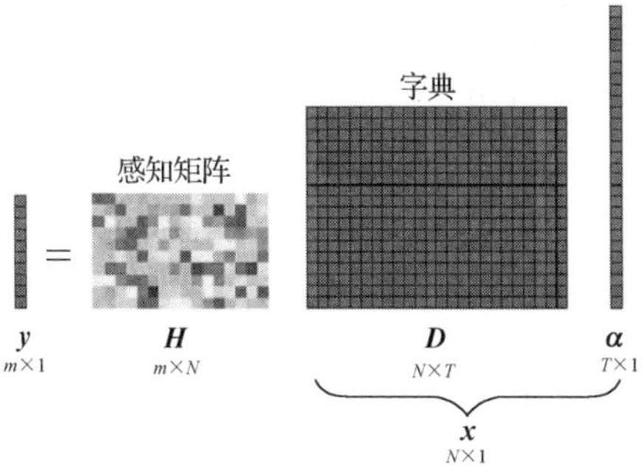

图 2.5　压缩感知模式 (矩阵 $\boldsymbol{H}$ 的每行是一个与要获得的信号有关的问题)

在压缩感知中，我们感兴趣的是欠采样的情况，$m \ll N$。同时，我们面临如下基本问题。

(1) 是否可以从少数的测量值中得到精确的重构(解压或解码)？如果可以，需要多少个测量值？如果存在这样的解码器，那么它在实际中易于实现吗？

(2) 如何设计感知模式 $\boldsymbol{H}$ 使其能非自适应地捕获几乎所有的信号信息？

(3) 当我们偏离(合理的)理想情况时(如可压缩的信号存在噪声)，它是否具有稳定性？

我们可以看到问题(1)是一个试图解决欠定线性方程系统求解的反问题。传统线性代数的基本定理告诉我们当未知数多于方程数时，是一个欠定系统求解问题。然而，利用稀疏先验信息，一些压缩感知的数学理论结果已经表明通过凸规划，可以从 $\boldsymbol{y}$ 中完全或者高概率重建 $\boldsymbol{x}$。本书将在后续章节给出若干理论结果，回答上述问题。

2.3.1　不相干感知与稀疏信号复原

假设 $(\overline{\boldsymbol{H}},\boldsymbol{D})$ 是一对正交基，$\overline{\boldsymbol{H}}$ 称为感知基(sensing basis)。Candès、Tao 以及 Romberg 指出，这并不局限于正交基。感知其矩阵 $\boldsymbol{H}$ 的 m 个行向量是由感知基 $\overline{\boldsymbol{H}}$ 的 m 个列向量转置排列组成，即 $\boldsymbol{H}=[\boldsymbol{h}_1,\boldsymbol{h}_2,\cdots,\boldsymbol{h}_m]^{\mathrm{T}}$。感知基矩阵 $\overline{\boldsymbol{H}}$ 和稀疏表示系统 $\boldsymbol{D}$ 之间的不相干性是由他们之间的互相干性进行测量[31-35]：

$$\mu_{\overline{\boldsymbol{H}};\boldsymbol{D}}=\sqrt{N}\max_{i\neq j}\left|\left\langle \boldsymbol{h}_i,\boldsymbol{d}_j\right\rangle\right| \tag{2.33}$$

其中，$\mu_{\overline{\boldsymbol{H}};\boldsymbol{D}}$ 的值越小，$\overline{\boldsymbol{H}}$ 和 $\boldsymbol{D}$ 之间的不相干性越大。

显然，感知基矩阵 $\overline{\boldsymbol{H}}\in\mathbb{R}^{N\times N}$ 和稀疏表示系统 $\boldsymbol{D}\in\mathbb{R}^{N\times N}$ (字典)之间的互相干性 $\mu_{\overline{\boldsymbol{H}};\boldsymbol{D}}\in[1,\sqrt{N}]$。例如，如果 $\overline{\boldsymbol{H}}$ 是标准基(用狄拉克进行采样)，信号在傅里叶基 $\boldsymbol{D}$ 下稀疏，那么 $\mu_{\overline{\boldsymbol{H}};\boldsymbol{D}}=1$ 达到其下界，即标准基和傅里叶基有最大的不相关度。另外一个感兴趣的例子是，如果 $\overline{\boldsymbol{H}}$ 采取 Coifman 等人 2001 年提出的 Noiselets 基[39]时，能够提升压缩感知系统不相干感知性能。这是因为 Noiselets 与很多字典(包括小波、经典基和傅里叶基)基本上是不相关的，并且它适用于任意维数。众所周知，大多数感兴趣的信号和图像在小波域上是稀疏的，这样 Noiselets 提供了近乎最优的测量系统。Noiselets 也提出了一个快速的变换算法，其运算复杂度为 $O(N)$。这对实现压缩感知而言，具有很高的实用价值。

从 $m<N$ 个测量值的信息，重构信号 $\boldsymbol{x}^*$ 可通过求解下式得到：

$$\min_{\boldsymbol{\alpha}\in\mathbb{R}^N}\|\boldsymbol{\alpha}\|_0 \quad \text{s.t.} \quad \boldsymbol{y}=\boldsymbol{HD\alpha} \tag{2.34}$$

且重构信号 $\boldsymbol{x}^*=\boldsymbol{D\alpha}^*$，$\boldsymbol{\alpha}^*$ 是 ℓ_0 优化问题的全局最小值。然而，这是一个高度非凸组合优化问题。压缩感知解码采用凸松弛，即将 ℓ_1 范数代替 ℓ_0 伪范数(图 2.6 给出了该问题的几何直观解释)，从而归结为基追踪(BP)问题。该问题可以通过 Douglas-Racchford(DR)分裂法有效求解。下面的定理表明，$\boldsymbol{x}$ 在字典 $\boldsymbol{D}$ 下的表示

系数是严格 K-稀疏的，则存在一定的随机测量数，使得 ℓ_1 最小化可以高概率重建稀疏解。

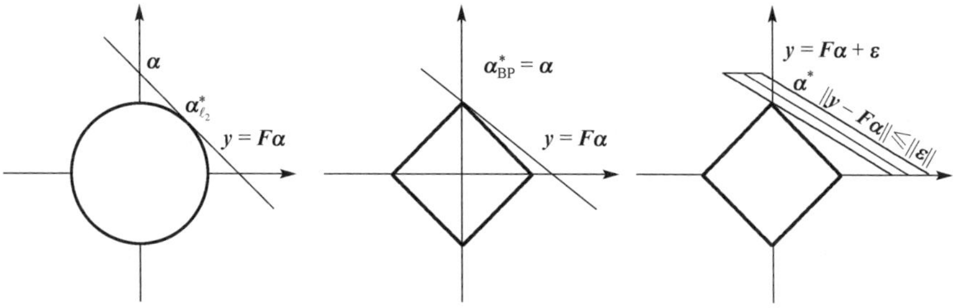

(a) ℓ_2最小化解是不稀疏的　　(b) BP解精确地恢复稀疏解　　(c) 测量噪声存在时式(2.36)的解

图 2.6　当 N=2 和 m=1 时，通过 ℓ_1 最小化重建的几何图形

定理 2.3[32]　令 $\boldsymbol{x}\in\mathbb{R}^N$，感知矩阵为 $\boldsymbol{H}\in\mathbb{R}^{m\times N}$；$\boldsymbol{x}$ 在字典 $\boldsymbol{D}$ 表示下的表示系数是 K-稀疏的，若

$$m\geqslant C\cdot\mu^2_{\overline{\boldsymbol{H}};\boldsymbol{D}}\cdot K\cdot\log\left(N/\delta\right)$$

对某个常数 C 成立，则 ℓ_1 范数最小的 BP 问题：

$$\min_{\boldsymbol{\alpha}\in\mathbb{R}^N}\|\boldsymbol{\alpha}\|_1\quad \text{s.t.}\quad \boldsymbol{y}=\boldsymbol{HD\alpha}$$

的解 $\boldsymbol{\alpha}$ 可以 $1-\delta$ 的概率精确求出，从而高维信号 $\boldsymbol{x}$ 可从低维压缩采样信号 $\boldsymbol{y}$ 以 $1-\delta$ 的概率重构。

从上面的定理可以得到如下结果[32,40]。

(1) 感知基矩阵 $\overline{\boldsymbol{H}}$ 和表示字典 $\boldsymbol{D}$ 之间的相干性 $\mu_{\overline{\boldsymbol{H}};\boldsymbol{D}}$ 越小，所需要的测量样本数 m 越少。

(2) 虽然仅仅采集了 m 个测量样本，比使用奈奎斯特率采样的信号长度 N 小得多，但是并不会造成任何信息的丢失，因为信号可以高概率计算重构。

(3) 如果 $\mu_{\overline{\boldsymbol{H}};\boldsymbol{D}}$ 达到其下界 1，那么只需要 $K\cdot\log(N)$ 个测量值而不是 N 个测量值就能精确重构 $\boldsymbol{x}$。

(4) 值得注意的是，信号能够复原的结论是概率性的，但其失效概率可忽略不计。

2.3.2　稳定压缩感知

2.3.2.1　约束等距性

由于 $m<N$，从 m 个测量值中恢复 $\boldsymbol{x}$ 的问题是不适定的。但是，如果 $\boldsymbol{x}$ 是 K-稀疏的，且假设在系数 $\boldsymbol{\alpha}$ 中 K 个非零元素的位置已知，那么这个简化问题就可以

通过最小二乘法求解，只要 $m \geqslant K$。相当于强加了从矩阵 $\boldsymbol{F}$ 中抽取的任意 K 列的子矩阵都是适定的。这就引入了所谓的约束等距性(restricted isometry property，RIP)的概念[33,41,42]，它在研究信号压缩感知的可恢复性上起着根本性的作用。

定义 2.2　(约束等距性(RIP))对于任意整数 K，任何 $\boldsymbol{\alpha} \in \mathbb{R}^N$ 且满足 $\|\boldsymbol{\alpha}\|_0 \leqslant K$，存在 $0<\delta_K<1$ 满足下式：

$$(1-\delta_K)\|\boldsymbol{\alpha}\|^2 \leqslant \|\boldsymbol{F\alpha}\|^2 \leqslant (1+\delta_K)\|\boldsymbol{\alpha}\|^2 \tag{2.35}$$

其中，变量 δ_K 就是矩阵 $\boldsymbol{F}$ 的约束等距常数(restricted isometry constant，RIC)，而式(2.35)称为 RIP 条件。

如果约束等距常数 δ_K 不为 1，则 $\boldsymbol{F}$ 满足 K 阶的约束等距性。简单地说，矩阵 $\boldsymbol{F}$ 几乎保留了 K-稀疏向量的长度，意味着 K-稀疏向量不能在 $\boldsymbol{F}$ 中的零空间中。约束等距性与前面讨论的不相关性是密切相关的。最近，一些研究出现了对压缩感知(CS)的分析，其涉及了约束等距性非对称的版本，读者可参见 Foucart 和 Lai[42]以及 Blanchard 等[43]的工作。

通常情况下系数 $\boldsymbol{\alpha}$ 中 K 个非零元素的位置是未知的。因此为了从 $\boldsymbol{y}=\boldsymbol{F\alpha}$ 中恢复 $\boldsymbol{\alpha}$，必须满足 $\delta_{2K}<1$。这是因为，假设 $\boldsymbol{\alpha}$ 是唯一的最稀疏解，并假设其他的解为 $\boldsymbol{\alpha}+\boldsymbol{\xi}$，其中 $\boldsymbol{\xi}$ 在 $\boldsymbol{F}$ 的零空间内，因此，$\boldsymbol{F\xi}=\boldsymbol{0}$ 且 $\boldsymbol{F}$ 满足 $2K$ 阶的约束等距性，则 $\boldsymbol{\xi}$ 至少是 $2K$+1 稀疏的。依次类推，任何其他的解 $\boldsymbol{\alpha}+\boldsymbol{\xi}$ 至少是 K+1 稀疏的，因此，解 $\boldsymbol{\alpha}$ 是唯一的。为了重建 K-稀疏的信号，方程(2.35)的下界起了重要作用。下面，我们会看到约束等距性不仅保证了利用 ℓ_1 最小化的重建(对稀疏的和可压缩的信号都是精确的)，而且还对噪声具有稳定性。

2.3.2.2　压缩性和噪声的稳定性

由于压缩感知的广泛应用，需要稳定的重建的过程，即所观察数据中的小扰动只能引起重构的小扰动。假设所观察的数据存在噪声，即 $\|\boldsymbol{n}\| \leqslant \sigma$，则可建立噪声干扰下的压缩感知问题：

$$\min_{\boldsymbol{\alpha}\in\mathbb{R}^N} \|\boldsymbol{\alpha}\|_1 \quad \text{s.t.} \quad \|\boldsymbol{y}-\boldsymbol{F\alpha}\| \leqslant \sigma \tag{2.36}$$

在此情形，可以建立一个闭凸集合 $C=\left\{\boldsymbol{\alpha}\in\mathbb{R}^N \,\middle|\, \|\boldsymbol{y}-\boldsymbol{F\alpha}\| \leqslant \sigma\right\}$ 以及该集合上的指示函数：

$$\chi_C(\boldsymbol{\alpha}) = \begin{cases} 0, & \boldsymbol{\alpha}\in C \\ +\infty, & \boldsymbol{\alpha}\notin C \end{cases}$$

则上述问题可以归结为如下优化问题：

$$\min_{\boldsymbol{\alpha}\in\mathbb{R}^N}\|\boldsymbol{\alpha}\|_1+\chi_C(\boldsymbol{\alpha}) \tag{2.37}$$

针对不准确的测量，压缩感知提出了解决干扰情况下 ℓ_1 正则化的问题，例如，可以采用算子分裂方法(见第 3 章)得到稳定的压缩感知算法。根据 2006 年 Candès 等人的研究，有如下定理。

定理 2.4[42]　如果 $\boldsymbol{F}$ 满足约束等距性，其约束等距常数 $\delta_{2K}<\sqrt{2}-1$，则式(2.36)的解 $\boldsymbol{\alpha}^*$ 满足：

$$\|\boldsymbol{\alpha}-\boldsymbol{\alpha}^*\|\leqslant\frac{C_1}{\sqrt{K}}\|\boldsymbol{\alpha}-\boldsymbol{\alpha}_K\|_1+C_2\sigma \tag{2.38}$$

其中，$\boldsymbol{\alpha}_K$ 是约束 $\boldsymbol{\alpha}$ 中的 K 个最大的元素，$C_1=2\left(\dfrac{1+(\sqrt{2}-1)\delta_{2K}}{1-(\sqrt{2}+1)\delta_{2K}}\right)$，$C_2=\dfrac{\left(4\sqrt{1+\delta_{2K}}\right)}{1-(\sqrt{2}+1)\delta_{2K}}$。例如，$\delta_{2K}$=0.2，$C_1$<4.2 且 C_2<8.5。

根据上述定理，通过 ℓ_1 最小化重构具有有界的误差，该误差受以下两个因子约束。

(1) 第一项 $\dfrac{C_1}{\sqrt{K}}\|\boldsymbol{\alpha}-\boldsymbol{\alpha}_K\|_1$ 是近似误差。如果已知非零系数的支撑集，那么在无噪声情形可得到期望的解；如果该信号是严格稀疏的，那么这项误差为零。

(2) 第二个误差为 $C_2\sigma$，和噪声大小成比例，并能预知压缩感知的解码质量会随着噪声的增加而合理地降低。

因此可以看出，压缩感知是一个通用的编码策略。对于可压缩的信号，(非自适应的)压缩感知 ℓ_1 解码的质量是完美的。对于不准确的测量数据，其解码质量是可以控制的。

2.3.2.3　随机感知矩阵构造

压缩感知理论的一个重要方面是设计随机感知矩阵 $\boldsymbol{H}$。目前代表性方法有两类：其一是确定性构造方法；其二是随机方法。

确定性构造感知矩阵 $\boldsymbol{H}$，其条件是 $\boldsymbol{F}$ 矩阵需要满足 $2K$ 阶约束等距性条件，这样就归结为矩阵设计问题。该问题要求方程(2.35)适用 $\begin{pmatrix}T\\2k\end{pmatrix}$ 个所有可能的 $2K$-稀疏的向量，其中 T 为字典原子个数。

另一种方法是采取随机矩阵。理论和实验分析表明很多随机构造的矩阵是高概率地满足 RIP 条件。Candès 和 Wakin[35]的综述文章中给出了一些随机感知矩阵的若干例子，下面我们不加证明地给出这些例子。

假如 $\boldsymbol{H}$ 中的元素服从平均值为 0，方差为 $1/m$ 独立同分布(independent identically distributed，iid)的高斯分布，则 $\boldsymbol{F}=\boldsymbol{HD}$ (设 $\boldsymbol{D}$ 是一个正交基)以高概率地

满足方程(2.38)中所要求的 RIP 条件，其条件是：

$$m \geqslant CK\log(N/K) \tag{2.39}$$

该证明使用了著名的关于高斯矩阵奇异值的结果。感知矩阵的列均匀分布在 $\mathbb{R}^m$ 中的单位球面上，或者它的元素是独立同分布的采样于亚高斯分布(如伯努利(Bernoulli)分布)，将其列进行归一化，服从方程(2.39)中的 RIP 条件。如 2.3.1 节中所示的一对正交基，其中 $\boldsymbol{H}$ 是通过从一个正交基(如傅里叶)中随机选择 m 行而得到，然后将其列规范化为一个单位的 ℓ_2 范数，以高概率地保持 RIP 条件[34,44,45]，假若：

$$m \geqslant CK\log(N)^4 \tag{2.40}$$

这是将定理 2.3 扩展到了可压缩的信号和存在噪声的测量。

2.3.2.4 冗余字典的感知

到目前为止，我们所考虑的信号 $\boldsymbol{x}$ 在一些正交基 $\boldsymbol{D}$ $(T=N)$ 下是稀疏的。但是在很多情况下，$\boldsymbol{x}$ 在一个过完备的字典 $\boldsymbol{D}$ (即 $T>N$) 下也是稀疏的。对于过完备字典下稀疏信号，理论上需要保证基于 ℓ_1 最小化框架下压缩感知信号的恢复性条件。Donoho、Rauhut 以及 Ying 和 Zou 等人深入研究了该问题，分析了 $\boldsymbol{H}$ 和 $\boldsymbol{D}$ 的组合对 RIP 常数的影响以及保证 RIP 的条件[27,28,45-47]。

令 $\mu_{\boldsymbol{D}} = \max\limits_{i \neq j} \left| \left\langle \boldsymbol{d}_i, \boldsymbol{d}_j \right\rangle \right|$ 来表示字典 $\boldsymbol{D}$ 的相干性。Rauhut 等人证明了由一个随机的感知矩阵 $\boldsymbol{H}$ 和一个充分不相干的确定性字典 $\boldsymbol{D}$ 组成的矩阵 $\boldsymbol{F}=\boldsymbol{HD}$ 具有较小的约束等距常数(RIC)[45]。因此，在冗余字典 $\boldsymbol{D}$ 下稀疏的信号跟以前一样，能被 ℓ_1 最小化重构。具体而言，若 $\boldsymbol{\alpha}$ 是足够稀疏的，且满足：

$$2\|\boldsymbol{\alpha}\|_0 = 2K \leqslant \frac{1}{16}\mu_{\boldsymbol{D}}^{-1} + 1$$

其中，$\boldsymbol{H}$ 是一个随机矩阵，它的元素是独立同分布的(如高斯、伯努利或者任意的亚高斯分布)，那么它的列是规范化的。进一步地，假设存在一些常量 C 使其满足 $m \geqslant CK\log(N/K)$。然后，$\boldsymbol{F}$ 的 RIC 以高概率地满足：

$$\delta_{2K} \leqslant 1/3 \tag{2.41}$$

这个上界是明显小于 $\sqrt{2}-1$ (重构要求的上界)，且能保证式(2.38)成立。

至此，本书简要概述了稀疏信号压缩测量与稳定重建的若干理论基础。压缩感知理论在新型成像系统(如单像素相机、压缩感知雷达、压缩 MRI)等具有广阔前景，更多的理论和算法以及硬件方法，可以参见文献[31]、[47]和[48]。

2.4　代表性应用

2.4.1　稀疏信号恢复

在信号和图像处理中的很多问题，如图像去噪、图像复原、图像修补、压缩感知的观测模型等往往建模为下面线性系统：

$$\boldsymbol{y}=\boldsymbol{H}\boldsymbol{x}+\boldsymbol{n} \tag{2.42}$$

其中，$\boldsymbol{x}\in\mathbb{R}^N$ 是需要恢复的图像信号(通过向量化将二维图像或者更高维的数据都转换为一维向量来处理)，$\boldsymbol{y}\in\mathbb{R}^m$ 是含噪声的观测(或者测量)向量，$\boldsymbol{n}$ 是具有有界方差 σ_n^2 的加性噪声。这个未知的误差可以是由传感器带来的随机测量噪声，也可以是一种诸如不完善的信号模型导致的确定性扰动。$\boldsymbol{H}:\mathbb{R}^N\rightarrow\mathbb{R}^m$ 是一个有界线性算子，该算子通常是病态的，因为它刻画的是一个信息丢失的数据获取过程。事实上，上述观测模型的逆过程对应了一系列图像反问题的处理[1]。

(1) 图像去噪：此时 $\boldsymbol{H}$ 表示为单位矩阵，观测信号 $\boldsymbol{g}$ 为噪声信号。

(2) 图像复原：对于线性时不变系统，$\boldsymbol{H}$ 表示用一个模糊核进行卷积所形成的矩阵，往往具有较好的分块循环矩阵性质，此时图像复原对应于反卷积问题。

(3) 超分辨：$\boldsymbol{H}$ 表示用一个宽度为 s 的模糊核进行卷积，然后按照采样因子 s 进行二次采样，测量值的数目通常为 $m=N/s$。

(4) 图像修补：$\boldsymbol{H}$ 表示与一个二元掩膜的点乘，该二元掩膜在需要保留的像素点处取 1，在其他地方取 0。

(5) 压缩感知中的解码：$\boldsymbol{H}$ 是一个大小为 $m\times N$ 的感知矩阵，它仅从输入信号或图像 $\boldsymbol{x}$ 中取出 $m\ll N$ 个(随机)线性测量值。

对于上述问题，目前存在两类稀疏正则化框架，分别是合成模型和分析模型。如果 $\boldsymbol{x}$ 可以找到一个合适的合成字典 $\boldsymbol{D}$，形成 $\boldsymbol{x}$ 的稀疏表示 $\boldsymbol{\alpha}$，即 $\boldsymbol{x}=\boldsymbol{D}\boldsymbol{\alpha}$，那么这种先验称为合成先验。如果进一步假设噪声是高斯分布的，则上述系列反问题均可纳入稀疏正则化框架。

$$\boldsymbol{\alpha}^*=\arg\min_{\boldsymbol{\alpha}}\|\boldsymbol{y}-\boldsymbol{H}\boldsymbol{D}\boldsymbol{\alpha}\|_2^2+\lambda\psi(\boldsymbol{\alpha}) \tag{2.43}$$

其中，$\psi(\cdot)$ 为特定的稀疏性度量，如 ℓ_p 范数等。上述模型称为合成模型。当我们求解上述模型得到稀疏信号 $\boldsymbol{\alpha}^*$，则可重建 $\boldsymbol{x}=\boldsymbol{D}\boldsymbol{\alpha}^*$。

另一种方式是假设存在一个分析字典 $\boldsymbol{D}^*$，使得 $\boldsymbol{D}^*\boldsymbol{x}$ 具有稀疏性，从而可以建立分析型稀疏正则化优化模型：

$$\boldsymbol{x}^* = \arg\min_{\boldsymbol{\alpha}} \|\boldsymbol{y} - \boldsymbol{H}\boldsymbol{x}\|_2^2 + \lambda\psi(\boldsymbol{D}^*\boldsymbol{x}) \tag{2.44}$$

上述模型称为分析模型，可以直接重建待恢复的图像。

当合成字典 $\boldsymbol{D}$ 是正交系统，$\boldsymbol{D}^*\boldsymbol{D} = \boldsymbol{I}$，此时合成模型和分析模型是等价的。在其他的过完备(冗余)情况下，合成先验和分析先验形式是不同的。事实上，对于合成先验，解 $\boldsymbol{x}^*$ 的集合限定在字典 $\boldsymbol{D}$ 的列向量空间中，而对于分析先验，解 $\boldsymbol{x}^*$ 则是 $\mathbb{R}^N$ 空间中的一个特定的向量。进一步，对于冗余的 $\boldsymbol{D}$，分析形式具有更少的未知数，从而使得优化问题更加简单。与分析方法相反的是，合成方法具有建设性的形式，它提供了信号的显性表达式，这样它可以从更高的冗余性中获得好处，以合成丰富的复杂的信号。另外，在合成方法中，我们可以要求一个信号或者图像与 $\boldsymbol{D}$ 的多个列向量同时一致。这对于冗余度非常高的字典是可能的。

尽管合成先验由于其结构通用和计算方便而受到广泛推崇，但是分析先验的研究仍然吸引很多研究者关注。特别是，应该注意到分析先验可以涵盖一些光滑正则性模型，如著名的全变差模型等，可以看作是梯度稀疏性。Elad 等关于合成和分析模型给出了基于 ℓ_1 的分析正则化和合成正则化之间的联系和区别[48]。尽管有这样的工作，但是这样的现象还是没能得到很好地理解，在这个方向上还需要深入的研究。

2.4.2　模式分析与识别

稀疏表示和压缩感知理论在模式分析和识别中具有广泛的应用。一个代表性应用是人脸识别，其中 Wright 等是利用稀疏表示进行人脸识别的先驱者[49]。该方法假设一个给定的测试样本可以用全体训练样本的稀疏线性组合来表示。这是因为与测试样本同类的训练样本贡献大，出现不为零的表示系数概率大；而非同类的训练样本一般为零或接近为零。

具体而言，假设共有 C 类目标，每一个目标的人脸样本图像矩阵拉伸成一个向量 $\mathbb{R}^M$，其中 M 为一个样本的像素的个数，并且进行 ℓ_2 范数规一化。于是第 i 类目标（$i = 1,2,\cdots,C$）的脸部在不同照度下的 N_i 个训练样本即可表示为 $M \times N_i$ 维数的矩阵：

$$\boldsymbol{D}_i = [\boldsymbol{d}_{i,1}, \boldsymbol{d}_{i,2}, \cdots, \boldsymbol{d}_{i,N_i}] \in \mathbb{R}^{M \times N_i}$$

其中，$\boldsymbol{d}_{i,k}$ 表示第 i 类目标的第 k 个样本。这样 C 类目标的训练样本可以构造一个字典：

$$\boldsymbol{D} = [\boldsymbol{D}_1, \boldsymbol{D}_2, \cdots, \boldsymbol{D}_C] = [\boldsymbol{d}_{1,1}, \cdots, \boldsymbol{d}_{1,N_1}, \cdots, \boldsymbol{d}_{C,1}, \cdots, \boldsymbol{d}_{C,N_C}] \in \mathbb{R}^{M \times N}$$

其中，$N = \sum_{i=1}^{C} N_i$ 表示所有 C 类目标训练样本的个数。不妨设有一个待识别的人脸图

像 $\boldsymbol{x}$，如果该图像属于第 i 类，那么理想情况下该图像应该由其自身类别属性的训练样本进行线性表示，即 $\boldsymbol{x} \approx \boldsymbol{D}_i \boldsymbol{\alpha}_i$；然而，实际情况测试人脸 $\boldsymbol{x}$ 是不知道类属信息的，只要该测试人脸在字典中具有同一目标的训练样本(实际上对应字典 $\boldsymbol{D}$ 中的若干列向量，或者称为原子)，则待识别的样本 $\boldsymbol{x}$ 可以线性组合表示为

$$\boldsymbol{x} = \boldsymbol{D}\boldsymbol{\alpha} = [\boldsymbol{d}_{1,1}, \cdots, \boldsymbol{d}_{1,N_1}, \cdots, \boldsymbol{d}_{C,1}, \cdots, \boldsymbol{d}_{C,N_C}] \begin{bmatrix} \boldsymbol{0}_{N_1} \\ \vdots \\ \boldsymbol{0}_{N_{i-1}} \\ \boldsymbol{\alpha}_i \\ \vdots \\ \boldsymbol{0}_{N_C} \end{bmatrix} \tag{2.45}$$

其中，$\boldsymbol{0}_{N_k}$（$k = 1, \cdots, i-1, i+1, \cdots, C$）为 N_k 维向量。

这样，人脸识别问题转化为稀疏信号恢复问题，即已知待识别样本 $\boldsymbol{x}$ 和训练样本字典 $\boldsymbol{D}$，反求出满足 $\boldsymbol{x} = \boldsymbol{D}\boldsymbol{\alpha}$ 的稀疏解向量 $\boldsymbol{\alpha}$。鉴于 ℓ_0 范数的 NP 难问题，采取 ℓ_1 范数最小，其模型为

$$\boldsymbol{\alpha}^* = \arg\min_{\boldsymbol{\alpha}} \|\boldsymbol{\alpha}\|_1 \quad \text{s.t.} \quad \boldsymbol{x} = \boldsymbol{D}\boldsymbol{\alpha} \tag{2.46}$$

此问题即为前面所述 BP 问题。当得到稀疏向量 $\boldsymbol{\alpha}^*$，可以利用类别重建误差来定义基于稀疏表示的分类器(sparse representation classifier，SRC)。具体而言，对于类别 i，定义 $\delta_i(\boldsymbol{\alpha})$ 为 $\boldsymbol{\alpha}$ 中对应第 i 类目标的非零系数构成的向量，因此只需要利用 $\delta_i(\boldsymbol{\alpha})$ 就可以重建第 i 类的样本 $\boldsymbol{x}_i = \boldsymbol{D}\delta_i(\boldsymbol{\alpha})$，它所对应的重建误差为

$$r_i(\boldsymbol{x}) = \|\boldsymbol{x} - \boldsymbol{x}_i\|_2 = \|\boldsymbol{x} - \boldsymbol{D}\delta_i(\boldsymbol{\alpha})\|_2 \tag{2.47}$$

如果 $r_g(\boldsymbol{x}) = \min\limits_i r_i(\boldsymbol{x}) = \|\boldsymbol{x} - \boldsymbol{D}\delta_i(\boldsymbol{\alpha})\|_2$，则 SRC 可以将 $\boldsymbol{x}$ 划分为第 g 类。

2.5　本 章 结 语

本章概述了信号与图像的稀疏表示原理，介绍了信号稀疏表示贪婪算法、松弛方法和阈值方法。同时，着重引入了 Elad 关于字典学习的相关方法：MOD 和 K-SVD 方法。

然后本章综述压缩感知理论的基本要素。压缩感知是一个特定字典下稀疏信号进行压缩测量与重建的新模式。通过建立信号稀疏表示和压缩采样之间的联系，压缩感知理论已经表明，只需要较少的压缩测量，就能够通过 ℓ_1 范数最小化来高概率地重建稀疏解。同时，本章也概述了在噪声干扰情况下稳定压缩的充分条件。

值得指出的是，本章仅仅回顾了以向量为基础的稀疏性表示方法。目前，随着稀疏表示理论逐步深入，研究者意识到ℓ_p类(如ℓ_0和ℓ_1)范数对信号的局部和全部的“结构性”描述不足，结构化稀疏学习方法应运而生，而群稀疏(group sparsity)和图稀疏(graph sparsity)等结构化稀疏性度量[49]可提高信号表达能力。另一方面，以矩阵为基础的低秩表示理论已成为高维数据机器学习和计算机视觉等的暂新理论[24]。本质上认为高维数据存在于低维子空间，数据低秩性是向量稀疏性在矩阵结构的推广，更能体现数据的结构化稀疏性。Candès 等人在 2011 年提出 RPCA 方法[50]，假设误差数据是稀疏的、干净数据是低秩的，有效解决了数据缺失、噪声等不够稳健问题。而对于多光谱和高光谱等“图谱合一”数据，数学上是张量数据，因此关于高阶张量数据的表示问题，将成为今后研究的热点方向。

参考文献

[1] Starck J L, Murtagh F, Fadili J M. 稀疏图像和信号处理: 小波, 曲波, 形态多样性. 肖亮, 张军, 刘鹏飞, 译. 北京: 国防工业出版社, 2015.

[2] Elad M. Sparse and Redundant Representations: From Theory to Applications in Signal and Image Processing. New York: Springer-Verlag, 2010.

[3] Attneave F. Some informational aspects of visual perception. Psychological Review, 1954, 61: 183-193.

[4] Barlow H B. Possible Underlying the Transform of Sensory Message. Cambridge: MIT Press, 1961: 217-234.

[5] Vinje W E, Gallant J L. Sparse coding and decorrelation in primary visual cortex during natural vision. Science, 2000, 287: 1273-1276.

[6] Olshausen B A, Field D J. Emergence of simple-cell receptive field properties by learning a sparse code for nature image. Nature, 1996, 381: 607-609.

[7] 罗四维. 视觉感知系统信息处理理论. 北京: 电子工业出版社, 2006.

[8] Candès E J. Ridgelets: Theory and Applications. Stanford: Stanford University, 1998.

[9] Starck J L, Candès E J, Donoho D L. The curvelet transform for image denoising. IEEE Transactions on Image Processing, 2002, 11(6): 670-684.

[10] Le Pennec E, Mallat S. Sparse geometric image representations with bandelets. IEEE Transactions on Image Processing, 2005, 14(4): 423-438.

[11] Do M N, Vetterli M. Framing pyramids. IEEE Transactions on Signal Processing, 2003, 51(9): 2329-2342.

[12] Do M N, Vetterli M. The contourlet transform: An efficient directional multiresolution image representation. IEEE Transactions on Image Processing, 2005, 14(12): 2091-2106.

[13] 焦李成, 谭山. 图像的多尺度几何分析: 回顾和展望. 电子学报, 2003, 31(12): 1975-1981.

[14] Yaghoobi M, Daudet L, Davies M. Parametric dictionary design for sparse coding. IEEE Transactions on Signal Processing, 2009, 57(12): 4800-4810.

[15] Ventura R M F, Vandergheynst P, Frossard P. Low-rate and flexible image coding with redundant representations. IEEE Transactions on Image Processing, 2006, 15(3): 726-739.

[16] Aharon M, Elad M, Bruckstein A M. The K-SVD: An algorithm for designing of overcomplete dictionaries for sparse representation. IEEE Transactions on Signal Processing, 2006, 54(11): 4311-4322.

[17] Murray J F, Kreutz-Delgado K. Learning sparse overcomplete codes for images. Journal of VLSI Signal Processing, 2006, 45(1):97-110.

[18] Kreutz-Delgado K, Murray J F, Rao B D, et al. Dictionary learning algorithms for sparse representation. Neural Computation, 2003, 15(2): 349-396.

[19] Mairal J, Bach F, Ponce J, et al. Online learning for matrix factorization and sparse coding. Journal of Machine Learning Research, 2010, 11(1):19-60.

[20] Donoho D L, Elad M. Maximal sparsity representation via l_1 minimization. IEEE Transactions on Information Theory, 2003, 100(5): 2197-2202.

[21] Gribonval R, Nielsen M. Sparse decompositions in unions of bases. IEEE Transactions on Information Theory, 2003, 49(12):3320-3325.

[22] Mallat S G, Zhang Z. Matching pursuits with time-frequency dictionaries. IEEE Transactions on Signal Processing, 1993, 41(12): 3397-3415.

[23] Mallat S. A Wavelet Tour of Signal Processing: The Sparse Way. New York: Academic, 2008.

[24] 张贤达. 矩阵分析与应用. 2 版. 北京: 清华大学出版社, 2013.

[25] Tropp J A. Greed is good: Algorithmic results for sparse approximation. IEEE Transactions on Information Theory, 2004, 50(10): 2231-2242.

[26] Mallat S. 信号处理中的小波导引. 杨力华, 译. 北京: 机械工业出版社, 2002.

[27] Donoho D L, Elad M, Temlyakov V N. Stable recovery of sparse overcomplete representations in the presence of noise. IEEE Transactions on Information Theory, 2005, 52(1): 6-18.

[28] Papyan V, Sulam J, Elad M. Working locally thinking globally: Theoretical guarantees for convolutional sparse coding. IEEE Transactions on Signal Processing, 2017, 65(21): 5687-5701.

[29] Daubechies I, Defrise M, de Mol C. An iterative thresholding algorithm for linear inverse problems with a sparsity constraint. Communications on Pure and Applied Mathematics, 2004, 57(11): 1413-1457.

[30] 肖亮, 邵文泽, 韦志辉. 基于图像先验建模的超分辨增强理论与算法: 变分 PDE、稀疏正则化与贝叶斯方法. 北京: 国防工业出版社, 2017.

[31] Candès E, Romberg J. Sparsity and incoherence in compressive sampling. Inverse Problems, 2007, 23(3): 969.

[32] Candès E J, Tao T. Decoding by linear programming. IEEE Transactions on Information Theory, 2005, 51(12): 4203-4215.

[33] Candès E J, Tao T. Near-optimal signal recovery from random projections: Universal encoding strategies. IEEE Transactions on Information Theory, 2006, 52(12): 5406-5425.

[34] Candès E, Tao T. The Dantzig selector: Statistical estimation when p is much larger than n. The Annals of Statistics, 2007, 35(6): 2313-2351.

[35] Candès E, Wakin M. People hearing without listening: An introduction to compressive sampling. IEEE Signal Processing Magazine, 2008, 25(2): 21-30.

[36] Chartrand R. Exact reconstruction of sparse signals via nonconvex minimization. IEEE Signal Processing Letters, 2007, 14(10): 707-710.

[37] Chartrand R, Staneva V. Restricted isometry properties and nonconvex compressive sensing. Inverse Problems, 2008, 24(3): 035020.

[38] Chaux C, Combettes P L, Pesquet J C, et al. A variational formulation for frame-based inverse problems. Inverse Problems, 2007, 23(4): 1495.

[39] Coifman R, Geshwind F, Meyer Y. Noiselets. Applied and Computational Harmonic Analysis, 2001, 10(1): 27-44.

[40] Candès E J, Romberg J, Tao T. Robust uncertainty principles: Exact signal reconstruction from highly incomplete frequency information. IEEE Transactions on Information Theory, 2006, 52(2): 489-509.

[41] Candès E J, Romberg J K, Tao T. Stable signal recovery from incomplete and inaccurate measurements. Communications on Pure and Applied Mathematics, 2006, 59(8): 1207-1223.

[42] Foucart S, Lai M J. Sparsest solutions of underdetermined linear systems via l_q-minimization for $0< q\leqslant 1$. Applied and Computational Harmonic Analysis, 2009, 26(3): 395-407.

[43] Blanchard J D, Cartis C, Tanner J. The restricted isometry property and l_q-regularization: Phase transitions for sparse approximation. Proceedings of the Signal Processing with Adaptive Sparse Structured Representations, Saint-Malo, 2009.

[44] Rudelson M, Vershynin R. On sparse reconstruction from Fourier and Gaussian measurements. Communications on Pure and Applied Mathematics, 2008, 61(8): 1025-1045.

[45] Rauhut H, Schnass K, Vandergheynst P. Compressed sensing and redundant dictionaries. IEEE Transactions on Information Theory, 2008, 54(5): 2210-2219.

[46] Ying L, Zou Y M. Linear transformations and restricted isometry property. Proceedings of the 2009 IEEE International Conference on Acoustics, Speech and Signal Processing, Taipei, 2009: 2961-2964.

[47] Eldar Y, Kutyniok G. Compressed Sensing: Theory and Applications. Cambridge: Cambridge University Press, 2012.

[48] Elad M, Milanfar P, Rubinstein R. Analysis versus synthesis in signal priors. Inverse Problems, 2007, 23(3): 947.

[49] Wright J, Ma Y, Mairal J, et al. Sparse representation for computer vision and pattern recognition. Proceedings of the IEEE, 2010, 98(6): 1031-1044.

[50] Candès E J, Li X, Ma Y, et al. Robust principal component analysis[J]. Journal of the ACM, 2011, 58(3): 1-37.

第 3 章　稀疏信号恢复与优化

3.1　引　　言

在信号和图像处理中的很多问题，如图像去噪、图像复原、图像修补、压缩感知的观测模型等往往建模为下面线性系统：

$$\boldsymbol{y} = \boldsymbol{A}\boldsymbol{x} + \boldsymbol{n} \tag{3.1}$$

其中，$\boldsymbol{x} \in \mathbb{R}^N$ 是需要恢复的图像信号(通过向量化将二维图像或者更高维的数据转换为一维向量来处理)；$\boldsymbol{y} \in \mathbb{R}^M$ 是含噪声的观测(或者测量)向量；$\boldsymbol{n}$ 是具有有界方差 σ_n^2 的加性噪声。这个未知的误差可以是由传感器带来的随机测量噪声，也可以是一种由诸如不完善的信号模型导致的确定性扰动。$\boldsymbol{A}:\mathbb{R}^N \to \mathbb{R}^M$ 是一个有界线性算子，该算子通常是病态的，因为它刻画的是一个会遭遇信息丢失的数据获取过程。

由具有形如式(3.1)退化过程的观测信号 $\boldsymbol{y}$ 来恢复(重建)原始潜在信号 $\boldsymbol{x}$，在数学上称为典型的线性反问题。有界线性算子 $\boldsymbol{A}$ 通常是病态的，而噪声的随机性，使得该问题的逆过程具有高度不适定性。数学上，通常解决不适定的做法是采取正则化方法，缩小候选解求解的空间范围，从贝叶斯方法体系看是通过引入合适的图像先验使得贝叶斯推断成为可能[1]。

很多形如式(3.1)的图像和信号处理问题，往往可以归结为如下凸优化形式：

$$\min_{\boldsymbol{x}\in\mathbb{R}^N} F_1(\boldsymbol{x}) + F_2(\boldsymbol{x}) + \cdots + F_m(\boldsymbol{x}) \tag{3.2}$$

其中，$F_i(\boldsymbol{x}):\mathbb{R}^N \to (-\infty,+\infty)$ 的凸函数，$i=1,2,\cdots,m$。

上述优化问题求解的主要挑战在于目标泛函并不一定是可微的，因此不能利用传统的光滑优化技术。

本章将描述一类求解式(3.2)的高效凸优化算法，这些方法的共性特征是通过“分裂技术”将复杂目标函数转化为若干易于求解的子问题，其数学基础是凸分析和邻近微积分。这类方法通过“邻近算子”(proximity operator)对式(3.2)中的各个非光滑函数进行优化。邻近算子方法可以追溯到 20 世纪 70 年代[2]，近几年在信号和图像处理领域成为非常流行和高效的求解办法，并迅速应用于众多的图像反问题。本章就信号和图像处理中的邻近算法做一些介绍。

3.2　符号和数学背景

3.2.1　凸分析基础

下面我们简要介绍凸分析的基础。关于凸分析的详细内容，读者可详见文献[2]～[4]。

设 H 为赋予了内积 $<\cdot,\cdot>$ 和相应范数 $\|\cdot\|$ 的有限维希尔伯特(Hilbert)空间(代表性的有实向量空间 $\mathbb{R}^N$)。$\boldsymbol{I}$ 是空间 H 上的单位算子。

对于算子 $\boldsymbol{A}:H_1 \to H_2$，其算子谱范数为

$$\|\boldsymbol{A}\|=\sup_{\boldsymbol{x}\in H_1}\frac{\|\boldsymbol{Ax}\|}{\|\boldsymbol{x}\|}$$

记 $\|\cdot\|_p$ 是 ℓ_p 范数($p\geqslant 1$)，且当 $p=+\infty$ 时的定义也通常相同。记 B_p^ρ 为半径为 $\rho>0$ 的 ℓ_p 闭球。

定义 3.1　如果 $\lim_{\|\boldsymbol{x}\|\to+\infty}F(\boldsymbol{x})=+\infty$，则一个实值函数 $F:H\to(-\infty,+\infty)$ 是(弱)强制的。F 的定义域为 $\mathrm{dom}F=\{\boldsymbol{x}\in H\,|\,F(\boldsymbol{x})<+\infty\}$，如果 $\mathrm{dom}F\neq\varnothing$，则称 F 为恰当的。

定义 3.2　称一个实值函数 F 是下半连续(lower semicontinuous，LSC)的，如果：

$$\liminf_{\boldsymbol{x}\to\boldsymbol{x}_0}F(\boldsymbol{x})\geqslant F(\boldsymbol{x}_0) \tag{3.3}$$

下半连续性比连续性弱，在极小化问题中解的存在性方面扮演着非常重要的角色。记 $\Gamma_0(H)$ 是所有从 H 到 $(-\infty,+\infty)$ 的下半连续的恰当凸函数的集合，则可引入定义 3.3 和定义 3.4。

定义 3.3　函数 $F\in\Gamma_0(H)$ 的共轭是一个闭凸函数 F^*，其定义为

$$F^*(\boldsymbol{u})=\sup_{\boldsymbol{x}\in\mathrm{dom}F}\langle\boldsymbol{u},\boldsymbol{x}\rangle-F(\boldsymbol{x}) \tag{3.4}$$

而且有 $F^*\in\Gamma_0(H)$，二次共轭 $F^{**}=F$。例如，经常用到的一个结果是 ℓ_p 范数的共轭是单位球 B_q^1 的示性函数，其中 $1/p+1/q=1$。

定义 3.4　函数 $F\in\Gamma_0(H)$ 在 $\boldsymbol{x}\in H$ 处的次梯度是一个集值映射 $\partial F:H\to 2^H$。

$$\partial F(\boldsymbol{x})=\left\{\boldsymbol{p}\in H\,\middle|\,\forall\boldsymbol{z}\in H,F(\boldsymbol{z})\geqslant F(\boldsymbol{x})+\langle\boldsymbol{p},\boldsymbol{z}-\boldsymbol{x}\rangle\right\} \tag{3.5}$$

其中，∂F 中的 $\boldsymbol{p}$ 中的一个元素称为一个次梯度。如果 F 在 $\boldsymbol{x}$ 处是可微的，则它的唯一的次梯度就是它的梯度，即 $\partial F(\boldsymbol{x})=\{\nabla F(\boldsymbol{x})\}$ (文献[5]中定理 4F)。

当式(3.5)中不等号对于 $\boldsymbol{w}\neq\boldsymbol{x}$ 严格成立，称该函数是严格凸的(文献[4]中的命题 I.6.1.3)。称函数 F 是强凸的，当且仅当：

$$F(\boldsymbol{z}) \geqslant F(\boldsymbol{x}) + \langle \boldsymbol{p}, \boldsymbol{z} - \boldsymbol{x} \rangle + \frac{1}{2}\|\boldsymbol{z} - \boldsymbol{x}\|_2^2, \forall \boldsymbol{x} \in H \tag{3.6}$$

变量 $\boldsymbol{x}^*$ 是 $F \in \Gamma_0(H)$ 在 H 上的全局极小值点，当且仅当：

$$0 \in \{\partial F(\boldsymbol{x}^*)\} \tag{3.7}$$

其证明见文献[5]中命题5A。当 F 为严格凸时，该极小值点是唯一的。设 C 是 H 中的一个非空凸集，则 C 的示性函数 ι_C 定义为

$$\iota_C(\boldsymbol{x}) = \begin{cases} 0, & \boldsymbol{x} \in C \\ +\infty, & 其他 \end{cases} \tag{3.8}$$

利用定义3.3，我们可以得到 C 的示性函数 ι_C 凸集 C 的支撑函数为

$$\sigma_C = \iota_C^* : \mathbb{R}^N \to (-\infty, \infty) : \boldsymbol{u} \mapsto \sup_{x \in C} \boldsymbol{u}^{\mathrm{T}} \boldsymbol{x} \tag{3.9}$$

从 $\boldsymbol{x} \in H$ 到凸集 C 的距离定义为 $d_C(\boldsymbol{x}) = \inf_{y \in C} \|\boldsymbol{y} - \boldsymbol{x}\|_2$，凸集 C 的相对内点(relative interior)定义为相对于凸集仿射包(affine hull)(仿射集合中的所有仿射组合 $\mathrm{aff}(C)$ 构成的集合)的内点，记为 $\mathrm{ri}C$。记 $P_C\boldsymbol{x}$ 为 $\boldsymbol{x} \in H$ 对 C 的投影，则需满足 $d_C(\boldsymbol{x}) = \|\boldsymbol{x} - P_C\boldsymbol{x}\|_2$。

3.2.2 凸集投影到邻近算子

众所周知，凸集投影是图像和信号处理中的凸优化分裂算法之一。凸集投影算法的基本原理是利用凸集投影算子，将观测信号迭代投影到约束空间恢复原信号[6,7]。

令 C_i 为是 H 中的一个非空闭凸集，定义3.2中的 $F_i(\boldsymbol{x})$ 为对应 C_i 上的示性函数，即

$$F_i(\boldsymbol{x}) \coloneqq \iota_{C_i}(\boldsymbol{x}) = \begin{cases} 0, & \boldsymbol{x} \in C_i \\ +\infty, & 其他 \end{cases}$$

这样，式(3.2)的问题可以简化为凸集投影问题：

$$寻找 \quad \boldsymbol{x} \in \bigcap_{i=1}^{m} C_i \tag{3.10}$$

而凸集投影算法将独立地对每个凸集 C_i 采取投影算子 P_{C_i} 操作，其迭代更新为

$$\boldsymbol{x}^{(n+1)} = P_{C_1} P_{C_2} \cdots P_{C_m} \boldsymbol{x}^{(n)} \tag{3.11}$$

当 $\bigcap_{i=1}^{m} C_i \neq \varnothing$ 时，式(3.11)收敛于式(3.10)的解。

目前，对于求解式(3.10)的凸集投影算法已经得到众多推广。可以证明：将 H 中的 $\boldsymbol{y}$ 投影到非空凸集 C 的投影 $P_C\boldsymbol{y}$ 是式(3.12)的最小解。

$$\min_{x\in H}\frac{1}{2}\|\boldsymbol{x}-\boldsymbol{y}\|_2^2+\iota_C(\boldsymbol{x}) \tag{3.12}$$

邻近算子是凸集投影的一种推广形式，并且非常适合于信号和图像反问题处理，本章在沿用文献[8]的基础上，在 3.3 节、3.4 节和 3.5 节中介绍邻近算子优化方法。首先，给出邻近算子的定义。

定义 3.5　(邻近算子) 设 $F\in\Gamma_0(H)$，则对于任意 $\boldsymbol{y}\in H$，最小化问题：

$$\operatorname{prox}_F(\boldsymbol{y})=\arg\min_{x\in H}\frac{1}{2}\|\boldsymbol{x}-\boldsymbol{y}\|_2^2+F(\boldsymbol{x}) \tag{3.13}$$

存在唯一解，记为 $\operatorname{prox}_F(\boldsymbol{y})$，在该解处达到下确界。这个唯一的重要算子 prox_F: $H\to H$ 称为 F 的邻近算子。

设 $F\in\Gamma_0(H)$，则 F 的邻近算子可由如下等价关系进行刻画：

$$\forall(\boldsymbol{x},\boldsymbol{y})\in H\times H,\ \ \boldsymbol{x}=\operatorname{prox}_F\boldsymbol{y}\Leftrightarrow\boldsymbol{y}-\boldsymbol{x}\in\partial F(\boldsymbol{x}) \tag{3.14}$$

当函数 F 可微时，式(3.14)简化为

$$\forall(\boldsymbol{x},\boldsymbol{y})\in H\times H,\ \ \boldsymbol{x}=\operatorname{prox}_F\boldsymbol{y}\Leftrightarrow\boldsymbol{y}-\boldsymbol{x}=\nabla F(\boldsymbol{x}) \tag{3.15}$$

3.2.3　邻近算子的性质

邻近算子具有一系列优良的性质，使其非常适合于迭代最小化算法。例如，邻近算子是非扩张的(non-expansive)，即

$$\begin{aligned}&\|\operatorname{prox}_F(\boldsymbol{x})-\operatorname{prox}_F(\boldsymbol{y})\|_2^2+\|(\boldsymbol{x}-\operatorname{prox}_F(\boldsymbol{x}))-(\boldsymbol{y}-\operatorname{prox}_F(\boldsymbol{y}))\|_2^2\leqslant\|\boldsymbol{x}-\boldsymbol{y}\|_2^2\\&\forall\boldsymbol{x}\in H,\forall\boldsymbol{y}\in H\end{aligned} \tag{3.16}$$

这些性质允许我们通过系列邻近算子 $\operatorname{prox}F_i(\boldsymbol{x})_{1\leqslant i\leqslant m}$ 求解式(3.2)的最小化问题，这可以看作是利用系列凸集投影算子 $(P_{C_i})_{i=1,\cdots,m}$ 的直接推广。下面，列出若干邻近算子的性质。

性质 3.1　(平移) $\forall\boldsymbol{w}\in H$，$\operatorname{prox}_{F(\boldsymbol{u}-\boldsymbol{w})}(\boldsymbol{u})=\boldsymbol{w}+\operatorname{prox}_F(\boldsymbol{u}-\boldsymbol{w})$。

性质 3.2　(伸缩) $\forall\rho\in\mathbb{R}\setminus\{0\}$, $\operatorname{prox}_{F(\boldsymbol{u}/\rho)}(\boldsymbol{u})=\operatorname{prox}_{F/\rho^2}(\boldsymbol{u}/\rho)$。

性质 3.3　(反射) $\operatorname{prox}_{F(-\boldsymbol{u})}(\boldsymbol{u})=-\operatorname{prox}_F(-\boldsymbol{u})$。

性质 3.4　(二次扰动) $\forall\boldsymbol{w}\in H,\forall\rho\geqslant0,\tau\in\mathbb{R}$, 设 $G(\boldsymbol{u})=F(\boldsymbol{u})+\rho\|\boldsymbol{u}\|_2^2+<\boldsymbol{u},\boldsymbol{w}>+\tau$，则 $\operatorname{prox}_G(\boldsymbol{u})=\operatorname{prox}_{F/(1+\rho)}\dfrac{\boldsymbol{u}-\boldsymbol{w}}{1+\rho}$。

性质 3.5　(共轭) $\operatorname{prox}_{F^*}(\boldsymbol{u})=\boldsymbol{u}-\operatorname{prox}_F(\boldsymbol{u})$。

性质 3.6　(距离平方) 设 $F(\boldsymbol{u})=d_C^2(\boldsymbol{u})$，则

$$\operatorname{prox}_F(\boldsymbol{u})=\frac{1}{2}(\boldsymbol{u}+P_C(\boldsymbol{u}))$$

性质 3.7 （Moreau 包络）设 $G(\boldsymbol{v})=\inf\limits_{\boldsymbol{v}\in H}F(\boldsymbol{v})+\dfrac{1}{2}\|\boldsymbol{u}-\boldsymbol{v}\|_2^2$，则

$$\mathrm{prox}_G(\boldsymbol{u})=\frac{1}{2}(\boldsymbol{u}+\mathrm{prox}_{2F}(\boldsymbol{u}))$$

性质 3.8 （可分性）设 $\{F_i\}_{1\leqslant i\leqslant n}$ 是 $\Gamma_0(H)$ 中的一族函数，F 定义在 H^n 上，$\boldsymbol{u}=(\boldsymbol{u}[1],\boldsymbol{u}[2],\cdots,\boldsymbol{u}[n])$，$F(\boldsymbol{u})=\sum_{i=1}^{n}F_i(\boldsymbol{u}[i])$，则

$$\mathrm{prox}_F\boldsymbol{u}=(\mathrm{prox}_{F_1}\boldsymbol{u}[1],\mathrm{prox}_{F_2}\boldsymbol{u}[2],\cdots,\mathrm{prox}_{F_n}\boldsymbol{u}[n])$$

性质 3.8 表明 $\|\boldsymbol{u}\|_1$ 的邻近算子是将软阈值算子作用于每一个分量 $\boldsymbol{u}[i]$。性质 3.5 将 F 的邻近算子和其共轭算子 F^* 联系起来，即

$$\mathrm{prox}_{F^*}=\boldsymbol{I}-\mathrm{prox}_F$$

设 $F\in\Gamma_0(H)$，则对任意 $\boldsymbol{u}\in H$，上述结论可以推广为

$$\mathrm{prox}_{\rho F^*}(\boldsymbol{u})=\boldsymbol{u}-\rho\,\mathrm{prox}_F(\boldsymbol{u}/\rho),\forall\rho>0 \tag{3.17}$$

上面仅仅介绍了邻近算子的 8 条基本性质，更多的性质可以查阅文献[8]中的表 10.1 和表 10.2。在此不再详细介绍。

3.3 两个目标函数情形的邻近分裂算法

3.3.1 前向-后向分裂

本节，针对式(3.1)的信号恢复问题，考虑 $m=2$ 的情形。

问题 3.1 令 $F_1\in\Gamma_0(H)$，$F_2:H\to\mathbb{R}$ 为凸函数、可微、具有 c-Lipschitz 连续梯度，即

$$(P_1):\forall(\boldsymbol{x},\boldsymbol{y})\in H\times H,\ \|\nabla F_2(\boldsymbol{x})-\nabla F_2(\boldsymbol{y})\|_2\leqslant c\cdot\|\boldsymbol{x}-\boldsymbol{y}\|_2$$

其中，$c>0$，并且 $F=F_1+F_2$ 是（弱）强制的（见定义 3.1），即 $F(\boldsymbol{x})\to+\infty$，当 $\|\boldsymbol{x}\|_2\to+\infty$，$F_1,F_2$ 的定义域具有非空交集。我们的目标通常就是对具有 $F=F_1+F_2$ 形式的泛函进行极小化：

$$\min_{\boldsymbol{x}\in H}F_1(\boldsymbol{x})+F_2(\boldsymbol{x}) \tag{3.18}$$

文献[9]已经证明对于问题 3.1，存在最少一个解，并且对 $\gamma>0$，其最小解满足如下不动点方程：

$$\boldsymbol{x}=\mathrm{prox}_{\gamma F_1}(\boldsymbol{x}-\gamma\nabla F_2(\boldsymbol{x})) \tag{3.19}$$

3.3.1.1　单步前向-后向分裂的基本格式

利用上述不动点方程，可以设计一个变步长的迭代格式：

$$x^{(n+1)} = \underbrace{\mathrm{prox}_{\gamma^{(n)}F_1}}_{\text{后向步}} \underbrace{(x^{(n)} - \gamma^{(n)}\nabla F_2(x^{(n)}))}_{\text{前向步}} \tag{3.20}$$

其中，$\gamma^{(n)}$为特定有界区间范围内取值。这种类型的迭代格式可以分解为：

(1) 前向步，利用函数F_2的前向(显式)梯度步；

(2) 后向步，利用函数F_1的后向(隐式)梯度步。

因此上述格式称为“前向-后向分裂算法”。特别地，如果F_1=0，那么该算法退化为“梯度下降法”：

$$x^{(n+1)} = x^{(n)} - \gamma^{(n)}\nabla F_2(x^{(n)})$$

当F_2=0 时，该算法对应为“邻近点算法”：

$$x^{(n+1)} = \mathrm{prox}_{\gamma^{(n)}F_1}(x^{(n)})$$

因此，“前向-后向分裂算法”可以看作是“梯度下降法”和“邻近点算法”两种基本格式的组合算法。在实际应用中，人们进一步结合松弛参数序列$\{\lambda^{(n)}\}$，设计如下的变步长前向-后向分裂算法(varied step forward backward splitting，V-FBS)(算法 3.1)。

算法 3.1　变步长前向-后向分裂算法(V-FBS)

初始化：设置初始$x^{(0)} \in H$，$\varepsilon \in \left(0, \min\{1, 1/c\}\right]$，最大迭代次数$N_{\mathrm{itr}}$。

主迭代：for　$n = 0$ to $N_{\mathrm{itr}} - 1$ do

(1) 设置变步长参数：

$$\gamma^{(n)} \in \left(\varepsilon, 2/(c-\varepsilon)\right]$$

(2) 前向步：

$$y^{(n)} = x^{(n)} - \gamma^{(n)}\nabla F_2(x^{(n)})$$

(3) 设置松弛参数：

$$\lambda^{(n)} \in [\varepsilon, 1]$$

(4) 后向步：

$$x^{(n+1)} = x^{(n)} + \lambda^{(n)}\mathrm{prox}_{\gamma^{(n)}F_1}(y^{(n)} - x^{(n)})$$

输出：$x^{(N_{\mathrm{itr}})}$。

定理 3.1[9]　由算法 3.1 生成的序列$\{x^{(n)}\}_{n\in\mathbb{N}}$收敛于问题 3.1 的解。

上述“前向-后向分裂算法”的特点在于$\{\gamma^{(n)}\}$采取变步长策略，而松弛参数序列$\lambda^{(n)} \leqslant 1$。文献[8]和[9]同样提出了一个常数步长前向-后向分裂算法(constant step forward backward splitting，C-FBS)(算法 3.2)，但是松弛参数$\lambda^{(n)}$可以大于 1。

算法 3.2　常数步长前向-后向分裂算法(C-FBS)

初始化： 设置初始 $\boldsymbol{x}^{(0)} \in H$，$\varepsilon \in \left(0, \min\{1, 1/c\}\right]$，最大迭代次数 N_{itr}。

主迭代： for　$n = 0$ to $N_{\text{itr}} - 1$ do

(1) 前向步：

$$\boldsymbol{y}^{(n)} = \boldsymbol{x}^{(n)} - c^{-1} \cdot \nabla F_2(\boldsymbol{x}^{(n)})$$

(2) 设置松弛参数：

$$\lambda^{(n)} \in \left[\varepsilon, \frac{3}{2} - \varepsilon\right]$$

(3) 后向步：

$$\boldsymbol{x}^{(n+1)} = \boldsymbol{x}^{(n)} + \lambda^{(n)} (\operatorname{prox}_{c^{-1}F_1} \boldsymbol{y}^{(n)} - \boldsymbol{x}^{(n)})$$

输出： $\boldsymbol{x}^{(N_{\text{itr}})}$。

定理 3.2[10]　由算法 3.2 生成的序列 $\{\boldsymbol{x}^{(n)}\}_{n\in\mathbb{N}}$ 收敛于问题 3.1 的解。

上述两种前向-后向分裂算法，对于一般的函数 F_1, F_2，并不能保证具有线性收敛速度。但是对若干典型的稀疏性正则化最小问题，前向-后向分裂算法具有线性收敛速度，我们将在本章 3.6 节进行介绍。

3.3.1.2　多步加速前向-后向分裂

上面的算法本质上是单步迭代算法，Nesterov 在 1983 年提出了一个多步加速方法[10]。其核心思想是在迭代过程中通过组合当前迭代 $\boldsymbol{x}^{(n+1)}$ 和前一步的迭代 $\boldsymbol{x}^{(n)}$ 可能产生算法性能的加速。在多步加速 Nesterov 算法的基础上，Beck 和 Teboulle 提出了一种多步加速前向-后向分裂算法，称为快速迭代阈值(FISTA)算法，可用于稀疏正则化的图像重建。这种算法的基本格式如算法 3.3 所示。

算法 3.3　Beck-Teboulle 邻近梯度算法(变种 Nesterov 算法或 FISTA)

初始化： 设置初始 $\boldsymbol{x}^{(0)} \in H$，$\boldsymbol{z}^{(0)} = \boldsymbol{x}^{(0)}, t^{(0)} = 1$，最大迭代次数 N_{itr}。

主迭代： for　$n = 0$ to $N_{\text{itr}} - 1$ do

(1) 前向步：

$$\boldsymbol{y}^{(n)} = \boldsymbol{z}^{(n)} - c^{-1} \cdot \nabla F_2(\boldsymbol{z}^{(n)})$$

(2) 后向步：

$$\boldsymbol{x}^{(n+1)} = \operatorname{prox}_{c^{-1}F_1}(\boldsymbol{y}^{(n)})$$

(3) 与权值参数相关参数：

$$t^{(n+1)} = \frac{1 + \sqrt{4(t^{(n)})^2 + 1}}{2}$$

(4) 权系数：

$$\lambda^{(n)} = 1 + \frac{t^{(n)} - 1}{t^{(n+1)}}$$

(5) 多步加权组合：

$$z^{(n+1)} = x^{(n)} + \lambda^{(n)}(x^{(n+1)} - x^{(n)})$$

输出： $z^{(N_{\text{itr}})}$。

一般情况下，多步加速前向-后向分裂算法的收敛性质取决于目标泛函的性态，但是对于一些凸规划问题，该算法能达到的最优性能为 $O(1/N^2)$[10]。我们将在 3.6.4.3 节，针对稀疏正则化问题给出具有 $O(1/N^2)$ 收敛速度的 FISTA 算法。

3.3.2　Douglas-Rachford 分裂法

考虑 $m=2$ 的情形，前向-后向分裂算法要求目标泛函中的一个函数是凸和可微、具有 c-Lipschitz 连续梯度，因此在图像和信号处理中非光滑正则化模型的求解具有局限性。当目标泛函的两个函数都不满足上述可微性条件时，需要对上述假设进行松弛，这样导出了如下优化问题。

问题 3.2　令 $F_1 \in \Gamma_0(H)$，$F_2 \in \Gamma_0(H)$，满足：

$$(\text{ri dom} F_1) \cap (\text{ri dom} F_2) \neq \varnothing$$

并且 $F = F_1 + F_2$ 是(弱)强制的(见定义 3.1)，即 $F(\boldsymbol{x}) \to +\infty$，当 $\|\boldsymbol{x}\|_2 \to +\infty$。我们的目标通常就是对具有 $F = F_1 + F_2$ 形式的泛函进行极小化：

$$(P_2): \min_{\boldsymbol{x} \in H} F_1(\boldsymbol{x}) + F_2(\boldsymbol{x}) \tag{3.21}$$

问题 3.2 可以通过 Douglas-Rachford 分裂法(DR 法)进行求解。DR 法可以追溯到形如矩阵方程 $\boldsymbol{y} = \boldsymbol{A}\boldsymbol{x} + \boldsymbol{B}\boldsymbol{x}$ 的求解问题，其中 $\boldsymbol{A}, \boldsymbol{B}$ 都是正定矩阵。该方法后来推广应用到两个非线性算子组成的目标泛函分裂求解，关于 DR 法的更多细节可以参考文献[11]～[13]。

文献[13]已经证明对于问题 3.2，存在最少一个解，并且对 $\gamma > 0$，其最小解满足双重条件：

$$\begin{cases} \boldsymbol{x} = \text{prox}_{\gamma F_2} \boldsymbol{y} \\ \text{prox}_{\gamma F_2} \boldsymbol{y} = \text{prox}_{\gamma F_1}(2\text{prox}_{\gamma F_2} \boldsymbol{y} - \boldsymbol{y}) \end{cases} \tag{3.22}$$

上述结论启发人们设计了如下迭代格式(算法 3.4)。

算法 3.4　Douglas-Rachford 分裂法

初始化： 设置初始 $\boldsymbol{y}^{(0)} \in H, \gamma > 0, \varepsilon \in (0,1]$，最大迭代次数 N_{itr}。

主迭代：for $n=0$ to $N_{\text{itr}}-1$ do

(1)第 1 次邻近算子计算：

$$\boldsymbol{x}^{(n)}=\text{prox}_{\gamma F_2}\boldsymbol{y}^{(n)}$$

(2) $\lambda^{(n)}=[\varepsilon,2-\varepsilon]$。

(3)第 2 次邻近算子计算：

$$\boldsymbol{y}^{(n+1)}=\boldsymbol{y}^{(n)}+\lambda^{(n)}(\text{prox}_{\gamma F_1}(2\boldsymbol{x}^{(n)}-\boldsymbol{y}^{(n)})-\boldsymbol{x}^{(n)})$$

输出：$\boldsymbol{y}^{(N_{\text{itr}})}$。

定理 3.3[13] 由算法 3.4 生成的序列 $\{\boldsymbol{x}^{(n)}\}_{n\in\mathbb{N}}$ 收敛于问题 3.2 的解。

根据算法 3.4，可以看出 DR 算法类似于 FBS 算法，可以独立地使用 F_1,F_2 的邻近算子，而不是总体目标泛函 F_1+F_2 的邻近算子，复杂目标泛函的优化简化为子问题求解。由于目标泛函的两个函数并不需要满足 Lipschitz 可微条件，因此 DR 算法是 FBS 算法的推广。相比于 FBS 算法，DR 算法在每次迭代中需要两次邻近算子计算，而 FBS 算法只要 1 次邻近算子计算。DR 算法应用于图像处理反问题中的一些非光滑正则化和非高斯模型，例如，泊松、超高斯类图像表示与重建问题。

3.4 含线性变换复合问题的邻近算子分裂

下面考虑式(3.2)中 $m=2$ 的情形，其中一个目标函数包含信号线性变换的变分问题。

问题 3.3 假设 $F\in\Gamma_0(H_1),G\in\Gamma_0(H_2)$，有界线性算子 $\boldsymbol{A}:H_1\to H_2$ 且 $\boldsymbol{A}\neq\boldsymbol{0}$ 使得 $\text{dom}(G)\bigcap\boldsymbol{A}\,\text{dom}(F)\neq\varnothing$ 且 $F(\boldsymbol{x})+G(\boldsymbol{A}\boldsymbol{x})\to+\infty$，当 $\|\boldsymbol{x}\|_2\to+\infty$，所处理的问题为

$$(P_3):\min_{\boldsymbol{x}\in H_1}F(\boldsymbol{x})+G(\boldsymbol{A}\boldsymbol{x}) \tag{3.23}$$

上述假设确保上述变分问题至少存在一个解。

3.4.1 邻近算子分裂法

对于该问题的求解，可以考虑以下情况。

情形(1) 假设 G 可微且梯度是 c-Lipschitz 连续，此时可令 $F_1=F,F_2=G\circ\boldsymbol{A}$，则 F_2 是可微的，且其梯度 $\nabla F_2=\boldsymbol{A}^*\circ\nabla G\circ\boldsymbol{A}$ 是 $c\|\boldsymbol{A}\|_2^2$-Lipschitz 连续。此时根据问题 3.1 的结论，其不动点方程为

$$\boldsymbol{x}=\text{prox}_{\gamma F_1}(\boldsymbol{x}-\gamma\boldsymbol{A}^*\circ\nabla G\circ\boldsymbol{A}(\boldsymbol{x})) \tag{3.24}$$

这样可以运用算法前向-后向算子分裂法求解(参见算法 3.1 和算法 3.2 求解)，并且具有相应的收敛性保证。

情形(2)　如果有界线性算子 $\boldsymbol{A}:H_1 \to H_2$ 是酉变换，即 $\boldsymbol{A}^*\boldsymbol{A}=\boldsymbol{A}\boldsymbol{A}^*=\boldsymbol{I}$，且 $\mathrm{ri}\,\boldsymbol{A}\,\mathrm{dom}(F)\cap \mathrm{ri}\,\mathrm{dom}(G)\neq\varnothing$，此时可令 $F_1=F, F_2=G\circ\boldsymbol{A}$，则根据邻近算子的性质，$\mathrm{prox}_{F_2}$ 具有闭式解，即

$$\mathrm{prox}_{G\circ\boldsymbol{A}}(\boldsymbol{x})=\boldsymbol{x}+\boldsymbol{A}^*(\mathrm{prox}_G(\boldsymbol{A}\boldsymbol{x})-\boldsymbol{A}\boldsymbol{x})=\boldsymbol{x}+\boldsymbol{A}^*(\mathrm{prox}_G-\boldsymbol{I})(\boldsymbol{A}\boldsymbol{x})$$

情形(3)　如果有界线性算子 $\boldsymbol{A}:H_1 \to H_2$ 是紧框架，即 $\boldsymbol{A}^*\boldsymbol{A}=c\boldsymbol{I}$，且 $\mathrm{ri}\,\boldsymbol{A}\,\mathrm{dom}(F)\cap \mathrm{ri}\,\mathrm{dom}(G)\neq\varnothing$，此时可令 $F_1=F, F_2=G\circ\boldsymbol{A}$，则根据邻近算子的性质，$\mathrm{prox}_{F_2}$ 具有闭式解，即

$$\mathrm{prox}_{G\circ\boldsymbol{A}}(\boldsymbol{x})=\boldsymbol{x}+c^{-1}\boldsymbol{A}^*(\mathrm{prox}_{cG}(\boldsymbol{A}\boldsymbol{x})-\boldsymbol{A}\boldsymbol{x})=\boldsymbol{x}+c^{-1}\boldsymbol{A}^*(\mathrm{prox}_{cG}-\boldsymbol{I})(\boldsymbol{A}\boldsymbol{x})$$

显然，情形(2)是情形(3)的特例。以情形(3)为例，可利用 Douglas-Rachford 分裂法求解(算法 3.5)。收敛性由定理 3.3 保证。

算法 3.5　具有紧框架算子复合的 Douglas-Rachford 分裂法

初始化：设置初始 $\boldsymbol{y}^{(0)}\in H,\gamma>0,\varepsilon\in(0,1]$，最大迭代次数 $N_{\mathrm{itr}}-1$。

主迭代：for　$n=0$　to　N_{itr}，执行如下迭代计算。

(1) $\boldsymbol{x}^{(n)}=\boldsymbol{y}^{(n)}+c^{-1}\boldsymbol{A}^*(\mathrm{prox}_{\gamma cG}-\boldsymbol{I})(\boldsymbol{A}\boldsymbol{y}^{(n)})$。

(2) $\lambda^{(n)}=[\varepsilon,2-\varepsilon]$。

(3) $\boldsymbol{y}^{(n+1)}=\boldsymbol{y}^{(n)}+\lambda^{(n)}(\mathrm{prox}_{\gamma F_1}(2\boldsymbol{x}^{(n)}-\boldsymbol{y}^{(n)})-\boldsymbol{x}^{(n)})$。

输出：$\boldsymbol{x}^{(N_{\mathrm{itr}})}$。

3.4.2　交替方向乘子法

对于含有有界线性算子的问题 3.3 的一类经典方法是采取增广拉格朗日技巧[14-17]。首先，可以将问题 3.3 等价地转化为

$$\min_{\boldsymbol{x}\in H_1,\boldsymbol{y}\in H_2} F(\boldsymbol{x})+G(\boldsymbol{y})\quad \text{s.t.}\quad \boldsymbol{y}=\boldsymbol{A}\boldsymbol{x} \tag{3.25}$$

这样，可以建立增广拉格朗日函数：

$$L(\boldsymbol{x},\boldsymbol{y},\boldsymbol{z})=F(\boldsymbol{x})+G(\boldsymbol{y})+\frac{1}{\gamma}\boldsymbol{z}^{\mathrm{T}}(\boldsymbol{A}\boldsymbol{x}-\boldsymbol{y})+\frac{1}{2\gamma}\|\boldsymbol{A}\boldsymbol{x}-\boldsymbol{y}\|_2^2 \tag{3.26}$$

交替方向乘子法(alternating direction method of multipliers，ADMM)的基本原理是：子问题(1)固定 $(\boldsymbol{y},\boldsymbol{z})$ 求解 $\boldsymbol{x}$；子问题(2)固定 $(\boldsymbol{x},\boldsymbol{z})$，求解 $\boldsymbol{y}$；子问题(3)，更新 $\boldsymbol{z}$。

此时，最小化过程可以表示为

$$\begin{cases} \boldsymbol{x}^{(n+1)} = \arg\min\limits_{\boldsymbol{x}} L(\boldsymbol{x},\boldsymbol{y}^{(n)},\boldsymbol{z}^{(n)}) = \underbrace{F(\boldsymbol{x}) + \frac{1}{\gamma}\boldsymbol{z}^{(n)\mathrm{T}}(\boldsymbol{A}\boldsymbol{x}-\boldsymbol{y}^{(n)})}_{F_1} + \frac{1}{2\gamma}\left\|\boldsymbol{A}\boldsymbol{x}-\boldsymbol{y}^{(n)}\right\|_2^2 \\ \boldsymbol{y}^{(n+1)} = \arg\min\limits_{\boldsymbol{y}} L(\boldsymbol{x}^{(n)},\boldsymbol{y},\boldsymbol{z}^{(n)}) = \underbrace{G(\boldsymbol{y}) + \frac{1}{\gamma}\boldsymbol{z}^{(n)\mathrm{T}}(\boldsymbol{A}\boldsymbol{x}^{(n)}-\boldsymbol{y})}_{F_2} + \frac{1}{2\gamma}\left\|\boldsymbol{A}\boldsymbol{x}^{(n)}-\boldsymbol{y}\right\|_2^2 \\ \boldsymbol{z}^{(n+1)} = \boldsymbol{z}^{(n)} + \boldsymbol{A}\boldsymbol{x}^{(n+1)} - \boldsymbol{y}^{(n+1)} \end{cases} \tag{3.27}$$

如果考虑 3.4.1 节中情形(2)的条件，有界线性算子 $\boldsymbol{A}:H_1 \to H_2$ 是酉变换，即 $\boldsymbol{A}^*\boldsymbol{A}=\boldsymbol{A}\boldsymbol{A}^*=\boldsymbol{I}$，并且满足 $\mathrm{ri}\,\boldsymbol{A}\,\mathrm{dom}(F)\cap \mathrm{ri}\,\mathrm{dom}(G)\neq\varnothing$。利用邻近算子的定义，可以看到子问题(1)和子问题(2)都可以看作是邻近算子求解。不妨定义邻近算子 $\mathrm{prox}_F^{\boldsymbol{A}}(\boldsymbol{y})=\arg\min\limits_{\boldsymbol{x}} F(\boldsymbol{x})+\frac{1}{2}\left\|\boldsymbol{A}\boldsymbol{x}-\boldsymbol{y}\right\|_2^2$，并记 $\boldsymbol{s}^{(n)}=\boldsymbol{A}\boldsymbol{x}^{(n)}$，则经过简单计算，可以得到如下的迭代格式(算法 3.6)。

算法 3.6　交替方向乘子法(ADMM)

初始化： 选择某个 $\boldsymbol{y}^{(0)}\in H,\boldsymbol{z}^{(0)}\in H,\gamma>0,\varepsilon\in(0,1]$，最大迭代次数 $N_{\mathrm{itr}}-1$。

主迭代： for　$n=0$　to　$N_{\mathrm{itr}}-1$　do

(1) $\boldsymbol{x}^{(n)}=\mathrm{prox}_{\gamma F}^{\boldsymbol{A}}(\boldsymbol{y}^{(n)}-\boldsymbol{z}^{(n)})$。

(2) $\boldsymbol{s}^{(n)}=\boldsymbol{A}\boldsymbol{x}^{(n)}$。

(3) $\boldsymbol{y}^{(n+1)}=\mathrm{prox}_{\gamma G}(\boldsymbol{s}^{(n)}+\boldsymbol{z}^{(n)})$。

(4) $\boldsymbol{z}^{(n+1)}=\boldsymbol{z}^{(n)}+\boldsymbol{s}^{(n)}-\boldsymbol{y}^{(n+1)}$。

输出： $\boldsymbol{x}^{(N_{\mathrm{itr}})}$。

关于算法 3.6 所产生的序列 $\{\boldsymbol{x}^{(n)}\}$ 的收敛性条件，读者可以参见文献[14]～[17]；Gabay 和 Mercier 注意到 ADMM 可从问题 3.3 目标函数的对偶 Douglas-Rachford 分裂算法导出[16]。而在图像处理中，当采取 ℓ_1 范数的稀疏正则化时，称为“交替分裂 Bregman 算法”[18-20]。

3.5　多个目标函数情形的邻近分裂算法

至此，对两个目标函数的邻近分裂算法做了简单介绍。下面介绍多个目标函数的邻近分裂算法。此时，所考虑的问题如下所示。

问题 3.4　令 $F_1\in\Gamma_0(H),\cdots,F_m\in\Gamma_0(H)$，满足：

$$(\mathrm{ri}\ \mathrm{dom}F_1)\cap(\mathrm{ri}\ \mathrm{dom}F_2)\cap\cdots\cap(\mathrm{ri}\ \mathrm{dom}F_m)\neq\varnothing$$

并且 $F(\boldsymbol{x})=F_1(\boldsymbol{x})+F_2(\boldsymbol{x})+\cdots+F_m(\boldsymbol{x})$ 是(弱)强制的(见定义 3.1)，即 $F(\boldsymbol{x})\to+\infty$，当 $\|\boldsymbol{x}\|_2\to+\infty$。其目标通常就是对具有 $F(\boldsymbol{x})=F_1(\boldsymbol{x})+F_2(\boldsymbol{x})+\cdots+F_m(\boldsymbol{x})$ 形式的泛函进行极小化：

$$(P_4):\ \min_{\boldsymbol{x}\in\mathbb{R}^T} F_1(\boldsymbol{x})+F_2(\boldsymbol{x})+\cdots+F_m\boldsymbol{x} \tag{3.28}$$

显然，最直接的做法是将其逐步转化为两个目标函数情形，然后考察其是否满足邻近分裂的条件，逐步运用 3.4 节的算法，但是其算法复杂度高。Combettes 和 Pesquet 给出了一个非常巧妙的方法，他们在更高维空间将问题 3.4 转化为两个目标函数情形，并最终可以设计高度并行且收敛的算法[21]。下面介绍他们的工作，定义 m-fold 积空间：

$$\mathcal{H}=H\times H\times\cdots\times H$$

其中，H 为实向量空间 $\mathbb{R}^N$ 或 $\mathbb{R}^T$。这样，可以将问题 3.4 归结为高维空间 $\mathcal{H}$ 中的优化问题：

$$\min_{\substack{(\boldsymbol{x}_1,\cdots,\boldsymbol{x}_m)\in\mathcal{H}\\ \boldsymbol{x}_1=\boldsymbol{x}_2=\cdots=\boldsymbol{x}_m}} F_1(\boldsymbol{x}_1)+F_2(\boldsymbol{x}_2)+\cdots+F_m(\boldsymbol{x}_m) \tag{3.29}$$

记 $\boldsymbol{x}=(\boldsymbol{x}_1,\boldsymbol{x}_2,\cdots,\boldsymbol{x}_m)$ 为空间 $\mathcal{H}$ 的生成元，则式(3.29)可以重新描述为

$$\min_{\boldsymbol{x}\in\mathcal{H}} \iota_D(\boldsymbol{x})+F(\boldsymbol{x}) \tag{3.30}$$

其中：

$$\begin{cases} D=\{(\boldsymbol{x},\cdots,\boldsymbol{x})\mid \boldsymbol{x}\in H\} \\ F(\boldsymbol{x})=\sum_{i=1}^{m}F_i(x_i) \end{cases} \tag{3.31}$$

基于上述问题的重新描述，Combettes 和 Pesquet 设计了一个并行邻近算法[21]，简称为并行邻近算法(parallel proximal algorithm，PPXA)，其迭代格式如算法 3.7 所示。

算法 3.7　m 个目标函数并行邻近算法(PPXA)

初始化： 固定 $\varepsilon\in(0,1],(\omega_i)_{1\leqslant i\leqslant m}\in(0,1]$ 且 $\sum_{i=1}^{m}\omega_i=1$，最大迭代次数 $N_{\text{itr}}-1$，$\boldsymbol{y}_1^{(0)}\in H,\cdots,\boldsymbol{y}_m^{(0)}\in H$。

设置：$\boldsymbol{x}^{(0)}=\sum_{i=1}^{m}\omega_i\boldsymbol{y}_{i,0}$。

主迭代：for　$n=0$　to　N_{itr}　do

(1) 第 1 次并行邻近算子。

for　$i=0$　to　m

$$\boldsymbol{w}_i^{(n)} = \text{prox}_{\gamma F_i/\omega_i}(\boldsymbol{y}_i^{(n)})$$

End for

(2)加权平均投影：$\boldsymbol{z}^{(n)} = \sum_{\text{i}=1}^{m} \omega_i \boldsymbol{w}_i^{(n)}$。

(3)参数更新：$\varepsilon \leqslant \lambda^{(n)} \leqslant 2-\varepsilon$。

(4)第 2 次并行邻近算子。

for $i=0$ to m

$$\boldsymbol{y}_i^{(n+1)} = \boldsymbol{y}_i^{(n)} + \lambda_n(2\boldsymbol{z}^{(n)} - \boldsymbol{x}^{(n)} - \boldsymbol{w}_i^{(n)})$$

End for

(5) $\boldsymbol{x}^{(n+1)} = \boldsymbol{x}^{(n)} + \lambda^{(n)}(\boldsymbol{z}^{(n)} - \boldsymbol{x}^{(n)})$。

输出： $\boldsymbol{x}^{(N_{\text{itr}})}$。

定理 3.4[19] 由算法 3.7 生成的序列 $\{\boldsymbol{x}^{(n)}\}_{n\in\mathbb{N}}$ 收敛于问题 3.4 的解。

3.6 应用：稀疏性正则化线性反问题

3.6.1 典型模型

从式(3.1)所描述的退化模型出发，本节将重点放在图像处理线性反问题涉及的几个比较流行的优化问题。假设解 $\boldsymbol{x}=\boldsymbol{\Phi\alpha}$，$\boldsymbol{\Phi}:\mathbb{R}^M \to \mathbb{R}^N$ 在由原子 $(\phi_i)_{i\in I}$，$I=\{1,2,\cdots,M\}$ 构成的过完备字典 $\boldsymbol{\Phi}$ 下是可以被稀疏表示的。这里，$\boldsymbol{\Phi}$ 通常是 $\mathbb{R}^N$ 中的框架。

当希望找到线性反问题的稀疏解时，目标通常就是对具有 $F=F_1+F_2$ 这样形式的泛函进行极小化：

$$\min_{\boldsymbol{\alpha}\in\mathbb{R}^M} F_1(\boldsymbol{\alpha}) + F_2(\boldsymbol{y} - \boldsymbol{H\Phi\alpha}) \tag{3.32}$$

其中，F_1, F_2 是两个处处有限但并不一定可微的闭凸泛函，它们的定义域具有非空交集。F_1 通常是凸的稀疏正则化项，F_2 是数据保真项。下面，介绍目前几种著名的稀疏正则化模型。

1)应用模型 1(基追踪模型)

Chen 等人 1999 年提出的基追踪(BP)是 ℓ_1 范数的稀疏信号重建模型[19]：

$$\min_{\boldsymbol{\alpha}\in\mathbb{R}^M} \|\boldsymbol{\alpha}\|_1 \quad \text{s.t.} \quad \boldsymbol{y} = \boldsymbol{H}\,\boldsymbol{\Phi\alpha} := \boldsymbol{F\alpha} \tag{3.33}$$

令 $F_1(\boldsymbol{\alpha}) = \|\boldsymbol{\alpha}\|_1$，$F_2(\boldsymbol{\alpha})$ 是仿射子空间 $C=\{\boldsymbol{\alpha}\in\mathbb{R}^M \mid \boldsymbol{y}=\boldsymbol{F\alpha}\}$ 的示性函数，即 $F_2(\boldsymbol{\alpha}) = \iota_C(\boldsymbol{\alpha})$。

当观测值受到噪声污染时，$\boldsymbol{y}=\boldsymbol{F\alpha}+\boldsymbol{n}$，$\boldsymbol{n}$ 建模为服从均值为零的高斯白噪声，此时等式约束必须被松弛以考虑噪声的影响，利用拉格朗日乘子法，得到基追踪去噪(BPDN)模型：

$$(P_{\ell_1}):\min_{\boldsymbol{\alpha}\in\mathbb{R}^M}\underbrace{\lambda\|\boldsymbol{\alpha}\|_1}_{F_1(\boldsymbol{\alpha})}+\underbrace{\frac{1}{2}\|\boldsymbol{y}-\boldsymbol{F\alpha}\|_2^2}_{F_2(\boldsymbol{\alpha})} \tag{3.34}$$

2) 应用模型 2(一般的稀疏惩罚模型)

对 BPDN 模型的 ℓ_1 稀疏正则化进行推广，可以考虑一般的稀疏惩罚项 $\psi(\boldsymbol{\alpha})$，该模型表示为

$$(P_{\lambda\psi}):\min_{\boldsymbol{\alpha}\in\mathbb{R}^M}\underbrace{\lambda\psi(\boldsymbol{\alpha})}_{F_1(\boldsymbol{\alpha})}+\underbrace{\frac{1}{2}\|\boldsymbol{y}-\boldsymbol{F\alpha}\|_2^2}_{F_2(\boldsymbol{\alpha})} \tag{3.35}$$

从贝叶斯观点看，目标函数(3.35)是在给定观测值 $\boldsymbol{y}$ 时，对于 $\boldsymbol{\alpha}$ 的最大后验(maximum a posteriori，MAP)估计。此时观测数据 $\boldsymbol{y}$ 建模为加性高斯白噪声污染的信号，$F_2(\boldsymbol{\alpha})$ 对应于数据对数似然；而 $F_1(\boldsymbol{\alpha})$ 对应于正比于 $\exp(-\psi(\boldsymbol{\alpha}))$ 的 Gibbs 形式分布的图像稀疏性先验。

3) 应用模型 3(具有 ℓ_q 保真约束的稀疏性惩罚)

所考虑的问题为下面的不等式约束问题：

$$(P_\sigma^q):\ \min_{\boldsymbol{\alpha}\in\mathbb{R}^M}\psi(\boldsymbol{\alpha})\quad \text{s.t.}\ \|\boldsymbol{y}-\boldsymbol{F\alpha}\|_q\leqslant\sigma \tag{3.36}$$

其中，$q\geqslant1$；$\sigma\geqslant0$ 通常依赖于噪声的 q 阶矩 $\mathbb{E}_g(\|\boldsymbol{\varepsilon}\|_q)$；$\psi,\boldsymbol{H}$ 和 $\boldsymbol{\Phi}$ 的定义与 $(P_{\lambda\psi})$ 一致。假设 $\sigma<\|\boldsymbol{y}\|_q$ 以避免唯一的平凡解 $\boldsymbol{\alpha}^*=\boldsymbol{0}$。问题 (P_σ^q) 仅仅要求重建信号与观测信号之间具有有界 q 阶矩一致性。

对于 $\sigma=0$，P_σ^q 变为等式约束问题，特别地当 ψ 是 ℓ_1 范数时，对应于 BP 问题。当 $q=2$ 时，(P_σ^q) 问题等价于 (P_λ) 问题。令 B_σ^q 是 $\mathbb{R}^N$ 中的半径为 σ 的 ℓ_q 闭球。记 C_σ^q 是一个闭凸不等式约束集合 $C_\sigma^q=\{\boldsymbol{\alpha}\in\mathbb{R}^M\mid\boldsymbol{H\Phi\alpha}\in\boldsymbol{y}+B_\sigma^q\}$。假设 C_σ^q 是非空且 ψ 是强制的，这样问题 (P_σ^q) 至少有一个解。

3.6.2　凸稀疏惩罚项及其邻近算子

3.6.2.1　加性稀疏性度量

考虑下面的加性稀疏惩罚项：

$$\psi(\boldsymbol{\alpha})=\sum_{i=1}^N\psi_i(\alpha[i]) \tag{3.37}$$

一个自然的问题是如何选择稀疏性度量函数 ψ_i（$i=1,\cdots,N$）。为了方便求解重建模型的数值解，要求稀疏性惩罚函数 ψ_i 能够有效度量框架系数的稀疏性，从数值上而言要求属于 $\Gamma_0(\mathbb{R})$，且具有较好的凸性以保证全局最优解和数值算法的收敛性。定理 3.5 给出了选择稀疏性度量的重要准则。

定理 3.5[21,22]　如果稀疏性度量函数 ψ_i 满足如下条件:

(1) ψ_i 是偶对称、非负函数同时在区间 $[0,+\infty)$ 上非下降的，并且要求 $\psi_i(0)=0$；

(2) ψ_i 在除零点以外的实数域 $\mathbb{R}/\{0\}$ 上是二阶可微的，但不必是凸的；

(3) ψ_i 在实数域 $\mathbb{R}$ 上是连续的，在零点不必光滑但要存在正的右导数 $\psi'_{i+}(0)=\lim\limits_{h\to 0^+}\dfrac{\psi_i(h)}{h}>0$；

(4) 函数 $\beta+\lambda\psi_i'(\beta)$ 在区间 $(0,+\infty)$ 上是单峰函数。

则函数 ψ_i 在 $\alpha[i]$ 点处的邻近算子 $\operatorname{prox}_{\gamma\psi_i}(\alpha[i])$ 存在唯一解，对输入能够连续依赖：

$$\operatorname{prox}_{\gamma\psi_i}(\alpha[i])=\begin{cases}0, & |\alpha[i]|\leqslant\gamma\psi'_{i+}(0)\\ \alpha[i]-\gamma\psi_i'(\alpha[i]), & |\alpha[i]|>\gamma\psi'_{i+}(0)\end{cases}\tag{3.38}$$

定理的详细证明参见文献[20]。

上述定理涵盖了当 $\psi(\boldsymbol{\alpha})=\lambda\|\boldsymbol{\alpha}\|_1$ 时的这一常用情形，此时的解可用软阈值方法给出：

$$\operatorname{prox}_{\lambda\|\cdot\|_1}(\boldsymbol{\alpha})=\operatorname{softThresh}(\boldsymbol{\alpha})=\left(1-\frac{\lambda}{|\alpha[i]|}\right)_+\alpha[i]\tag{3.39}$$

其中，$(\cdot)_+=\max(\cdot,0)$。

对于满足式(3.38)的其他势函数 ψ_i，我们可以列举以下例子。

(1) $\psi_i(\alpha[i])=\lambda|\alpha[i]|^p, p>1$。

(2) Huber 函数：

$$\psi_i(\alpha[i])=\begin{cases}\alpha[i]^2/2, & |\alpha[i]|\leqslant\lambda\\ \lambda|\alpha[i]|-\lambda^2/2, & \text{其他}\end{cases}$$

(3) Ni 和 Huo 的鲁棒惩罚项：

$$\psi_i(\alpha[i])=\begin{cases}-\log\cos(\delta\alpha[i]/\lambda), & |\alpha[i]|\leqslant\lambda\\ \delta\tan(|\alpha[i]/\lambda|-1)-\log\cos(\delta), & \text{其他}\end{cases},\ 0<\delta<\frac{\pi}{2}$$

这些函数的图形在图 3.1(a)中给出，根据式(3.38)得到的相应的邻近算子的图像在图 3.1(b)给出。

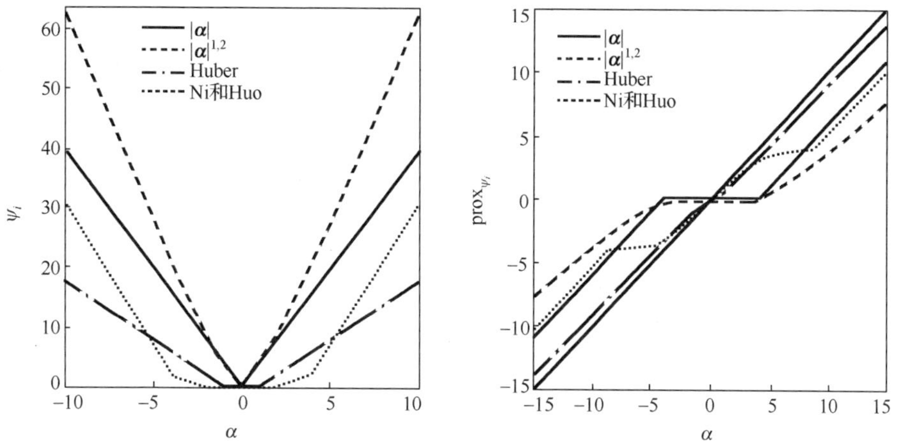

(a) 势函数ψ_i　　　　(b) 邻近算子

图 3.1　稀疏惩罚势函数ψ_i及其邻近算子

3.6.2.2　组群稀疏度量及其邻近算子

采取势函数ψ为加性和函数的主要优点是允许将邻近算子的计算问题分解到各个坐标上进行计算，从而实现解耦。但是，如果能找到计算其邻近算子的方法，前面提出的迭代方法也可以直接用于任何一个恰当凸惩罚函数ψ。例如，考虑下面稀疏性度量：

$$\psi(\boldsymbol{\alpha})=\sum_{b=1}^{B}\lambda_b\left\|\boldsymbol{\alpha}_{I_b}\right\|,\ \lambda_b>0,\forall 1\leqslant b\leqslant B \tag{3.40}$$

其中，$(I_b)_{1\leqslant b\leqslant B}$ 是对指标集I的B个不重叠分割，即$\bigcup_{b=1}^{B}I_b=I,I_b\cap I_{b'}=\varnothing,b\neq b'$。上述稀疏性度量，是一种组群稀疏性度量。在统计学中，上述模型称为群-LASSO[23]。邻近算子可计算为

$$\operatorname{prox}_{\psi}(\boldsymbol{\alpha})=\operatorname{prox}_{\sum_{b=1}^{B}\lambda_b\|I_b\|}(\boldsymbol{\alpha})=\left(\boldsymbol{\alpha}_{I_b}\left(1-\frac{\lambda_b}{\left\|\boldsymbol{\alpha}_{I_b}\right\|}\right)_+\right)_{1\leqslant b\leqslant B} \tag{3.41}$$

上述公式表明，加性组群稀疏式(3.41)的邻近算子可以分解到各个组群，独立地进行软阈值计算，这为实现组群稀疏性正则化图像处理问题提供高效求解方法。

3.6.3　复合仿射算子保真项的邻近算子

从 3.6.1 节，可以看到稀疏性正则化模型中所包含的数据保真项一般模型为$F_2(\boldsymbol{y}-\boldsymbol{F\alpha})$，其中$\boldsymbol{F}=\boldsymbol{H\Phi}$。在 3.4 节已经讨论过含线性变换的复合问题的邻近算子分裂方法。为便于后续讨论，让读者更清晰地设计不同的邻近分裂算法，现对该类

型目标函数的邻近算子做具体讨论。

首先定义一个有界仿射算子 $\boldsymbol{A}: H_1 \to H_2, \boldsymbol{\alpha} \mapsto \boldsymbol{F\alpha} - \boldsymbol{y}$，目的是计算 $F_2(\boldsymbol{A\alpha})$ 的邻近算子。此时往往需要考虑如下几种情况。

(1) $\boldsymbol{F}$ 是一个正交基。

根据邻近算子定义(式(3.13))及其性质 3.1，不难得到：

$$\text{prox}_{F_2 \circ \boldsymbol{A}}(\boldsymbol{\alpha}) = \boldsymbol{y} + \boldsymbol{F}^* \text{prox}_{F_2}(\boldsymbol{F\alpha} - \boldsymbol{y}) \tag{3.42}$$

(2) $\boldsymbol{F}$ 是一个带常数 c 的框架，则 $F_2 \circ \boldsymbol{A} \in \varGamma_0(H_1)$，且有：

$$\text{prox}_{F_2 \circ \boldsymbol{A}}(\boldsymbol{\alpha}) = \boldsymbol{\alpha} + c^{-1} \boldsymbol{F}^* (\text{prox}_{cF_2} - \boldsymbol{I})(\boldsymbol{F\alpha} - \boldsymbol{y}) \tag{3.43}$$

(3) $\boldsymbol{F}$ 是一个下界和上界分别为 c_1 和 c_2 的一般框架，则 $F_2 \circ \boldsymbol{A} \in \varGamma_0(H_1)$。此时不能显式地计算邻近算子，但可以从单步(算法 3.8)和加速多步(算法 3.9)两种方式分别迭代计算邻近算子，并且保证一定的收敛速度。

算法 3.8 复合一般框架算子保真的邻近算子 $\text{prox}_{F \circ \boldsymbol{A}}(\boldsymbol{\alpha})$ 的向前-向后分裂

初始化： 选择某个 $\boldsymbol{\beta}^{(0)} \in \text{dom}(\boldsymbol{F}^*)$，设置 $\boldsymbol{p}^{(0)} = \boldsymbol{\alpha} - \boldsymbol{F}^* \boldsymbol{\beta}^{(0)}$， $\mu_n \in (0, 2/c_2)$。

主迭代： for $n = 0$ to $N_{\text{itr}} - 1$，进行如下运算

$$\boldsymbol{\beta}^{(n+1)} = \mu_n (\boldsymbol{I} - \text{prox}_{\mu^{(n)} F_2})(\mu_n^{-1} \boldsymbol{\beta}^{(n)} + \boldsymbol{F} \boldsymbol{p}^{(n)})$$

$$\boldsymbol{p}^{(n+1)} = \boldsymbol{\alpha} - \boldsymbol{F}^* \boldsymbol{\beta}^{(n+1)}$$

输出： 在 $\boldsymbol{\alpha}$ 处的邻近算子 $F \circ \boldsymbol{A}$： $\boldsymbol{p}^{(N_{\text{itr}})} = \boldsymbol{\alpha} - \boldsymbol{F}^* \boldsymbol{\beta}^{(N_{\text{itr}})}$。

算法 3.9 复合一般框架算子保真的邻近算子 $\text{prox}_{F \circ \boldsymbol{A}}(\boldsymbol{\alpha})$ 的 Nesterov 方法

初始化： 选择某个 $\boldsymbol{\beta}^{(0)} \in \text{dom}(\boldsymbol{F}^*)$，设置 $\theta_0 = 0, \xi^{(0)} = \boldsymbol{0}$， $\mu \in (0, 2/c_2)$。

主迭代： for $n = 0$ to $N_{\text{itr}} - 1$，进行如下运算。

(1) 设置：

$$\rho_n = \mu(1 + c_1 \theta_n)$$

(2) 第 1 次邻近算子计算：

$$\boldsymbol{y}^{(n)} = \theta_n (\boldsymbol{I} - \text{prox}_{F_2/\theta_n})((\boldsymbol{\beta}^{(0)} - \xi^{(n)}) / \theta_n)$$

(3) 设置：

$$a_n = (\rho_n + \sqrt{\rho_n^2 + 4\rho_n \theta_n}) / 2$$

$$\boldsymbol{\omega}^{(n)} = \frac{\theta_n \boldsymbol{\beta}^{(n)} + a_n \boldsymbol{y}^{(n)}}{\theta_n + a_n}$$

(4) 第 2 次邻近算子计算：

$$\boldsymbol{\beta}^{(n+1)} = \mu / (2(\boldsymbol{I} - \text{prox}_{2\mu^{-1} F_2})(2\mu^{-1} \boldsymbol{\omega}^{(n)} + (\boldsymbol{F}(\boldsymbol{\alpha} - \boldsymbol{F}^* \boldsymbol{\omega}^{(n)}) - \boldsymbol{y})))$$

$$\xi^{(n+1)} = \xi^{(n)} - a_n (\boldsymbol{F}(\boldsymbol{\alpha} - \boldsymbol{F}^* \boldsymbol{\beta}^{(n)}) - \boldsymbol{y})$$

(5) 更新

$$\theta_{n+1} = \theta_n + a_n$$

输出：在 $\boldsymbol{\alpha}$ 处的邻近算子 $F \circ \boldsymbol{A}$：$\boldsymbol{p}^{(N_{\text{itr}})} = \boldsymbol{\alpha} - \boldsymbol{F}^* \boldsymbol{\beta}^{(N_{\text{itr}})}$。

(4) 其他情形。

假设 $F \circ \boldsymbol{A} \in \Gamma_0(H_1)$，并取 $\mu^{(n)} \in (0, 2/c_2)$，应用算法 3.8，则迭代解 $\boldsymbol{p}^{(n)}$ 以速度 $O(1/n)$ 收敛于 $\text{prox}_{F \circ \boldsymbol{A}}(\boldsymbol{\alpha})$，即存在 $C > 0$ 使得 $\left\| \boldsymbol{p}^{(n)} - \text{prox}_{F_2 \circ \boldsymbol{A}}(\boldsymbol{\alpha}) \right\|_2^2 \leqslant C/n$。

当 $\boldsymbol{F}$ 是一个框架时，单步向前-向后迭代的收敛速度显然依赖于该框架的冗余度。冗余度越高，收敛速度越低。更准确地说，解的精度在迭代过程中达到 ε 时，所必需的迭代次数是 $O\left(\dfrac{c_2}{c_1} \log \varepsilon^{-1}\right)$。对第 4 种情形，Fadili 和 Starck 于 2009 年的研究表明当 $\boldsymbol{F}$ 不是一个框架时，算法收敛于邻近算子的速度仅仅是 $O(1/n)$，从而至少需要 $O(1/\varepsilon)$ 次迭代才能达到收敛误差 ε[23]。当然，如果 $\boldsymbol{F}$ 不是一个框架，也可使用 $c_1 = 0$ 时的算法 3.9。

(1) 利用向前-向后分裂格式迭代设计（算法 3.8），得到生成序列 $\{\boldsymbol{p}^{(n)}\}$ 逼近邻近算子 $\text{prox}_{F \circ \boldsymbol{A}}(\boldsymbol{\alpha})$，且 $\boldsymbol{p}^{(n)}$ 线性收敛于 $\text{prox}_{F \circ \boldsymbol{A}}(\boldsymbol{\alpha})$，当 $\mu^{(n)} = 2/(c_1 + c_2)$ 时达到最佳收敛速度[24]：

$$\left\| \boldsymbol{p}^{(n+1)} - \text{prox}_{F_2 \circ \boldsymbol{A}}(\boldsymbol{\alpha}) \right\|_2^2 \leqslant \frac{c_2}{c_1} \left(\frac{c_2 - c_1}{c_2 + c_1} \right)^{2n} \left\| \boldsymbol{p}^{(0)} - \text{prox}_{F_2 \circ \boldsymbol{A}}(\boldsymbol{\alpha}) \right\|_2^2$$

(2) 利用加速多步前向-后向分裂设计（算法 3.9）。算法产生的生成序列 $\{\boldsymbol{p}^{(n)}\}$ 逼近邻近算子 $\text{prox}_{F \circ \boldsymbol{A}}(\boldsymbol{\alpha})$，其收敛性结论[24]为：假设 $\mu \in (0, 2/c_2)$，记 $\boldsymbol{\beta}^{(0)} \in \text{dom}(\boldsymbol{F}^*)$，定义 $R = \| \boldsymbol{\beta}^* - \boldsymbol{\beta}^{(0)} \|_2$，其中 $\boldsymbol{\beta}^*$ 是最优对偶解，则有以下情形存在。

①如果 $\boldsymbol{F}$ 是一个框架（非紧的），则 $\forall n \geqslant 1$，有：

$$\left\| \boldsymbol{p}^{(n)} - \text{prox}_{F_2 \circ \boldsymbol{A}}(\boldsymbol{\alpha}) \right\|_2^2 \leqslant 2 c_2 R^2 \left(1 + \sqrt{\frac{c_1}{8 c_2}} \right)^{-2(n-1)}$$

②否则

$$\left\| \boldsymbol{p}^{(n)} - \text{prox}_{F_2 \circ \boldsymbol{A}}(\boldsymbol{\alpha}) \right\|_2^2 \leqslant \frac{8 c_2 R^2}{n^2}$$

上述结论表明：对于非框架情形（$c_1 = 0$），其收敛速度为 $O(1/n^2)$，即使对于框架的情形，算法 3.9 也具有线性收敛速度。然而，算法 3.9 的每一步迭代的计算量都是算法 3.8 每一步迭代计算量的 2 倍。

3.6.4 稀疏性正则化线性反问题的邻近分裂算法

3.6.4.1 求解 BPDN：单步前向-后向分裂与迭代软阈值的等价性

对于广泛使用的 BPDN 问题(式(3.34))：$\min_{\alpha}\frac{1}{2}\|\boldsymbol{y}-\boldsymbol{F\alpha}\|_2^2+\lambda\|\boldsymbol{\alpha}\|_1$。从 3.6.3 节知道，$\mathrm{prox}_{\psi}(\boldsymbol{\alpha})$ 是作用于向量 $\boldsymbol{\alpha}$ 的每个分量的软阈值。而数据保真项 $F_2(\boldsymbol{\alpha})=\|\boldsymbol{y}-\boldsymbol{H\Phi\alpha}\|^2/2$ 是可微且 Lipschitz 梯度连续，其 Lipschitz 常数的上界为 $\|\boldsymbol{H}\|_{\mathrm{F}}^2\|\boldsymbol{\Phi}\|_{\mathrm{F}}^2$。因此单步前向-后向分裂算法等价于迭代软阈值(IST)方法[25]。算法过程归纳为算法 3.10。

算法 3.10　利用迭代软阈值求解 BPDN

初始化：选择某个 $\boldsymbol{\alpha}^{(0)}\in\mathbb{R}^M$，一系列或者固定的 $\mu_n\in(0,2/(\|\boldsymbol{H}\|_{\mathrm{F}}^2\|\boldsymbol{\Phi}\|_{\mathrm{F}}^2))$，$\lambda>0$。

主迭代：for　$n=0$　to　$N_{\mathrm{itr}}-1$，进行如下运算

$$\boldsymbol{\alpha}^{(n+1)}=\mathrm{softThresh}_{\lambda\mu_n}(\boldsymbol{\alpha}^{(n)}+\mu_n\boldsymbol{\Phi}^*\boldsymbol{H}^*(\boldsymbol{y}-\boldsymbol{H\Phi\alpha}^{(n)}))$$

输出：　$\boldsymbol{\alpha}^{(N_{\mathrm{itr}})}$。

在实际应用中，算法的收敛速度强烈依赖于算子 $\boldsymbol{H}$ 的谱结构，当 $\boldsymbol{H}$ 的条件数很差时，算法收敛速度较慢。利用算子 $\boldsymbol{H}$ 的一些特殊结构，如分块循环矩阵特性，IST 格式非常容易实现。例如，考虑反卷积问题，此时 $\boldsymbol{H}$ 是循环卷积矩阵，其对应的低通点扩散函数(PSF) $\boldsymbol{h}$ 是规范化的(即 $\|\boldsymbol{h}\|_2=1$)。如果字典 $\boldsymbol{\Phi}$ 为框架常数为 c 的紧框架，例如，图像 $\boldsymbol{x}$ 采取具有快速显式变换算子 $\boldsymbol{T}$ (如小波、Curvelet 等)实现稀疏化 $\boldsymbol{\alpha}=\boldsymbol{Tx}$，则其图像合成算子为广义逆算子且 $c\boldsymbol{T}^+=\boldsymbol{\Phi}$。设定 $\forall n,\mu_n\equiv 1/c$，则算法 3.10 的 IST 迭代变为

$$\boldsymbol{\alpha}^{(n+1)}=\mathrm{softThresh}_{c^{-1}\lambda}(\boldsymbol{\alpha}^{(n)}+\boldsymbol{T}^*\boldsymbol{H}^*(c^{-1}\boldsymbol{y}-\boldsymbol{HT}^+\boldsymbol{\alpha}^{(n)}))$$

因为卷积可以在傅里叶变换域进行计算(即 $\boldsymbol{Hx}=\mathrm{IFFT}(\mathrm{FFT}(\boldsymbol{h})\cdot\mathrm{FFT}(\boldsymbol{x}))$，其中 IFFT 是快速傅里叶变换(fast Fourier transformation，FFT)的逆变换)，每一步迭代需要一次 FFT，一次 IFFT，以及使用 $\boldsymbol{T}$ 和其广义逆 $\boldsymbol{T}^+$。此时，IST 算法不仅简单，而且速度也比较快。

3.6.4.2 求解稀疏正则项+最小二乘保真的模型：单步前向-后向分裂

很显然，问题 $(P_{\lambda\psi})$ 即式(3.35)是式(3.34)的推广。由于该模型是凸的但并不是严格凸的，该问题至少存在一个解。可以验证：数据保真项 $F_2(\boldsymbol{\alpha})=\|\boldsymbol{y}-\boldsymbol{H\Phi\alpha}\|_2^2/2$ 是可微且 Lipschitz 梯度连续，其 Lipschitz 常数的上界为 $\|\boldsymbol{H}\|_{\mathrm{F}}^2\cdot\|\boldsymbol{\Phi}\|_{\mathrm{F}}^2$。这样问题 $(P_{\lambda\psi})$ 满足应用 FBS 格式(3.20)求解方程(3.18)的必要条件。算法归纳如算法 3.11 所示。

算法 3.11 前向-后向分裂求解 $(P_{\lambda\psi})$

初始化： 选择某个 $\boldsymbol{\alpha}^{(0)} \in \mathbb{R}^T$，一系列或者固定的 $\mu_n \in (0, 2/(\|\boldsymbol{H}\|_{\mathrm{F}}^2 \|\boldsymbol{\Phi}\|_{\mathrm{F}}^2))$。

主迭代： for $n = 0$ to $N_{\text{itr}} - 1$，进行如下运算。

(1) 梯度下降(向前)步骤：

$$\boldsymbol{\alpha}^{(n+1/2)} = \boldsymbol{\alpha}^{(n)} + \mu_n \boldsymbol{\Phi}^* \boldsymbol{H}^* (\boldsymbol{y} - \boldsymbol{H}\boldsymbol{\Phi}\boldsymbol{\alpha}^{(n)})$$

(2) 邻近计算(向后)步骤：

$$\boldsymbol{\alpha}^{(n+1)} = \operatorname{prox}_{\lambda\mu_n\psi}(\boldsymbol{\alpha}^{(n+1/2)})$$

输出： $\boldsymbol{\alpha}^{(N_{\text{itr}})}$。

理解上述算法，需要注意如下几点。

(1) 算法中的条件 $\mu_n \in (0, 2/(\|\boldsymbol{H}\|_{\mathrm{F}}^2 \|\boldsymbol{\Phi}\|_{\mathrm{F}}^2))$（上界可以取到 $2/\|\boldsymbol{H}\boldsymbol{\Phi}\|_{\mathrm{F}}^2$）对于算法的收敛性而言，是充分而非必要的。Elad 和 Vonesch 等人的工作表明通过不同的策略来选择下降步长序列 $\{\mu_n\}$ 可得到更快的实际收敛速度[25-27]。

(2) 上述算法中利用了凸稀疏惩罚项的邻近算子 $\operatorname{prox}_{\lambda\mu_n\psi}$ 的计算，这是算法的关键。此时，需要应用 3.6.2 节中的相关结论。

(3) 对于式(3.35)的问题 $(P_{\lambda\psi})$，算法 3.11 的收敛速度为 $O(1/n)$[28]。当 $\psi(\boldsymbol{\alpha}) = \sum_{i\in I} \lambda_i |\alpha[i]|$，且当 $\boldsymbol{F} = \boldsymbol{H}\boldsymbol{\Phi}$ 有合适的条件或者解 $\boldsymbol{\alpha}^*$ 是严格稀疏时，Bredies 和 Lorenz 于 2008 年证明了当 $\|\boldsymbol{\alpha}^{(n)} - \boldsymbol{\alpha}^*\|_2 \leqslant C\varepsilon^{-(n)}$，其中 $C > 0$，$0 \leqslant \varepsilon < 1$，$\boldsymbol{\alpha}^{(n)}$ 是线性收敛的[27]。如果 $\boldsymbol{F}$ 是有下界的，则这种线性收敛速度对于任何 ψ 都是成立的，即 $\exists c > 0$，$\|\boldsymbol{F}\boldsymbol{\alpha}\|_2 \geqslant c\|\boldsymbol{\alpha}\|_2$，$\forall \boldsymbol{\alpha} \in \boldsymbol{H}$，这意味着 $F_2(\boldsymbol{\alpha}) = \|\boldsymbol{y} - \boldsymbol{H}\boldsymbol{\Phi}\boldsymbol{\alpha}\|_2^2/2$ 是带系数 c^2 严格凸的。

(4) 显然，求解 BPDN 的迭代软阈值方法(算法 3.10)是向前-向后分裂算法 3.11 的特例。

3.6.4.3 求解稀疏正则项+最小二乘保真的模型：多步加速迭代算法

本书 3.3.1 节，提到对两个目标函数情形，满足单步前向-后向分裂条件的迭代算法可以通过组合当前迭代和前一步的迭代结果，产生算法性能的加速。这种多步加速迭代算法同样可以用于问题$(P_{\lambda\psi})$的优化求解。算法归纳为算法 3.12。

算法 3.12 利用 Nesterov 方案求解$(P_{\lambda\psi})$

初始化： 选择某 $\boldsymbol{\alpha}^{(0)} \in \mathbb{R}^M$，$\mu \in \left(0, 2/\left(\|\boldsymbol{H}\|_{\mathrm{F}}^2 \|\boldsymbol{\Phi}\|_{\mathrm{F}}^2\right)\right)$，$\theta_0 = 0, \boldsymbol{\xi}^{(0)} = \mathbf{0}$。

主迭代： for $n = 0$ to $N_{\text{itr}} - 1$，进行如下运算。

(1) 第 1 次邻近算子计算：

$$\boldsymbol{\beta}^{(n)} = \operatorname{prox}_{\lambda\theta_n\psi}(\boldsymbol{\alpha}^{(0)} - \boldsymbol{\xi}^{(n)})$$

(2) 设置权系数，进行加权组合：

$$a_n = (\mu + \sqrt{\mu^2 + 4\mu\theta_n})/2, \quad \boldsymbol{\omega}^{(n)} = \frac{\theta_n \boldsymbol{\alpha}^{(n)} + a_n \boldsymbol{\beta}^{(n)}}{\theta_n + a_n}$$

(3) 第 2 次邻近算子计算：

$$\boldsymbol{\alpha}^{(n+1)} = \operatorname{prox}_{\frac{\lambda\mu}{2}\psi}\left(\boldsymbol{\omega}^{(n)} + \frac{\mu}{2}\boldsymbol{\Phi}^*\boldsymbol{H}^*(\boldsymbol{y} - \boldsymbol{H}\boldsymbol{\Phi}\boldsymbol{\alpha}^{(n)})\right)$$

(4) 计算梯度方向：

$$\boldsymbol{\xi}^{(n+1)} = \boldsymbol{\xi}^{(n)} - a_n \boldsymbol{\Phi}^*\boldsymbol{H}^*(\boldsymbol{y} - \boldsymbol{H}\boldsymbol{\Phi}\boldsymbol{\alpha}^{(n+1)})$$

(5) 更新 $\theta_{n+1} = \theta_n + a_n$。

输出：$\boldsymbol{\alpha}^{(N_{\text{itr}})}$。

理解上述算法，需要注意以下几点。

(1) 文献[28]证明对目标函数(3.35)利用多步加速 Nesterov 算法时，收敛速度为 $O(1/n^2)$。

(2) 计算复杂性。一般而言，算法 3.12 能用比算法 3.11 更少的迭代次数来达到同样的精度，但算法 3.12 的每一步的计算量是算法 3.11 的 2 倍。对于这两种算法，大部分的计算量集中于 $\boldsymbol{\Phi}$（以及 $\boldsymbol{H}$）和它的共轭 $\boldsymbol{\Phi}^*$（以及 $\boldsymbol{H}^*$）。在许多实际问题中，这些算子都不能进行显式表示，相反地都是用快速隐式方式实现的，即给一个向量 $\boldsymbol{\alpha}$（以及 $\boldsymbol{x}$），直接返回 $\boldsymbol{\Phi\alpha}$（以及 $\boldsymbol{\Phi}^*\boldsymbol{x}$）和 $\boldsymbol{Hx}$（以及 $\boldsymbol{H}^*\boldsymbol{\alpha}$）。例如，如果 $\boldsymbol{H}$ 是一个循环卷积算子，则需要用矩阵 $\boldsymbol{H}$ 或者 $\boldsymbol{H}^*$ 做 $O(N\log N)$ 次乘法运算。$\boldsymbol{\Phi}$ 和 $\boldsymbol{\Phi}^*$ 的复杂度则依赖于变换字典。例如，离散小波变换需要 $O(N)$ 次运算，非抽取小波变换（undercimated wavelet transformation，UWT）则需要 $O(N\log N)$ 次运算，第二代 Curvelet 变换也需要同样的计算量。

(3) 将邻近算子替换为算法 3.10 中的软阈值后，多步 Nesterov 格式也可以被用于求解 BPDN 问题。

3.6.4.4　求解 ℓ_q 保真约束的 (P_σ^q) 问题：Douglas-Rachford 分裂算法

问题 (P_σ^q) 是式(3.21)（问题 P_2）的一个特例，其中：

$$F_1(\boldsymbol{\alpha}) = \psi(\boldsymbol{\alpha}),\ F_2(\boldsymbol{\alpha}) = \iota_{B_\sigma^q} \circ \boldsymbol{A}(\boldsymbol{\alpha}),\ \boldsymbol{A}(\boldsymbol{\alpha}) = \boldsymbol{y} - \boldsymbol{F\alpha}$$

函数 F_1, F_2 都是凸的，但是非光滑。

根据 3.3.2 节中的讨论，应用 DR 分裂格式进行求解。将 $\iota_{B_\sigma^q}$ 看成是 3.3.2 节中的函数 F_2，则 $\iota_{B_\sigma^q}$ 的邻近算子 $\operatorname{prox}_{\iota_{B_\sigma^q}}(\boldsymbol{\alpha})$ 是对 $C_\sigma^q = \{\boldsymbol{\alpha} \in \mathbb{R}^M \mid \boldsymbol{H\Phi\alpha} \in \boldsymbol{y} + B_\sigma^q\}$ 的投影。可以利用 3.3.2 节所述的算法来计算，当然这还依赖于 $\boldsymbol{F} = \boldsymbol{H\Phi}$ 的结构。同时，需要根据不同的 q 值，计算向 B_σ^q 的正交投影。下面，详细给出一些最有用的例子。

(1) $q = 2$。对 B_σ^2 的正交投影算子可以简单地表示为

$$P_{B_\sigma^2}(\boldsymbol{\alpha})=\begin{cases}\boldsymbol{\alpha}, & \|\boldsymbol{\alpha}\|_2\leqslant\sigma\\ \boldsymbol{\alpha}\sigma/\|\boldsymbol{\alpha}\|_2, & \text{其他}\end{cases} \tag{3.44}$$

(2) $q=\infty$。向 B_σ^∞ 的正交投影算子可以表示为

$$P_{B_\sigma^\infty}(\boldsymbol{\alpha})=\left(\frac{\alpha[i]}{\max(|\alpha[i]|/\sigma,1)}\right)_{1\leqslant i\leqslant N} \tag{3.45}$$

(3) $q=1$。投影算子 $P_{B_\sigma^1}$ 可以通过式(3.39)的软阈值方法以及 Candès 和 Daubechies 等人介绍的系数排序法来进行计算[29,30]。定义 $\alpha_{(0)}\leqslant\alpha_{(1)}\leqslant\cdots\leqslant\alpha_{(N-1)}$ 是一组从小到大的排序系数，$\tilde{\alpha}_i=\sum_{j=i+1}^{N-1}\alpha_{(j)}$ 是累积排序幅值。注意到 $\|\text{softThresh}_\lambda(\boldsymbol{\alpha})\|_1=\sum_{|\alpha[i]|>\lambda}|\alpha[i]-\lambda|$ 是一个分片仿射映射，而且关于 λ 是单调下降的函数，在排序的 $\alpha_{(i)}$ 处的斜率有变化。可以验证使得 $\|\text{softThresh}_\lambda(\boldsymbol{\alpha})\|_1=\sigma$ 满足的 λ 的值为

$$\lambda=\alpha_{(j)}+\left(\alpha_{(j+1)}-\alpha_{(j)}\right)\frac{\tilde{\alpha}_{j+1}-\sigma}{\tilde{\alpha}_{j+1}-\tilde{\alpha}_j} \tag{3.46}$$

其中，j 满足 $\tilde{\alpha}_{j+1}\leqslant\sigma<\tilde{\alpha}_j$。这个排序过程在 $O(N\log N)$ 时间内可以完成。一种替代排序的改进方法是采用具有线性复杂度 $O(N)$ 的中值搜索方法[31]。

(4) 对于其他的值 $2<q<+\infty$，这种投影算子不能进行解析计算，只能通过采用 Newton 法求解 Karush-Kuhn-Tucker 方程来进行迭代计算[32]。

对于等式约束问题，即 $\sigma=0$ 时的情形，向仿射子空间 $C_0^q=\{\boldsymbol{\alpha}\in\mathbb{R}^M\,|\,\boldsymbol{y}=\boldsymbol{H\Phi\alpha}\}$ 投影的投影算子为

$$P_{C_0^q}(\boldsymbol{\alpha})=\boldsymbol{\alpha}+\boldsymbol{F}^*(\boldsymbol{FF}^*)^{-1}(\boldsymbol{y}-\boldsymbol{F\alpha}) \tag{3.47}$$

通常而言，对于一般的隐式算子 $\boldsymbol{F}$，上述投影算子可以利用共轭梯度求解法来进行计算。而当 $\boldsymbol{F}$ 是一个紧框架时，即 $\boldsymbol{FF}^*=c\boldsymbol{I}$ 时，则转化为简单情况。

下面，首先介绍两个简单情形(分别是基追踪问题和紧框架的问题 (P_σ^2))的 DR 分裂法，然后归纳出一般问题 (P_σ^q) 求解的 DR 分裂法。

(1) 求解基追踪问题。

考虑求解基追踪问题(3.34)。注意此时，基追踪问题(3.34)对应为问题 (P_σ^q) 中取 $q=0$ 和 $\psi(\boldsymbol{\alpha})=\|\boldsymbol{\alpha}\|_1$ 的情况，因此利用稀疏表示系数的软阈值和对 $C_0^q=\{\boldsymbol{\alpha}\in\mathbb{R}^M\,|\,\boldsymbol{y}=\boldsymbol{F\alpha}\}$ 的投影(式(3.47))，可以设计算法 3.13。

算法 3.13　利用 Douglas-Rachford 分裂求解 BP

初始化： 选择某 $\boldsymbol{\alpha}^{(0)}\in\mathbb{R}^T$，$\mu\in(0,2)$，$\gamma>0$。

主迭代： for　$n=0$　to　$N_{\text{itr}}-1$，进行如下迭代。

(1) 计算残差：

$$r^{(n)} = y - F\alpha^{(n)}$$

(2) 基于等式约束的投影：

$$\zeta^{(n)} = \alpha^{(n)} + F^*(FF^*)^{-1} r^{(n)}$$

(3) 计算反射投影：

$$\alpha^{(n+\frac{1}{2})} = 2\xi^{(n)} - \alpha^{(n)}$$

(4) 软阈值：

$$\alpha^{(n+1)} = (1-\mu/2)\alpha^{(n)} + \mu/(2(2\text{softThresh}_\gamma(\alpha^{(n+1/2)}) - \alpha^{(n+1/2)}))$$

输出：$\alpha^{(N_{\text{itr}}-\frac{1}{2})}$。

(2) 求解具有紧框架的问题 (P_σ^2)。

考虑求解当 F 是界为 c 的紧框架，且 ψ 取 ℓ_1 范数时的问题 (P_σ^2)，也就是式(3.43)。采取式(3.43)和到 B_σ^2 上的投影算子(式(3.44))投影到半径为σ的 ℓ_2 球，可以设计算法 3.14。

算法 3.14　利用 Douglas-Rachford 分裂的紧框架求解 (P_σ^2)

初始化：选择某 $\alpha^{(0)} \in \mathbb{R}^M$，$\mu \in (0,2)$，$\gamma > 0$，$\sigma > 0$。

主迭代：for　$n = 0$　to　$N_{\text{itr}} - 1$，进行如下迭代。

(1) 计算残差：

$$r^{(n)} = y - F\alpha^{(n)}$$

(2) 投影到半径为σ的 ℓ_2 球：

$$\zeta^{(n)} = r^{(n)} - r^{(n)}\left(1 - \frac{\sigma}{\left\|r^{(n)}\right\|_2}\right)_+$$

(3) 计算反射投影：

$$\alpha^{(n+\frac{1}{2})} = \alpha^{(n)} + 2c^{-1}F^*(r^{(n)} - \xi^{(n)})$$

(4) 软阈值：

$$\alpha^{(n+1)} = (1-\mu/2)\alpha^{(n)} + \mu/(2(2\text{softThresh}_\gamma(\alpha^{(n+1/2)}) - \alpha^{(n+1/2)}))$$

输出：$\alpha^{(N_{\text{itr}}-\frac{1}{2})}$。

(3) 求解一般的 (P_σ^q) 问题。

上面已经介绍了两个简单问题的求解，它们可以看作是求解 (P_σ^q) 的特例。下面，给出求解一般的 (P_σ^q) 问题的 Douglas-Rachford 分裂算法。利用邻近算子计算的一般性结论(见本章 3.6.2 节和 3.6.3 节)，进而可以设计求解一般的 (P_σ^q) 问题的 Douglas-Rachford 分裂算法 3.15。

算法 3.15　利用 Douglas-Rachford 分裂求解 (P_σ^q)

初始化： 选择某个 $\boldsymbol{\alpha}^{(0)} \in \mathbb{R}^M$，$\mu \in (0,2)$，$\gamma > 0, \sigma \geqslant 0$。

主迭代： for　$n = 0$　to　$N_{\text{itr}} - 1$，进行如下迭代。

(1) 投影步骤：

①对于 $\sigma = 0$，使用式(3.47)计算 $P_{C_0^q}(\boldsymbol{\alpha}^{(n)})$；

②对于 $\sigma > 0$，如果 $\boldsymbol{H\Phi}$ 是紧框架，则使用式(3.43)保真项的邻近算子；否则，使用算法 3.8 或算法 3.9 计算 $P_{C_\sigma^q}(\boldsymbol{\alpha}^{(n)})$，同时使用 B_σ^p 上合适的投影算子。计算：

$$\boldsymbol{\alpha}^{(n+1/2)} = 2P_{C_0^q}(\boldsymbol{\alpha}^{(n)}) - \boldsymbol{\alpha}^{(n)}$$

(2) 邻近算子计算步骤：

$$\boldsymbol{\alpha}^{(n+1)} = \left(1 - \frac{\mu}{2}\right)\boldsymbol{\alpha}^{(n)} + \frac{\mu}{2}(2\text{prox}_{\gamma\psi}(\boldsymbol{\alpha}^{(n+1/2)}) - \boldsymbol{\alpha}^{(n+1/2)})$$

输出： $P_{C_\sigma^q}(\boldsymbol{\alpha}^{(N_{\text{itr}})})$。

理解上述算法，需要注意以下几点。

(1) 显然当 $\boldsymbol{\alpha}^{(n)} \in C_\sigma^q$，$\boldsymbol{\alpha}^{(n+1/2)} = \boldsymbol{\alpha}^{(n)}$，此时在第一步的近似步骤中不需要计算投影。

(2) 计算复杂度。当 $\boldsymbol{F} = \boldsymbol{H\Phi}$ 相当于一个紧框架，而且向 B_σ^q 可以进行解析计算时，算法 3.15 的每一次迭代的计算复杂度主要是用于计算 $\boldsymbol{H}, \boldsymbol{\Phi}$ 以及它们的共轭。对于一般的 $\boldsymbol{F}$，投影 $P_{C_\sigma^q}$ 是作为内循环并使用算法 3.8 或者算法 3.9 来进行计算的。在实际中，这些投影算法都是在每一次外循环 n 中，内循环中进行 N_n 次有限次计算。每次外循环 n 的计算复杂度为 $N_n \times$（$\boldsymbol{H}$ 和 $\boldsymbol{H}^*$ 的计算复杂度 +$\boldsymbol{\Phi}$ 和 $\boldsymbol{\Phi}^*$ 的计算复杂度）。

3.7　本 章 结 语

本章相对系统地回顾了图像反问题处理的高效优化算法。本章的出发点是将图像去噪、去模糊、修补甚至超分辨等建模为线性反问题。其挑战性在于问题的不适定性，而解决不适定性的通常做法是采取正则化方法，缩小候选解求解的空间范围。本章概述了凸优化的数学基础，并集中介绍了“邻近分裂”这一统一的优化框架，进而针对稀疏正则化线性反问题，给出了典型模型求解的高效算法。

参 考 文 献

[1] Starck J L, Murtagh F, Fadili J M. 稀疏图像和信号处理：小波，曲波，形态多样性. 肖亮，张军，刘鹏飞，译. 北京：国防工业出版社，2015.

[2] Rockafellar R T. Convex Analysis. Princeton: Princeton University Press, 1970.

[3] Combettes P L, Pesque J C. Fixed-Point Algorithms for Inverse Problems in Science and Engineering. New York: Springer, 2011: 185-212.

[4] Lemarechal C, Hiriart-Urruty J B. Convex Analysis and Minimization Algorithms I and II. 2nd ed. Berlin: Springer, 1996.

[5] Rockafellar R. The Theory of Subgradients and Its Applications to Problems of Optimization: Convex and Nonconvex Functions. Berlin: Heldermann, 1981.

[6] Combettes P L. The convex feasibility problem in image recovery. Advances in Imaging and Electron Physics, 1996, 95: 155-270.

[7] Youla D C, Webb H. Image restoration by the method of convex projections: Part 1-Theory. IEEE Transactions on Medical Imaging, 1982, 1 (2) : 81-94.

[8] Combettes P L, Wajs V R. Signal recovery by proximal forward-backward splitting. Multiscale Modeling and Simulation, 2005, 4 (4) : 1168-1200.

[9] Bauschke H H, Combettes P L. Convex Analysis and Monotone Operator Theory in Hilbert Spaces. New York: Springer, 2011.

[10] Nesterov Y. A method of solving a convex programming problem with convergence rate $o(1/k^2)$. Soviet Mathematics Doklady, 1983, 27 (2) : 372-376.

[11] Douglas J, Rachford H H. On the numerical solution of heat conduction problems in two and three space variables. Transactions of the American mathematical Society, 1956, 82 (2) : 421-439.

[12] Combettes P L, Pesquet J C. A Douglas-Rachford splitting approach to nonsmooth convex variational signal recovery. IEEE Journal of Selected Topics in Signal Processing, 2007, 1 (4) : 564-574.

[13] Eckstein J, Bertsekas D P. On the Douglas-Rachford splitting method and the proximal point algorithm for maximal monotone operators. Mathematical Programming, 1992, 55 (1/2/3) : 293-318.

[14] Fortin M, Glowinski R. Augmented Lagrangian Methods: Applications to the Numerical Solution of Boundary-Value Problems. Amsterdam: Elsevier, 2000.

[15] Gabay D. Applications of the method of multipliers to variational inequalities. Studies in Mathematics and Its Applications, 1983, 15: 299-331.

[16] Gabay D, Mercier B. A dual algorithm for the solution of nonlinear variational problems via finite element approximation. Computers and Mathematics with Applications, 1976, 2 (1) : 17-40.

[17] Glowinski R, Le Tallec P. Augmented Lagrangian and Operator-Splitting Methods in Nonlinear Mechanics. Pradinas: Society for Industrial and Applied Mathematics, 1989.

[18] Combettes P L, Pesquet J C. A proximal decomposition method for solving convex variational inverse problems. Inverse Problems, 2008, 24 (6) : 065014.

[19] Chen S S, Donoho D L, Saunders M A. Atomic decomposition by basis pursuit. SIAM Journal on Scientific Computing, 1999, 20(1): 33-61.

[20] Fadili M, Starck J L, Murtagh F. Inpainting and zooming using sparse representations. The Computer Journal, 2009, 52(1):64-79.

[21] Combettes P L, Pesquet J C. Sparse signal recovery by iterative proximal thresholding. Proceedings of the 15th European Signal Processing Conference, Poznan, 2007: 1726-1730.

[22] Yuan M, Lin Y. Model selection and estimation in regression with grouped variables. Journal of the Royal Statistical Society, Series B, 2006, 68(1): 49-67.

[23] Fadili M J, Starck J L. Monotone operator splitting for fast sparse solutions of inverse problems. Proceedings of the 16th IEEE International Conference on Image Processing, Cairo, 2009: 2005-2006.

[24] Daubechies I, Defrise M, de Mol C. An iterative thresholding algorithm for linear inverse problems with a sparsity constraint. Communications on Pure and Applied Mathematics, 2004, 57(11): 1413-1457.

[25] Elad M. Why simple shrinkage is still relevant for redundant representations. IEEE Transactions on Information Theory, 2006, 52(12): 5559-5569.

[26] Vonesch C, Unser M. A fast iterative thresholding algorithm for wavelet-regularized deconvolution. Proceedings of the SPIE, San Diego, 2007: 67010D-1-67010D-5.

[27] Bredies K, Lorenz D A. Linear convergence of iterative soft-thresholding. Journal of Fourier Analysis and Applications, 2008, 14(5/6): 813-837.

[28] Nesterov Y. Gradient methods for minimizing composite functions. Mathematical Programming, 2013, 140(1): 125-161.

[29] Candès E, Romberg J, Tao T. Stable signal recovery from incomplete and inaccurate measurements. Communications on Pure and Applied Mathematics, 2006, 59(8): 1207-1223.

[30] Daubechies I, Fornasier M, Loris I. Accelerated projected gradient method for linear inverse problems with sparsity constraints. Journal of Fourier Analysis and Applications, 2008, 14(5/6): 764-792.

[31] van den Berg E, Schmidt M, Friedlander M P, et al. Group sparsity via linear-time projection: TR-2008-09. Vancourer: Department of Computer Science, University of British Columbia, 2008.

[32] Jacques L, Hammond D K, Fadili M J. Dequantizing compressed sensing: When oversampling and Non-Gaussian constraints combine. IEEE Transactions on Information Theory, 2009, 57(1): 559-571.

第 4 章　多维信号矩阵低秩恢复理论与应用

4.1　引　　言

目前，我们处在一个数据大爆发的时代，包括语音、文本、图形、图像和视频、生物信息、网络搜索和微信、微博等数据呈现高维、动态和海量等特点。一方面这些数据给应用工作者提供大量有价值的信息，迫切需要挖掘与综合利用；另一方面，高维数据的“维数灾难”往往给数据处理和分析带来严重的挑战。

发现和利用高维数据中的低维结构，对于高维数据分析非常重要。在高维数据(如视频、多媒体信号、生物医学信号、多源遥感信息)等智能信息处理方面，如何寻找更“简洁”和更“高效”的数据表示方法是研究者一直追求的目标。与此同时，由于获得的观测数据等通常是不完全的或者噪声污染的数据，人们希望通过少量观测信息去重建未知信号。

首先，随着高维信号冗余与稀疏表示理论的兴起，研究者充分意识到需利用高维数据分布的拓扑几何与稀疏结构来学习数据的有效表示，并发展出一大类稀疏表示方法，其关键是字典学习和稀疏性度量；前者需要提高学习字典的“紧致性”和“类属鉴别性”，后者需要增强稀疏性度量的结构性。在 2006 年前后，“稀疏域模型”(sparse land model)及其信号处理方法，在国际信号处理界研究如火如荼[1,2]，并在压缩感知重建[3]、线性反问题(如图像去噪、去模糊和超分辨)的稀疏正则化处理、稀疏信号盲源分解以及稀疏特征选择等各个研究方向发展了一系列应用算法[4,5]。

向量形式信号的稀疏性处理方法虽然取得了较好的应用，但忽略了图像信号内在的几何结构性，由此矩阵低秩表示已成为高维数据机器学习和计算机视觉等的重要建模方法。一般认为高维数据的本质特征存在于低维子空间，矩阵低秩性是向量稀疏性在高维情形下(如矩阵结构、张量结构)的推广，更能体现数据的结构化稀疏性。因此以矩阵低秩和张量低秩表示为代表，人们开发了系列高阶稀疏性分析方法[6]。

矩阵低秩的一个经典应用例子是评分/协同滤波(ranking and collaborative filtering)预测系统，或者 Netfix 百万奖金大赛问题[7,8]。这问题是一个类似豆瓣之类的网站，商家希望大量用户(看作行)对诸多发布的电影(看作列)进行打分(矩阵元素的值)，每个用户只会对很少的电影打分，这就导致收集得到的打分矩阵是一个部分观测到的矩阵，而往往商家希望预测出用户对没有打分的电影的评分，以此来推荐其他内容。评分/协同滤波预测系统最著名的实现是协同推荐算法。该问题也可以从低秩矩阵补全的角度进行建模和分析。我们注意到行数和列数往往非常大(>百万级别)，并且矩阵的稀疏度可能很高(<0.x%)。

如果想要补全整个矩阵，则由于该问题的不适定性，需要额外的先验约束。最常见的就是假设这个矩阵是低秩的，一方面这符合我们对自然界的观测，另一方面可以用“物以类聚，人以群分”的一致性来做直觉解释。

在视觉信息处理中，矩阵低秩表达的应用颇为广泛。在视频监控中，一个典型的问题是视频背景建模与前景分离，相邻帧的背景往往是相似的，如果将相邻帧拉成向量，组织成一个矩阵，则该矩阵是低秩表达的[9]。而在人脸识别中，实际人脸通常遭受阴影、光照变化和噪声污染等因素的干扰，而通过低秩矩阵逼近，可以去除人脸图像中的阴影、环境光照和噪声，提升人脸识别算法的鲁棒性[10]。而在遥感世界，遥感数据的典型特征就是高维多通道，同时也存在通道内和通道间的相关性和冗余性；即使在通道内，也存在大量的短程和长程相关性。这样非局部相似块排成向量，重新构造的矩阵将具有低秩性，利用低秩矩阵恢复方法可以重建干净的图像块，进而可以应用到图像去噪、去模糊、超分辨与融合[11,12]等一系列反问题中。

总之，继提出稀疏信号压缩感知理论之后，Candès、Richt 等人进一步提出了矩阵补全和矩阵低秩恢复理论，发表的相关经典文献[13]～[16]成为该领域的奠基性工作，并逐步成为高维数据表示与应用的一个非常活跃的研究方向。本章将介绍多维信号低秩表示理论、实现算法与应用。本章的内容安排如下：4.2 节，从矩阵分析的角度引入矩阵的秩与范数度量的相关预备知识；4.3 节系统地介绍低秩矩阵补全模型与可恢复性理论，这一节概要地总结了低秩矩阵精确恢复(exact recovery)、近精确恢复(near-exact recovery)和逼近恢复(approximate recovery)的一些性能；4.4 节介绍了代表性矩阵补全方法，将看到矩阵秩最小化问题是如何通过秩函数凸松弛方法进行替代求解的基本思路；4.5 节给出了矩阵低秩与稀疏分解的原理以及相关的性能保证，这部分内容也是著名的鲁棒主成分分析(RPCA)[16]及其推广的精髓。

4.2　预 备 知 识

4.2.1　矩阵的秩

在线性代数中，作为矩阵的一个非常重要的性能指标，矩阵的秩刻画了矩阵行与行之间或者列与列之间的线性无关性，从而可以体现矩阵的满秩性和秩亏缺性。相关矩阵的秩的定义以及性质可以参见文献[17]和[18]，本节简单罗列给出。

给定一个矩阵 $\boldsymbol{A}\in\mathbb{R}^{m\times n}$，其线性无关行数和线性无关列数相同，由此可以定义矩阵的秩。

定义 4.1　矩阵 $\boldsymbol{A}\in\mathbb{R}^{m\times n}$ 的秩定义为矩阵中线性无关的行和列，记为 $\mathrm{rank}(\boldsymbol{A})$。

由此定义，可以从如下几方面去理解矩阵的秩。

(1) 若秩 $r_A=\mathrm{rank}(\boldsymbol{A})$ 的矩阵 $\boldsymbol{A}\in\mathbb{R}^{m\times n}$ 具有 r_A 个线性无关的列向量，则这些线性无关列向量的所有线性组合将生成一个向量空间，记为 $R(\boldsymbol{A})$。矩阵 $\boldsymbol{A}$ 的秩 r_A 与列空间 $R(\boldsymbol{A})$ 的维数相等，即 $r_A=\dim[R(\boldsymbol{A})]$。

(2) 同时，存在 $\boldsymbol{A}$ 的一个 $r_A\times r_A$ 子矩阵具有非零行列式，而且 $\boldsymbol{A}$ 的所有 $(r_A+1)\times(r_A+1)$ 子矩阵中，必然存在某行(或列)是该子矩阵的行(或列)的线性组合，因此子矩阵的行列式为零。

(3) 若记矩阵 $\boldsymbol{A}$ 的零空间为 $\mathrm{Null}(\boldsymbol{A})$，则 $r_A=n-\dim(\mathrm{Null}(\boldsymbol{A}))$。

在线性反问题中，最常见的问题是判断矩阵-向量方程 $\boldsymbol{Ax}=\boldsymbol{y}$ 的解的情况，其中未知向量 $\boldsymbol{x}\in\mathbb{R}^n$，观测向量 $\boldsymbol{y}\in\mathbb{R}^m$。利用矩阵的秩，可以对线性反问题的适定性进行如下分析。

(1) 若 $m=n$，且 $\mathrm{rank}(\boldsymbol{A})=n$，则矩阵 $\boldsymbol{A}$ 是非奇异的，矩阵方程 $\boldsymbol{Ax}=\boldsymbol{y}$ 为适定(well determined)方程。此时，存在唯一解，由 $\boldsymbol{x}=\boldsymbol{A}^{-1}\boldsymbol{y}$ 给出。

(2) 若 $m<n$，则此时独立的方程的个数小于独立的未知参数的个数，矩阵方程 $\boldsymbol{Ax}=\boldsymbol{y}$ 为欠定(under determined)方程，存在无穷多个解。

(3) 若 $m>n$，则此时独立的方程的个数大于独立的未知参数的个数，矩阵方程 $\boldsymbol{Ax}=\boldsymbol{y}$ 为超定(over determined)方程，没有满足方程的精确解。

定理 4.1[18]　乘积矩阵 $\boldsymbol{AB}$ 的秩 $\mathrm{rank}(\boldsymbol{AB})$ 满足不等式：

$$\mathrm{rank}(\boldsymbol{AB})\leqslant\min\{\mathrm{rank}(\boldsymbol{A}),\mathrm{rank}(\boldsymbol{B})\}\tag{4.1}$$

这个定理说明，对于 $m\times n$ 的矩阵 $\boldsymbol{A}$ 而言，如果左乘一个 $m\times m$ 的非奇异矩阵 $\boldsymbol{P}$，则由于 $\mathrm{rank}(\boldsymbol{P})=m$，令 $\boldsymbol{M}=\boldsymbol{PA}$，$\mathrm{rank}(\boldsymbol{M})\leqslant\min\{\mathrm{rank}(\boldsymbol{A}),\mathrm{rank}(\boldsymbol{P})\}\leqslant\mathrm{rank}(\boldsymbol{A})$；同时 $\boldsymbol{A}=\boldsymbol{P}^{-1}\boldsymbol{M}$，$\mathrm{rank}(\boldsymbol{A})\leqslant\min\{\mathrm{rank}(\boldsymbol{M}),\mathrm{rank}(\boldsymbol{P}^{-1})\}\leqslant\mathrm{rank}(\boldsymbol{M})$，所以 $\mathrm{rank}(\boldsymbol{A})=\mathrm{rank}(\boldsymbol{PA})$。类似地，可以证明对于 $m\times n$ 的矩阵 $\boldsymbol{A}$，如果右乘一个 $n\times n$ 的非奇异矩阵 $\boldsymbol{Q}$，则 $\mathrm{rank}(\boldsymbol{A})=\mathrm{rank}(\boldsymbol{AQ})$。因此可以得到如下引理。

引理 4.1　对于 $m\times n$ 的矩阵 $\boldsymbol{A}$ 而言，如果左乘一个 $m\times m$ 的非奇异矩阵 $\boldsymbol{P}$ 或者右乘一个 $n\times n$ 的非奇异矩阵 $\boldsymbol{Q}$，其秩不变，即

$$\mathrm{rank}(\boldsymbol{A})=\mathrm{rank}(\boldsymbol{PA})=\mathrm{rank}(\boldsymbol{AQ})$$

引理 4.2　$\mathrm{rank}[\boldsymbol{A},\boldsymbol{B}]\leqslant\mathrm{rank}(\boldsymbol{A})+\mathrm{rank}(\boldsymbol{B})$

引理 4.3　$\mathrm{rank}(\boldsymbol{A}+\boldsymbol{B})\leqslant\mathrm{rank}[\boldsymbol{A},\boldsymbol{B}]\leqslant\mathrm{rank}(\boldsymbol{A})+\mathrm{rank}(\boldsymbol{B})$

下面是矩阵秩的若干重要性质。

(1) 对 $m\times n$ 的矩阵 $\boldsymbol{A}$， $\operatorname{rank}(\boldsymbol{A})\leqslant\min(m,n)$。

(2) 对 $n\times n$ 的矩阵 $\boldsymbol{A}$，若 $\operatorname{rank}(\boldsymbol{A})=n$，则 $\boldsymbol{A}$ 是非奇异矩阵，或称 $\boldsymbol{A}$ 是满秩(full rank)的。

(3) 若 $\operatorname{rank}(\boldsymbol{A})<\min(m,n)$，则矩阵 $\boldsymbol{A}$ 是秩亏缺的(rank deficient)。

(4) 对 $m\times n$ 的矩阵 $\boldsymbol{A}$，若 $\operatorname{rank}(\boldsymbol{A})=m(<n)$，则称矩阵 $\boldsymbol{A}$ 是满行秩(full row rank)；若 $\operatorname{rank}(\boldsymbol{A})=n(<m)$，则称矩阵是满列秩的(full column rank)。

(5) 矩阵 $\boldsymbol{A}\in\mathbb{C}^{m\times n}$， $\operatorname{rank}(\boldsymbol{A}^{\mathrm{H}})=\operatorname{rank}(\boldsymbol{A})$。

(6) 矩阵 $\boldsymbol{A}\in\mathbb{C}^{m\times n}$， $\alpha\neq 0$， $\operatorname{rank}(\alpha\boldsymbol{A})=\operatorname{rank}(\boldsymbol{A})$。

(7) 若 $\boldsymbol{A}\in\mathbb{C}^{m\times m}$，则 $\operatorname{rank}(\boldsymbol{A})=m\Leftrightarrow\det(\boldsymbol{A})\neq 0\Leftrightarrow\boldsymbol{A}$ 非奇异。

(8) $\operatorname{rank}(\boldsymbol{A}^{\mathrm{H}}\boldsymbol{A})=\operatorname{rank}(\boldsymbol{A}\boldsymbol{A}^{\mathrm{H}})=\operatorname{rank}(\boldsymbol{A})$。

(9) $\operatorname{rank}(\boldsymbol{A}^{\mathrm{T}}\boldsymbol{A})=\operatorname{rank}(\boldsymbol{A}\boldsymbol{A}^{\mathrm{T}})=\operatorname{rank}(\boldsymbol{A})$。

(10) 若 $\boldsymbol{A}\in\mathbb{C}^{m\times n}$， $\boldsymbol{B}\in\mathbb{C}^{m\times n}$， $\operatorname{rank}(\boldsymbol{A})=\operatorname{rank}(\boldsymbol{B})$，则当且仅当存在非奇异矩阵 $\boldsymbol{X}\in\mathbb{C}^{m\times m}$ 和 $\boldsymbol{Y}\in\mathbb{C}^{n\times n}$，使得 $\boldsymbol{B}=\boldsymbol{XAY}$。

4.2.2　矩阵的秩与矩阵范数

在矩阵结构信号处理中，度量信号的性质，如信号能量、稀疏性、内在统计相关性等，往往通过矩阵的范数进行刻画。矩阵的范数通常有三种形式：诱导范数、元素形式的范数和 Schatten 范数。本节，首先引入这三种常见范数，并结合应用加以讨论。在此之前，记向量 $\boldsymbol{x}\in\mathbb{R}^n$ 的 ℓ_p 范数为 $\|\boldsymbol{x}\|_p=\left(\sum_{i=1}^{n}|x_i|^p\right)^{1/p},p\geqslant 1$； $\|\boldsymbol{x}\|_\infty=\max_i\{|x_i|\}$。

4.2.2.1　诱导范数(算子范数)

诱导范数通过 $m\times n$ 的矩阵空间上的算子范数(operator norm)进行定义。给定向量的 ℓ_p 和 ℓ_q 范数，矩阵 $\boldsymbol{A}\in\mathbb{R}^{m\times n}$ 的诱导范数 $\ell_{p,q}$ 定义为

$$\|\boldsymbol{A}\|_{p,q}=\max\left\{\|\boldsymbol{Ax}\|_q:\boldsymbol{x}\in\mathbb{R}^n,\|\boldsymbol{x}\|_p=1\right\}=\max\left\{\frac{\|\boldsymbol{Ax}\|_q}{\|\boldsymbol{x}\|_p},\boldsymbol{x}\in\mathbb{R}^n,\boldsymbol{x}\neq 0\right\}\tag{4.2}$$

由此，依据 $p,q=1,2,\infty$ 的不同取值，可以分别得到诱导范数。

(1) 矩阵 $\boldsymbol{A}$ 的诱导 $\|\boldsymbol{A}\|_{1,1}$ 范数对应为矩阵的绝对值列之和的最大值，定义为

$$\|\boldsymbol{A}\|_{1,1}:=\max_{1\leqslant j\leqslant n}\sum_{i=1}^{m}|a_{ij}|\tag{4.3}$$

(2) 矩阵 $\boldsymbol{A}$ 的诱导 $\|\boldsymbol{A}\|_{\infty,\infty}$ 范数对应为矩阵的绝对值行之和的最大值，定义为

$$\|A\|_{\infty,\infty} := \max_{1\leqslant i\leqslant m}\sum_{j=1}^{n}|a_{ij}| \tag{4.4}$$

(3) 矩阵 A 的诱导 $\|A\|_{2,2}$ 范数是矩阵的最大奇异值，也称为谱范数：

$$\|A\|_{\text{spec}} := \|A\|_{2,2} = \max_{\|x\|_2=1}\|Ax\|_2 = \sigma_{\max}(A) \tag{4.5}$$

(4) 矩阵的诱导 $\|A\|_{2,\infty}$ 范数是矩阵 A 的最大行范数：

$$\|A\|_{2,\infty} := \max_{1\leqslant i\leqslant m}\left\{\left(\sum_{j=1}^{n}|a_{ij}|^2\right)^{1/2}\right\} \tag{4.6}$$

4.2.2.2　元素形式的范数

元素形式的范数是最为常见的矩阵信号范数度量形式，这类范数通常利用矩阵中的元素的特定代数和或极大值等加以表示，最为熟知的是矩阵的 ℓ_p 范数，定义如下：

$$\|A\|_p := \left(\sum_{i=1}^{m}\sum_{j=1}^{n}|a_{ij}|^p\right)^{1/p} \tag{4.7}$$

ℓ_p 范数依据 $p=1,2,\infty$ 的不同取值，可以得到三种常见范数。

(1) 矩阵 ℓ_1 范数(和范数)：

$$\|A\|_1 := \left(\sum_{i=1}^{m}\sum_{j=1}^{n}|a_{ij}|\right) \tag{4.8}$$

(2) 矩阵 Frobenius 范数 (ℓ_2)：

$$\|A\|_F := \left(\sum_{i=1}^{m}\sum_{j=1}^{n}|a_{ij}|^2\right)^{1/2} \tag{4.9}$$

显然矩阵的 Frobenius 范数可用来度量矩阵信号的整体能量 $\|A\|_F^2$，也可以等价地写成矩阵迹函数 ($\text{tr}(\cdot)$) 形式：

$$\|A\|_F := \sqrt{\text{tr}(A^H A)} \tag{4.10}$$

(3) $p=\infty$，矩阵的 ℓ_∞：

$$\|A\|_\infty := \max_{i,j}\{|a_{ij}|\} \tag{4.11}$$

4.2.2.3　Schatten 范数

矩阵的 Schatten 范数是通过矩阵的奇异值向量的范数形式定义。假设矩阵

$\boldsymbol{A}\in\mathbb{R}^{m\times n}$，其秩 $\operatorname{rank}(\boldsymbol{A})=r$，显然 $r\leqslant\min(n,m)$，其全部奇异值组成的向量为 $\boldsymbol{\sigma}=[\sigma_1,\sigma_2,\cdots,\sigma_{\min(m,n)}]^{\mathrm{T}}$，则矩阵的 Schatten-$p$ 范数由奇异值向量的范数进行定义：

$$\|\boldsymbol{A}\|_{sp}:=\|\boldsymbol{\sigma}\|_p=\left(\sum_{i=1}^{\min(m,n)}(\sigma_i)^p\right)^{1/p} \tag{4.12}$$

矩阵的 Schatten-p 范数依据 $p=1,2,\infty$ 的不同取值，可以得到以下三种常见范数。

（1）$p=1$ 时的 Schatten 范数，定义为矩阵所有奇异值之和，经常被称为矩阵的核范数（nuclear norm）：

$$\|\boldsymbol{A}\|_*:=\|\boldsymbol{\sigma}\|_1=\sum_{i=1}^{\min(m,n)}\sigma_i \tag{4.13}$$

根据上述定义，矩阵的核范数本质上是度量奇异值向量的稀疏性；同时也等价于矩阵 $\boldsymbol{A}^{\mathrm{H}}\boldsymbol{A}$ 的迹范数（trace norm），即 $\operatorname{tr}\left(\sqrt{\boldsymbol{A}^{\mathrm{H}}\boldsymbol{A}}\right)$。

（2）$p=2$ 时的 Schatten 范数是奇异值向量的 ℓ_2 范数：

$$\|\boldsymbol{A}\|_{s2}:=\|\boldsymbol{\sigma}\|_2=\left(\sum_{i=1}^{\min(m,n)}(\sigma_i)^2\right)^{1/2} \tag{4.14}$$

容易证明：

$$\|\boldsymbol{A}\|_{s2}=\|\boldsymbol{A}\|_{\mathrm{F}}=\sqrt{\operatorname{tr}(\boldsymbol{A}^{\mathrm{H}}\boldsymbol{A})}=\sqrt{\sum_i^m\sum_j^n|a_{ij}|^2} \tag{4.15}$$

（3）$p=\infty$ 时的 Schatten 范数与诱导 $\|\boldsymbol{A}\|_{2,2}$ 范数（谱范数）相同，即

$$\|\boldsymbol{A}\|_{\infty}=\sigma_{\max}(\boldsymbol{A}) \tag{4.16}$$

令 $\operatorname{rank}(\boldsymbol{A})=r$，由奇异值分解（SVD）定理，可得

$$\boldsymbol{A}=\sum_{i=1}^{r}\sigma_i\boldsymbol{u}_i\boldsymbol{v}_i^{\mathrm{T}},\boldsymbol{u}_i\in\mathbb{R}^m,\boldsymbol{v}_i\in\mathbb{R}^n \tag{4.17}$$

由上述 Schatten 范数、Frobenius 范数和谱范数的定义可见，这些范数都是由矩阵的奇异值向量来定义，这 3 个范数都是酉不变的，令 $\boldsymbol{\Sigma}_r=\operatorname{diag}(\sigma_1,\sigma_2,\cdots,\sigma_r)$，则 $\|\boldsymbol{A}\|=\|\boldsymbol{\Sigma}_r\|$ 成立。

4.2.3 矩阵秩与范数之间的联系

矩阵范数及其逼近对于矩阵的刻画和有效表示是十分重要的数学概念，而在多维信号线性反问题中，矩阵范数经常作为先验刻画多维信号的代数结构。例如，通过矩阵的秩去刻画图像内部的冗余性和相关性。下面，介绍矩阵范数之间的若干重

要结论，特别是介绍矩阵核范数、Max 范数[19]等与矩阵秩之间的关系。

对任意矩阵 $\boldsymbol{A}\in\mathbb{R}^{m\times n}$，其矩阵核范数(或迹范数)是所有奇异值的和，或者等价于：

$$\|\boldsymbol{A}\|_*:=\|\boldsymbol{\sigma}\|_1=\min\left\{\sum_{i=1}^{\min(m,n)}\sigma_i,\boldsymbol{A}=\sum_{i=1}^{\min(m,n)}\sigma_i\boldsymbol{u}_i\boldsymbol{v}_i^{\mathrm{T}},\boldsymbol{u}_i\in\mathbb{R}^m,\boldsymbol{v}_i\in\mathbb{R}^n,\|\boldsymbol{u}_i\|_2=1,\|\boldsymbol{v}_i\|_2=1\right\} \tag{4.18}$$

同时关于 $\|\boldsymbol{A}\|_*$ 与矩阵秩的关系，有如下重要的不等式。

结论 4.1　对任意矩阵 $\boldsymbol{A}\in\mathbb{R}^{m\times n}$，有

$$\|\boldsymbol{A}\|_{\mathrm{F}}\leqslant\|\boldsymbol{A}\|_*\leqslant\sqrt{\mathrm{rank}(\boldsymbol{A})}\cdot\|\boldsymbol{A}\|_{\mathrm{F}} \tag{4.19}$$

上述结论是容易证明的，表明矩阵的核范数(或迹范数)可以逼近矩阵的秩。

另外，对任意矩阵 $\boldsymbol{A}$，可以将其看成是一个由 $\mathbb{R}^n$ 向量空间映射为 $\mathbb{R}^m$ 向量空间的变换，若矩阵 $\boldsymbol{A}$ 可能的分解为 $\boldsymbol{A}=\boldsymbol{U}\boldsymbol{V}^{\mathrm{T}}$，其中 $\boldsymbol{U}\in\mathbb{R}^{m\times k},\boldsymbol{V}\in\mathbb{R}^{n\times k}$，$k=1,2,\cdots,\min(m,n)$，则通过 Frobenius 范数最小化，可以激励矩阵低秩，从而可以证明矩阵的核范数具有另一个等价形式。

结论 4.2　对任意矩阵 $\boldsymbol{A}\in\mathbb{R}^{m\times n}$，有

$$\|\boldsymbol{A}\|_*:=\min_{\boldsymbol{A}=\boldsymbol{U}\boldsymbol{V}^{\mathrm{T}}}\|\boldsymbol{U}\|_{\mathrm{F}}\cdot\|\boldsymbol{V}\|_{\mathrm{F}}=\min_{\boldsymbol{A}=\boldsymbol{U}\boldsymbol{V}^{\mathrm{T}}}\frac{1}{2}\left(\|\boldsymbol{U}\|_{\mathrm{F}}^2+\|\boldsymbol{V}\|_{\mathrm{F}}^2\right) \tag{4.20}$$

结论 4.2 是非常有用的，本质上给出了矩阵秩的另一个核范数等价形式。到目前为止，寻找矩阵的秩函数的替代或者逼近范数是低秩矩阵恢复的一个关键，因为秩函数最小化问题是 NP 难问题。文献[19]给出了矩阵秩的一种新型逼近形式，称之为矩阵的 Max 范数，定义为

$$\|\boldsymbol{A}\|_{\max}=\min_{\boldsymbol{A}=\boldsymbol{U}\boldsymbol{V}^{\mathrm{T}}}\|\boldsymbol{U}\|_{2,\infty}\cdot\|\boldsymbol{V}\|_{2,\infty} \tag{4.21}$$

其思想是在 $\boldsymbol{A}=\boldsymbol{U}\boldsymbol{V}^{\mathrm{T}}$ 的分解形式下，类似于结论 4.2 的基本形式，通过矩阵的算子范数 $\|\bullet\|_{2,\infty}$ (最大行范数)最小化所有可能的矩阵分解 $\boldsymbol{U},\boldsymbol{V}$，其中 $\boldsymbol{U}\in\mathbb{R}^{m\times k}$，$\boldsymbol{V}\in\mathbb{R}^{n\times k}$，$k=1,2,\cdots,\min(m,n)$。

矩阵的 Max 范数也具有形如式(4.18)的近似等价形式：

$$\|\boldsymbol{A}\|_{\max}\approx\min\left\{\sum_{i=1}^{\min(m,n)}\sigma_i,\boldsymbol{A}=\sum_{i=1}^{\min(m,n)}\sigma_i\boldsymbol{u}_i\boldsymbol{v}_i^{\mathrm{T}},\boldsymbol{u}_i\in\mathbb{R}^m,\boldsymbol{v}_i\in\mathbb{R}^n,\|\boldsymbol{u}_i\|_\infty=1,\|\boldsymbol{v}_i\|_\infty=1\right\} \tag{4.22}$$

其中，$a\approx b$ 表示 $K_{G1}\cdot b\leqslant a\leqslant K_{G2}\cdot b$。对于矩阵的 Max 范数，其 Grothendieck 常数 $K_{G1},K_{G2}\in(1.67,1.79)$。由矩阵 Max 范数的定义，可以看出 $\|\boldsymbol{A}\|_{\max}\geqslant\frac{1}{\sqrt{mn}}\|\boldsymbol{A}\|_*$。这意味着任何 Max 范数逼近也是一个低核范数逼近。但是上述界的估计不准确，类似于结论 4.1，Linial 给出了一个由矩阵元素范数 $\|\boldsymbol{A}\|_\infty$ 控制的更精确的估计(结论 4.3)。

结论 4.3　对任意矩阵 $\boldsymbol{A}\in\mathbb{R}^{m\times n}$，有

$$\|\boldsymbol{A}\|_{\infty}\leqslant\|\boldsymbol{A}\|_{\max}\leqslant\sqrt{\operatorname{rank}(\boldsymbol{A})}\cdot\|\boldsymbol{A}\|_{1,\infty}\leqslant\sqrt{\operatorname{rank}(\boldsymbol{A})}\cdot\|\boldsymbol{A}\|_{\infty}\tag{4.23}$$

4.3　低秩矩阵补全模型与可恢复性理论

矩阵秩最小化的代表性应用是矩阵补全。矩阵补全理论主要研究不完整数据的完整化问题，具体而言是将问题转化为数据不完整空间的缺失数据填补问题。

低秩矩阵补全的数学问题可以描述为：一个定义在指标集 Ω 上的未知的大规模矩阵 $\boldsymbol{X}\in\mathbb{R}^{m\times n}$，然而观测的数据矩阵 $\boldsymbol{M}\in\mathbb{R}^{m\times n}$ 丢失了大量的数据，丢失的数据填充为 0，记 $P_{\Omega}:\mathbb{R}^{m\times n}\rightarrow\mathbb{R}^{m\times n}$ 是未知矩阵空间到观测矩阵空间的正交投影映射，满足：

$$\left[P_{\Omega}(\boldsymbol{M})\right]_{i,j}=\begin{cases}M_{i,j}, & (i,j)\in\Omega\\ 0, & \text{其他}\end{cases}\tag{4.24}$$

则从缺失观测数据矩阵 $\boldsymbol{M}$ 恢复一个低秩 $\operatorname{rank}(\boldsymbol{X})\ll\min(m,n)$ 的完全矩阵 $\boldsymbol{X}$ 的过程称为低秩矩阵补全问题，其数学模型为

$$\boldsymbol{X}^{*}=\arg\min_{\boldsymbol{X}}\operatorname{rank}(\boldsymbol{X})\qquad \text{s.t.}\quad P_{\Omega}(\boldsymbol{X})=P_{\Omega}(\boldsymbol{M})\tag{4.25}$$

若令 $\boldsymbol{M}=\boldsymbol{A}+\boldsymbol{Z}$，其中 $\boldsymbol{Z}\in\mathbb{R}^{m,n}$ 为噪声矩阵，满足 $\sigma^{2}=\|\boldsymbol{n}\|_{\mathrm{F}}^{2}/mn$，则上述模型可以修正为

$$\boldsymbol{X}^{*}=\arg\min_{\boldsymbol{X}}\operatorname{rank}(\boldsymbol{X})\qquad \text{s.t.}\quad \|P_{\Omega}(\boldsymbol{X})-P_{\Omega}(\boldsymbol{M})\|_{\mathrm{F}}\leqslant\sigma\tag{4.26}$$

更一般的低秩矩阵补全(或恢复)分为以下四种类型。

(1)低秩矩阵 $\boldsymbol{A}$ 的精确恢复：

$$\boldsymbol{X}^{*}=\boldsymbol{A}$$

(2)低秩矩阵 $\boldsymbol{A}$ 的近精确恢复：

$$\frac{1}{mn}\|\boldsymbol{X}^{*}-\boldsymbol{A}\|_{\mathrm{F}}^{2}\leqslant\varepsilon\sigma^{2}$$

其中，ε 为正常数。

(3)低秩矩阵 $\boldsymbol{A}$ 的逼近恢复：

$$\frac{1}{mn}\|\boldsymbol{X}^{*}-\boldsymbol{A}\|_{\mathrm{F}}^{2}\leqslant\varepsilon\cdot\operatorname{scale}(\boldsymbol{A})$$

其中，$\operatorname{scale}(\boldsymbol{A})=\frac{1}{mn}\|\boldsymbol{A}\|_{\mathrm{F}}^{2}$ 或者 $\operatorname{scale}(\boldsymbol{A})=\|\boldsymbol{A}\|_{\infty}=\max_{ij}\left(|a_{ij}|\right)$。

(4) 逼近观测数据的恢复：

$$\frac{1}{mn}\left\|\boldsymbol{X}^* - \boldsymbol{Y}\right\|_{\mathrm{F}}^2 \leqslant \sigma^2 + \varepsilon \cdot \mathrm{scale}(\boldsymbol{A})$$

精确恢复和近精确恢复对于低秩矩阵 $\boldsymbol{A}$ 的不相干性和观测样本的数量都有特定的要求。一般而言，对于低秩矩阵补全，需要解决如下关键问题。

(1) 由于秩函数的非凸性和非光滑性，上述优化问题是 NP 难(多项式时间难以计算)的，且问题随着求解的复杂度、矩阵维度呈双指数地增长。为了解决上述问题，需要构造凸松弛和非凸逼近的方式，替代原始组合优化问题，在满足一定的条件下，能够在多项式时间内精确地给出或者逼近原始组合优化问题的解。

(2) 在满足什么样的条件下，秩函数替代优化的矩阵补全模型存在唯一解，并且能够恢复，或近似恢复，或者逼近低秩矩阵？

(3) 替代优化模型的求解效率和可伸缩性如何？能否应对大规模数据计算以及并行计算等应用需要？

对于(1)和(2)等问题的回答，Candès、Recht 和 Tao 在 2009～2010 年期间的工作给出了奠基性理论分析结果。

4.3.1 (近)精确恢复保证——基于核范数的凸松弛方法

针对秩函数的非凸性和非光滑性引起的 NP 难问题，研究者提出凸松弛方法，采取核范数逼近矩阵的秩函数，将标准的矩阵补全问题松弛为如下形式的凸约束优化模型：

$$(P_5): \boldsymbol{X}^* = \arg\min_{\boldsymbol{X}} \left\|\boldsymbol{X}\right\|_* \quad \text{s.t.} \quad P_\Omega(\boldsymbol{X}) = P_\Omega(\boldsymbol{M}) \tag{4.27}$$

该问题在数学上是一个半正定规划(SDP)问题。理论上，Candès 等人通过引入不相干假设条件，给出了精确恢复的测量条件。下面首先给出非相干性条件。

定义 4.2 秩为 r 的矩阵 $\boldsymbol{M} \in \mathbb{R}^{m \times n}$ 的 SVD 分解，记 $N = \max(m,n)$，令 $\boldsymbol{P}_U = \sum_{k=1}^{r} \boldsymbol{u}_k \boldsymbol{u}_k^{\mathrm{T}}$，$\boldsymbol{P}_V = \sum_{k=1}^{r} \boldsymbol{v}_k \boldsymbol{v}_k^{\mathrm{T}}$ 分别表示矩阵 $\boldsymbol{M}$ 的行空间和列空间的正交投影，相对于标准正交基 $(\boldsymbol{e}_i)$ 的相干性 $\mu(U) := \frac{N}{r} \max_{1 \leqslant i \leqslant N} \left\|\boldsymbol{P}_U \boldsymbol{e}_i\right\|^2$。

A1 存在 $\mu_0 > 0$，行空间相干性和列空间相干性均小于或等于 μ_0：

$$\max(\mu(U), \mu(V)) \leqslant \mu_0 \tag{4.28}$$

A2　存在 $\mu_1>0$，使得对于矩阵 $\sum_{k=1}^{r}\boldsymbol{u}_k\boldsymbol{v}_k^{\mathrm{T}}$ 的元素最大绝对值(矩阵元素形式 ℓ_∞ 范数)小于或等于 μ_1，即 $\left\|\sum_{k=1}^{r}\boldsymbol{u}_k\boldsymbol{v}_k^{\mathrm{T}}\right\|_\infty\leqslant\mu_1$。

上述假设中相干性 μ 与秩 r 和矩阵大小 m 和 n 相关，进一步当 $\mu_1=\mu_0\sqrt{r}$ 时，假设 A1 是自然成立的，这是因为矩阵 $\sum_{k=1}^{r}\boldsymbol{u}_k\boldsymbol{v}_k^{\mathrm{T}}$ 的任意元素 (i,j) 满足柯西不等式：

$$\left|\sum_{k=1}^{r}u_{ik}v_{jk}^{\mathrm{T}}\right|\leqslant\sqrt{\sum_{k=1}^{r}\left|u_{ik}\right|^2}\sqrt{\sum_{k=1}^{r}\left|u_{jk}\right|^2}\leqslant\frac{\mu_0\sqrt{r}}{mn}$$

因此当矩阵秩 r 足够小时，μ_1 与 μ_0 相当。对于更大的秩，从均匀分布中选择的子空间和由有界奇异值向量张成的子空间都与标准正交基不相干，同时 A2 假设条件也可满足的。在 A1 和 A2 的条件下，文献[13]证明了如下精确恢复应该满足的最少测量定理。

定理 4.2[13]　令秩为 r 的矩阵 $\boldsymbol{M}\in\mathbb{R}^{m\times n}$ 满足 A1 和 A2 条件，记 $N=\max(m,n)$，假设人们观测到的 $\boldsymbol{M}$ 中已知元素的位置是随机均匀分布的，共观测到 K 个元素，那么存在一个正常数 C，$\beta>2$，使得当式(4.29)成立时，最优化问题(P_5)存在唯一解且能够以至少 $1-CN^{-\beta}$ 的概率精确恢复 $\boldsymbol{M}$。

$$K\geqslant C\max(\mu_1^2,\mu_0^{1/2},\mu_0N^{1/4})\cdot N\cdot r(\beta\log N)\tag{4.29}$$

进一步，如果 $r\leqslant\mu_0^{-1}N^{1/5}$，只需要：

$$K\geqslant C\cdot\mu_0\cdot N^{6/5}\cdot r(\beta\log N)\tag{4.30}$$

就可以按照同样的概率精确恢复 $\boldsymbol{M}$。

上述定理 4.2 表明，大多数的低秩矩阵都可以由观测元素精确恢复，这些观测元素集合甚至只有少得惊人的数目。当矩阵具有较强的不相干性，而矩阵秩不是特别大时，如 $\mu_0=O(1)$，问题(P_5)精确恢复唯一解的样本数仅仅需要满足：

$$K\geqslant C\cdot N^{6/5}\cdot r\cdot\log N\tag{4.31}$$

在式(4.31)中，每个自由度的观测样本数并不是维数的对数或者多项式的对数。一个问题是能否给出类似 $Nr\log N$ 的多项式，以表示成功恢复所需的最少样本数。Candès 和 Tao 给出了肯定的回答，他们证明在满足特定不相干条件时，在核函数最小化矩阵补全框架下，仅仅需要多项式对数 $Nr\mathrm{poly}(\log N)$ 量级的样本数就可以成功恢复低秩矩阵。

回顾由秩为 r 的矩阵 $\boldsymbol{M}\in\mathbb{R}^{m\times n}$ 的 SVD 分解(式 4.17)，记 $N=\max(m,n)$，令 $\boldsymbol{P}_U,\boldsymbol{P}_V$ 分别表示矩阵 $\boldsymbol{M}$ 的行空间和列空间的正交投影，并记 $\boldsymbol{Z}=\sum_{k=1}^{r}\boldsymbol{u}_k\boldsymbol{v}_k^{\mathrm{T}}$，则由奇异值向

量子空间投影的性质，有 $\boldsymbol{P}_U\boldsymbol{Z}=\boldsymbol{Z}=\boldsymbol{Z}\boldsymbol{P}_V;\boldsymbol{Z}^{\mathrm{T}}\boldsymbol{Z}=\boldsymbol{P}_V;\boldsymbol{Z}\boldsymbol{Z}^{\mathrm{T}}=\boldsymbol{P}_U$。比较矩阵 $\boldsymbol{M}$ 的 SVD 分解，可以将 $\boldsymbol{Z}$ 视作矩阵 $\boldsymbol{M}$ 的一种“符号模式”。文献[14]首先给出下面的强非相干性条件。

A3　存在 $\mu_1>0$，使得所有向量对 $(a,a')\in[m]\times[m]$ 和 $(b,b')\in[n]\times[n]$，满足：

$$\left|\left\langle \boldsymbol{e}_a,\boldsymbol{P}_U\boldsymbol{e}_{a'}-\frac{r}{m}\mathbf{1}_{a=a'}\right\rangle\right|\leqslant\mu_1\frac{r}{m},\quad \left|\left\langle \boldsymbol{e}_b,\boldsymbol{P}_V\boldsymbol{e}_{b'}-\frac{r}{n}\mathbf{1}_{b=b'}\right\rangle\right|\leqslant\mu_1\frac{r}{n} \tag{4.32}$$

A4　存在 $\mu_2>0$，使得所有的向量对 $(a,b)\in[m]\times[n]$，满足：

$$\left|\boldsymbol{Z}_{ab}\right|\leqslant\mu_2\frac{\sqrt{r}}{\sqrt{mn}} \tag{4.33}$$

如果参数 μ_1,μ_2 均小于或者等于一个常数 μ，则称矩阵 $\boldsymbol{M}$ 满足参数为 μ 的强不相干性条件。显然，强不相干性条件 A2 和 A3 仅仅与奇异值向量相关，与奇异值大小无关。

定理 4.3　令秩为 $r=O(1)$ 的矩阵 $\boldsymbol{M}\in\mathbb{R}^{m\times n}$ 满足 A3 和 A4 条件，记 $N=\max(m,n)$。假设人们观测到的 $\boldsymbol{M}$ 中已知元素的位置是随机均匀分布的，共观测到 K 个元素，那么存在一个正常数 C，使得当式(4.34)成立时，最优化问题 (P_5) 存在唯一解且能够以至少 $1-N^{-3}$ 的概率精确恢复 $\boldsymbol{M}$。

$$K\geqslant C\mu^4\cdot N\cdot(\log N)^2 \tag{4.34}$$

对于任意的 r，满足：

$$K\geqslant C\mu^2\cdot N\cdot r^2\cdot(\log N)^2 \tag{4.35}$$

结论也同样成立。

上述定理中，观测样本数 K 与矩阵秩 r 的平方成正比；文献[14]进一步给出了一个更强和非渐进性的结论，即在定理 4.3 相同条件下，当 $K\geqslant C\mu^2\cdot N\cdot r\cdot(\log N)^6$ 时，最优化问题 (P_5) 存在唯一解且能够以至少 $1-N^{-3}$ 的概率精确恢复 $\boldsymbol{M}$。

4.3.2　逼近恢复保证——核范数和最大范数

4.3.1 节中讨论了矩阵补全精确恢复或近精确恢复的存在唯一解的采样条件和矩阵生成模型，可以看到它依赖于低秩矩阵本身的“不相干性”类型的性质，其分析方法来源于压缩感知理论。从缺失或噪声污染的观测数据矩阵 $\boldsymbol{M}\in\mathbb{R}^{m\times n}$ 恢复一个低秩矩阵 $\boldsymbol{A}$，其中 $\mathrm{rank}(\boldsymbol{A})\ll\min(m,n)$，并满足 $\boldsymbol{M}=\boldsymbol{A}+\boldsymbol{Z}$，其中 $\boldsymbol{Z}$ 为采样噪声或随机噪声。文献[20]从 Rademacher 复杂度分析的角度，给出了基于“集中保证(concentration-based guarantees)”的低秩矩阵逼近恢复的理论条件。逼近恢复性能保证的主要研究要点从如下几方面展开。

(1) 对 $\boldsymbol{Z}$ 无随机性限制，或仅仅假设 $\boldsymbol{Z}$ 具有一致的上界时逼近恢复的条件是什么？

(2) 当 $\boldsymbol{Z}$ 是随机分布噪声，特别当假设 $\boldsymbol{Z}$ 是独立同分布均值为零时的噪声，逼近恢复的条件是什么？

(3) 低秩矩阵本身的“不相干性”能否替换为其他条件，且逼近恢复是可能的？

针对上述问题，文献[20]在逼近恢复或逼近观测数据的恢复的角度，研究了秩范数以及最大范数正则化下的若干可恢复性理论结果。特别地，他们的研究是基于一种新的秩函数逼近形式，最大范数($\|\boldsymbol{A}\|_{\max} = \min\limits_{\boldsymbol{A}=\boldsymbol{U}\boldsymbol{V}^{\mathrm{T}}} \|\boldsymbol{U}\|_{2,\infty} \cdot \|\boldsymbol{V}\|_{2,\infty}$)框架下，当低秩矩阵是一致有界的，则在特定的样本数 K 条件下，即当 $K \geqslant O\left(\dfrac{r(m+n)}{\varepsilon} \cdot \dfrac{\sigma^2+\varepsilon}{\varepsilon} \cdot \log^3(r/\varepsilon)\right)$，$\dfrac{1}{nm}\|\boldsymbol{M}-\boldsymbol{X}^*\|_{\mathrm{F}}^2 \leqslant \sigma^2+\varepsilon$，其中 $\sigma^2 = \dfrac{1}{mn}\|\boldsymbol{M}-\boldsymbol{A}\|_{\mathrm{F}}^2$，$\boldsymbol{A}$ 是 $\boldsymbol{M}$ 的低秩矩阵。显然，当 $\boldsymbol{M}$ 是无噪声的，$\sigma^2=0$，样本规模仅需 $O\left(\dfrac{r(m+n)}{\varepsilon} \cdot \log^3(r/\varepsilon)\right)$，逼近恢复依然能够得到保证。这个结论对矩阵的不相干性并没有加以限制，避免了样本规模关于矩阵维度的超对数的要求，同时也没有噪声的独立性假设。除此之外，还对重建的平均绝对误差给出了理论保证分析，并讨论了以核范数替代秩函数的可恢复性保证条件。下面，给出这些重要的理论分析结果，详细的证明过程见文献[20]。

定理 4.4[20]　对任意观测矩阵 $\boldsymbol{M} \in \mathbb{R}^{m\times n}$，未知的真实低秩矩阵 $\boldsymbol{A} \in \mathbb{R}^{m\times n}$，其秩 $\operatorname{rank}(\boldsymbol{A}) \leqslant r$。

(1) 平均绝对值误差重建度量：考虑在优化问题的解

$$\boldsymbol{X}^* = \arg\min_{\|\boldsymbol{X}\|_* \leqslant \sqrt{rmn}} \|\boldsymbol{M}-\boldsymbol{X}\|_1 \tag{4.36}$$

如果 $\dfrac{1}{mn}\|\boldsymbol{A}\|_{\mathrm{F}}^2 \leqslant 1$，则在空间 Ω 的均匀采样(没有重复)或者均匀采样(允许重复)的元素个数 $K \geqslant O\left(\dfrac{r(m+n)\log m}{\varepsilon^2}\right)$ 时，恢复的 $\boldsymbol{X}^*$ 在采样空间 Ω 上满足：

$$\frac{1}{nm}\|\boldsymbol{M}-\boldsymbol{X}^*\|_1 \leqslant \frac{1}{nm}\|\boldsymbol{M}-\boldsymbol{A}\|_1 + \varepsilon \tag{4.37}$$

(2) 均方误差重建度量：考虑在优化问题的解

$$\boldsymbol{X}^* = \arg\min_{\|\boldsymbol{X}\|_{\max} \leqslant \sqrt{r}} \|\boldsymbol{M}-\boldsymbol{X}\|_1 \tag{4.38}$$

如果 $\|\boldsymbol{A}\|_{\infty} \leqslant 1$，则在空间 Ω 的均匀采样(没有替换)或者均匀采样(允许替换)的元素个数 $K \geqslant O\left(\dfrac{r(m+n)}{\varepsilon^2}\right)$ 时，恢复的 $\boldsymbol{X}^*$ 在空间 Ω 上满足：

$$\frac{1}{nm}\|\boldsymbol{M}-\boldsymbol{X}^*\|_1 \leqslant \frac{1}{nm}\|\boldsymbol{M}-\boldsymbol{A}\|_1 + \varepsilon \tag{4.39}$$

上述结论是在逼近精度估计上给出的，也可以证明高概率意义下是成立的。具体而言，当观测样本数目 $K \geqslant O\left(\dfrac{r(m+n)\log m + \beta \log m}{\varepsilon^2}\right)$（在核范数情形）或者 $K \geqslant O\left(\dfrac{r(m+n) + \beta \log m}{\varepsilon^2}\right)$（在最大范数情形），定理 4.4 中的结论至少按照 $1-m^{-\beta}$（允许替换）或者 $1-m^{-(\beta-2)}$（没有替换）高概率成立。

定理 4.5[20]　对任意观测矩阵 $\boldsymbol{M} = \boldsymbol{A} + \boldsymbol{Z} \in \mathbb{R}^{m\times n}$，未知的真实低秩矩阵 $\boldsymbol{A} \in \mathbb{R}^{m\times n}$，其秩 $\operatorname{rank}(\boldsymbol{A}) \leqslant r$，$\|\boldsymbol{A}\|_\infty \leqslant 1$，而 $\|\boldsymbol{Z}\|_\infty \leqslant \sqrt{\dfrac{rm}{\log m}}$，且 $\sigma^2 = \dfrac{1}{mn}\|\boldsymbol{Z}\|_{\mathrm{F}}^2$，考虑优化问题的解

$$\boldsymbol{X}^* = \underset{\|\boldsymbol{X}\|_{\max} \leqslant \sqrt{r}}{\arg\min} \|\boldsymbol{M} - \boldsymbol{X}\|_{\mathrm{F}}^2 \tag{4.40}$$

当 $K \geqslant O\left(\dfrac{r(m+n)}{\varepsilon} \cdot \dfrac{\sigma^2+\varepsilon}{\varepsilon} \cdot (\log^3(r/\varepsilon) + \beta)\right)$ 时，空间 $\varOmega$ 上的样本至少按照 $1-m^{-\beta}$（允许重复采样）或者 $1-m^{-(\beta-2)}$（没有重复采样）高概率得到如下逼近精度：

$$\frac{1}{nm}\|\boldsymbol{M} - \boldsymbol{X}^*\|_{\mathrm{F}}^2 \leqslant \sigma^2 + \varepsilon \tag{4.41}$$

如果采取如下优化问题的解

$$\boldsymbol{X}^* = \underset{\|\boldsymbol{X}\|_{\max} \leqslant \sqrt{r}, \|\boldsymbol{X}\|_\infty \leqslant 1}{\arg\min} \|\boldsymbol{M} - \boldsymbol{X}\|_{\mathrm{F}}^2 \tag{4.42}$$

则当 $K \geqslant O\left(\dfrac{r(m+n)}{\varepsilon} \cdot \dfrac{\sigma^2+\varepsilon}{\varepsilon} \cdot \left(\log^3(1/\varepsilon) + \beta\right)\right)$ 时，可得到同样的逼近精度。

上述定理中对误差或者噪声 $\boldsymbol{Z}$ 进行了最大幅度限制，即 $\|\boldsymbol{Z}\|_\infty \leqslant \sqrt{\dfrac{rm}{\log m}}$，这个要求不算苛刻，亚指数类型的噪声都很容易高概率满足。注意，该条件并没有对 $\boldsymbol{Z}$ 的随机性做任何限制，因此具有一定的普适性。一个更严格的情形，当 $K \geqslant O\left(\sqrt{r\log m}\right)$ 时，对于 $\boldsymbol{Z}$ 是亚高斯噪声分布时，定理 4.5 中逼近精度将以指数高概率 $(1-\mathrm{e}^{-m/\log m})$ 得到保证。

上述定理中限定了 $\|\boldsymbol{A}\|_\infty \leqslant 1$，但是如果去掉该条件，仅仅要求 $\|\boldsymbol{A}\|_{\max} \leqslant C$，则对于 $\boldsymbol{X}^* = \underset{\|\boldsymbol{X}\|_{\max} \leqslant C}{\arg\min} \|\boldsymbol{M} - \boldsymbol{X}\|_{\mathrm{F}}^2$，当 $K \geqslant O\left(\dfrac{C^2 \cdot (m+n)}{\varepsilon} \cdot \dfrac{\sigma^2+\varepsilon}{\varepsilon} \cdot (\log^3(C^2/\varepsilon) + \beta)\right)$ 时，式 (4.41) 的逼近精度同样成立。

在定理 4.5 中，并没有对 $\boldsymbol{Z}$ 的随机性做任何限制，即 $\boldsymbol{Z} = \boldsymbol{Y} - \boldsymbol{A}$ 的元素并没有要

求独立和零均值的，而仅仅限制$\|\boldsymbol{Z}\|_\infty \leqslant \sqrt{\dfrac{rm}{\log m}}$。对于矩阵 $\boldsymbol{Z}$ 的元素是独立且零均值，则可以得到如下可恢复性的理论结果，由定理 4.6 保证。

定理 4.6[20]　对于$(i,j)\in[m]\times[n]$，令 $F_{(i,j)}$ 是任意零均值分布。假设观测矩阵 $\boldsymbol{M}$ 的元素 $\boldsymbol{M}_{(i_t,j_t)}=\boldsymbol{A}_{(i_t,j_t)}+\boldsymbol{Z}_t$，$t=1,2,\cdots,K$，其中$(i_t,j_t)\overset{\text{iid}}{\propto}\text{unif}([m],[n])$（尽管它的分布是由观测点的位置决定的），采用替换的方法抽取样本，如果矩阵的一个元素被观测到不止一次，那么矩阵元素上的噪声每次都独立地抽取。进一步假设$\text{rank}(\boldsymbol{A})\leqslant r$，$\|\boldsymbol{A}\|_\infty \leqslant 1$，且$\max\limits_{t\in[K]}\|\boldsymbol{Z}_t\|\leqslant O\left(\sqrt{\dfrac{rm}{\log m}}\right)$高概率成立，并记

$$\sigma^2=\frac{1}{mn}\sum_{i,j}E_{Z_{i,j}}\propto F_{i,j}(Z_{i,j}^2) \tag{4.43}$$

则当$K\geqslant O\left(\dfrac{r(m+n)}{\varepsilon}\cdot\dfrac{\sigma^2+\varepsilon}{\varepsilon}\cdot\log^3(r/\varepsilon)\right)$，优化问题的解 $\boldsymbol{X}^*$ 在 Ω 上的高概率逼近真解 $\boldsymbol{A}$，即

$$\frac{1}{nm}\left\|\boldsymbol{A}-\boldsymbol{X}^*\right\|_{\text{F}}^2\leqslant\varepsilon \tag{4.44}$$

或者在相同的假设和样本规模下，对 $\boldsymbol{X}$ 进行均匀采样而不进行替换，当$K\leqslant\dfrac{C+1}{\varepsilon}(mn)^{1-\frac{1}{C+1}}$时，其估计$\dfrac{1}{nm}\left\|\boldsymbol{A}-\boldsymbol{X}^*\right\|_{\text{F}}^2\leqslant 4C\varepsilon$成立。

4.4　代表性矩阵补全方法

4.3 节回顾了矩阵补全的可恢复性方面的相关理论保证。那么一个重要问题是如何求解优化模型，设计高效的数值算法。下面给出一些代表性的方法。

4.4.1　奇异值阈值收缩方法

考察矩阵补全的核范数模型(P_5)(式(4.27))求解问题。在早期的工作中，这类问题采取半正定规划(SDP)方法求解[21]，如 SDPT3 软件包[22]。SDP 方法的重要问题是处理大规模矩阵时存在计算瓶颈，对于很小的矩阵(如$\max(m,n)<100$)是有效的。同时 SDP 属于内点算法，在计算大规模线性方程组系统时需要计算牛顿方向。虽然可以采取共轭梯度算法，但是迭代序列逼近问题解时牛顿法的条件数会迅速增加。因此 SDP 方法在大规模矩阵补全或者低秩优化问题中性能受限。

奇异值阈值收缩(singular value thresholding，SVT)方法是求解形如 P_5 问题的高效算法[23]，其基本要点是从$\boldsymbol{Y}^{(0)}=\boldsymbol{0}$开始，构造一个迭代的矩阵序列$(\boldsymbol{X}^{(k)},\boldsymbol{Y}^{(k)})$，执行：

$$\begin{cases} \boldsymbol{X}^{(k)} = S_\tau(\boldsymbol{Y}^{(k)}) \\ \boldsymbol{Y}^{(k)} = \boldsymbol{Y}^{(k-1)} + \delta_k P_\Omega(\boldsymbol{M} - \boldsymbol{X}^{(k)}) \end{cases} \tag{4.45}$$

其中，$\{\delta_k\}_{k=1}^N$ 为更新步长序列，$S_\tau(\boldsymbol{Y}^{(k)})$ 为第 k 步的奇异值收缩算子，τ 为收缩阈值。定义为

$$S_\tau(\boldsymbol{Y}) = \boldsymbol{U}S_\tau(\boldsymbol{\Sigma})\boldsymbol{V}^{\mathrm{T}}, S_\tau(\boldsymbol{\Sigma}) = \mathrm{diag}((\sigma_1 - \tau)_+, \cdots, (\sigma_r - \tau)_+) \tag{4.46}$$

此处，有

$$\boldsymbol{Y} = \boldsymbol{U\Sigma V}^{\mathrm{T}}, \boldsymbol{\Sigma} = \mathrm{diag}(\sigma_1, \cdots, \sigma_r), \boldsymbol{U} \in \mathbb{R}^{m\times r}, \boldsymbol{V} = \mathbb{R}^{n\times r}, r = \mathrm{rank}(\boldsymbol{Y}) \leqslant \min(m,n)$$

$$(\sigma_i - \tau)_+ = \begin{cases} \sigma_i - \tau, & \sigma_i > \tau \\ 0, & \text{其他} \end{cases}$$

SVT 算法通过一个较大的收缩阈值 τ 和非线性奇异值收缩算子，对输入矩阵 $\boldsymbol{Y}^{(k)}$ 收缩，得到重构的低秩矩阵 $\boldsymbol{X}^*$。其迭代过程蕴含了两个基本特点：①稀疏性，$\boldsymbol{Y}^{(k)}$ 在迭代过程中，Ω 之外值为零，因此为稀疏矩阵，可以用来评估阈值收缩时的快速衰减性；②低秩性，$\boldsymbol{X}^{(k)}$ 在迭代过程中倾向于低秩，因此算法所需存储空间很小(注意左、右奇异矩阵随着秩的变小，规模变小)。

奇异值阈值收缩算子 $S_\tau(\cdot)$ 是关于核范数最小化问题的邻近算子(见本书第 5 章，或参考文献[17]和[24])，即可以表述为如下定理 4.7。

定理 4.7[23] 对于矩阵 $\boldsymbol{Y} \in \mathbb{R}^{m\times n}$，每一个收缩阈值 $\tau \geqslant 0$，奇异值收缩算子 $S_\tau(\boldsymbol{Y})$ 是如下核范数最小化问题的解。

$$S_\tau(\boldsymbol{Y}) = \arg\min_{\boldsymbol{X}} f(\boldsymbol{X}) = \tau\|\boldsymbol{X}\|_* + \frac{1}{2}\|\boldsymbol{X} - \boldsymbol{Y}\|_{\mathrm{F}}^2 \tag{4.47}$$

事实上，$f(\boldsymbol{X})$ 是凸的，容易证明式(4.47)存在唯一解。基于凸分析[23]，其最小解 $\hat{\boldsymbol{X}}$ 当且仅当次梯度为零的解，即 $\partial f(\hat{\boldsymbol{X}}) \in 0$，满足：

$$\hat{\boldsymbol{X}} - \boldsymbol{Y} \in \partial\|\hat{\boldsymbol{X}}\|_* \tag{4.48}$$

而

$$\partial\|\hat{\boldsymbol{X}}\|_* = \left\{\boldsymbol{U}_0\boldsymbol{V}_0^{\mathrm{T}} + \boldsymbol{W}_0 : \boldsymbol{W}_0 \in \mathbb{R}^{m\times n}, \boldsymbol{U}_0{}^{\mathrm{T}}\boldsymbol{W}_0 = \boldsymbol{0}, \boldsymbol{W}_0\boldsymbol{V}_0 = \boldsymbol{0}, \|\boldsymbol{W}_0\|_{\mathrm{F}} \leqslant 1\right\} \tag{4.49}$$

若要验证 $S_\tau(\boldsymbol{Y})$ 满足式(4.48)，可以将矩阵 $\boldsymbol{Y}$ 的 SVD 分解 $\boldsymbol{Y} = \boldsymbol{U\Sigma V}^{\mathrm{T}}$ 分解为奇异值大于等于 τ 和小于 τ 两部分：

$$\boldsymbol{Y} = \boldsymbol{U}_1\boldsymbol{\Sigma}_{\geqslant\tau}\boldsymbol{V}_1^{\mathrm{T}} + \boldsymbol{U}_2\boldsymbol{\Sigma}_{<\tau}\boldsymbol{V}_2^{\mathrm{T}}$$

其中，$\boldsymbol{U}_1$ 和 $\boldsymbol{V}_1$ 对应奇异值大于等于 τ 的奇异值向量；$\boldsymbol{U}_2$ 和 $\boldsymbol{V}_2$ 对应奇异值小于 τ 的奇异值向量。由此，$\hat{\boldsymbol{X}} = \boldsymbol{U}_1(\boldsymbol{\Sigma}_{\geqslant\tau} - \tau\boldsymbol{I})\boldsymbol{V}_1^{\mathrm{T}}$，且 $\boldsymbol{Y} - \hat{\boldsymbol{X}} = \tau(\boldsymbol{U}_1\boldsymbol{V}_1^{\mathrm{T}} + \boldsymbol{W})$，$\boldsymbol{W} = \tau^{-1}\boldsymbol{U}_2\boldsymbol{\Sigma}_{<\tau}\boldsymbol{V}_2^{\mathrm{T}}$，

同时也可验证式(4.49)中零约束和单位球约束。因此 $\hat{\boldsymbol{X}}-\boldsymbol{Y}\in\partial\|\hat{\boldsymbol{X}}\|_*$ 是成立的。

这个关于 SVT 的定理在许多基于核范数的低秩最小化和矩阵补全模型中广泛采用。对于一些更为复杂的模型，往往可以转化为若干子问题进行交替迭代求解，其中式(4.47)往往是一个标准的子问题，因为具有闭式解，常常是秩最小化问题的关键步骤。下面给出 SVT 算法在一些常见的矩阵补全优化模型的应用。

4.4.2　低秩正则化的矩阵补全

考察形如(P_6)的复合 F 范数与低秩正则化的矩阵补全模型：

$$(P_6):\min_{\boldsymbol{X}} f_\tau(\boldsymbol{X})=\frac{1}{2}\|\boldsymbol{X}\|_{\mathrm{F}}^2+\tau\|\boldsymbol{X}\|_* \quad \text{s.t.} \quad P_\Omega(\boldsymbol{X})=P_\Omega(\boldsymbol{M}) \tag{4.50}$$

对上述模型，构造拉格朗日函数：

$$L(\boldsymbol{X},\boldsymbol{Y})=f_\tau(\boldsymbol{X})+\langle\boldsymbol{Y},P_\Omega(\boldsymbol{M}-\boldsymbol{X})\rangle \tag{4.51}$$

其中，$\boldsymbol{Y}\in\mathbb{R}^{m\times n}$ 为拉格朗日乘子矩阵。假设$(\boldsymbol{X}^*,\boldsymbol{Y}^*)$是主对偶最优解，拉格朗日 $L(\boldsymbol{X},\boldsymbol{Y})$ 的鞍点，即$(\boldsymbol{X}^*,\boldsymbol{Y}^*)$满足：

$$\sup_{\boldsymbol{Y}}\inf_{\boldsymbol{X}} L(\boldsymbol{X},\boldsymbol{Y})=L(\boldsymbol{X}^*,\boldsymbol{Y}^*)=\inf_{\boldsymbol{X}}\sup_{\boldsymbol{Y}} L(\boldsymbol{X},\boldsymbol{Y}) \tag{4.52}$$

其中，$g(\boldsymbol{Y})=\inf_{\boldsymbol{X}} L(\boldsymbol{X},\boldsymbol{Y})$ 称为对偶函数。则利用 Uzawa 算法[24,25]，从 $\boldsymbol{Y}^{(0)}=0$ 出发，可以采用如下迭代公式：

$$\begin{cases}L(\boldsymbol{X}^{(k)},\boldsymbol{Y}^{(k-1)})=\min L(\boldsymbol{X},\boldsymbol{Y}^{(k-1)})\\ \boldsymbol{Y}^{(k)}=\boldsymbol{Y}^{(k-1)}+\delta_k\partial_{\boldsymbol{Y}}g(\boldsymbol{Y}^{(k-1)})\end{cases} \tag{4.53}$$

其中，$\{\delta_k\}_{k=1}^N$ 为正的更新步长序列。由对偶函数的定义：

$$\partial_{\boldsymbol{Y}}g(\boldsymbol{Y})=\partial_{\boldsymbol{Y}}L(\hat{\boldsymbol{X}},\boldsymbol{Y})=P_\Omega(\boldsymbol{M}-\hat{\boldsymbol{X}}) \tag{4.54}$$

其中，$\hat{\boldsymbol{X}}$ 是拉格朗日函数在固定 $\boldsymbol{Y}$ 时的极小点，则 $\boldsymbol{Y}^{(k)}$ 可由梯度下降法更新：

$$\boldsymbol{Y}^{(k)}=\boldsymbol{Y}^{(k-1)}+\delta_k\partial_{\boldsymbol{Y}}g(\boldsymbol{Y}^{(k-1)})=\boldsymbol{Y}^{(k-1)}+\delta_k P_\Omega(\boldsymbol{M}-\boldsymbol{X}^{(k)}) \tag{4.55}$$

而对于更新 $\boldsymbol{X}^{(k)}$ 的子问题 $L(\boldsymbol{X}^{(k)},\boldsymbol{Y}^{(k-1)})=\min L(\boldsymbol{X},\boldsymbol{Y}^{(k-1)})$，注意到：

$$\arg\min_{\boldsymbol{X}} L(\boldsymbol{X}-\boldsymbol{Y})=f_\tau(\boldsymbol{X})+\langle\boldsymbol{Y},P_\Omega(\boldsymbol{M}-\boldsymbol{X})\rangle=\arg\min_{\boldsymbol{X}}\tau\|\boldsymbol{X}\|_*+\frac{1}{2}\|\boldsymbol{X}-P_\Omega(\boldsymbol{Y})\|_{\mathrm{F}}^2 \tag{4.56}$$

则由定理 4.7，可知其闭解是 $S_\tau(\boldsymbol{Y})$，又因为 $\boldsymbol{Y}^{(k)}=P_\Omega(\boldsymbol{Y}^{(k)})$，则有：

$$\begin{cases} \boldsymbol{X}^{(k)} = S_\tau(\boldsymbol{Y}^{(k-1)}) \\ \boldsymbol{Y}^{(k)} = \boldsymbol{Y}^{(k-1)} + \delta_k P_\Omega(\boldsymbol{M} - \boldsymbol{X}^{(k)}) \end{cases} \tag{4.57}$$

上述算法是 Uzawa 算法的特例，同时也可以看作是线性化 Bregman 迭代方法[26,27]。

另外一个问题是算法的收敛性如何？如何调节 $\{\delta_k\}_{k=1}^N$ 呢？对于这个问题，文献[23]给出了收敛性结论。

定理 4.8[23]　假设更新步长序列 $\{\delta_k\}_{k=1}^N$ 满足 $0 < \min \delta_k \leqslant \max \delta_k < 2$，则迭代算法式(4.57)中的 $\boldsymbol{X}^{(k)}$ 收敛到目标函数(式 4.50)的最优解。

4.4.3　线性仿射约束的低秩正则化矩阵补全

考察一个更为一般的仿设约束的秩最小化问题：

$$(P_7): \min_{\boldsymbol{X}} f_\tau(\boldsymbol{X}) \quad \text{s.t.} \quad \mathcal{A}(\boldsymbol{X}) = \boldsymbol{b} \tag{4.58}$$

其中，$\mathcal{A}$ 是一个线性变换 $\mathcal{A}$: $\mathbb{R}^{m,n} \to \mathbb{R}^d$，将矩阵 $\boldsymbol{X} \in \mathbb{R}^{m\times n}$ 映射为 $\mathbb{R}^d$，$\mathcal{A}^*$ 是 $\mathcal{A}$ 的伴随算子；$\boldsymbol{b} \in \mathbb{R}^d$ 是观测信息。$f_\tau(\boldsymbol{X})$ 可以建立更为复杂的矩阵正则化模型。显然，这是一个更为一般的矩阵补全模型。同时，注意到在经典的压缩感知理论中，往往采取向量结构的稀疏性[3,6]；而在这里目标函数是矩阵 $\boldsymbol{X}$ 的秩，或者与秩函数替代的核范数(也可以是其他凸逼近或非凸逼近)。从向量结构的稀疏性压缩感知到仿射矩阵秩最小化的压缩感知，这是对多维信号由一阶稀疏性到二阶稀疏性感知的重要进展[6,28]。

下面以式(4.59)的凸泛函为例进行探讨。

$$f_\tau(\boldsymbol{X}) = \frac{1}{2}\|\boldsymbol{X}\|_{\mathrm{F}}^2 + \tau\|\boldsymbol{X}\|_* \tag{4.59}$$

形如 P_7 问题的求解也可以利用 Uzawa 算法，首先构造拉格朗日函数：

$$L(\boldsymbol{X}, \boldsymbol{y}) = f_\tau(\boldsymbol{X}) + \langle \boldsymbol{y}, \boldsymbol{b} - \mathcal{A}(\boldsymbol{X}) \rangle \tag{4.60}$$

其中，$\boldsymbol{y} \in \mathbb{R}^d$ 是拉格朗日乘子向量，则迭代序列为

$$\begin{cases} \boldsymbol{X}^{(k)} = S_\tau(\mathcal{A}^*(\boldsymbol{y}^{(k-1)})) \\ \boldsymbol{Y}^{(k)} = \boldsymbol{Y}^{(k-1)} + \delta_k(\boldsymbol{y} - \mathcal{A}(\boldsymbol{X}^{(k)})) \end{cases} \tag{4.61}$$

上述迭代算法中，如果 $\mathcal{A}$ 是采样算子，即观测样本在指标集 Ω 上，而指标集 Ω 之外为零，则转化为 P_6 问题(式(4.50))。容易验证，此时 $\mathcal{A}^*\mathcal{A} = P(\Omega)$，且 $\boldsymbol{M}$ 满足 $\mathcal{A}(\boldsymbol{M}) = \boldsymbol{b}$，并定义 $\boldsymbol{Y}^{(k-1)} = \mathcal{A}^*(\boldsymbol{y}^{(k-1)})$，将其代入式(4.61)，即可转化为式(4.57)的迭代格式。

4.4.4 凸集约束的低秩正则化的矩阵补全

可以考虑更为一般的凸集约束低秩正则化的矩阵补全模型，将 $f_\tau(\boldsymbol{X})$ 限制在矩阵 $\boldsymbol{X}\in\mathbb{R}^{m\times n}$ 的一个凸集 $C=\{f_i(\boldsymbol{X})\leqslant 0, i=1,2,\cdots,d\}$ 上，即 $\boldsymbol{X}\in C$，其中 $f_i(\boldsymbol{X})$ 为凸泛函。这样，优化模型为

$$(P_8):\min_{\boldsymbol{X}} f_\tau(\boldsymbol{X}) \quad \text{s.t.} \quad f_i(\boldsymbol{X})\leqslant 0, \quad i=1,2,\cdots,d \tag{4.62}$$

对于该问题，同样可以采取 Uzawa 算法框架。令 $\boldsymbol{\mathcal{F}}(\boldsymbol{X})=(f_1(\boldsymbol{X}),\cdots,f_d(\boldsymbol{X}))$，则拉格朗日函数为

$$L(\boldsymbol{X},\boldsymbol{y})=f_\tau(\boldsymbol{X})+\langle \boldsymbol{y},\boldsymbol{\mathcal{F}}(\boldsymbol{X})\rangle \tag{4.63}$$

同样，$\boldsymbol{y}\in\mathbb{R}^d$ 是拉格朗日乘子向量，$\boldsymbol{y}>\boldsymbol{0}$，迭代算法与前面类似，仅仅需要做简单的修正，可得

$$\begin{cases}\boldsymbol{X}^{(k)}=\arg\min L(\boldsymbol{X},\boldsymbol{y}^{(k-1)})\\ \boldsymbol{y}^{(k)}=\left[\boldsymbol{y}^{(k-1)}+\delta_k\boldsymbol{\mathcal{F}}(\boldsymbol{X}^{(k)})\right]_+\end{cases} \tag{4.64}$$

此处，$[\boldsymbol{x}]_+=\max(\boldsymbol{x},0)$。

一个例子是若选择 $\boldsymbol{\mathcal{F}}(\boldsymbol{X})=\boldsymbol{b}-\boldsymbol{\mathcal{A}}(\boldsymbol{X})$，则

$$\begin{cases}\boldsymbol{X}^{(k)}=S_\tau(\boldsymbol{\mathcal{A}}^*(\boldsymbol{y}^{(k-1)}))\\ \boldsymbol{Y}^{(k)}=\boldsymbol{Y}^{(k-1)}+\delta_k\left[\boldsymbol{y}-\boldsymbol{\mathcal{A}}(\boldsymbol{X}^{(k)})\right]_+\end{cases} \tag{4.65}$$

关于该迭代算法的收敛性，同样有定理保证。

定理 4.9[23]　如果 $\boldsymbol{\mathcal{F}}(\boldsymbol{X})=(f_1(\boldsymbol{X}),\cdots,f_d(\boldsymbol{X}))$ 是非扩张的，即

$$\|\boldsymbol{\mathcal{F}}(\boldsymbol{X})-\boldsymbol{\mathcal{F}}(\boldsymbol{Y})\|\leqslant L(\boldsymbol{\mathcal{F}})\|\boldsymbol{X}-\boldsymbol{Y}\|_{\mathrm{F}} \tag{4.66}$$

其中，$L(\boldsymbol{\mathcal{F}})$ 为非负 Lipschitz 常数(如当 $\boldsymbol{\mathcal{F}}(\boldsymbol{X})=\boldsymbol{b}-\boldsymbol{\mathcal{A}}(\boldsymbol{X})$，$L(\boldsymbol{\mathcal{F}})=\|\boldsymbol{\mathcal{A}}\|_2$，$\|\boldsymbol{\mathcal{A}}\|_2=\sup\left\{\|\boldsymbol{\mathcal{A}}(\boldsymbol{X})\|_2,\|\boldsymbol{X}\|_{\mathrm{F}}=1\right\}$ 表示谱范数)，当更新步长序列 $\{\delta_k\}_{k=1}^N$ 满足 $0<\min\delta_k\leqslant\max\delta_k<2/(L(\boldsymbol{\mathcal{F}}))^2$ 时，迭代算法(式(4.65))中的 $\boldsymbol{X}^{(k)}$ 收敛到目标函数(式(4.62))的最优解。

4.4.5 基于矩阵分解的方法

对于核范数正则化问题，可以看到将涉及复杂的矩阵奇异值分解，导致模型的求解效率和可伸缩性(scalability)受限。

一种解决方法是针对奇异值分解问题，研究快速算法，代表性基础软件包为 PROPACK[29]；或者采取随机优化技术和部分 SVD 逼近方式，研究快速奇异值阈值

算法。例如，文献[30]提出了一个快速奇异值阈值收缩(SVT)算法，包括秩的渐现随机奇异值分解(rank revealing randomized SVD，R^3SVD)算法，通过矩阵正交三角(QR)分解机制，自适应地执行部分奇异值分解(SVD)，在给定的固定精度下快速逼近 SVT 算子；并引入模拟退火式冷却机制，进一步扩展了 R^3SVD，提出循环秩随机奇异值分解(R^4SVD)算法，以上一次迭代作为当前迭代的近似基础，在每次 SVT 迭代中，随着 SVT 的进行自适应调整低阶逼近精度的阈值，进一步减少了部分 SVD 的计算代价。

另一类方法基于矩阵分解的建模方法，这是一类可替代的矩阵补全模型构建方法，其基本思路是：将目标矩阵分解为两个低秩矩阵的乘积，从而避免了复杂的矩阵奇异值分解，加速了算法的执行效率。

4.4.5.1　低秩矩阵拟合

我们首先注意到这样一个事实：对数据矩阵 $\boldsymbol{X}\in\mathbb{R}^{m\times n}$，如果是低秩的，$r=\mathrm{rank}(\boldsymbol{X})=\min(m,n)$，则存在 $\boldsymbol{U}\in\mathbb{R}^{m\times r}$，$\boldsymbol{V}\in\mathbb{R}^{n\times r}$，使得 $\boldsymbol{X}=\boldsymbol{U}\boldsymbol{V}^{\mathrm{T}}$。其中 $\boldsymbol{U}$ 和 $\boldsymbol{V}$ 分别对应 $\boldsymbol{X}$ 的列空间和行空间。

这样，文献[31]提出如下的矩阵分解模型：

$$\min_{\boldsymbol{X},\boldsymbol{U},\boldsymbol{V}} f_\tau(\boldsymbol{X},\boldsymbol{U},\boldsymbol{V})=\left\|\boldsymbol{X}-\boldsymbol{U}\boldsymbol{V}^{\mathrm{T}}\right\|_{\mathrm{F}}^2 \qquad \text{s.t.}\quad P_\Omega(\boldsymbol{X})=P_\Omega(\boldsymbol{M}) \tag{4.67}$$

其中，$\boldsymbol{U}\in\mathbb{R}^{m\times K}$，$\boldsymbol{V}\in\mathbb{R}^{n\times K}$，$K$ 是预测的矩阵秩的界，需要进行动态的调整。如果能够预先获取合适的 K 值，该模型可以在较小的时间复杂度内获得相当精度的解，并避免了奇异值分解。但是上述低秩分解模型，将面临两个潜在的缺点：①上述模型是非凸的，因此容易陷入局部极小问题；②该方法需要预先估计一个近似矩阵秩($K\approx r$)。为此，文献[31]提出了一个低秩矩阵拟合算法(low-rank matrix fitting algorithm，LMaFit)。其算法原理是采取交替方向迭代的思想，但又在迭代步骤中采取了类似逐次超松弛(successive over-relaxation，SOR)方法。SOR 方法是解决大型稀疏矩阵方程组的有效方法之一，是一种一阶线性定常迭代法，因此可以加速算法的收敛。

4.4.5.2　结构化矩阵分解方法

结构化矩阵分解方法是建立在射影张量范数(projective tensor norm)的基础之上。

定义 4.3[32]　(射影张量范数)给定向量范数 $\|\cdot\|_a$ 和 $\|\cdot\|_z$，定义矩阵 $\boldsymbol{X}\in\mathbb{R}^{m\times n}$ 的射影张量范数为

$$\|\boldsymbol{X}\|_P:=\min_{X=\boldsymbol{U}\boldsymbol{V}^{\mathrm{T}}}\sum_i\|\boldsymbol{u}_i\|_a\cdot\|\boldsymbol{v}_i\|_z=\min_{X=\boldsymbol{U}\boldsymbol{V}^{\mathrm{T}}}\frac{1}{2}\left(\sum_i\|\boldsymbol{u}_i\|_a^2+\|\boldsymbol{v}_i\|_z^2\right)=\min_{X=\boldsymbol{U}\boldsymbol{V}^{\mathrm{T}},\|\boldsymbol{u}_i\|=1}\sum_i\|\boldsymbol{v}_i\|_a \tag{4.68}$$

可证明：当求和的列向量无限个时，$\|X\|_P$ 是一个矩阵范数[32,33]。射影张量范数可以对应不同的范数形式，一些闭式形式的特例如下所示。

(1) 一个典型的例子是当 $\|\cdot\|_a=\|\cdot\|_2,\|\cdot\|_z=\|\cdot\|_2$ 时，$\|X\|_P:=\min\limits_{X=UV^{\mathrm{T}}}\|U\|_{\mathrm{F}}\cdot\|V\|_{\mathrm{F}}=\min\limits_{X=UV^{\mathrm{T}}}\frac{1}{2}\left(\|U\|_{\mathrm{F}}^2+\|V\|_{\mathrm{F}}^2\right)$，由式(4.20)可知此时对应为矩阵的核范数。

(2) 另一个例子是 Max 范数，见式(4.21)。

(3) 一个非常有趣的特例，当 $\|X\|_P:=\min\limits_{X=UV^{\mathrm{T}},\|u_i\|=1}\sum\limits_i\|v_i\|_a$ 时，相当于约束字典原子 $\{u_i\}$ 为单位范数，而 $\{v_i\}$ 的范数相当于对表示系数的约束。

射影张量范数是具有更一般意义和更灵活的结构化矩阵分解框架，因为可以施加合适的范数反映矩阵的行空间和列空间的不同性质。

$$\min_{X,U,V} f_\tau(X,U,V)=\|X\|_P \qquad \text{s.t.} \qquad P_\Omega(X)=P_\Omega(M) \tag{4.69}$$

或更一般的可以应用于结构化矩阵分解问题：

$$\min_X \|X\|_P+\ell(M,X) \tag{4.70}$$

其中，$\ell(M,X)$ 表示观测数据矩阵 M 与潜在数据矩阵 X 之间的保真项。

由式(4.24)可知，模型(4.70)可以等价的转化为如下最小化问题：

$$\min_{U,V}\frac{1}{2}\left(\sum_i\|u_i\|_a^2+\|v_i\|_z^2\right)+\ell(M,X) \tag{4.71}$$

或

$$\min_{U,V}\sum_i\|u_i\|_a\cdot\|v_i\|_z+\ell(M,X) \tag{4.72}$$

在此模型中，向量范数 $\|\cdot\|_a$ 和 $\|\cdot\|_z$ 可以根据需要选取合适的范数，以刻画矩阵 X 的行空间和列空间的不同性质。表 4.1 给出了射影张量范数 $\|X\|_P$ 及其相关等价或逼近范数形式。

表 4.1　射影张量范数 $\|X\|_P$ 的若干例子及其相关等价或逼近范数形式

射影张量范数 向量形式	射影张量范数 矩阵形式	等价或逼近的范数	典型应用场景
$\min\limits_{X=UV^{\mathrm{T}}}\frac{1}{2}\left(\sum\limits_i\|u_i\|_2^2+\|v_i\|_2^2\right)$	$\min\limits_{X=UV^{\mathrm{T}}}\frac{1}{2}\left(\|U\|_{\mathrm{F}}^2+\|V\|_{\mathrm{F}}^2\right)$	等价核范数 $\|X\|_*$	矩阵填补 低矩阵分解
$\min\limits_{X=UV^{\mathrm{T}}}\sum\limits_i\|u_i\|_2\cdot\|v_i\|_2$	$\min\limits_{X=UV^{\mathrm{T}}}\|U\|_{\mathrm{F}}\cdot\|V\|_{\mathrm{F}}$	等价核范数 $\|X\|_*$	

续表

射影张量范数 向量形式	射影张量范数 矩阵形式	等价或逼近的范数	典型应用场景
$\min\limits_{X=UV^{\mathrm{T}}} \frac{1}{2}\left(\sum\limits_i \lVert \boldsymbol{u}_i \rVert_\infty + \lVert \boldsymbol{v}_i \rVert_\infty\right)$	$\min\limits_{X=UV^{\mathrm{T}}} \frac{1}{2}\left(\lVert \boldsymbol{U} \rVert_{2,\infty} + \lVert \boldsymbol{V} \rVert_{2,\infty}\right)$	逼近核范数 $\lVert \boldsymbol{X} \rVert_*$	
$\min\limits_{X=UV^{\mathrm{T}}} \sum\limits_i \lVert \boldsymbol{u}_i \rVert_\infty \cdot \lVert \boldsymbol{v}_i \rVert_\infty$	$\min\limits_{X=UV^{\mathrm{T}}} \lVert \boldsymbol{U} \rVert_{2,\infty} \cdot \lVert \boldsymbol{V} \rVert_{2,\infty}$	逼近核范数 $\lVert \boldsymbol{X} \rVert_*$	
$\min\limits_{X=UV^{\mathrm{T}}, \lVert \boldsymbol{u}_i \rVert=1} \sum\limits_i \lVert \boldsymbol{v}_i \rVert_2^2$	$\min\limits_{X=UV^{\mathrm{T}}, \lVert \boldsymbol{u}_i \rVert=1} \lVert \boldsymbol{V} \rVert_{\mathrm{F}}^2$	系数矩阵的 F 范数	协同表示
$\min\limits_{X=UV^{\mathrm{T}}, \lVert \boldsymbol{u}_i \rVert=1} \sum\limits_i \lVert \boldsymbol{v}_i \rVert_1$	$\min\limits_{X=UV^{\mathrm{T}}, \lVert \boldsymbol{u}_i \rVert=1} \lVert \boldsymbol{V} \rVert_1$	系数矩阵的 ℓ_1 范数	字典学习与稀疏表示
$\min\limits_{X=UV^{\mathrm{T}}} \sum\limits_i \lVert \boldsymbol{u}_i \rVert_a \cdot \lVert \boldsymbol{v}_i \rVert_z = \frac{1}{2}\left(\sum\limits_i \lVert \boldsymbol{u}_i \rVert_a^2 + \lVert \boldsymbol{v}_i \rVert_z^2\right)$ 其中 $\lVert\cdot\rVert_a = \mu_a \lVert\cdot\rVert_{\bar{a}} + \lVert\cdot\rVert_2$，$\lVert\cdot\rVert_z = \mu_b \lVert\cdot\rVert_{\bar{z}} + \lVert\cdot\rVert_2$	(1) μ_a, μ_b 的不同选择以及 $\lVert\cdot\rVert_{\bar{a}}$ 和 $\lVert\cdot\rVert_{\bar{z}}$ 的不同可涵盖上述形式 (2) 可构造不同形式的矩阵范数	可逼近多种形式 (1) 核范数 $\lVert \boldsymbol{X} \rVert_*$ (2) 复合的矩阵范数	

由表 4.1 可知，向量范数 $\lVert\cdot\rVert_a$ 和 $\lVert\cdot\rVert_z$ 的不同选择，可以对应不同的模型，并能够根据需要构造可能的范数约束形式。一个例子是，如果定义向量范数为

$$\lVert\cdot\rVert_a = \mu_a \lVert\cdot\rVert_{\bar{a}} + \lVert\cdot\rVert_2,\quad \lVert\cdot\rVert_z = \mu_b \lVert\cdot\rVert_{\bar{z}} + \lVert\cdot\rVert_2 \tag{4.73}$$

其中，μ_a, μ_b 为平衡参数，可复合不同的向量范数，得到 $\lVert\cdot\rVert_{\bar{a}}$ 和 $\lVert\cdot\rVert_{\bar{z}}$，进而对应不同的矩阵范数形式。例如 $\mu_a = \mu_b = 0$，则等价于矩阵的核范数。进而依据保真项的不同建模形式，如 $\ell(\boldsymbol{M},\boldsymbol{X}) = \lVert \mathcal{A}(\boldsymbol{X}) - \boldsymbol{b} \rVert_2^2$，该模型提供了一个可匹配多种任务的图像反问题处理框架，而不仅仅局限于矩阵补全问题，可应用于图像去噪、复原、超分辨以及压缩感知问题[34]。

对于模型(4.71)或模型(4.72)，可以根据任务的性质等选取不同的优化方法进行求解。目前常用的算法包括：半正定规划(SDP)方法[21]，邻近梯度下降(proximal gradient descend，PGD)算法、分块坐标下降(block coordinate descent，BCD)算法[35,36]、Bregman 迭代(Bregman iterative)算法[26,27]、交替方向乘子法(ADMM)[36-39]、随机优化(stochastic optimization，SO)算法等，各种不同方法都在不同文献中采用[17]。一般而言，对于小规模问题，SDP 方法是适应的；但是对于大规模问题，在高精度要求下算法收敛很慢；但在中等精度要求下，ADMM 的收敛速度可以接受，并可分布式并行实现。SO 方法可分布式并行实现，适用于大规模问题求解，但是仅适用于样本独立同分布情形，实际应用中该假设并不总是成立。但是随机优化技术可以和 ADMM 有机结合，以解决大规模优化问题，形成随机化 ADMM，包括同步和异步等多种实现形式[40,41]。

4.5　矩阵低秩与稀疏分解

4.5.1　鲁棒主成分分析

矩阵低秩与稀疏分解是与低秩矩阵补全更为延伸的一类问题，它有时被称为低秩矩阵恢复，或者鲁棒主成分分析，其目的是将一个矩阵分解为一个低秩矩阵和一个稀疏矩阵。典型应用例子是视频分析或监控领域，人们希望从视频序列中提取静态背景和运动前景。文献[16]中，Candès 等人根据鲁棒主成分分析方法给出了一种视频背景建模方案，他们将视频相邻的若干帧图像的每帧排成一个向量，然后将所有帧对应的向量排成一个矩阵，则稳定背景成分组成的部分具有极强的相关性，是低秩的；而运动的目标等组成的前景部分是稀疏的，由此将图像序列对应的矩阵进行低秩稀疏分解，便可成功地将背景和活动的前景有效分离，进而可以进一步进行背景建模和视频前景识别与分析(图 4.1)。

图 4.1　基于低秩分析的背景建模和视频前景分离[16]

从数学上讲，将一个矩阵 $\boldsymbol{M}\in\mathbb{R}^{m\times n}$，分解为低秩矩阵 $\boldsymbol{X}$ 和稀疏矩阵 $\boldsymbol{E}$ 的问题建模为如下最优化模型：

$$(\boldsymbol{X}^*,\boldsymbol{E}^*)=\underset{\boldsymbol{X},\boldsymbol{E}}{\arg\min}\,\mathrm{rank}(\boldsymbol{X})+\lambda\|\boldsymbol{E}\|_1\qquad \text{s.t.}\quad \boldsymbol{M}=\boldsymbol{X}+\boldsymbol{E}\tag{4.74}$$

其中，λ 是平衡参数。显然由于涉及矩阵秩最小化问题，直接求解秩函数同样面临组合优化的 NP 难问题。因此，解决的方法同样是对矩阵秩函数的逼近，形式上：

$$(\boldsymbol{X}^*,\boldsymbol{E}^*)=\arg\min_{\boldsymbol{X},\boldsymbol{E}}\|\boldsymbol{X}\|_*+\lambda\|\boldsymbol{E}\|_1 \quad \text{s.t.} \quad \boldsymbol{M}=\boldsymbol{X}+\boldsymbol{E} \tag{4.75}$$

在文献[16]和[42]中，上述凸优化问题被称为主成分追踪(principle component pursuit，PCP)。如果没有关于 $\boldsymbol{X}$ 的低秩假设和 $\boldsymbol{E}$ 的稀疏性约束，上述矩阵成分分解问题显然是高度病态的，在低秩矩阵成分模式和稀疏模式之间均存在较大的不确定性，包括：①低秩矩阵本身也可能是稀疏的；②稀疏矩阵的非零元素可能集中在矩阵的某个列，从而影响矩阵的秩。为此，基于强非相干性条件，可以建立恢复性理论保证。

定理 4.10[16]　设 $\boldsymbol{X}^0\in\mathbb{R}^{m\times n}$（不妨设 $m>n$），$\mathrm{rank}(\boldsymbol{X}^0)=r$，且其 SVD 分解为 $\boldsymbol{X}^0=\boldsymbol{U}\boldsymbol{\Sigma}\boldsymbol{V}^{\mathrm{T}}=\sum_{i=1}^{r}\sigma_i\boldsymbol{u}_i\boldsymbol{v}_i^{\mathrm{T}},\boldsymbol{u}_i\in\mathbb{R}^m,\boldsymbol{v}_i\in\mathbb{R}^n$，满足如下关于参数 μ 的非相干性条件：

$$\max_i\|\boldsymbol{U}^{\mathrm{T}}\boldsymbol{e}_i\|_2^2\leqslant\frac{\mu r}{m},\max_i\|\boldsymbol{V}^{\mathrm{T}}\boldsymbol{e}_i\|_2^2\leqslant\frac{\mu r}{n},\ \|\boldsymbol{U}\boldsymbol{V}^{\mathrm{T}}\|_\infty\leqslant\sqrt{\frac{\mu r}{mn}} \tag{4.76}$$

且 $\boldsymbol{E}^0$ 在元素空间是分布均匀的，则只要：

$$\mathrm{rank}(\boldsymbol{X}^0)=r\leqslant\rho_r n\mu^{-1}(\log m)^{-2},\rho_s mn\geqslant T \tag{4.77}$$

其中，常数 $\rho_r>0,\rho_s>0$。则存在常数 c 使得主成分追踪问题（取 $\lambda=\frac{1}{\sqrt{m}}$）至少能以 $1-cm^{-10}$ 的概率恢复出原始矩阵，即 $(\boldsymbol{X}^*=\boldsymbol{X}^0,\boldsymbol{E}^*=\boldsymbol{E}^0)$。

上述定理的一个直观解释是当低秩矩阵 $\boldsymbol{X}^0$ 的左右奇异值向量满足合理的分布且稀疏矩阵的非零元素是分布均匀的，则上述优化模型可以恢复真实的低秩矩阵。

对于模型(式(4.75))，ADMM 对于矩阵低秩与稀疏模式的分解是非常高效的方法，相关算法的变种和收敛性分析可见文献[43]～[45]。下面概要地介绍 ADMM 的算法过程。

对于等式约束下的 RPCA 模型，采取增广拉格朗日函数：

$$L(\boldsymbol{X},\boldsymbol{E},\boldsymbol{Y})=\|\boldsymbol{X}\|_*+\lambda\|\boldsymbol{E}\|_1-\langle\boldsymbol{Y},\boldsymbol{X}+\boldsymbol{E}-\boldsymbol{M}\rangle+\frac{\beta}{2}\|\boldsymbol{X}+\boldsymbol{E}-\boldsymbol{M}\|_{\mathrm{F}}^2 \tag{4.78}$$

则根据标准的交替方向乘子法，其迭代格式为

$$\begin{cases}\boldsymbol{E}^{(k)}=\arg\min\limits_{\boldsymbol{E}}L(\boldsymbol{X}^{(k-1)},\boldsymbol{E},\boldsymbol{Y}^{(k-1)})\\ \boldsymbol{X}^{(k)}=\arg\min\limits_{\boldsymbol{X}}L(\boldsymbol{X},\boldsymbol{E}^{(k)},\boldsymbol{Y}^{(k-1)})\\ \boldsymbol{Y}^{(k)}=\boldsymbol{Y}^{(k-1)}-\beta(\boldsymbol{X}^{(k)}+\boldsymbol{E}^{(k)}-\boldsymbol{M})\end{cases} \tag{4.79}$$

等价于：

$$\begin{cases}0\in\lambda\partial(\|\boldsymbol{E}^{(k)}\|_1)-\left[\boldsymbol{Y}^{(k-1)}-\beta(\boldsymbol{X}^{(k)}+\boldsymbol{E}^{(k-1)}-\boldsymbol{M})\right]\\ 0\in\lambda\partial(\|\boldsymbol{X}^{(k)}\|_*)-\left[\boldsymbol{Y}^{(k-1)}-\beta(\boldsymbol{X}^{(k)}+\boldsymbol{E}^{(k)}-\boldsymbol{M})\right]\\ \boldsymbol{Y}^{(k)}=\boldsymbol{Y}^{(k-1)}-\beta(\boldsymbol{X}^{(k)}+\boldsymbol{E}^{(k)}-\boldsymbol{M})\end{cases} \tag{4.80}$$

其中，$\boldsymbol{Y}\in\mathbb{R}^{m\times n}$ 为拉格朗日乘子矩阵，$\beta>0$ 是关于偏离线性等式约束的惩罚参数，$\langle\cdot\rangle$ 表示标准的矩阵内积，$\partial(\cdot)$ 表示函数的次梯度算子。对于式(4.79)，关键是对第一个和第二个子问题进行求解。

(1) 对于第一个子问题，做简单整理：

$$\begin{aligned}&L(\boldsymbol{X}^{(k-1)},\boldsymbol{E},\boldsymbol{Y}^{(k-1)})\\&=\lambda\|\boldsymbol{E}\|_1-\left\langle\boldsymbol{Y}^{(k-1)},\boldsymbol{X}^{(k-1)}+\boldsymbol{E}-\boldsymbol{M}\right\rangle+\frac{\beta}{2}\left\|\boldsymbol{X}^{(k-1)}+\boldsymbol{E}-\boldsymbol{M}\right\|_{\mathrm{F}}^2\\&=\lambda\|\boldsymbol{E}\|_1+\frac{\beta}{2}\left\|\boldsymbol{E}-\left(\boldsymbol{M}+\frac{1}{\beta}\boldsymbol{Y}^{(k-1)}-\boldsymbol{X}^{(k-1)}\right)\right\|_{\mathrm{F}}^2\end{aligned}\tag{4.81}$$

式(4.81)是一个广泛使用的标准稀疏优化问题，具有闭式解，可以利用稀疏优化的软阈值方法得到。令 $S_{\Omega_{\lambda/\beta}}(\cdot)$ 表示到矩阵软阈值收缩算子，即

$$S_{\Omega_{\lambda/\beta}}(\boldsymbol{X})_{i,j}=\begin{cases}X_{i,j}-\lambda/\beta, & X_{i,j}>\lambda/\beta\\0, & \left|X_{i,j}\right|\leqslant\lambda/\beta\\X_{i,j}+\lambda/\beta, & X_{i,j}<-\lambda/\beta\end{cases}\tag{4.82}$$

则

$$\boldsymbol{E}^{(k)}=\boldsymbol{M}+\frac{1}{\beta}\boldsymbol{Y}^{(k-1)}-\boldsymbol{X}^{(k-1)}-S_{\Omega_{\lambda/\beta}}\left(\boldsymbol{M}+\frac{1}{\beta}\boldsymbol{Y}^{(k-1)}-\boldsymbol{X}^{(k-1)}\right)\tag{4.83}$$

(2) 对于第二个子问题，类似的等价于如下问题的最小解：

$$\begin{aligned}&L(\boldsymbol{X},\boldsymbol{E}^{(k)},\boldsymbol{Y}^{(k-1)})\\&=\|\boldsymbol{X}\|_*-\left\langle\boldsymbol{Y}^{(k-1)},\boldsymbol{X}+\boldsymbol{E}^{(k)}-\boldsymbol{M}\right\rangle+\frac{\beta}{2}\left\|\boldsymbol{X}+\boldsymbol{E}^{(k)}-\boldsymbol{M}\right\|_{\mathrm{F}}^2\\&=\|\boldsymbol{X}\|_*+\frac{\beta}{2}\left\|\boldsymbol{X}-\left(\boldsymbol{M}+\frac{1}{\beta}\boldsymbol{Y}^{(k-1)}-\boldsymbol{E}^{(k-1)}\right)\right\|_{\mathrm{F}}^2\end{aligned}\tag{4.84}$$

这是标准的核范数最小问题，同样具有闭式解，由 SVT 方法给出显式表达式。令 $S_{1/\beta}(\cdot)$ 表示奇异值阈值收缩算子(见式 4.46)，则

$$\boldsymbol{X}^{(k)}=S_{1/\beta}\left(\boldsymbol{M}+\frac{1}{\beta}\boldsymbol{Y}^{(k-1)}-\boldsymbol{E}^{(k-1)}\right)=\boldsymbol{U}^{(k-1)}\mathrm{diag}\left\{\max\left(\sigma_i-\frac{1}{\beta},0\right)\right\}(\boldsymbol{V}^{(k-1)})^{\mathrm{T}}\tag{4.85}$$

其中，$\boldsymbol{U}^{(k-1)}$，$\boldsymbol{V}^{(k-1)}$ 分别是矩阵 $\boldsymbol{M}+\frac{1}{\beta}\boldsymbol{Y}^{(k-1)}-\boldsymbol{E}^{(k-1)}$ 的 SVD 分解得到的左、右奇异值向量矩阵。

综合上述算法推导过程，式(4.79)可以归结为如下迭代格式：

$$\begin{cases} \boldsymbol{E}^{(k)} = \boldsymbol{M} + \dfrac{1}{\beta}\boldsymbol{Y}^{(k-1)} - \boldsymbol{X}^{(k-1)} - S_{\Omega_{\lambda/\beta}}\left(\boldsymbol{M} + \dfrac{1}{\beta}\boldsymbol{Y}^{(k-1)} - \boldsymbol{X}^{(k-1)}\right) \\ \boldsymbol{X}^{(k)} = S_{1/\beta}\left(\boldsymbol{M} + \dfrac{1}{\beta}\boldsymbol{Y}^{(k-1)} - \boldsymbol{E}^{(k-1)}\right) \\ \boldsymbol{Y}^{(k)} = \boldsymbol{Y}^{(k-1)} - \beta(\boldsymbol{X}^{(k)} + \boldsymbol{E}^{(k)} - \boldsymbol{M}) \end{cases} \tag{4.86}$$

分析上述迭代算法可知，算法的复杂度主要集中在标准 SVT 部分(关于 $\boldsymbol{X}^{(k)}$ 的更新)，因为需要 SVD 分解，该部分的算法复杂度是 $O(n^3)$ 。关于高效 SVD 分解，可以采取文献[29]的相关快速算法，进一步提升 ADMM 算法的高效性。由于上述算法的框架是 ADMM 方法，而目标函数是凸的，因此算法的收敛性是有保证的，见文献[43]～[45]。

4.5.2　广义鲁棒主成分分析

4.5.1 节的 RPCA 方法，尚存在以下一些不足和值得探索的地方。

(1) $\boldsymbol{M}=\boldsymbol{X}+\boldsymbol{E}$ 分解模型仅仅是无噪声的情况。但是在实际的图像处理中，观测的图像往往含有：①反映信号采集或者测量过程的不确定性的随机噪声；②异常模式或损坏等稀疏野值；③不完全的信号测量。针对这些复杂情况，如何建立更广义 RPCA 模型？

(2) 前面所探讨的方法是基于核范数最小的方法，其优化模型都是凸的。一个问题是，能否探索非凸泛函逼近的方法，实现新型的 RPCA 方法呢？这些挑战性的问题启发文献[46]～[48]的作者建立更精细的低秩矩阵复原模型，并试图在 RPCA 学术思想的框架下，架起凸优化与非凸优化模型之间的桥梁。考虑更为鲁棒的矩阵分解形式，假设一幅观测图像 $\boldsymbol{M}\in\mathbb{R}^{n\times n}$ (为了描述方便，不妨采取方块矩阵进行分析，相关结论可直接推广到长矩阵情形) 是由三个成分矩阵组成，包括低秩矩阵 $\boldsymbol{X}^0$ 、表示稀疏野值的矩阵 $\boldsymbol{E}^0$ 和随机噪声 $\boldsymbol{Z}$ ，$\boldsymbol{M}$ 只有在空间 $\Omega\subset[n]\times[n]$ 有观测值，在 Ω 之外无观测值，即服从如下生成模型：

$$\boldsymbol{M} = \boldsymbol{X}_{i,j}^0 + \boldsymbol{E}_{i,j}^0 + \boldsymbol{Z}_{i,j},\ \ (i,j)\in\Omega\subset[n]\times[n] \tag{4.87}$$

在上述模型中，前面的方法往往是假设 $\boldsymbol{E}^0$ 是一个相对稀疏的矩阵，其非零元素可能具有任意幅度。这一假设在先前的工作中已被普遍采用，用于对总体离群值进行建模，使离群值分量和低秩矩阵分量能够可靠地分离；同时假设 $\boldsymbol{Z}$ 是独立零均值的亚高斯随机变量。然而，对于 $\boldsymbol{E}^0$ ，可能是不知道出现的位置和其元素值的，这样将导致更为挑战性的低秩矩阵恢复问题，同时也更具应用价值。

4.5.2.1　凸形式的广义鲁棒主成分分析

对于这一问题，可建立理论性的优化模型：

$$(\boldsymbol{X}^*, \boldsymbol{E}^*) = \arg\min_{\boldsymbol{X},\boldsymbol{E}} \lambda \|\boldsymbol{X}\|_* + \tau \|\boldsymbol{E}\|_1 + \frac{1}{2}\|P_\Omega(\boldsymbol{M} - \boldsymbol{X} - \boldsymbol{E})\|_{\mathrm{F}}^2 \tag{4.88}$$

其中，λ 和 τ 分别对应低秩项和稀疏项平衡参数。注意在上述模型中，如果 $P_\Omega(\boldsymbol{M} - \boldsymbol{X} - \boldsymbol{E}) = \boldsymbol{0}$，则对应无噪声情形，由定理 4.10，基于强非相干性的条件，可以建立恢复性理论保证。

一个问题是在同时存在随机噪声、稀疏野值和不完全测量的情况下，模型(式(4.88))恢复低秩结构的统计性能如何？由于问题的挑战性，显然除了矩阵不相干性条件，需要给出稀疏模式和噪声模式的特定条件，才有可能得到恢复性的理论保证。文献[48]在五个假设前提下给出了可恢复性的统计性能保证。下面首先给出五个假设，然后给出相关重要结论。

假设 4.1 （相干性条件）设 $\boldsymbol{X}^0 \in \mathbb{R}^{n\times n}$，$\operatorname{rank}(\boldsymbol{X}^0) = r$，且其 SVD 分解为 $\boldsymbol{X}^0 = \boldsymbol{U\Sigma V}^{\mathrm{T}} = \sum_{i=1}^{r} \sigma_i \boldsymbol{u}_i \boldsymbol{v}_i^{\mathrm{T}}, \boldsymbol{u}_i \in \mathbb{R}^m, \boldsymbol{v}_i \in \mathbb{R}^n$，$\sigma_{\max} = \sigma_1 > \sigma_2 > \cdots > \sigma_r = \sigma_{\min} > 0$ 满足如下关于参数 μ 的非相干性条件：

$$\|\boldsymbol{U}\|_{2,\infty} \leqslant \sqrt{\frac{\mu}{n}}\|\boldsymbol{U}\|_{\mathrm{F}} = \sqrt{\frac{\mu r}{n}}, \qquad \|\boldsymbol{V}\|_{2,\infty} \leqslant \sqrt{\frac{\mu}{n}}\|\boldsymbol{V}\|_{\mathrm{F}} = \sqrt{\frac{\mu r}{n}} \tag{4.89}$$

其中，$\|\cdot\|_{2,\infty}$ 为诱导范数(矩阵的最大行范数，见前面定义式(4.6))

假设 4.2 （随机采样模式）每一个元素是以概率 p 独立随机地进行观测，即

$$\operatorname{Prob}((i,j) \in \Omega) = p \tag{4.90}$$

假设 4.3 （稀疏野值模式）　记 $\Omega_s = \{(i,j) \in \Omega, E^0(i,j) \neq 0\}$ 表示稀疏野值的非零元素指标集，每一个观测元素均以概率 ρ_s 独立随机的被稀疏野值损坏，即

$$\operatorname{Prob}\big((i,j) \in \Omega_s \big| (i,j) \in \Omega\big) = \rho_s \tag{4.91}$$

假设 4.4 （野值随机符号模式）$\boldsymbol{E}^0$ 中非零元素的正负符号是等概率出现的，即

$$\operatorname{sign}(E^0(i,j)) = \begin{cases} 1, & \operatorname{Prob}(E^0(i,j) > 0) = 1/2 \\ -1, & \operatorname{Prob}(E^0(i,j) < 0) = 1/2 \end{cases}, (i,j) \in \Omega_s \tag{4.92}$$

假设 4.5 （随机噪声模式）$\boldsymbol{Z} = \left[Z_{i,j}\right]_{1\leqslant i,j\leqslant n}$ 是独立、对称、均值为零的亚高斯分布随机变量，且其噪声水平在亚高斯范数意义下的上界为 $\sigma > 0$，即 $\|Z_{i,j}\| \leqslant \sigma$。

定理 4.11[48]　若假设 4.1～假设 4.5 成立，存在 $r = O(1), \kappa = \sigma_{\max} / \sigma_{\min} = O(1)$，$\mu = O(1)$，以及足够大的常数 C_λ 和 C_β 在模型(式(4.88))中取 $\lambda = C_\lambda \sigma \sqrt{np}$，$\beta = C_\beta \sigma \sqrt{np}$，并定义：

$$\delta_n = \frac{\sigma}{\sigma_{\min}}\sqrt{\frac{n}{p}} \tag{4.93}$$

进一步假设：

$$n^2 p \geqslant C_{\text{sample}} n \log^6 n, \quad \delta_n \leqslant \frac{C_{\text{noise}}}{\sqrt{\log n}}, \quad \rho_s \leqslant \frac{C_{\text{outlier}}}{\log n} \tag{4.94}$$

其中，$C_{\text{sample}} > 0$ 为较大的常数，参数 C_{noise} 和 C_{outlier} 足够小，则优化模型能按照 $1 - O(n^{-3})$ 的高概率满足如下结果。

(1) 关于凸规划模型(式(4.88))的任意极小化解 $(\boldsymbol{X}^*, \boldsymbol{E}^*)$ 满足如下估计：

$$\left\|\boldsymbol{X}^* - \boldsymbol{X}^0\right\|_{\text{F}} \leqslant O\left(\delta_n \left\|\boldsymbol{X}^0\right\|_{\text{F}}\right) \tag{4.95}$$

$$\left\|\boldsymbol{X}^* - \boldsymbol{X}^0\right\|_{\infty} \leqslant O\left(\delta_n \sqrt{\log n} \left\|\boldsymbol{X}^0\right\|_{\infty}\right) \tag{4.96}$$

$$\left\|\boldsymbol{X}^* - \boldsymbol{X}^0\right\|_{\text{spec}} \leqslant O\left(\delta_n \left\|\boldsymbol{X}^0\right\|_{\text{spec}}\right) \tag{4.97}$$

(2) 记 $\boldsymbol{X}_r^* := \underset{\boldsymbol{X}:\text{rank}(\boldsymbol{X}) \leqslant r}{\arg\min} \left\|\boldsymbol{X} - \boldsymbol{X}^*\right\|_{\text{F}}$ 为 $\boldsymbol{X}^*$ 的最佳秩为 r 的逼近，则

$$\left\|\boldsymbol{X}_r^* - \boldsymbol{X}^*\right\|_{\text{F}} \leqslant \frac{1}{n^5}\delta_n \left\|\boldsymbol{X}^*\right\|_{\text{F}} \tag{4.98}$$

且对于 $\boldsymbol{X}_r^*$ 与 $\boldsymbol{X}^0$ 的距离而言，同样满足(1)中的三个估计式。

这个定理给人们传递了很多重要的信息，可分别从以下几方面进行解读。

(1) 数据采样率。定理实际上表明，如果要逼近恢复低秩矩阵，仅仅需要测量数 $n^2 p \geqslant C_{\text{sample}} n \log^6 n$ 或者采样概率达到 $p \geqslant O(\log^6 n / n)$。这个结论非常让人意外，也让人高兴，因为即使在无噪声情形，前面的定理 4.11 告诉我们采样率的量级为 $O(\text{poly}(\log n) / n)$。

(2) 噪声水平。由噪声条件 $\sigma\sqrt{n \log n / p} \leqslant O(\sigma_{\min})$ 可以冗余一定的噪声水平。

(3) 稀疏野值出现的概率。概率 ρ_s 只需不大于 $1/\log n$，即 $\rho_s \leqslant C_{\text{outlier}} / \log n$（此处 C_{outlier} 比较小），就不会影响低秩矩阵和稀疏矩阵的逼近恢复。

(4) 逼近恢复精度。逼近恢复在各个范数度量准则下都具有较小的误差。

(5) 定理告诉我们，凸规划模型的估计 $\boldsymbol{X}^*$ 的矩阵秩几乎逼近 r，换言之，模型在不需要秩的任何先验情况下，可以自适应地将估计得到的 $\boldsymbol{X}^*$ 调整到矩阵秩逼近 r。

上述定理中限制了 $r = O(1), \kappa = \sigma_{\max} / \sigma_{\min} = O(1), \mu = O(1)$ 的条件，如果允许这些参数可以随矩阵维数增加，则会有什么结论呢？文献[48]同样给出了定理保证。

定理 4.12[48] 若假设 4.1～假设 4.5 成立，在模型(式(4.88))中取 $\lambda = C_\lambda \sigma \sqrt{np}$，$\tau = C_\beta \sigma \sqrt{np}$，常数 C_λ 和 C_β 足够大，并定义 $\delta_n = \sigma / \sigma_{\min}\sqrt{n/p}$，进一步假设：

$$n^2 p \geqslant C_{\text{sample}}\kappa^4\mu^2 r^2 n\log^6 n, \quad \delta_n \leqslant \frac{C_{\text{noise}}}{\sqrt{\kappa^4\mu r\log n}}, \quad \rho_s \leqslant \frac{C_{\text{outlier}}}{\kappa^3\mu r\log n} \tag{4.99}$$

其中，$C_{\text{sample}} > 0$ 为较大的常数，参数 C_{noise} 和 C_{outlier} 足够小，则优化模型能按照 $1-O(n^{-3})$ 的高概率满足如下结果。

(1) 关于凸规划模型(式(4.88))的任意极小化解 $(\boldsymbol{X}^*,\boldsymbol{E}^*)$ 满足如下估计：

$$\left\|\boldsymbol{X}^*-\boldsymbol{X}^0\right\|_{\text{F}} \leqslant O\left(\delta_n\kappa\left\|\boldsymbol{X}^0\right\|_{\text{F}}\right) \tag{4.100}$$

$$\left\|\boldsymbol{X}^*-\boldsymbol{X}^0\right\|_{\infty} \leqslant O\left(\delta_n\sqrt{\kappa^3\mu r\log n}\left\|\boldsymbol{X}^0\right\|_{\infty}\right) \tag{4.101}$$

$$\left\|\boldsymbol{X}^*-\boldsymbol{X}^0\right\|_{\text{spec}} \leqslant O\left(\delta_n\left\|\boldsymbol{X}^0\right\|_{\text{spec}}\right) \tag{4.102}$$

(2) 记 $\boldsymbol{X}_r^* := \underset{\boldsymbol{X}:\text{rank}(\boldsymbol{X})\leqslant r}{\arg\min}\left\|\boldsymbol{X}-\boldsymbol{X}^*\right\|_{\text{F}}$ 为 $\boldsymbol{X}^*$ 的最佳秩为 r 的逼近，则

$$\left\|\boldsymbol{X}_r^*-\boldsymbol{X}^*\right\|_{\text{F}} \leqslant \frac{1}{n^5}\delta_n\left\|\boldsymbol{X}^*\right\|_{\text{F}} \tag{4.103}$$

且对于 $\boldsymbol{X}_r^*$ 与 $\boldsymbol{X}^0$ 的距离而言，同样满足(1)中的三个估计式。

上述定理 4.12 是定理 4.11 的推广形式，显然蕴含了定理 4.11 的基本结论。它们虽然给出了 $\boldsymbol{X}^*$ 的恢复性能及其保证条件，但是联合最小化解 $(\boldsymbol{X}^*,\boldsymbol{E}^*)$ 的整体恢复性能如何呢？下面的定理给出了一个粗略的误差上界估计。

定理 4.13[48] 若假设 4.1～假设 4.4 成立，在模型(式(4.88))中取 $\lambda>0, \beta = O\left(\sqrt{\log n/(np)}\right)$，且：

$$n^2 p \geqslant C_{\text{sample}}\mu^2 r^2 n\log^6 n, \quad \rho_s \leqslant c \tag{4.104}$$

对于足够大的常数 $C_{\text{sample}} > 0$ 或者较小的参数 c 成立，则优化模型的联合最小化解 $(\boldsymbol{X}^*,\boldsymbol{E}^*)$ 能按照 $1-O(n^{-10})$ 的高概率满足：

$$\left\|\boldsymbol{X}^*-\boldsymbol{X}^0\right\|_{\text{F}}^2+\left\|\boldsymbol{E}^*-\boldsymbol{E}^0\right\|_{\text{F}}^2 < O(\lambda^2 n^5\log n)+\frac{n}{\lambda^2}O\left\|P_{\Omega}(\boldsymbol{Z})\right\|_{\text{F}}^4 \tag{4.105}$$

上述定理表明对于任意的噪声 $\boldsymbol{Z}$ 都是成立的。当噪声 $\boldsymbol{Z}$ 建模为独立的亚高斯随机变量，则可以得到更强的结论。

推论 4.1 若假设 4.1～假设 4.4 成立，在模型(式(4.88))中取 $\lambda = C_\lambda\sigma\sqrt{np}$，$\beta = C_\beta\sigma\left(\sqrt{\log n}\right)$，常数 C_λ，$C_\beta > 0$，则优化模型的联合最小化解 $(\boldsymbol{X}^*,\boldsymbol{E}^*)$ 能按照 $1-O(n^{-10})$ 的高概率满足：

$$\left\|\boldsymbol{X}^*-\boldsymbol{X}^0\right\|_{\text{F}}^2 \leqslant O\left(\sigma n^3\sqrt{\log n}\right), \quad \left\|\boldsymbol{E}^*-\boldsymbol{E}^0\right\|_{\text{F}}^2 \leqslant O\left(\sigma n^3\sqrt{\log n}\right) \tag{4.106}$$

对于上述凸优化的广义 RPCA 模型(式(4.88))，其优化求解方法可以直接采取交替方向乘子法(ADMM)，过程类似，即冻结一个未知变量，求解另一个未知变量；

然后，冻结另一个变量，更新前一个变量：

$$\begin{cases} \boldsymbol{E}^{(k)} = \arg\min\limits_{\boldsymbol{E}} \tau \|\boldsymbol{E}\|_1 + \dfrac{1}{2}\left\|P_\Omega(\boldsymbol{M} - \boldsymbol{X}^{(k-1)} - \boldsymbol{E})\right\|_{\mathrm{F}}^2 \\ \boldsymbol{X}^{(k)} = \arg\min\limits_{\boldsymbol{X}} \lambda \|\boldsymbol{X}\|_* + \dfrac{1}{2}\left\|P_\Omega(\boldsymbol{M} - \boldsymbol{X} - \boldsymbol{E}^{(k)})\right\|_{\mathrm{F}}^2 \end{cases} \tag{4.107}$$

因此模型(式(4.107))转化为两个容易求解的子问题：一个为标准稀疏优化子问题的软阈值收缩求解；另一个是标准核范数极小问题，转化为 SVT 算法。

4.5.2.2　非凸形式的广义鲁棒主成分分析

前面所述的 RPCA 方法，其低秩矩阵部分是用核范数度量，基本上都要用到奇异值分解，因此算法的复杂度较高，也导致模型对大规模数据处理的可伸缩性受限。为此，考虑非凸替代形式，建立广义鲁棒主成分分析方法。前面讨论过矩阵分解的方法，这里利用矩阵核范数的一个等价形式：

$$\|\boldsymbol{X}\|_* := \min_{\boldsymbol{A}=\boldsymbol{U}\boldsymbol{V}^{\mathrm{T}}} \|\boldsymbol{U}\|_{\mathrm{F}} \cdot \|\boldsymbol{V}\|_{\mathrm{F}} = \min_{\boldsymbol{A}=\boldsymbol{U}\boldsymbol{V}^{\mathrm{T}}} \frac{1}{2}\left(\|\boldsymbol{U}\|_{\mathrm{F}}^2 + \|\boldsymbol{V}\|_{\mathrm{F}}^2\right) \tag{4.108}$$

其中，$\boldsymbol{X} = \boldsymbol{U}\boldsymbol{V}^{\mathrm{T}}$，可以将 $\boldsymbol{U}$ 和 $\boldsymbol{V}$ 理解为 $\boldsymbol{X}$ 的列空间和行空间。基于式(4.108)，可以建立一类非凸形式的矩阵恢复方法[47]。同样，文献[48]提出一个非凸形式的广义鲁棒主成分分析模型：

$$(\hat{\boldsymbol{U}},\hat{\boldsymbol{V}},\hat{\boldsymbol{E}}) = \underset{\boldsymbol{U},\boldsymbol{V},\boldsymbol{E}}{\operatorname{argmin}} \frac{1}{2}\left\|P_\Omega(\boldsymbol{M} - \boldsymbol{U}\boldsymbol{V}^{\mathrm{T}} - \boldsymbol{E})\right\|_{\mathrm{F}}^2 + \frac{\lambda}{2}\|\boldsymbol{U}\|_{\mathrm{F}}^2 + \frac{\lambda}{2}\|\boldsymbol{V}\|_{\mathrm{F}}^2 + \beta\|\boldsymbol{E}\|_{\mathrm{F}}^2 \tag{4.109}$$

如果上述优化模型存在某个极小解 $(\hat{\boldsymbol{U}},\hat{\boldsymbol{V}},\hat{\boldsymbol{E}})$，则 $\hat{\boldsymbol{X}} = \hat{\boldsymbol{U}}\hat{\boldsymbol{V}}^{\mathrm{T}}$ 可能逼近低秩矩阵 $\boldsymbol{X}^0$。现在的问题是上述模型是一个非凸优化模型。在假设 4.1～假设 4.5 成立的前提下，逼近恢复性理论保证到底如何？显然，非凸问题的解在理论上比较复杂的，该问题可能存在非全局最优的驻点解。但是幸运的是，在相对宽松的条件下，文献[48]证明可充分逼近凸松弛的解。

对于上述非凸模型的求解，记：

$$f(\boldsymbol{U},\boldsymbol{V},\boldsymbol{E}) = \frac{1}{2}\left\|P_\Omega(\boldsymbol{M} - \boldsymbol{U}\boldsymbol{V}^{\mathrm{T}} - \boldsymbol{E})\right\|_{\mathrm{F}}^2 + \frac{\lambda}{2}\|\boldsymbol{U}\|_{\mathrm{F}}^2 + \frac{\lambda}{2}\|\boldsymbol{V}\|_{\mathrm{F}}^2 \tag{4.110}$$

采取交替迭代方法进行求解，对于 $\boldsymbol{U},\boldsymbol{V}$ 变量，分别利用最速梯度下降法，可建立如下的交替方向迭代格式：

$$\begin{cases} \boldsymbol{U}^{(k+1)} = \boldsymbol{U}^{(k)} - \eta\partial_U f(\boldsymbol{U},\boldsymbol{V}^{(k)},\boldsymbol{E}^{(k)}) = \boldsymbol{U}^{(k)} - \eta\left[P_\Omega(\boldsymbol{U}^{(k)}\boldsymbol{V}^{(k)\mathrm{T}} + \boldsymbol{E}^{(k)} - \boldsymbol{M})\boldsymbol{V}^{(k)} + \lambda\boldsymbol{U}^{(k)}\right] \\ \boldsymbol{V}^{(k+1)} = \boldsymbol{V}^{(k)} - \eta\partial_V f(\boldsymbol{U}^{(k)},\boldsymbol{V},\boldsymbol{E}^{(k)}) = \boldsymbol{V}^{(k)} - \eta\left[P_\Omega\left(\boldsymbol{U}^{(k)}\boldsymbol{V}^{(k)\mathrm{T}} + \boldsymbol{E}^{(k)} - \boldsymbol{M}\right)\boldsymbol{U}^{(k)} + \lambda\boldsymbol{V}^{(k)}\right] \\ \boldsymbol{E}^{(k)} = S_{\Omega_\beta}(P_\Omega(\boldsymbol{M} - \boldsymbol{U}^{(k+1)}\boldsymbol{V}^{(k+1)\mathrm{T}})) \end{cases} \tag{4.111}$$

其中，S_{Ω_β} 为稀疏优化子问题对应的矩阵元素软阈值收缩公式(式(4.82))，η 为最速下降步长。在实际迭代计算时，初始化 $\boldsymbol{U}^{(0)}=\bar{\boldsymbol{U}},\boldsymbol{V}^{(0)}=\bar{\boldsymbol{V}},\boldsymbol{E}^{(0)}=\bar{\boldsymbol{E}}$，其中 $\bar{\boldsymbol{U}}$ 、$\bar{\boldsymbol{V}}$ 和 $\bar{\boldsymbol{E}}$ 为合理的初始值，直到 $\left\{\boldsymbol{U}^{(k)},\boldsymbol{V}^{(k)},\boldsymbol{E}^{(k)}\right\}_{0\leqslant k\leqslant k_0}$ 小于某一个迭代误差。

4.6 本 章 结 语

本章概要地介绍了矩阵秩、矩阵秩函数的逼近范数等基本的概念。在此基础上介绍多维信号低秩矩阵补全、低秩矩阵恢复的基本理论和方法。本章重点介绍了矩阵补全的恢复性理论基础以及代表性矩阵补全方法，也介绍了矩阵低秩与稀疏分解的基本理论与方法，特别介绍了鲁棒主成分分析方法及其欠采样、噪声、稀疏野值模式下推广的鲁棒主成分分析方法。本章试图给出多维信号低秩建模与表示的基础理论与方法，呈现矩阵秩最小化和矩阵低秩稀疏分解的若干脉络和建模思路。本章内容可从如下几方面加以理解。

(1) 矩阵秩最小是核心概念，但秩最小化问题是 NP 难的。为了使矩阵秩最小问题可解，必须将该问题予以松弛，这一松弛与 Schatten 范数紧密相关。其中，标准核范数是常用的范数度量，且是凸的，便于计算。

(2) 核范数的定义可以基于奇异值向量的稀疏性度量来刻画，其优化可以采取 SVT 算法，但是在优化时很难避免 SVD 算法。基于矩阵分解的等价定义形式可以提供新的非凸优化处理机制，但需要预估初值。另外近似等价的 Max 范数也是值得关注的，该范数可以替代核范数形成非凸优化模型，在处理非均匀分布采样数据时具有优势。射影张量范数是一个非常灵活的度量形式，可以对分解的因子矩阵采取灵活的范数度量，从而刻画图像内部不同的结构，非常值得关注。

(3) 目前关于矩阵补全的恢复性能保证理论是充分条件，矩阵满足特定的非相干性条件。这些定理揭示的结论既出人意料，又让人惊喜，可以认为是以向量稀疏为基础的压缩感知理论的高阶(矩阵)稀疏形式推广，也可以按照凸松弛优化问题的形式代替原始组合优化问题的解。随着现代凸分析理论的发展，越来越多的实用算法能够有效求解优化问题，为图像处理和高维数据应用提供强有力的工具。

(4) 低秩矩阵补全和低秩矩阵逼近恢复有所不同，在低秩矩阵补全问题中，未知像素的位置是预先知道的；但是在低秩矩阵逼近恢复问题中，矩阵的退化性更为病态，它可能包含欠采样、噪声污染和稀疏野值，一般不知道污染的位置。因此低秩矩阵逼近恢复是更具挑战的问题。矩阵低秩可以作为图像的高层先验知识，为系列反问题提供有效的正则化机制，并提供有效的处理方法。

(5) 矩阵与稀疏分解，本质上可以看成是二路双线性分析框架下对不同因子矩阵分别施加了低秩与稀疏性约束，使这种约束比正交性弱，通过低秩稀疏非相干分解，是主成分分析的推广。

参 考 文 献

[1] Donoho D L, Elad M, Temlyakov V N. Stable recovery of sparse overcomplete representations in the presence of noise. IEEE Transactions on Information Theory, 2005, 52(1): 6-18.

[2] Aharon M, Elad M. Sparse and redundant modeling of image content using an image-signature-dictionary. SIAM Journal on Imaging Sciences, 2008, 1(3): 228-247.

[3] Candès E, Romberg J. Sparsity and incoherence in compressive sampling. Inverse Problems, 2007, 23(3): 969-985.

[4] Elad M, Aharon M. Image denoising via learned dictionaries and sparse representation. Proceedings of the IEEE Computer Society Conference on Computer Vision and Pattern Recognition, New York, 2006, 1: 895-900.

[5] Elad M, Aharon M. Image denoising via sparse and redundant representations over learned dictionaries. IEEE Transactions on Image Processing, 2006, 15(12): 3736-3745.

[6] 徐宗本. 稀疏信息处理:若干新进展与发展趋势. 2015 年中国自动化大会, 武汉, 2015.

[7] http:// www.netflixprize.com.

[8] https:// www.cs.uic.edu/～liub/Netflix-KDD-Cup-2007.html.

[9] Javed S, Mahmood A, Bouwmans T, et al. Spatiotemporal low-rank modeling for complex scene background initialization. IEEE Transactions on Circuits and Systems for Video Technology, 2016, 28(6): 1315-1329.

[10] Dong J, Zheng H, Lian L. Low-rank Laplacian-uniform mixed model for robust face recognition. Proceedings of the IEEE Conference on Computer Vision and Pattern Recognition, Long Beach, 2019: 11897-11906.

[11] Veganzones M A, Simões M, Licciardi G, et al. Hyperspectral super-resolution of locally low rank images from complementary multisource data. IEEE Transactions on Image Processing, 2016, 25(1): 274-288.

[12] Fazel M. Matrix rank minimization with applications. Stanford: Stanford University, 2002.

[13] Candès E, Recht B. Exact matrix completion via convex optimization.Foundations of Computational Mathematics, 2009,9(6):717-772.

[14] Candès E J, Tao T. The power of convex relaxation: Near-optimal matrix completion. IEEE Transactions on Information Theory, 2010, 56(5): 2053-2080.

[15] Candès E J, Plan Y. Matrix completion with noise. Proceedings of the IEEE,2010,98(6):925-936.

[16] Candès E J, Li X, Ma Y, et al. Robust principal component analysis. Journal of the ACM, 2011,

58(3): 1-37.
[17] 张贤达. 矩阵分析与应用. 2 版. 北京：清华大学出版社, 2013.
[18] Golub G H, van Loan C F. Matrix Computation. 3rd ed. Baltimore: The Johns Hopkins University Press, 1996.
[19] Srebro N, Shraibman A. Rank, trace-norm and max-norm. Proceedings of the International Conference on Learning Theory, Bertinoro, 2005.
[20] Foygel R, Srebro N. Concentration-based guarantees for low-rank matrix reconstruction. Proceedings of the 24th Annual Conference on Learning Theory, Budapest, 2011: 315-340.
[21] Burer S, Monteiro R D C. Local minima and convergence in low-rank semidefinite programming. Mathematical Programming, 2005, 103(3): 427-444.
[22] https:// www.math.cmu.edu/～reha/sdpt3.html.
[23] Cai J F, Candès E J, Shen Z. A singular value thresholding algorithm for matrix completion. SIAM Journal on Optimization, 2010, 20(4): 1956-1982.
[24] Boyd S, Vandenberghe L. Convex Optimization. Cambridge: Cambridge University Press, 2004.
[25] Arrow K, Hurwicz L, Uzawa H. Studies in Nonlinear Programming. Stanford: Stanford University Press, 1953.
[26] Bregman L. The relaxation method of finding the common points of convex sets and its application to the solution of problems in convex programming. Computational Mathematics and Mathematical Physics, 1967,7(3): 200-217.
[27] Osher S, Burger M, Goldfarb M. An iterative regularization method for total variation-based image restoration. Multiscale Modeling and Simulation, 2005,4(2):460-489.
[28] Recht B, Fazel M, Parrilo P A. Guaranteed minimum-rank solutions of linear matrix equations via nuclear norm minimization. SIAM Review, 2010, 52(3): 471-501.
[29] http:// sun.stanford.edu/～rmunk/PROPACK.
[30] Li Y, Yu W. A fast implementation of singular value thresholding algorithm using recycling rank revealing randomized singular value decomposition. arXiv preprint arXiv:1704.05528, 2017.
[31] Wen Z, Yin W, Zhang Y. Solving a low-rank factorization model for matrix completion by a nonlinear successive over-relaxation algorithm. Mathematical Programming Computation, 2012, 4(4): 333-361.
[32] Bach F. Convex relaxations of structured matrix factorizations. arXiv preprint arXiv:1309.3117, 2013.
[33] Bach F, Mairal J, Ponce J. Convex sparse matrix factorizations. arXiv preprint arXiv:0812.1869, 2008.
[34] Haeffele B, Young E, Vidal R. Structured low-rank matrix factorization: Optimality, algorithm, and applications to image processing. Proceedings of the 31th International Conference on Machine Learning, Beijing, 2014.
[35] Combettes P L, Pesquet J C. Proximal splitting methods in signal processing//Fixed-Point

Algorithms for Inverse Problems in Science and Engineering. New York: Springer, 2011:185-212.
[36] Parikh N, Boyd S. Proximal algorithms. Foundations and Trends in Optimization, 2013,1:123-231.
[37] Boyd S, Parikh N, Chu E. Distributed optimization and statistical learning via the alternating direction method of multipliers. Foundations and Trends in Machine Learning, 2011,3 (1): 1-122.
[38] He B S, Yuan X M. On the $O(1/n)$ convergence rate of the Douglas-Rachford alternating direction method. SIAM Journal of Numerical Analysis, 2012,50 (2) :700-709.
[39] He B S, Tao M, Yuan X M. Alternating direction method with Gaussian back substitution for separable convex programming. SIAM Journal on Optimization, 2012,22 (2) :313-340.
[40] Zhang R L, Kwok J. Asynchronous distributed ADMM for consensus optimization. Proceedings of the International Conference on Machine Learning, Beijing, 2014.
[41] Zhang W L, Kwok J. Fast stochastic alternating direction method of multipliers. Proceedings of the International Conference on Machine Learning, Beijing, 2014.
[42] Zhou Z, Li X, Wright J, et al. Stable principal component pursuit. International Symposium on Information Theory, Austin, 2010: 1518-1522.
[43] Yang J, Yuan X. Linearized augmented Lagrangian and alternating direction methods for nuclear norm minimization. Mathematics of Computation, 2013, 82 (281) : 301-329.
[44] Tao M, Yuan X. Recovering low-rank and sparse components of matrices from incomplete and noisy observations. SIAM Journal on Optimization, 2011, 21 (1) : 57-81.
[45] Yuan X, Yang J. Sparse and low rank matrix decomposition via alternating direction methods. Pacific Journal of Optimization, 2013, 9 (1) :167-180.
[46] Hsu D, Kakade S M, Zhang T. Robust matrix decomposition with sparse corruptions. IEEE Transactions on Information Theory, 2011, 57 (11) :7221-7234.
[47] Chen Y, Chi Y, Fan J, et al. Noisy matrix completion: Understanding statistical guarantees for convex relaxation via nonconvex optimization. arXiv preprint arXiv:1902.07698, 2019.
[48] Chi Y, Lu Y M, Chen Y. Nonconvex optimization meets low-rank matrix factorization: An overview. IEEE Transactions on Signal Processing, 2019, 67 (20) :5239-5269.

第 5 章　多维信号张量表示与分析

5.1　引　　言

矩阵低秩表示对于组织成矩阵形式且具有相关性的数据可以形成高效的数据表示和线性分析，如果数据本源是多维数组或者组织成多维数组形式，则形成高阶张量。向量和矩阵本质上是一阶和二阶张量，三阶张量对应为三维数组，更高阶张量对应更多路数据。基于张量的分析称为多重线性数据分析。张量分解广泛应用于多个学科领域，包括信号和图像处理、机器学习、心理测验学、化学计量学、计量生物学、量子物理或信息、量子化学和脑科学。这在很大程度上源于其数据处理的优势——不仅能表示大规模数据，而且能表示多类别数据。例如，在生物和神经信息学及计算神经科学领域，存在多样的数据采集形式，如稀疏表格结构、图或超图等，张量多路分析方法在大规模数据表示和机器学习任务中有诸多优势[1,2]：

(1) 为多模数据提供可计算、快速且灵活地表示框架，能同时表示结构丰富的数据和复杂的优化任务；

(2) 提供大规模多维数据的压缩形式，通过张量化和低秩张量分解将大规模多维数据有效压缩成低阶因子矩阵及核心张量；

(3) 具有处理有噪声和有缺失的数据的能力，能够利用低秩张量或矩阵逼近算法的数值稳定性和鲁棒性处理不完备数据或含噪声数据；

(4) 提供自然结合各种多样性先验和约束的灵活框架，可以无缝地将标准成分分析（双路成分分析）方法扩展到多路成分分析；

(5) 能够分析大规模矩阵和张量的连接（耦合）块，便于将原始数据中公共且相关的成分与独立无关的成分进行高效分离。

5.2　由矩阵因子分解到张量表示

5.2.1　矩阵因子分解

对任意矩阵 $\boldsymbol{X}\in\mathbb{R}^{m\times n}$，矩阵 $\boldsymbol{A}$ 的秩分解（rank decomposition）为 $\boldsymbol{X}=\boldsymbol{U}\boldsymbol{V}^{\mathrm{T}}$，其中 $\boldsymbol{U}\in\mathbb{R}^{m\times r},\boldsymbol{V}\in\mathbb{R}^{n\times r}$，$r$ 为矩阵的秩。直观上，上述秩分解是将 $\boldsymbol{X}$ 分解为 r 个潜在因

子，其信息编码在矩阵 $\boldsymbol{U}$ 和 $\boldsymbol{V}^{\mathrm{T}}$ 中。上述分解也被称为两路双线性分析，事实上，如果令

$$\boldsymbol{u}_i=\left[\boldsymbol{u}_{1i},\cdots,\boldsymbol{u}_{mi}\right]^{\mathrm{T}},\boldsymbol{v}_i=\left[\boldsymbol{v}_{1i},\cdots,\boldsymbol{v}_{ni}\right]^{\mathrm{T}},\ i=1,\cdots,r$$

则矩阵因子分解可以等价表示为

$$\boldsymbol{X}=\boldsymbol{U}\boldsymbol{V}^{\mathrm{T}}=\sum_{i=1}^{r}\boldsymbol{u}_i\circ\boldsymbol{v}_i \tag{5.1}$$

其中，“∘”表示向量的外积运算，即两个向量的外积定义为 $\boldsymbol{x}\circ\boldsymbol{y}=\boldsymbol{x}\boldsymbol{y}^{\mathrm{T}}$。

这个分解模型的最初应用至少可以追溯到1904年，因素分析之父英国心理学家斯皮尔曼(Spearman)于1904年提出了智力结构的“二因素说”，即假设人类的智力可以分为两个(潜在的)因素：教育性(理解复杂性的能力)和再生性(存储和复制信息的能力)智力[3]。为此，$\boldsymbol{X}\in\mathbb{R}^{m\times n}$ 可以理解为记录 m 个学生关于应对 n 个质量测试问题的分数矩阵。根据他的解释，对学生智力进行二因素分析中，$\boldsymbol{U}$ 将是编码学生相应智力类型(教育性和再生性)的因子载荷矩阵，而 $\boldsymbol{V}^{\mathrm{T}}$ 将是编码相应教育性和再生性的因子得分矩阵，如图5.1所示。

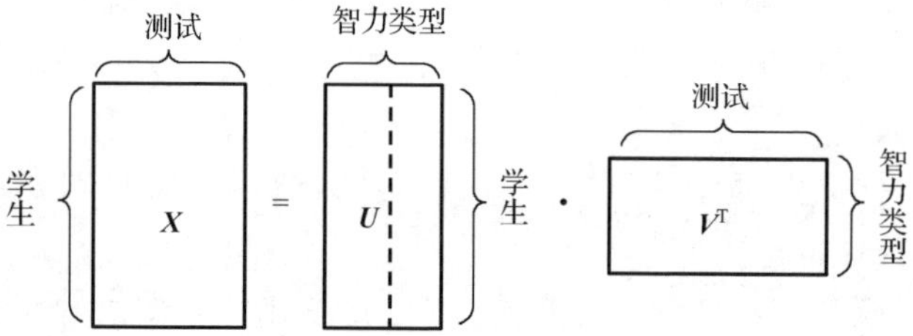

图5.1　智力结构的“二因素说”的矩阵分解模型

一个问题是上述两路双线性分析是唯一的吗？答案是否定的。这是因为任何一个 $r\times r$ 的正交矩阵 $\boldsymbol{Q}$ 分别对因子载荷矩阵和因子得分矩阵进行旋转，都不会改变原二路数据矩阵 $\boldsymbol{X}$，即

$$\boldsymbol{X}=\boldsymbol{U}\boldsymbol{Q}\left(\boldsymbol{V}\boldsymbol{Q}\right)^{\mathrm{T}}=\boldsymbol{U}\boldsymbol{V}^{\mathrm{T}} \tag{5.2}$$

上述问题也称为无约束二因子矩阵分解不唯一性的旋转问题[4]，或者说至少在旋转自由度下上述问题存在无穷多组解。因此为解决这样的问题，必须对因子矩阵施加一定的约束条件。

主成分分析(PCA)就是在二路双线性分析的基础上，对因子矩阵增加了正交约束性条件。对一个数据矩阵 $\boldsymbol{X}\in\mathbb{R}^{m\times n}$，PCA分析可写成正交性约束的优化模型：

$$\min_{\boldsymbol{U},\boldsymbol{V}}\left\|\boldsymbol{X}-\boldsymbol{U}\boldsymbol{V}^{\mathrm{T}}\right\|_{\mathrm{F}}^{2}\quad \text{s.t.}\quad \boldsymbol{U}^{\mathrm{T}}\boldsymbol{U}=\boldsymbol{D},\boldsymbol{V}\boldsymbol{V}^{\mathrm{T}}=\boldsymbol{I} \tag{5.3}$$

其中，$\boldsymbol{D}$ 是 $r\times r$ 的对角矩阵，$\boldsymbol{I}$ 是单位矩阵。则上述带约束的优化模型的解为

$$\boldsymbol{U}=\boldsymbol{U}_1\boldsymbol{\Sigma}_1,\quad \boldsymbol{V}=\boldsymbol{V}_1 \tag{5.4}$$

换言之，可将数据矩阵 $\boldsymbol{X}$ 对应为截断 SVD 分解：$\boldsymbol{X}=\boldsymbol{U}_1\boldsymbol{\Sigma}_1\boldsymbol{V}_1^{\mathrm{T}}$。在此正交约束下，分解是唯一的。

现在的问题是，如果待处理的数据是多路(三维数组或更高维数组)数据，则上述二路数据线性分析方法需要先将数据矩阵化才能处理，显然不能够很好地捕获多路数据内部的相关性、压缩数据冗余性和提取本质结构。这样，迫切需要建立多路数据分析机制，因此人们提出张量分析方法。关于张量分析，研究者整理了若干代表性专著，见文献[1]、[2]和[5]。相关张量在信号处理与机器学习方面的代表性的综述，见文献[6]和[7]。

5.2.2　张量概念与表示

张量是矩阵的多维推广。矩阵(2 阶张量)有两种模式，即行和列，而 N 阶张量有 N 种模式。例如，3 阶张量 $\boldsymbol{\mathcal{X}}\in\mathbb{R}^{I\times J\times K}$ (有 3 种模式)是一个立方体(图 5.2)，其元素为 $\boldsymbol{\mathcal{X}}(i,j,k)$，当张量指标的子集固定时就形成子张量。推而广之，可以定义 N 阶张量及其模-n 向量。

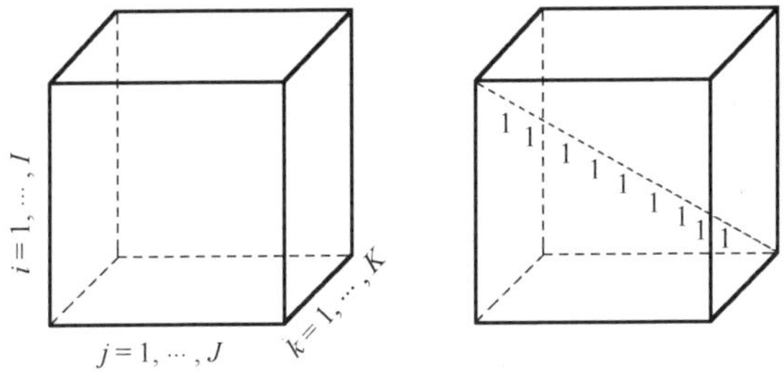

(a) 三阶张量$\boldsymbol{\mathcal{X}}\in\mathbb{R}^{I\times J\times K}$　　(b) 超对称张量

图 5.2　三阶张量和超对称张量示意图

定义 5.1[8]　N 维数组 $\boldsymbol{\mathcal{X}}\in\mathbb{R}^{I_1\times I_2\times\cdots\times I_N}$ 表示一个 N 阶张量，模-n 向量是一个以 I_n 为元素下标变量，而其他下标 $\{i_1,i_2,\cdots,i_N\}\setminus i_n$ 全部固定不变的 I_n 维向量，表示为 $\boldsymbol{\mathcal{X}}(i_1,\cdots,i_{n-1},:i_{n+1},\cdots,i_N)$。其中，张量的阶数为 N，I_n 称为张量第 n 个维度的维数。

常见的简单张量为维数相同的正方体 $\boldsymbol{\mathcal{X}}\in\mathbb{R}^{I\times I\times I}$，称为立方体(cube)。特别地，对于立方体张量，若 $\boldsymbol{x}_{i,j,k}=\boldsymbol{x}_{i,k,j}=\boldsymbol{x}_{j,i,k}=\boldsymbol{x}_{j,k,i}=\boldsymbol{x}_{k,i,j}=\boldsymbol{x}_{k,j,i},\forall i,j,k=1,\cdots,I$，即其元素是对称的，则称该张量为超对称张量(super-symmetric tensor)。另一种特殊的张量是单位张量，$\boldsymbol{\mathcal{I}}\in\mathbb{R}^{I\times I\times I}$，其超对角线($i=j=k=1$ 到 $i=j=k=I$)的元素为 1，而其他位置的元素皆为零。对于三阶张量而言，我们感兴趣的是纤维(fiber)和矩阵切片(matrix slice)。

(1)纤维，是通过固定两类下标的值且允许一类下标值变化而得到的向量。在 3 阶张量 $\mathcal{X} \in \mathbb{R}^{I\times J\times K}$ 中，模-1 向量为列纤维 $\boldsymbol{x}_{:,j,k}$，模-2 向量为行纤维 $\boldsymbol{x}_{i,:,k}$，模-3 向量为管纤维 $\boldsymbol{x}_{i,j,:}$。可见，模-1 向量合计 $JK = J\times K$ 个，模-2 向量合计 $IK = I\times K$ 个，模-3 向量合计 $IJ = I\times J$ 个。

(2)矩阵切片，是张量的二维截面(矩阵)，通过固定一类下标的值而允许两类下标值变化得到的矩阵。三阶张量使用 $\boldsymbol{X}(i,:,:)$，$\boldsymbol{X}(:,j,:)$，$\boldsymbol{X}(:,:,k)$，分别表示水平、侧面以及正面的切片；或更简洁形式 $\boldsymbol{X}_k$，如图 5.3 所示。

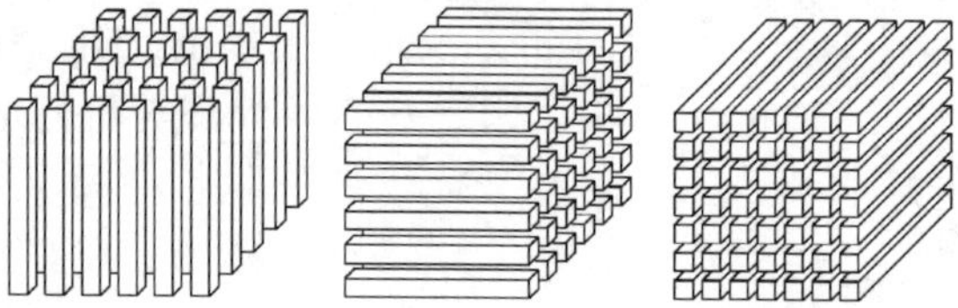

(a) 模-1纤维(列纤维)　(b) 模-2纤维(行纤维)　(c) 模-3(管)纤维

图 5.3　三阶张量的纤维向量

由此，一个三阶张量 $\mathcal{X} \in \mathbb{R}^{I\times J\times K}$ 的三种切片矩阵如图 5.4 所示。

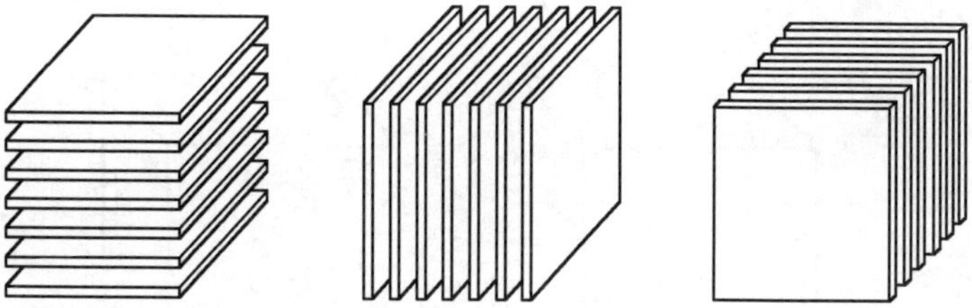

(a) 水平切片　(b) 侧向切片　(c) 正面切片

图 5.4　三阶张量的切片图

5.2.3　张量展开与再生

对张量处理的一个常见性操作是再生(reshaping)，包括：矩阵化(matricization)、向量化(vectorization)和张量化(tensorization)三种操作。

张量矩阵化是将一个多路数据阵列展开后重新组织为一个双路数据阵列，因此也称为张量的展开(unfolding)或扁平化(flattening)，其目的是将张量展开成一个矩阵。张量组织为矩阵，可以方便以多个视图(multiview)形式考察张量数据内在的几何结构和统计相关性。张量的向量化(vectorization)操作，是将张量重新排列为向量。

张量化操作是将低阶张量(如向量、矩阵或张量)重新组织为更高阶张量的过程。例如，矩阵化(向量化)后的二路阵列(或向量)数据，可以通过重塑组织还原为较高阶张量。

图 5.5 中给出了向量、矩阵和张量之间的常见操作。矩阵化指将张量转换为矩

阵；向量化指将张量或矩阵转换为向量；张量化指将向量、矩阵或低阶张量转换为高阶张量。同样，也可以通过随机投影，改变张量的元素、模的维数或大小以及/或张量阶数来进行张量再生。随机投影通过将张量乘以随机矩阵或向量实现，变换时保持其基本性质。

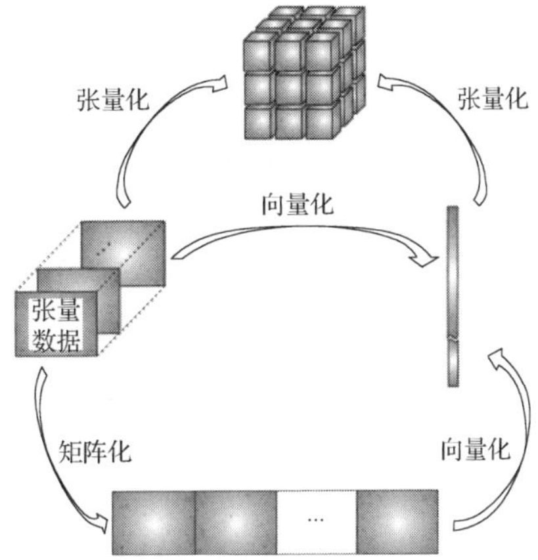

图 5.5　向量、矩阵和张量之间的常见操作

（见文献[1]，他们通过图形化方式表示，向量为一路，矩阵是两路，张量是三路，更高阶张量是多路的）

下面，介绍一种常用的张量矩阵化方法，称为张量的水平展开，如图 5.6 所示。

Kolda 矩阵化展开[6]是将张量 $\boldsymbol{\mathcal{X}} \in \mathbb{R}^{I_1 \times I_2 \times \cdots \times I_N}$ 的张量元素 $\boldsymbol{x}_{i_1,i_2,\cdots,i_N}$ 映射为模-n 矩阵 $\boldsymbol{X}_{(n)}$ 的元素，形成一个扁平的长矩阵 $\boldsymbol{X}_{(n)} = \left[x_{i_n,j} \right]_{I_n \times (I_1 \cdots I_{n-1} I_{n+1} \cdots I_N)}$，其中：

$$j = 1 + \sum_{k=1,k\neq n}^{N} \left[(i_k - 1) \prod_{m=1,m\neq n}^{k-1} I_m \right] \tag{5.5}$$

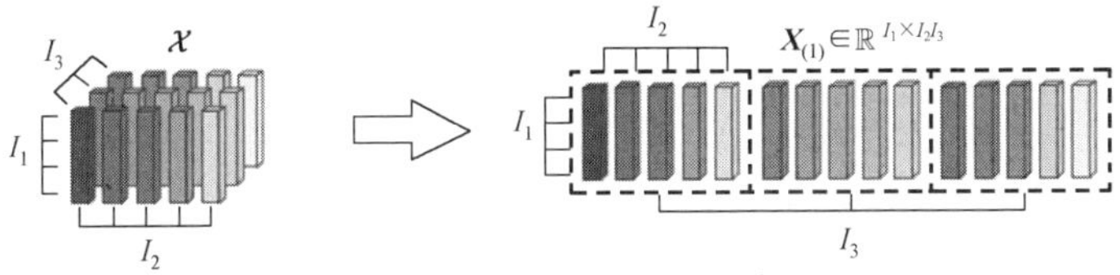

(a) 3阶张量的模-1展开矩阵

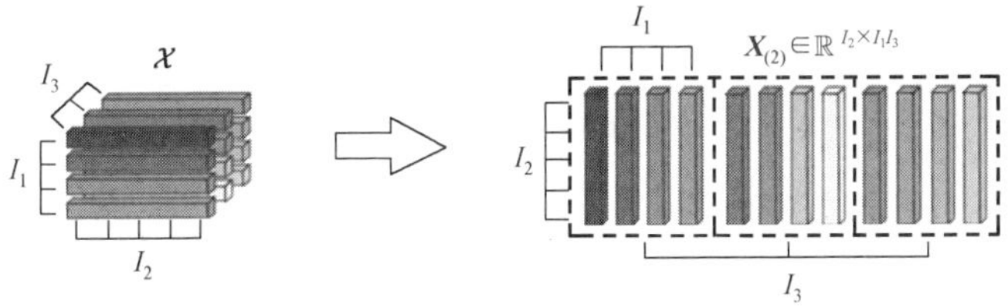

(b) 3阶张量的模-2展开矩阵

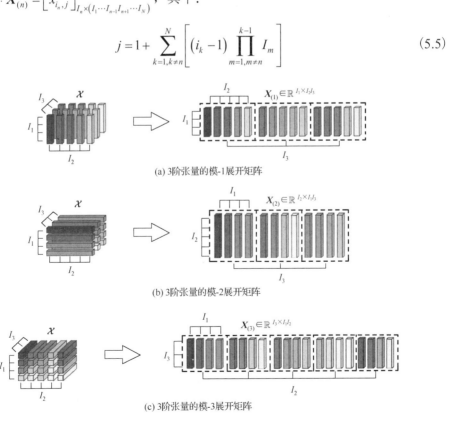

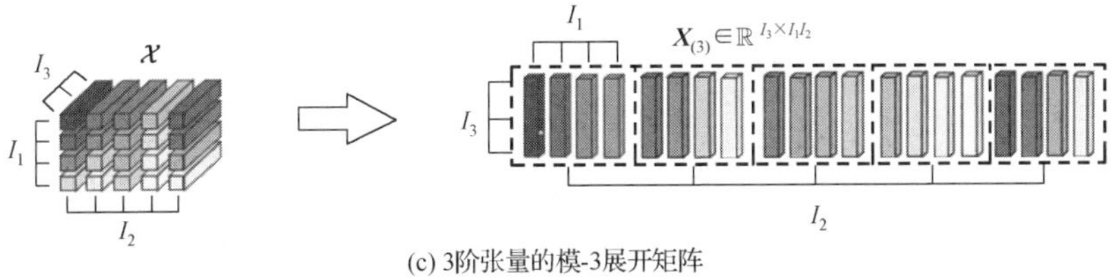

(c) 3阶张量的模-3展开矩阵

图 5.6　张量的矩阵化(展开)(见彩图)

任意一个模-n 矩阵都可以按照矩阵化的逆向顺序重塑生成原始张量，这个过程称为张量化或者再生。

5.2.4 张量代数运算

张量的代数运算是张量分析的基础，张量的加和减运算是非常直观的，体现为对应张量元素的加和减，但是张量的乘积、张量与矩阵的乘积以及张量的秩等并不是非常直观，下面做简单介绍。

定义 5.2 （张量的内积）若各维度维数相同的两个张量分别为 $\mathcal{X}\in\mathbb{R}^{I_1\times I_2\times\cdots\times I_N}$ 和 $\mathcal{Y}\in\mathbb{R}^{I_1\times I_2\times\cdots\times I_N}$，则张量内积定义为

$$\begin{aligned}\langle\mathcal{X},\mathcal{Y}\rangle&=\langle\mathrm{vec}(\mathcal{X}),\mathrm{vec}(\mathcal{Y})\rangle=\left(\mathrm{vec}(\mathcal{X})\right)^{\mathrm{H}}\mathrm{vec}(\mathcal{Y})\\&=\sum_{i_1=1,}^{I_1}\sum_{i_2=1}^{I_2}\cdots\sum_{i_n=1}^{I_N}y_{i_1,i_2,\cdots,i_N}^{*}x_{i_1,i_2,\cdots,i_N}\end{aligned}\tag{5.6}$$

其中，*表示复数共轭。基于张量内积的定义，可以定义张量的 Frobenius 范数。

定义 5.3 （张量的 Frobenius 范数）张量 $\mathcal{X}\in\mathbb{R}^{I_1\times I_2\times\cdots\times I_N}$ 的 Frobenius 范数定义为

$$\|\mathcal{X}\|_{\mathrm{F}}:=\sqrt{\langle\mathcal{X},\mathcal{X}\rangle}=\left(\sum_{i_1=1}^{I_1}\sum_{i_2=1}^{I_2}\cdots\sum_{i_n=1}^{I_N}\left|x_{i_1,i_2,\cdots,i_N}\right|^2\right)^{1/2}\tag{5.7}$$

定义 5.4 （张量的外积）两个张量分别为 $\mathcal{X}\in\mathbb{R}^{I_1\times I_2\times\cdots\times I_P}$ 和 $\mathcal{Y}\in\mathbb{R}^{J_1\times J_2\times\cdots\times J_Q}$，则张量外积记作 $\mathcal{X}\circ\mathcal{Y}\in\mathbb{R}^{I_1\times I_2\times\cdots\times I_P\times J_1\times\cdots\times J_Q}$，其元素定义为

$$(\mathcal{X}\circ\mathcal{Y})_{i_1,\cdots,i_P,j_1,\cdots,j_Q}=x_{i_1,\cdots,i_P}y_{j_1,\cdots,j_P},\forall i_1,\cdots,i_P;j_1,\cdots,j_Q\tag{5.8}$$

由上述定义，一个 P 阶张量和 1 个 Q 阶张量的外积将形成 P+Q 阶的张量；而且张量外积并没有限制参与计算的张量维度指标的个数以及各维度的维数，它们可以完全不同。为了说明张量外积的定义，下面举例说明。

(1) 一阶张量之间的外积为向量外积，即若两个一阶张量（列向量）分别为 $\boldsymbol{u}\in\mathbb{R}^I,\boldsymbol{v}\in\mathbb{R}^J$，$\boldsymbol{u}=[u_1,u_2,\cdots,u_I]^{\mathrm{T}},\boldsymbol{v}=[v_1,v_2,\cdots,v_J]^{\mathrm{T}}$，则其外积 $\boldsymbol{X}=\boldsymbol{u}\circ\boldsymbol{v}=\boldsymbol{u}\boldsymbol{v}^{\mathrm{T}}$，或 $\boldsymbol{X}=[\boldsymbol{u}v_1,\boldsymbol{u}v_2,\cdots,\boldsymbol{u}v_J]_{I\times J}$，其结果是 $\boldsymbol{X}\in\mathbb{R}^{I\times J}$ 的矩阵。

(2) 二阶张量（矩阵）$\boldsymbol{X}\in\mathbb{R}^{I\times J}$ 与一阶张量 $\boldsymbol{w}\in\mathbb{R}^K$ 的外积，定义为一个张量 $\mathcal{X}=\boldsymbol{X}\circ\boldsymbol{w}\in\mathbb{R}^{I\times J\times K}$，其元素为 $\mathcal{X}_{i,j,k}=x_{i,j}w_k,\forall i,j;k$。

(3) 若 $\boldsymbol{X}=\boldsymbol{u}\circ\boldsymbol{v}$，则 $\mathcal{X}=\boldsymbol{u}\circ\boldsymbol{v}\circ\boldsymbol{w}=[\boldsymbol{u}v_1,\boldsymbol{u}v_2,\cdots,\boldsymbol{u}v_J]_{I\times J}\circ\boldsymbol{w}$，其正面切片矩阵 $\mathcal{X}$（:,:,k）$=[\boldsymbol{u}v_1w_k,\boldsymbol{u}v_2w_k,\cdots,\boldsymbol{u}v_Jw_k]_{I\times J}$，$k=1,\cdots,K$。该矩阵元素为 $x_{i,j,k}=u_iv_jw_k$，$i=1,\cdots,I;j=1,\cdots,J;k=1,\cdots,K$。

基于向量的外积定义，可以定义秩-1 张量。

定义 5.5　(秩-1 张量)称一个张量 $\boldsymbol{\mathcal{X}} \in \mathbb{R}^{I_1 \times I_2 \times \cdots \times I_N}$ 为秩-1 张量，如果它可以分解为 N 个向量的外积，即

$$\boldsymbol{\mathcal{X}} = \boldsymbol{a}^{(1)} \circ \boldsymbol{a}^{(2)} \circ \cdots \circ \boldsymbol{a}^{(N)} \tag{5.9}$$

或用元素定义为

$$x_{i_1,i_2,\cdots,i_N} = a_{i_1}^{(1)} a_{i_2}^{(2)} \ldots a_{i_N}^{(N)} \tag{5.10}$$

一个例子是三阶张量的秩-1 分解，可以描述为 $\boldsymbol{\mathcal{X}} = \boldsymbol{u} \circ \boldsymbol{v} \circ \boldsymbol{w}$，见图 5.7。

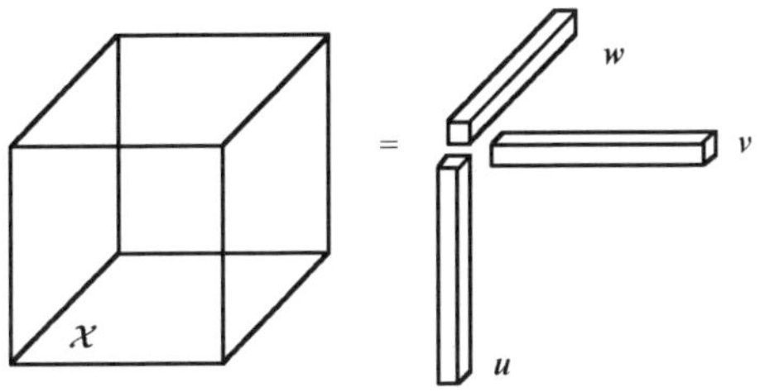

图 5.7　一个三阶张量的秩-1 分解

5.2.5　张量的 *n*-模式积

张量之间乘积是张量分解的一个重要的运算，形式上比矩阵乘积在记号表达上更为复杂。首先引入一般的张量与矩阵乘积的概念，称为张量与矩阵的 n-模式积；然后通过三阶张量做具体说明。

定义 5.6　(张量与矩阵的 n-模式积)一个张量 $\boldsymbol{\mathcal{X}} \in \mathbb{R}^{I_1 \times I_2 \times \cdots \times I_N}$ 与一个矩阵 $\boldsymbol{U} \in \mathbb{R}^{J \times I_n}$ 的 n-模式积定义为

$$(\boldsymbol{\mathcal{X}} \times_n \boldsymbol{U})_{i_1,i_2,\cdots,i_{n-1},j,i_{n+1},\cdots,i_N} = \sum_{i_n=1}^{I_N} x_{i_1,i_2,\cdots,i_N} u_{j,i_n} \tag{5.11}$$

其中，$j = 1,2,\cdots,J$；$i_k = 1,2,\cdots,I_k$；$k = 1,2,\cdots,N$。其结果是一 $I_1 \times I_2 \times \cdots \times I_{n-1} \times J \times I_{n+1} \times \cdots \times I_N$ 的张量。换言之，是每一个模-n 纤维与矩阵 $\boldsymbol{U}$ 相乘。这样，张量与矩阵的 n-模式积可以写成矩阵 $\boldsymbol{U}$ 与张量模-n 展开矩阵相乘的等价形式，即

$$\boldsymbol{\mathcal{Y}} = \boldsymbol{\mathcal{X}} \times_n \boldsymbol{U} \Leftrightarrow \boldsymbol{Y}_{(n)} = \boldsymbol{U}\boldsymbol{X}_{(n)} \tag{5.12}$$

张量与矩阵的 n-模式积具有一些重要的性质。

命题 5.1[9]　对一个 N 阶张量 $\boldsymbol{\mathcal{X}} \in \mathbb{R}^{I_1 \times I_2 \times \cdots \times I_N}$，有以下性质。

性质 5.1　给定一个矩阵 $\boldsymbol{U} \in \mathbb{R}^{J_m \times I_m}, \boldsymbol{V} \in \mathbb{R}^{J_n \times I_n}, m \neq n$，则

$$\boldsymbol{\mathcal{X}} \times_m \boldsymbol{U} \times_n \boldsymbol{V} = (\boldsymbol{\mathcal{X}} \times_m \boldsymbol{U}) \times_n \boldsymbol{V} = (\boldsymbol{\mathcal{X}} \times_n \boldsymbol{V}) \times_m \boldsymbol{U} = \boldsymbol{\mathcal{X}} \times_n \boldsymbol{V} \times_m \boldsymbol{U}$$

性质 5.2　给定一个矩阵 $\boldsymbol{U} \in \mathbb{R}^{J \times I_n}, \boldsymbol{V} \in \mathbb{R}^{I_n \times J}$，则

$$\mathcal{X}\times_n \boldsymbol{U}\times_n \boldsymbol{V}=\mathcal{X}\times_n(\boldsymbol{V}\boldsymbol{U})$$

性质 5.3　若$\boldsymbol{U}\in\mathbb{R}^{J\times I_n}$是满列秩的，则

$$\mathcal{Y}=\mathcal{X}\times_n \boldsymbol{U}\Rightarrow \mathcal{X}=\mathcal{Y}\times_n \boldsymbol{U}^{\dagger}$$

性质 5.4　若$\boldsymbol{U}\in\mathbb{R}^{J\times I_n}$是标准半正交的，即$\boldsymbol{U}^{\mathrm{T}}\boldsymbol{U}=\boldsymbol{I}_{I_n}\in\mathbb{R}^{I_n\times I_n}$，则

$$\mathcal{Y}=\mathcal{X}\times_n \boldsymbol{U}\Rightarrow \mathcal{X}=\mathcal{Y}\times_n \boldsymbol{U}^{\mathrm{T}}$$

此处$\boldsymbol{U}^{\dagger}$表示$\boldsymbol{U}$的 Moor-Penrose 伪逆。命题 5.1 的性质证明是平凡的，但是这些性质在推导中是经常使用的。性质 5.1 说明 n-模式积的顺序是可以交换的；性质 5.2 说明张量与同 n-模式积时的等价性关系；而性质 5.3 和性质 5.4 说明，一个张量$\mathcal{X}$可以由张量的 n-模式积$\mathcal{Y}=\mathcal{X}\times_n \boldsymbol{U}$通过$\mathcal{X}=\mathcal{Y}\times_n \boldsymbol{U}^{\dagger}$或者$\mathcal{X}=\mathcal{Y}\times_n \boldsymbol{U}^{\mathrm{T}}$重构或者恢复，但是 n-模式积的作用矩阵必须是满列秩或者半正交的。事实上，从式(5.12)也能容易看出，此时的$\boldsymbol{U}$相当于一种变换，如果需要可逆，则必须具有非奇异性。

5.2.6　矩阵 Hadamad 积、Kronecker 积和 Khatri-Rao 积

矩阵的 Hadamad 积、Kronecker 积和 Khatri-Rao 积在张量表示中经常采用，其综合运用可以使得张量分解得到更为简捷的数学表示。下面，本节给予简要介绍，详细的介绍参见文献[5]。

定义 5.7　矩阵$\boldsymbol{A}\in\mathbb{R}^{m\times n}$和矩阵$\boldsymbol{B}\in\mathbb{R}^{m\times n}$的 Hadamad 积记作$\boldsymbol{A}*B$，其元素定义为两个矩阵对应元素的乘积，形成$m\times n$的矩阵，即

$$(\boldsymbol{A}*B)_{i,j}=a_{i,j}b_{i,j} \tag{5.13}$$

即 Hadamad 积是一映射$\mathbb{R}^{m\times n}\times\mathbb{R}^{m\times n}\mapsto\mathbb{R}^{m\times n}$。

定义 5.8　(Kronecker 积)矩阵$\boldsymbol{A}\in\mathbb{R}^{m\times n}$和矩阵$\boldsymbol{B}\in\mathbb{R}^{p\times q}$的 Kronecker 积记作$\boldsymbol{A}\otimes\boldsymbol{B}$，是一个$mp\times nq$矩阵，定义为

$$\boldsymbol{A}\otimes\boldsymbol{B}=[\boldsymbol{a}_1\boldsymbol{B},\cdots,\boldsymbol{a}_n\boldsymbol{B}]=\left[a_{i,j}\boldsymbol{B}\right]_{i=1;j=1}^{m;n}=\begin{bmatrix} a_{11}\boldsymbol{B} & a_{12}\boldsymbol{B} & \dots & a_{1n}\boldsymbol{B} \\ a_{21}\boldsymbol{B} & a_{22}\boldsymbol{B} & \dots & a_{2n}\boldsymbol{B} \\ \vdots & \vdots & & \vdots \\ a_{m1}\boldsymbol{B} & a_{m2}\boldsymbol{B} & \dots & a_{mn}\boldsymbol{B} \end{bmatrix} \tag{5.14}$$

即 Kronecker 积是一映射$\mathbb{R}^{m\times n}\times\mathbb{R}^{p\times q}\mapsto\mathbb{R}^{mp\times nq}$。

特别地，当给定两个向量$\boldsymbol{a}\in\mathbb{R}^{m},\boldsymbol{b}\in\mathbb{R}^{p}$，其 Kronecker 积为

$$\boldsymbol{a}\otimes\boldsymbol{b}=\left[a_i\boldsymbol{b}\right]_{i=1}^{m}=\begin{bmatrix} a_1\boldsymbol{b} \\ \vdots \\ a_m\boldsymbol{b} \end{bmatrix} \tag{5.15}$$

其结果是一个 $mp\times 1$ 的列向量。显然两个向量的外积 $\boldsymbol{u}\circ\boldsymbol{v}=\boldsymbol{u}\boldsymbol{v}^{\mathrm{T}}$ 也可以用向量 Kronecker 积表示为

$$\boldsymbol{u}\circ\boldsymbol{v}=\boldsymbol{u}\otimes\boldsymbol{v}^{\mathrm{T}} \tag{5.16}$$

由此，矩阵 Kronecker 积记 $\boldsymbol{A}\otimes\boldsymbol{B}$ 可以重写为向量 Kronecker 积的形式：

$$\boldsymbol{A}\otimes\boldsymbol{B}=\left[\boldsymbol{a}_1\otimes\boldsymbol{b}_1,\boldsymbol{a}_1\otimes\boldsymbol{b}_2,\boldsymbol{a}_1\otimes\boldsymbol{b}_3,\cdots,\boldsymbol{a}_m\otimes\boldsymbol{b}_{q-1},\boldsymbol{a}_m\otimes\boldsymbol{b}_q\right] \tag{5.17}$$

定义 5.9 （Khatri-Rao 积）两个具有相同列数的矩阵 $\boldsymbol{A}\in\mathbb{R}^{p\times n}$ 和矩阵 $\boldsymbol{B}\in\mathbb{R}^{q\times n}$ 的 Khatri-Rao 积记为 $\boldsymbol{A}\odot\boldsymbol{B}$，并定义为

$$\boldsymbol{A}\odot\boldsymbol{B}=\left[\boldsymbol{a}_1\otimes\boldsymbol{b}_1,\boldsymbol{a}_2\otimes\boldsymbol{b}_2,\cdots,\boldsymbol{a}_n\otimes\boldsymbol{b}_n\right]\in\mathbb{R}^{pq\times n} \tag{5.18}$$

简言之，Khatri-Rao 积是两个矩阵对应列的 Kronecker 积（columnwise Kronecker product），即它由两个矩阵对应的列向量的 Kronecker 积排列而成的矩阵。

矩阵的 Hadamad 积、Kronecker 积和 Khatri-Rao 积各自有很多重要的性质，本书不一一列举，请读者参见文献[5]。在此，仅仅列举在张量表示和分解应用中经常采用的若干性质。

$$(\boldsymbol{A}\otimes\boldsymbol{B})(\boldsymbol{C}\otimes\boldsymbol{D})=\boldsymbol{AC}\otimes\boldsymbol{BD} \tag{5.19}$$

$$(\boldsymbol{A}\otimes\boldsymbol{B})^{\dagger}=\boldsymbol{A}^{\dagger}\otimes\boldsymbol{B}^{\dagger} \tag{5.20}$$

$$\boldsymbol{A}\odot\boldsymbol{B}\odot\boldsymbol{C}=(\boldsymbol{A}\odot\boldsymbol{B})\odot\boldsymbol{C}=\boldsymbol{A}\odot(\boldsymbol{B}\odot\boldsymbol{C}) \tag{5.21}$$

$$(\boldsymbol{A}\odot\boldsymbol{B})^{\mathrm{T}}(\boldsymbol{A}\odot\boldsymbol{B})=\boldsymbol{A}^{\mathrm{T}}\boldsymbol{A}*\boldsymbol{B}^{\mathrm{T}}\boldsymbol{B} \tag{5.22}$$

$$(\boldsymbol{A}\odot\boldsymbol{B})^{\dagger}=((\boldsymbol{A}^{\mathrm{T}}\boldsymbol{A})*(\boldsymbol{B}^{\mathrm{T}}\boldsymbol{B}))^{\dagger}(\boldsymbol{A}\odot\boldsymbol{B})^{\mathrm{T}} \tag{5.23}$$

此处 $\boldsymbol{A}^{\dagger}$ 表示 $\boldsymbol{A}$ 的 Moor-Penrose 伪逆。

作为一个应用的例子，考虑张量 $\boldsymbol{\mathcal{X}}\in\mathbb{R}^{I_1\times I_2\times\cdots\times I_N}$ 和矩阵 $\boldsymbol{U}^{(n)}\in\mathbb{R}^{J_n\times I_n}$，$n\in\{1,2,\cdots,N\}$，则对任意 $n\in\{1,2,\cdots,N\}$，有：

$$\begin{gathered}\boldsymbol{\mathcal{Y}}=\boldsymbol{\mathcal{X}}\times_1\boldsymbol{U}^{(1)}\times_2\boldsymbol{U}^{(2)}\times\cdots\times_N\boldsymbol{U}^{(N)}\Leftrightarrow\\ \boldsymbol{Y}_{(n)}=\boldsymbol{U}^{(n)}\boldsymbol{X}_{(n)}(\boldsymbol{U}^{(N)}\otimes\cdots\otimes\boldsymbol{U}^{(n+1)}\otimes\boldsymbol{U}^{(n-1)}\otimes\cdots\otimes\boldsymbol{U}^{(1)})^{\mathrm{T}}\end{gathered} \tag{5.24}$$

5.2.7　张量的秩

在矩阵分析中，一个矩阵 $\boldsymbol{X}$ 的线性独立的行（或列）的最大个数称为矩阵 $\boldsymbol{X}$ 的行（或列）秩，或者等价地，$\boldsymbol{X}$ 的行（或列）秩就是 $\boldsymbol{X}$ 的行（列）空间的维数，而且一个矩阵的行秩和列秩总是相等的，因此矩阵的秩是唯一确定的概念，即矩阵的行秩、列秩和矩阵秩相同。利用最小化矩阵秩 $\mathrm{rank}(\boldsymbol{X})$，可以建立矩阵低秩分析方法。

一个自然的问题是张量的秩如何定义？张量秩是唯一的吗？早在 1927 年，

Hitchcock 就给出了精确进行可秩-1 分解的最小分量的个数[3]，Kruskal[10]也独立地提出张量秩的概念。下面，将给出关于张量秩的一些前人的研究结果[6,10]。

前面已经提及，给定一个高阶张量 $\boldsymbol{\mathcal{X}} \in \mathbb{R}^{I_1 \times I_2 \times \cdots \times I_N}$，如果它可以分解为 N 个向量的外积，即

$$\boldsymbol{\mathcal{X}} = \boldsymbol{a}^{(1)} \circ \boldsymbol{a}^{(2)} \circ \cdots \circ \boldsymbol{a}^{(N)} \tag{5.25}$$

则称为张量 $\boldsymbol{\mathcal{X}}$ 的秩-1 分解，各个因子称为秩-1 向量。所有 $I_1 \times I_2 \times \cdots \times I_N$ 的可秩-1 分解的张量的集合称为可秩-1 分解张量集，记为 $\boldsymbol{\mathcal{T}}(I_1, I_2, \cdots, I_n)$。

考虑将张量 $\boldsymbol{\mathcal{X}} \in \mathbb{R}^{I_1 \times I_2 \times \cdots \times I_N}$ 分解为若干可秩-1 分解张量的加权之和，即

$$\boldsymbol{\mathcal{X}} = \sum_{i=1}^{R} \sigma_i \boldsymbol{\mathcal{U}}_i \tag{5.26}$$

其中，$\sigma_i > 0$；$\boldsymbol{\mathcal{U}}_i \in \boldsymbol{\mathcal{T}}(I_1, I_2, \cdots, I_n)$，并且 $\|\boldsymbol{\mathcal{U}}_i\|_{\mathrm{F}} = 1$，$R$ 是可秩-1 分解张量的个数。

在上述分解形式下，Kruskal 引入张量秩的概念[10]，记为 $\operatorname{rank}(\boldsymbol{\mathcal{X}})$，定义为：使得式(5.26)成立的最小 R，此时式(5.26)称为张量的秩分解，即

$$\operatorname{rank}(\boldsymbol{\mathcal{X}}) = \min\left\{ R : \left| \boldsymbol{\mathcal{X}} = \sum_{i=1}^{R} \sigma_i \boldsymbol{\mathcal{U}}_i, \boldsymbol{\mathcal{U}}_i \in \boldsymbol{\mathcal{T}}(I_1, I_2, \cdots, I_n), \|\boldsymbol{\mathcal{U}}_i\|_{\mathrm{F}} = 1, \sigma_i > 0 \right. \right\} \tag{5.27}$$

具体例子而言：

当 $R = 1$ 时，说明 $\boldsymbol{\mathcal{X}} = \sigma_1 \boldsymbol{\mathcal{U}}_1$，$\boldsymbol{\mathcal{U}}_1 \in \boldsymbol{\mathcal{T}}(I_1, I_2, \cdots, I_n)$，则 $\boldsymbol{\mathcal{X}}$ 为秩-1 张量。

若 $\boldsymbol{\mathcal{X}}$ 为一个三阶张量且 $\operatorname{rank}(\boldsymbol{\mathcal{X}}) = 1$，则 $\boldsymbol{\mathcal{X}}$ 可以表示为三个向量的外积 $\boldsymbol{\mathcal{X}} = \boldsymbol{a}^{(1)} \circ \boldsymbol{a}^{(2)} \circ \boldsymbol{a}^{(3)}$；若 $\operatorname{rank}(\boldsymbol{\mathcal{X}}) = 2$，则 $\boldsymbol{\mathcal{X}} = \boldsymbol{a}^{(1)} \circ \boldsymbol{a}^{(2)} \circ \boldsymbol{a}^{(3)} + \boldsymbol{b}^{(1)} \circ \boldsymbol{b}^{(2)} \circ \boldsymbol{b}^{(3)}$。

然而，张量的秩与矩阵的秩相比，有许多特殊和差异之处。至少存在如下几方面的不同。

(1) 一个矩阵的秩在实数空间 $\mathbb{R}$ 和复数空间 $\mathbb{C}$ 是唯一的，但是一个张量的秩却不一定唯一。一些经典算例，可以揭示这一现象[11]。

一个例子：张量 $\boldsymbol{\mathcal{X}} \in \mathbb{R}^{2 \times 2 \times 2}$ 的正面切面为

$$\boldsymbol{X}_1 = \begin{bmatrix} 1 & 0 \\ 0 & 1 \end{bmatrix}, \boldsymbol{X}_2 = \begin{bmatrix} 0 & 1 \\ -1 & 0 \end{bmatrix}$$

则在实数域，有：

$$\boldsymbol{\mathcal{X}} = \sum_{r=1}^{3} \boldsymbol{a}_{(r)} \circ \boldsymbol{b}_{(r)} \circ \boldsymbol{c}_{(r)}$$

其中，$\boldsymbol{a}_{(r)}, \boldsymbol{b}_{(r)}, \boldsymbol{c}_{(r)}$ 分别是矩阵：

$$\boldsymbol{A} = \begin{bmatrix} 1 & 0 & 1 \\ 0 & 1 & -1 \end{bmatrix}, \boldsymbol{B} = \begin{bmatrix} 1 & 0 & 1 \\ 0 & 1 & 1 \end{bmatrix}, \boldsymbol{C} = \begin{bmatrix} 1 & 1 & 0 \\ -1 & 1 & 1 \end{bmatrix}$$

的第 r 列。因此张量在实数域中的秩是 3。然而，在复数域中，若取：

$$\boldsymbol{A}=\frac{1}{\sqrt{2}}\begin{bmatrix}1 & 1\\ -\mathrm{j} & -\mathrm{j}\end{bmatrix},\boldsymbol{B}=\frac{1}{\sqrt{2}}\begin{bmatrix}1 & 1\\ \mathrm{j} & -\mathrm{j}\end{bmatrix},\boldsymbol{C}=\frac{1}{\sqrt{2}}\begin{bmatrix}1 & 1\\ -\mathrm{j} & \mathrm{j}\end{bmatrix}$$

而 $\boldsymbol{a}_{(r)},\boldsymbol{b}_{(r)},\boldsymbol{c}_{(r)}$ 分别取上面复数矩阵的第 r 列，可计算：

$$\boldsymbol{\mathcal{X}}=\sum_{r=1}^{2}\boldsymbol{a}_{(r)}\circ\boldsymbol{b}_{(r)}\circ\boldsymbol{c}_{(r)} \tag{5.28}$$

这说明在复数域中张量 $\boldsymbol{\mathcal{X}}\in\mathbb{R}^{2\times2\times2}$ 的秩为 2。在接下来的 5.3 节，将看到这其实是典范(CADECOMP/PARAFAC，CP)分解，其中 $\boldsymbol{A},\boldsymbol{B},\boldsymbol{C}$ 称为因子矩阵。

(2) 对于张量秩的计算，往往是 NP 难的问题，很难有直接计算的方法。Kruskal 给出了一个 $9\times9\times9$ 的张量，发现其秩的范围大概在 18～23 之间[11]；而 Comon 等人给出了一个重新估计，认为其张量的秩是 19 或者 20[12]。

(3) 张量的另一个特点与最大秩(maximum rank)和典型秩(typical rank)有关。最大秩被定义为可达到的最大秩，而典型秩是概率大于零的任何秩(即在具有正勒贝格(Lebesgue)测度的集合上)。

对于一个三阶张量 $\boldsymbol{\mathcal{X}}\in\mathbb{R}^{I\times J\times K}$，目前的研究结果表明最大的张量秩存在一个弱的上界[13]：

$$\mathrm{rank}(\boldsymbol{\mathcal{X}})\leqslant\{IJ,IK,JK\}$$

若 $K=2$，则

$$\mathrm{rank}(\boldsymbol{\mathcal{X}})\leqslant\min(I,J)+\min\{I,J,\lfloor\max\{I,J\}/2\rfloor\}$$

若 $I=2$，则

$$\mathrm{rank}(\boldsymbol{\mathcal{X}})\leqslant\min(J,K)+\min\{J,K,\lfloor\max\{J,K\}/2\rfloor\}$$

其中，$\lfloor x\rfloor$ 表示小于等于 x 的最大整数。

另外一种张量的秩的定义形式是相对于矩阵的行秩和列秩去进行描述，其方法是对高阶张量矩阵化，通过张量模-n 展开矩阵的秩进行定义。

定义 5.10[8]　(张量的模-n 秩) 给定一个 N 阶高阶张量 $\boldsymbol{\mathcal{X}}\in\mathbb{R}^{I_1\times I_2\times\cdots\times I_N}$ 的模-n 秩，记为 $\mathrm{rank}_n(\boldsymbol{\mathcal{X}})$，定义为模-$n$ 展开矩阵 $\boldsymbol{X}_{(n)}$ 的列秩，用符号 $R_n=\mathrm{rank}(\boldsymbol{X}_{(n)})$ 表示，或者等价地描述为一个张量的模-n 向量所张成的子空间的维数称为张量的模-n 秩。

令 $R_n=\mathrm{rank}(\boldsymbol{X}_{(n)})$，对 $n=1,2,\cdots,N$，则称 $\boldsymbol{\mathcal{X}}$ 是秩-$(R_1,\cdots,R_N)$ 的张量。显然，$R_n\leqslant I_n,\forall n=1,2,\cdots,N$。特别地，如果 $R_n=\mathrm{rank}(\boldsymbol{X}_{(n)})=1,\forall n=1,2,\cdots,N$，则称 $\boldsymbol{\mathcal{X}}$ 是秩-$(1,\cdots,1)$ 的张量。注意，张量的模-n 秩不应该与张量的理想秩(即可秩-1 分解张量的最小个数)相混淆，见式(5.27)。例如，以三阶张量 $\boldsymbol{\mathcal{X}}\in\mathbb{R}^{I\times J\times K}$ 为例，其模-n 秩表示为 $R_n=\mathrm{rank}(\boldsymbol{X}_{(n)})$，其与模-$n$ 向量所张成的子空间的维数之间的关系，可以描述为

$$R_1 \overset{\text{def}}{=} \dim\left\{\text{span}_{\mathbb{R}} \boldsymbol{x}_{:,j,k} \,\middle|\, j=1,\cdots,J; k=1,\cdots,K\right\} \tag{5.29}$$

$$R_2 \overset{\text{def}}{=} \dim\left\{\text{span}_{\mathbb{R}} \boldsymbol{x}_{i,:,k} \,\middle|\, i=1,\cdots,I; k=1,\cdots,K\right\} \tag{5.30}$$

$$R_3 \overset{\text{def}}{=} \dim\left\{\text{span}_{\mathbb{R}} \boldsymbol{x}_{i,j,:} \,\middle|\, i=1,\cdots,I; j=1,\cdots,J\right\} \tag{5.31}$$

其中，$\boldsymbol{x}_{:j,k}$ 为模-1 向量或列纤维，$\boldsymbol{x}_{i,:,k}$ 为模-2 向量或行纤维，$\boldsymbol{x}_{i,j,:}$ 为模-3 向量或管纤维。

综上，张量的模-n 秩本质上是希望利用模-n 矩阵的秩去刻画张量的秩，这是一种多视角降维去考察各个视角子空间的性质。但是张量的高阶特性，并不像矩阵那么简单。例如，在矩阵情形，矩阵的行秩和矩阵的列秩总是和矩阵秩相等，是完全等价地。但是张量情形，若 $i \neq j$，则模-i 和模-j 一般不相同。

5.3　张量的 CP 分解

5.3.1　CP 分解原理

张量分解方法的早期思想来源于 1927 年，Hitchcock 提出的张量的多元形式，即将张量表示为有限个秩-1 张量之和[3]。之后，Cattell 提出了平行比例分析和多轴分析(环境、对象和特征)的思想，Harshman 提出了平行因子方法[14]，Carroll 和 Chang 提出典范分解(CANDECOMP)[15]。广泛采用的自 2000 年 Kiers 提出的 CANDECOMP/PARAFAC(CP 分解[16])，成为多路数据分析的代表性方法。表 5.1 给出了 CP 分解的里程碑式的历史脉络。

表 5.1　CP 分解的其他不同称谓

方法名称	提出文献
polyadic form of a tensor(张量多元分析)	Hitchcock(1927)[3]
PARAFAC(平行因子)	Harshman(1976)[14]
CANDECOMP 或 CAND(典范分解)	Carroll 和 Chang(1970)[15]
topographic components model(拓扑分量模型)	Möcks(1988)[17]
CANDECOMP/PARAFAC(CP 分解)	Kiers(2000)[16]

三阶张量的 CP 分解的是将张量分解为秩-1 张量之和(图 5.8)：

$$\mathcal{X} \approx \sum_{r=1}^{R} \boldsymbol{a}_{(r)} \circ \boldsymbol{b}_{(r)} \circ \boldsymbol{c}_{(r)} \tag{5.32}$$

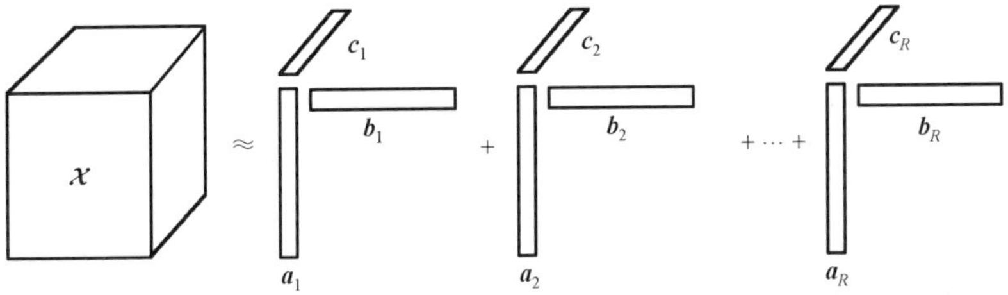

图 5.8　三阶张量的 CP 分解示意图：张量分解为秩-1 张量之和

其中，R 为正整数，$\boldsymbol{a}_{(r)} \in \mathbb{R}^I, \boldsymbol{b}_{(r)} \in \mathbb{R}^J, \boldsymbol{c}_{(r)} \in \mathbb{R}^K$ 分别表示模-A，模-B，模-C 的向量。按照元素形式，上述表达式可以等价写成：

$$x_{i,j,k} \approx \sum_{r=1}^{R} a_{ir} b_{jr} c_{kr}, \quad i=1,2\cdots,I; j=1,2\cdots,J; k=1,2\cdots,K \tag{5.33}$$

在式(5.32)中，将秩-1 分量组合起来可以形成模-A，模-B，模-C 的因子矩阵：

$$\begin{aligned} \boldsymbol{A} &= \left[\boldsymbol{a}_{(1)}, \boldsymbol{a}_{(2)}, \boldsymbol{a}_{(3)}\right] \\ \boldsymbol{B} &= \left[\boldsymbol{b}_{(1)}, \boldsymbol{b}_{(2)}, \boldsymbol{b}_{(3)}\right] \\ \boldsymbol{C} &= \left[\boldsymbol{c}_{(1)}, \boldsymbol{c}_{(2)}, \boldsymbol{c}_{(3)}\right] \end{aligned} \tag{5.34}$$

利用上述定义，式(5.34)可以等价地写成矩阵形式：

$$\begin{aligned} \boldsymbol{X}_{(1)} &\approx \boldsymbol{A}(\boldsymbol{C} \odot \boldsymbol{B})^{\mathrm{T}} \\ \boldsymbol{X}_{(2)} &\approx \boldsymbol{B}(\boldsymbol{C} \odot \boldsymbol{A})^{\mathrm{T}} \\ \boldsymbol{X}_{(3)} &\approx \boldsymbol{C}(\boldsymbol{B} \odot \boldsymbol{A})^{\mathrm{T}} \end{aligned} \tag{5.35}$$

其中，$\odot$ 表示 Khatri-Rao 积(见 5.2.5 节)。

下面给出式(5.35)的简单证明，其他模式是完全类似的。事实上，三路数据模型经常也通过正面切片矩阵进行描述：

$$\boldsymbol{X}_{::k} \approx \boldsymbol{a}_1 \boldsymbol{b}_1^{\mathrm{T}} \boldsymbol{c}_{k1} + \boldsymbol{a}_2 \boldsymbol{b}_2^{\mathrm{T}} \boldsymbol{c}_{k2} + \cdots + \boldsymbol{a}_R \boldsymbol{b}_R^{\mathrm{T}} \boldsymbol{c}_{kR}$$

或写成矩阵形式：

$$\boldsymbol{X}_{::k} \approx \boldsymbol{A}\boldsymbol{D}^{(k)}\boldsymbol{B}^{\mathrm{T}}，\text{其中 } \boldsymbol{D}^{(k)} \equiv \operatorname{diag}(\boldsymbol{c}_{k:}), k=1,\cdots,K$$

则 $\boldsymbol{X}_{(1)} = [\boldsymbol{X}_{::1}, \boldsymbol{X}_{::2}, \cdots, \boldsymbol{X}_{::K}]$ 可写作：

$$\begin{aligned} \boldsymbol{X}_{(1)} &\approx [\boldsymbol{a}_1 \boldsymbol{b}_1^{\mathrm{T}} \boldsymbol{c}_{11} + \cdots + \boldsymbol{a}_R \boldsymbol{b}_R^{\mathrm{T}} \boldsymbol{c}_{1R} + \cdots + \boldsymbol{a}_1 \boldsymbol{b}_1^{\mathrm{T}} \boldsymbol{c}_{K1} + \cdots + \boldsymbol{a}_R \boldsymbol{b}_R^{\mathrm{T}} \boldsymbol{c}_{KR}] \\ &= \left[\boldsymbol{a}_1, \cdots, \boldsymbol{a}_R\right] \begin{bmatrix} \boldsymbol{c}_{11}\boldsymbol{b}_1^{\mathrm{T}} & \cdots & \boldsymbol{c}_{K1}\boldsymbol{b}_1^{\mathrm{T}} \\ \vdots & & \vdots \\ \boldsymbol{c}_{1R}\boldsymbol{b}_1^{\mathrm{T}} & \cdots & \boldsymbol{c}_{KR}\boldsymbol{b}_R^{\mathrm{T}} \end{bmatrix} = \boldsymbol{A}(\boldsymbol{C} \odot \boldsymbol{B})^{\mathrm{T}} \end{aligned}$$

同理，可以给出水平和侧面切片，并给出模-2 和模-3 的 Khatri-Rao 积表达式。按照 Carroll 和 Chang 提出典范分解的表达形式[15]，CP 分解可以更为简洁的表达为

$$\boldsymbol{\mathcal{X}} \approx [\![\boldsymbol{A},\boldsymbol{B},\boldsymbol{C}]\!] \equiv \sum_{r=1}^{R} \boldsymbol{a}_{(r)} \circ \boldsymbol{b}_{(r)} \circ \boldsymbol{c}_{(r)} \tag{5.36}$$

通常，假设 $\boldsymbol{A},\boldsymbol{B},\boldsymbol{C}$ 的列向量是归一化的，因此将归一化因子归并到一个向量 $\boldsymbol{\lambda} \in \mathbb{R}^R$，则可重写为

$$\boldsymbol{\mathcal{X}} \approx [\![\boldsymbol{\lambda};\boldsymbol{A},\boldsymbol{B},\boldsymbol{C}]\!] \equiv \sum_{r=1}^{R} \lambda_r \boldsymbol{a}_{(r)} \circ \boldsymbol{b}_{(r)} \circ \boldsymbol{c}_{(r)} \tag{5.37}$$

其中，为了描述方便，$\boldsymbol{a}_{(r)} \in \mathbb{R}^I, \boldsymbol{b}_{(r)} \in \mathbb{R}^J, \boldsymbol{c}_{(r)} \in \mathbb{R}^K$ 为归一化向量。

至此，介绍了广泛使用的三阶张量 CP 分解的基本原理。对于 N 阶张量 $\boldsymbol{\mathcal{X}} \in \mathbb{R}^{I_1 \times I_2 \times \cdots \times I_N}$，其 CP 分解为

$$\boldsymbol{\mathcal{X}} \approx \left[\!\!\left[\boldsymbol{\lambda};\boldsymbol{A}^{(1)},\boldsymbol{A}^{(2)},\cdots,\boldsymbol{A}^{(N)}\right]\!\!\right] \equiv \sum_{r=1}^{R} \lambda_r \boldsymbol{a}_r^{(1)} \circ \boldsymbol{a}_r^{(2)} \circ \cdots \circ \boldsymbol{a}_r^{(N)} \tag{5.38}$$

其中，$\boldsymbol{\lambda} = [\lambda_1,\cdots,\lambda_R]^{\mathrm{T}} \in \mathbb{R}^R$，$\boldsymbol{A}^{(n)} \in \mathbb{R}^{I_n \times R}$（$n = 1,2,\cdots,N$）。在这种情形下，模-$n$ 的矩阵化表示为

$$\begin{aligned} \boldsymbol{X}_{(n)} &\approx \boldsymbol{A}^{(n)}\boldsymbol{\Lambda}((\boldsymbol{A}^{(N)} \odot \cdots \odot \boldsymbol{A}^{(n+1)} \odot \boldsymbol{A}^{(n-1)} \odot \cdots \odot \boldsymbol{A}^{(1)})^{\mathrm{T}}) \\ &= \boldsymbol{A}^{(n)}\boldsymbol{\Lambda}\left(\bigodot_{m=N,m\neq n}^{1} \boldsymbol{A}^{(m)}\right)^{\mathrm{T}} \end{aligned} \tag{5.39}$$

其中，$\boldsymbol{\Lambda} = \mathrm{diag}(\boldsymbol{\lambda})$。

5.3.2 CP 分解的唯一性

在 5.2.1 节，看到无约束二因子矩阵分解存在不唯一性的旋转问题，或者说至少在旋转自由度下上述问题存在无穷多组解；而矩阵的 SVD 分解的唯一性是因为对因子矩阵施加了正交性约束。

对于 CP 分解而言，除了因子向量的排序不确定性(permutation indeterminary)和尺度不确定性(scaling indeterminacy)，CP 分解具有唯一性[18,19]。

考虑三阶张量 $\boldsymbol{\mathcal{X}} \in \mathbb{R}^{I \times J \times \mathrm{K}}$，其 CP 分解为

$$\boldsymbol{\mathcal{X}} = \sum_{r=1}^{R} \boldsymbol{a}_{(r)} \circ \boldsymbol{b}_{(r)} \circ \boldsymbol{c}_{(r)} \equiv [\![\boldsymbol{A},\boldsymbol{B},\boldsymbol{C}]\!] \tag{5.40}$$

CP 分解的排序不确定性指的是置换矩阵 $\boldsymbol{P}$ 下满足：

$$\boldsymbol{\mathcal{X}} = [\![\boldsymbol{A},\boldsymbol{B},\boldsymbol{C}]\!] = [\![\boldsymbol{AP},\boldsymbol{BP},\boldsymbol{CP}]\!] \tag{5.41}$$

即秩-1 张量分量可以任意重新排序，不影响结果。

CP 分解的尺度不变性是指对各个秩-1 向量进行尺度伸缩，也保持不变。

$$\boldsymbol{\mathcal{X}}=\sum_{r=1}^{R}(\alpha_r\boldsymbol{a}_{(r)})\circ(\beta_r\boldsymbol{b}_{(r)})\circ(\gamma_r\boldsymbol{c}_{(r)})=\sum_{r=1}^{R}\boldsymbol{a}_{(r)}\circ\boldsymbol{b}_{(r)}\circ\boldsymbol{c}_{(r)} \tag{5.42}$$

当 $\alpha_r\beta_r\gamma_r=1$，对任意 $r=1,2,\cdots,N$ 。

CP 分解的排序不确定性和尺度不确定性对于张量数据的多线性分析是不影响的，因此在这个意义下，排除这两种不确定性，CP 分解是唯一的。另外，CP 分解的唯一性在相对宽松的条件下是唯一的，这种唯一性与矩阵的 Kruskal 秩有关。

定义 5.11　(Kruskal 秩)[10]一个矩阵 $\boldsymbol{A}\in\mathbb{R}^{I\times J}$ 的 Kruskal 秩(简称 k 秩)定义为 $\boldsymbol{A}$ 的任意 r 个列向量都线性无关的最大整数，记为 $\text{rank}_k(\boldsymbol{A})$ 或者 $k_{\boldsymbol{A}}$ 。

在 Kruskal 秩的定义下，CP 分解的唯一性的充分条件是：

$$k_{\boldsymbol{A}}+k_{\boldsymbol{B}}+k_{\boldsymbol{C}}\geqslant 2R+2 \tag{5.43}$$

其中，$\boldsymbol{A}=\left[\boldsymbol{a}_{(1)},\boldsymbol{a}_{(2)},\boldsymbol{a}_{(3)}\right],\boldsymbol{B}=\left[\boldsymbol{b}_{(1)},\boldsymbol{b}_{(2)},\boldsymbol{b}_{(3)}\right],\boldsymbol{C}=\left[\boldsymbol{c}_{(1)},\boldsymbol{c}_{(2)},\boldsymbol{c}_{(3)}\right]$。

注意，由于矩阵的秩 $\text{rank}(\boldsymbol{A})=r$ 仅仅要求 r 是矩阵中满足一组线性无关的最大列数，而 $k_{\boldsymbol{A}}$ 是矩阵中任意 r 个列向量都线性无关的最大整数，因此 $k_{\boldsymbol{A}}\leqslant\text{rank}(\boldsymbol{A})\leqslant\min\{I,J\},\forall\boldsymbol{A}$ 。因此 $\text{rank}(\boldsymbol{A})+\text{rank}(\boldsymbol{B})+\text{rank}(\boldsymbol{C})\geqslant 2R+2$ 并不能保证 CP 分解是唯一的。

但是 Kruskal 给出的关于 CP 分解唯一性的充分条件并不是一个平凡的结论，它至少给出了相对宽松的条件。Sidiropoulos 和 Bro 将该结论推广至秩为 R 的 N 阶张量 $\boldsymbol{\mathcal{X}}\in\mathbb{R}^{I_1\times I_2\times\cdots\times I_N}$ ，其 CP 分解[18]：

$$\boldsymbol{\mathcal{X}}=\sum_{r=1}^{R}\boldsymbol{a}_r^{(1)}\circ\boldsymbol{a}_r^{(2)}\circ\cdots\circ\boldsymbol{a}_r^{(N)}=\left[\!\left[\boldsymbol{A}^{(1)},\boldsymbol{A}^{(2)},\cdots,\boldsymbol{A}^{(N)}\right]\!\right] \tag{5.44}$$

唯一性的充分条件为

$$\sum_{n=1}^{N}k_{\boldsymbol{A}^{(n)}}\geqslant 2R+(N-1) \tag{5.45}$$

其中，$k_{\boldsymbol{A}^{(n)}}$ 表示模-n 展开矩阵 $\boldsymbol{A}^{(n)}$ 的 Kruskal 秩。并且当张量的秩 $R=2$ 和 $R=3$ 时，上述充分条件同时还是必要条件。但是 $R>3$ 时，仅仅是充分条件，必要性不再成立。Liu 和 Sidiropoulos 考虑三阶张量的必要性条件为[20]

$$\min\{\text{rank}(\boldsymbol{A}\odot\boldsymbol{B}),\text{rank}(\boldsymbol{A}\odot\boldsymbol{C}),(\boldsymbol{B}\odot\boldsymbol{C})\}=R \tag{5.46}$$

进一步，对于秩为 R 的 N 阶张量 $\boldsymbol{\mathcal{X}}\in\mathbb{R}^{I_1\times I_2\times\cdots\times I_N}$ ，必要性条件为

$$\min_{n=1,\cdots,N}\left\{\text{rank}(\boldsymbol{A}^{(1)}\odot\cdots\odot\boldsymbol{A}^{(n-1)}\odot\boldsymbol{A}^{(n+1)}\odot\cdots\odot\boldsymbol{A}^{(N)})\right\}=R \tag{5.47}$$

由于 $\mathrm{rank}(\boldsymbol{A}\odot\boldsymbol{B})\leqslant\mathrm{rank}(\boldsymbol{A}\otimes\boldsymbol{B})\leqslant\mathrm{rank}(\boldsymbol{A})\mathrm{rank}(\boldsymbol{B})$，因此更简单的必要条件为

$$\min_{n=1,\cdots,N}\mathrm{rank}\left(\prod_{m=1,m\neq n}^{N}\mathrm{rank}(\boldsymbol{A}^{(m)})\right)\geqslant R \tag{5.48}$$

Lathauwer 在文献[21]中研究了确定张量秩的方法，以及给定的 CP 分解的确定性和唯一性问题。对三阶张量 $\boldsymbol{\mathcal{X}}\in\mathbb{R}^{I\times J\times K}$，式(5.40)中的 CP 分解一般是唯一的，如果：

$$R\leqslant K \text{ 且 } R(R-1)\leqslant I(I-1)J(J-1)/2 \tag{5.49}$$

类似地，对于四阶张量 $\boldsymbol{\mathcal{X}}\in\mathbb{R}^{I\times J\times K\times L}$ 的 CP 分解一般是唯一的，如果：

$$R\leqslant L \text{ 且 } R(R-1)\leqslant IJK(3IJK-IJ-IK-I-J-K+3)/4 \tag{5.50}$$

5.3.3 CP 分解算法

如前所述，没有确定张量秩的有效算法，因此，在计算 CP 分解时首要关键问题是如何选择秩-1 分量的数目。大多数算法过程都是用不同数量的分量来拟合多个 CP 分解，直到一种分量分解形式达到最佳拟合。理想情况下，如果数据是无噪声的，并且用给定数量的分量来进行 CP 分解，那么可以求得 R=1,2,3,⋯，并在第一次拟合度达到 100%时停止得到 R 值。但是，这种算法过程有很多问题，方法上类似于全局搜索方法。我们将在下面看到，对于给定数量的因子分量，没有完美的 CP 拟合过程。此外，当数据有噪声时需要建立联合优化模型进行求解，但由于是多变量耦合优化问题，因此往往采取交替迭代方式。

5.3.3.1 交替最小二乘算法

假设因子分量的个数已知，有很多算法可以实现 CP 分解，Carroll 和 Chang[15] 与 Harshman 等人[14]提出采用交替最小二乘(alternating least squares，ALS)算法。ALS 算法属于交替迭代方法，已经成为 CP 分解问题的一种主力算法。下面，为了表述方便，仅仅以三阶张量的 CP 分解为例进行算法推导，对于更高阶张量的 CP 分解通过一般数值求解格式给出。

给定三阶张量 $\boldsymbol{\mathcal{X}}\in\mathbb{R}^{I\times J\times K}$，其目的是寻找 R 个因子分量按照 CP 分解格式最佳逼近 $\boldsymbol{\mathcal{X}}$，即

$$\min_{\boldsymbol{\mathcal{X}}_0}\|\boldsymbol{\mathcal{X}}-\boldsymbol{\mathcal{X}}_0\|_{\mathrm{F}}^2 \quad \text{s.t.} \quad \boldsymbol{\mathcal{X}}_0=\sum_{r=1}^{R}\lambda_r\boldsymbol{a}_{(r)}\circ\boldsymbol{b}_{(r)}\circ\boldsymbol{c}_{(r)}\equiv[\![\boldsymbol{\lambda};\boldsymbol{A},\boldsymbol{B},\boldsymbol{C}]\!] \tag{5.51}$$

ALS 算法的求解原理是交替迭代分离优化，即固定 $\boldsymbol{B},\boldsymbol{C}$ 求 $\boldsymbol{A}$；然后固定 $\boldsymbol{A},\boldsymbol{C}$ 求 $\boldsymbol{B}$；最后固定 $\boldsymbol{A},\boldsymbol{B}$ 求 $\boldsymbol{C}$，交替迭代直到达到特定的收敛准则。

以某个因子矩阵求解为例，先固定其他所有因子矩阵；然后将其转化为最小二

乘问题。例如，固定 $\boldsymbol{B},\boldsymbol{C}$ 求 $\boldsymbol{A}$，则由式(5.51)，可知：

$$\boldsymbol{A}^{(k+1)} = \min_{\boldsymbol{A}} \left\| \boldsymbol{X}_{(1)} - \boldsymbol{A}(\boldsymbol{C}^{(k)} \odot \boldsymbol{B}^{(k)})^{\mathrm{T}} \right\|_{\mathrm{F}}^{2} \tag{5.52}$$

$$\boldsymbol{B}^{(k+1)} = \min_{\boldsymbol{B}} \left\| \boldsymbol{X}_{(2)} - \boldsymbol{B}(\boldsymbol{C}^{(k)} \odot \boldsymbol{A}^{(k)})^{\mathrm{T}} \right\|_{\mathrm{F}}^{2} \tag{5.53}$$

$$\boldsymbol{C}^{(k+1)} = \min_{\boldsymbol{C}} \left\| \boldsymbol{X}_{(3)} - \boldsymbol{C}(\boldsymbol{B}^{(k)} \odot \boldsymbol{A}^{(k)})^{\mathrm{T}} \right\|_{\mathrm{F}}^{2} \tag{5.54}$$

上述问题均为标准最小二乘问题，则利用 Moore-Penrose 伪逆形式可得最优解：

$$\boldsymbol{A}^{(k+1)} = \boldsymbol{X}_{(1)} \left[(\boldsymbol{C}^{(k)} \odot \boldsymbol{B}^{(k)})^{\mathrm{T}} \right]^{\dagger} \tag{5.55}$$

$$\boldsymbol{B}^{(k+1)} = \boldsymbol{X}_{(2)} \left[(\boldsymbol{C}^{(k)} \odot \boldsymbol{A}^{(k)})^{\mathrm{T}} \right]^{\dagger} \tag{5.56}$$

$$\boldsymbol{C}^{(k+1)} = \boldsymbol{X}_{(3)} \left[(\boldsymbol{B}^{(k)} \odot \boldsymbol{A}^{(k)})^{\mathrm{T}} \right]^{\dagger} \tag{5.57}$$

利用 Khatri-Rao 积伪逆的基本性质，可得

$$\boldsymbol{A}^{(k+1)} = \boldsymbol{X}_{(1)}(\boldsymbol{C}^{(k)} \odot \boldsymbol{B}^{(k)}) \left[(\boldsymbol{C}^{(k)})^{\mathrm{T}} \boldsymbol{C}^{(k)} * (\boldsymbol{B}^{(k)})^{\mathrm{T}} \boldsymbol{B} \right]^{\dagger} \tag{5.58}$$

$$\boldsymbol{B}^{(k+1)} = \boldsymbol{X}_{(2)}(\boldsymbol{C}^{(k)} \odot \boldsymbol{A}^{(k)}) \left[(\boldsymbol{C}^{(k)})^{\mathrm{T}} \boldsymbol{C}^{(k)} * (\boldsymbol{A}^{(k)})^{\mathrm{T}} \boldsymbol{A} \right]^{\dagger} \tag{5.59}$$

$$\boldsymbol{C}^{(k+1)} = \boldsymbol{X}_{(3)}(\boldsymbol{B}^{(k)} \odot \boldsymbol{A}^{(k)}) \left[(\boldsymbol{B}^{(k)})^{\mathrm{T}} \boldsymbol{B}^{(k)} * (\boldsymbol{A}^{(k)})^{\mathrm{T}} \boldsymbol{A} \right]^{\dagger} \tag{5.60}$$

上述公式的好处是仅仅需要计算 $R \times R$ 大小的矩阵的伪逆，而不需要计算 $JK \times R$ (对于 $\boldsymbol{A}^{(k+1)}$)、$KI \times R$ (对于 $\boldsymbol{B}^{(k+1)}$)的伪逆和 $IJ \times R$ (对于 $\boldsymbol{C}^{(k+1)}$)的伪逆，从而大大节省了计算量。

当上述各个因子矩阵更新后，需对各因子矩阵的列向量进行归一化，例如，以 $\boldsymbol{A}^{(k+1)}$ 为例，执行 $\lambda_r^{(k+1)} \leftarrow \left\| \boldsymbol{a}_r^{(k+1)} \right\|, \boldsymbol{a}_r^{(k+1)} \leftarrow \boldsymbol{a}_r^{(k+1)} / \lambda_r$，对所有的 $r = 1,2,\cdots,R$。其他各因子矩阵执行类似归一化操作。

至此，已经给出三阶张量的 CP 分解 ALS 算法。对于一般的高阶张量 $\boldsymbol{\mathcal{X}} \in \mathbb{R}^{I_1 \times I_2 \times \cdots \times I_N}$，上述推导过程是完全类似的。其目的是寻找 R 个因子分量按照 CP 分解格式最佳逼近 $\boldsymbol{\mathcal{X}}$，即

$$\min_{\boldsymbol{\mathcal{X}}_0} \left\| \boldsymbol{\mathcal{X}} - \boldsymbol{\mathcal{X}}_0 \right\|_{\mathrm{F}}^{2} \quad \text{s.t.} \quad \boldsymbol{\mathcal{X}}_0 = \sum_{r=1}^{R} \lambda_r \boldsymbol{a}_r^{(1)} \circ \boldsymbol{a}_r^{(2)} \circ \cdots \circ \boldsymbol{a}_r^{(N)} \equiv \left[\!\left[\boldsymbol{\lambda}; \boldsymbol{A}^{(1)}, \boldsymbol{A}^{(2)}, \cdots, \boldsymbol{A}^{(N)} \right]\!\right] \tag{5.61}$$

按照因子矩阵交替最小二乘分离迭代优化的框架，下面给出 CP 分解 ALS (CP-ALS)算法过程(算法 5.1)。

算法 5.1　CP-ALS($\boldsymbol{\mathcal{X}}$, R)

初始化： $\boldsymbol{A}^{(n)} \in \mathbb{R}^{I_n \times R}$, for　$n = 1,\cdots,N$。

(1) 计算张量 $\boldsymbol{\mathcal{X}}$ 的水平展开因子矩阵 $\boldsymbol{X}_{(n)}$， for　$n = 1,\cdots,N$。

(2) 循环//外循环

for $n=1,\cdots,N$

$\boldsymbol{V} \leftarrow \boldsymbol{A}^{(1)\mathrm{T}}\boldsymbol{A}^{(1)} * \cdots * \boldsymbol{A}^{(n-1)\mathrm{T}}\boldsymbol{A}^{(n-1)} * \boldsymbol{A}^{(n+1)\mathrm{T}}\boldsymbol{A}^{(n+1)} * \cdots * \boldsymbol{A}^{(N)\mathrm{T}}\boldsymbol{A}^{(N)}$

$\boldsymbol{A}^{(n)} \leftarrow \boldsymbol{X}_{(n)}(\boldsymbol{A}^{(N)} \odot \cdots \odot \boldsymbol{A}^{(n+1)} \odot \boldsymbol{A}^{(n-1)} \odot \cdots \odot \boldsymbol{A}^{(1)})\boldsymbol{V}^{\dagger}$

$\lambda_n \leftarrow \left\|\boldsymbol{A}^{(n)}\right\|$

$\boldsymbol{A}^{(n)} \leftarrow \boldsymbol{A}^{(n)} / \lambda_n$

end for

(3) 若收敛条件满足或达到最大迭代次数，则输出 $\boldsymbol{\lambda}=[\lambda_1,\cdots,\lambda_N]^{\mathrm{T}}$ 和 $\boldsymbol{A}^{(1)},\cdots,\boldsymbol{A}^{(N)}$；否则重复步骤(2)的运算，直到收敛条件满足或达到最大迭代次数。

在 CP-ALS 算法中首先确定或假设已知分量的个数 R，另一个关键问题是因子矩阵的初始化过程。因子矩阵的初始化可以采取多种方式进行，简单的方式是随机初始化，或者采取如下方式：

$$\boldsymbol{A}^{(n)}=\left[\boldsymbol{u}_1,\boldsymbol{u}_2,\cdots,\boldsymbol{u}_R\right]$$

其中，$\boldsymbol{X}_{(n)}=\boldsymbol{U\Sigma V}, \{\boldsymbol{u}_i\}_{i=1}^{R}$ 为 $\boldsymbol{X}_{(n)}$ 的前 R 个左奇异向量。

ALS 算法原理简单，容易实现，是张量 CP 分解的主力算法；但其缺点是迭代过程收敛速度较慢，徘徊不止，不能保证能收敛到全局极小解甚至目标函数的驻点，仅仅是使得目标函数能量不再减少。另外，ALS 的最终解严重依赖于初始化点选择。因此一些研究者提出系列 ALS 的改进算法，例如，基于标准 ALS 的搜索方向，在主迭代步骤中加入线搜索(line search)同时更新所有的因子矩阵；另一种改进思路是针对最小二乘问题收敛缓慢甚至发散的情况，采取 Tikhonov 正则化的方法，以改善迭代步骤中的 Moore-Penrose 伪逆解。下面，给出正则化交替最小二乘算法(regularized ALS，RALS)原理和步骤。

5.3.3.2 正则化交替最小二乘算法(RALS)

在上述 ALS 中，其主要问题是各因子矩阵交替优化的最小二乘问题可能收敛慢甚至发散，其原因是求 Moore-Penrose 伪逆的矩阵(如 $(\boldsymbol{C}^{(k)})^{\mathrm{T}}\boldsymbol{C}^{(k)} * (\boldsymbol{B}^{(k)})^{\mathrm{T}}\boldsymbol{B}$)可能奇异，进而带来数值不稳定的情况。为此，可以通过改进的 Tikhonov 正则化加以改善。

$$\boldsymbol{A}^{(k+1)}=\min_{\boldsymbol{A}}\left\|\boldsymbol{X}_{(1)}-\boldsymbol{A}(\boldsymbol{C}^{(k)} \odot \boldsymbol{B}^{(k)})^{\mathrm{T}}\right\|_{\mathrm{F}}^{2}+\tau_k\left\|\boldsymbol{A}-\boldsymbol{A}^{(k)}\right\|_{\mathrm{F}}^{2} \tag{5.62}$$

$$\boldsymbol{B}^{(k+1)}=\min_{\boldsymbol{B}}\left\|\boldsymbol{X}_{(2)}-\boldsymbol{B}(\boldsymbol{C}^{(k)} \odot \boldsymbol{A}^{(k)})^{\mathrm{T}}\right\|_{\mathrm{F}}^{2}+\tau_k\left\|\boldsymbol{B}-\boldsymbol{B}^{(k)}\right\|_{\mathrm{F}}^{2} \tag{5.63}$$

$$\boldsymbol{C}^{(k+1)}=\min_{\boldsymbol{C}}\left\|\boldsymbol{X}_{(3)}-\boldsymbol{C}(\boldsymbol{B}^{(k)} \odot \boldsymbol{A}^{(k)})^{\mathrm{T}}\right\|_{\mathrm{F}}^{2}+\tau_k\left\|\boldsymbol{C}-\boldsymbol{C}^{(k)}\right\|_{\mathrm{F}}^{2} \tag{5.64}$$

其中，τ_k 为正则权值。

在子优化问题中需要求目标函数(式 5.62)关于变量矩阵 $\boldsymbol{A}$ 的梯度矩阵，并令梯度矩阵等于零矩阵，可得

$$\boldsymbol{A}^{(k+1)}=(\boldsymbol{X}_{(1)}(\boldsymbol{C}^{(k)}\odot\boldsymbol{B}^{(k)})+\tau_k\boldsymbol{A}^{(k)})\left[(\boldsymbol{C}^{(k)})^{\mathrm{T}}\boldsymbol{C}^{(k)}*(\boldsymbol{B}^{(k)})^{\mathrm{T}}\boldsymbol{B}+\tau_k\boldsymbol{I}\right]^{-1} \tag{5.65}$$

类似地，有

$$\boldsymbol{B}^{(k+1)}=(\boldsymbol{X}_{(2)}(\boldsymbol{C}^{(k)}\odot\boldsymbol{A}^{(k)})+\tau_k\boldsymbol{B}^{(k)})\left[(\boldsymbol{C}^{(k)})^{\mathrm{T}}\boldsymbol{C}^{(k)}*(\boldsymbol{A}^{(k)})^{\mathrm{T}}\boldsymbol{A}^{(k)}+\tau_k\boldsymbol{I}\right]^{-1} \tag{5.66}$$

$$\boldsymbol{C}^{(k+1)}=(\boldsymbol{X}_{(3)}(\boldsymbol{A}^{(k)}\odot\boldsymbol{B}^{(k)})+\tau_k\boldsymbol{B}^{(k)})\left[(\boldsymbol{A}^{(k)})^{\mathrm{T}}\boldsymbol{A}^{(k)}*(\boldsymbol{B}^{(k)})^{\mathrm{T}}\boldsymbol{B}^{(k)}+\tau_k\boldsymbol{I}\right]^{-1} \tag{5.67}$$

由上述求解公式可以看到，以 $\boldsymbol{A}^{(k+1)}$ 的迭代格式为例，正则化机制从两个方面进行改善：

(1) $\left[(\boldsymbol{C}^{(k)})^{\mathrm{T}}\boldsymbol{C}^{(k)}*(\boldsymbol{B}^{(k)})^{\mathrm{T}}\boldsymbol{B}^{(k)}+\tau_k\boldsymbol{I}\right]^{-1}$ 替代 $\left[(\boldsymbol{C}^{(k)})^{\mathrm{T}}\boldsymbol{C}^{(k)}*(\boldsymbol{B}^{(k)})^{\mathrm{T}}\boldsymbol{B}^{(k)}\right]$，理论上讲只要 τ_k 充分大，矩阵的病态性将得到完全克服，并且是可以求逆的，从而避免由矩阵奇异带来的稳定性问题；

(2) $\boldsymbol{X}_{(1)}(\boldsymbol{C}^{(k)}\odot\boldsymbol{B}^{(k)})+\tau_k\boldsymbol{A}^{(k)}$ 替代了 $\boldsymbol{X}_{(1)}(\boldsymbol{C}^{(k)}\odot\boldsymbol{B}^{(k)})$，从而实现了特定加权下的超松弛，即利用前步结果改善当前迭代解，可以防止 $\boldsymbol{A}^{(k+1)}$ 的突变。

对于高阶张量情形，其方法完全类似。下面，直接给出 CP 分解 RALS (CP-RALS) 算法过程(算法 5.2)。

算法 5.2　CP-RALS($\boldsymbol{\mathcal{X}}$, R)

初始化：$\boldsymbol{A}_0^{(n)}\in\mathbb{R}^{I_n\times R}$, for　$n=1,\cdots,N$，正则化因子 τ_0。

(1) 计算张量 $\boldsymbol{\mathcal{Y}}$ 的水平展开因子矩阵 $\boldsymbol{Y}_{(n)}$，　for　$n=1,\cdots,N$。

(2) for　k=1,2,⋯　// 外循环

　for　$n=1,\cdots,N$　　// 内循环

　$\boldsymbol{V}\leftarrow\boldsymbol{A}_k^{(1)\mathrm{T}}\boldsymbol{A}_k^{(1)}*\cdots*\boldsymbol{A}_k^{(n-1)\mathrm{T}}\boldsymbol{A}_k^{(n-1)}*\boldsymbol{A}_k^{(n+1)\mathrm{T}}\boldsymbol{A}_k^{(n+1)}*\cdots*\boldsymbol{A}_k^{(N)\mathrm{T}}\boldsymbol{A}_k^{(N)}+\tau_k\boldsymbol{I}$

　$\boldsymbol{W}=\boldsymbol{X}_{(n)}(\boldsymbol{A}_k^{(N)}\odot\cdots\odot\boldsymbol{A}_k^{(n+1)}\odot\boldsymbol{A}_k^{(n-1)}\odot\cdots\odot\boldsymbol{A}_k^{(1)})+\tau_k\boldsymbol{A}_{k-1}^{(n)}$

　$\boldsymbol{A}_k^{(n)}\leftarrow\boldsymbol{W}\boldsymbol{V}^{-1}$

　$\lambda_n\leftarrow\left\|\boldsymbol{A}_k^{(n)}\right\|$

　$\boldsymbol{A}_k^{(n)}\leftarrow\boldsymbol{A}_k^{(n)}/\lambda_n$

　end for

end for

(3) 若收敛条件满足或达到最大迭代次数，则输出 $\boldsymbol{\lambda}=[\lambda_1,\cdots,\lambda_N]^{\mathrm{T}}$ 和 $\boldsymbol{A}^{(1)},\cdots,\boldsymbol{A}^{(N)}$；否则重复步骤(2)的运算，直到收敛条件满足或达到最大迭代次数。

注意，为了避免混淆，上述算法中的记号 $\boldsymbol{A}_k^{(n)}$ 表示第 k 次迭代的模-n 因子矩阵。

5.4 张量的 Tucker 分解

5.4.1 Tucker 分解的基本原理

Tucker 分解是张量因子分解的一大类代表性方法，最早由 Tucker 在 1963 年提出[22]，后续又被 Levin[23]和 Tucker[24,25]相继进行理论完善。Tucker 的论文是早期最为全面和综合性地介绍张量因子分解的文献。Tucker 分解也被称为 3-模因子分析(three-mode factor analysis，3MFA/Tucker3)、3-模 PCA(three-mode PCA，3MPCA)、N-模 PCA((N-mode PCA)、高阶 SVD(Higher-order SVD，HOSVD)和 N-模 SVD(N-mode SVD)算法等，如表 5.2 所示。

表 5.2 Tucker 分解的其他不同称谓

方法名称	提出文献
3MFA/Tucker3	Tucker[25]
3MPCA	Kroonenberg 和 Leeuw[26]
N-模 PCA	Kapteyn 等[27]
HOSVD	Lathauwer 等[9]
N-模 SVD	Vasilescu 和 Terzopoulos[28]

Tucker 分解形式上根本是高阶 SVD 方法(HOSVD)，它把一个张量分解为核心(core)张量与各模因子矩阵的模-n 积(或者变换)，如图 5.9 所示。对于给定三阶张量 $\mathcal{X} \in \mathbb{R}^{I \times J \times K}$，Tucker 分解可以表达为

$$\mathcal{X} \approx \mathcal{G} \times_1 \boldsymbol{A} \times_2 \boldsymbol{B} \times_3 \boldsymbol{C} = \sum_{p=1}^{P}\sum_{q=1}^{Q}\sum_{r=1}^{R} g_{pqr} \boldsymbol{a}_p \circ \boldsymbol{b}_q \circ \boldsymbol{c}_r \equiv [\![\mathcal{G}; \boldsymbol{A}, \boldsymbol{B}, \boldsymbol{C}]\!] \tag{5.68}$$

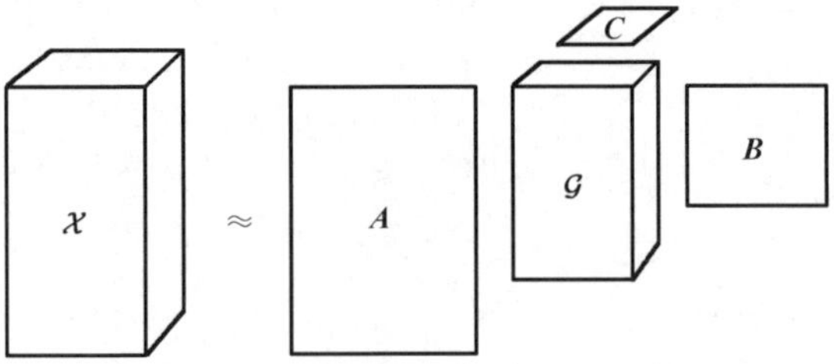

图 5.9 三阶张量的 Tucker 分解示意图

其中，$\boldsymbol{A}\in\mathbb{R}^{I\times P},\boldsymbol{B}\in\mathbb{R}^{J\times Q},\boldsymbol{C}\in\mathbb{R}^{K\times R}$，其表示因子矩阵，它们通常具有一定的正交性，可以看作是各个模式的主分量；而$\mathcal{G}\in\mathbb{R}^{P\times Q\times R}$表示核心张量，其元素反映了各个模式之间的交互与相互作用。

按照元素形式，Tucker 分解可以等价地表达为

$$x_{i,j,k}\approx\sum_{p=1}^{P}\sum_{q=1}^{Q}\sum_{r=1}^{R}g_{pqr}a_{ip}b_{jq}c_{kr},\quad i=1,2,\cdots,I;j=1,2,\cdots,J;k=1,2,\cdots,K \tag{5.69}$$

其中，P,Q,R 分别代表因子矩阵 $\boldsymbol{A},\boldsymbol{B},\boldsymbol{C}$ 中列向量的个数。由于 $P\leqslant I,Q\leqslant J,R\leqslant K$，因此核心张量$\mathcal{G}$可以看作是原始张量$\mathcal{X}$的压缩张量。

大多数逼近算法中，假设因子矩阵是列正交的，但是并不局限于正交。事实上，当 $P=Q=R$ 时，CP 分解等同于一种特殊的 Tucker 分解，此时核心张量是超对角张量。

按照矩阵形式，利用矩阵 Kronecker 积，Tucker 分解也可以等价地表达为

$$\begin{aligned}\boldsymbol{X}_{(1)}&=\boldsymbol{A}\boldsymbol{G}_{(1)}(\boldsymbol{C}\otimes\boldsymbol{B})^{\mathrm{T}}\\ \boldsymbol{X}_{(2)}&=\boldsymbol{B}\boldsymbol{G}_{(2)}(\boldsymbol{C}\otimes\boldsymbol{A})^{\mathrm{T}}\\ \boldsymbol{X}_{(3)}&=\boldsymbol{C}\boldsymbol{G}_{(3)}(\boldsymbol{B}\otimes\boldsymbol{A})^{\mathrm{T}}\end{aligned} \tag{5.70}$$

其中，$\boldsymbol{X}_{(n)}$为张量$\mathcal{X}$的模-n 展开矩阵。类比 CP 分解的矩阵形式，形式不同在于中间嵌入了核心张量$\mathcal{G}$的模-n 展开矩阵。

需要指出的是，三阶 Tucker 分解具有两种重要的简单形式变种。如果其中一个因子矩阵为单位阵，则可以得到所谓的 Tucker-2 分解，即

$$\mathcal{X}=\mathcal{G}\times_1\boldsymbol{A}\times_2\boldsymbol{B}\equiv[\![\mathcal{G};\boldsymbol{A},\boldsymbol{B},\boldsymbol{I}]\!] \tag{5.71}$$

相比原始的三阶张量 Tucker 分解，其唯一不同在于$\boldsymbol{C}\equiv\boldsymbol{I}\in\mathbb{R}^{K\times K}$，且$\mathcal{G}\in\mathbb{R}^{P\times Q\times K}$(注意，等价于式(5.36)中，$R=K$，$\boldsymbol{C}$ 为 $K\times K$ 单位矩阵的情形)。

类似地，如果两个因子矩阵为单位矩阵，则可以得到 Tucker-1 分解：

$$\mathcal{X}=\mathcal{G}\times_1\boldsymbol{A}\equiv[\![\mathcal{G};\boldsymbol{A},\boldsymbol{I},\boldsymbol{I}]\!] \tag{5.72}$$

即

$$\boldsymbol{X}_{(1)}\approx\boldsymbol{A}\boldsymbol{G}_{(1)} \tag{5.73}$$

换言之，此时 Tucker-1 分解等价于标准的 PCA。

将三阶张量 Tucker 分解形式推广到 N 阶张量$\mathcal{X}\in\mathbb{R}^{I_1\times I_2\times\cdots\times I_N}$，其分解为

$$\mathcal{X}=\sum_{r_1=1}^{R_1}\sum_{r_2=1}^{R_2}\cdots\sum_{r_N=1}^{R_n}g_{r_1r_2\cdots r_N}\boldsymbol{a}_{r_1}^{(1)}\circ\boldsymbol{a}_{r_2}^{(2)}\circ\cdots\circ\boldsymbol{a}_{r_N}^{(N)}\equiv[\![\mathcal{G};\boldsymbol{A}^{(1)},\boldsymbol{A}^{(2)},\cdots,\boldsymbol{A}^{(N)}]\!] \tag{5.74}$$

类似地 $\boldsymbol{A}^{(1)},\boldsymbol{A}^{(2)},\cdots,\boldsymbol{A}^{(N)}$ 表示各模式的因子矩阵，$\boldsymbol{A}^{(i)}\in\mathbb{R}^{I_i\times R_i}$ 。其元素形式：

$$x_{i,j,k}=\sum_{r_1=1}^{R_1}\sum_{r_2=1}^{R_2}\cdots\sum_{r_N=1}^{R_n}g_{r_1r_2\cdots r_N}a_{i_1r_1}^{(1)}a_{i_2r_2}^{(2)}\cdots a_{i_Nr_N}^{(N)},\quad i_n=1,2,\cdots;I_n;n=1,2,\cdots,N \tag{5.75}$$

采用 Kronecker 积的矩阵等价形式为

$$\boldsymbol{X}_{(n)}=\boldsymbol{A}^{(n)}\boldsymbol{G}_{(n)}\left(\left(\boldsymbol{A}^{(N)}\otimes\cdots\otimes\boldsymbol{A}^{(n+1)}\otimes\boldsymbol{A}^{(n-1)}\otimes\cdots\otimes\boldsymbol{A}^{(1)}\right)^{\mathrm{T}}\right) \tag{5.76}$$

类似地，如果因子矩阵中有一个或多个单位阵的情形，则可以得到一些变种形式。

上述形式是 Lathauwer 等人给出的推广[9]，并且形成如下定理。

定理 5.1[9] （高阶 SVD）每一个 N 阶张量 $\boldsymbol{\mathcal{X}}\in\mathbb{R}^{I_1\times I_2\times\cdots\times I_N}$ 均可以分解为模-n 积形式：

$$\boldsymbol{\mathcal{X}}\approx\sum_{r_1=1}^{R_1}\sum_{r_2=1}^{R_2}\cdots\sum_{r_N=1}^{R_n}g_{r_1r_2\cdots r_N}\boldsymbol{a}_{r_1}^{(1)}\circ\boldsymbol{a}_{r_2}^{(2)}\circ\cdots\circ\boldsymbol{a}_{r_N}^{(N)}\equiv\left[\!\left[\boldsymbol{\mathcal{G}};\boldsymbol{A}^{(1)},\boldsymbol{A}^{(2)},\cdots,\boldsymbol{A}^{(N)}\right]\!\right] \tag{5.77}$$

其中：

(1) $\boldsymbol{A}^{(n)}$ 是一个 $I_n\times R_n$ 的半正交矩阵，即 $\boldsymbol{A}^{(n)\mathrm{T}}\boldsymbol{A}^{(n)}=\boldsymbol{I}_{R_n}\in\mathbb{R}^{R_n\times R_n}$ ，且 $R_n\leqslant I_n$ ；

(2) 核心张量 $\boldsymbol{\mathcal{G}}\in\mathbb{R}^{R_1\times\cdots\times R_n}$ ，其子张量 $\boldsymbol{\mathcal{G}}_{r_n=\alpha}$ 是固定下标 $r_n=\alpha$ 不变得到的张量。

子张量具有以下性质。

(1) 全正交性，$\alpha\neq\beta$ 的两个核心张量 $\boldsymbol{\mathcal{G}}_{r_n=\alpha}$ 和 $\boldsymbol{\mathcal{G}}_{r_n=\beta}$ 正交：

$$\left\langle\boldsymbol{\mathcal{G}}_{r_n=\alpha},\boldsymbol{\mathcal{G}}_{r_n=\beta}\right\rangle=0,\forall\alpha\neq\beta \tag{5.78}$$

(2) 有序性：

$$\left\|\boldsymbol{\mathcal{G}}_{r_n=1}\right\|_{\mathrm{F}}\geqslant\left\|\boldsymbol{\mathcal{G}}_{r_n=2}\right\|_{\mathrm{F}}\geqslant\cdots\geqslant\left\|\boldsymbol{\mathcal{G}}_{r_n=N}\right\|_{\mathrm{F}} \tag{5.79}$$

上述定理本质上可以看作是矩阵 SVD 的高阶推广。回顾一下矩阵的 SVD 定理，我们知道对于二阶张量(矩阵) $\boldsymbol{X}\in\mathbb{R}^{I_1\times I_2}$ ，可以纳入上述框架，事实上 SVD 分解可以等价地写成 $\boldsymbol{X}=\boldsymbol{U}\boldsymbol{\Sigma}\boldsymbol{V}^{\mathrm{T}}=\boldsymbol{\Sigma}\times_1\boldsymbol{A}^{(1)}\times_2\boldsymbol{A}^{(2)}$，其中 $\boldsymbol{A}^{(1)}=\boldsymbol{U},\boldsymbol{A}^{(2)}=\boldsymbol{V}^{\mathrm{T}}$ 。左奇异矩阵 $\boldsymbol{A}^{(1)}$ 是 $I_1\times I_1$ 正交矩阵(复数时为酉阵)，右奇异矩阵 $\boldsymbol{A}^{(2)}$ 是 $I_2\times I_2$ 正交矩阵(复数时为酉阵)，矩阵 $\boldsymbol{A}^{(1)}$ 的秩为 R_1；同时，核心张量 $\boldsymbol{\Sigma}=\mathrm{diag}(\sigma_1,\cdots,\sigma_N)$，其奇异值顺序满足 $\sigma_1\geqslant\sigma_2\geqslant\cdots\geqslant\sigma_N\geqslant0$ 。

但是与矩阵的 SVD 不同，核心张量 $\boldsymbol{\mathcal{G}}\in\mathbb{R}^{R_1\times\cdots\times R_n}$ 不一定取对角结构，一般是一个满张量，即其非对角元素通常都不为零，核心张量体现为与各模式矩阵之间的相互作用，如图 5.10 和图 5.11 所示。

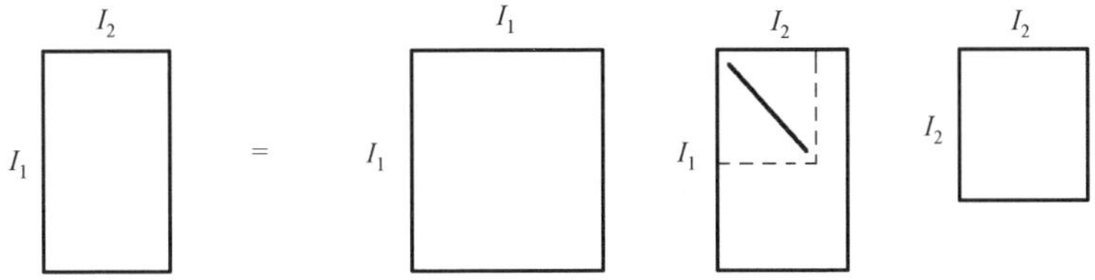

图 5.10　矩阵 SVD 的可视化

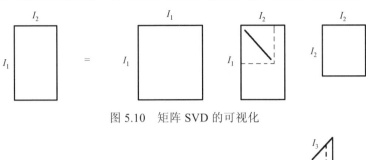

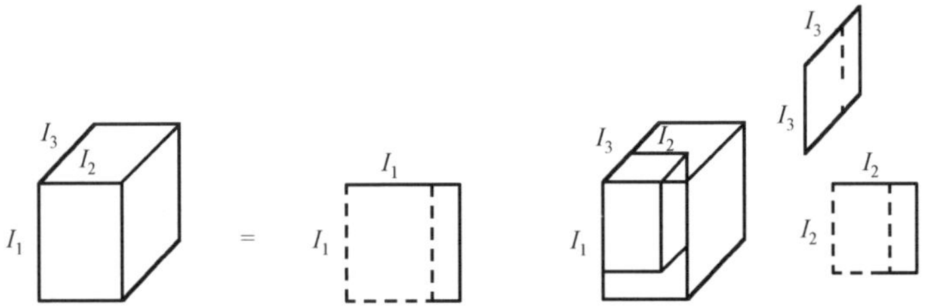

图 5.11　高阶张量 SVD 的可视化

容易得到如下推论。

推论 5.1[9]　N 阶张量 $\mathcal{X} \in \mathbb{R}^{I_1 \times I_2 \times \cdots \times I_N}$ 的 Tucker 分解或者高阶 SVD 存在如下转化关系：

$$\mathcal{X} = \mathcal{G} \times_1 \boldsymbol{A}^{(1)} \times_2 \cdots \times_N \boldsymbol{A}^{(N)} \Rightarrow \quad \mathcal{G} = \mathcal{X} \times_1 \boldsymbol{A}^{(1)\mathrm{T}} \times_2 \cdots \times_N \boldsymbol{A}^{(N)\mathrm{T}} \tag{5.80}$$

其中，核心张量 $\mathcal{G} \in \mathbb{R}^{R_1 \times \cdots \times R_n}$， $\boldsymbol{A}^{(n)}$ 是一个 $I_n \times R_n$ 的矩阵且 $R_n \leqslant I_n$。

事实上，$\mathcal{X} = \mathcal{G} \times_1 \boldsymbol{A}^{(1)} \times_2 \cdots \times_N \boldsymbol{A}^{(N)}$，由模-$n$ 积的性质，其可以等价地写为

$$\mathcal{X} = \mathcal{G} \times_N \boldsymbol{A}^{(N)\mathrm{T}} \times_{N-1} \cdots \times_1 \boldsymbol{A}^{(1)\mathrm{T}} \tag{5.81}$$

两边同时模-n 乘 $\boldsymbol{A}^{(1)}$，则

$$\mathcal{X} \times_N \boldsymbol{A}^{(1)} = (\mathcal{G} \times_N \boldsymbol{A}^{(N)\mathrm{T}} \times_{N-1} \cdots \times_1 \boldsymbol{A}^{(2)\mathrm{T}}) \times_1 \boldsymbol{A}^{(1)\mathrm{T}} \times_1 \boldsymbol{A}^{(1)}$$

由 $\mathcal{X} \times_n \boldsymbol{A} \times_n \boldsymbol{B} = \mathcal{X} \times_n (\boldsymbol{AB})$，同时由定理 5.1，注意到 $\boldsymbol{A}^{(1)\mathrm{T}} \times_1 \boldsymbol{A}^{(1)} = \boldsymbol{I}_{R_1}$，则 $\mathcal{X} \times_1 \boldsymbol{A}^{(1)\mathrm{T}} = \mathcal{G} \times_N \boldsymbol{A}^{(N)\mathrm{T}} \times_{N-1} \cdots \times_1 \boldsymbol{A}^{(2)\mathrm{T}}$，依次类推，可得

$$\mathcal{G} = \mathcal{X} \times_1 \boldsymbol{A}^{(1)\mathrm{T}} \times_2 \cdots \times_N \boldsymbol{A}^{(N)\mathrm{T}}$$

总结而言，Tucker 分解与两种算子相关，第一种算子称为 Tucker 算子，是执行模-n 积的简写。对于给定张量的每一种模态，可以用它来一致地表示 Tucker 分解。第二个算子，称为 Kruskal 运算符，是 N 个矩阵列的外积之和，允许与矩阵分离的 CP 分解或平行因子(PARAFAC)分解表示框架下的一致表达式[29]。

5.4.2　Tucker 分解缺乏唯一性以及改进

Tucker 分解缺乏唯一性。以三阶张量 $\mathcal{X} \in \mathbb{R}^{I \times J \times K}$ 为例，Tucker 分解可以表达为

$\mathcal{X} \approx [\![\mathcal{G}; \boldsymbol{A}, \boldsymbol{B}, \boldsymbol{C}]\!]$，但是很容易证明，当 $\boldsymbol{U} \in \mathbb{R}^{P\times P}$，$\boldsymbol{V} \in \mathbb{R}^{Q\times Q}$，$\boldsymbol{W} \in \mathbb{R}^{R\times R}$ 均是非奇异矩阵时，有下式成立：

$$[\![\mathcal{G}; \boldsymbol{A}, \boldsymbol{B}, \boldsymbol{C}]\!] = [\![\mathcal{G} \times_1 \boldsymbol{U} \times_2 \boldsymbol{V} \times_3 \boldsymbol{W}; \boldsymbol{A}\boldsymbol{U}^{-1}, \boldsymbol{B}\boldsymbol{V}^{-1}, \boldsymbol{C}\boldsymbol{W}^{-1}]\!] \tag{5.82}$$

这就意味着，可以对核心张量进行模-n 积变换，然后对各因子矩阵实施逆变换，不影响张量分解的结果。

同时，由式(5.82)，Tucker 分解的自由度也给进一步压缩核心张量提供可能，即可以构造可逆的变换，使得核心张量尽可能稀疏(即零元素尽可能多)，这样可减少或消除与因子矩阵的交互，从而改善唯一性。虽然，不太可能将核心张量变换为超对角张量，但是使得核心张量的大量元素为零或者很小是可能的。基于这样的理念，研究者尝试给出一些改进的方法。一种可能的方法是引入正交变换，并引入核心张量的“简洁性”(simplicity)度量，并将这种约束加入目标函数进行最优化求解[28]。另一种思路是假设核心张量的对角元素尽可能大，通过雅可比类型的算法最大化核心张量的对角元素[30,31]。

5.4.3 Tucker 分解算法

本节介绍 Tucker 分解算法。目前有三大类算法：一是 Tucker 提出的高阶 SVD 算法(HOSVD)[6,22-26]；二是 HOSVD 的交替最小二乘算法(HOSVD-ALS)[6]；三是 Lathauwer 提出的高阶正交迭代(high-order orthogonal iteration，HOOI)算法[32]。

5.4.3.1 HOSVD

作为张量分解的鼻祖式人物，Tucker 早期就思考如何进行有效的张量分解，他在 1966 年发表的 *Some mathematical notes on three-mode factor analysis* 中设计了三种分解算法，虽然是针对三阶张量，但其方法可以自然推广到更高阶情形。当时的计算能力阻碍了其进行较大张量数据分解的数值实验，因为当时条件下即使是 300×300 的矩阵，SVD 分解都可能超出计算能力。由 Tucker 给出的第一种方法影响较为深远，其原理似乎是 5.4.1 节中提到的 Tucker-1 分解(式(5.72))，类似于独立的对各模式进行因子分解。现在，该算法往往命名为 HOSVD 算法(算法 5.3)，由 Lathauwer 等人在文献[9]中提出，之所以这样命名是因为他们证明 Tucker-1 分解算法是矩阵 SVD 算法的推广。在 5.4.1 节中，见定理 5.1 及其分析。

考虑 N 阶张量 $\mathcal{X} \in \mathbb{R}^{I_1\times I_2\times\cdots\times I_N}$，由高阶 SVD 分解定理以及式(5.4)，可得

$$\boldsymbol{X}_{(n)} \approx \boldsymbol{A}^{(n)}\boldsymbol{G}_{(n)}((\boldsymbol{A}^{(N)} \otimes \cdots \otimes \boldsymbol{A}^{(n+1)} \otimes \boldsymbol{A}^{(n-1)} \otimes \cdots \otimes \boldsymbol{A}^{(1)})^{\mathrm{T}}) \tag{5.83}$$

满足 $\boldsymbol{A}^{(n)\mathrm{T}}\boldsymbol{A}^{(n)} = \boldsymbol{I}_{R_n} \in \mathbb{R}^{R_n\times R_n}$，且 $R_n \leqslant I_n$。

不妨令 $\boldsymbol{B}^{(n)} = (\boldsymbol{A}^{(N)} \otimes \cdots \otimes \boldsymbol{A}^{(n+1)} \otimes \boldsymbol{A}^{(n-1)} \otimes \cdots \otimes \boldsymbol{A}^{(1)})^{\mathrm{T}}$，由 $(\boldsymbol{A}\otimes\boldsymbol{C})(\boldsymbol{B}\otimes\boldsymbol{D}) = (\boldsymbol{A}\boldsymbol{B})$

$\otimes(\boldsymbol{CD})$，可以证明：

$$\boldsymbol{B}^{(n)}\boldsymbol{B}^{(n)\mathrm{T}} = \boldsymbol{I}_{R_{n+1}} \otimes \cdots \otimes \boldsymbol{I}_{R_N} \otimes \boldsymbol{I}_{R_1} \otimes \cdots \otimes \boldsymbol{I}_{R_{n-1}} = \boldsymbol{I}_{R_1 \cdots R_{n-1} R_{n+1} \cdots R_N} \tag{5.84}$$

这就意味着 $\boldsymbol{X}_{(n)} \approx \boldsymbol{A}^{(n)}\boldsymbol{G}_{(n)}\boldsymbol{B}^{(n)}$ 实质上就是矩阵的 SVD 截断形式。给定有效秩 R_n，则有：

$$\boldsymbol{X}_{(n)} = \boldsymbol{U}^{(n)}\boldsymbol{\Sigma}^{(n)}\boldsymbol{V}^{(n)\mathrm{T}} = \boldsymbol{A}^{(n)}\boldsymbol{G}_{(n)}\boldsymbol{B}^{(n)} \tag{5.85}$$

$$\boldsymbol{G}_{(n)} = \boldsymbol{\Sigma}^{(n)}\boldsymbol{V}^{(n)\mathrm{T}}\boldsymbol{B}^{(n)} \tag{5.86}$$

算法 5.3[6,26]　HOSVD（$\mathcal{X}$，$R_1, R_2, \cdots, R_N$）

输入： N 阶张量 $\mathcal{X} \in \mathbb{R}^{I_1 \times I_2 \times \cdots \times I_N}$，待抽取分量的个数 $R_1, R_2, \cdots, R_N$。

(1) 计算张量 $\mathcal{X}$ 的模-n 水平展开矩阵 $\boldsymbol{X}_{(n)}, n = 1, 2, \cdots, N$。

(2) 主循环过程。

for n=1,2,⋯,N

　$\boldsymbol{X}_{(n)} = \boldsymbol{U}\boldsymbol{\Sigma}\boldsymbol{V}$；//计算奇异值分解

　$\boldsymbol{A}^{(n)} \leftarrow \boldsymbol{U}(:, 1:R_n)$；//确定前 R_N 个左奇异向量构造模-n 因子矩阵 $\boldsymbol{A}^{(n)}$

end for

$\mathcal{G} \leftarrow \mathcal{X} \times_1 \boldsymbol{A}^{(1)\mathrm{T}} \times_2 \cdots \times_N \boldsymbol{A}^{(N)\mathrm{T}}$ //计算核心张量

输出： 因子矩阵 $\boldsymbol{A}^{(1)}, \cdots, \boldsymbol{A}^{(N)}$ 和核心张量 $\mathcal{G}$。

5.4.3.2　Tucker 分解的交替最小二乘算法

前面介绍过 CP 分解的交替最小二乘算法。现在，可以按照类似的方法设计 Tucker 分解的交替最小二乘算法(Tucker-ALS)(算法 5.4)。给定 N 阶张量数据 $\mathcal{X} \in \mathbb{R}^{I_1 \times I_2 \times \cdots \times I_N}$，假设其可建模为以下几种。

问题 5.1

$$\mathcal{X} = \mathcal{G} \times_1 \boldsymbol{A}^{(1)} \times_2 \cdots \times_N \boldsymbol{A}^{(N)} + \mathcal{E} \quad \text{s.t.} \quad \mathcal{G} \in \mathbb{R}^{R_1 \times \cdots \times R_n} \tag{5.87}$$

其中，$\boldsymbol{A}^{(n)}$ 是一个 $I_n \times R_n$ 的正交矩阵，即 $\boldsymbol{A}^{(n)\mathrm{T}}\boldsymbol{A}^{(n)} = \boldsymbol{I}_{R_n} \in \mathbb{R}^{R_n \times R_n}$，且 $R_n \leqslant I_n$，$\boldsymbol{A}^{(n)}$ 为模-n 因子矩阵；$\mathcal{E} \in \mathbb{R}^{I_1 \times I_2 \times \cdots \times I_N}$ 表示噪声或者建模误差张量。则上述问题可以建模为最优化问题。

问题 5.2

$$\min_{\boldsymbol{A}^{(1)}, \cdots, \boldsymbol{A}^{(N)}} \left\| \mathcal{X} - \mathcal{G} \times_1 \boldsymbol{A}^{(1)} \times_2 \cdots \times_N \boldsymbol{A}^{(N)} \right\|_{\mathrm{F}}^2 \tag{5.88}$$

且 $\boldsymbol{A}^{(n)}$ 是一个 $I_n \times R_n$ 的正交矩阵，即 $\boldsymbol{A}^{(n)\mathrm{T}}\boldsymbol{A}^{(n)} = \boldsymbol{I}_{R_n} \in \mathbb{R}^{R_n \times R_n}$，且 $R_n \leqslant I_n$。

这是一个多变量耦合优化问题，因此通过交替最小二乘法(ALS)去耦合。但与 CP-ALS 方法不同，Tucker-ALS 采取了一种“记忆式”交替迭代更新方式，在第 k+1

次迭代中,用已经更新的因子矩阵 $\boldsymbol{A}_{k+1}^{(1)},\boldsymbol{A}_{k+1}^{(2)},\cdots,\boldsymbol{A}_{k+1}^{(i-1)}$ 和在第 k 次更新过的 $\boldsymbol{A}_{k}^{(n+1)},\cdots,\boldsymbol{A}_{k}^{(N)}$ 来求 $\boldsymbol{A}_{k}^{(n)}$ 的最小二乘解。以 $\boldsymbol{A}_{k+1}^{(n)}$ $(1<n<N)$ 为例，求解如下优化问题 5.3。

问题 5.3

$$\boldsymbol{A}_{k+1}^{(n)}=\arg\min_{\boldsymbol{A}^{(n)}}\left\|\boldsymbol{\mathcal{X}}-\boldsymbol{\mathcal{G}}\times_1 \boldsymbol{A}_{k+1}^{(1)}\times_2\cdots\times_{i-1}\boldsymbol{A}_{k+1}^{(n-1)}\times_i \boldsymbol{A}^{(n)}\times_{i+1}\boldsymbol{A}_{k}^{(n+1)}\times_{i+2}\cdots\times_N \boldsymbol{A}_{k}^{(N)}\right\|_{\mathrm{F}}^2 \tag{5.89}$$

利用 Kronecker 积的矩阵等价形式，等价表达为问题 5.4。

问题 5.4

$$\boldsymbol{A}_{k+1}^{(n)}=\arg\min_{\boldsymbol{A}^{(n)}}\left\|\boldsymbol{X}_{(n)}-\boldsymbol{A}^{(n)}\boldsymbol{G}_{(n)}((\boldsymbol{A}_{k}^{(N)}\otimes\cdots\otimes\boldsymbol{A}_{k}^{(n+1)}\otimes\boldsymbol{A}_{k+1}^{(n-1)}\otimes\cdots\otimes\boldsymbol{A}_{k+1}^{(1)})^{\mathrm{T}})\right\|_{\mathrm{F}}^2 \tag{5.90}$$

相当于求解 $\boldsymbol{X}_{(n)}=\boldsymbol{A}^{(n)}\boldsymbol{G}_{(n)}((\boldsymbol{A}_{k}^{(N)}\otimes\cdots\otimes\boldsymbol{A}_{k}^{(n+1)}\otimes\boldsymbol{A}_{k}^{(n-1)}\otimes\cdots\otimes\boldsymbol{A}_{k}^{(1)})^{\mathrm{T}})$ 的最小二乘解。令 $\boldsymbol{B}^{(n)}=(\boldsymbol{A}_{k}^{(N)}\otimes\cdots\otimes\boldsymbol{A}_{k}^{(n+1)}\otimes\boldsymbol{A}_{k+1}^{(n-1)}\otimes\cdots\otimes\boldsymbol{A}_{k+1}^{(1)})$，在矩阵的两边右乘 $\boldsymbol{B}^{(n)}$，可得

$$\boldsymbol{X}_{(n)}\boldsymbol{B}^{(n)}=\boldsymbol{A}^{(n)}\boldsymbol{G}_{(n)}\boldsymbol{B}^{(n)\mathrm{T}}\boldsymbol{B}^{(n)} \tag{5.91}$$

若对左边矩阵进行 SVD 分解：$\mathrm{SVD}(\boldsymbol{X}_{(n)}\boldsymbol{B}^{(n)})=\boldsymbol{U}^{(n)}\boldsymbol{\Sigma}^{(n)}\boldsymbol{V}^{(n)}$，则取前 R_n 个左奇异向量作为矩阵 $\boldsymbol{A}^{(n)}$ 的估计，即 $\boldsymbol{A}_{k+1}^{(n)}=\boldsymbol{U}^{(n)}(:,1:R_n)$。

对于 $\boldsymbol{A}_{k+1}^{(n)}$ 和 $\boldsymbol{A}_{k+1}^{(N)}$，类似地，仅仅 $\boldsymbol{B}^{(1)}=\boldsymbol{A}_{k}^{(N)}\otimes\boldsymbol{A}_{k}^{(N-1)}\otimes\cdots\otimes\boldsymbol{A}_{k}^{(2)}$；而 $\boldsymbol{B}^{(N)}=\boldsymbol{A}_{k+1}^{(N-1)}\otimes\cdots\otimes\boldsymbol{A}_{k+1}^{(1)}$，则 $\mathrm{SVD}(\boldsymbol{X}_{(1)}\boldsymbol{B}^{(1)})=\boldsymbol{U}^{(1)}\boldsymbol{\Sigma}^{(1)}\boldsymbol{V}^{(1)}$，$\mathrm{SVD}(\boldsymbol{X}_{(N)}\boldsymbol{B}^{(N)})=\boldsymbol{U}^{(N)}\boldsymbol{\Sigma}^{(N)}\boldsymbol{V}^{(N)}$，这样 $\boldsymbol{A}_{k+1}^{(1)}=\boldsymbol{U}^{(1)}(:,1:R_1)$，$\boldsymbol{A}_{k+1}^{(N)}=\boldsymbol{U}^{(N)}(:,1:R_N)$。

当因子矩阵全部收敛，并且满足正交条件 $\boldsymbol{A}^{(n)\mathrm{T}}\boldsymbol{A}^{\mathrm{T}}=I_{R_n},n=1,\cdots,N$，由于 $(\boldsymbol{A}^{(N)}\otimes\cdots\otimes\boldsymbol{A}^{(2)})^{\mathrm{T}}(\boldsymbol{A}^{(N)}\otimes\cdots\otimes\boldsymbol{A}^{(2)})=I_{R_N R_{N-1}\cdots R_2}$，因此在式(5.91)两边左乘因子矩阵 $\boldsymbol{A}^{(1)\mathrm{T}}$，有：

$$\boldsymbol{G}_{(1)}=\boldsymbol{A}^{(1)\mathrm{T}}\boldsymbol{X}_{(n)}(\boldsymbol{A}^{(N)}\otimes\cdots\otimes\boldsymbol{A}^{(2)}) \tag{5.92}$$

类似地也可以求取其他的模-n 展开矩阵。

以上讨论可以总结出下面的交替最小二乘算法。

算法 5.4　Tucker-ALS($\boldsymbol{\mathcal{X}}$, $R_1,R_2,\cdots,R_N$)

输入： N 阶张量 $\boldsymbol{\mathcal{X}}\in\mathbb{R}^{I_1\times I_2\times\cdots\times I_N}$，待抽取分量的个数 $R_1,R_2,\cdots,R_N$。

(1) 计算张量 $\boldsymbol{\mathcal{X}}$ 的模式-n 水平展开矩阵 $\boldsymbol{X}_{(n)},n=1,2,\cdots,N$。

(2) 初始化因子矩阵 $\boldsymbol{A}^{(2)},\boldsymbol{A}^{(3)},\cdots,\boldsymbol{A}^{(N)}$ //算法不需要初始化 $\boldsymbol{A}^{(1)}$

repeat(收敛条件不满足)　// 外循环迭代

　　for n=1 to N　do //内循环，更新因子矩阵

　　　　当 n=1

　　　　{ $\mathrm{SVD}\left[\boldsymbol{X}_{(1)}(\boldsymbol{A}^{(N)}\otimes\boldsymbol{A}^{(N-1)}\otimes\cdots\otimes\boldsymbol{A}^{(2)})\right]=\boldsymbol{U}^{(1)}\boldsymbol{\Sigma}^{(1)}\boldsymbol{V}^{(1)}$；

　　　　　$\boldsymbol{A}^{(1)}\leftarrow\boldsymbol{U}^{(1)}(:,1:R_1)$；//前 R_1 个左奇异向量作为因子矩阵

}

当 $n>1\&\&n<N$

{

SVD$\left[\boldsymbol{X}_{(n)}(\boldsymbol{A}^{(N)}\otimes\boldsymbol{A}^{(N-1)}\otimes\cdots\otimes\boldsymbol{A}^{(n+1)}\otimes\boldsymbol{A}^{(n-1)}\otimes\cdots\otimes\boldsymbol{A}^{(1)})\right]=\boldsymbol{U}^{(n)}\boldsymbol{\Sigma}^{(n)}\boldsymbol{V}^{(n)}$

$\boldsymbol{A}^{(n)}\leftarrow\boldsymbol{U}^{(n)}(:,1:R_n)$；//前 R_n 个左奇异向量作为因子矩阵

}

当 $n=N$

{

SVD$\left[\boldsymbol{X}_{(N)}(\boldsymbol{A}^{(N-1)}\otimes\boldsymbol{A}^{(N-1)}\otimes\cdots\otimes\boldsymbol{A}^{(1)})\right]=\boldsymbol{U}^{(N)}\boldsymbol{\Sigma}^{(N)}\boldsymbol{V}^{(N)}$

$\boldsymbol{A}^{(N)}\leftarrow\boldsymbol{U}^{(N)}(:,1:R_N)$；//前 R_N 个左奇异向量作为因子矩阵

}

end for

until　收敛条件

(3) $\boldsymbol{G}_{(1)}\leftarrow\boldsymbol{A}^{(1)\mathrm{T}}\boldsymbol{X}_{(1)}(\boldsymbol{A}^{(N)}\otimes\cdots\otimes\boldsymbol{A}^{(2)})$ // 计算核心张量

$\boldsymbol{\mathcal{G}}=\mathrm{reshape}(\boldsymbol{G}_{(1)})$；

输出：因子矩阵 $\boldsymbol{A}^{(1)},\cdots,\boldsymbol{A}^{(N)}$ 和核心张量 $\boldsymbol{\mathcal{G}}$。

上述算法是 Tucker3-ALS 算法的推广形式。注意到，该算法的复杂度高，其原因是 Kronecker 积运算和 SVD 分解。由于采取“记忆式”交替迭代更新形式，需要不断利用上次计算的因子矩阵通过 Kronecker 积更新 $\boldsymbol{B}^{(n)}$，并且计算 SVD 分解。

5.4.3.3　HOOI

Lathauwer 等提出了 HOOI 算法(算法 5.5)[32]。

下面将优化问题 5.2(式(5.88))写成等价最优化形式：

$$\min_{\boldsymbol{A}^{(1)},\cdots,\boldsymbol{A}^{(N)}}\left\|\mathrm{vec}(\boldsymbol{\mathcal{X}})-(\boldsymbol{A}^{(N)}\times_2\cdots\times_N\boldsymbol{A}^{(1)})\mathrm{vec}(\boldsymbol{\mathcal{G}})\right\|_{\mathrm{F}}^2 \tag{5.93}$$

则直接可以证明：

$$\boldsymbol{\mathcal{G}}=\boldsymbol{\mathcal{X}}\times_1\boldsymbol{A}^{(1)\mathrm{T}}\times_2\cdots\times_N\boldsymbol{A}^{(N)\mathrm{T}} \tag{5.94}$$

同时

$$\begin{aligned}\left\|\boldsymbol{\mathcal{X}}-\boldsymbol{\mathcal{G}}\times_1\boldsymbol{A}^{(1)}\times_2\cdots\times_N\boldsymbol{A}^{(N)}\right\|_{\mathrm{F}}^2&=\|\boldsymbol{\mathcal{X}}\|_{\mathrm{F}}^2-2\left\langle\boldsymbol{\mathcal{X}}\times_1\boldsymbol{A}^{(1)\mathrm{T}}\times_2\cdots\times_N\boldsymbol{A}^{(N)\mathrm{T}},\boldsymbol{\mathcal{G}}\right\rangle+\|\boldsymbol{\mathcal{G}}\|_{\mathrm{F}}^2\\&=\|\boldsymbol{\mathcal{X}}\|_{\mathrm{F}}^2-2\langle\boldsymbol{\mathcal{G}},\boldsymbol{\mathcal{G}}\rangle+\|\boldsymbol{\mathcal{G}}\|_{\mathrm{F}}^2\\&=\|\boldsymbol{\mathcal{X}}\|_{\mathrm{F}}^2-\|\boldsymbol{\mathcal{G}}\|_{\mathrm{F}}^2\\&=\|\boldsymbol{\mathcal{X}}\|_{\mathrm{F}}^2-\left\|\boldsymbol{\mathcal{X}}\times_1\boldsymbol{A}^{(1)\mathrm{T}}\times_2\cdots\times_N\boldsymbol{A}^{(N)\mathrm{T}}\right\|_{\mathrm{F}}^2\end{aligned} \tag{5.95}$$

则目标函数的最小化问题可以转化为最大化问题：

$$\max_{\boldsymbol{A}^{(1)},\cdots,\boldsymbol{A}^{(N)}} \left\| \boldsymbol{\mathcal{X}} \times_1 \boldsymbol{A}^{(1)\mathrm{T}} \times_2 \cdots \times_N \boldsymbol{A}^{(N)\mathrm{T}} \right\|_{\mathrm{F}}^2 \tag{5.96}$$

且 $\boldsymbol{A}^{(n)}$ 是一个 $I_n \times R_n$ 的正交矩阵，即 $\boldsymbol{A}^{(n)\mathrm{T}}\boldsymbol{A}^{(n)} = \boldsymbol{I}_{R_n} \in \mathbb{R}^{R_n \times R_n}$，且 $R_n \leqslant I_n$。

在交替最小二乘迭代过程中，上述目标函数可以针对单个因子矩阵等价地写成矩阵形式的优化问题。

问题 5.5

$$\max_{\boldsymbol{A}^{(n)}} \left\| \boldsymbol{A}^{(n)\mathrm{T}} \boldsymbol{W} \right\|_{\mathrm{F}}^2, \quad \boldsymbol{W} = \boldsymbol{X}_{(n)}(\boldsymbol{A}^{(N)} \otimes \cdots \otimes \boldsymbol{A}^{(n+1)} \otimes \boldsymbol{A}^{(n-1)} \otimes \cdots \otimes \boldsymbol{A}^{(1)}) \tag{5.97}$$

则因子矩阵 $\boldsymbol{A}^{(n)}$ 可以由矩阵 $\boldsymbol{W}$ 的 SVD 分解后的前 R_n 个左奇异向量确定。当方法收敛时可以得到所有的因子矩阵，但是并不能保证收敛到原始问题的全局最优解。Bro 在 1998 年进一步考虑了 HOOI 算法的加速迭代过程，他们具体分析了计算过程的优化，初始化策略以及快速计算左奇异向量。

算法 5.5[33]　HOOI（$\boldsymbol{\mathcal{X}}, R_1, R_2, \cdots, R_N$）

输入：N 阶张量 $\boldsymbol{\mathcal{X}} \in \mathbb{R}^{I_1 \times I_2 \times \cdots \times I_N}$，待抽取分量的个数 $R_1, R_2, \cdots, R_N$。

(1) 利用 HOSVD 初始化因子矩阵 $\boldsymbol{A}^{(n)} \in \mathbb{R}^{I_n \times R_n}$，$n = 1, \cdots, N$；

(2) Repeat　// 外循环迭代

　　for　n=1 to N　do //内循环，更新因子矩阵

　　$\boldsymbol{W} \leftarrow \boldsymbol{X}_{(n)}(\boldsymbol{A}^{(N)} \otimes \cdots \otimes \boldsymbol{A}^{(n+1)} \otimes \boldsymbol{A}^{(n-1)} \otimes \cdots \otimes \boldsymbol{A}^{(1)})$

　　$\boldsymbol{A}^{(n)} \leftarrow \boldsymbol{W}$ 的 R_n 个左奇异向量构成的矩阵;

　　end for

(3) $\boldsymbol{\mathcal{G}} \leftarrow \boldsymbol{\mathcal{X}} \times_1 \boldsymbol{A}^{(1)\mathrm{T}} \times \cdots \times_N \boldsymbol{A}^{(N)\mathrm{T}}$；

until　$\|\boldsymbol{\mathcal{X}}\|_{\mathrm{F}}^2 - \|\boldsymbol{\mathcal{G}}\|_{\mathrm{F}}^2$ 不再递减；// 该终止条件本质上是正交条件

输出：因子矩阵 $\boldsymbol{A}^{(1)}, \cdots, \boldsymbol{A}^{(N)}$ 和核心张量 $\boldsymbol{\mathcal{G}}$。

5.5　相关要点、应用与拓展

5.5.1　CP 与 Tucker 分解的要点

本章至此已经介绍了两个代表性张量分解方法，即 CP 分解与 Tucker 分解。相比于提供平面二维视图的矩阵，以多线性代数为数学基石的张量表示方法具有内在的优势，包括能够对多元变量间的多路线性关系进行建模，支持多模态、不完整和有噪声的数据。借助于多线性代数，张量表示在多线性分量分析中更具灵活性。

表 5.3 和表 5.4 分解汇总了三阶张量和 N 阶张量分别在 CP 和 Tucker 分解框架下的等价表示形式。

表 5.3　三阶张量 $\mathcal{X}\in\mathbb{R}^{I\times J\times K}$ 的 CP 和 Tucker 分解的等价表示形式

	CP 分解	Tucker 分解
标量表示	$x_{i,j,k}=\sum_{r=1}^{R}a_{ir}b_{jr}c_{kr}$	$x_{i,j,k}=\sum_{p=1}^{P}\sum_{q=1}^{Q}\sum_{r=1}^{R}g_{pqr}a_{ip}b_{jq}c_{kr}$
外积	$\mathcal{X}=\sum_{r=1}^{R}\boldsymbol{a}_{(r)}\circ\boldsymbol{b}_{(r)}\circ\boldsymbol{c}_{(r)}$	$\mathcal{X}=\sum_{p=1}^{P}\sum_{q=1}^{Q}\sum_{r=1}^{R}g_{pqr}\boldsymbol{a}_p\circ\boldsymbol{b}_q\circ\boldsymbol{c}_r$
多线性模-n 积	$\mathcal{X}=\boldsymbol{\lambda}\times\boldsymbol{A}\times\boldsymbol{B}\times\boldsymbol{C}$ $=[\![\boldsymbol{\lambda};\boldsymbol{A},\boldsymbol{B},\boldsymbol{C}]\!]$	$\mathcal{X}=\mathcal{G}\times_1\boldsymbol{A}\times_2\boldsymbol{B}\times_3\boldsymbol{C}$ $=[\![\mathcal{G};\boldsymbol{A},\boldsymbol{B},\boldsymbol{C}]\!]$
矩阵表示	$\boldsymbol{X}_{(1)}\approx\boldsymbol{A}(\boldsymbol{C}\odot\boldsymbol{B})^{\mathrm{T}}$ $\boldsymbol{X}_{(2)}\approx\boldsymbol{B}(\boldsymbol{C}\odot\boldsymbol{A})^{\mathrm{T}}$ $\boldsymbol{X}_{(3)}\approx\boldsymbol{C}(\boldsymbol{B}\odot\boldsymbol{A})^{\mathrm{T}}$	$\boldsymbol{X}_{(1)}\approx\boldsymbol{A}\boldsymbol{G}_{(1)}(\boldsymbol{C}\otimes\boldsymbol{B})^{\mathrm{T}}$ $\boldsymbol{X}_{(2)}\approx\boldsymbol{B}\boldsymbol{G}_{(2)}(\boldsymbol{C}\otimes\boldsymbol{A})^{\mathrm{T}}$ $\boldsymbol{X}_{(3)}\approx\boldsymbol{C}\boldsymbol{G}_{(3)}(\boldsymbol{B}\otimes\boldsymbol{A})^{\mathrm{T}}$
向量表示	$\mathrm{vec}(\mathcal{X})=(\boldsymbol{A}\odot\boldsymbol{B}\odot\boldsymbol{C})\boldsymbol{\lambda}$	$\mathrm{vec}(\mathcal{X})=(\boldsymbol{A}\odot\boldsymbol{B}\odot\boldsymbol{C})\mathrm{vec}(\mathcal{G})$

表 5.4　N 阶张量 $\mathcal{X}\in\mathbb{R}^{I_1\times I_2\times\cdots\times I_N}$ 的 CP 和 Tucker 分解的等价表示形式

	CP 分解	Tucker 分解
标量表示	$x_{i,j,k}=\sum_{r=1}^{R}a_{ir}b_{jr}c_{kr}$	$x_{i,j,k}=\sum_{p=1}^{P}\sum_{q=1}^{Q}\sum_{r=1}^{R}g_{pqr}a_{ip}b_{jq}c_{kr}$
外积	$\mathcal{X}=\sum_{r=1}^{R}\lambda_r\boldsymbol{a}_r^{(1)}\circ\boldsymbol{a}_r^{(2)}\circ\cdots\circ\boldsymbol{a}_r^{(N)}$	$\mathcal{X}=\sum_{r_1=1}^{R_1}\sum_{r_2=1}^{R_2}\cdots\sum_{r_N=1}^{R_n}g_{r_1r_2\cdots r_N}\boldsymbol{a}_{r_1}^{(1)}\circ\boldsymbol{a}_{r_2}^{(2)}\circ\cdots\circ\boldsymbol{a}_{r_N}^{(N)}$
多线性模-n 积	$\mathcal{X}=\boldsymbol{\Lambda}\times_1\boldsymbol{A}^{(1)}\times\cdots\times_N\boldsymbol{A}^{(N)}$ $=[\![\boldsymbol{\Lambda};\boldsymbol{A}^{(1)},\boldsymbol{A}^{(2)},\cdots,\boldsymbol{A}^{(N)}]\!]$	$\mathcal{X}=\mathcal{G}\times_1\boldsymbol{A}^{(1)}\times\cdots\times_N\boldsymbol{A}^{(N)}$ $=[\![\mathcal{G};\boldsymbol{A}^{(1)},\boldsymbol{A}^{(2)},\cdots,\boldsymbol{A}^{(N)}]\!]$
矩阵表示	$\boldsymbol{X}_{(n)}=\boldsymbol{A}^{(n)}\boldsymbol{\Lambda}\left(\bigodot_{m=N,m\neq n}^{1}\boldsymbol{A}^{(m)}\right)^{\mathrm{T}}$	$\boldsymbol{X}_{(n)}=\boldsymbol{A}^{(n)}\boldsymbol{G}_{(n)}\left(\bigotimes_{m=N,m\neq n}^{1}\boldsymbol{A}^{(m)}\right)^{\mathrm{T}}$
向量表示	$\mathrm{vec}(\mathcal{X})=\left(\bigodot_{m=N}^{1}\boldsymbol{A}^{(m)}\right)\boldsymbol{\lambda}$	$\mathrm{vec}(\mathcal{X})=\left(\bigotimes_{m=N}^{1}\boldsymbol{A}^{(m)}\right)\mathrm{vec}(\mathcal{G})$

关于 CP 分解，其主要要点与应用如下。

(1) 多线性秩-1 分解机制：它将 N 阶张量 $\mathcal{X}\in\mathbb{R}^{I_1\times I_2\times\cdots\times I_N}$ 分解为秩-1 张量 $\boldsymbol{a}_r^{(1)}\circ\boldsymbol{a}_r^{(2)}\circ\cdots\circ\boldsymbol{a}_r^{(N)}$ 的线性组合。

(2) 等价表示方便进行问题转换。通过 Khatri-Rao 积运算，CP 分解可以等价地写成矩阵或向量形式。

(3) 唯一性相对有保证。在相对温和的条件下，CP 分解通常本身就具有唯一性，并且这种唯一性不需要对因子矩阵施加额外约束获得，因此 CP 分解成了一种强大并且有用的工具。

(4) 多模先验约束可综合应用。如果已知一种或多种模式中的分量具有某些特定特性，如非负性、正交性、统计独立性或稀疏性，则可以结合这种先验知识放宽唯一性条件。更重要的是，这种约束可以提高 CP 分解算法的准确性和稳定性，也可以更好地对提取的分量进行物理解释[32-37]。

关于 Tucker 分解，其主要要点与应用如下。

(1) 高阶 SVD 分解机制。它将 N 阶张量 $\boldsymbol{\mathcal{X}} \in \mathbb{R}^{I_1 \times I_2 \times \cdots \times I_N}$ 分解为相对较小的核心张量 $\boldsymbol{\mathcal{G}}$ 和因子矩阵 $\boldsymbol{A}^{(1)}, \boldsymbol{A}^{(2)}, \cdots, \boldsymbol{A}^{(N)}$。值得注意的是 CP 分解可以认为是 Tucker 分解的一个特例，其中立方体核心张量仅在主对角线上具有非零元素。

(2) 等价表示方便进行问题转换。利用矩阵 Kronecker 积，Tucker 分解也可以等价地表达为矩阵与向量形式。

(3) 唯一性有待改善。与 CP 分解不同，无约束 Tucker 分解并不具有唯一性。然而，施加在所有因子矩阵和(或)核心张量的约束，可以将分量分析中固有的不确定性降低到仅按列排列和伸缩，从而得到唯一的核心张量和因子矩阵。

(4) 多线性推广与子空间分析能力。通过本章对前人工作的概要性介绍，可以看到 Tucker/HOSVD 分解是主成分分析(PCA)的多线性扩展，也是信号子空间技术的推广。

(5) 表示框架更为灵活。Tucker 分解提供灵活的表示框架，核心张量和因子矩阵均可以根据数据的物理机理(如成像过程)和统计特性进行约束，从而可以进行模型拓展。

5.5.2 相关拓展

在模式识别与机器学习领域，经典的主成分分析、独立成分分析(ICA)、非负矩阵因子分解(nonnegative matrix factorization，NMF)和稀疏分量分析(sparse component analysis，SCA)取得巨大的成功，这些方法可以归结到双路分量分析(two way component analysis)框架，其成功很大程度上归功于如下两点：①非常高效的算法；②能够提取具有特定物理意义的分量。而施加各类灵活的约束是这类方法取得成功的关键。若没有这些约束，矩阵因子分解在实践中的应用将受到限制，从而只能得到数学意义的分量，而得不到具体物理意义的分量。作为多路分量分析(multiway component analysis，MWCA)方法，在张量因子分解框架中，可以对所需的分量施加适当的约束，从而形成更为广义的多路数据分析模型[37]。

对张量而言，可以对每个模式的因子矩阵 $\boldsymbol{A}^{(1)}, \boldsymbol{A}^{(2)}, \cdots, \boldsymbol{A}^{(N)}$ 施加更具灵活性的不同约束。这是因为数据张量很少在所有模式中表现出相同的属性，从而可以给不同模式施加不同物理意义的约束。按照多路分量分析的概念，为灵活选择不同模式约束提供了基本思想；MWCA 体系下的 CP 或者 Tucker 分解自然地适应了不同模式多样性的建模理念[37]。除正交性，统计独立性、稀疏性、平滑性和非负性等约束均可以在 Tucker 格式中使用[1,37,38]（见表 5.3）。

基于 Tucker-N 模型的多路分量分析（MWCA）可以通过两个或三个步骤直接计算。

(1) 分模式约束下的分量分析处理。对于每个模式 $n\,(n=1,2,\cdots,N)$，依次执行模型简化和数据张量的矩阵化，然后将一组合适的双路或者多路数据分析算法应用于尺寸变小的展开矩阵 $\boldsymbol{X}_{(n)}$。在每种模式中，都可以采用不同的约束和不同的双路或多路分析算法[37]。

(2) 计算核心张量。例如，采用反演公式 $\boldsymbol{\mathcal{G}}=\boldsymbol{\mathcal{X}}\times_1 \boldsymbol{A}^{(1)\mathrm{T}}\times\cdots\times_N \boldsymbol{A}^{(N)\mathrm{T}}$ 来计算核心张量。这一步非常重要，因为核心张量通常会对不同模式下多个分量之间的复杂连接进行建模[38]。

(3) 可选步骤，优化微调。通过 ALS 最小化（或者其他交替迭代）合适的代价函数微调因子矩阵和核心张量，如目标函数选取为优化模型 (5.68) 或优化模型 (5.69)～模型 (5.72) 均可，并满足特定的约束收敛性条件。

从这个意义上来说，所有分量并不需要假设统计独立性。在信号表示理论中，综合信号的其他先验约束，如平滑性、稀疏性以及非负性（如频谱分量）等约束，有助于缩小候选解的求解空间、增强算法鲁棒性和提升全局最小解的唯一性。此外，可以施加一些额外约束来反映空间分布、频谱、时间模式的物理特性和形态成分多样性，有助于得到具有物理意义的解。

表 5.5 给出了基本的多路分量分析/低秩张量逼近及相关拓展模型。假设观测的含噪声张量为 $\boldsymbol{\mathcal{X}}\in\mathbb{R}^{I_1\times I_2\times\cdots\times I_N}$，$\boldsymbol{\mathcal{X}}=\boldsymbol{\mathcal{X}}_0+\boldsymbol{\mathcal{E}}$，潜在张量数据可以表示为一般约束的 Tucker 模型 $\boldsymbol{\mathcal{X}}_0=\boldsymbol{\mathcal{G}}\times_1 \boldsymbol{A}^{(1)}\times_2\cdots\times_N \boldsymbol{A}^{(N)}$，其中潜在因子矩阵 $\boldsymbol{A}^{(n)}\in\mathbb{R}^{I_n\times R_n}$，核心张量 $\boldsymbol{\mathcal{G}}=\boldsymbol{\mathcal{X}}\times_1 \boldsymbol{A}^{(1)\mathrm{T}}\times_2\cdots\times_N \boldsymbol{A}^{(N)\mathrm{T}}$。在 CP 分解特例中，核心张量 $\boldsymbol{\mathcal{G}}=\boldsymbol{\Lambda}\in\mathbb{R}^{R\times R\times\cdots\times R}$。

表 5.5　基本的多路分量分析/张量低秩模型[1]

代价函数	约束
多线性（稀疏）主成分分析/多线性主成分分析（PCA/MPCA） $\max\limits_{\boldsymbol{a}_r^{(n)}} \boldsymbol{\mathcal{X}}\times_1 \boldsymbol{a}_r^{(1)}\times_2\cdots\times_N \boldsymbol{a}_r^{(N)}+\gamma\sum\limits_{r=1}^{N}\left\Vert\boldsymbol{a}_r^{(n)}\right\Vert_1$	向量正交基： $\boldsymbol{a}_r^{(n)\mathrm{T}}\boldsymbol{a}_r^{(n)}=1,\forall(n,r)$ $\boldsymbol{a}_r^{(n)\mathrm{T}}\boldsymbol{a}_q^{(n)}=0,\ p\neq r$
高阶奇异值分解（HOSVD）/高阶正交迭代（HOOI） $\min\limits_{\boldsymbol{A}^{(n)}}\left\Vert\boldsymbol{\mathcal{X}}-\boldsymbol{\mathcal{G}}\times_1 \boldsymbol{A}^{(1)}\times_2\cdots\times_N \boldsymbol{A}^{(N)}\right\Vert_{\mathrm{F}}^2$	$\boldsymbol{A}^{(n)\mathrm{T}}\boldsymbol{A}^{(n)}=\boldsymbol{I}_{R_n},n=1,\cdots,N$
多线性独立成分分析（ICA） $\min\limits_{\boldsymbol{A}^{(n)}}\left\Vert\boldsymbol{\mathcal{X}}-\boldsymbol{\mathcal{G}}\times_1 \boldsymbol{A}^{(1)}\times_2\cdots\times_N \boldsymbol{A}^{(N)}\right\Vert_{\mathrm{F}}^2$	$\boldsymbol{A}^{(n)}$ 尽可能统计独立

续表

代价函数	约束
非负 CP/Tucker 分解(NTF/NTD)[39] $\min_{A^{(n)}}\left\|\mathcal{X}-\mathcal{G}\times_1 A^{(1)}\times_2\cdots\times_N A^{(N)}\right\|_F^2+\gamma\sum_{n=1}^{N}\left\|A^{(n)}\right\|_1$	$\mathcal{G}$ 和 $A^{(n)},\forall n$ 的元素非负
稀疏 CP/Tucker 分解 $\min_{A^{(n)}}\left\|\mathcal{X}-\mathcal{G}\times_1 A^{(1)}\times_2\cdots\times_N A^{(N)}\right\|_F^2+\gamma\sum_{n=1}^{N}\left\|A^{(n)}\right\|_1$	施加在 $A^{(n)}$ 的稀疏约束
平滑 CP/Tucker(SmCP/SmTD)[40] $\min_{A^{(n)}}\left\|\mathcal{X}-\mathcal{G}\times_1 A^{(1)}\times_2\ldots\times_N A^{(N)}\right\|_F^2+\gamma\sum_{n=1}^{N}\sum_{r=1}^{R_n}\left\|L\boldsymbol{a}_r^{(n)}\right\|_2$ (L 为平滑算子)	施加于 $A^{(n)}\in\mathbb{R}^{I_n\times R_n},\forall n$ 中向量 $\boldsymbol{a}_r^{(n)}$ 的平滑性

5.5.3 张量分解的广泛应用

张量分解在高维信号处理与机器学习中得到广泛应用，下面给出几个代表性应用。

(1)盲信号分离。

张量分解成为盲信号分离的先进工具，被广泛应用于包括音频和语音处理、生物医学工程、化学计量学和机器学习等领域的盲信号分离(blind signal separation，BSS)问题[1,2,6,7,36-41]。

(2)信号压缩、增强、补全和重建。

以 Tucker 分解为代表的张量表示可广泛应用于多线性盲源分离、分类、特征提取和基于子空间的谐波恢复等领域[1,2]。除此之外，作为多路数据的高阶稀疏性表示方法，通过 Tucker 分解实现的多线性低秩逼近可以产生比原始数据张量更高的信噪比(signal noise ratio，SNR)，成为用于信号压缩、增强和数据补全的强大工具，并且广泛应用于图像或高维数据反问题领域，如典型的张量填补、压缩感知、图像去噪、恢复、超分辨和图像重建等。对于图像反问题处理，可能存在模糊效应、噪声污染和欠采样等导致的信息不完整性，其问题往往是不适定的。张量表示方法能够提供多路分析机制，因此可以融合形态分量的多样性约束。

高光谱图像是典型的空间维和光谱维三路数据，相比于矩阵低秩的方法，张量低秩逼近更能捕获高阶结构性空-谱联合特征。以高光谱图像去噪为例，文献[41]综合并内嵌全局的谱间相关性和非局部相似性，由非局部相似性的结构组织为一组三阶张量，利用 CP 分解并联合各模-n 展开矩阵的核范数建立 CP 正则化模型，并给出了张量分解中秩-1 张量的个数 R 的确定方法，该方法取得比块匹配 4D 滤波(block matching 4D filtering，BM4D)[42]等方法更好的光谱保真结果。最近，文献[43]将其推广到张量环(tensor ring)分解框架，取得改进的结果。

张量分解在高光谱融合超分辨重建中也得到应用，文献[44]综合多光谱图像与高光谱图像之间的光谱退化关系，以及高低空间分辨率的图像间的空间退化关系，建立 CP 张量分解框架下的融合模型，可以较好地改善空间分辨率和减少融合导致的光谱失真效果。

(3) 数据挖掘与分析。张量表示可广泛应用于大数据挖掘。例如，CP 分解常用于数据挖掘与分析，其中秩-1 项可捕获动态复杂数据集的本质特性。在无线通信系统中的视线传播(line-of-sight propagation)情形下，不同用户发送的信号和各个秩-1 项对应[36]，从而可以用 CP 分解进行分析。此外，在谐波恢复问题中，实指数或复指数信号往往具有秩-1 结构，自然也可以使用 CP 分解[40,41]。文献[45]给出了 CP 和 Tucker 分解在社会与协同网络分析、Web 挖掘与 Web 搜索、知识库、信息检索、主题建模、脑数据分析、推荐系统、健康医疗、语音、图像处理和计算机视觉等方面的应用综述。文献[46]回顾了张量补全的代表性模型和典型应用。

(4) 机器学习。张量表示通常有助于减轻鉴别性子空间选择中出现的小样本问题。这是因为张量能够保持关于对象结构的固有信息，并且是一种自然约束，这有助于减少描述模型学习时未知参数的数量。换言之，因为向量表示尚存在若干问题，如结构化数据的信息丢失和高维数据的过度拟合等，当训练参数的数量有限时，基于张量的学习机比相应的基于向量的学习机预期表现更好。

经典的统计学习工具，如标准最小二乘、偏最小二乘、支持向量机(SVM)及其核化推广、稀疏回归以及 Fisher 鉴别分析等，其出发点往往是以向量信号(一阶张量)为基础的，所带来的问题显而易见，即很难刻画矩阵变量或更高阶张量变量内在的统计冗余性、低维流形和丰富的多线性代数结构。那么，一种自然的问题是能否将传统机器学习框架推广到张量表示框架？文献[2]给出了监督学习的张量体系的系列推广，并给出了张量回归、正则化张量回归、高阶低秩回归及其核化模型。同时，建立了经典的最小二乘方法通向张量形式的理论架构，包括低秩张量约束的形式、核化形式以及张量变量的高斯过程。进而，将 SVM 推广到矩阵和张量表示框架，给出了支持矩阵机和支持张量机等崭新监督学习方法。

例如，文献[47]～[49]研究还表明 HOSVD 有一个非常重要的特点，即可以同时进行子空间选择(数据压缩)和无监督 K 均值聚类。通过这些方法的组合，“相关”数据同时被识别和分类，从而不仅可应用于信息恢复，还可以简化特征提取过程。文献[50]针对目前张量聚类方法没有体现数据的动态特性，进一步建立了动态张量聚类新模型，并且给出了较强的统计意义理论保证和高效计算方法。文献[51]进一步建立贝叶斯动态张量回归模型，对于高维时间序列张量自回归等进行了理论分析，并将相关模型应用于国际贸易和资本存量的时变多层网络，研究了股票冲击在不同国家、不同时间和不同层次之间的传播。

对于高光谱图像监督分类问题，张量表示方法大有前途。文献[51]采用一种新型的支持张量机方法；而在文献[52]中，利用 CP 分解，将经典岭回归(ridge regression)方法推广到张量情形，应用于高光谱图像监督分类取得非常优异的结果。

(5)异常检测。一般而言，异常检测是指对不符合预期行为、趋势或特性的某些特定模式、信号、异常值或特征[53-56]进行的鉴别分析。虽然异常检测方法众多，可以在不同的域进行，但最常见的方法是以主成分分析为代表的谱方法。该方法将高维数据投影到更易识别异常的更低维度子空间[55]，其主要假设是：正态和异常模式在原始空间中可能难以区分，但在投影子空间可能具有显著差异。对于大规模数据集，因为基本的 Tucker 分解模型是 PCA 和 SVD 的推广，所以张量分解，如 HOSVD，为异常检测提供了一种自然的处理框架。异常检测也是高光谱遥感图像分析的一个重要的方向。在复杂的背景中，通过局部背景和光谱异常目标建模的张量表示框架的 RPCA，可以较好检测微弱的光谱异常[56]。

5.6 开源软件资源与工具箱

张量分解和张量网络算法需要复杂的软件库，目前软件库正在飞速发展中，国际上一些代表性课题组开发了关于张量分析的若干工具箱。

对于标准张量分解方法(CP、Tucker 模型)，最初由 Bader 和 Kolda 开发的 MATLAB 张量工具箱提供了几种通用功能和特定的工具包，用于处理稀疏、稠密和结构化的张量分解[57]，而 Bro 和 Andersson 开发的基于 MATLAB 的 N 路工具箱主要用于化学计量学应用[58]。

Vervliet 等开发了 Tensorlab 工具箱[59]，该工具箱建立在复杂的优化框架之上，为计算 CP 分解、分块张量分解和约束 Tucker 分解提供了有效的数值算法。工具箱的一个软件库包含许多约束条件(如非负性、正交性)，并提供了组合或联合分解稠密、稀疏或不完全张量的可能性。新版本的工具箱引入了张量化框架，这为处理大规模结构化多维数据集提供了强有力的支持，此外还提供了用于任意阶张量可视化的复杂工具。

也有学者研发了包括 TDALAB(https://github.com/andrewssobral/TDALAB)和 TensorToolbox MATLAB (http://www.tensortoolbox.org/)在内的工具箱，它们为基本张量分解(CP、Tucker)提供了用户友好的界面和高级算法[60,61]。

Kressner 和 Tobler 研发的分层 Tucker(HT)工具箱(https://github.com/oseledets/TT-Toolbox)，主要关注 HT 类型的张量网络[62]。当截断张量为 HT 格式时，它能避免 SVD 的显式计算[63]。文献[64]开发了三模软件，可以很方便地进行三模态数据分析。

5.7 本章结语

本章讨论了张量分析的理论、基础模型，方法机理与应用。在概述张量表示的定义、代数运算和表示方法的基础上，重点介绍了张量秩的概念。重点从张量分解的原理、唯一性和分解算法三个方面，介绍了代表性的 CP 和 Tucker 两种张量分解方法。最后给出了两种分解方法的要点总结，以及目前代表性拓展方法的概要，并回顾了张量分析方法的应用。

参 考 文 献

[1] Cichocki A, Lee N, Oseledets I, et al. Tensor networks for dimensionality reduction and large-scale optimization, Part 1: Low-rank tensor decompositions. Foundations and Trends in Machine Learning, 2016, 9(4/5): 249-429.

[2] Cichocki A, Phan A H, Zhao Q, et al. Tensor networks for dimensionality reduction and large-scale optimization, Part 2: Applications and future perspectives. Foundations and Trends in Machine Learning, 2016, 9(6): 431-673.

[3] Hitchcock F L. The expression of a tensor or a polyadic as a sum of products.Journal of Mathematics and Physics, 1927, 6(1): 164-189.

[4] Moitra A. Algorithmic Aspects of Machine Learning. Cambridge: Cambridge University Press, 2014.

[5] 张贤达. 矩阵分析与应用. 2 版. 北京: 清华大学出版社, 2013.

[6] Kolda T G, Bader B W. Tensor decompositions and applications. SIAM Review, 2009, 51(3), 455-500.

[7] Sidiropoulos N D, Lathauwer L D, Fu X, et al. Tensor decomposition for signal processing and machine learning. IEEE Transactions on Signal Processing, 2017, 65(13): 3551-3582.

[8] Lathauwer L D. Decomposition of a higher-order tensor in blocks, Part II: Definitions and uniqueness. SIAM Journal of Matrix Analysis and Application, 2008, 30(3): 1033-1066.

[9] Lathauwer L D, Moor B D, Vandewalle J. A multilinear singular value decomposition. SIAM Journal on Matrix Analysis and Application, 2000, 21: 1253-1278.

[10] Kruskal J B. Three-way arrays: Rank and uniqueness of trilinear decomposition, with application to arithmetic complexity and statisitics. Linear Algebra Application, 1977, 18: 95-138.

[11] Kruskal J B. Statement of Some Current Results about Three-Way Arrays. http: //three-mode.leidenuniv.nl/pdf/k/kruskal1983.pdf[2019-10-15].

[12] Comon P, Ten Berge J M F, Lathauwer L D, et al. Generic and typical ranks of multi-way arrays. Linear Algebra and Its Applications, 2009, 430(11/12): 2997-3007.

[13] Kruskal J B. Rank, decomposition, and uniqueness for 3-way and *N*-way arrays. Multiway Data Analysis, 1989: 7-18.

[14] Harshman R A. Foundations of the PARAFAC procedure: Models and conditions for an "explanatory" multi-modal factor analysis. Ann Arbor: University Microfilms, 1976, 16: 1-84.

[15] Carroll J D, Chang J J. Analysis of individual differences in multidimensional scaling via an *N*-way generalization of "Eckart-Young" decomposition. Psychometrika, 1970, 35: 283-319.

[16] Kiers H A L. Towards a standardized notation and terminology in multiway analysis. Journal of Chemometrics, 2000, 14: 105-122.

[17] Möcks J. Topographic components model for event-related potentials and some biophysical considerations. IEEE Transactions on Biomedical Engineering, 1988, 35: 482-484.

[18] Sidiropoulos N D, Bro R. On the uniqueness of multilinear decomposition of *N*-way arrays, Journal of Chemometrics, 2000, 14: 229-239.

[19] Berge J M F T, Sidiriopolous N D. On uniqueness in CANDECOMP/ PARAFAC. Psychometrika, 2002,67(3): 399-409.

[20] Liu X, Sidiropoulos N. Cramer-Rrao lower bounds for low-rank decomposition of multi-dimensional arrays. IEEE Transactions on Signal Process, 2001, 49: 2074-2086.

[21] Lathauwer L D. A link between the canonical decomposition in multilinear algebra and simultaneous matrix diagonalization. SIAM Journal on Matrix Analysis and Application, 2006, 28: 642-666

[22] Tucker L R. Implications of factor analysis of three-way matrices for measurement of change. Problems in Measuring Change, 1963, 15: 122-137.

[23] Levin J. Three-mode factor analysis. Urbana: University of Illinois, 1963.

[24] Tucker L R. The Extension of Factor Analysis to Three-dimensional Matrices. Berlin: Springer, 1964.

[25] Tucker L R. Some mathematical notes on three-mode factor analysis. Psychometrika, 1966, 31: 279-311.

[26] Kroonenberg P M, Leeuw J D. Principal component analysis of three-mode data by means of alternating least squares algorithms. Psychometrika, 1980, 45(1): 69-97.

[27] Kapteyn A, Neudecker H, Wansbeek T. An approach to *n*-mode components analysis. Psychometrika, 1986, 51 (2): 269-275.

[28] Vasilescu M A O, Terzopoulos D. Multilinear analysis of image ensembles: TensorFaces. Proceedings of the European Conference on Computer Vision, Copenhagen, 2002, 447-460.

[29] Kolda T G. Multilinear operators for higher-order decompositions: SAND 2006-2081.

Albuquerque: Sandia National Laboratories, 2006.

[30] Kiers H A L. Joint orthomax rotation of the core and component matrices resulting from three-mode principal components analysis. Journal of Classification, 1998, 15 (2): 245-263.

[31] Martin C D M, van Loan C F. A Jacobi-type method for computing orthogonal tensor decompositions. SIAM Journal on Matrix Analysis and Application, 2008, 30 (3): 1219-1232.

[32] Lathauwer L D, Moor B D, Vandewalle J. On the best rank-1 and rank-$(r_1,r_2,\cdots,r_n)$ approximation of higher-order tensors. SIAM Journal on Matrix Analysis and Applications, 2000, 21(4): 1324-1342.

[33] Dhillon I S. Fast Newton-type methods for nonnegative matrix and tensor approximation. Workshop on Future Directions in Tensor-Based Computation and Modeling, Arlington, 2009.

[34] Kim H J, Ollila E, Koivunen V, et al. Robust iteratively reweighted LASSO for sparse tensor factorizations. IEEE Workshop on Statistical Signal Processing, Gold Coast, 2014: 420-423.

[35] Liavas A, Sidiropoulos N. Parallel algorithms for constrained tensor factorization via alternating direction method of multipliers. IEEE Transactions on Signal Processing, 2015, 63(20): 5450-5463.

[36] Zhou G, Cichocki A. Canonical polyadic decomposition based on a single mode blind source separation. IEEE Signal Processing Letters, 2012, 19(8): 523-526.

[37] Cichocki A, Mandic D, Caiafa C, et al. Tensor decompositions for signal processing applications: From two-way to multiway component analysis. IEEE Signal Processing Magazine, 2015, 32(2): 145-163.

[38] Cichocki A, Zdunek R, Phan A, et al. Nonnegative Matrix and Tensor Factorizations: Applications to Exploratory Multi-way Data Analysis and Blind Source Separation. Chichester: Wiley, 2009.

[39] Yokota T, Zhao Q, Cichocki A. Smooth PARAFAC decomposition for tensor completion. arXiv preprint arXiv : 1505.06611, 2015.

[40] Acar E, Yener B. Unsupervised multiway data analysis: A literature survey. IEEE Transactions on Knowledge and Data Engineering, 2009, 21: 6-20.

[41] Xue J, Zhao Y, Liao W, et al. Nonlocal low-rank regularized tensor decomposition for hyperspectral image denoising. IEEE Transactions on Geoscience and Remote Sensing, 2019, 57(7): 5174-5189.

[42] Maggioni M, Katkovnik V, Egiazarian K, et al. Nonlocal transform-domain filter for volumetric data denoising and reconstruction. IEEE Transactions on Image Processing, 2012, 22(1): 119-133.

[43] Chen Y, He W, Yokoya N, et al. Nonlocal tensor-ring decomposition for hyperspectral image denoising. IEEE Transactions on Geoscience and Remote Sensing, 2019, 58(2): 1348-1362.

[44] Xu Y, Wu Z, Chanussot J, et al. Nonlocal coupled tensor CP decomposition for hyperspectral and multispectral image fusion. IEEE Transactions on Geoscience and Remote Sensing, 2019, 58(1): 348-362.

[45] Papalexakis E E, Faloutsos C, Sidiropoulos N D. Tensors for data mining and data fusion: Models, applications, and scalable algorithms. ACM Transactions on Intelligent Systems and Technology, 2016, 8(2): 1-44.

[46] Song Q, Ge H, Caverlee J, et al. Tensor completion algorithms in big data analytics. ACM Transactions on Knowledge Discovery from Data, 2019, 13(1): 1-48.

[47] Huang H, Ding C, Luo D, et al. Simultaneous tensor subspace selection and clustering: The equivalence of high order SVD and k-means clustering. Proceedings of the 14th ACM SIGKDD International Conference on Knowledge Discovery and Data Mining, Las Vegas, 2008: 327-335.

[48] Papalexakis E, Sidiropoulos N, Bro R. From k-means to higher-way co-clustering: Multilinear decomposition with sparse latent factors. IEEE Transactions on Signal Processing, 2012, 61(2): 493-506.

[49] Sun W, Li L. Dynamic tensor clustering. Journal of the American Statistical Association, 2019,114(528): 1894-1907.

[50] Billio M, Casarin R, Kaufmann S, et al. Bayesian dynamic tensor regression. Venice: University of Venice, 2018.

[51] Guo X, Huang X, Zhang L, et al. Support tensor machines for classification of hyperspectral remote sensing imagery. IEEE Transactions on Geoscience and Remote Sensing, 2016, 54(6): 3248-3264.

[52] Liu J, Wu Z, Xiao L, et al. Generalized tensor regression for hyperspectral image classification. IEEE Transactions on Geoscience and Remote Sensing, 2019, 58(2): 1244-1258.

[53] Chandola V, Banerjee A, Kumar V. Anomaly detection: A survey. ACM Computing Surveys, 2009, 41(3): 1-58.

[54] Fanaee T, Gama J. Tensor-based anomaly detection: An interdisciplinary survey[J]. Knowledge-Based Systems, 2016, 98: 130-147.

[55] Zhang X, Wen G. A fast and adaptive method for determining K1, K2, and K3 in the tensor decomposition-based anomaly detection algorithm. IEEE Geoscience and Remote Sensing Letters, 2017, 15(1): 3-7.

[56] Xu Y, Wu Z, Chanussot J, et al. Joint reconstruction and anomaly detection from compressive hyperspectral images using Mahalanobis distance-regularized tensor RPCA. IEEE Transactions on Geoscience and Remote Sensing, 2018, 56(5): 2919-2930.

[57] Bader B, Kolda T. MATLAB Tensor Toolbox Version 2.6. http: //www.sandia.gov/～tgkolda/TensorToolbox/[2015-01-16].

[58] Bro R, Andersson C. The *N*-way toolbox for MATLAB. http://www.models.life.ku.dk/nwaytoolbox[2015-01-16].

[59] Vervliet N, Debals O, Sorber L, et al. Tensorlab 3.0. https://www.tensorlab.net[2016-01-16].

[60] Zhou G, Cichocki A. TDALAB: Tensor decomposition laboratory. https://github.com/andrewssobral/ TDALAB/[2016-03-04].

[61] Phan A, Tichavský P, Cichocki A. TENSORBOX: A MATLAB package for tensor decomposition. http://www.tensortoolbox.org/[2012-03-04].

[62] Kressner D, Tobler C. Htucker: A MATLAB toolbox for tensors in hierarchical Tucker format. https://github.com/oseledets/TT-Toolbox[2012-03-04].

[63] Espig M, Schuster M, Killaitis A, et al. Tensor calculus library. https://www.swmath.org/software/13726[2012-03-04].

[64] Kroonenberg P. The three-mode company: A company devoted to creating three-mode software and promoting three-mode data analysis. http: //three-mode.leidenuniv.nl[2016-03-04].

第 6 章　空谱遥感图像融合问题及研究进展

6.1　引　　言

目前提升图像质量，如图像复原(去噪、去模糊)和分辨率提升的途径包括“硬件方法”和“软件方法”。所谓硬件方法是通过设计新的成像系统或改进现有的成像硬件来提高分辨率；而“软件方法”则试图从信号处理的角度，利用“软件方法”实现提升图像的复原和分辨率提升[1]，即熟知的由低分辨率(low resolution，LR)观测图像重建高分辨率(high resolution，HR)图像的超分辨(super-resolution，SR)问题。

多源空谱遥感图像融合是遥感领域图像分辨率提升的一个重要研究方法，也是高光谱图像处理和分析领域的一个热点问题。虽然成像探测技术已经由低空间分辨率向高空间分辨率、由低光谱分辨率到高光谱分辨率等发展，但是对于光谱细分成像探测而言，空间分辨率和光谱分辨率往往是一对矛盾。以高光谱图像为例，高光谱成像遥感能够在特定的电磁谱段上，连续采集不同波段的影像，从而获取场景中每个像素的光谱信息。相比于其他光学成像技术，高光谱成像能够辨识场景中不同地物的物质组成，在地物分类、军事侦察、环境监测、农作物估产等领域具有广泛的应用前景和经济价值。然而，受成像机理和成像设备限制，空间分辨率、光谱带宽、幅宽、信噪比等指标不可避免地需要互相折中，难以直接获取高空间分辨率的高光谱图像。一方面，有限的空间分辨率会导致纯像元(又称为端元，endmember)光谱混合，使得部分像素的光谱曲线混合了多种端元物质，进而影响高光谱图像的辨识性能；另一方面，对矿物勘探、城市精细制图、弱小目标检测等应用而言，需要高空间分辨率的高光谱图像，有限的空间分辨率严重影响了高光谱成像在遥感技术中的应用。此外，由于载荷平台颤振，成像光学系统调制传递函数(modulation transfer function，MTF)引起的模糊降质、系统噪声、大气辐射和云层覆盖效应等，高光谱图像辐射信息质量下降、空间分辨率低、混合像元严重等现象成为高光谱图像分析、理解和模式识别应用突出问题。

《多源空谱遥感图像融合机理与变分方法》[2]作为本书的姊妹篇，已经围绕多光谱图像(multi-spectral image，MSI)与全色(panchromic，PAN)图像融合、高光谱图像(hyper-spectral image，HSI)与全色图像融合以及高光谱与多光谱图像融合等机理建模与新方法研究为主线，集中论述了空谱图像融合的代表性方法体系，包括：空域细节注入体系、多分辨率方法的细节注入体系，贝叶斯融合的统计建模体系、变分计算融合体系。

本书主要阐述多源空谱遥感图像融合的另外一大类方法，即从机器学习的视角阐述多源图像融合的新机理和新方法。特别地，本书将聚焦于数据表示先验正则化和表示学习的融合方法。

6.2 光谱成像数据质量改善相关问题

本节简单介绍光谱成像数据质量改善的若干问题，侧重介绍多源空谱遥感图像融合的基本概念，其中多源空谱遥感图像融合问题与图像质量改善的若干经典问题紧密相关。文献[3]综述了如图 6.1 所示的几种常见的像素级光谱成像数据质量改善的方式。下面将具体给出阐述。

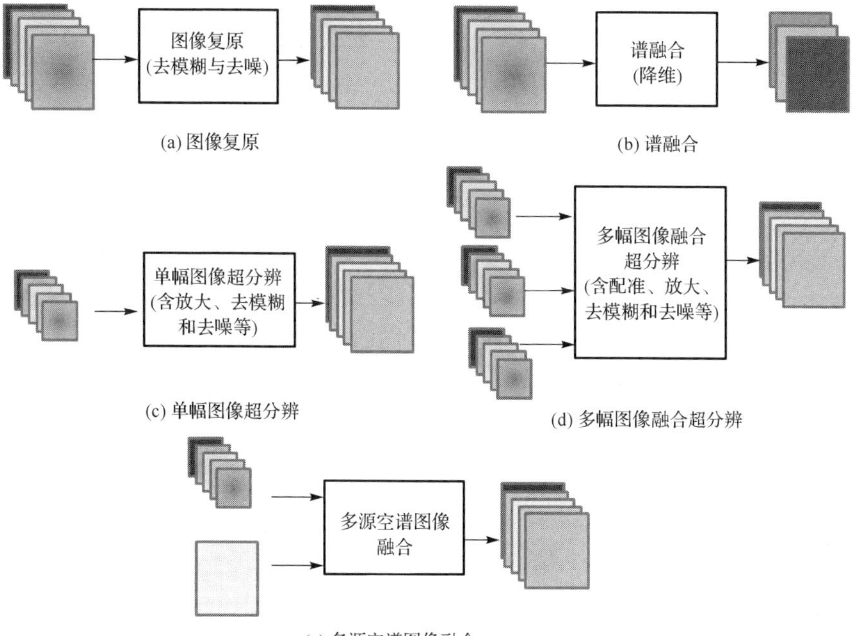

图 6.1 常见的几种像素级光谱成像数据融合方式

6.2.1 图像复原

图像是 3D 场景在 2D 成像平面的投影，并以二维强度分布的形式作用于人的视觉。然而，由于光学系统的缺陷、成像环境不理想、传输过程的数据丢失以及存储介质的瑕疵，所获取的图像往往是场景理想二维映射图像的退化形式。图像复原是从退化或降质图像版本恢复(估计)清晰图像的处理技术(图 6.1(a))。一般而言所有非理想或者欠定条件下的图像获取过程将获取不完全、含噪声或模糊的观测数据，由观测数据恢复完全清晰的图像都需要应用图像复原技术，包括天文学、深空探测、对地遥感、军事侦察和医学成像等广泛领域，如图 6.2 所示。

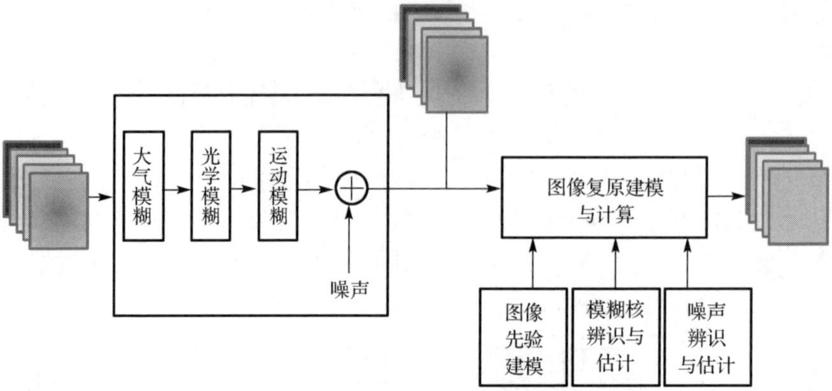

图 6.2　图像成像过程建模与图像复原建模框架图

作为图像处理的经典问题，图像复原备受图像处理和计算数学研究者的青睐，不仅是因为该技术具有广泛应用价值，还因为图像复原问题在数学上是一类典型的反问题。反问题研究在科学计算、物理系统和工业应用中具有重要的理论意义，图像复原的研究可以促进相关学科和应用的发展。

对于 MSI 或者 HSI 而言，它们属于多通道图像复原问题，其关键是充分利用通道内和通道间的空谱相关性，达到空间几何结构和光谱保真的去模糊、去噪效果。然而图像复原并不能提升空间分辨率。

6.2.2　谱融合

谱融合(spectral fusion)是一种特殊的数据融合方式(图 6.1(b))，这种融合是通过去除 MSI 或者 HSI 的光谱波段之间的冗余性，合成尽可能保持几何结构和尽可能保持最有用光谱信息且波段较少的图像。以 HSI 为例，由于高波段数引起的维数问题，有效的维数约简非常有利于后续处理。最简单的方式是选取少量信息丰富或者感兴趣的波段。显然，有效的波段融合有助于提升性能。经典的去除波段冗余的方法是主成分分析(PCA)方法，PCA 方法可以将光谱向量从原来的坐标系转移到新的坐标系，新坐标系的选择由数据本身决定，新坐标系的第一个坐标轴是原始数据中方差最大的方向，新坐标系的第二个坐标轴和第一个坐标轴正交，并且具有最大方差。这样，前几个较大特征值对应的 PCA 分量，蕴含最有用的光谱信息，达到降维和特征抽取的目的，并能应用于分类问题。

谱融合的另一个用途是用于 HSI 的可视化。例如，用户利用 HSI 数据进行地质和环境勘探时，通常需要可视化，如生成地面参考数据。由于 HSI 的高维度，可以通过谱融合方式，尽可能融合更多的光谱信息合成类似全色图像或者 RGB 伪彩色图像，达到可视化显示的目的。此时，空间-光谱维度信息的联合处理和融合，可以有助于合成高对比度和几何结构内容更清晰的图像。关于谱融合的可视化也是 HSI 分析的一个重要专题，值得关注。但是谱融合方法，并不能提升空间分辨率，仅仅是光谱信息的某种综合和叠加。

6.2.3　单幅空谱图像超分辨

单幅空谱图像超分辨是仅仅对观测的低分辨空谱图像，而没有其他辅助源图像或者信息，通过估计亚像素的信息，进行空间(几何)分辨率的增强。如图 6.3 所示，实际中，该问题可能非常复杂和极具挑战，其退化模型可能包括空间模糊、下采样和噪声污染，不同于简单的图像插值与放大，单幅空谱图像超分辨具有高度病态性。因此，包含图像复原(图像去模糊和去噪)和图像插值等处理要素。

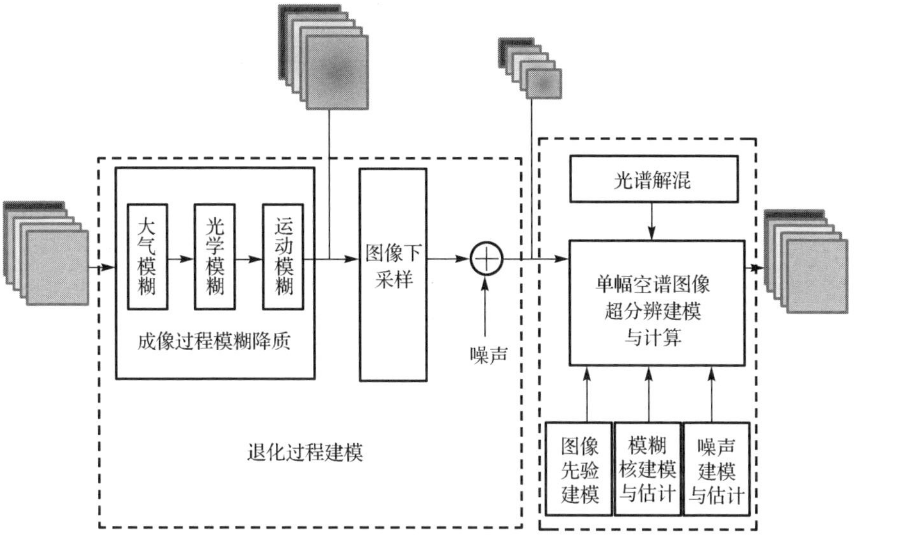

图 6.3　单幅空谱图像退化过程与超分辨建模框架

与一般的自然图像超分辨不同，低分辨高光谱图像中的光谱像元是包含不同材质光谱的混合像元，因此单幅空谱图像超分辨可以结合光谱解混(spectral unmixing)获得亚像素级丰度(端元成分的富含度)。结合丰度系数和概率分类器可以将每个材质的分类概率分配给像素，然后对像素进行亚采样。这样，在此问题中，亚像素映射(subpixel mapping)或超分辨映射是指试图在像素内空间上组织不同材质光谱丰度分布的技术。

6.2.4　多幅空谱图像超分辨

与单幅图像超分辨不同，多幅图像超分辨是针对同一场景拍摄了多幅 LR 图像，这些图像蕴含不同的空谱互补信息，因此可以进行 SR 重建。一个典型的场景是多幅图像往往存在亚像素位移，因此可以通过多幅图像的互补信息推断出亚像素信息。图 6.4 说明利用多幅静态图像空间互补信息来重建一幅 HR 的图像的可能性和基本前提。其基本原理是充分利用多幅 LR 图像所包含的互补信息，经过亚像素级的图像配准或运动估计，通过信息融合技术重建一幅 HR 图像，从而同时实现图像外推插值和信噪比提高。

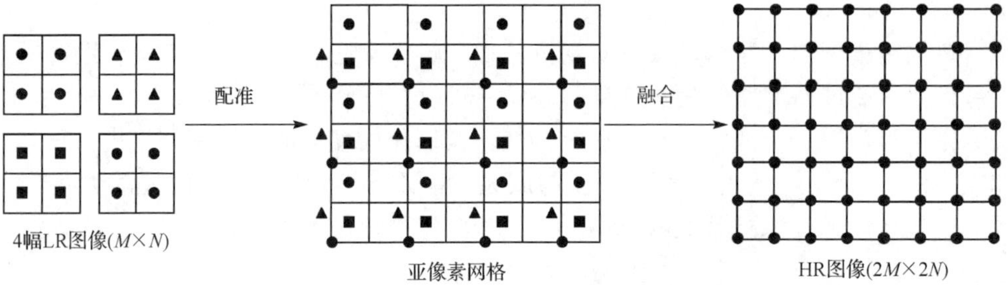

图 6.4　利用 4 幅 LR 图像进行 SR 重建的基本示意图

图 6.4 给出了利用 4 幅 LR 图像提高 4 倍空间分辨率的 SR 重建的基本示意图。SR 重建技术提高空间分辨率的前提是描述同一场景的多幅 LR 图像之间存在“重叠的亚像素”相对位移。如果 LR 图像之间存在整数单位的相对位移，那么当不考虑图像模糊、随机噪声等退化因素影响时，每幅 LR 图像包含相同的信息，没有互补信息可以用来重建高分辨率图像。反之，LR 图像之间存在“重叠亚像素”相对位移时，虽然图像感光器的低分辨率采样会造成频谱混叠，但每幅 LR 图像的每个像素点所含的信息都具有互补性，从而能够利用所有 LR 图像包含的非冗余信息进行融合，达到 SR 重建。总之，多幅 LR 图像之间存在互补信息，这是 SR 重建的根本前提。

当将多幅图像超分辨技术应用于 MSI 和 HSI 时，可以逐波段进行处理，但是这种处理方式并没有综合波段之间的相关性，波段联合处理可以提升融合超分辨性能。

6.2.5　多源空谱遥感图像融合

多源空谱遥感图像融合是指对于同一场景多个传感器拍摄了不同分辨率和不同空谱性质的图像。正如文献[2]所述，聚焦研究如图 6.5 所示的三类常见的融合问题，具体包括：

(1) 低分辨率多光谱 (Multispectral，MS) 图像与高分辨率全色 (Panchromatic, PAN) 图像的融合——Pansharpening 问题 (简称 MS+PAN 融合) 问题[4]；

(2) 低分辨率高光谱 (Hyperspectral，HS) 图像与高分辨率全色图像的融合——Hypersharpening[5] (简称 HS+PAN 融合) 问题；

(3)低分辨率高光谱与高分辨率多光谱图像的融合(简称 HS+MS 融合)问题[6]。

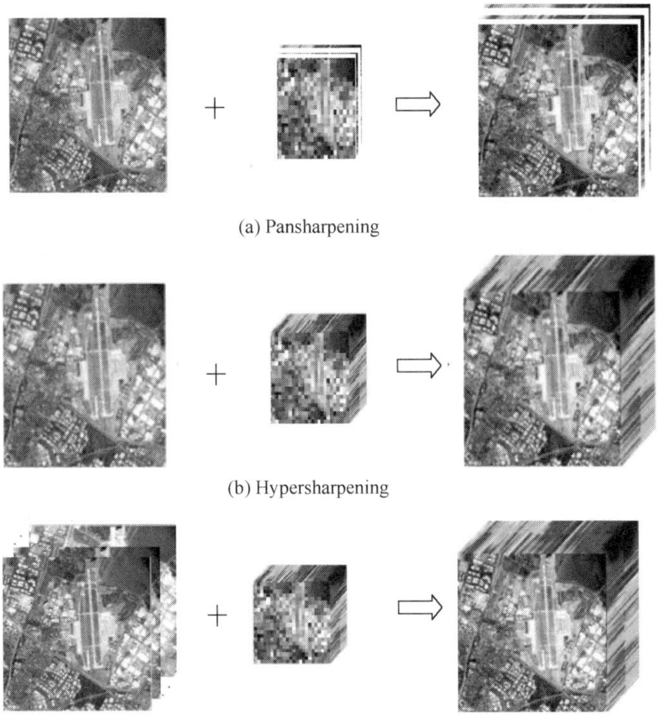

(a) Pansharpening

(b) Hypersharpening

(c) HS + MS融合

图 6.5　三类典型的空谱融合问题

在上述问题中，可以看到在 MS+PAN 融合中，MS 是主源图像，PAN 为辅助图像源。而 MSI 图像具有较低的空间分辨率，但是具有多个光谱波段。PAN 主要提供高分辨空间几何结构信息，以提升 MSI 的空间分辨率。HS+PAN 融合中，作为主源图像的 HSI 蕴含丰富光谱信息，但是空间分辨率低，因此与 MSI+PAN 融合类似。传统的 MS+PAN 融合体系包括：基于投影变换的成分替代方法，例如，亮度-色调-饱和度变换(intensity-hue-saturation，IHS)方法、广义 IHS(generalized HIS，GIHS)方法、自适应 IHS(adaptive IHS，AIHS)方法及其变种，主成分分析(PCA)方法、GS(Gram-Schmidt)方法、自适应 GS(GS Adaptive，GSA)方法及其变种、多分辨率分析(multiresolution analysis，MRA)方法及其变种(如小波融合及其变种)。新型融合方法包括变分融合、基于表示学习的方法(含稀疏融合、低秩融合和张量融合)等。文献[4]基于广义成分替代格式给出了 19 种 MS+PAN 融合算法的综合性能评测。

HS+PAN 融合是推广的 Pansharpening 方法，典型方法见文献[5]。HS+MS 融合是 MS+PAN 和 HS+PAN 等的推广，涉及多源多通道互补光谱数据融合，成为高光图像定量化精细遥感的前瞻性问题，其核心是尽可能融合高分辨率 MS 图像的细节结构以提升 HS 空间分辨率，并尽可能减小光谱失真。文献[6]回顾了 HS+MS 融合的基本方法和综合评测，但基本沿用推广 Pansharpening 体系。

HS+MS 融合是一个新的研究方向，作为主源图像的 HSI 和辅助源 MSI，都是多波段图像，HSI 空间分辨率低但波段数高，MSI 空间分辨率高但波段较少，而 MSI 的每个波段是较宽带宽光谱信息成像，一些 MSI 波段可能覆盖 HSI 特定的数量的细分波段；而一些 MSI 波段可能和 HSI 波段没有任何重叠。这些问题可能会给空谱融合带来一些新的挑战。

表 6.1 列举了各国近年发射或计划发射的下一代星载高光谱传感器及其主要参数[7]，包括中国的高分辨率对地观测系统专项计划(Gao Fen，GF，简称高分)，德国的地球遥感成像光谱仪(DLR Earth Sensing Imaging Spectrometer，DESIS)[8]和环境制图和分析项目(Environmental Mapping and Analysis Program，EnMAP)[9]，日本的高光谱成像仪(Hyperspectral Imager Suite，HISUI)[10]，意大利的高光谱先导应用卫星(Precursore Iperspettrale Della Missione Applicativa，PRISMA)[11]和意大利与以色列的星载高光谱陆地和海洋应用项目(Spaceborne Hyperspectral Applicative Land and Ocean Mission，SHALOM)[12]，美国的高光谱红外成像仪(Hyperspectral Infrared Imager，HyspIRI)[13]。从表 6.1 中可以看出，由于各个参数指标间的互相约束，大部分下一代高光谱成像传感器的空间分辨率设计为 30m，对于地质资源勘查、精准农业与环境调查等，其分辨率仍然不足，尚需进一步地增强。

表 6.1　部分高光谱传感器参数

参数	GF-5	DESIS	EnMAP	HISUI	PRISMA	SHALOM	HyspIRI
空间分辨率/m	30	30	30	30	30	10	30
带宽/nm	5～10	3.3	5～12	10～12	≤12	10	≤10
轨道高度/km	708	400	653	400	615	600	626
光谱范围/μm	0.4～2.5	0.4～1.0	0.4～2.4	0.4～2.5	0.4～2.5	0.4～2.5	0.38～2.5
波段数	330	180	242	185	237	241	210
幅宽/km	60	30.7	30	20	30～60	10	45
国家	中国	德国	德国	日本	意大利	意大利与以色列	美国
计划发射时间	2018	2018	2018	2019	2018	2019	2022

单幅超分辨和图像融合是高光谱图像分辨率增强的两大途径。单幅超分辨从低分辨率图像推断高分辨率图像，缺乏辅助信源，病态性严重；与全色或多光谱图像等辅助信源融合，可显著提升高光谱图像的分辨率。由于多光谱图像可提供部分光

谱信息，相比于高光谱-全色图像融合，高光谱-多光谱图像融合具有更高的光谱保真，也是高光谱图像分辨率增强的主要途径。

图 6.6 所示为国内外常见的多光谱和高光谱成像传感器及其分辨率，灰色区域表示分辨率增强后所期望的高光谱图像的分辨率。

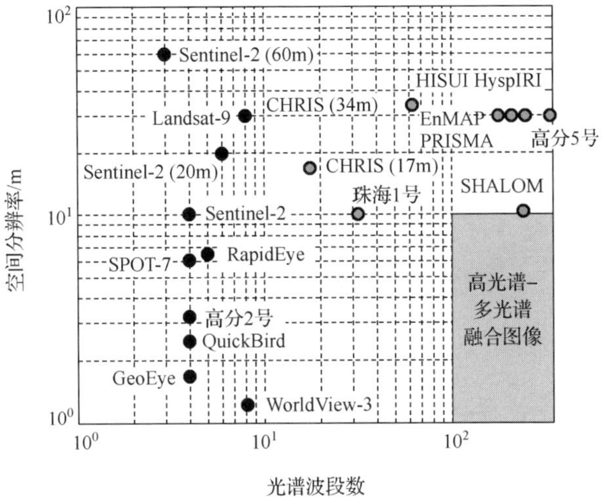

图 6.6　国内外常见的多光谱和高光谱成像传感器及其分辨率
（灰色区域表示分辨率增强后所期望的高光谱图像的分辨率）

6.3　反问题视角考察多源空谱融合

在遥感模型反演与估计领域，遥感的主要目标是监测地球及其与大气的相互作用，可以监测生物-地球-化学循环、大气状态和演化，以及植被动态等过程变量[14,15]。所有这些复杂的相互作用都可以表征为不同属性，例如，陆地（如地表温度、生物量、叶面积覆盖）、水（如黄色物质、海洋颜色、悬浮物）或大气（如不同高度的温度和湿度分布）的物理参数。物理参数估计是将测量值（可以包括全色图像、多光谱图像、高光谱图像以及其他传感器观测数据）转换为有用估计值所必需的中间建模步骤。因此，从这个意义上看，多源空谱遥感图像融合可以看作是遥感反演问题。

如图 6.7 所示，遥感系统可以建模为正问题和反问题组成的系统[16]。正向（或直接）问题涉及辐射传输模型（radiative transfer model，RTM）。这些模型总结了从大气传输到测量辐射的能量传递所涉及的物理过程，它们模拟给定观测配置（如波长、视角和照明方向）和一些辅助变量（如植被和大气特征）。解决反问题意味着设计算法，从传感器获取的辐射出发，可以对感兴趣的变量进行精确估计从而“反演”RTM。在反演中，感兴趣变量的先验信息可以提高估计性能。

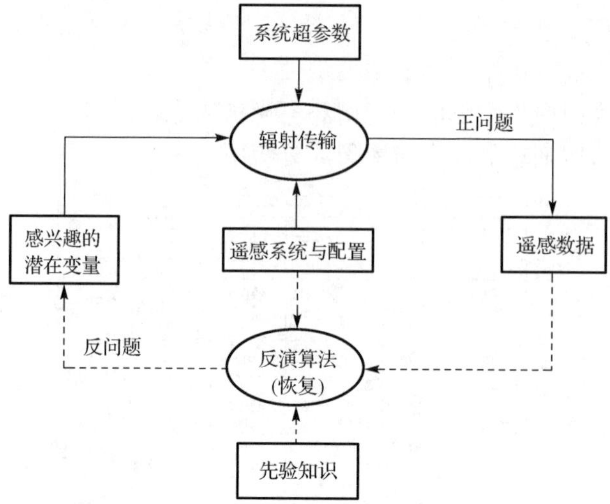

图 6.7　遥感系统的两大类问题：正问题和反问题

按照上述框架，空谱遥感图像融合本质上也可以建模为反问题。下面以高光谱与多光谱图像融合为例，揭示反问题建模处理的学术思想和基本思路。假设真实的高分辨率高光谱图像(HR-HSI)为$\boldsymbol{\mathcal{X}}\in\mathbb{R}^{W\times H\times B}$，其中$W$，$H$和$B$分别表示图像的宽、高和波段数；$\tilde{\boldsymbol{\mathcal{X}}}\in\mathbb{R}^{w\times h\times B}$表示观测到的低分辨率高光谱图像(LR-HSI)，其波段数为B。那么，$\tilde{\boldsymbol{\mathcal{X}}}$就可以看成是由$\boldsymbol{\mathcal{X}}$经过空间下采样得到的，且假设$W>w$，$H>h$。$\boldsymbol{\mathcal{Y}}\in\mathbb{R}^{W\times H\times l}$ (l为波段数)为与 HR-HSI 同一场景下的高分辨率多光谱图像(HR-MSI)，其空间分辨率与 HR-HSI 相同。

首先，在多光谱与高光谱图像不同成像机理的基础上，观测的待融合高光谱和多光谱图像分别建模为未知高分辨率(HR)高光谱图像在空间维和光谱维退化的图像(图 6.8)。

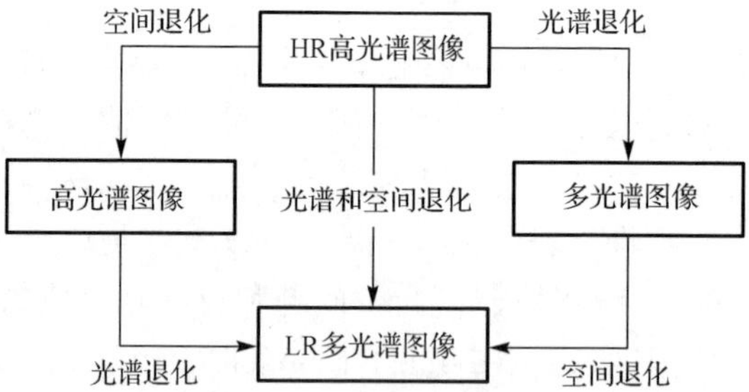

图 6.8　观测多光谱、高光谱图像与未知高光谱图像之间的数据依赖关系

形式上，借助于数学符号，可以将遥感成像的正问题给出数学描述。建立观测高分辨多光谱图像与观测的低分辨高光谱图像与未知高光谱图像之间的数据依赖关系，分别描述如下。

(1) 观测低分辨率高光谱图像 $\tilde{\mathcal{X}}$ 与高分辨率高光谱图像 $\mathcal{X}$ 的退化关系：

$$\tilde{\mathcal{X}} = f(\mathcal{X}, \Theta) + \boldsymbol{N} \tag{6.1}$$

其中，$f(\cdot,\cdot)$ 表示退化算子，包括各个波段的空间模糊算子和下采样算子。如果空间模糊为平移不变，则对应为各通道图像与其点扩散函数(point spread function，PSF)的卷积。$\boldsymbol{N}$ 表示光谱图像噪声，往往假设各波段的噪声是独立的，且各通道噪声服从多变量高斯分布。Θ 表示成像过程中的相关超参数变量。

(2) 观测的高分辨多光谱图像 $\mathcal{Y}$ 与高分辨率高光谱图像 $\mathcal{X}$ 的退化关系：

$$\mathcal{Y} = R(\mathcal{X}) + \boldsymbol{Z} \tag{6.2}$$

其中，$R(\cdot)$ 表示与多光谱传感的光谱响应函数相关的退化算子，连续情况下，表现为光谱维数据与光谱响应函数在光谱波段内的积分；$\boldsymbol{Z}$ 表示高分辨多光谱图像与高光谱图像退化关系中的建模误差(或噪声)，目前文献基本假设为多变量高斯分布。

下面进行讨论。

(1) 依据上面的正向关系，如果没有额外的辅助高分辨多光谱图像 $\mathcal{Y}$，则仅仅由 $\tilde{\mathcal{X}}$，依据式(6.1)的退化关系反演或重构 $\mathcal{X}$ 的过程是图像复原(不含欠采样)或者超分辨问题(包含欠采样)。此时，研究目标是寻找一个反演算子或者复杂的映射关系，使得

$$\mathcal{X}^* = g(\tilde{\mathcal{X}}, w) \tag{6.3}$$

其中，$g(\cdot)$ 是可能的反演算子，w 是超参数。进一步，式(6.1)的超参数集合 Θ 中的变量可能是完全未知的，同样需要进行估计，则称之为盲的，例如盲去模糊(此时模糊核未知)；如果是部分未知的，则是半盲的。

显然，由于问题的欠定性，大部分情况下很难得到显式的反演算子。解决不适定问题的一般途径是引入正则化方法，此时 $\mathcal{X}^*$ 称为正则化解。

(2) 如果给定观测低分辨率高光谱图像 $\tilde{\mathcal{X}}$ 和辅助高分辨多光谱图像 $\mathcal{Y}$，则依据式(6.1)和式(6.2)的退化关系反演或重构 $\mathcal{X}$ 的过程是融合问题，以实现分辨率的提升。融合的目标与式(6.3)类似，是希望探索反演算子 $\mathcal{X}^* = g(\tilde{\mathcal{X}}, \mathcal{Y}, w)$。

由于辅助信息源 $\mathcal{Y}$ 的引入，问题的欠定性可以得到降低，但相比于 $\mathcal{X}$ 中需要重构的大量未知量，问题的欠定性依然存在，正则化方法仍然是主流方法。

(3) 从统计的观点来看，在贝叶斯推断体系下，可以建模为最大后验模型(maximum a posteriori，MAP)进行求解。若假设 Θ 是给定的，则

$$\mathcal{X}^* = \arg\max_{\mathcal{X}} p(\mathcal{X} | \tilde{\mathcal{X}}, \mathcal{Y}) = \arg\max_{\mathcal{X}} p(\tilde{\mathcal{X}} | \mathcal{X}) p(\mathcal{Y} | \mathcal{X}) p(\mathcal{X}) \tag{6.4}$$

建立贝叶斯推断模型，需要解决两个关键问题：一是数据似然模型，包括 $p(\tilde{\mathcal{X}} | \mathcal{X})$ 和 $p(\mathcal{Y} | \mathcal{X})$；二是潜在高空间分辨率的先验模型 $p(\mathcal{X})$。若假设 $\boldsymbol{N}$ 和 $\boldsymbol{Z}$ 服从

高斯白噪声分布，则 MAP 可以转化为最优化问题：

$$\mathcal{X}^* = \arg\min_{\mathcal{X}} \left\|\tilde{\mathcal{X}} - f(\mathcal{X},\Theta)\right\|_F^2 + \alpha\left\|\mathcal{Y} - R(\mathcal{X})\right\|_F^2 + \beta\Phi(\mathcal{X}) \tag{6.5}$$

其中，α , β 为正则化参数，起平衡各项的作用；$\Phi(\mathcal{X})$ 是 $-\log p(\mathcal{X})$ 导出的先验正则化项；$\|\bullet\|_F$ 表示F范数。目前的贝叶斯融合方法中，其基本框架与上述建模思路一致。显然，贝叶斯融合方法需要利用更为合理的数据似然假设、潜在光谱图像先验的假设以及其他数据约束(如非负性、局部和非局部相似性等)。

(4) 事实上，如果将空谱遥感图像融合建模为数学反问题，则解决反问题病态或欠定性的途径是构建形如式(6.5)的正则化框架。但是在正则化框架下，可以考虑更为灵活的非概率形式导出的数据保真项和正则化项：

$$\mathcal{X}^* = \arg\min_{\mathcal{X}} \mathcal{D}_1(\tilde{\mathcal{X}}, f(\mathcal{X},\boldsymbol{\Theta})) + \alpha\mathcal{D}_2(\mathcal{Y}, R(\mathcal{X})) + \beta\Phi(\mathcal{X}) \tag{6.6}$$

其中，$\mathcal{D}_1(\cdot,\cdot), \mathcal{D}_2(\cdot,\cdot)$ 可以表示更为广义的距离或范数，以更为合理地描述数据内在的几何结构保真和光谱保真；而对于正则化项 $\Phi(\mathcal{X})$，研究者在非局部和分数阶等新型正则化框架下提出了不同的融合方法。一般而言，图像的梯度场、几何曲率、分数阶导数等几何测度信息，以及形态成分的正则性约束都可以综合利用，构造合理的图像融合正则化方法。

6.4　机器学习视角考察多源空谱融合：浅层到深层

6.4.1　表示学习融合机理

在反问题建模框架下，鉴于成像机制和数据的复杂性，基于模型驱动的方法往往很难捕获数据之间高阶相关性、长程依赖关系以及高度非线性，进而获得高性能的反演算法。由此，研究者们研究基于机器学习视角，提出数据驱动的图像超分辨重构框架。其基本模式是建立机器学习模型，利用高低分辨率的样本对，学习一个超分辨映射 $g(\bullet)$；之后，对于测试数据，利用超分辨映射作用于测试样本可以获得分辨率提升结果。

如图 6.9 所示，给出了一种基于低-高分辨率图像块对(LR-HR patch pairs)样本学习的单幅图像超分辨原理示意图。这些方法背后的主要机理是自然界的图像结构存在相似性，相似性既可以是图像内部局部块(patches)之间的相似性，也可以是外部图像库中图像块的相似性。因此利用“相似性块的互补性信息”达到细节的补偿和清晰度的提升。

目前这类方法主要可以分为三类：

(1) 基于输入图像自身内部统计相似性学习的方法；

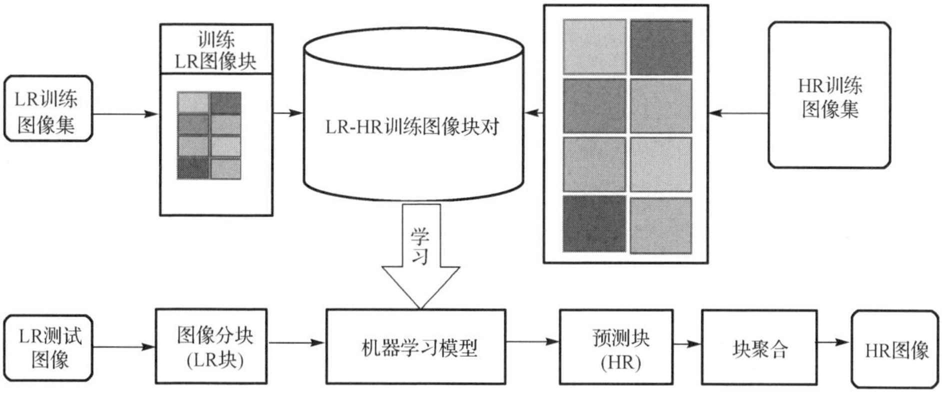

图 6.9　基于低-高分辨率图像块对样本学习的单幅图像超分辨原理示意图

(2)基于外部训练样本统计相似性学习的方法;

(3)联合外部和内部统计相似性学习的方法。

显然，仅仅利用输入图像自身内部的"相似性块信息"，其信息的互补性是有限的。基于外部训练样本学习的方法，以输入的低分辨图像为基础，利用大量外部图像进行相似性块匹配搜索，"互补性信息"比较充分，因此这类方法可以融合和补充更多的相似性细节。然而，输入图像中的图像块与"外部相似块"的相关性往往依赖于外部图像库的关联程度和多样性，并不能保证任一图像块都能匹配表示；而图像自身内部相似性学习，非局部图像块的关联程度高，但是相似性关联图像块很可能是不充分的，从而可能引入虚假信息。因此"自学习"和"外部学习"各有利弊，研究联合"自学习"和"外部学习"的新方法成为热点。

6.4.2　稀疏表示学习

与基于样本学习的单幅图像超分辨不同，空谱遥感图像的融合涉及 MS+PAN 问题或 HS+PAN 或 MS+HS 等类型空谱图像到高分辨目标光谱图像(MS 或 HS)的输出。目前的研究思路依然是不同学习方法的应用，包括从浅层表示学习到深度学习的扩展。

稀疏融合的方法源自计算机视觉领域，Yang 等提出的稀疏表示超分辨方法[17]为空谱融合方法提供了可以推广的框架。Li 和 Yang 将空谱图像融合问题转化为压缩感知问题[18]，沿用压缩感知框架，假设 LR 多光谱图像和 HR 全色图像是压缩测量值，而 HR 多光谱图像可以通过应用稀疏性正则化进行重建。在稀疏学习融合算法中，字典的生成对于融合问题而言是关键。他们直接采取从高空间分辨率多光谱图像随机抽样图像块构成。然而，实际中高空间分辨率多光谱图像通常是不可能得到的，因此比较切实可行的方法是通过字典学习的方法得到。这样，Li 等进一步通过学习获得字典[19]。他们的方法是假设 LR 多光谱图像的字典、HR 多光谱图像的字典和 HR 全色图像的字典之间存在对应物理退化过程的依赖关系，进而建立字典学习优化模型，利用 K-SVD 学习方法得到高-低分辨率多光谱图像表示字典和高分辨率全色字典。Zhu 和 Bamler[20]在 Yang 等提出的基于稀疏表示图像超分辨方法[17]的基础上，提出了一种称为 Sparse-FI 方法，该方法假设：①LR 多光谱图像与 LR 全色图像共享 LR 字典；②HR 多光谱图像与 HR 全色图像共享 HR 字典；③LR 多光谱图像与 HR 多光谱图像共享稀疏表示系数。因此基于图像块 K-SVD 学习的方法仅仅学习两个字典。而在他们的后续方法中通过利用联合稀疏性度量得到更好的融合效果[21]。

稀疏表示模型一直在不断发展中。首先，目前存在两类稀疏表示框架，分别是合成模型和分析模型。前者一般通过表示系数的稀疏性度量，通过优化模型求得稀疏表示系数，然后由系数向量与字典合成重建图像；而后者可以综合图像分析的先验，建立优化模型，直接优化得到重建图像。分析模型相比如合成模型，可以更好地结合其他先验(如空间梯度域的稀疏性)。目前，基于分析的融合重建模型逐步引起研究者的注意，文献[22]给出了分析模型的探索。另一方面，稀疏表示可以表示为卷积结构形式，由此 Papyan 等提出卷积稀疏表示模型，进一步通过多层建模形式，构建了稀疏卷积网络[23,24]，理论上可架起稀疏表示到深度 CNN 的可解释性桥梁[25]。受此工作的启发，文献[26]提出卷积结构稀疏编码的空谱图像融合方法。

6.4.3 深度学习

深度学习是对图像进行特征表示和映射关系学习的有效方法。一方面，深度学习能够层级化的表示数据从低级到高级的特征，并且在数据建模和表示中摆脱了对先验假设依赖；另一方面，作为具有深度结构的神经网络，深度学习拥有足够的非线性度表示数据间复杂的映射关系。深度学习的发展为高光谱图像分辨率增强提供了全新的方案。早在 20 世纪 80 年代，反向传播(BP)算法的提出，使得训练多层神经网络成为可能，但当时的神经网络模型面临训练容易陷入局部最优、梯度消失和梯度爆炸、过拟合等问题。Hinton 等系统地提出深度学习模型，该深度网络模型由多个限制玻尔兹曼机(restricted Boltzmann machine，RBM)堆叠构建，采用贪婪方法对网络进行逐层的无监督预训练，再采用反向传播算法对网络整体进行有监督微调[27,28]。该工作有效解决了深度神经网络训练中的局部最优问题，打破了传统神经网络模型对层数的限制，使得深度网络模型的训练最终成为可能。目前，图像处理与分析领域，通常采取如下 4 类深度学习网络。

(1)卷积神经网络(CNN)。其是代表性的深度学习网络架构[28]，也是人工智能领域标志性的机器学习方法。CNN 的主要动机是通过卷积运算的三个策略来改进机器学习系统：稀疏交互(sparse interaction)、参数共享(parameter sharing)、等变表示(equivariant representation)。CNN 主要包括四类网络层，如图 6.10 所示：①卷积层，旨在学习一组卷积核，并通过在输入图像上滑动不同的卷积核计算多张特征图，其中，每张特征图对应一个卷积核，同一张特征图共享权重和偏置项；②非线性层，通过在特征图上逐元素地应用激活函数，增强判定函数和整个网络的非线性，使得网络能够对非线性函数进行建模；③池化层，利用池化核对特征图中不同位置的特征进行聚合，大大降低了特征维数并增加了对局部变换的鲁棒性；④全连接层，在网络中起到分类器的作用，将学习到的特征映射到样本标记空间。其中，每个单元都与前层中的所有单元相连接，并且最后一层通过使用损失函数来惩罚预测值与真实值间的差异以实现精确分类的目的。

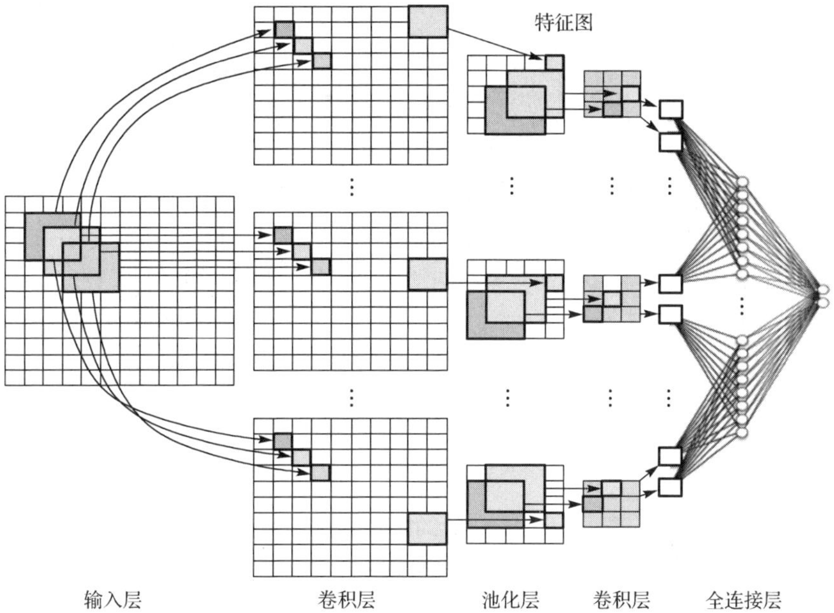

图 6.10　CNN 体系结构示例

在 CNN 中，影响元素前向计算的所有可能的输入区域称为该元素的感受野(receptive field)。可通过更深的网络使特征图中单个元素的感受野变得更加广阔，从而捕捉输入上更大尺寸的特征。相比传统全连接神经网络，CNN 的主要优势是通过局部感受野、权值共享以及时间或空间子采样减少网络中自由参数的个数，获得某种程度上的位移、尺度和形变不变性。目前比较流行的 CNN 网络结构包括[29-31]：AlexNet、VGGNet、ResNet、GoogLeNet、MobileNet 和 DenseNet。CNN 网络采用随机梯度下降和误差反向传播方法对模型参数进行更新以实现模型训练的目的。CNN 网络为了避免过拟合，通常也将随机丢弃(dropout)技术应用到网络模型学习。此外，CNN 网络通过使用数据扩充机制增加训练样本数量及多样性，进而既避免了过拟合又提升了模型性能。

(2)编码器-解码器与自编码器模型。编码器-解码器模型利用对称网络结构将数据点从输入域映射到输出域。其主要思想是利用编码函数 $\boldsymbol{z}=g(\boldsymbol{x})$ 所定义的编码器(encoder)将输入压缩成特征空间表示，再利用解码器(decoder) $\boldsymbol{y}=f(\boldsymbol{z})$ 从特征空间表示中预测输出结果。其中，特征表示能够捕获输入潜在的语义信息，有助于预测输出。编码器-解码器模型是目前比较流行的图像到图像转换以及自然语言处理方法，如图 6.11 所示。这类模型通过最小化重构误差损失 $L(\boldsymbol{y},\hat{\boldsymbol{y}})$ 进行逐层训练，可以实现端到端的学习，其中 $\boldsymbol{y}$ 为人工分割样本，$\hat{\boldsymbol{y}}$ 为预测的分割结果。

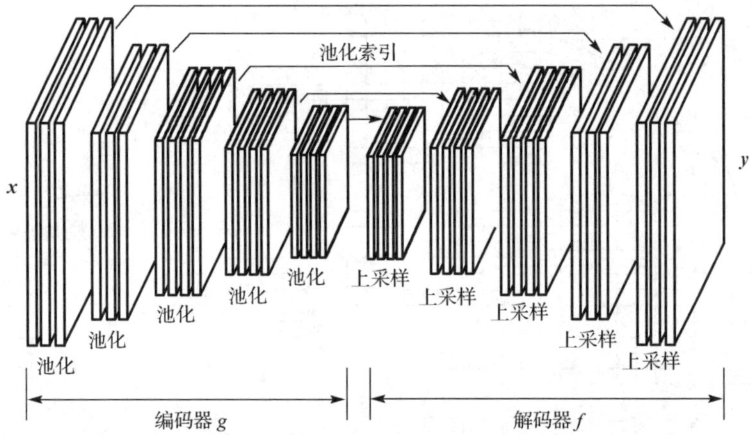

图 6.11　经典编码器-解码器模型体系结构

自编码器属于编码器-解码器模型的一个特例。这是一种无监督的特征学习网络，其主要思想是通过将输入作为学习目标，对其进行特征表示学习。近年来，基于自编码器，很多改进的模型被提出来广泛应用于数据分类、模式识别等领域。代表性模型包括堆栈去噪自编码器(stacked denoising auto-encoder，SDAE)[32]和变分自编码器(variational auto-encoder，VAE)[33]。前者将自编码器进行堆叠用于图像去噪；后者将一个先验分布引入特征表示，由此从给定数据分布中生成真实样本。

(3)循环神经网络(recurrent neural networks，RNN)。RNN 及其变种网络[34,35]可描述动态时间行为，显式地建模序列数据和多维数据中的复杂依赖关系，其主要思想是利用独特设计结构“门”，将输入序列编码为隐藏状态，并通过更新隐藏状态记忆数据中的重要信息，实现对长期依赖关系的预测，其原理如图 6.12 所示。而隐藏状态的更新策略包括三类：双曲正切(tanh)、长短期记忆(long short-term memory，LSTM)[34]和门控循环单元(gated recurrent unit，GRU)[35]。其中，LSTM 单元和 GRU 通过设计门内特殊交互机制调节信息流，有选择地丢弃和添加信息，从而保留重要特征，并保证其在长程传播过程中不会丢失，见图 6.13。在训练过程中，门控机制也在一定程度上缓和了传统 RNN 的退化问题，有助于理解模型的决策依据。

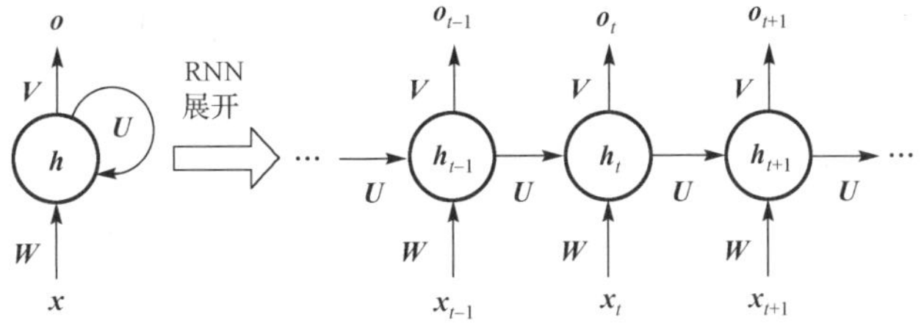

图 6.12　RNN 示意图

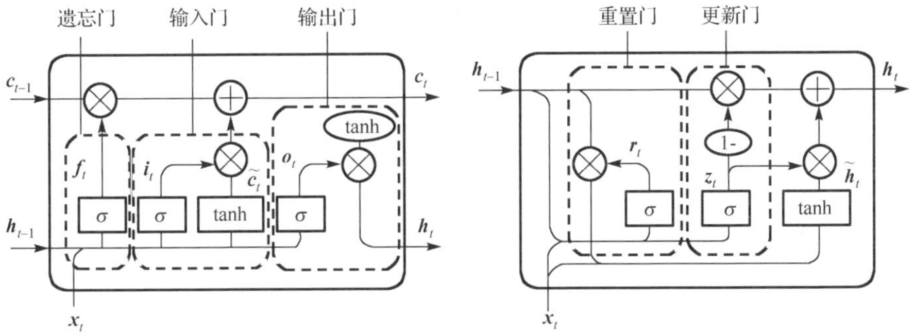

(a) LSTM单元　　(b) GRU

图 6.13　LSTM 单元和 GRU 模块结构

(4) 生成对抗网络。Goodfellow 等于 2014 年提出的一个通过对抗过程估计生成模型的新框架——生成对抗网络(generative adversarial networks，GAN)[36]，被誉为近年来复杂分布上无监督学习最具前景的方法之一。该网络结构通常包含两个部分，如图 6.14 所示，即生成器(generator)和判别器(discriminator)：判别器试图区分由生

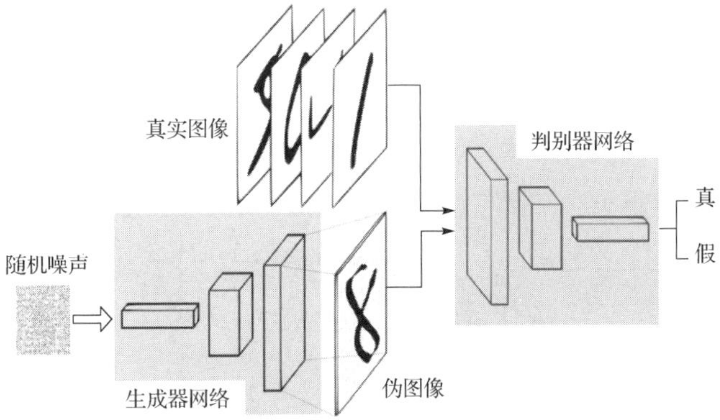

图 6.14　GAN 基本网络架构

成器产生的伪数据和真实数据，而生成器则想要产生与真实数据更加相似的伪数据去扰乱判别器，此过程类似于博弈论中的二人零和博弈(zero-sum game)。GAN 的训练实质是寻找零和博弈的一个纳什均衡解。最终，生成器能够产生与真实数据拥有相同分布的伪数据，即学习到了真实数据的潜在分布。关于 GAN 的衍生模型及其研究进展，读者可参考文献[37]。

6.5 多源空谱遥感图像融合代表性研究趋势

目前，基于图像先验建模和结构化表示的融合方法如火如荼，多源空谱图像融合方法呈现由低阶向高阶甚至非局部先验正则化，由稀疏、结构化低秩先验向深度表示先验发展的趋势[38-40]。

6.5.1 低阶向高阶、局部向非局部先验发展

多源空谱图像融合在数学上可建模为不完全互补观测数据的融合计算重建反问题，贝叶斯融合是一个基本方法，其关键是数据似然保真和高光谱图像先验建模。图像先验正则化是解决融合反问题病态性的有效途径，发展出一类变分融合方法。早期代表性工作是针对 MS+PAN 融合问题。例如，Ballester 等提出了 P+XS 方法[41]，其基于两点假设：

(1)全色图像可由高空间分辨率多光谱图像的每个波段线性组合生成；

(2)PAN 图像与多光谱图像应共享几乎一致的水平线(level lines)几何结构信息。

后续变分融合方法大都基于 P+XS 方法进行改进，如小波变分融合方法[42]、梯度保真变分融合等[43]。从先验建模来看，包括采取动态全变差、非局部全变差(non-local total variation，NLTV)[44]，以及 Liu 等前期提出的 Hessian 正则化[45]和分数阶正则化[46]的 MS+PAN 融合方法。这些研究表明高阶甚至分数阶正则化先验有助于提升融合过程的细节注入和减少光谱失真。然而，与多光谱图像融合相比，光谱保真对高光谱图像融合问题更为重要。文献[47]从“局部点态”、“非局部点态”、“局部多点”和“非局部多点”等 4 个方面系统总结和评述了不同的图像先验模型。这启发我们需要进一步充分挖掘多通道光谱图像的立方体数据特性，并利用其空谱联合通道相关性以及非局部上下文相关性，建立更为合适的多通道图像非局部先验模型。

6.5.2 由标准稀疏至结构化稀疏表示发展

随着高维信号冗余与稀疏表示理论的兴起，研究者充分意识到需利用高维数据分布的拓扑几何与稀疏结构来学习数据的有效表示，并发展出一大类稀疏融合方法，其关键是字典学习和稀疏性度量；前者需要提高学习字典的“紧致性”和“类属鉴

别性”，后者需要增强稀疏性度量的结构性。文献[21]利用在线字典学习框架下高光谱图像的稀疏先验和支撑集，将 HS+MS 融合归结为稀疏正则化反问题求解。文献[48]提出联合稀疏性的融合方法；同时稀疏正则化融合框架可结合光谱解混[49,50]和非负矩阵分解以提高光谱保真能力[51]。随着稀疏表示理论逐步深入，研究者意识到 ℓ_p 类(如 ℓ_0 和 ℓ_1)范数对信号的局部和全部的“结构性”描述不足，结构化稀疏学习方法应运而生，而群稀疏(group sparsity)和图稀疏(graph sparsity)等结构化稀疏性度量[51]可提高信号表达能力，而空谱联合稀疏可提高 HS+MS 融合性能[52]。例如，西安电子科技大学董伟生等提出非负结构化稀疏表示的高光谱图像超分辨方法[53]，本质上可自然推广到 HS+MS 融合问题。纵观而言，在空谱图像融合建模中，如何建立空谱联合结构化稀疏性度量，对于稀疏融合方法至关重要。

6.5.3　由矩阵低秩至张量结构化低秩发展

低秩表示理论已成为高维数据机器学习和计算机视觉等的崭新理论。本质上认为高维数据存在于低维子空间，数据低秩性是向量稀疏性在高维情形下(如矩阵结构、张量结构)的推广，更能体现数据的结构化稀疏性。Wright 等在 2010 年提出 RPCA 方法[54]，假设误差数据是稀疏的、干净数据是低秩的，有效解决了数据缺失、噪声等不够稳健问题。但是由于秩函数的非凸和不连续性，秩极小问题是 NP 难的。人们提出了秩函数的凸逼近方法。代表方法为核范数方法，由此导出基于核范数的低秩表示和信号鲁棒恢复理论[55-59]。

低秩假设对于高光谱图像而言具有较好的物理意义。高光谱图像中的像元可看作一组端元(纯净像元)的线性组合，而同类物质像元在空间维的聚集性很好地体现了数据的局部流形性。高光谱图像具有很高的光谱相关性，近似位于多个低维流形。研究者通过经典 PCA 对高光谱图像降维，表示主成分具有低秩结构，而残差具有稀疏性；大量实测数据统计表明高光谱数据具有空谱冗余、相关性高、低秩属性明显。目前，低秩表示理论在高光谱图像融合中得到了初步应用。代表性工作为将 HS+MS 融合建模为多源互补数据的高光谱图像超分辨问题，利用分层二分树将图像进行空间划分，假设空间邻域可张成局部低维子空间/流形，进而提出局部低秩正则化的融合方法[60]。

国内，张良培等提出基于低秩矩阵恢复的高光谱图像复原方法，焦李成等提出低秩稀疏融合方法。Zhang 等较早提出基于矩阵低秩和局部群组光谱流形嵌入的 HS+MS 融合方法[61]，该方法假设退化观测 HS 图像可以描述为具有低秩属性的潜在高光谱图像和稀疏分量；之后又提出空谱图正则化低秩张量分解的融合方法[62]，方法充分利用了 Tucker 分解各模因子矩阵的“核范数和”度量潜在高光谱图像的低秩性，结果表明可以很好地保持空谱特征，而图正则化方法可以实现流形结构的注入。

纵观而言，这些工作主要采用矩阵核范数的低秩表示或者张量分解后因子矩阵“核范数和”作为凸逼近秩函数，结合其他正则化方法实现融合过程空谱相关特征保持。目前进展表明，非凸逼近可以更精确地逼近秩函数，代表性非凸逼近包括：截断核函数、封顶核范数、Schatten-p 范数等[63,64]。秩函数的非凸逼近、奇异值的高阶稀疏，以及结构化低秩等度量也可应用于多通道遥感图像融合，此部分尚有大量工作可做。

6.5.4 稀疏、低秩先验向深度先验发展

目前，深层学习模型在计算机视觉和人工智能领域得到广泛应用。与人工先验相比，深度学习在图像反问题(去噪、去模糊、超分辨等)重建的应用逐步引起广泛关注[65]，主要包括两类方法：其一是基于数据驱动深度学习重建算子(或深度去噪先验、超分辨映射、邻近算子(proximal operator)等)；其二是深度先验与解析先验的复合。

首先，利用深度模型学习反问题重建算子是研究思路之一。例如，文献[66]在半二次分裂(half quadratic splitting，HQS)框架下引入辅助变量，分析去噪迭代步的任务属性，提出一个基于卷积神经网络(CNN)深度去噪先验替代去噪迭代，本质上可以看作是深度学习一个去噪作用的邻近算子。

深度学习应用于图像超分辨，直接方法是学习一个分辨率提升的非线性映射。超分辨卷积神经网络(super-resolution convolutional neural network，SRCNN)[67]是代表性工作，通过一个全卷积网络预测非线性低分辨率(LR)到高分辨率(HR)之间的非线性映射，该方法显著超越以往浅层模型方法。然而，SRCNN 并没有考虑任何自相似性。为此，深层联合超分辨(deep joint super resolution，DJSR)[68]方法联合使用外部样本以及自身样本的信息。受迭代收缩阈值算法启发，级联稀疏编码网络(cascaded sparse coding network，CSCN)通过端到端的训练模式充分利用图像的本质稀疏性[68]。Shi 等[69]观察到以往的模型在 CNN 训练之前通过双三次插值方式提升 LR 图像的分辨率会增加网络的计算复杂度的问题，提出一种高效亚像素卷积神经网络(efficient sub-pixel convolutional neural network，ESPCNN)，通过网络学习从 LR 到 HR 的变换，以增加分辨率，从而减少网络的计算和存储复杂度。

对于图像一大类线性反问题重建问题，数学上可归结为正则化项的邻近算子分裂求解。人们发现可利用深度网络模型学习性能增强的邻近算子[70-73]。文献[70]利用去噪神经网络学习性能增强的正则化邻近算子；类似地，文献[71]基于正则化模型的 ADMM 求解框架，通过生成对抗网络学习性能增强的邻近算子；文献[73]采用深度模型学习主-对偶重建算子。

深度先验与解析正则化方法的复合是另外一条技术路线。目前的方法主要包括：基于深度网络预测图像作为潜在图像的先验正则项、稀疏性堆叠网络、利用生成对抗网络学习后验分布以及变分自编码方法等[74,75]。

受上述方法的启发，研究者将深度学习方法应用于遥感图像融合。最近，张良培教授团队分别采取深度残差网络提升融合性能[76]，随后又提出多尺度 CNN 的 Pansharpening 方法[77]；文献[77]和[78]全面系统地综述了遥感数据深度学习现状。对于 HS+MS 融合问题，深度学习方法逐渐引起关注[79-81]，代表性方法为文献[79]提出的三维 CNN 方法以及李树涛教授团队提出将 CNN 残差网络先验学习结合进融合优化模型，并给出了一个三阶段方法[81]。李红等在训练深度网络时加入了结构风险最小化的损失函数，提出了一种基于深度支撑值学习网络的融合方法，应用于 MS+PAN 融合，并取得很好的性能[80]。

尽管这些模型取得了非常好的结果，但深度融合方法刚刚起步，许多问题亟待解决。首先，非常深的模型往往需要学习大量参数，需要更大的存储空间；其次，目前的深度融合方法大多是逐通道进行的，没有充分利用高光谱图像的空谱相关性和局部低维流形结构。因此启发我们研究张量化深度融合方法。根据现有文献，该方面代表性工作为张量深度堆叠网络(tensor deep staking network)及其核化版本[82]、张量因式分解神经网络(tensor-factorized neural network)[83]。相比传统深度学习方法，这些方法已经表明张量分析与深度神经网络的结合，可显著提升深度学习的高阶结构表达能力、降低参数规模，减少计算与内存资源，增强跨域迁移学习能力。然而张量化深度表示学习模型的建立、深度网络架构、轻量化和优化计算等尚存在很大提升空间。如何结合张量低秩和深度递归网络，解决梯度消失/爆炸问题，增强空谱互补特征的融合等方面需要进一步研究。

6.6 本章结语

作为不完全互补观测多通道图像的融合计算重建反问题，建立兼顾“紧致性”和“结构性”的高效图像表示和先验模型至关重要。其核心学术思想是充分挖掘观测图像的互补性以及各自数据的空谱退化机理，利用高效表示的图像表示先验，将融合问题建模为联合优化问题，实现空谱特征保持的高分辨图像重建。目前国际上从高维信号稀疏恢复、低秩矩阵补全、低秩张量补全到最新发展的深度学习恢复理论，为空谱图像融合提供新的契机，但尚有如下关键问题值得关注。

(1) 更贴合成像观测过程的建模。对成像系统的物理过程建立更加符合实际情况的观测模型是解决空谱遥感图像融合相关问题的核心，更精确、更贴合地反映成像过程非常有利于提升图像融合增强算法性能。目前的很多算法大多引入过于简化的假设，例如，从提高算法的实用性和鲁棒性角度，至少应该考虑：①噪声系统特性(乘性还是加性)和统计分布特性(高斯还是重尾分布)；②相机的光学系统特性，特别是调制传递函数(MTF)；③相机颤抖等运动特性；④辐射传输过程的退化效应(如大气湍流效应)等。

(2) 更简洁和高效的图像先验或表示。高光谱图像作为“图谱合一”数据，空谱相关性强，存在空间模糊降质、噪声和数据缺失等退化情况，采取向量稀疏性度量虽能获得很好的信号重建和表达能力，但仍然将破坏图像矩阵结构或高阶张量形式的结构化信息。如何建立针对潜在高光谱图像空谱相关性，构造合适的张量低秩先验度量以及非凸张量低秩优化仍然是重要问题之一。需要充分挖掘高光谱图像立方体数据特性，并利用其空谱联合通道相关性以及非局部上下文相关性，提高算法对噪声和数据缺失的鲁棒性和空间模糊点扩散函数的非盲估计性能，并增强融合过程的“鲁棒超分辨重建性”和“高光谱保真性”。

(3) 更优良的解析模型与深度学习混合建模。结构化表示的解析先验正则化受限于形式，难以对数据之间的高阶相关性、长程依赖关系以及高度非线性建模；而深度先验学习方法可弥补人工解析先验不足。然而，传统二维卷积的深层学习模型对于高光谱等多通道图像尚存在紧致性和表达能力不足；多模态数据融合应用时，深度网络对不同模态数据共享特征和互补性特征的表达能力需要提高，同时需要提高数据缺失、噪声和样本不足时的跨域迁移学习能力。

(4) 更高效的计算。模型复杂度和时效性是制约提升融合算法实用性的一对矛盾。为了提高融合质量和实际图像的盲处理能力，需要高度复杂的数学模型；而实际工程问题又需要算法的高时效性。一方面，寻求高效并行的数值优化方法吸引了大批计算领域的研究者的广泛关注，并发展了如算子分裂、Bregman 迭代等图像处理算法；然而，寻求更高效的数值优化方法是一个长期不懈的过程。另一方面，利用先进的计算体系结构，如基于多核 CPU、图形处理单元(graphics processing unit, GPU)，或者基于多核 CPU+GPU 的异构平台、分布式集群和云计算架构等，设计高效并行的大数据处理算法，都是值得进一步深入研究的方向。

(5) 算法开源与融合算法的严格性能评测。国际上，对于常见算法，已经集成研发了一个空谱图像融合的开源算法软件包，取名为“TOOLBOX_pansharpeningtool”，涵盖了成分替代、MRA 和多变量回归等方法。该软件算法包开发编程语言为 MATLAB，并提供了 2006 年国际数据融合比赛中采用的 Pléiades Toulouse 多光谱图像数据集和一些遥感图像融合(https://www.digitalglobe.com/product-samples)的样例的融合结果。该软件由 Vivone 等研发和发布，综合性能基准测试见文献[4]。但是，更多的后续方法期待进一步算法开源和可复原研究，并在统一的数据集上进行严格的综合性能测试。

参考文献

[1] 肖亮，邵文泽，韦志辉. 基于图像先验建模的超分辨增强理论与算法：变分 PDE、稀疏正则化与贝叶斯方法. 北京：国防工业出版社, 2017.

[2] 肖亮，刘鹏飞. 多源空谱遥感图像融合机理与变分方法. 北京：科学出版社, 2020.

[3] Bioucas-Dias J M, Plaza A, Camps-Valls G, et al. Hyperspectral remote sensing data analysis and future challenges. IEEE Geoscience and Remote Sensing Magazine, 2013, 1(2): 6-36.

[4] Vivone G, Alparone L, Chanussot J, et al. A critical comparison among pansharpening algorithms. IEEE Transactions on Geoscience and Remote Sensing, 2014, 53(5): 2565-2586.

[5] Loncan L, de Almeida L B, Bioucas-Dias J M, et al. Hyperspectral pansharpening: A review. IEEE Geoscience and Remote Sensing Magazine, 2015, 3(3): 27-46.

[6] Yokoya N, Grohnfeldt C, Chanussot J. Hyperspectral and multispectral data fusion: A comparative review of the recent literature. IEEE Geoscience and Remote Sensing Magazine, 2017, 5(2): 29-56.

[7] Ghamisi P, Yokoya N, Li J, et al. Advances in hyperspectral image and signal processing: A comprehensive overview of the state of the art. IEEE Geoscience and Remote Sensing Magazine, 2017, 5(4): 37-78.

[8] Eckardt A, Horack J, Lehmann F, et al. DESIS(DLR earth sensing imaging spectrometer) for the ISS-MUSES platform. Proceedings of the IEEE International Geoscience and Remote Sensing Symposium, Milan, 2015: 1457-1459.

[9] Palubinskas G, Bachmann M, Carmona E, et al. Image products from a new German hyperspectral mission EnMAP. Proceedings of IGTF, Baltimore, 2017: 1-12.

[10] Matsunaga T, Yamamoto S, Kashimura O, et al. Operation plan study for Japanese future hyperspectral mission: HISUI. Proceedings of the 34th International Symposium on Remote Sensing of Environment, Sydney, 2011.

[11] Pignatti S, Palombo A, Pascucci S, et al. The PRISMA hyperspectral mission: Science activities and opportunities for agriculture and land monitoring. Proceedings of the 2013 IEEE International Geoscience and Remote Sensing Symposium, Melbourne, 2013: 4558-4561.

[12] Natale V G, Kafri A, Tidhar G A, et al. SHALOM: Space-borne hyperspectral applicative land and ocean mission. Proceedings of the 5th IEEE Workshop on Hyperspectral Image and Signal Processing: Evolution in Remote Sensing, Gainesville, 2013: 1-4.

[13] Lee C M, Cable M L, Hook S J, et al. An introduction to the NASA hyperspectral infraRed imager (HyspIRI) mission and preparatory activities. Remote Sensing of Environment, 2015, 167: 6-19.

[14] Rodgers C. Inverse Methods for Atmospheric Sounding: Theory and Practice. Singapore: World Scientific, 2000.

[15] Liang S. Quantitative Remote Sensing of Land Surfaces. Hoboken: John Wiley & Sons, 2004.

[16] Baret F, Buis S. Estimating canopy characteristics from remote sensing observations: Review of methods and associated problems// Advances in Land Remote Sensing. Dordrecht: Springer, 2008: 173-201.

[17] Yang J, Wright J, Huang T S, et al. Image super-resolution via sparse representation. IEEE Transactions on Image Processing, 2010, 19(11): 2861-2873.

[18] Li S, Yang B. A new pan-sharpening method using a compressed sensing technique. IEEE Transactions on Geoscience and Remote Sensing, 2010, 49(2): 738-746.

[19] Li S, Yin H, Fang L. Remote sensing image fusion via sparse representations over learned dictionaries. IEEE Transactions on Geoscience and Remote Sensing, 2013, 51(9): 4779-4789.

[20] Zhu X X, Bamler R. A sparse image fusion algorithm with application to pan-sharpening. IEEE Transactions on Geoscience and Remote Sensing, 2012, 51(5): 2827-2836.

[21] Zhu X X, Grohnfeldt C, Bamler R. Exploiting joint sparsity for pansharpening: The J-SparseFI algorithm. IEEE Transactions on Geoscience and Remote Sensing, 2015, 54(5): 2664-2681.

[22] Han C, Zhang H, Gao C, et al. A remote sensing image fusion method based on the analysis sparse model. IEEE Journal of Selected Topics in Applied Earth Observations and Remote Sensing, 2016, 9(1): 439-453.

[23] Papyan V, Romano Y, Elad M. Convolutional neural networks analyzed via convolutional sparse coding. The Journal of Machine Learning Research, 2017, 18(1): 2887-2938.

[24] Sulam J, Papyan V, Romano Y, et al. Multilayer convolutional sparse modeling: Pursuit and dictionary learning. IEEE Transactions on Signal Processing, 2018, 66(15): 4090-4104.

[25] Papyan V, Romano Y, Sulam J, et al. Theoretical foundations of deep learning via sparse representations: A multilayer sparse model and its connection to convolutional neural networks. IEEE Signal Processing Magazine, 2018, 35(4): 72-89.

[26] Hinton G E, Salakhutdinov R R. Reducing the dimensionality of data with neural networks. Science, 2006, 313(5786): 504-507.

[27] LeCun Y, Bengio Y, Hinton G. Deep learning. Nature, 2015, 521(7553): 436-444.

[28] Krizhevsky A, Sutskever I, Hinton G E. Imagenet classification with deep convolutional neural networks. Advances in Neural Information Processing Systems, Lake Tahoe, 2012: 1097-1105.

[29] He K, Zhang X, Ren S, et al. Deep residual learning for image recognition. Proceedings of the IEEE Conference on Computer Vision and Pattern Recognition, Las Vegas, 2016: 770-778.

[30] Szegedy C, Liu W, Jia Y, et al. Going deeper with convolutions. Proceedings of the IEEE Conference on Computer Vision and Pattern Recognition, Boston, 2015: 1-9.

[31] Huang G, Liu Z, van der Maaten L, et al. Densely connected convolutional networks. Proceedings of the IEEE Conference on Computer Vision and Pattern Recognition, Honolulu, 2017: 4700-4708.

[32] Vincent P, Larochelle H, Lajoie I, et al. Stacked denoising autoencoders: Learning useful representations in a deep network with a local denoising criterion. Journal of Machine Learning Research, 2010, 11(12): 3371-3408.

[33] Kingma D P, Welling M. Auto-encoding variational bayes. Proceedings of the 2014 International Conference on Learning Representations, Banff, 2014: 1-14.

[34] Hochreiter S, Schmidhuber J. Long short-term memory. Neural Computation, 1997, 9(8): 1735-1780.

[35] Cho K, van Merrienboer B, Gulcehre C, et al. Learning phrase representations using RNN encoder-decoder for statistical machine translation. Proceedings of the 2014 Conference on Empirical Methods in Natural Language Processing, 2014: 1724-1734.

[36] Goodfellow I, Pouget-Abadie J, Mirza M, et al. Generative adversarial nets. Advances in Neural Information Processing Systems, Montreal, 2014: 2672-2680.

[37] 王坤峰, 苟超, 段艳杰, 等. 生成式对抗网络 GAN 的研究进展与展望. 自动化学报, 2017, 43(3): 321-332.

[38] 肖亮, 刘鹏飞, 李恒. 多源空-谱遥感图像融合方法进展与挑战. 中国图象图形学报, 2020, 25(5): 851-863.

[39] Zhang L, Zuo W. Image restoration: From sparse and low-rank priors to deep priors. IEEE Signal Processing Magazine, 2017, 34(5): 172-179.

[40] Lucas A, Iliadis M, Molina R, et al. Using deep neural networks for inverse problems in imaging: Beyond analytical methods. IEEE Signal Processing Magazine, 2018, 35(1): 20-36.

[41] Ballester C, Caselles V, Igual L, et al. A variational model for P+XS image fusion. International Journal of Computer Vision, 2006, 69(1): 43-58.

[42] Möller M, Wittman T, Bertozzi A L, et al. A variational approach for sharpening high dimensional images. SIAM Journal on Imaging Sciences, 2012, 5(1): 150-178.

[43] Fang F, Li F, Shen C, et al. A variational approach for pan-sharpening. IEEE Transactions on Image Processing, 2013, 22(7): 2822-2834.

[44] Duran J, Buades A, Coll B, et al. A nonlocal variational model for pansharpening image fusion. SIAM Journal on Imaging Sciences, 2014, 7(2): 761-796.

[45] Liu P, Xiao L, Zhang J, et al. Spatial-Hessian-feature-guided variational model for pan-sharpening. IEEE Transactions on Geoscience and Remote Sensing, 2015, 54(4): 2235-2253.

[46] Liu P, Xiao L, Li T. A variational pan-sharpening method based on spatial fractional-order geometry and spectral-spatial low-rank priors. IEEE Transactions on Geoscience and Remote Sensing, 2017, 56(3): 1788-1802.

[47] Katkovnik V, Foi A, Egiazarian K, et al. From local kernel to nonlocal multiple-model image denoising. International Journal of Computer Vision, 2010, 86(1): 1.

[48] Wei Q, Bioucas-Dias J, Dobigeon N, et al. Hyperspectral and multispectral image fusion based on a sparse representation. IEEE Transactions on Geoscience and Remote Sensing, 2015, 53(7):

3658-3668.

[49] Nezhad Z H, Karami A, Heylen R, et al. Fusion of hyperspectral and multispectral images using spectral unmixing and sparse coding. IEEE Journal of Selected Topics in Applied Earth Observations and Remote Sensing, 2016, 9(6): 2377-2389.

[50] Karoui M S, Deville Y, Benhalouche F Z, et al. Hypersharpening by joint-criterion nonnegative matrix factorization. IEEE Transactions on Geoscience and Remote Sensing, 2016, 55(3): 1660-1670.

[51] Huang J, Zhang T, Metaxas D. Learning with structured sparsity. Proceedings of the 26th International Conference on Machine Learning, Montreal, 2009.

[52] He X, Condat L, Bioucas-Dias J M, et al. A new pansharpening method based on spatial and spectral sparsity priors. IEEE Transactions on Image Processing, 2014, 23(9): 4160-4174.

[53] Dong W, Fu F, Shi G, et al. Hyperspectral image super-resolution via non-negative structured sparse representation. IEEE Transactions on Image Processing, 2016, 25(5): 2337-2352.

[54] Wright J, Ma Y, Mairal J, et al. Sparse representation for computer vision and pattern recognition. Proceedings of the IEEE, 2010, 98(6): 1031-1044.

[55] Candès E J, Li X, Ma Y, et al. Robust principal component analysis. Journal of the ACM, 2011, 58(3): 1-37.

[56] Candès E J, Recht B. Exact matrix completion via convex optimization. Foundations of Computational Mathematics, 2009, 9(6): 717.

[57] Candès E J, Tao T. The power of convex relaxation: Near-optimal matrix completion. IEEE Transactions on Information Theory, 2010, 56(5): 2053-2080.

[58] Liu G, Lin Z, Yan S, et al. Robust recovery of subspace structures by low-rank representation. IEEE Transactions on Pattern Analysis and Machine Intelligence, 2012, 35(1): 171-184.

[59] Liu J, Musialski P, Wonka P, et al. Tensor completion for estimating missing values in visual data. IEEE Transactions on Pattern Analysis and Machine Intelligence, 2012, 35(1): 208-220.

[60] Veganzones M A, Simoes M, Licciardi G, et al. Hyperspectral super-resolution of locally low rank images from complementary multisource data. IEEE Transactions on Image Processing, 2015, 25(1): 274-288.

[61] Zhang K, Wang M, Yang S. Multispectral and hyperspectral image fusion based on group spectral embedding and low-rank factorization. IEEE Transactions on Geoscience and Remote Sensing, 2016, 55(3): 1363-1371.

[62] Zhang K, Wang M, Yang S, et al. Spatial-spectral-graph-regularized low-rank tensor decomposition for multispectral and hyperspectral image fusion. IEEE Journal of Selected Topics in Applied Earth Observations and Remote Sensing, 2018, 11(4): 1030-1040.

[63] Lu C, Tang J, Yan S, et al. Generalized nonconvex nonsmooth low-rank minimization.

Proceedings of the IEEE Conference on Computer Vision and Pattern Recognition, Columbus, 2014: 4130-4137.

[64] Xie Y, Qu Y, Tao D, et al. Hyperspectral image restoration via iteratively regularized weighted schatten p-norm minimization. IEEE Transactions on Geoscience and Remote Sensing, 2016, 54(8): 4642-4659.

[65] Jin K H, McCann M T, Froustey E, et al. Deep convolutional neural network for inverse problems in imaging. IEEE Transactions on Image Processing, 2017, 26(9): 4509-4522.

[66] Zhang K, Zuo W, Gu S, et al. Learning deep CNN denoiser prior for image restoration. Proceedings of the IEEE Conference on Computer Vision and Pattern Recognition, Honolulu, 2017: 3929-3938.

[67] Wang Z, Yang Y, Wang Z, et al. Self-tuned deep super resolution. Proceedings of the IEEE Conference on Computer Vision and Pattern Recognition Workshops, Boston, 2015: 1-8.

[68] Gregor K, LeCun Y. Learning fast approximations of sparse coding. Proceedings of the 27th International Conference on International Conference on Machine Learning, Haifa, 2010: 399-406.

[69] Shi W, Caballero J, Huszár F, et al. Real-time single image and video super-resolution using an efficient sub-pixel convolutional neural network. Proceedings of the IEEE Conference on Computer Vision and Pattern Recognition, Las Vegas, 2016: 1874-1883.

[70] Meinhardt T, Moller M, Hazirbas C, et al. Learning proximal operators: Using denoising networks for regularizing inverse imaging problems. Proceedings of the IEEE International Conference on Computer Vision, Venice, 2017: 1781-1790.

[71] Chang J H, Li C L, Poczos B, et al. One network to solve them all: Solving linear inverse problems using deep projection models. Proceedings of the IEEE International Conference on Computer Vision, Honolulu, 2017: 5888-5897.

[72] Borgerding M, Schniter P, Rangan S. AMP-inspired deep networks for sparse linear inverse problems. IEEE Transactions on Signal Processing, 2017, 65(16): 4293-4308.

[73] Adler J, Öktem O. Learned primal-dual reconstruction. IEEE Transactions on Medical Imaging, 2018, 37(6): 1322-1332.

[74] Wang Z, Liu D, Yang J, et al. Deep networks for image super-resolution with sparse prior. Proceedings of the IEEE International Conference on Computer Vision, Santiago, 2015: 370-378.

[75] Yang G, Yu S, Dong H, et al. DAGAN: Deep de-aliasing generative adversarial networks for fast compressed sensing MRI reconstruction. IEEE Transactions on Medical Imaging, 2017, 37(6): 1310-1321.

[76] Yuan Q, Wei Y, Meng X, et al. A multiscale and multidepth convolutional neural network for remote sensing imagery pan-sharpening. IEEE Journal of Selected Topics in Applied Earth

Observations and Remote Sensing, 2018, 11(3): 978-989.

[77] Zhu X X, Tuia D, Mou L, et al. Deep learning in remote sensing: A comprehensive review and list of resources. IEEE Geoscience and Remote Sensing Magazine, 2017, 5(4): 8-36.

[78] Zhang L, Zhang L, Du B. Deep learning for remote sensing data: A technical tutorial on the state of the art. IEEE Geoscience and Remote Sensing Magazine, 2016, 4(2): 22-40.

[79] Palsson F, Sveinsson J R, Ulfarsson M O. Multispectral and hyperspectral image fusion using a 3-D-convolutional neural network. IEEE Geoscience and Remote Sensing Letters, 2017, 14(5): 639-643.

[80] 李红, 刘芳, 杨淑媛, 等. 基于深度支撑值学习网络的遥感图像融合. 计算机学报, 2016, 39(8): 1583-1596.

[81] Dian R, Li S, Guo A, et al. Deep hyperspectral image sharpening. IEEE Transactions on Neural Networks and Learning Systems, 2018, (99): 1-11.

[82] Hutchinson B, Deng L, Yu D. Tensor deep stacking networks. IEEE Transactions on Pattern Analysis and Machine Intelligence, 2012, 35(8): 1944-1957.

[83] Chien J T, Bao Y T. Tensor-factorized neural networks. IEEE Transactions on Neural Networks and Learning Systems, 2017, 29(5): 1998-2011.

第 7 章　空谱遥感图像稀疏融合应用

7.1　引　　言

第 6 章，我们概述了稀疏表示和压缩感知的基本理论和算法。作为图像和信号处理先进的数学工具，稀疏表示理论告诉我们，稀疏域模型有着完备的数学基础，还有系列实用的计算方法。同时，稀疏表示方法已经在计算机视觉和图像处理中得到大量应用。这些应用涵盖了从低层视觉、中层视觉和高层视觉中的很多问题。在图像去噪、复原、超分辨等应用中，稀疏表示可以作为图像的一种本质先验约束正则化解；而在中高层视觉中，图像的稀疏表示可以作为良好的特征提取方法，也可以构造稀疏子空间分类方法等。

本章将从空-谱遥感图像融合的角度，探讨稀疏表示的应用，称之为稀疏融合方法。首先，为什么稀疏表示能够应用于图像融合问题呢？从图像恢复的角度看，空-谱图像融合可以建模为从多路不完全空-谱观测数据重建高分辨率空-谱图像的问题，也可以看作是一个典型的反问题。因此，可以将稀疏性先验施加到潜在高分辨率空-谱图像(如多光谱和高光谱图像)，构建正则化模型克服问题的病态性，进而寻求符合特定稀疏性的解。

7.2　稀疏表示与压缩感知融合基本方法

将稀疏表示和压缩感知原理应用于空-谱图像融合启发于计算机视觉领域的图像超分辨方法。美国伊利诺伊大学香槟分校的 Yang 等是稀疏表示学习 SR 算法的早期提出者，他们假设图像块在一个合适的过完备字典上是可以稀疏线性表示的[1]，并对算法做了进一步改进，不是直接将采样的高分辨率-低分辨率图像块对作为字典，而是使用稀疏编码算法学习更紧凑的字典对，大大提高了计算速度，进而通过高分辨字典和低分辨字典下的稀疏表示系数重建 HR 图像块，最后进行全局约束聚合后处理[2,3]。具体地，如图 7.1 所示，对输入低分辨率图像块在低分辨率字典上进行稀疏编码(表示)，基于高低分辨率图像块流形空间具有一致性(低分辨率空间获得的表示系数与真实高分辨率空间一样)假设，直接将上述系数映射到对应高分辨率图像块字典上，最终加权得到高分辨率图像块输出。

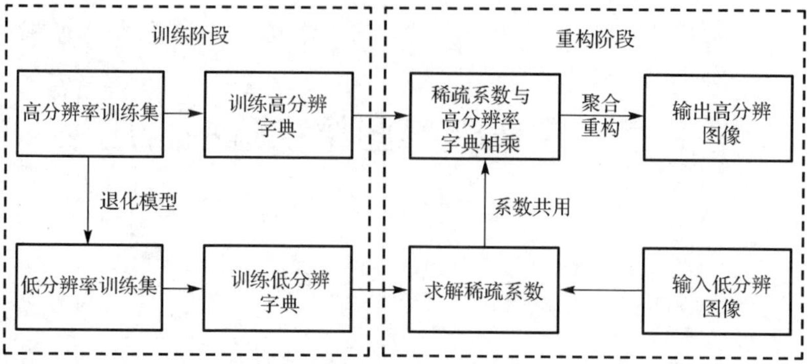

图 7.1　基于稀疏表示的超分辨重构框架

7.2.1　压缩感知融合

与稀疏表示超分辨方法有一定的关联性，Li 和 Yang 将空谱图像融合问题转化为压缩感知问题[4]。沿用压缩感知框架，他们假设 LR 多光谱图像和 HR 全色图像是压缩测量值，而 HR 多光谱图像可以通过应用稀疏性正则化进行重建。

形式上，如果将图像块按照字典顺序拉成向量，则第 k 个波段的低分辨率多光谱图像块向量 $\boldsymbol{y}_{\mathrm{MS},k}$ 和对应高分辨多光谱图像向量 $\boldsymbol{x}_{\mathrm{MS},k}$ 存在基本的退化关系：

$$\boldsymbol{y}_{\mathrm{MS},k}=\boldsymbol{H}_1\boldsymbol{x}_{\mathrm{MS},k}+\boldsymbol{v}_k,\quad k=1,2,\cdots,B \tag{7.1}$$

其中，$\boldsymbol{H}_1$ 表示退化矩阵，$\boldsymbol{v}_k$ 表示噪声向量。具体而言，退化矩阵 $\boldsymbol{H}_1$ 包含模糊和下采样因素综合形成的矩阵算子。

另一方面，高分辨率全色图像和高分辨多光谱图像的波段之间存在近似线性组合关系(这种关系在本书变分融合章节多次提到)，即

$$\boldsymbol{y}_{\mathrm{PAN}}=\sum_{k=1}^{B}w_k\boldsymbol{x}_{\mathrm{MS},k}+\boldsymbol{w} \tag{7.2}$$

其中，$\{w_k\}_{k=1}^{B}$ 表示权重，$\boldsymbol{w}$ 表示噪声向量。需要指出的是，因为大气散射、复杂光学系统等因素的影响，这种线性关系是近似的。

基于上述关系，Li 和 Yang[4]将式(7.1)中所有波段的图像向量进行拼接，得到扩展向量(图 7.2)，即 $\boldsymbol{y}_{\mathrm{MS}}=[\boldsymbol{y}_{\mathrm{MS},1}^{\mathrm{T}},\boldsymbol{y}_{\mathrm{MS},2}^{\mathrm{T}},\cdots,\boldsymbol{y}_{\mathrm{MS},B}^{\mathrm{T}}]^{\mathrm{T}}$；$\boldsymbol{x}=[\boldsymbol{x}_{\mathrm{MS},1}^{\mathrm{T}},\boldsymbol{x}_{\mathrm{MS},2}^{\mathrm{T}},\cdots,\boldsymbol{x}_{\mathrm{MS},B}^{\mathrm{T}}]^{\mathrm{T}}$，则式(7.1)可以表示为

$$\boldsymbol{y}_{\mathrm{MS}}=\boldsymbol{H}_1\boldsymbol{x}+\boldsymbol{v} \tag{7.3}$$

对于式(7.2)，令 $\boldsymbol{H}_2=[w_1\boldsymbol{I},w_2\boldsymbol{I},\cdots,w_B\boldsymbol{I}]$，其中 $\boldsymbol{I}$ 表示单位矩阵，则可重表示为

$$\boldsymbol{y}_{\mathrm{PAN}}=\boldsymbol{H}_2\boldsymbol{x}+\boldsymbol{w} \tag{7.4}$$

至此可得

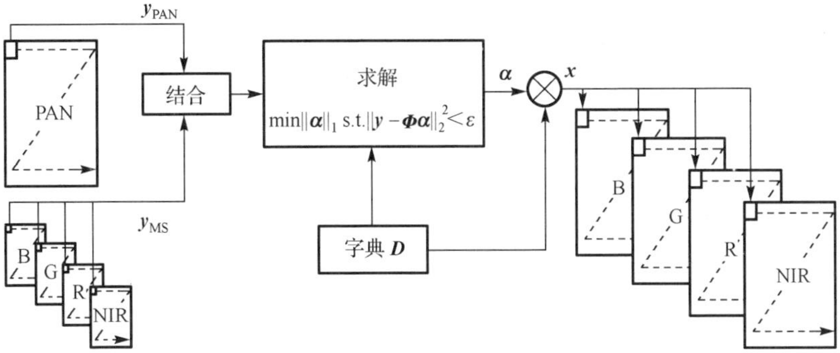

图 7.2　压缩感知融合基本原理框架[4]

$$\begin{bmatrix} \boldsymbol{y}_{\mathrm{MS}} \\ \boldsymbol{y}_{\mathrm{PAN}} \end{bmatrix} = \begin{bmatrix} \boldsymbol{H}_1 \\ \boldsymbol{H}_2 \end{bmatrix} \boldsymbol{x}_{\mathrm{MS}} + \begin{bmatrix} \boldsymbol{v} \\ \boldsymbol{w} \end{bmatrix} \tag{7.5}$$

令 $\boldsymbol{y}=\begin{bmatrix} \boldsymbol{y}_{\mathrm{MS}} \\ \boldsymbol{y}_{\mathrm{PAN}} \end{bmatrix}$，$\boldsymbol{H}=\begin{bmatrix} \boldsymbol{H}_1 \\ \boldsymbol{H}_2 \end{bmatrix}$，$\boldsymbol{n}=\begin{bmatrix} \boldsymbol{v} \\ \boldsymbol{w} \end{bmatrix}$，则有

$$\boldsymbol{y}=\boldsymbol{H}\boldsymbol{x}+\boldsymbol{n} \tag{7.6}$$

按照压缩感知理论，可以假设潜在高分辨率图像 $\boldsymbol{x}$ 在字典 $\boldsymbol{D}$ 下稀疏表示。令 $\boldsymbol{\Phi}=\boldsymbol{H}\boldsymbol{D}$，从而有

$$\hat{\boldsymbol{\alpha}}=\arg\min_{\boldsymbol{\alpha}} \psi(\boldsymbol{\alpha}) \quad \text{s.t.} \quad \|\boldsymbol{y}-\boldsymbol{\Phi}\boldsymbol{\alpha}\|_2^2 \leqslant \varepsilon \tag{7.7}$$

其中，$\psi(\boldsymbol{\alpha})$ 表示稀疏性度量，如采取 ℓ_0 准范数，也可采取 ℓ_1 范数。由于 ℓ_0 准范数对应的稀疏优化是 NP 难的，一般采取凸性的 ℓ_1 范数，通过基追踪方法求解得到 $\hat{\boldsymbol{\alpha}}$。进而，高分辨多光谱图像可得 $\boldsymbol{x}=\boldsymbol{D}\hat{\boldsymbol{\alpha}}$。

在上述压缩感知融合框架中，显然字典 $\boldsymbol{D}$ 的生成对于融合问题而言是关键。在文献[4]中直接采取从高空间分辨率多光谱图像随机抽样图像块构成。然而，实际中高空间分辨率多光谱图像通常是不可能得到的，因此比较切实可行的方法是通过字典学习的方法得到。这样，Li 等在文献[5]进一步给出了通过字典学习获得字典 $\boldsymbol{D}$。其主要思想是假设 LR 多光谱图像的字典 $\boldsymbol{D}_{\mathrm{L}}^{\mathrm{MS}}$、HR 多光谱图像的字典 $\boldsymbol{D}_{\mathrm{H}}^{\mathrm{MS}}$ 和 HR 全色图像的字典 $\boldsymbol{D}_{\mathrm{H}}^{\mathrm{PAN}}$ 之间存在如下依赖关系：

$$\boldsymbol{D}_{\mathrm{L}}^{\mathrm{MS}}=\boldsymbol{H}_1\boldsymbol{D}_{\mathrm{H}}^{\mathrm{MS}} \tag{7.8}$$

$$\boldsymbol{D}_{\mathrm{H}}^{\mathrm{PAN}}=\boldsymbol{H}_2\boldsymbol{D}_{\mathrm{H}}^{\mathrm{MS}} \tag{7.9}$$

他们首先随机搜集系列 LR 多光谱图像块 $\{\boldsymbol{y}_{\mathrm{MS}}^{(i)}\}_{i=1}^N$ 和 HR 全色图像块 $\{\boldsymbol{y}_{\mathrm{PAN}}^{(i)}\}_{i=1}^N$ 构成训练样本对，通过 K-SVD 方法学习得到 $\boldsymbol{D}_{\mathrm{L}}^{\mathrm{MS}}$ 和 $\boldsymbol{D}_{\mathrm{H}}^{\mathrm{PAN}}$。具体方法是令 $\boldsymbol{y}_{\mathrm{Train}}^{(i)}=\begin{bmatrix} \boldsymbol{y}_{\mathrm{MS}}^{(i)} \\ \boldsymbol{y}_{\mathrm{PAN}}^{(i)} \end{bmatrix}$，$\boldsymbol{D}_{\mathrm{Train}}=\begin{bmatrix} \boldsymbol{D}_{\mathrm{L}}^{\mathrm{MS}} \\ \boldsymbol{D}_{\mathrm{H}}^{\mathrm{PAN}} \end{bmatrix}$，则 $\boldsymbol{D}_{\mathrm{L}}^{\mathrm{MS}}$ 和 $\boldsymbol{D}_{\mathrm{H}}^{\mathrm{PAN}}$ 的学习模型为

$$\min_{D_{\text{Train}}} \sum_{i=1}^{N} \left\| \boldsymbol{y}_{\text{Train}}^{(i)} - \boldsymbol{D}_{\text{Train}} \boldsymbol{\alpha}^{(i)} \right\|_2^2 \quad \text{s.t.} \quad \left\| \boldsymbol{\alpha}^{(i)} \right\|_0 \leqslant K, \forall i \tag{7.10}$$

当利用 K-SVD 学习方法获得 $\boldsymbol{D}_{\text{L}}^{\text{MS}}$ 和 $\boldsymbol{D}_{\text{H}}^{\text{PAN}}$ 后，将式(7.8)和式(7.9)转化为如下问题：

$$\boldsymbol{D}_{\text{H}}^{\text{MS}} = \arg\min_{\boldsymbol{D}_{\text{H}}^{\text{MS}}} \left\| \boldsymbol{D}_{\text{L}}^{\text{MS}} - \boldsymbol{H}_1 \boldsymbol{D}_{\text{H}}^{\text{MS}} \right\|_{\text{F}}^2 + \left\| \boldsymbol{D}_{\text{H}}^{\text{PAN}} - \boldsymbol{H}_2 \boldsymbol{D}_{\text{H}}^{\text{MS}} \right\|_{\text{F}}^2 + \lambda \left\| \boldsymbol{D}_{\text{H}}^{\text{MS}} \right\|_{\text{F}}^2 \tag{7.11}$$

这样高分辨多光谱图像块通过 $\boldsymbol{x}^{(i)} = \boldsymbol{D}_{\text{H}}^{\text{MS}} \widehat{\boldsymbol{\alpha}^{(i)}}$，后续处理包括图像块间的平均运算，最后聚合为一幅完整的高分辨多光谱图像。

纵观上述方法，可以看出利用字典学习的压缩感知融合计算复杂度非常大，其复杂性表现为三个字典的学习 $\boldsymbol{D}_{\text{L}}^{\text{MS}}$、$\boldsymbol{D}_{\text{H}}^{\text{PAN}}$ 和 $\boldsymbol{D}_{\text{H}}^{\text{MS}}$。

7.2.2　稀疏融合

与 Li 等[4,5]方法不同，文献[6]提出了另一种基于稀疏表示的空谱图像融合方法，称之为 SparseFI，如图 7.3 所示。该方法同样是基于图像块的稀疏学习方法，他们给出如下三个共享关系假设：

(1) LR 多光谱图像与 LR 全色图像共享 LR 字典；

(2) HR 多光谱图像与 HR 全色图像共享 HR 字典；

(3) LR 多光谱图像与 HR 多光谱图像共享稀疏表示系数。

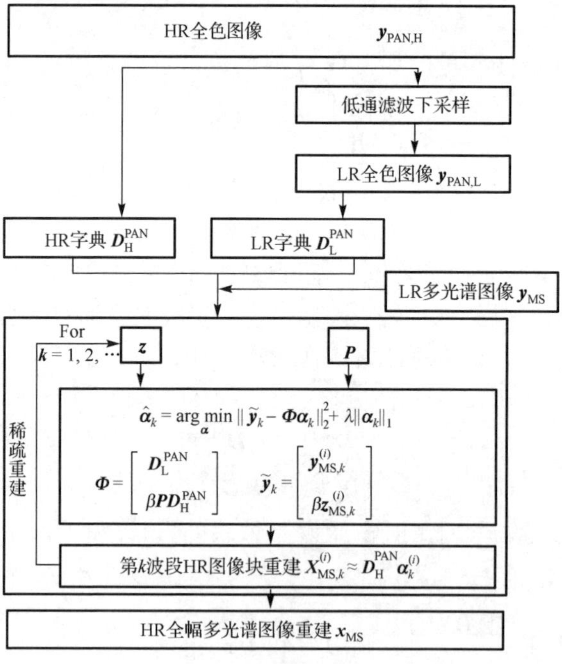

图 7.3　稀疏融合框架[6]

这样，SparseFI 避免了三个字典的复杂学习过程，但需要基于高分辨全色图像块训练集和低分辨全色图像块训练集学习得到两个字典，分别是 $\boldsymbol{D}_{\mathrm{H}}^{\mathrm{PAN}}$ 和 $\boldsymbol{D}_{\mathrm{L}}^{\mathrm{PAN}}$。由于高分辨全色图像是已知的，可以模拟相机退化过程，通过低通滤波模糊和下采样过程得到退化的低分辨全色图像，通过重叠方式抽取图像块并向量化分别构造高-低分辨率训练集对 $\{\boldsymbol{y}_{\mathrm{PAN,H}}^{(i)}\}_{i=1}^{N}$ 和 $\{\boldsymbol{y}_{\mathrm{PAN,L}}^{(i)}\}_{i=1}^{N}$。一种方式是直接利用形如式(7.10)的模型分别运用 K-SVD 方法获得 $\boldsymbol{D}_{\mathrm{H}}^{\mathrm{PAN}}$ 和 $\boldsymbol{D}_{\mathrm{L}}^{\mathrm{PAN}}$。

对当前目标块，根据假设(1)和(3)，有如下关系：

$$\boldsymbol{y}_{\mathrm{MS},k}^{(i)} \approx \boldsymbol{D}_{\mathrm{L}}^{\mathrm{PAN}} \boldsymbol{\alpha}_{k}^{(i)} \quad \text{s.t.} \left\|\boldsymbol{\alpha}_{k}^{(i)}\right\|_{0} \ll K, \quad k=1,2,\cdots,B \tag{7.12}$$

其中，K 表示稀疏度。

根据假设(2)和(3)，有如下关系：

$$\boldsymbol{x}_{\mathrm{MS},k}^{(i)} \approx \boldsymbol{D}_{\mathrm{H}}^{\mathrm{PAN}} \alpha_{k}^{(i)}, \quad k=1,2,\cdots,B \tag{7.13}$$

由于在稀疏融合过程，利用式(7.12)的稀疏编码可以得到 $\{\boldsymbol{\alpha}_{k}^{(i)}\}_{i=1}^{N}$，利用式(7.13)可以重建高分辨多光谱图像 $\{\boldsymbol{x}_{\mathrm{MS},k}^{(i)}\}_{i=1}^{N}$。文献[6]采取了隐式的方法，将前次重建的高分辨多光谱图像抽取对应的块记为 $\{\boldsymbol{z}_{\mathrm{MS},k}^{(i)}\}_{i=1}^{N}$，将这些重建的高分辨率块 $\{\boldsymbol{y}_{\mathrm{MS},k}^{(i)}\}_{i=1}^{N}$ 稀疏编码，得到更为精细的稀疏表示系数，对每一个图像块，其模型为

$$\hat{\boldsymbol{\alpha}}_{k} = \arg\min_{\boldsymbol{\alpha}} \left\|\tilde{\boldsymbol{y}}_{k} - \boldsymbol{\Phi}\boldsymbol{\alpha}_{k}\right\|_{2}^{2} + \lambda\left\|\boldsymbol{\alpha}_{k}\right\|_{1} \tag{7.14}$$

其中

$$\boldsymbol{\Phi} = \begin{bmatrix} \boldsymbol{D}_{\mathrm{L}}^{\mathrm{PAN}} \\ \beta \boldsymbol{P}\boldsymbol{D}_{\mathrm{H}}^{\mathrm{PAN}} \end{bmatrix}, \quad \tilde{\boldsymbol{y}}_{k} = \begin{bmatrix} \boldsymbol{y}_{\mathrm{MS},k}^{(i)} \\ \beta \boldsymbol{z}_{\mathrm{MS},k}^{(i)} \end{bmatrix} \tag{7.15}$$

其中，矩阵 $\boldsymbol{P}$ 表示一个算子，它提取当前目标块与先前重建块之间的重叠区域；β 为参数，平衡两者之间的作用。当采取不重叠时 $\tilde{\boldsymbol{y}}_{k} = \boldsymbol{y}_{k}$，$\boldsymbol{\Phi} = \boldsymbol{D}_{\mathrm{L}}^{\mathrm{PAN}}$。

一旦 $\hat{\boldsymbol{\alpha}}_{k}$ 求出，由第二条和第三条中字典和系数共享假设，有：

$$\boldsymbol{x}_{\mathrm{MS},k}^{(i)} \approx \boldsymbol{D}_{\mathrm{H}}^{\mathrm{PAN}} \hat{\boldsymbol{\alpha}}_{k}^{(i)} \tag{7.16}$$

最后通过所有重建的图像块按照逐波段聚合，得到全幅高分辨多光谱图像。

文献[7]对基于图像块的稀疏信号表示进行了重新研究，他们认为尽管这些基于稀疏重建的方法得到了很好的结果，但仍有三个问题尚未解决：①计算成本高；②不考虑不同多光谱通道中相互相关信息的可能性；③要求全色(PAN)图像的光谱响应在多光谱图像覆盖相同的波长范围，这对大多数传感器不一定有效。为此他们提出了一种较复杂的稀疏图像融合算法，称为“联合稀疏图像融合”(J-SparseFI)。J-SparseFI 是在 SparseFI 基础上的改进算法，通过减少问题规模的大小，提出了一个完全可并行的计算融合方案。此外，J-SparseFI 通过引入联合稀疏模型将高度相

关的相邻多光谱通道锐化，挖掘多光谱通道之间可能的信号结构相关性；通过利用分布式压缩传感理论来实现，基于该理论通过考虑信号集的共同稀疏来限制欠定系统的解。J-SparseFI 还提供了一个克服泛光谱图像和多光谱图像之间的光谱范围不匹配的实用性解决方案。该方法的关键之处在于通过传感器光谱响应和通道互相关分析，建立多光谱通道的“分而治之”处理方案。

(1) 主要关联通道组：定义为具有高互相关且在 PAN 图像覆盖的波长范围内的相邻通道组。

(2) 次要关联通道组：定义为相互关联性高，超出或部分超出泛图像覆盖的波长范围的相邻通道组。

(3) 剩余的单个通道：定义为剩下的波段。

然后，通过联合稀疏融合模型(joint sparse model，JSM)或修改的 SpareFI，使用从 PAN 图像或以前重建的高分辨率多光谱通道训练的字典，依次重建主要关联通道组、次要关联通道组和单个通道，详细论述请参考文献[7]。

7.3　耦合字典学习与稀疏回归的融合方法

上述方法表明了稀疏信号重建可以有效用于多光谱遥感图像的融合。但同样注意到，对于现实中复杂的遥感图像来说，这些模型仍然有值得改进的地方。对于高-低分辨率的多光谱图像，它们是对同一时间同一场景的不同描述，因此，它们在字典下的稀疏表示系数具有局部相关性和差异性，所以用相同的稀疏系数来表达不同分辨率图像的假设不太合理。根据 Wang 等基于半耦合字典在超分辨重建和跨风格合成中的应用的最新研究[8]，利用块内的回归映射以及 LR 图像的稀疏系数预测对应的 HR 图像的稀疏表示系数可以取得更好的效果。本节提出一种耦合字典学习与稀疏回归(joint dictionary learning and sparse regression，JDLSR)方法来描述不同分辨率多光谱图像稀疏系数之间的局部相关性和差异性，该方法本质上摒弃了不同分辨率图像之间共享相同稀疏表示系数的关系，而假设应该存在某种回归映射，其框架如图 7.4 所示[9]。

首先基于 HR 全色图像及退化得到的 LR 全色图像，通过重叠分块构建图像块对训练集；然后利用 Wang 等提出的半耦合字典学习方法训练出字典对 $\boldsymbol{D}_{\mathrm{H}}^{\mathrm{PAN}}$ 和 $\boldsymbol{D}_{\mathrm{L}}^{\mathrm{PAN}}$ 与块内稀疏表示的岭回归映射 $\boldsymbol{M}$，这样学习出的字典对可以更好地特征化描述低分辨率多光谱图像与对应的高分辨率多光谱图像各自的结构化信息。

与 Wang 等方法不同的是，用弹性网(elastic net)回归学习块间稀疏表示的回归映射 $\boldsymbol{W}$，进一步描述 LR 多光谱图像与 HR 多光谱图像稀疏系数之间的预测关系，其优点是考虑了块间的非局部相关性。岭回归映射 $\boldsymbol{M}$ 与弹性网回归映射 $\boldsymbol{W}$ 的有效结合可以提高图像融合的空间分辨率，减少融合图像的光谱失真。

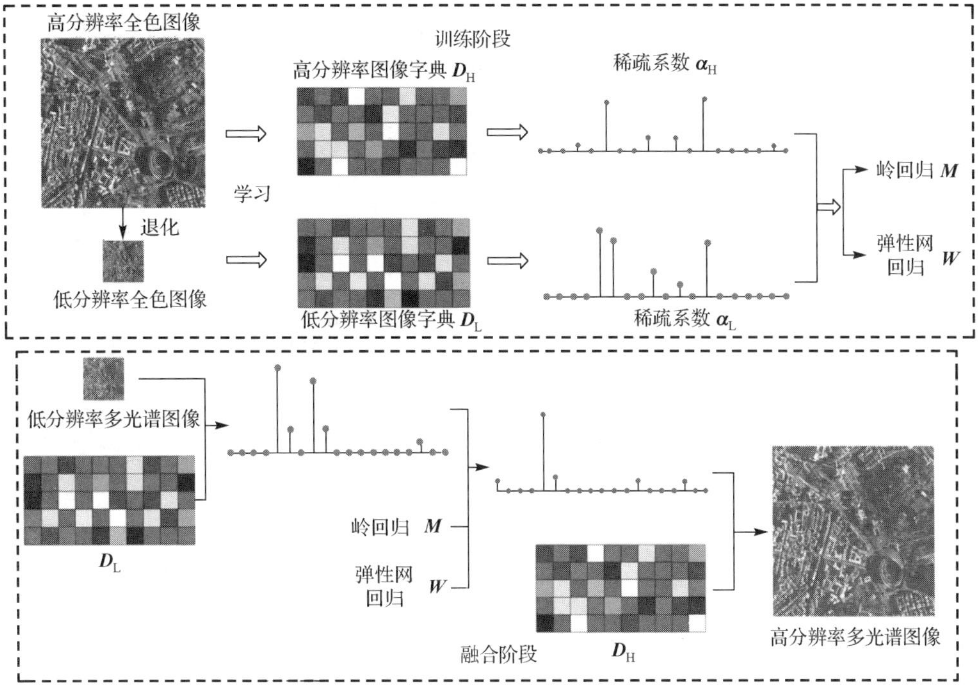

图 7.4　JDLSR 方法的框架图

7.3.1　字典与块内岭回归映射的联合学习

利用 Wang 等人提出的半耦合字典的方法[8]，HR 全色图像块$\{\boldsymbol{y}_{\text{PAN,H}}^{(b)}\}_{b=1}^{B}$和对应的 LR 全色图像块$\{\boldsymbol{y}_{\text{PAN,L}}^{(b)}\}_{b=1}^{B}$在各自字典下的稀疏表示向量$\{\boldsymbol{\alpha}_{\text{H}}^{(b)}\}_{b=1}^{B}$与$\{\boldsymbol{\alpha}_{\text{L}}^{(b)}\}_{b=1}^{B}$之间存在一个隐性的映射$\boldsymbol{M}\in\mathbb{R}^{N\times N}$，这种关系可以用线性回归模型来描述，即

$$\boldsymbol{\alpha}_{\text{H}}^{(b)}=\boldsymbol{M}\boldsymbol{\alpha}_{\text{L}}^{(b)}+\boldsymbol{\varepsilon} \tag{7.17}$$

其中，$\boldsymbol{\varepsilon}$为未知的均值为 0 的误差。通常，普通的最小二乘法用于寻找使得误差的均方和最小所对应的$\boldsymbol{M}$，即

$$\min_{\boldsymbol{M}}\sum_{b=1}^{B}\left\|\boldsymbol{\alpha}_{\text{H}}^{(b)}-\boldsymbol{M}\boldsymbol{\alpha}_{\text{L}}^{(b)}\right\|_2^2 \tag{7.18}$$

上述求解是一个典型的不适定问题，解决不适定问题的常用方法是将其转换为与之近似的适定问题进行求解。根据采用的数学工具，求解不适定问题可以用正则化方法，根据设计的正则项的不同，重建的效果也不同。

为了用最小的计算复杂度计算出较为稳健的映射矩阵$\boldsymbol{M}$，建立$\boldsymbol{M}$的岭回归模型：

$$\min_{\boldsymbol{M}}\sum_{b=1}^{B}\left\|\boldsymbol{\alpha}_{\text{H}}^{(b)}-\boldsymbol{M}\boldsymbol{\alpha}_{\text{L}}^{(b)}\right\|_2^2+\beta\left\|\boldsymbol{M}\right\|_{\text{F}}^2 \tag{7.19}$$

文献[6]中提出了 SparseFI 方法，Zhu 和 Bamler 通过大量的训练图像块来训练高-低分辨率字典对。与他们的方法不同，我们直接从这些训练图像块中训练出更为紧凑的字典对 $\boldsymbol{D}_{\mathrm{H}}^{\mathrm{PAN}}$ 和 $\boldsymbol{D}_{\mathrm{L}}^{\mathrm{PAN}}$，分别为用于对高分辨率和低分辨率图像块进行稀疏表示的字典，这样在计算稀疏系数的时候会在学习出的字典中自适应地选择最相关的块，可以得到更加卓越的重建性能。

综上所述，将高、低分辨率图像块之间的映射关系 $\boldsymbol{M}$ 与字典更新相结合，建立如下的优化问题：

$$\begin{aligned}\min_{\boldsymbol{D}_{\mathrm{H}}^{\mathrm{PAN}},\boldsymbol{D}_{\mathrm{L}}^{\mathrm{PAN}},\boldsymbol{\alpha}_{\mathrm{H}},\boldsymbol{\alpha}_{\mathrm{L}},\boldsymbol{M}} & \sum_{b=1}^{B}\left\|\boldsymbol{y}_{\mathrm{PAN,H}}^{(b)}-\boldsymbol{D}_{\mathrm{H}}^{\mathrm{PAN}}\boldsymbol{\alpha}_{\mathrm{H}}^{(b)}\right\|_2^2+\sum_{b=1}^{B}\left\|\boldsymbol{y}_{\mathrm{PAN,L}}^{(b)}-\boldsymbol{D}_{\mathrm{L}}^{\mathrm{PAN}}\boldsymbol{\alpha}_{\mathrm{L}}^{(b)}\right\|_2^2+\lambda_1\sum_{b=1}^{B}\left\|\boldsymbol{\alpha}_{\mathrm{H}}^{(b)}\right\|_1 \\ & +\lambda_2\sum_{b=1}^{B}\left\|\boldsymbol{\alpha}_{\mathrm{L}}^{(b)}\right\|_1+\lambda_3\sum_{b=1}^{B}\left\|\boldsymbol{\alpha}_{\mathrm{H}}^{(b)}-\boldsymbol{M}\boldsymbol{\alpha}_{\mathrm{L}}^{(b)}\right\|_2^2+\lambda_4\left\|\boldsymbol{M}\right\|_{\mathrm{F}}^2 \\ & \text{s.t.}\ \left\|\boldsymbol{d}_{\mathrm{H},i}\right\|_2^2\leqslant 1,\left\|\boldsymbol{d}_{\mathrm{L},i}\right\|_2^2\leqslant 1,\quad i=1,2,\cdots,N\end{aligned} \tag{7.20}$$

其中，$\boldsymbol{y}_{\mathrm{PAN,H}}^{(b)}$ 和 $\boldsymbol{y}_{\mathrm{PAN,L}}^{(b)}$ 分别表示全色图像及其退化低分辨率全色图像中的第 b 个块；正则化参数 $\lambda_1,\lambda_2,\lambda_3$ 和 λ_4 用于平衡保真项和正则项；$\boldsymbol{d}_{\mathrm{H},i}$ 和 $\boldsymbol{d}_{\mathrm{L},i}$ 分别为字典 $\boldsymbol{D}_{\mathrm{H}}^{\mathrm{PAN}}$ 和 $\boldsymbol{D}_{\mathrm{H}}^{\mathrm{PAN}}$ 中的原子。

令 $\boldsymbol{Y}_{\mathrm{H}}=[\boldsymbol{y}_{\mathrm{PAN,H}}^{(1)},\boldsymbol{y}_{\mathrm{PAN,H}}^{(2)},\cdots,\boldsymbol{y}_{\mathrm{PAN,H}}^{(B)}]$，$\boldsymbol{Y}_{\mathrm{L}}=[\boldsymbol{y}_{\mathrm{PAN,L}}^{(1)},\boldsymbol{y}_{\mathrm{PAN,L}}^{(2)},\cdots,\boldsymbol{y}_{\mathrm{PAN,L}}^{(B)}]$，$\boldsymbol{A}_{\mathrm{H}}=[\boldsymbol{\alpha}_{\mathrm{H}}^{(1)},\boldsymbol{\alpha}_{\mathrm{H}}^{(2)},\cdots,\boldsymbol{\alpha}_{\mathrm{H}}^{(B)}]$，$\boldsymbol{A}_{\mathrm{L}}=[\boldsymbol{\alpha}_{\mathrm{L}}^{(1)},\boldsymbol{\alpha}_{\mathrm{L}}^{(2)},\cdots,\boldsymbol{\alpha}_{\mathrm{L}}^{(B)}]$，$\left\|\boldsymbol{A}_{\mathrm{H}}\right\|_{1,1}=\sum_{b=1}^{B}\left\|\boldsymbol{\alpha}_{\mathrm{H}}^{(b)}\right\|_1$ 以及 $\left\|\boldsymbol{A}_{\mathrm{L}}\right\|_{1,1}=\sum_{b=1}^{B}\left\|\boldsymbol{\alpha}_{\mathrm{L}}^{(b)}\right\|_1$，则式(7.20)可以写为如下形式：

$$\begin{aligned}\min_{\boldsymbol{D}_{\mathrm{H}}^{\mathrm{PAN}},\boldsymbol{D}_{\mathrm{L}}^{\mathrm{PAN}},\boldsymbol{A}_{\mathrm{H}},\boldsymbol{A}_{\mathrm{L}},\boldsymbol{M}} & \left\|\boldsymbol{Y}_{\mathrm{H}}-\boldsymbol{D}_{\mathrm{H}}^{\mathrm{PAN}}\boldsymbol{A}_{\mathrm{H}}\right\|_{\mathrm{F}}^2+\left\|\boldsymbol{Y}_{\mathrm{L}}-\boldsymbol{D}_{\mathrm{L}}^{\mathrm{PAN}}\boldsymbol{A}_{\mathrm{L}}\right\|_{\mathrm{F}}^2+\lambda_1\left\|\boldsymbol{A}_{\mathrm{H}}\right\|_{1,1}+\lambda_2\left\|\boldsymbol{A}_{\mathrm{L}}\right\|_{1,1} \\ & +\lambda_3\left\|\boldsymbol{A}_{\mathrm{H}}-\boldsymbol{M}\boldsymbol{A}_{\mathrm{L}}\right\|_{\mathrm{F}}^2+\lambda_4\left\|\boldsymbol{M}\right\|_{\mathrm{F}}^2 \\ & \text{s.t.}\ \left\|\boldsymbol{d}_{\mathrm{H},i}\right\|_2^2\leqslant 1,\left\|\boldsymbol{d}_{\mathrm{L},i}\right\|_2^2\leqslant 1,\quad i=1,2,\cdots,N\end{aligned} \tag{7.21}$$

显然，上述目标函数直接最小化求解各变量比较困难，注意到式(7.21)中关于 3 组优化变量 $\{\boldsymbol{D}_{\mathrm{H}}^{\mathrm{PAN}},\boldsymbol{D}_{\mathrm{L}}^{\mathrm{PAN}}\}$、$\{\boldsymbol{A}_{\mathrm{H}},\boldsymbol{A}_{\mathrm{L}}\}$ 和 $\{\boldsymbol{M}\}$ 其中之一是凸优化问题。于是，可以将式(7.21)转化形成“字典更新”、“稀疏表示系数更新”和“映射矩阵更新”等 3 个子问题，交替方向求解。

首先固定稀疏表示系数 $\{\boldsymbol{A}_{\mathrm{H}},\boldsymbol{A}_{\mathrm{L}}\}$ 和 $\{\boldsymbol{M}\}$，来学习更新字典。因此，式(7.21)可以写成如下形式：

$$\min_{\boldsymbol{D}_{\mathrm{H}}^{\mathrm{PAN}}}\left\|\boldsymbol{Y}_{\mathrm{H}}-\boldsymbol{D}_{\mathrm{H}}^{\mathrm{PAN}}\boldsymbol{A}_{\mathrm{H}}\right\|_{\mathrm{F}}^2\quad \text{s.t.}\ \left\|\boldsymbol{d}_{\mathrm{H},i}\right\|_2^2\leqslant 1,\quad i=1,2,\cdots,N \tag{7.22}$$

$$\min_{\boldsymbol{D}_{\mathrm{L}}^{\mathrm{PAN}}}\left\|\boldsymbol{Y}_{\mathrm{L}}-\boldsymbol{D}_{\mathrm{L}}^{\mathrm{PAN}}\boldsymbol{A}_{\mathrm{L}}\right\|_{\mathrm{F}}^2\quad \text{s.t.}\ \left\|\boldsymbol{d}_{\mathrm{L},i}\right\|_2^2\leqslant 1,\quad i=1,2,\cdots,N \tag{7.23}$$

前面二式是两个二次规划问题，可以利用拉格朗日对偶技术[10]求出$\{\boldsymbol{D}_{\mathrm{H}}^{\mathrm{PAN}},\boldsymbol{D}_{\mathrm{L}}^{\mathrm{PAN}}\}$。

类似于字典更新，将映射矩阵 $\boldsymbol{M}$ 和字典 $\boldsymbol{D}$ 固定，求解稀疏表示系数 $\boldsymbol{A}_{\mathrm{H}}$ 和 $\boldsymbol{A}_{\mathrm{L}}$，类似的有：

$$\min_{\boldsymbol{A}_{\mathrm{H}}}\left\|\boldsymbol{Y}_{\mathrm{H}}-\boldsymbol{D}_{\mathrm{H}}^{\mathrm{PAN}}\boldsymbol{A}_{\mathrm{H}}\right\|_{\mathrm{F}}^{2}+\lambda_{1}\left\|\boldsymbol{A}_{\mathrm{H}}\right\|_{1,1}+\lambda_{3}\left\|\boldsymbol{A}_{\mathrm{H}}-\boldsymbol{M}\boldsymbol{A}_{\mathrm{L}}\right\|_{\mathrm{F}}^{2} \tag{7.24}$$

$$\min_{\boldsymbol{A}_{\mathrm{L}}}\left\|\boldsymbol{Y}_{\mathrm{L}}-\boldsymbol{D}_{\mathrm{L}}^{\mathrm{PAN}}\boldsymbol{A}_{\mathrm{L}}\right\|_{\mathrm{F}}^{2}+\lambda_{2}\left\|\boldsymbol{A}_{\mathrm{L}}\right\|_{1,1}+\lambda_{3}\left\|\boldsymbol{A}_{\mathrm{H}}-\boldsymbol{M}\boldsymbol{A}_{\mathrm{L}}\right\|_{\mathrm{F}}^{2} \tag{7.25}$$

与传统的稀疏编码表示不同的是，这里有另外一度量两系数的差值项，因此，将式(7.24)转换成标准的稀疏表示形式：

$$\arg\min_{\boldsymbol{A}_{\mathrm{H}}}\left\|\bar{\boldsymbol{Y}}_{\mathrm{H}}-\bar{\boldsymbol{D}}_{\mathrm{H}}\boldsymbol{A}_{\mathrm{H}}\right\|_{\mathrm{F}}^{2}+\lambda_{1}\left\|\boldsymbol{A}_{\mathrm{H}}\right\|_{1,1} \tag{7.26}$$

其中，$\bar{\boldsymbol{Y}}_{\mathrm{H}}=\begin{bmatrix}\boldsymbol{Y}_{\mathrm{H}}\\ \sqrt{\lambda_{3}}\boldsymbol{M}\boldsymbol{A}_{\mathrm{L}}\end{bmatrix}$，$\bar{\boldsymbol{D}}_{\mathrm{H}}=\begin{bmatrix}\boldsymbol{D}_{\mathrm{H}}^{\mathrm{PAN}}\\ \sqrt{\lambda_{3}}\boldsymbol{I}\end{bmatrix}$，$\boldsymbol{I}$ 是单位阵。式(7.25)可以使用以最小绝对值收敛和选择算法(least absolute shrinkage and selection operator，LASSO)为基础的 SPARS 工具箱[11]。类似地，对式(7.25)可以类似处理。

固定字典和稀疏表示系数，映射矩阵更新的子问题可表示为

$$\boldsymbol{M}^{*}=\arg\min_{\boldsymbol{M}}\left\|\boldsymbol{A}_{\mathrm{H}}-\boldsymbol{M}\boldsymbol{A}_{\mathrm{L}}\right\|_{\mathrm{F}}^{2}+\beta\left\|\boldsymbol{M}\right\|_{\mathrm{F}}^{2} \tag{7.27}$$

其中，$\beta=\lambda_{4}/\lambda_{3}$。

式(7.27)的岭回归问题，有闭式解：

$$\boldsymbol{M}^{*}=\boldsymbol{A}_{\mathrm{H}}\boldsymbol{A}_{\mathrm{L}}^{\mathrm{T}}(\boldsymbol{A}_{\mathrm{L}}\boldsymbol{A}_{\mathrm{L}}^{\mathrm{T}}+\beta\boldsymbol{I})^{-1} \tag{7.28}$$

7.3.2　基于弹性网模型的块间回归映射学习

上述的岭回归学习模型仅仅考虑了 LR 图像块内的稀疏表示系数 $\boldsymbol{\alpha}_{\mathrm{L}}^{(b)}$ 与其对应的 HR 图像块内的稀疏表示系数 $\boldsymbol{\alpha}_{\mathrm{H}}^{(b)}$ 之间的预测关系，进一步考虑 HR 图像块 $\boldsymbol{\alpha}_{\mathrm{H}}^{(b)}$ 的稀疏表示系数与所有 LR 图像块间的稀疏表示系数 $\{\boldsymbol{\alpha}_{\mathrm{L}}^{(b)}\}_{b=1}^{B}$ 的预测关系。

将 $\{\boldsymbol{\alpha}_{\mathrm{L}}^{(b)}\}_{b=1}^{B}$ 视为预测量(predictors)，$\boldsymbol{\alpha}_{\mathrm{H}}^{(b)}$ 视为响应量(response)，则响应量与预测量的关系可以假设为

$$\boldsymbol{\alpha}_{\mathrm{H}}^{(b)}\approx\sum_{p=1}^{B}\boldsymbol{\alpha}_{\mathrm{L}}^{(p)}w_{b}^{(p)},b=1,2,\cdots,B \tag{7.29}$$

块间的回归预测模型的目的是寻求权重向量 $\boldsymbol{w}_{b}=(w_{b}^{(1)},w_{b}^{(2)},\cdots,w_{b}^{(B)})^{\mathrm{T}}$。

令 $\boldsymbol{A}_{\mathrm{L}}=[\boldsymbol{\alpha}_{\mathrm{L}}^{(1)},\boldsymbol{\alpha}_{\mathrm{L}}^{(2)},\cdots,\boldsymbol{\alpha}_{\mathrm{L}}^{(B)}]$，并对 $\boldsymbol{A}_{\mathrm{L}}$ 按列进行标准化处理，则式(7.29)的关系可以写为

$$\boldsymbol{\alpha}_{\mathrm{H}}^{(b)}=\boldsymbol{A}_{\mathrm{L}}\boldsymbol{w}_b+\boldsymbol{n},b=1,2,\cdots,B \tag{7.30}$$

基于弹性网回归方法[12]，提出如下模型：

$$\hat{\boldsymbol{w}}_b=\arg\min_{\boldsymbol{w}_b}\left\|\boldsymbol{\alpha}_{\mathrm{H}}^{(b)}-\boldsymbol{A}_{\mathrm{L}}\boldsymbol{w}_b\right\|_2^2+\gamma_1\left\|\boldsymbol{w}_b\right\|_1+\gamma_2\left\|\boldsymbol{w}_b\right\|_2^2 \tag{7.31}$$

令

$$\overline{\boldsymbol{A}}=(1+\gamma_2)^{-\frac{1}{2}}\begin{bmatrix}\boldsymbol{A}_{\mathrm{L}}\\\sqrt{\gamma_2}\boldsymbol{I}\end{bmatrix},\quad \overline{\boldsymbol{\alpha}}_{\mathrm{H}}^{(b)}=\begin{bmatrix}\boldsymbol{\alpha}_{\mathrm{H}}^{(b)}\\\boldsymbol{0}\end{bmatrix},\quad \gamma=\frac{\gamma_1}{\sqrt{1+\gamma_2}},\quad \overline{\boldsymbol{w}}_b=\begin{bmatrix}\boldsymbol{w}_b\\\boldsymbol{0}\end{bmatrix}$$

则在调整数据下，弹性网模型可以描述为 LASSO 模型：

$$\hat{\boldsymbol{w}}_b=\arg\min_{\overline{\boldsymbol{w}}_b}\left\|\overline{\boldsymbol{\alpha}}_{\mathrm{H}}^{(b)}-\overline{\boldsymbol{A}}\overline{\boldsymbol{w}}_b\right\|_2^2+\gamma\left\|\overline{\boldsymbol{w}}_b\right\|_1 \tag{7.32}$$

使用前向-后向分裂方法[13]求解模型(7.31)，可得

$$\begin{cases}\boldsymbol{v}_b^{(n)}=\overline{\boldsymbol{w}}_b^{(n)}-\mu\overline{\boldsymbol{A}}^{\mathrm{T}}\left(\overline{\boldsymbol{A}}\overline{\boldsymbol{w}}_b^{(n)}-\boldsymbol{\alpha}_{\mathrm{H}}^{(b)}\right)\\ \overline{\boldsymbol{w}}_b^{(n+1)}=\arg\min\limits_{\overline{\boldsymbol{w}}_b}\dfrac{1}{\mu}\left\|\overline{\boldsymbol{w}}_b-\boldsymbol{v}_b^{(n)}\right\|_2^2+\gamma\left\|\overline{\boldsymbol{w}}_b\right\|_1\end{cases} \tag{7.33}$$

其中，$\mu\in\left(0,2\big/\left\|\overline{\boldsymbol{A}}^{\mathrm{T}}\overline{\boldsymbol{A}}\right\|\right)$。因此，$\overline{\boldsymbol{w}}_b^{(n+1)}$可用经典的软阈值方法[14]求解为

$$\overline{\boldsymbol{w}}_b^{(n+1)}=\mathrm{shrink}\left(\boldsymbol{v}_b^{(n)},\frac{\mu\gamma}{2}\right) \tag{7.34}$$

其中，$\mathrm{shrink}(\boldsymbol{v},\delta)=\max(\|\boldsymbol{v}\|-\delta,0)\mathrm{sgn}(\boldsymbol{v})$。则有

$$\boldsymbol{w}_b=\frac{1}{\sqrt{1+\gamma_2}}\hat{\boldsymbol{w}}_b \tag{7.35}$$

这样，构造块间回归映射 $\boldsymbol{W}^*=\left[\boldsymbol{w}_1,\boldsymbol{w}_2,\cdots,\boldsymbol{w}_B\right]$。

7.3.3 分辨率多光谱图像重建

上节基于 HR 全色图像块和 LR 全色图像块训练学习得到了字典对 $\boldsymbol{D}_{\mathrm{H}}^{\mathrm{PAN}},\boldsymbol{D}_{\mathrm{L}}^{\mathrm{PAN}}$ 和块内映射矩阵 $\boldsymbol{M}^*$ 以及块间映射矩阵 $\boldsymbol{W}^*$。根据 SparseFI[6]以及 Wang 等的工作[8]，给出一组更为合理的假设：

(1)对任一输入的 LR 多光谱图像 $\{\boldsymbol{Y}_{\mathrm{MS},k}\}_{k=1}^K$ 与 LR 全色图像共享 LR 字典 $\boldsymbol{D}_{\mathrm{L}}^{\mathrm{PAN}}$；

(2)待重建的 HR 多光谱图像 $\{\boldsymbol{X}_{\mathrm{MS},k}\}_{k=1}^K$ 与 HR 全色图像共享 HR 字典 $\boldsymbol{D}_{\mathrm{H}}^{\mathrm{PAN}}$；

(3)LR 多光谱图像的稀疏表示系数 $\boldsymbol{A}_{\mathrm{LMS}}=[\boldsymbol{\alpha}_{\mathrm{LMS}}^{(1)},\boldsymbol{\alpha}_{\mathrm{LMS}}^{(2)},\cdots,\boldsymbol{\alpha}_{\mathrm{LMS}}^{(B)}]$ 与 HR 多光谱图像的稀疏表示系数 $\boldsymbol{A}_{\mathrm{HMS}}=[\boldsymbol{\alpha}_{\mathrm{HMS}}^{(1)},\boldsymbol{\alpha}_{\mathrm{HMS}}^{(2)},\cdots,\boldsymbol{\alpha}_{\mathrm{HMS}}^{(B)}]$ 共享两个回归映射 $\boldsymbol{M}^*$ 和 $\boldsymbol{W}^*$。

根据上述假设，首先利用式(7.36)求得第 k 个波段的 LR 多光谱图像 $\{\boldsymbol{X}_{\mathrm{MS},k}\}_{k=1}^K$ 的稀疏表示系数 $\boldsymbol{A}_{\mathrm{LMS},k}$：

$$\underset{A_{\mathrm{LMS},k}}{\arg\min}\left\|Y_{\mathrm{MS},k}-D_{\mathrm{L}}^{\mathrm{PAN}}A_{\mathrm{LMS},k}\right\|_{\mathrm{F}}^{2}+\lambda_2\left\|A_{\mathrm{LMS},k}\right\|_{1,1} \tag{7.36}$$

然后，结合学习得到的两个回归映射 $\boldsymbol{M}^*$ 和 $\boldsymbol{W}^*$，可以计算出对应的 HR 多光谱图像的第 k 个波段的稀疏表示系数 $\boldsymbol{A}_{\mathrm{HMS},k}$：

$$\bar{\boldsymbol{A}}_{\mathrm{HMS},k}=\boldsymbol{M}^*\boldsymbol{A}_{\mathrm{LMS},k} \tag{7.37}$$

$$\tilde{\boldsymbol{A}}_{\mathrm{HMS},k}=\boldsymbol{A}_{\mathrm{LMS},k}\boldsymbol{W}^* \tag{7.38}$$

则最终的第 k 个波段的稀疏表示系数可通过两个回归映射调整后做线性加权：

$$\boldsymbol{A}_{\mathrm{HMS},k}=p\bar{\boldsymbol{A}}_{\mathrm{HMS},k}+(1-p)\tilde{\boldsymbol{A}}_{\mathrm{HMS},k}$$

最后，每个波段的 HR 多光谱图像可以用下式重建出来：

$$\boldsymbol{X}_{\mathrm{MS},k}=\boldsymbol{D}_{\mathrm{H}}^{\mathrm{PAN}}\boldsymbol{A}_{\mathrm{HMS},k} \tag{7.39}$$

7.4　实验结果与分析

7.4.1　实验数据和参数的设置

本章的实验数据分别来自于 IKONOS 和 WorldView-2 卫星提供的全色图像和多光谱图像，这两种卫星图像的一些信息，如表 7.1 所示。

表 7.1　两种卫星的主要载荷参数

平台	有效载荷	波段	光谱范围/nm	空间分辨率/m
IKONOS 卫星	多光谱	蓝	450～530	4
		绿	520～610	
		红	640～720	
		近红外	770～880	
	全色波段	全色	450～900	1
WorldView-2 卫星	多光谱	蓝	450～510	1.8
		绿	510～580	
		红	630～690	
		近红外	770～895	
		海岸	400～450	
		黄	585～625	
		红边	705～745	
		近红外 2	860～1040	
	全色波段	全色	450～1040	0.5

(1) IKONOS 卫星数据：IKONOS 卫星可以提供空间分辨率为 1m 的全色图像以及空间分辨率为 4m 的多光谱图像(包括红、绿、蓝和近红外等四个波段)。

(2) WorldView-2 卫星数据：WorldView-2 卫星可以提供空间分辨率为 0.5m 的全色图像以及空间分辨率为 1.8m 的多光谱图像(包括红、绿、蓝、近红外、近红外 2、黄、红边和海岸等八个波段)。

由于 Zhu 等的 SparseFI 方法与本节提出的方法均是基于块学习的，因此，将低分辨率图像分解成 7×7 大小的重叠块，对应的高分辨率图像分解成 28×28 大小的重叠块，提出方法的字典中原子个数为 1024，式(7.20)中的四个正则化参数分别为：$\lambda_1 = 0.01$、$\lambda_2 = 0.01$、$\lambda_3 = 0.1$ 和 $\lambda_4 = 0.1$。

为了验证本章 JDLSR 算法的有效性，在 IKONOS 和 WorldView-2 图像上分别进行模拟实验，并与四种代表性的算法比较，包括 AIHS(Adaptive IHS)算法、Brovey 算法、Wavelet 算法以及 SparseFI 算法。其中，AIHS 算法、Brovey 算法、Wavelet 算法的结果是在 Sheida Rahmani 等开发的集成软件上运行得到的。

在模拟数据实验中，为了便于实验评价，采用 Wald 等提出的策略，即将原始的多光谱图像与全色图像进行空间分辨率退化，产生的新多光谱图像与全色图像作为融合源图像，将原来的多光谱图像作为参考图像对融合图像进行对比评价，对实验结果从主观和客观两个方面进行评价。采用了五个客观评价指标，即相关系数(correlation coefficient，CC)、均方根误差(root mean square error，RMSE)、相对无量纲全局误差(erreur relative globale adimensionnelle de synthèse，ERGAS)、光谱角映射(spectral angle mapper，SAM)以及 Q4。

7.4.2 IKONOS 卫星数据实验

原始 IKONOS 卫星的全色图像与多光谱图像均先用双三次插值下采样，下采样因子为 4，这样分别得到空间分辨率为 4m 的全色图像以及 16m 的多光谱图像，融合是针对退化后的全色图像与多光谱图像，原始空间分辨率为 4m 的多光谱图像作为参考图像，与融合后的图像进行比较。在实验中，测试的多光谱图像大小为 $512 \times 512 \times 4$，对应的全色图像大小为 2048×2048，得到的退化多光谱图像大小为 $128 \times 128 \times 4$，全色图像为 512×512。

由图 7.5 可知，该场景包含地物内容较丰富，有植被、建筑物、车辆、道路等。从视觉效果上来看，5 种方法的融合结果与原始多光谱图像相比，其空间分辨率均有不同程度地提高，如图 7.5(h)的基准(Ground Truth)所示。本章提出的 JDLSR 方法与 SparseFI 方法在空间分辨率提升方面效果显著，图像的清晰程度基本能与全色光图像(图 7.5(b))保持一致。但 SparseFI 方法在光谱保持方面却略显不足，特别是在绿色植被区域将原有的浅绿色扭曲为深黄绿色，出现了一定的色彩失真。Brovey 方法和 Wavelct 方法的空间分辨率提高不够，有噪声被引入融合后的图像中来。相比于 Brovey 方法和 Wavelet 方法，AIHS 方法尽管其细节信息注入比较丰富，但光谱保持能力较弱，导致图像的整体颜色较深，视觉效果有偏差。

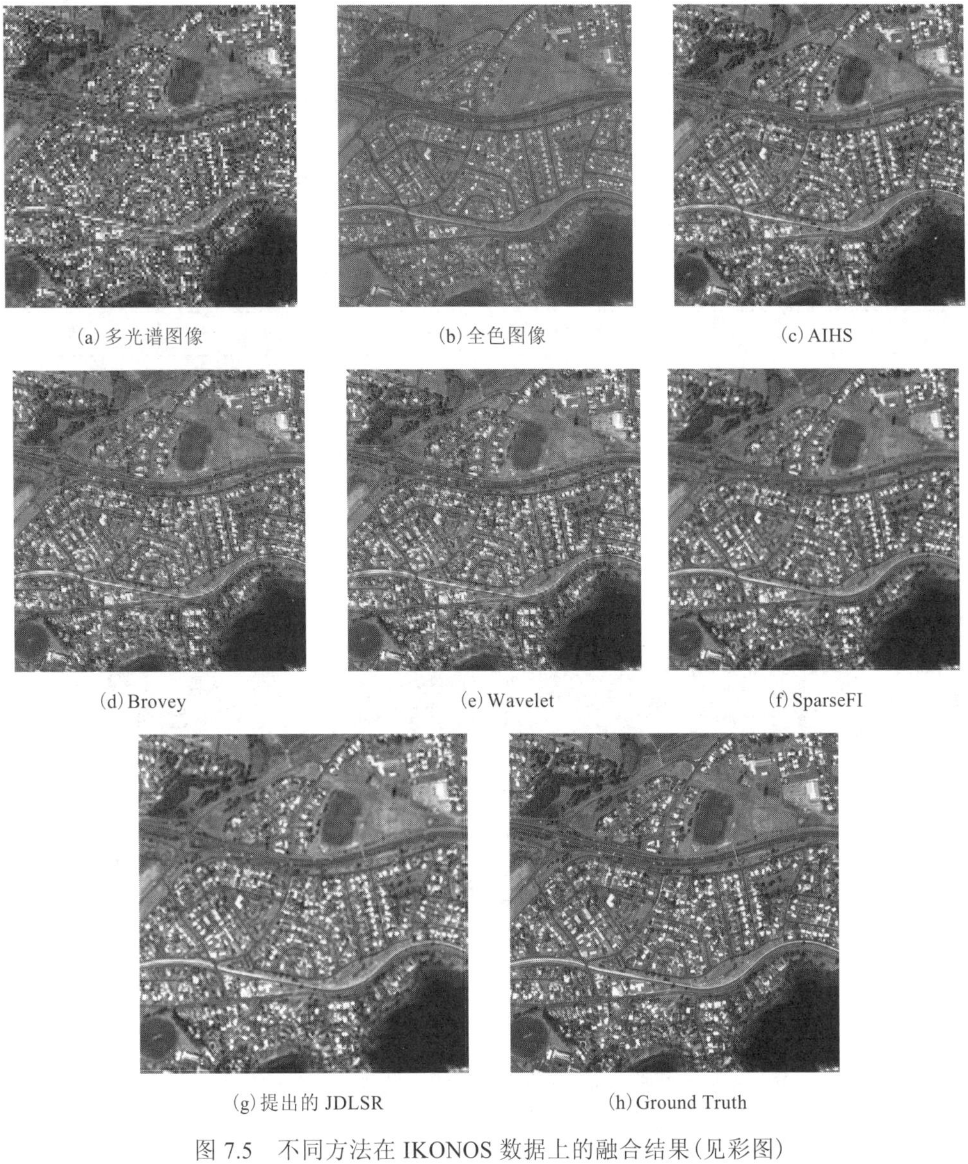

(a) 多光谱图像　(b) 全色图像　(c) AIHS　(d) Brovey　(e) Wavelet　(f) SparseFI　(g) 提出的 JDLSR　(h) Ground Truth

图 7.5　不同方法在 IKONOS 数据上的融合结果(见彩图)

为了从客观上评价各种方法的性能，表 7.2 给出了 5 种融合方法的客观评价结果。从表中可以看出，SparseFI 方法的 CC 数值仅次于本章提出的 JDLSR 方法，说明其光谱保持能力强；Q4 评价指标也是一样，说明其空间分辨率增强效果很好。AIHS、Brovey、Wavelet 方法的 SAM 和 ERGAS 数值说明这三类方法的光谱保持能力较差，但其中 AIHS 的 RMSE 和 Q4 评价指标最好，也正好反映出其空间分辨率增强方面的优势。本章 JDLSR 方法在这 5 项客观评价指标的数值上优势明显，说明其在空间分辨率提高和光谱信息保持方面达到了更好的平衡，融合结果的整体质量最好，主观评价与客观分析结果能够达到一致。

表 7.2　不同方法在 IKONOS 数据上融合结果的客观评价指标

指标	AIHS	Brovey	Wavelet	SparseFI	JDLSR
CC	0.9146	0.9102	0.9132	0.9165	0.9177
RMSE	0.0835	0.1020	0.1047	0.0757	0.0669
SAM	6.0630	6.6921	6.8691	3.7344	3.7810
ERGAS	5.2756	6.5295	6.7513	3.8648	3.3959
Q4	0.7247	0.7097	0.6996	0.7633	0.7894

考虑到人类视觉对光谱扭曲敏感性较弱(一般仅能从图像颜色的失真来判断)，我们给出了各种方法融合后的多光谱图像与参考高空间分辨率多光谱图像间的差异图(图 7.6)，用每个像素点的差异性来度量(深蓝色代表差异最小，红色代表差异最大)。从图 7.6 可以看出尽管所有方法融合后的差异图中蓝色和深蓝色部分较多，但本章提出的方法明显更好，红色部分最少，呈现出了一定的优越性。

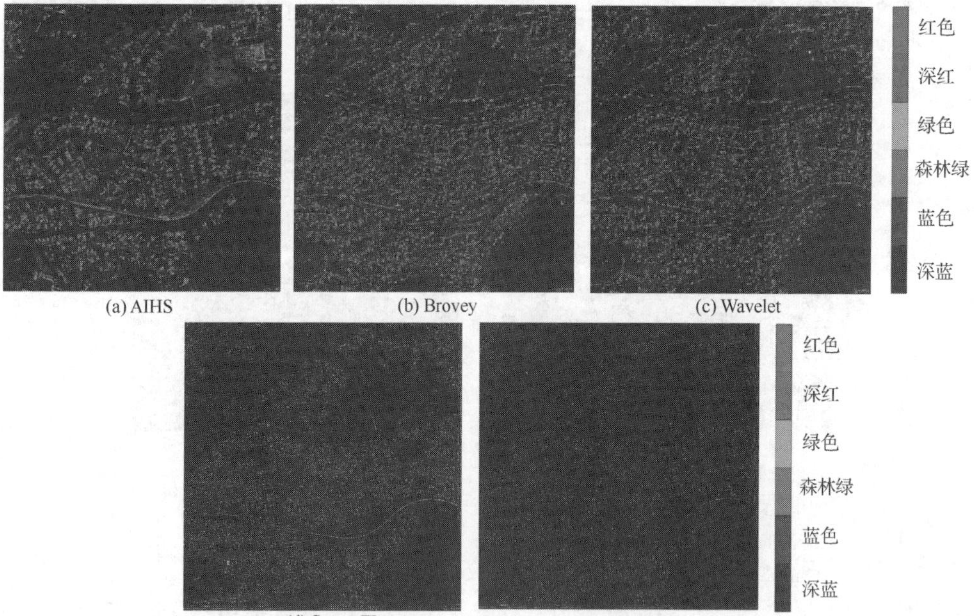

图 7.6　图 7.5 中各种方法融合后的多光谱图像与参考高空间分辨率多光谱图像间的差异图(见彩图)
(深蓝色代表差异最小，红色代表差异最大)

7.4.3 WorldView-2 卫星数据实验

图 7.7 给出的是各种算法针对 WorldView-2 卫星图像的融合结果。通过视觉比较，AIHS 算法在整体上要优于 Brovey 算法和 Wavelet 算法，在这三种算法中，其色彩是最接近于参考高分辨率多光谱图像(图 7.7(h))的，但在建筑群区域丢失了不少的细节信息(图 7.7(c))。图 7.7(d)和图 7.7(e)分别是 Brovey 算法与 Wavelet 算法的融合结果，结果图存在明显的光谱扭曲现象，色彩变淡，同时 Wavelet 算法的结果图中在建筑群区域也存在着细节丢失。图 7.7(f)是 SparseFI 算法的结果，视觉效果整体上有些模糊，建筑群和植被区域边缘锐化不是很理想。JDLSR 算法(图 7.7(g))取得了较好的视觉效果，光谱信息保持得也不错。

图 7.8 依然给出了各种方法融合后的多光谱图像与参考的高空间分辨率多光谱图像间的差异图(深蓝色代表差异最小，红色代表差异最大)。从图 7.8(e)可以看出本章提出的 JDLSR 方法明显最好，蓝色区域的面积最大，其次是 SparseFI 方法，其他方法融合后的差异图中红色部分较多，说明融合效果不是很好。表 7.3 为不同方法在 WorldView-2 数据上融合结果的客观评价指标，从 Q4 指标可以看出本章提出方法的优越性，而这也与图 7.8 的差异图表现相一致；从 CC、RMSE、SAM 和 ERGAS 等指标的数值来看，提出算法的光谱保持性比较好。

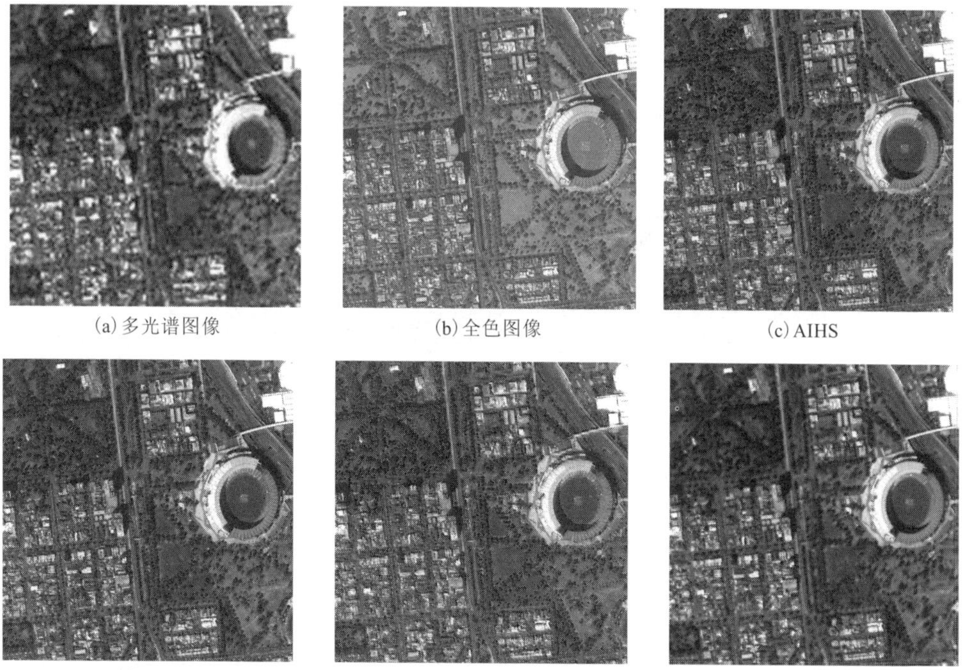

(a) 多光谱图像　(b) 全色图像　(c) AIHS

(d) Brovey　(e) Wavelet　(f) SparseFI

(g) JDLSR　　(h) Ground Truth

图 7.7　不同方法在 WorldView-2 数据上的融合结果(见彩图)

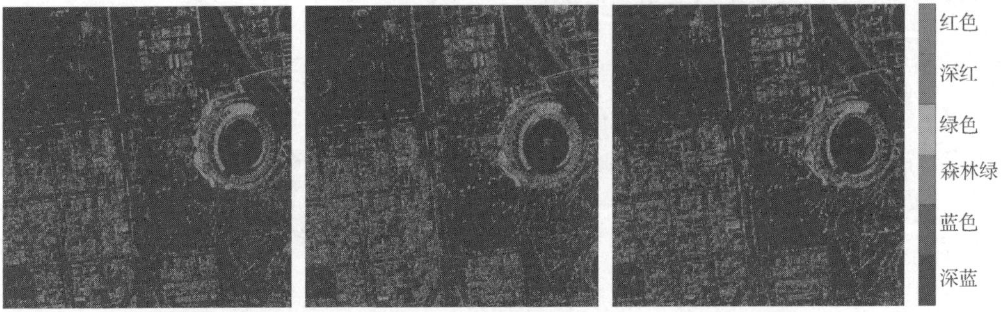

(a) AIHS　　(b) Brovey　　(c) Wavelet

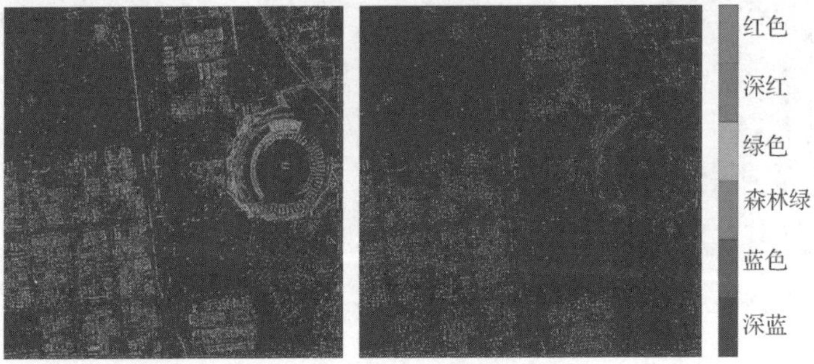

(d) SparseFI　　(e) JDLSR

图 7.8　图 7.7 中各种方法融合后的多光谱图像与参考高空间分辨率多光谱图像间的差异图(见彩图)
(深蓝色代表差异最小，红色代表差异最大)

表 7.3　不同方法在 WorldView-2 数据上融合结果的客观评价指标

指标	AIHS	Brovey	Wavelet	SparseFI	JDLSR
CC	0.9712	0.9699	0.9745	0.9785	0.9829
RMSE	0.0691	0.0800	0.0911	0.0594	0.0455

续表

指标	AIHS	Brovey	Wavelet	SparseFI	JDLSR
SAM	5.3163	5.8906	7.0537	3.1437	3.1945
ERGAS	5.4726	7.0610	7.5020	3.6193	3.5989
Q4	0.7405	0.7401	0.6712	0.8172	0.8195

7.5 本章结语

本章简要概述了基于压缩感知和稀疏表示理论的空谱图像融合方法；提出了一种新的遥感图像融合方法，该方法结合了字典学习与稀疏表示系数之间的回归映射关系。首先充分利用全色图像高空间分辨率的特点，将高分辨率全色图像及其退化的低分辨率图像划分成许多重叠的块对，直接利用这些重叠块对学习出高低分辨率字典，来表示多光谱图像的结构信息；进一步，考虑到多光谱图像内容的复杂性和多样性，引入块内岭回归与块间弹性网回归关系来反映高低分辨率多光谱图像稀疏表示系数的差异性和相关性。遥感图像上的模拟实验结果表明，提出的方法无论是在光谱保持还是在空间分辨率增强等方面都有不同程度的提高，性能要优于目前的主流方法。

参考文献

[1] Yang J, Wright J, Huang T S, et al. Image super-resolution via sparse representation. IEEE Transactions on Image Processing, 2010, 19(11): 2861-2873.

[2] Elad M. Sparse and Redundant Representations: From Theory to Applications in Signal and Image Processing. Haifa: Springer Science and Business Media, 2010.

[3] Yang J, Wang Z, Lin Z, et al. Coupled dictionary training for image super-resolution. IEEE Transactions on Image Processing, 2012, 21(8): 3467-3478.

[4] Li S, Yang B. A new pan-sharpening method using a compressed sensing technique. IEEE Transactions on Geoscience and Remote Sensing, 2010, 49(2): 738-746.

[5] Li S, Yin H, Fang L. Remote sensing image fusion via sparse representations over learned dictionaries. IEEE Transactions on Geoscience and Remote Sensing, 2013, 51(9): 4779-4789.

[6] Zhu X X, Bamler R. A sparse image fusion algorithm with application to pan-sharpening. IEEE Transactions on Geoscience and Remote Sensing, 2012, 51(5): 2827-2836.

[7] Zhu X X, Grohnfeldt C, Bamler R. Exploiting joint sparsity for pansharpening: The J-SparseFI algorithm. IEEE Transactions on Geoscience and Remote Sensing, 2015, 54(5): 2664-2681.

[8] Wang S, Zhang L, Liang Y, et al. Semi-coupled dictionary learning with applications to image super-resolution and photo-sketch synthesis. Proceedings of the 2012 IEEE Conference on Computer Vision and Pattern Recognition, Providence, 2012: 2216-2223.

[9] Tang S, Xiao L, Liu P, et al. Pansharpening via sparse regression. Optical Engineering, 2017, 56(9): 093105.

[10] Tibshirani R. Regression shrinkage and selection via the LASSO. Journal of the Royal Statistical Society: Series B, 1996, 58(1): 267-288.

[11] Efron B, Hastie T, Johnstone I, et al. Least angle regression. The Annals of Statistics, 2004, 32(2): 407-499.

[12] Zou H, Hastie T. Regularization and variable selection via the elastic net. Journal of the Royal Statistical Society: Series B, 2005, 67(2): 301-320.

[13] Combettes P L, Wajs V R. Signal processing by proximal forward-backward splitting. Multiscale Model, 2006,4(4): 1168-1200.

[14] Beck A, Teboulle M. A fast iterative shrinkage-thresholding algorithm for linear inverse problems. SIAM Journal on Imaging Sciences, 2009, 2(1): 183-202.

第 8 章　空谱遥感图像低秩融合应用

8.1　引　　言

本书第 4 章介绍了矩阵低秩的基本概念以及多维信号低秩建模方法。本章主要探讨矩阵低秩在空谱遥感图像融合中的应用。特别地，我们聚焦于高分辨全色图像(PAN)与低分辨多光谱图像(LRMS)融合生成高分辨多光谱图像(HRMS)的问题。本书 1.3 节已经提到，可以遵循反问题建模处理框架，引入 HRMS 的先验知识，以增强不完全信息重建的适定性。

第 7 章的方法是从稀疏信号复原的角度建立融合模型，作为一种高阶稀疏性度量方法，矩阵低秩可以更准确地描述波段内以及波段间存在的冗余性或者相关性，并且挖掘和表征图像蕴含的低维结构，因此空谱遥感图像的低秩融合是可能的研究方向。在反问题建模框架下，我们希望在低秩正则化框架下探索可能的融合新方法。LRMS 与 HRMS 之间存在空间模糊与信号采样的退化过程，PAN 是 HRMS 的光谱退化而成。直观的形式是可以利用观测到的两个数据，建模潜在多光谱图像与各自观测源数据的依赖关系，建立数据保真项。但是本章我们并不试图从这个思路去建模数据之间的依赖关系，而是在一种细节注入框架下去探索一种新的融合机制。这种想法更加贴合鲁棒主成分分析[1]的框架，从而可以方便地应用低秩与稀疏分解形式的建模方法学。

简言之，本章 8.2 节主要提出基于多变量回归的低秩正则化的融合方法，该方法是前期工作的更全面的论述[2,3]。首先，低秩正则项和行稀疏先验被用于刻画 HRMS 图像的内在结构；其次，在成分替换框架下使用基于多变量回归的数据保真项，并将上述两项结合建立一种联合优化的融合模型，并给出了基于增广拉格朗日乘子(augmented Lagrangian multiplier，ALM)法迭代优化融合算法。8.3 节给出相关讨论与模型推广，而在 8.4 节给出融合算法的若干实验分析。

8.2　全色-多光谱图像的低秩正则化融合

提出方法的流程图如图 8.1 所示。接下来，本节将详细说明模型中的两个部分，即低秩正则化和基于多变量回归的数据保真项。

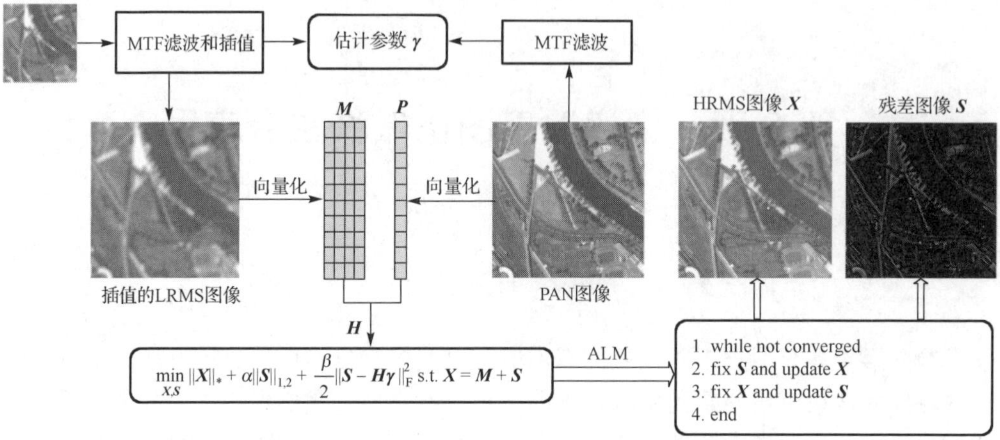

图 8.1　提出模型框架

8.2.1　低秩正则化

如本书第 4 章所述，低秩矩阵分解被广泛研究并应用于多维信号处理，其目的是将数据矩阵 $\boldsymbol{Y}$ 分解为低秩分量 $\boldsymbol{A}$ 和稀疏矩阵 $\boldsymbol{E}$。它可以表述为以下优化问题：

$$\min_{\boldsymbol{A},\boldsymbol{E}} \operatorname{rank}(\boldsymbol{A})+\alpha\|\boldsymbol{E}\|_0 \qquad \text{s.t. } \boldsymbol{Y}=\boldsymbol{A}+\boldsymbol{E} \tag{8.1}$$

其中，$\operatorname{rank}(\boldsymbol{A})$ 表示矩阵 $\boldsymbol{A}$ 的秩；$\|\cdot\|_0$ 表示矩阵的 ℓ_0 范数，即矩阵中非零元素的数量；α 是平衡两项的正则化参数。然而，上述优化问题是非凸的并且难以解决，因此，对其进行凸松弛，转化为易处理的优化问题[1,4]：

$$\min_{\boldsymbol{A},\boldsymbol{E}} \|\boldsymbol{A}\|_* +\alpha\|\boldsymbol{E}\|_1 \qquad \text{s.t. } \boldsymbol{Y}=\boldsymbol{A}+\boldsymbol{E} \tag{8.2}$$

其中，$\|\cdot\|_*$ 表示矩阵的核范数，即矩阵的奇异值之和；$\|\cdot\|_1$ 是矩阵的 ℓ_1 范数，表示矩阵元素绝对值的之和。然后，式(8.2)可以通过现有方法进行求解，如交替方向乘子法，见本书 3.4.2 节。

下面，应用上述矩阵低秩与稀疏分解的基本思想，对 MS+PAN 融合问题进行建模。在建模前，首先引入若干记号。假设观测的 LRMS 图像为 $\{\boldsymbol{M}_{\mathrm{L},k}\}_{k=1}^N$，$\boldsymbol{M}_{\mathrm{L},k}\in\mathbb{R}^{h\times w}$，高分辨全色图像为 $\boldsymbol{P}\in\mathbb{R}^{H\times W}$，其中 $H=rh,W=rw$，r 为 HRMS 相对于 LRMS 的分辨率倍数。插值到全色图像分辨率的 MS 图像记为 $\{\boldsymbol{M}_k\in\mathbb{R}^{H\times W}\}_{k=1}^N$；MS+PAN 融合的目的是重建潜在的高分辨多光谱图像 $\{\boldsymbol{X}_k\}_{k=1}^N$，$\boldsymbol{X}_k\in\mathbb{R}^{H\times W}$。

在建模中，按照像素向量重新排列的方法将多光谱图像排列为长矩阵，即 LRMS 为 $\boldsymbol{M}\in\mathbb{R}^{HW\times N}$，HRMS 为 $\boldsymbol{X}\in\mathbb{R}^{HW\times N}$。基于矩阵排列形式，如果插值的 LRMS 假设为 HRMS 的空间退化形式，则 HRMS $\boldsymbol{X}$ 可以建模为插值后的 LRMS $\boldsymbol{M}$ 和细节图像 $\boldsymbol{S}$ 之和，即 $\boldsymbol{X}=\boldsymbol{M}+\boldsymbol{S}$；此时，细节图像即为 HRMS 和 LRMS 的差分图像。由于

HRMS 图像的空间冗余性和光谱波段之间的高相关性，矩阵 $\boldsymbol{X}$ 可以假设具有低秩结构，这可以促使我们将核范数约束应用于 HRMS。此外，细节图像在每个波段中近似稀疏。图 8.2 显示了一幅由 Pléiades 卫星采集的图像的细节 $\boldsymbol{S}$ 的直方图，从中可以看出大多数值都在零附近，而且很少有大的值，这表明了 $\boldsymbol{S}$ 的稀疏性。此外，由于光谱带之间的高度相关性，大多数空间细节将被注入插值 LRMS 中不同波段中相似位置，在这种情况下，矩阵行稀疏先验被添加到细节图像中。图 8.3 说明了标准稀疏与行稀疏的区别。

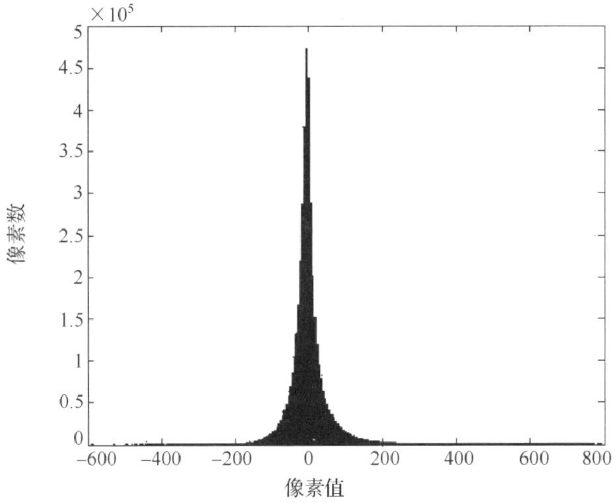

图 8.2　差分图像的直方图

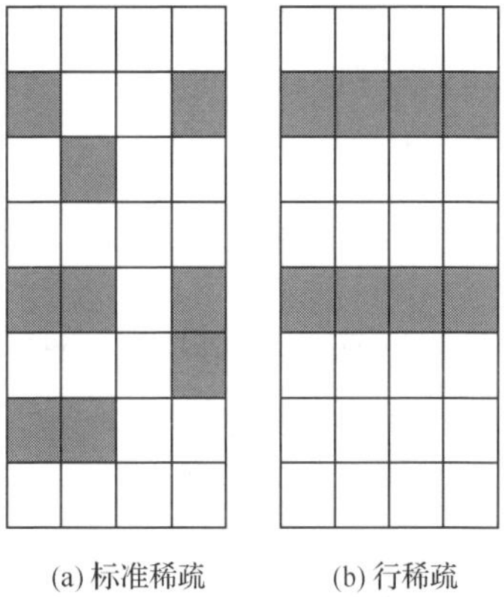

图 8.3　标准稀疏与行稀疏的比较

基于上述观察，建立矩阵低秩与稀疏约束优化模型：

$$\min_{\boldsymbol{X},\boldsymbol{S}} \|\boldsymbol{X}\|_* + \alpha\|\boldsymbol{S}\|_{1,2} \qquad \text{s.t. } \boldsymbol{X} = \boldsymbol{M}+\boldsymbol{S} \tag{8.3}$$

其中，$\boldsymbol{S} = \{\boldsymbol{S}_1, \boldsymbol{S}_2, \cdots, \boldsymbol{S}_N\} \in \mathbb{R}^{HW\times N}$ 表示细节图像；核范数 $\|\boldsymbol{X}\|_*$ 表示对 HRMS 图像的低秩约束；$\|\boldsymbol{S}\|_{1,2} = \sum_{i=1}^{HW}\left(\sum_{j=1}^{N} S_{ij}^2\right)^{1/2}$ 是矩阵的 $\ell_{1,2}$ 范数，用于表示细节图像 $\boldsymbol{S}$ 的行稀疏性；α 是平衡两项的正则化参数。

8.2.2　基于多变量回归的数据保真项

MS+PAN 的融合方法中，一种常用的融合方案是成分替代方法，其通常是采取特定的细节注入框架来增强 MS 图像的各个波段。这里，我们在波段相关空间细节注入(band-dependent spatial-detail，BDSD)框架[5]的基础上，构造基于多变量回归的数据保真项。所构造的保真项通过评估来自 MS 图像各个波段的波段相关的空间细节，为每个 MS 频带计算从 PAN 提取的细节。具体而言，细节注入框架可形式化为

$$\boldsymbol{X}_k = \boldsymbol{M}_k + g_k\left(\boldsymbol{P} - \sum_{l=1}^{N} w_{k,l}\boldsymbol{M}_l\right), \quad k = 1,\cdots,N \tag{8.4}$$

其中，g_k 表示第 k 个波段的注入增益；$w_{k,l}$ 表示每个 MS 波段的权重，用于计算每个 MS 波段的亮度分量 $\boldsymbol{I}_k = \left(\sum_{l=1}^{N} w_{k,l}\boldsymbol{M}_l\right)$。为了便于计算，式(8.4)可重新整理：

$$\text{vec}(\boldsymbol{X}_k) = \text{vec}(\boldsymbol{M}_k) + \boldsymbol{H}\boldsymbol{\gamma}_k \tag{8.5a}$$

或表示为

$$\boldsymbol{x}_k = \boldsymbol{m}_k + \boldsymbol{H}\boldsymbol{\gamma}_k \tag{8.5b}$$

其中，$\boldsymbol{H} = [\text{vec}(\boldsymbol{M}_1), \text{vec}(\boldsymbol{M}_2), \cdots, \text{vec}(\boldsymbol{M}_N), \text{vec}(\boldsymbol{P})]$ 是模型的观测矩阵，$\text{vec}(\cdot)$ 表示矩阵转换为列向量的算子；$\boldsymbol{\gamma}_k = [\gamma_{k,1}, \gamma_{k,2}, \cdots, \gamma_{k,N+1}]^{\text{T}}, k = 1,\cdots,N$ 表示待估计的 $(N+1)\times N$ 个参数：

$$\gamma_{k,l} = \begin{cases} -g_k w_{k,l}, & k = 1,\cdots,N \\ g_k, & k = N+1 \end{cases} \tag{8.6}$$

如何联合估计这 $N\times(N+1)$ 个未知变量呢？一种方法是假设在插值分辨率尺度的多光谱图像 $\boldsymbol{M}_{\text{L},k}$ 与 MTF 退化的多光谱图像 $\boldsymbol{X}_{\text{L},k}$、MTF 退化的全色图像 $\boldsymbol{P}_{\text{L}}$ 之间同样服从式(8.4)的形式，即

$$\boldsymbol{X}_{\text{L},k} = \boldsymbol{M}_{\text{L},k} + g_k\left(\boldsymbol{P}_{\text{L}} - \sum_{l} w_{k,l}\boldsymbol{M}_{\text{L},l}\right), \quad 1 \leqslant k \leqslant N \tag{8.7}$$

其中，$\boldsymbol{X}_{\text{L},k}$ 表示通过插值至全色图像分辨率尺度的多光谱图像的第 k 个波段图像；$\boldsymbol{M}_{\text{L},l}$ 表示经过 MTF 退化的第 l 个波段图像；$\boldsymbol{P}_{\text{L}}$ 表示经过 MTF 退化的全色图像。则经过式(8.7)同样的向量化处理，可得

$$\boldsymbol{x}_{\text{L},k} = \boldsymbol{m}_{\text{L},k} + \boldsymbol{H}_d \cdot \boldsymbol{\gamma}_k, \quad 1 \leqslant k \leqslant N \tag{8.8}$$

其中

$$\boldsymbol{H}_d = [\text{vec}(\boldsymbol{M}_{\text{L},1}), \text{vec}(\boldsymbol{M}_{\text{L},2}), \cdots, \text{vec}(\boldsymbol{M}_{\text{L},N}), \text{vec}(\boldsymbol{P}_{\text{L}})] \tag{8.9}$$

则可建立参数的最小二乘模型：

$$\boldsymbol{\gamma}_k = \underset{\boldsymbol{\gamma}_k = [\gamma_{k,1}, \gamma_{k,2}, \cdots, \gamma_{k,N}]^{\text{T}}}{\arg\min} \left\| \boldsymbol{x}_{\text{L},k} - \boldsymbol{m}_{\text{L},l} - \boldsymbol{H}_d \cdot \boldsymbol{\gamma}_k \right\|_2^2 \tag{8.10}$$

上述模型存在闭式解，即

$$\boldsymbol{\gamma}_k = (\boldsymbol{H}_d^{\text{T}}\boldsymbol{H}_d)^{-1}\boldsymbol{H}_d^{\text{T}}(\boldsymbol{x}_{\text{L},k} - \boldsymbol{m}_{\text{L},l}) \tag{8.11}$$

上述方法隐含存在一个不变性假设：高分辨率尺度的多波段图像与插值的多波段图像和全色图像之间存在一个线性组合关系；而在插值分辨率尺度的多光谱图像

与 MTF 退化的多光谱图像、MTF 退化的全色图像之间存在同样的线性关系，而且权重向量是一组不变量。为了减少计算量，也可以认为在低分辨率尺度下，这种关系同样存在，此时需要将全色图像经过 MTF 低通滤波后进行降采样至观测分辨率。

根据上述框架，采取长矩阵排列形式，即 $\boldsymbol{X}=[\boldsymbol{x}_1,\boldsymbol{x}_2,\cdots,\boldsymbol{x}_N]$，$\boldsymbol{M}=[\boldsymbol{m}_1,\boldsymbol{m}_2,\cdots,\boldsymbol{m}_N]$，$\boldsymbol{\gamma}=[\gamma_1,\gamma_2,\cdots,\gamma_N]$，则式(8.5)的保真约束可以重写为

$$\boldsymbol{X}=\boldsymbol{M}+\boldsymbol{H\gamma} \tag{8.12}$$

再结合式(8.3)的假设：HRMS 图像 $\boldsymbol{X}$ 可以被视为插值后的 LRMS 图像 $\boldsymbol{M}$ 和细节图像 $\boldsymbol{S}$ 的和，即 $\boldsymbol{X}=\boldsymbol{M}+\boldsymbol{S}$，则建立细节图像矩阵的数据保真项：

$$\|\boldsymbol{S}-\boldsymbol{H\gamma}\|_{\mathrm{F}}^2 \tag{8.13}$$

8.2.3　优化模型

数学上，MS+PAN 的融合可以建模为由 LRMS 和 PAN 图像估计 HRMS 图像的反问题。联合式(8.3)和式(8.13)，可建立一个融合优化模型：

$$\min_{\boldsymbol{X},\boldsymbol{S}}\|\boldsymbol{X}\|_*+\alpha\|\boldsymbol{S}\|_{1,2}+\frac{1}{2}\beta\|\boldsymbol{S}-\boldsymbol{H\gamma}\|_{\mathrm{F}}^2 \quad \text{s.t. } \boldsymbol{X}=\boldsymbol{M}+\boldsymbol{S} \tag{8.14}$$

其中，β 是用以平衡正则项和数据保真项的参数。

8.2.4　迭代优化融合算法

对于式(8.14)的最小化模型，使用增广拉格朗日乘子(ALM)法进行求解。首先，式(8.14)的增广拉格朗日形式可以表示为

$$\begin{aligned}L(\boldsymbol{X},\boldsymbol{S},\boldsymbol{Y})=&\min_{\boldsymbol{X},\boldsymbol{S}}\|\boldsymbol{X}\|_*+\alpha\|\boldsymbol{S}\|_{1,2}+\frac{\beta}{2}\|\boldsymbol{S}-\boldsymbol{H\gamma}\|_{\mathrm{F}}^2\\&+\frac{\mu}{2}\|\boldsymbol{X}-\boldsymbol{M}-\boldsymbol{S}\|_{\mathrm{F}}^2+\langle\boldsymbol{Y},\boldsymbol{X}-\boldsymbol{M}-\boldsymbol{S}\rangle\end{aligned} \tag{8.15}$$

其中，$\boldsymbol{Y}$ 是拉格朗日乘子矩阵；α,β,μ 均为权重参数。接下来，分别迭代更新这三个变量 $\boldsymbol{X},\boldsymbol{S},\boldsymbol{Y}$，直到函数收敛，需要注意的是，当一个变量被更新时，其他变量固定。

1) 变量 $\boldsymbol{X}$ 的更新

在更新 $\boldsymbol{X}$ 时，增广拉格朗日函数变为

$$L_X=\|\boldsymbol{X}\|_*+\frac{\mu}{2}\|\boldsymbol{X}-\boldsymbol{Z}_X\|_{\mathrm{F}}^2 \tag{8.16}$$

其中，$\boldsymbol{Z}_X=\boldsymbol{M}+\boldsymbol{S}-\boldsymbol{Y}/\mu$。上式可以直接从奇异值阈值算子导出：

$$\boldsymbol{X}=\boldsymbol{U}S_{\frac{1}{\mu}}(\boldsymbol{\Sigma})\boldsymbol{V}^{\mathrm{T}} \tag{8.17}$$

其中，$\boldsymbol{U\Sigma V}^{\mathrm{T}}$ 是 $\boldsymbol{Z}_{\boldsymbol{X}}$ 的奇异值分解的结果。式(8.17)中使用的软收缩算子是：

$$S_{\frac{1}{\mu}}[x]=\begin{cases}x-1/\mu, & x>1/\mu\\ x+1/\mu, & x<1/\mu\\ 0, & 其他\end{cases} \tag{8.18}$$

2) 变量 $\boldsymbol{S}$ 的更新

在更新 $\boldsymbol{S}$ 时，增广拉格朗日函数为

$$L_{\boldsymbol{S}}=\alpha\|\boldsymbol{S}\|_{1,2}+\frac{\beta+\mu}{2}\left\|\boldsymbol{S}-\frac{1}{\beta+\mu}(\beta\boldsymbol{H\gamma}+\mu\boldsymbol{X}-\mu\boldsymbol{M}+\boldsymbol{Y})\right\|_{\mathrm{F}}^{2} \tag{8.19}$$

令 $\boldsymbol{Z}_{\boldsymbol{S}}=(1/(\beta+\mu))(\beta\boldsymbol{H\gamma}+\mu\boldsymbol{X}-\mu\boldsymbol{M}+\boldsymbol{Y})$，则上式的解可以由以下公式计算：

$$\boldsymbol{S}(j,:)=\begin{cases}\dfrac{\left\|\boldsymbol{Z}_{\boldsymbol{S}}(j,:)-\dfrac{\alpha}{\beta+\mu}\right\|_2}{\|\boldsymbol{Z}_{\boldsymbol{S}}(j,:)\|_2}\boldsymbol{Z}_{\boldsymbol{S}}(j,:), & \dfrac{\alpha}{\beta+\mu}<\|\boldsymbol{Z}_{\boldsymbol{S}}(j,:)\|_2\\ 0, & 其他\end{cases} \tag{8.20}$$

其中，$\boldsymbol{S}(j,:)$ 为 $\boldsymbol{S}$ 的第 j 行，$\boldsymbol{Z}_{\boldsymbol{S}}(j,:)$ 同理。式(8.20)的证明可以参看本书的第 3 章，其本质上是一个稀疏优化问题的邻近算子。

3) 拉格朗日乘子矩阵 $\boldsymbol{Y}$ 的更新

最后，拉格朗日乘子矩阵 $\boldsymbol{Y}$ 由下式更新：

$$\boldsymbol{Y}=\boldsymbol{Y}+\mu(\boldsymbol{X}-\boldsymbol{M}-\boldsymbol{S}) \tag{8.21}$$

此外，当相对误差 $\|\boldsymbol{X}-\boldsymbol{M}-\boldsymbol{S}\|_{\mathrm{F}}^2/\|\boldsymbol{X}\|_{\mathrm{F}}^2$ 递减到低于一个阈值 ε 或达到最大迭代次数时，迭代停止。

综上所述本节算法的求解过程如算法 8.1 所示。

算法 8.1　基于多变量回归的低秩正则化融合方法(简称 MVLR 方法)

输入： 低分辨率多光谱图像 $\boldsymbol{M}\in\mathbb{R}^{HW\times N}$，全色图像 $\boldsymbol{P}\in\mathbb{R}^{HW}$，参数 α 和 β。

初始化： $\boldsymbol{X}^0=\boldsymbol{0}$；$\boldsymbol{S}^0=\boldsymbol{0}$；$\mu^0>0$；$\rho>1$；$k=0$；$\boldsymbol{Y}^0=\boldsymbol{M}/\max\left(\|\boldsymbol{M}\|_2,\alpha^{-1}\|\boldsymbol{M}\|_\infty\right)$。

迭代：

While not converged do

　　$(\boldsymbol{U},\boldsymbol{\Sigma},\boldsymbol{V})=\mathrm{svd}(\boldsymbol{M}+\boldsymbol{S}^k-\boldsymbol{Y}^k/\mu^k)$；

　　$\boldsymbol{X}^{k+1}=\boldsymbol{U}S_{\frac{1}{\mu^k}}(\boldsymbol{\Sigma})\boldsymbol{V}^{\mathrm{T}}$；

　　$\boldsymbol{Z}_{\boldsymbol{S}}=(1/(\beta+\mu))(\beta\boldsymbol{H\gamma}+\mu\boldsymbol{X}^{k+1}-\mu\boldsymbol{M}+\boldsymbol{Y}^k)$；

　应用式(8.20)计算 $\boldsymbol{S}^{k+1}$；

$Y^{k+1} = Y^k + \mu^k (X^{k+1} - M - S^{k+1})$.

$\mu^{k+1} = \rho\mu^k$；$k = k+1$.

End while

输出：(X^k, S^k)。

8.3　相关讨论与模型推广

8.3.1　细节注入保真与成像退化约束保真

对于 MS+PAN 问题，另一个常见的光谱保真项是假设 HRMS 图像 $X_k \in \mathbb{R}^{H\times W}$ 与 LRMS 图像 $M_{L,k} \in \mathbb{R}^{h\times w}$ 之间服从空间模糊退化关系：

$$M_{L,k} = \downarrow_{r,r} (\mathrm{PSF} * X_k) \quad 或 \quad M_k = \uparrow_{r,r} M_{L,k} = \mathrm{PSF} * X_k \tag{8.22}$$

其中，$\downarrow_{r,r}$ 表示 r 倍下采样(行列分别进行)；$\uparrow_{r,r}$ 表示 r 倍上采样(行列分别进行)；$*$ 表示空间模糊卷积；PSF 为点扩散函数。由此，可以建立数据保真项：

$$\sum_{k=1}^{N} \left\| M_{L,k} - \downarrow_{r,r} (\mathrm{PSF} * X_k) \right\|_F^2 \quad 或 \quad \sum_{k=1}^{N} \left\| M_k - \mathrm{PSF} * X_k \right\|_F^2 \tag{8.23}$$

而全色图像与 HRMS 图像服从波段组合约束关系：

$$P = \sum_{k=1}^{N} w_k X_k \tag{8.24}$$

则全色约束保真项为

$$\left\| P - \sum_{k=1}^{N} w_k X_k \right\|_F^2 \tag{8.25}$$

若假设 HRMS 按照矩阵排列后形成的 $X \in \mathbb{R}^{HW\times N}$ 是低秩的，则可构造低秩正则化融合模型：

$$\|X\|_* + \frac{1}{2}\alpha \sum_{k=1}^{N} \left\| M_k - \mathrm{PSF} * X_k \right\|_F^2 + \frac{1}{2}\beta \left\| P - \sum_{k=1}^{N} w_k X_k \right\|_F^2 \tag{8.26}$$

虽然上述模型在贝叶斯推断框架下能够得到基本的解释。但是式(8.23)项将导致一个去卷积过程，这在迭代优化过程中具有较高的复杂度，求解难度较大；同时目前的研究表明，式(8.25)的全色约束保真项对于光谱保真将产生不利的影响。

反观式(8.14)中的模型，有效地避开了去卷积的过程，也没有强制要求过强的全色约束，因此提出模型能有效地克服光谱失真的现象。

8.3.2 推广至高光谱融合

值得指出的是，提出方法虽然是针对 MS+PAN 问题给出的，但也可以应用于高光谱图像与全色图像(HS+PAN)的融合。这是因为提出的模型完全是针对 N-波段的光谱图像，并且模型没有过度依赖于过强的全色约束保真，使得光谱保持的融合能力得到提升。

本章 MVLR 方法也可推广到高光谱与多光谱图像的融合(HS+MS)。此时假设观测的 LRHS 图像为 $\{\boldsymbol{M}_{\mathrm{L},k}\}_{k=1}^{N}$ ， $\boldsymbol{M}_{\mathrm{L},k}\in\mathbb{R}^{h\times w}$ ，高分辨多光谱图像(HRMS)为 $\boldsymbol{Q}\in\mathbb{R}^{H\times W\times B}$ ，其中 $H=rh, W=rw$ ， r 为 HRHS 相对于 LRHS 的分辨率倍数。经插值到 HRMS 分辨率尺寸的高光谱图像记为 $\{\boldsymbol{M}_k\in\mathbb{R}^{H\times W}\}_{k=1}^{N}$；HS+MS 融合的目的是计算重建潜在的高分辨多光谱图像(HRHS) $\{\boldsymbol{X}_k\}_{k=1}^{N}$ ， $\boldsymbol{X}_k\in\mathbb{R}^{H\times W}$ 。

此时应该注意到 HS 是 N-波段的，MS 是 B-波段 ($B<N$)；而 MS 中的一个波段可能覆盖 HS 中的特定光谱范围波段，而在首部和尾部位置的波段可能仅仅覆盖 HS 中的部分光谱或甚至不覆盖任何光谱，因此需要对 HS 中的波段指定需要融合的 MS 波段图像。假设 HRHS $\boldsymbol{X}$ 可以建模为插值后的 LRHS $\boldsymbol{M}$ 和细节图像 $\boldsymbol{S}$ 之和，即 $\boldsymbol{X}=\boldsymbol{M}+\boldsymbol{S}$ 。并进一步假设将第 k' ($k'\in\{1,2,\cdots,B\}$) 个多光谱波段 $\boldsymbol{Q}_{k'}$ 依次分配给光谱覆盖范围之内的任意 k ($k\in B(k')$) 个高光谱波段进行融合，其中 $B(k')$ 表示与光谱响应区间 $[\lambda_{k'}-\varDelta_{k'},\lambda_{k'}+\varDelta_{k'}]$ ($\varDelta$ 表示带宽) 内与第 k' 个 HRMS 波段所“关联高光谱波段”索引的集合，则理论上有：

$$
\begin{aligned}
\boldsymbol{Q}_{k'} &= \int_{\lambda_{k'}-\varDelta_{k'}}^{\lambda_{k'}+\varDelta_{k'}} \rho(\lambda)\boldsymbol{X}(\lambda)\mathrm{d}\lambda = \int_{\lambda_{k'}-\varDelta_{k'}}^{\lambda_{k'}+\varDelta_{k'}} \rho(\lambda)(\boldsymbol{M}(\lambda)+\boldsymbol{S}(\lambda))\mathrm{d}\lambda \\
&\approx \int_{\lambda_{k'}-\varDelta_{k'}}^{\lambda_{k'}+\varDelta_{k'}} \rho(\lambda)\boldsymbol{M}(\lambda)\mathrm{d}\lambda
\end{aligned} \tag{8.27}
$$

基于上述连续光谱响应关联分析，可以假设：

$$
\boldsymbol{Q}_{k'} \approx \sum_{l\in B(k')} w_{k,l}\boldsymbol{M}_l ,\quad k'\in\{1,2,\cdots,B\} \tag{8.28}
$$

其中， $w_{k,l}$ 表示基于光谱响应所计算的权重。这样，有：

$$
\boldsymbol{X}_k = \boldsymbol{M}_k + g_k\left(\boldsymbol{Q}_{k'} - \sum_{l\in B(k')} w_{k,l}\boldsymbol{M}_l\right),\quad k\in B(k')
$$

经过上述处理，可以建立“分区间 BDSD”高光谱融合方案，同样也可以引入低秩先验，形成“分区间-MVLR”的低秩正则化融合方法。其算法推导过程是类似的，在此不再赘述。

如图 8.4 所示，给出了分区间-MVLR 的高光谱图像融合原理图。

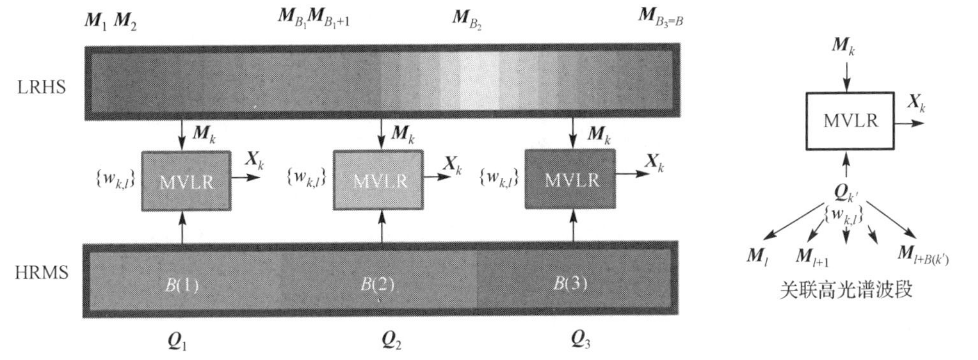

(a) 分区间-MVLR示意图　　(b) 单个区间示意图

图 8.4　分区间-MVLR 的高光谱图像融合原理

对每个 HRMS 的波段 $\boldsymbol{Q}_{k'}$，建立“关联高光谱波段”；对于关联的任意 LRHS 波段 $\boldsymbol{M}_k$，借助辅助源为 $\boldsymbol{Q}_{k'}$ 进行融合；融合时需要计算光谱响应权重向量 $\{w_{k,l}\}$，然后分光谱区间调用单个 MVLR 进行融合(图 8.4(b))

该方法的基本原理是将高光谱成像区间分为 B 个波段区间(多光谱图像波段数相同)，在每一个波段区间，指定一个多光谱图像的波段作为辅助源(类似于 PAN)；然后在每个波段区间调用 MVLR 算法，合计需要调用 MVLR 算法的个数为 B 个。这个过程可以是并行的，因此算法复杂度与 MVLR 几乎相同。

8.4　融合实验及讨论

本节对来自卫星的图像进行仿真数据实验和真实数据实验，以验证提出方法的有效性。实验所采用的计算机有 2.70GHz 的 Intel Xeon CPU、8GB 内存，使用的软件是 MATLAB 8.3.0，运行在 Microsoft Windows 10 操作系统上。

8.4.1　仿真数据实验结果

本节在 GeoEye-1 数据集上进行仿真数据实验。实验采用的数据集来自 GeoEye-1 卫星的 MS 图像和 PAN 图像，其中 MS 图像均包含 4 个波段，即蓝(B)、绿(G)、红(R)和近红外(NIR)波段，空间分辨率均为 2m，PAN 图像的空间分辨率均为 0.5m，所以 PAN 图像和 MS 图像的空间分辨率之比为 4。

仿真数据实验中，采用 Wald 等提出的评估协议，即将原始的 MS 图像和 PAN 图像进行空间退化和下采样，从而得到仿真的低分辨率多光谱图像和全色图像，并将它们作为参与融合的实验数据，同时将原始的 MS 图像作为参考 HRMS 图像，进而对融合结果进行质量评价。

为了对原始图像进行空间退化，利用匹配传感器 MTF 的等效滤波器进行仿真生成，即标准差为相应奈奎斯特频率的高斯核，对原始的 MS 图像和 PAN 图像进行空间滤波；然后对滤波后的 MS 图像和 PAN 图像进行下采样操作，下采样的尺度因子被设置为 PAN 图像和 MS 图像的空间分辨率之比，在实验中取为 4。同时，算法中将参与融合的 PAN 图像和 MS 图像的像素值归一化至[0,1]。

将提出方法与几种典型的融合方法中表现较好且比较新的算法进行比较，这些方法包括基于成分替代的方法、基于多分辨率分析(MRA)的方法和基于变分的方法，具体包括：

(1) AIHS[6]方法；

(2) GSA[7]方法；

(3) BDSD[5]方法；

(4) 加性多孔小波变换(additive à trous wavelet transform，ATWT)方法[8,9]；

(5) 加性小波亮度比例(additive wavelet luminance proportional，AWLP)方法[10]；

(6) 基于 MTF 匹配滤波的广义拉普拉斯金字塔(generalized Laplacian pyramid (GLP) with MTF-matched filter，MTF_GLP)方法[11]；

(7) 结合 MTF 匹配滤波的广义拉普拉斯金字塔和回归注入模型(GLP with MTF-matched filter and context-based decision，MTF_GLP_CBD)的方法[12]；

(8) 替代变分小波全色锐化(alternate variational wavelet pansharpening，AVWP)[13]，该方法是一种代表性的变分融合方法，提出者 Moeller 等将早期变分融合的 P+XS 模型[14]和小波融合方法的思想相结合，并引入光谱相关性保持项。之前的变分融合方法中，光谱保真项没有考虑不同波段之间的耦合和相似比特征。为了实现这一点，AVWP 方法假设 HRMS 图像的两个不同光谱带的比率应该等于原始 LRMS 图像的相同波段的比率，即 $\boldsymbol{X}_i/\boldsymbol{X}_j=\boldsymbol{M}_i/\boldsymbol{M}_j \Rightarrow \boldsymbol{X}_i\cdot\boldsymbol{M}_j-\boldsymbol{X}_j\cdot\boldsymbol{M}_i=\boldsymbol{0}$；同时，该方法假设融合图像与小波融合图像应尽量保持一致。综上，该方法最小化如下能量泛函[13]：

$$
\begin{aligned}
E_{\text{AVWP}}(\boldsymbol{X}) &= \sum_{k=1}^{N}\gamma_k\int_{\Omega}(|\nabla\boldsymbol{X}_k|+\operatorname{div}\boldsymbol{\theta}\cdot\boldsymbol{X}_k)\mathrm{d}x \\
&\quad+\mu\sum_{k,l=1,k<l}^{N}\int_{\Omega}(\boldsymbol{X}_k\cdot\boldsymbol{M}_l-\boldsymbol{X}_l\cdot\boldsymbol{M}_k)^2\mathrm{d}x \\
&\quad+\lambda\sum_{k=1}^{N}(\boldsymbol{X}_k(x)-\boldsymbol{Z}_k(x))^2\mathrm{d}x
\end{aligned}
\tag{8.29}
$$

其中，$\boldsymbol{\theta}=\begin{cases}\dfrac{\nabla\boldsymbol{P}}{|\nabla\boldsymbol{P}|}, & |\nabla\boldsymbol{P}|\neq 0\\ 0, & \text{其他}\end{cases}$；$\boldsymbol{Z}_k=\exp\left(-\dfrac{d}{|\nabla\boldsymbol{P}|^2}\right)\cdot\boldsymbol{W}_k+\left(1-\exp\left(-\dfrac{d}{|\nabla\boldsymbol{P}|^2}\right)\right)\cdot\boldsymbol{M}_k$，$\boldsymbol{W}_k$ 为小波融合的图像，d 是一个常数。

为了对结果进行评价，首先给出每个方法的融合结果的视觉效果图以及参考图像，再用定量指标对融合结果进行评价，即 SAM、RMSE、ERGAS、SCC(spatial correlation coefficient)、UIQI(universal image quality index)和 Q4，其中 SCC 用于评价融合图像的空间质量，其他指标则为光谱质量评价指标。为了保证算法比较的公平性，参与比较的算法的参数均被设置为默认值。

对于变分方法 AVWP，各个参数的取值如下：μ、λ、γ_k 均为 1，α_k 为 0.25，迭代次数设置为 200 次；对于提出的 MVLR 方法，α 和 β 分别设置为 10 和 10^4。参数的选择将在下面进行讨论。图 8.5 和图 8.6 分别显示了 GeoEye-1 数据集的仿真数据实验的融合结果图及其与参考图像之间的残差图像，表 8.1 给出了相应实验的定量分析结果。为了视觉上可视化方便，只显示 MS 图像的红、绿、蓝三个波段。

图 8.5 显示了各方法在 GeoEye-1 仿真数据集上的融合结果，图像来自于澳大利亚城市霍巴特，包含了地面、树木、草地、道路以及建筑物等丰富的细节，图像的大小均为 256×256 像素。图 8.5(a)为原始的空间分辨率为 2m 的 MS 图像，在此作为参考的 HRMS 图像；图 8.5(b)为空间分辨率为 2m 的 PAN 图像，图 8.5(c)为插值到 PAN 图像尺度的空间分辨率为 8m 的 LRMS 图像；图 8.5(d)～(l)分别为 AIHS、BDSD、GSA、ATWT、AWLP、MTF_GLP、MTF_GLP_CBD、AVWP 和提出的 MVLR 方法的融合图像。同时为了更加明显地比较上述各方法的结果，图 8.6 展示了各方法的融合图像与参考 HRMS 图像之间的残差，需要注意的是，由于残差图像的像素值偏小，为了避免图像过于灰暗，残差图像由以下公式计算：

$$\boldsymbol{X}-\boldsymbol{R}+0.5$$

其中，$\boldsymbol{X}$ 表示融合图像，$\boldsymbol{R}$ 表示作为参考的 HRMS 图像。

结合图 8.5 和图 8.6，从视觉效果上看，可以发现所有的方法都可以在一定程度上提高 LRMS 图像的空间分辨率。通过融合图像与参考图像即图 8.5(a)的对比，不难发现 AIHS 方法得到的融合图像虽然较好地保持了空间结构信息，但是光谱失真现象明显，特别是在土地和草坪区域都出现了较严重的光谱信息失真。相比之下 BDSD 方法和 GSA 方法不仅空间质量保持良好(这一点可以从图 8.6(b)和图 8.6(c)中明显地看出来)，而且光谱质量也得到了改善。ATWT 方法在一些边界区域如草坪的边界出现了一定程度的块状模糊效应，但光谱信息保持较好。AWLP 方法虽然基本消除了 ATWT 方法带来的块状模糊，但是空间细节并没有很明显的提升，并且在红色屋顶区域出现了色彩失真。MTF_GLP 和 MTF_GLP_CBD 方法与 ATWT 和 AWLP 相比，颜色信息都保持得更好，特别是 MTF_GLP_CBD 方法取得了最好的光谱质量。而 AVWP 方法也出现了一定程度的块状效应及比较明显的光谱失真。综合比较之下，提出的 MVLR 方法得到最好的融合结果，如图 8.6(i)所示，其在绝大部分图像区域出现最低程度的空间失真和光谱失真。

(a) 参考 MS 图像

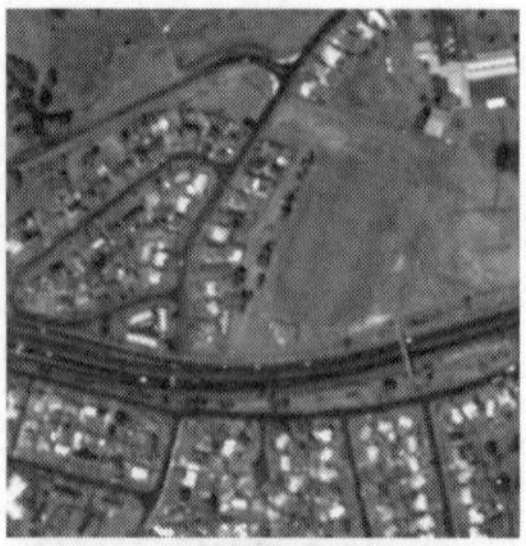
(b) PAN 图像

(c) 内插后的 MS 图像

(d) AIHS

(e) BDSD

(f) GSA

(g) ATWT

(h) AWLP

(i) MTF_GLP

(j) MTF_GLP_CBD

(k) AVWP

(l) MVLR

图 8.5 各方法在 GeoEye-1 仿真数据集上的融合结果（见彩图）

最后，表 8.1 给出了 GeoEye-1 仿真数据实验的定量分析结果，其中，黑体字标注的是每个评价指标的最优结果。从表中可以看出，除了 MTF_GLP_CBD 方法给出最好的 SAM 指标外，提出方法取得了 RMSE、ERGAS、SCC、UIQI 和 Q4 这五个指标的最优结果，这说明提出方法的综合表现最优。

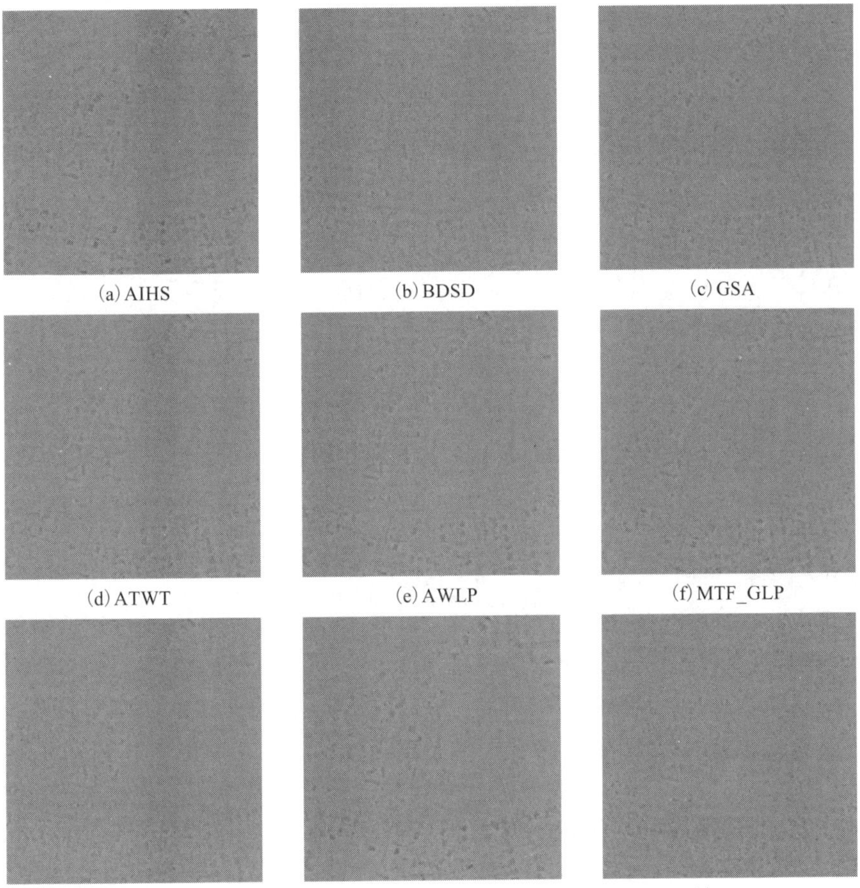

(a) AIHS　(b) BDSD　(c) GSA

(d) ATWT　(e) AWLP　(f) MTF_GLP

(g) MTF_GLP_CBD　(h) AVWP　(i) MVLR

图 8.6　各方法在 GeoEye-1 仿真数据集上的融合结果与参考图像的残差

表 8.1　GeoEye-1 仿真数据实验定量分析结果

	RMSE	Q4	UIQI	SAM	ERGAS	SCC
理想值	0	1	1	0	0	1
AIHS	0.0198	0.7513	0.7659	5.1851	4.3461	0.7867
BDSD	0.0164	0.8786	0.8755	4.9634	3.3696	0.8396
GSA	0.0164	0.8719	0.8706	4.9184	3.3640	0.8391
ATWT	0.0173	0.8594	0.8549	4.9402	3.6395	0.8160
AWLP	0.0177	0.8541	0.8433	5.2579	3.7930	0.8013
MTF_GLP	0.0172	0.8684	0.8625	4.9217	3.5741	0.8144
MTF_GLP_CBD	0.0164	0.8739	0.8713	**4.9174**	3.3707	0.8394
AVWP	0.0200	0.7829	0.7856	5.6915	4.2854	0.7969
MVLR	**0.0162**	**0.8799**	**0.8777**	4.9452	**3.3343**	**0.8429**

8.4.2 真实数据实验结果

在真实数据实验中，采用的数据集是 Pléiades 卫星采集的 MS 图像和 PAN 图像，其中 MS 图像和 PAN 图像的空间分辨率与仿真数据实验的数据相同。不同的是，真实数据实验中不存在参考图像，因此直接将 LRMS 图像上采样至 PAN 图像的大小，然后与 PAN 图像进行融合。

本节对上述数据使用 8.4.1 节中提到的所有融合算法，然后给出每个方法得到的融合结果的视觉效果图，再采用无参考的图像质量指标对融合结果进行评价，即 D_λ、D_S 和 QNR，其中，D_λ 为光谱失真评价指标，D_S 为空间失真评价指标，QNR(quality not requiring reference)则为全局指标。算法运行的环境以及需要的参数与仿真实验相同。图 8.7 显示了各方法在 Pléiades 真实数据上的实验结果图，图 8.8 是图 8.7(a)中所示的黄色矩形区域的各种方法融合后的局部放大图，表 8.2 列出了该实验的定量分析结果，表的三列分别表示 D_λ、D_S 和 QNR 的值。

图 8.7 的图像来自于澳大利亚城市墨尔本，包含了树木、草地、道路以及建筑等丰富的细节，图像的大小均为 1024×1024 像素。图 8.7(a)为空间分辨率为 0.5m 的 PAN 图像，图 8.7(b)为空间分辨率为 0.5m 的 MS 图像；图 8.7(c)～(k)分别为 AIHS、BDSD、GSA、ATWT、AWLP、MTF_GLP、MTF_GLP_CBD、AVWP 和提出的 MVLR 方法的融合图像。结合图 8.7 和图 8.8 进行观察比较，可以发现 AIHS 方法在道路和桥梁区域的空间细节保持得较好，但是在草地区域空间细节不理想，且有一定程度的光谱失真；BDSD 方法则相反，草地区域空间和光谱信息保持较好；而 GSA 方法在树木的边缘表现得过于尖锐。ATWT 方法出现了一定的块状效应，AWLP 方法有效地减少了这种现象，而 AVWP 方法的块状效应则比较严重。MTF_GLP 和 MTF_ GLP_CBD 方法都很好地消除了块状效应，且得到较好的空间细节，但是 MTF_ GLP_CBD 方法的光谱信息保持能力更好一些。而提出的 MVLR 方法不仅较好地保持了低分辨率 MS 图像中的光谱信息，而且得到了与高分辨率 PAN 图像最为相近的空间信息。从表 8.2 列出的定量分析结果中也可以看出，本节的方法得到最好的融合结果，提出方法在 D_λ、D_S 和 QNR 这三个指标上都取得了最好的结果。

(a) PAN 图像

(b) 内插后的 MS 图像

(c) AIHS 方法

(d) BDSD 方法

(e) GSA 方法

(f) ATWT 方法

(g) AWLP 方法

(h) MTF_GLP 方法

(i) MTF_GLP_CBD 方法

(j) AVWP 方法

(k) MVLR 方法

图 8.7　各方法在 Pléiades 真实数据集上的融合结果(见彩图)

(a) PAN 图像

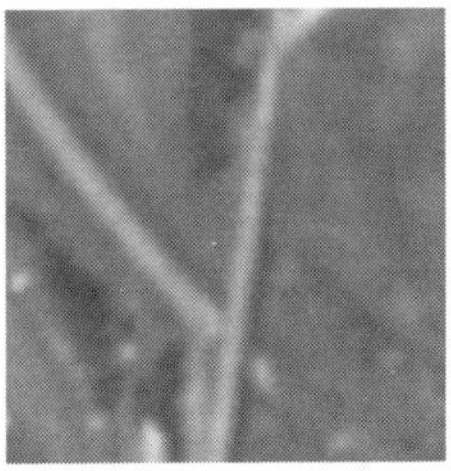
(b) 内插后的 MS 图像

(c) AIHS 方法

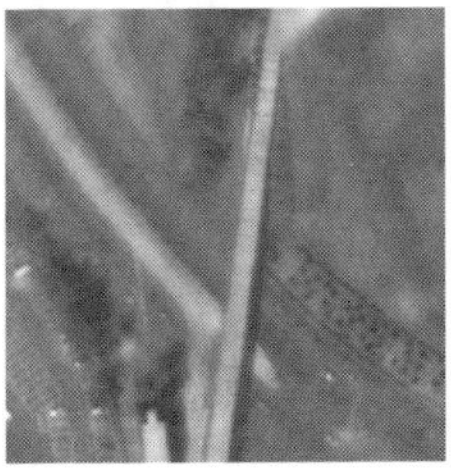
(d) BDSD 方法

(e) GSA 方法

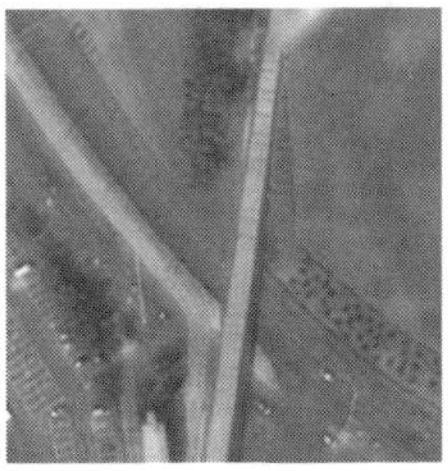
(f) ATWT 方法

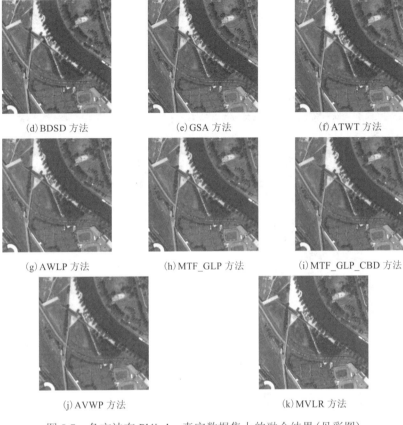

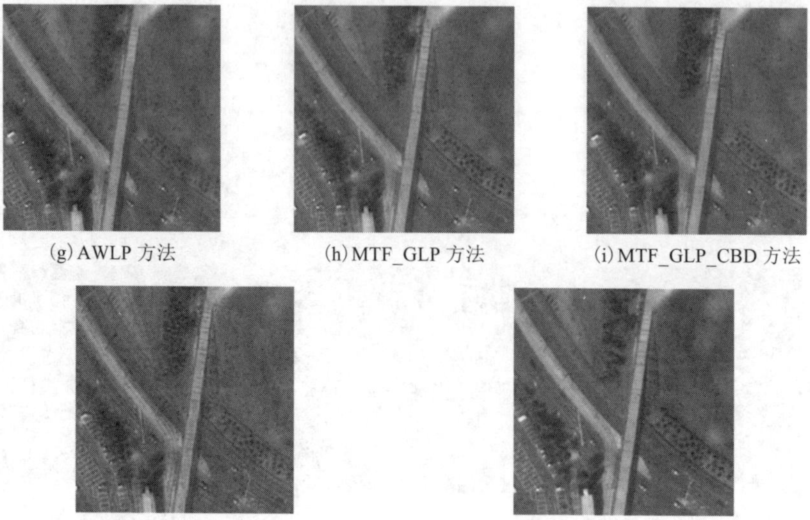

(g) AWLP 方法　(h) MTF_GLP 方法　(i) MTF_GLP_CBD 方法

(j) AVWP 方法　(k) MVLR 方法

图 8.8　各方法在 Pléiades 真实数据集上的融合结果的局部放大图(见彩图)

表 8.2　Pléiades 真实数据实验定量分析结果

	D_λ	D_S	QNR
理想值	0	0	1
AIHS	0.0096	0.0116	0.9792
BDSD	0.0046	0.0073	0.9881
GSA	0.0313	0.0424	0.9277
ATWT	0.0127	0.0105	0.9769
AWLP	0.0098	0.0145	0.9759
MTF_GLP	0.0145	0.0093	0.9763
MTF_GLP_CBD	0.0110	0.0096	0.9795
AVWP	0.0089	0.0174	0.9738
提出方法(MVLR)	**0.0032**	**0.0044**	**0.9924**

8.4.3　参数及效率分析

本节首先分析模型参数对结果的影响。在仿真 GeoEye-1 数据集上得到的数值结果如图 8.9 所示，实验表明，在 Pléiades 数据集上可以获得与之类似的结论。其中，图 8.9(a)和图 8.9(b)分别显示了参数 α、β 对实验结果的影响，其中 X 轴表示参数的值，Y 轴显示了三个不同的评价指标的值，在讨论一个参数对实验结果的影响时另一个参数保持不变。图 8.9(a)和图 8.9(b)证明了模型中提出的参数的鲁棒性，因为当参数在很宽的范围内（$\alpha \in [1,20]$，$\beta \in [0.6\times10^4, 2\times10^4]$）变化时，Q4、UIQI 和 SCC 指数是稳定的。因此，在本章的实验中，α 和 β 分别设置默认参数为 10 和 10^4。

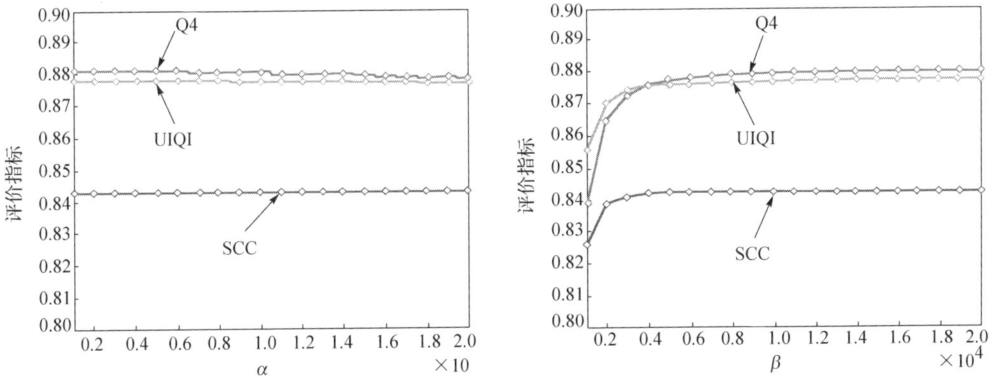

(a) 评价指标与参数α的关系曲线　　(b) 评价指标与参数β的关系曲线

图 8.9　参数分析

另外，为了分析算法的计算效率，从算法的收敛速度和算法执行时间两方面进行考虑。图 8.10 显示了在 GeoEye-1 数据集上 AVWP 方法和提出的 MVLR 方法的迭代次数与 RMSE 的关系曲线，由图可知，提出方法在迭代 20 次左右就开始收敛，而 AVWP 方法则是在 200 次左右才开始收敛，因此可以说提出方法在收敛速度方面有很大的优势。表 8.3 中列出了图像大小分别为 256×256 和 1024×1024 时不同算法的运行时间，表的每一列分别对应图 8.5 和图 8.7 的结果。由表可知，基于成分替代和多分辨框架方法的算法运行时间很短，总是在 3s 之内，然而，它们的缺点也很明显，可以看出，这些算法得到的结果较差。对于变分方法，AVWP 算法需要的运行时间较长，且融合性能与提出方法相比弱，而提出的 MVLR 方法不仅比 AVWP 的运行时间大大缩短，而且得到最佳的融合结果。

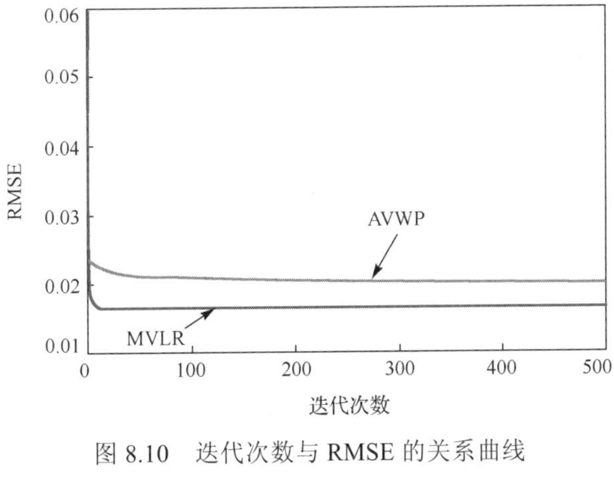

图 8.10　迭代次数与 RMSE 的关系曲线

表 8.3　两种不同尺寸图像的算法运行时间　　（单位：s）

算法	256×256	1024×1024
AIHS	0.35	1.01
BDSD	0.21	0.71
GSA	0.09	1.17
ATWT	0.09	2.38
AWLP	0.10	2.47
MTF_GLP	0.11	1.24
MTF_GLP_CBD	0.13	1.36
AVWP	7.71	292.70
MVLR	4.34	121.94

8.5　本 章 结 语

本章主要介绍一种全色与多光谱图像低秩融合方法。本章的方法是空谱遥感图像融合应用中简单应用矩阵低秩的方法，旨在起到“抛砖引玉”的作用。在该方法中，潜在多光谱图像按照光谱像元被重新排列为一个长矩阵，假设该矩阵是矩阵低秩的。这种假设是全局的，由于波段内与波段间的相关性，具有一定的合理性。本章是在 BDSD 给出的空间细节注入框架建立数据保真项，并没有采取通常的基于成像退化过程的数据保真建模形式，使得联合低秩先验的优化模型可以在可接受的时间内得到融合结果，也具有较好的数值收敛性。

对于矩阵低秩分解方法在HS+MS融合中的应用，可以进一步参见文献[14]～[17]的研究进展。文献[15]提出了联合光谱嵌入的低秩融合方法，其中的优化模型综合了全局低秩先验、光谱退化保真约束和光谱嵌入约束；文献[16]提出了一种结合光谱解混合和局部低秩的融合算法。该算法利用局部低秩特性，首先将对应的光谱图像分割成块；对于每个图像块对，他们将融合问题转化为一个耦合的光谱解混问题，分别提取多光谱和高光谱的丰度和端元(纯净像元)，并设计了一个多尺度的后处理过程，以结合不同图像块大小下的融合结果。

低秩与稀疏分解方法可以应用于异构数据的融合，文献[17]给出了早期的探索，提出了一种新的稀疏低秩的高光谱与激光雷达(LiDAR)特征融合技术。提出的融合技术包括两个主要步骤：首先，利用消光剖面分别从高光谱数据和激光雷达数据中提取空间和高程信息；然后，利用低秩与稀疏表示技术对提取的低秩融合特征进行估计；最终生成分类图。读者可以看到，低秩方法在异构数据的特征级别融合同样大有作为，并有助于提升模式分类的性能。

参 考 文 献

[1] Candès E, Li X, Ma Y, et al. Robust principal component analysis. Journal of ACM, 2011, 58(3): 1-37.

[2] Zhang Y, Li H, Xiao L. Multivariate regression-based pan-sharpening with low rank regularization. IEEE International Geoscience and Remote Sensing Symposium, Valencia, 2018: 7188-7191.

[3] 张玉飞. 基于深度表示先验和多变量回归的光谱图像融合方法. 南京: 南京理工大学, 2019.

[4] Wu S, Zhang X, Guan N, et al. Non-negative low-rank and group-sparse matrix factorization. Proceedings of the International Conference on Multimedia Modeling, Sydney, 2015: 536-547.

[5] Garzelli A, Nencini F, Capobianco L. Optimal MMSE pan sharpening of very high resolution multispectral images. IEEE Transactions on Geoscience and Remote Sensing, 2007, 46(1): 228-236.

[6] Rahmani S, Strait M, Merkurjev D, et al. An adaptive IHS pan-sharpening method. IEEE Geoscience and Remote Sensing Letters, 2010, 7(4): 746-750.

[7] Aiazzi B, Baronti S, Selva M. Improving component substitution pan-sharpening through multivariate regression of MS +Pan data. IEEE Transactions on Geoscience and Remote Sensing, 2007, 45(10): 3230-3239.

[8] Otazu X, Gonzalez-Audicana M, Fors O, et al. Introduction of sensor spectral response into image fusion methods. Application to wavelet-based methods. IEEE Transactions on Geoscience and Remote Sensing, 2005, 43(10): 2376-2385.

[9] Vivone G, Restaino R, Mura M D, et al. Contrast and error-based fusion schemes for multispectral image pan-sharpening. IEEE Geoscience and Remote Sensing Letters, 2014, 11(5): 930-934.

[10] Alparone L, Baronti S, Aiazzi B, et al. Spatial methods for multispectral pan-sharpening: Multiresolution analysis demystified. IEEE Transactions on Geoscience and Remote Sensing, 2016, 54(5): 2563-2576.

[11] Aiazzi B, Alparone L, Baronti S, et al. MTF-tailored multiscale fusion of high-resolution MS and pan imagery. Photogrammetric Engineering and Remote Sensing, 2006, 72(5): 591-596.

[12] Aiazzi B, Alparone L, Baronti S, et al. Context-driven fusion of high spatial and spectral resolution images based on oversampled multiresolution analysis. IEEE Transactions on Geoscience and Remote Sensing, 2002, 40(10): 2300-2312.

[13] Moller M, Wittman T, Bertozzi A L, et al. A variational approach for sharpening high dimensional images. SIAM Journal on Imaging Sciences, 2013, 5(1): 150-178.

[14] Ballester C, Caselles V, Igual L, et al. A variational model for P+XS image fusion. International Journal of Computer Vision, 2006, 69(1): 43-58.

[15] Zhang K, Wang M, Yang S. Multispectral and hyperspectral image fusion based on group spectral embedding and low-rank factorization. IEEE Transactions on Geoscience and Remote Sensing, 2016, 55(3): 1363-1371.

[16] Zhou Y, Feng L, Hou C, et al. Hyperspectral and multispectral image fusion based on local low rank and coupled spectral unmixing. IEEE Transactions on Geoscience and Remote Sensing, 2017, 55(10): 5997-6009.

[17] Rasti B, Ghamisi P, Plaza J, et al. Fusion of hyperspectral and LiDAR data using sparse and low-rank component analysis. IEEE Transactions on Geoscience and Remote Sensing, 2017, 55(11): 6354-6365.

第 9 章　张量表示框架的高光谱与多光谱图像融合

9.1　引　　言

为了得到高空间分辨率的高光谱图像，我们将高分辨率的多光谱图像与高光谱图像融合。为此，本章提出了一种基于非局部耦合张量分解模型的高光谱图像融合方法。受张量分解模型的启发，本章模型的核心在于将高光谱图像中非局部相似块所组成的张量建模为低秩张量块，利用 CP 分解[1-3]模型刻画所提取的非局部块张量块的低秩结构。同时，由于多光谱图像和低分辨率的高光谱图像均是由高分辨率高光谱图像退化得到，因此可以利用这些退化关系构建多光谱非局部张量与高光谱非局部张量低秩分解中隐变量的耦合关系，构建高光谱图像融合模型。

一方面，对待估计的高分辨率高光谱图像进行建模假设。根据空间维度提取高光谱图像中所有的图像块，计算各个块的距离，并将所有的块进行聚类，将每一类中的图像块重组合并为一个三阶张量。由于每类中图像块具有相似的结构，因此它们所组成的三阶张量具有低秩属性，可利用低秩 CP 分解刻画其低维结构，分解可以得到表示空间维、非局部维和光谱维的因子矩阵。同时，多光谱图像是由待估计的高分辨率高光谱图像经过光谱退化得到的，因此多光谱图像中也可以提取出相应的非局部三阶张量，它与待估计的高光谱非局部张量共享空间维和非局部维因子矩阵；此外，两个非局部张量的光谱维因子矩阵也存在耦合关系，利用这些关系，我们构建了基于多光谱图像的数据保真项。另一方面，所观测的高光谱图像是由待估计的高光谱图像经过空间模糊和下采样得到，因此关于高光谱图像的数据保真项也可以得到。联立所得的数据保真项，即可得到最终的目标函数。为求解该模型，提出了一种基于 ADMM 的求解方法，对每个因子矩阵和待估计的高光谱图像分别迭代求解。最后，在实验中比较了本章算法的效果和效率。

本章内容具体安排如下：首先，给出高光谱与多光谱图像融合张量表示方法；接着，提出基于非局部耦合张量 CP 分解(nonlocal coupled tensor CP decomposition，NCTCP)的融合模型；然后，给出模型的优化算法；最后，与多种主流的高光谱多光谱融合方法进行实验比较，验证本章方法的有效性。

9.2 高光谱图像与多光谱图像的张量表示

本节首先给出一些基本的张量定义及其性质，然后给出张量表示下的高光谱与多光谱融合问题。

9.2.1 张量定义

张量(tensor)是一个多维的数据存储形式，数据的维度被称为张量的阶，可以看成是向量和矩阵在多维空间中的推广。一般来说，向量可以表示为一阶张量，矩阵可以表示成两阶张量。本章用 $\boldsymbol{\mathcal{X}} \in \mathbb{R}^{I_1 \times I_2 \times I_3}$ 表示一个三阶张量，其大小为 $I_1 \times I_2 \times I_3$，其中的每个元素可以用 $\boldsymbol{\mathcal{X}}(i,j,k)$ 表示，其索引为 (i,j,k)。另一个重要的概念是纤维，它表示从张量中抽取向量的操作，具体指在张量中，固定其他维度，只保留一个维度变化，可以得到纤维的概念。在本章中，我们用 $\boldsymbol{\mathcal{X}}(:,i,j)$，$\boldsymbol{\mathcal{X}}(i,:,j)$ 和 $\boldsymbol{\mathcal{X}}(i,j,:)$ 表示模-1、模-2 和模-3 方向上坐标为 (i,j) 的纤维。一个切片表示在张量中保持两个维度变化，其他的维度不变，可得到一个矩阵，这个矩阵即为张量切片。使用 $\boldsymbol{X}(:,:,k)$，$\boldsymbol{X}(:,k,:)$，$\boldsymbol{X}(k,:,:)$ 分别表示水平、侧面以及正面的切片。为了方便使用，用 $\boldsymbol{X}^{(k)}$ 表示 $\boldsymbol{X}(:,:,k)$。

给定两个大小相同的张量 $\boldsymbol{\mathcal{X}},\boldsymbol{\mathcal{Y}} \in \mathbb{R}^{I_1 \times I_2 \times I_3}$，其内积为张量中对应的元素的乘积之和，即 $\langle \boldsymbol{\mathcal{X}},\boldsymbol{\mathcal{Y}} \rangle = \sum_{i_1=1}^{I_1}\sum_{i_2=1}^{I_2}\sum_{i_3=1}^{I_3} \boldsymbol{\mathcal{X}}(i_1,i_2,i_3)\boldsymbol{\mathcal{Y}}(i_1,i_2,i_3)$。相应的张量 Frobenius 范数即可表示为 $\|\boldsymbol{\mathcal{X}}\|_{\mathrm{F}} = \langle \boldsymbol{\mathcal{X}},\boldsymbol{\mathcal{X}} \rangle$。

张量的矩阵展开是将一个张量的元素重新排列(即对张量的 mode-i 的纤维进行重新排列)，得到一个矩阵的过程，张量 $\boldsymbol{\mathcal{X}} \in \mathbb{R}^{I_1 \times I_2 \times I_3}$ 的模-i 展开记为 $\boldsymbol{X}_{(i)}$。为方便表示，本章用 $\mathrm{unfold}_i(\boldsymbol{\mathcal{X}}) = \boldsymbol{X}_{(i)}$，$\boldsymbol{\mathcal{X}} = \mathrm{fold}_i(\boldsymbol{X}_{(i)})$ 来表示 unfolding 和 folding。

张量与矩阵的模积定义了一个张量 $\boldsymbol{\mathcal{X}} \in \mathbb{R}^{I_1 \times I_2 \cdots \times I_n}$ 与一个矩阵 $\boldsymbol{U} \in \mathbb{R}^{M \times I_n}$ 的 n-模式积，表示为 $\boldsymbol{\mathcal{X}} \times_n \boldsymbol{U}$，其元素定义为

$$\boldsymbol{\mathcal{X}} \times_n \boldsymbol{U}(i_1,\cdots,i_{n-1},m,i_{n+1},\cdots,i_N) = \sum_{i_n} \boldsymbol{\mathcal{X}}(i_1,\cdots,i_{n-1},i_n,i_{n+1},\cdots,i_N)\boldsymbol{U}(m,i_n) \tag{9.1}$$

同时，矩阵张量 n-模式积也可以写成矩阵乘积的形式：

$$\boldsymbol{\mathcal{Y}} = \boldsymbol{\mathcal{X}} \times_n \boldsymbol{U} \Leftrightarrow \boldsymbol{Y}_{(n)} = \boldsymbol{U}\boldsymbol{X}_{(n)} \tag{9.2}$$

CP 分解是将一个高维的张量，分解成多个秩一张量[4,5]的和，每个秩-1 张量是由多个向量的外积形成，通过这样的分解，可以大大地降低参数数量。对于一个三阶张量 $\boldsymbol{\mathcal{X}} \in \mathbb{R}^{I_1 \times I_2 \times I_3}$，其 CP 分解的定义为

$$\mathcal{X}=[\![\boldsymbol{A},\boldsymbol{B},\boldsymbol{C}]\!]=\sum_{r=1}^{R}\boldsymbol{a}_r\circ\boldsymbol{b}_r\circ\boldsymbol{c}_r \tag{9.3}$$

其中，$\boldsymbol{A}=[\boldsymbol{a}_1\cdots\boldsymbol{a}_R]\in\mathbb{R}^{n_1\times R}$，$\boldsymbol{B}=[\boldsymbol{b}_1\cdots\boldsymbol{b}_R]\in\mathbb{R}^{n_2\times R}$，$\boldsymbol{C}=[\boldsymbol{c}_1\cdots\boldsymbol{c}_R]\in\mathbb{R}^{n_3\times R}$称为因子矩阵，$R$为张量$\mathcal{X}$的秩；记号$\circ$表示两个向量的外积，即$\boldsymbol{a}\circ\boldsymbol{b}=\boldsymbol{a}\boldsymbol{b}^{\mathrm{T}}$。相应地，张量中的每一个元素可以表示为

$$\mathcal{X}(i,j,k)=\sum_{r=1}^{R}\boldsymbol{A}(i,r)\boldsymbol{B}(j,r)\boldsymbol{C}(k,r) \tag{9.4}$$

通常，所观测到的张量数据中包含噪声，可以表示为

$$\tilde{\mathcal{X}}=\mathcal{X}+\mathcal{E} \tag{9.5}$$

其中，$\mathcal{E}$服从独立高斯分布。根据 CP 分解，我们仅需估计因子矩阵，可以由如下问题求得：

$$\min_{\boldsymbol{A},\boldsymbol{B},\boldsymbol{C}}\frac{1}{2}\|\tilde{\mathcal{X}}-[\![\boldsymbol{A},\boldsymbol{B},\boldsymbol{C}]\!]\|_{\mathrm{F}}^2 \tag{9.6}$$

令$\mathcal{W}=[\![\boldsymbol{A},\boldsymbol{B},\boldsymbol{C}]\!]$。那么，可以推出：

$$\boldsymbol{W}_{(1)}=\boldsymbol{A}(\boldsymbol{C}\odot\boldsymbol{B})^{\mathrm{T}} \tag{9.7}$$

$$\boldsymbol{W}_{(2)}=\boldsymbol{B}(\boldsymbol{C}\odot\boldsymbol{A})^{\mathrm{T}} \tag{9.8}$$

$$\boldsymbol{W}_{(3)}=\boldsymbol{C}(\boldsymbol{B}\odot\boldsymbol{A})^{\mathrm{T}} \tag{9.9}$$

其中，$\odot$表示 Khatri-Rao 乘积。那么目标函数即可表示为

$$\begin{aligned}\frac{1}{2}\|\tilde{\mathcal{X}}-[\![\boldsymbol{A},\boldsymbol{B},\boldsymbol{C}]\!]\|_{\mathrm{F}}^2&=\frac{1}{2}\|\tilde{\boldsymbol{X}}_{(1)}-\boldsymbol{A}(\boldsymbol{C}\odot\boldsymbol{B})^{\mathrm{T}}\|_{\mathrm{F}}^2\\&=\frac{1}{2}\|\tilde{\boldsymbol{X}}_{(2)}-\boldsymbol{B}(\boldsymbol{C}\odot\boldsymbol{A})^{\mathrm{T}}\|_{\mathrm{F}}^2\\&=\frac{1}{2}\|\tilde{\boldsymbol{X}}_{(3)}-\boldsymbol{C}(\boldsymbol{B}\odot\boldsymbol{A})^{\mathrm{T}}\|_{\mathrm{F}}^2\end{aligned} \tag{9.10}$$

利用这些公式，可以得到 CP 分解的交替最小二乘(ALS)[6]算法。其求解过程为更新某一个变量固定其余两个变量，并依次更新。

9.2.2　张量表示下高光谱图像融合

假设真实的高分辨率高光谱图像(HR-HSI)为$\mathcal{X}\in\mathbb{R}^{W\times H\times B}$，其中$W$,$H$和$B$分别表示图像的宽、高和波段数。$\tilde{\mathcal{X}}\in\mathbb{R}^{w\times h\times B}$表示观测到的低分辨率高光谱图像(LR-HSI)，其波段数为B。那么，$\tilde{\mathcal{X}}$就可以看成是由$\mathcal{X}$经过空间下采样得到的。这里，假设$W>w,H>h$。$\mathcal{Y}\in\mathbb{R}^{W\times H\times l}$为与 HR-HSI 同一场景下的高分辨率多光谱图

像(HR-MSI)，其空间分辨率与 HR-HSI 相同。综上，高光谱图像融合的目标就是通过融合 $\tilde{\mathcal{X}}$ 与 $\mathcal{Y}$ 来估计真实的 HR-HSI $\mathcal{X}$。在传统的方法中，LR-HSI 的获取表达式可以表示为

$$\tilde{\boldsymbol{X}}_{(3)}=\boldsymbol{X}_{(3)}\boldsymbol{S}\boldsymbol{H}+\boldsymbol{E}_{\boldsymbol{h}(3)} \tag{9.11}$$

其中，$\boldsymbol{H}\in\mathbb{R}^{WH\times wh}$ 表示空间下采样算子，$\boldsymbol{S}\in\mathbb{R}^{WH\times WH}$ 表示空间模糊算子，$\boldsymbol{E}_{\boldsymbol{h}(3)}$ 表示服从独立同分布的高斯噪声。而 HR-MSI 的获取过程可以表示为

$$\boldsymbol{Y}_{(3)}=\boldsymbol{R}\boldsymbol{X}_{(3)}+\boldsymbol{E}_{\boldsymbol{m}(3)} \tag{9.12}$$

其中，$\boldsymbol{R}\in\mathbb{R}^{l\times B}$ 为多光谱传感器的光谱响应函数，$\boldsymbol{E}_{\boldsymbol{m}(3)}$ 表示服从独立同分布的噪声。因此，$\boldsymbol{X}_{(3)}$ 的最大似然估计可以由如下公式得到：

$$\boldsymbol{X}_{(3)}=\arg\min\{\|\tilde{\boldsymbol{X}}_{(3)}-\boldsymbol{X}_{(3)}\boldsymbol{S}\boldsymbol{H}\|_{\mathrm{F}}^{2}+\lambda\|\boldsymbol{Y}_{(3)}-\boldsymbol{R}\boldsymbol{X}_{(3)}\|_{\mathrm{F}}^{2}\} \tag{9.13}$$

其中，λ 为平衡这两项重要性的参数。然而，由于待估计的未知数远多于已知变量，该问题为欠定问题，因此需要引入待估计 HR-HSI 的先验信息。

由于高光谱图像 $\mathcal{X}$ 为三阶张量，将 LR-HSI 的获取过程可以表示为

$$\tilde{\mathcal{X}}=\mathcal{X}\mathcal{S}\mathcal{H}+\mathcal{E}_{h} \tag{9.14}$$

其中，$\mathcal{H}$ 为空间下采样算子 $\boldsymbol{H}$ 的张量形式。HR-MSI 的获取表达式为

$$\mathcal{Y}=\mathcal{X}\times_{3}\boldsymbol{R}'+\mathcal{E}_{m} \tag{9.15}$$

其中，矩阵 $\boldsymbol{R}'$ 为光谱下采样算子；$\mathcal{E}_{h}$ 和 $\mathcal{E}_{m}$ 为独立同分布的噪声。

9.3 基于非局部耦合张量 CP 分解的高光谱图像融合

非局部先验在图像处理中应用广泛，非局部相似性意味着某一图像块在图像中存在多个具有相似结构的图像块，这种相似性表示这些图像块具有一定的相关性[7,8]。最近的一些工作已经将非局部相似性推广到三维的情况[9-11]。针对高光谱图像融合问题，首先将 HR-HSI $\mathcal{X}$ 切割为一组三维立方体 $\{\mathcal{P}_{ij}\}_{1\leqslant i\leqslant W-d_w,1\leqslant j\leqslant H-d_h}\subset\mathbb{R}^{d_w\times d_h\times B}$，其中 d_w 和 d_h 分别表示 3D 立方体的宽和高；然后将这些 3D 立方体的每个波段拉成一个列向量；之后按顺序重新排列为矩阵 $\{\boldsymbol{P}_i\in\mathbb{R}^{d_w d_h\times B}\}_1^N$，其中 $N=(W-d_w+1)\times(H-d_h+1)$ 为所有的图像块的个数。通常，可以将这些图像块 Ω 分成 K 个类。每个类中的图像块重组为一个 3 阶张量。定义 $\boldsymbol{D}_p^m\{\}$ 为从第 p 个类中提取的第 m 个图像块，那么有：

$$\mathcal{G}_p\mathcal{X}:=(\boldsymbol{D}_p^1\{\mathcal{X}\},\boldsymbol{D}_p^2\{\mathcal{X}\},\cdots,\boldsymbol{D}_p^{N_p}\{\mathcal{X}\})\in\mathbb{R}^{d_w d_h\times N_p\times B} \tag{9.16}$$

其中，N_p 为第 p 个类中所有非局部块的个数。由于同一个类中的图像块具有相似的空谱结构，因此 $\mathcal{G}_p\mathcal{X}$ 可以看成是一个低秩张量，在这种情况下，可以利用 CP 分解

对其进行表示，即

$$\mathcal{G}_p\boldsymbol{\mathcal{X}}=[\![\boldsymbol{A}_p,\boldsymbol{B}_p,\boldsymbol{C}_p]\!] \tag{9.17}$$

那么，原始的高光谱图像就可以表示为

$$\boldsymbol{\mathcal{X}}=\left(\sum_p \mathcal{G}_p^{\mathrm{T}}\mathcal{G}_p\right)^{-1}\sum_p \mathcal{G}_p^{\mathrm{T}}[\![\boldsymbol{A}_p,\boldsymbol{B}_p,\boldsymbol{C}_p]\!] \tag{9.18}$$

该公式表示所重构的高光谱图像 $\boldsymbol{\mathcal{X}}$ 可以通过将所有的非局部张量返回原始位置并取均值得到。

类似地，使用 $\mathcal{G}_p\boldsymbol{\mathcal{Y}}$ 表示多光谱图像中的非局部张量。由于我们的非局部张量组成方法并未破坏光谱维结构，那么 $\mathcal{G}_p\boldsymbol{\mathcal{Y}}$ 可以写成：

$$\begin{aligned}\mathcal{G}_p\boldsymbol{\mathcal{Y}}&=\mathcal{G}_p\boldsymbol{\mathcal{X}}\times_3\boldsymbol{R}+\mathcal{G}_p\boldsymbol{\mathcal{E}}_m\\&=[\![\boldsymbol{A}_p,\boldsymbol{B}_p,\boldsymbol{C}_p]\!]\times_3\boldsymbol{R}+\mathcal{G}_p\boldsymbol{\mathcal{E}}_m\\&=[\![\boldsymbol{A}_p,\boldsymbol{B}_p,\boldsymbol{R}\boldsymbol{C}_p]\!]+\mathcal{G}_p\boldsymbol{\mathcal{E}}_m\end{aligned} \tag{9.19}$$

因此，通过 CP 分解模型，并引入非局部先验信息，得到了最终的高光谱图像融合模型：

$$\begin{aligned}&\min_{\boldsymbol{\mathcal{X}},\boldsymbol{A}_p,\boldsymbol{B}_p,\boldsymbol{C}_p}\left\{\|\tilde{\boldsymbol{\mathcal{X}}}-\boldsymbol{\mathcal{X}}\boldsymbol{\mathcal{S}}\boldsymbol{\mathcal{H}}\|_{\mathrm{F}}^2+\lambda\sum_{p=1}^{P}\|\mathcal{G}_p\boldsymbol{\mathcal{Y}}-[\![\boldsymbol{A}_p,\boldsymbol{B}_p,\boldsymbol{R}\boldsymbol{C}_p]\!]\|_{\mathrm{F}}^2\right\}\\&\text{s.t.}\quad \boldsymbol{\mathcal{X}}=\left(\sum_p \mathcal{G}_p^{\mathrm{T}}\mathcal{G}_p\right)^{-1}\sum_p \mathcal{G}_p^{\mathrm{T}}[\![\boldsymbol{A}_p,\boldsymbol{B}_p,\boldsymbol{C}_p]\!]\end{aligned} \tag{9.20}$$

其中，非局部张量 $\mathcal{G}_p\boldsymbol{\mathcal{X}}$ 和 $\mathcal{G}_p\boldsymbol{\mathcal{Y}}$ 共享了空间维结构的因子矩阵 $\boldsymbol{A}_p$ 和非局部相似性的因子矩阵 $\boldsymbol{B}_p$，从而该模型可以将多光谱图像中的空间信息和非局部相似性转移到待估计的高光谱图像中。同时，由于非局部张量的构造并未破坏高光谱图像的光谱维结构，因此在非局部表示的情况下，多光谱的非局部张量块的退化过程与多光谱图像的退化过程相同。

在上述问题中，对图像块的聚类也是一个值得注意的问题。由于待估计的 HR-HSI 是未知的，我们无法获得准确的聚类结果。但是，多光谱图像与 HR-HSI 有相同的空间分辨率，因此多光谱图像中图像块的相关性也刻画了 HR-HSI 中图像块之间的相关性，这样可以利用多光谱图像来确定图像块的聚类。在传统的方法中，基于 K 均值和 K 最近邻法(K-nearest neighbor，KNN)的方法是最常用的聚类方法，但是这些方法的聚类结果依赖于类别个数以及初始化类别中心点。在本章中，我们采用一种新的聚类方法，该方法最早用于图像去噪和修复中[12]，其核心思想是将所有的图像块重新排列，组成一个最短路径。重排后的多高光谱图像块具有一个光滑或者分片光滑的 1 维顺序。因此，首先将多光谱图像 $\boldsymbol{\mathcal{Y}}$ 提取非局部块，并对这些非局部块进行重新排序，得到光滑 1 维排序；然后选择连续的有限的非局部块作为一类，组成非局部张量 $\mathcal{G}_p\boldsymbol{\mathcal{Y}}$。类似地，也可以根据此排序得到高光谱图像的非局部张量 $\mathcal{G}_p\boldsymbol{\mathcal{X}}$。

图 9.1 显示了由高光谱图像提取非局部张量的示意图，这里的光滑排序和将 3D 块展开为 2D 矩阵是可以互换的。

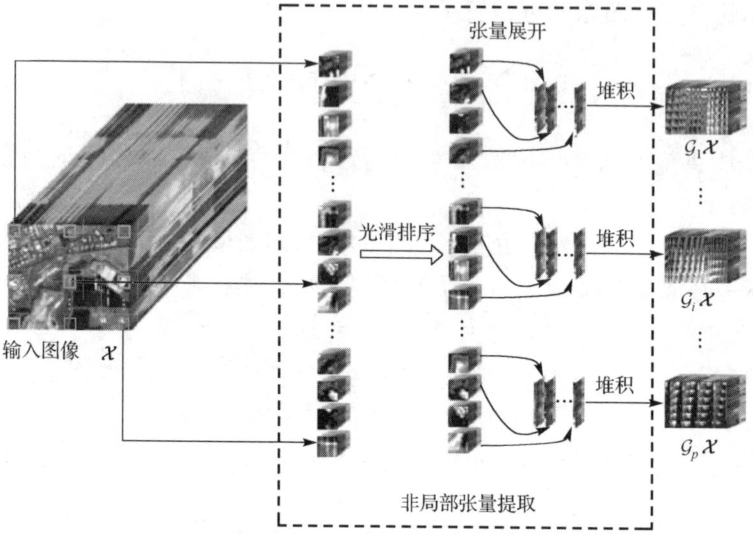

图 9.1　高光谱图像中提取非局部张量的示意图

基于非局部耦合张量 CP 分解(NCTCP)模型的高光谱图像融合的流程图如图 9.2 所示。

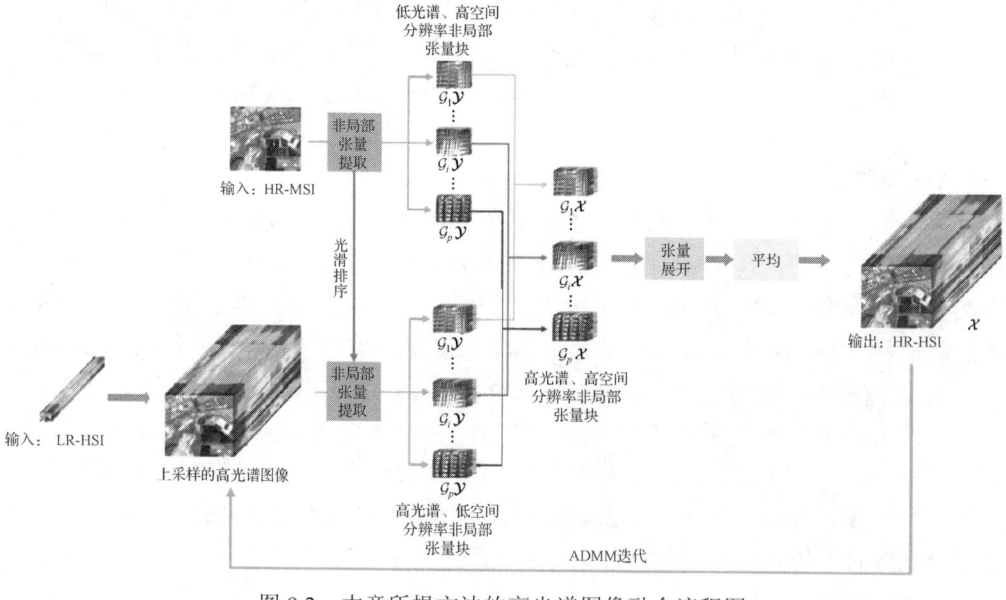

图 9.2　本章所提方法的高光谱图像融合流程图

9.4 优化算法

采用交替方向乘子法[13]来优化所提模型。首先，引入辅助变量 $\boldsymbol{D}_p = \boldsymbol{R}\boldsymbol{C}_p$，那么原问题可以写为

$$
\begin{aligned}
&\min_{\mathcal{X},\boldsymbol{A}_p,\boldsymbol{B}_p,\boldsymbol{C}_p} \left\{ \| \tilde{\mathcal{X}} - \mathcal{X}\mathcal{S}\mathcal{H} \|_{\mathrm{F}}^2 + \lambda \sum_{p=1}^{P} \| \mathcal{G}_p \mathcal{Y} - [\![\boldsymbol{A}_p, \boldsymbol{B}_p, \boldsymbol{D}_p]\!] \|_{\mathrm{F}}^2 \right\} \\
&\text{s.t.} \quad \mathcal{X} = \left(\sum_p \mathcal{G}_p^{\mathrm{T}} \mathcal{G}_p \right)^{-1} \sum_p \mathcal{G}_p^{\mathrm{T}} [\![\boldsymbol{A}_p, \boldsymbol{B}_p, \boldsymbol{C}_p]\!] \\
&\qquad \boldsymbol{D}_p = \boldsymbol{R}\boldsymbol{C}_p, p = 1,2,\cdots,P
\end{aligned}
\tag{9.21}
$$

该问题的拉格朗日方程为

$$
\begin{aligned}
L_\mu(\mathcal{X}, \boldsymbol{A}_p, \boldsymbol{B}_p, \boldsymbol{C}_p) =& \| \tilde{\mathcal{X}} - \mathcal{X}\mathcal{S}\mathcal{H} \|_{\mathrm{F}}^2 + \lambda \sum_{p=1}^{P} \| \mathcal{G}_p \mathcal{Y} - [\![\boldsymbol{A}_p, \boldsymbol{B}_p, \boldsymbol{D}_p]\!] \|_{\mathrm{F}}^2 \\
&+ \frac{\mu}{2} \| \mathcal{X} - \left(\sum_p \mathcal{G}_p^{\mathrm{T}} \mathcal{G}_p \right)^{-1} \sum_p \mathcal{G}_p^{\mathrm{T}} [\![\boldsymbol{A}_p, \boldsymbol{B}_p, \boldsymbol{C}_p]\!] \|_{\mathrm{F}}^2 \\
&+ < \mathcal{M}, \mathcal{X} - \left(\sum_p \mathcal{G}_p^{\mathrm{T}} \mathcal{G}_p \right)^{-1} \sum_p \mathcal{G}_p^{\mathrm{T}} [\![\boldsymbol{A}_p, \boldsymbol{B}_p, \boldsymbol{C}_p]\!] > \\
&+ \frac{\mu}{2} \sum_P \| \boldsymbol{D}_p - \boldsymbol{R}\boldsymbol{C}_p \|_{\mathrm{F}}^2 + \sum_P < \boldsymbol{F}_p, \boldsymbol{D}_p - \boldsymbol{R}\boldsymbol{C}_p >
\end{aligned}
\tag{9.22}
$$

其中，$\mathcal{M}$ 和 $\boldsymbol{F}_p$ 为拉格朗日乘子，μ 为大于零的标量。同时优化这些变量很难实现，为此采用类似于 CP 分解的 ALS 算法，即固定其余变量，更新一个变量。该优化问题即可转为求解以下几个子问题。

(1) 关于 $\mathcal{X}$ 的子问题。

$$
\mathcal{X}(2\mathcal{S}\mathcal{H}\mathcal{H}^{\mathrm{T}}\mathcal{S}^{\mathrm{T}} + \mu\mathcal{I}) = 2\tilde{\mathcal{X}}\mathcal{H}^{\mathrm{T}}\mathcal{S}^{\mathrm{T}} - \mathcal{M} + \mu\left(\left(\sum_p \mathcal{G}_p^{\mathrm{T}} \mathcal{G}_p \right)^{-1} \sum_p \mathcal{G}_p^{\mathrm{T}} [\![\boldsymbol{A}_p, \boldsymbol{B}_p, \boldsymbol{C}_p]\!] \right)
\tag{9.23}
$$

在本章中，我们采用共轭梯度算法求解该问题。

(2) 关于 $\boldsymbol{A}_p$ 的子问题。

$$
\min_{\boldsymbol{A}_p, p=1,2,\cdots,P} \lambda \sum_{p=1}^{P} \| \mathcal{G}_p \mathcal{Y} - [\![\boldsymbol{A}_p, \boldsymbol{B}_p, \boldsymbol{D}_p]\!] \|_{\mathrm{F}}^2 + \frac{\mu}{2} \left\| \mathcal{X} - \left(\sum_p \mathcal{G}_p^{\mathrm{T}} \mathcal{G}_p \right)^{-1} \sum_p \mathcal{G}_p^{\mathrm{T}} [\![\boldsymbol{A}_p, \boldsymbol{B}_p, \boldsymbol{C}_p]\!] + \mathcal{M} / \mu \right\|_{\mathrm{F}}^2
\tag{9.24}
$$

该问题等价于：

$$\min_{A_p,p=1,2,\cdots,P} \lambda\sum_{p=1}^{P}\| \mathcal{G}_p\boldsymbol{\mathcal{Y}}-[\![\boldsymbol{A}_p,\boldsymbol{B}_p,\boldsymbol{D}_p]\!]\|_{\mathrm{F}}^2+\frac{\mu}{2}\sum_{p=1}^{P}\|\mathcal{G}_p\boldsymbol{\mathcal{X}}-[\![\boldsymbol{A}_p,\boldsymbol{B}_p,\boldsymbol{C}_p]\!]+\mathcal{G}_p\boldsymbol{\mathcal{M}}/\mu\|_{\mathrm{F}}^2 \tag{9.25}$$

其中，$\mathcal{G}_p\boldsymbol{\mathcal{M}}$ 为由 $\boldsymbol{\mathcal{M}}$ 所构造得到的非局部三阶张量。根据式(9.10)，有：

$$\min_{A_p}\lambda\|\mathcal{G}_p\boldsymbol{Y}_{(1)}-\boldsymbol{A}_p(\boldsymbol{D}_p\odot\boldsymbol{B}_p)^{\mathrm{T}}\|_{\mathrm{F}}^2+\frac{\mu}{2}\|\mathcal{G}_p\boldsymbol{X}_{(1)}+\mathcal{G}_p\boldsymbol{M}_{(1)}-\boldsymbol{A}_p(\boldsymbol{C}_p\odot\boldsymbol{B}_p)^{\mathrm{T}}\|_{\mathrm{F}}^2 \tag{9.26}$$

其中，$\mathcal{G}_p\boldsymbol{Y}_{(1)},\mathcal{G}_p\boldsymbol{X}_{(1)}$ 和 $\mathcal{G}_p\boldsymbol{M}_{(1)}$ 表示张量 $\mathcal{G}_p\boldsymbol{\mathcal{Y}},\mathcal{G}_p\boldsymbol{\mathcal{X}}$ 和 $\mathcal{G}_p\boldsymbol{\mathcal{M}}$ 的模-1 展开。那么该问题的解为

$$\begin{aligned}&(\mathcal{G}_p\boldsymbol{X}_{(1)}(\boldsymbol{C}_p\odot\boldsymbol{B}_p)+2\lambda\mathcal{G}_p\boldsymbol{Y}_{(1)}(\boldsymbol{D}_p\odot\boldsymbol{B}_p)+\mathcal{G}_p\boldsymbol{M}_{(1)}(\boldsymbol{C}_p\odot\boldsymbol{B}_p))\\&\cdot(2\lambda(\boldsymbol{D}_p\odot\boldsymbol{B}_p)^{\mathrm{T}}(\boldsymbol{D}_p\odot\boldsymbol{B}_p)+\mu(\boldsymbol{C}_p\odot\boldsymbol{B}_p)^{\mathrm{T}}(\boldsymbol{C}_p\odot\boldsymbol{B}_p))^{-1}\end{aligned} \tag{9.27}$$

(3)关于 $\boldsymbol{B}_p$ 的子问题。

类似于 $\boldsymbol{A}_p$，该问题的解可以表示为

$$\begin{aligned}&(\mathcal{G}_p\boldsymbol{X}_{(2)}(\boldsymbol{C}_p\odot\boldsymbol{A}_p)+2\lambda\mathcal{G}_p\boldsymbol{Y}_{(2)}(\boldsymbol{D}_p\odot\boldsymbol{A}_p)+\mathcal{G}_p\boldsymbol{M}_{(2)}(\boldsymbol{C}_p\odot\boldsymbol{A}_p))\\&\cdot(2\lambda(\boldsymbol{D}_p\odot\boldsymbol{A}_p)^{\mathrm{T}}(\boldsymbol{D}_p\odot\boldsymbol{A}_p)+\mu(\boldsymbol{C}_p\odot\boldsymbol{A}_p)^{\mathrm{T}}(\boldsymbol{C}_p\odot\boldsymbol{A}_p))^{-1}\end{aligned} \tag{9.28}$$

(4)关于 $\boldsymbol{C}_p$ 的子问题。

$$\min_{C_p}\{\frac{\mu}{2}\|\mathcal{G}_p\boldsymbol{X}_{(3)}+\mathcal{G}_p\boldsymbol{M}_{(3)}/\mu-\boldsymbol{C}_p(\boldsymbol{B}_p\odot\boldsymbol{A}_p)^{\mathrm{T}}\|_{\mathrm{F}}^2+\frac{\mu}{2}\|\boldsymbol{D}_p-\boldsymbol{R}\boldsymbol{C}_p+\boldsymbol{F}_p/\mu\|_{\mathrm{F}}^2 \tag{9.29}$$

对该目标方程求导并令其导数为零，则有：

$$\begin{aligned}&\boldsymbol{C}_p(\boldsymbol{B}_p\odot\boldsymbol{A}_p)^{\mathrm{T}}(\boldsymbol{B}_p\odot\boldsymbol{A}_p)+\boldsymbol{R}^{\mathrm{T}}\boldsymbol{R}\boldsymbol{C}_p\\&=\mathcal{G}_p\boldsymbol{X}_{(3)}(\boldsymbol{B}_p\odot\boldsymbol{A}_p)+\mathcal{G}_p\boldsymbol{M}_{(3)}(\boldsymbol{B}_p\odot\boldsymbol{A}_p)/\mu+\boldsymbol{R}^{\mathrm{T}}\boldsymbol{D}_p+\boldsymbol{R}^{\mathrm{T}}\boldsymbol{F}_p/\mu\end{aligned} \tag{9.30}$$

该问题为西尔维斯特(Sylvester)问题[14]，本章采用 Bartels-Stewart 算法[15]来求解该问题。

(5)关于 $\boldsymbol{D}_p$ 的子问题。

$$\min_{C_p}\left\{\frac{\mu}{2}\|\mathcal{G}_p\boldsymbol{Y}_{(3)}+\boldsymbol{D}_p(\boldsymbol{B}_p\odot\boldsymbol{A}_p)^{\mathrm{T}}\|_{\mathrm{F}}^2+\frac{\mu}{2}\|\boldsymbol{D}_p-\boldsymbol{R}\boldsymbol{C}_p+\boldsymbol{F}_p/\mu\|_{\mathrm{F}}^2\right\} \tag{9.31}$$

那么 $\boldsymbol{D}_p$ 的解为

$$(2\lambda\mathcal{G}_p\boldsymbol{Y}_{(3)}(\boldsymbol{B}_p\odot\boldsymbol{A}_p)+\mu\boldsymbol{R}\boldsymbol{C}_p-\boldsymbol{F}_p)\cdot(2\lambda(\boldsymbol{B}_p\odot\boldsymbol{A}_p)^{\mathrm{T}}(\boldsymbol{B}_p\odot\boldsymbol{A}_p)+\mu\boldsymbol{I}) \tag{9.32}$$

(6)乘子更新。

$$\boldsymbol{\mathcal{M}}\leftarrow\boldsymbol{\mathcal{M}}+\mu\left(\boldsymbol{\mathcal{X}}-\left(\left(\sum_p\mathcal{G}_p^{\mathrm{T}}\mathcal{G}_p\right)^{-1}\sum_p\mathcal{G}_p^{\mathrm{T}}[\![\boldsymbol{A}_p,\boldsymbol{B}_p,\boldsymbol{C}_p]\!]\right)\right) \tag{9.33}$$

$$\boldsymbol{F}_p\leftarrow\boldsymbol{F}_p+\mu(\boldsymbol{D}_p-\boldsymbol{R}\boldsymbol{C}_p),p=1,2,\cdots,P \tag{9.34}$$

$$\mu \leftarrow \min(\rho\mu, \mu_{\max}) \tag{9.35}$$

其中，$\rho \geqslant 1$。算法 9.1 给出本章所提的 NCTCP 算法。

算法 9.1　NCTCP 高光谱-多光谱图像融合算法

输入： LR-HSI $\tilde{\mathcal{X}}$, HR-MSI $\mathcal{Y}$，$\mathcal{H}$，$\mathcal{S}$，λ，d_w，d_h

初始化： $\mathcal{X}^{(0)} = \tilde{\mathcal{X}}\mathcal{H}^{\mathrm{T}}\mathcal{S}^{\mathrm{T}}$，$\mathcal{M}^{(0)} = \mathbf{0}$，$\boldsymbol{F}_p^{(0)} = \mathbf{0}$，随机初始化 $\boldsymbol{A}_p^{(0)}$，$\boldsymbol{B}_p^{(0)}$，$\boldsymbol{C}_p^{(0)}$，$\boldsymbol{D}_p^{(0)}$（$p = 1,2,\cdots,P$），$k = 1$，$\mu = 10^{-4}$，$\rho = 1.01$，maxIter=10，$\varepsilon = 10^{-3}$

While 收敛准则未达到且 k<maxIter

for　$p = 1:P$

根据式(9.27)更新 $\boldsymbol{A}_p^{(0)}$

根据式(9.28)更新 $\boldsymbol{B}_p^{(0)}$

求解问题(9.30)，更新 $\boldsymbol{C}_p^{(0)}$

根据式(9.32)更新 $\boldsymbol{D}_p^{(0)}$

end for

求解式(9.23)更新 $\mathcal{X}^{(k)}$

更新乘子 $\mathcal{M}^{(0)} = \mathbf{0}$，$\boldsymbol{F}_p^{(k)}, p = 1,2,\cdots,P$，同时令 $\mu = \rho\mu$

检查收敛性条件

$$\left\| \mathcal{X}^{(k)} - \left(\sum_p \mathcal{G}_p^{\mathrm{T}} \mathcal{G}_p \right)^{-1} \sum_p \mathcal{G}_p^{\mathrm{T}} [\![\boldsymbol{A}_p^{(k)}, \boldsymbol{B}_p^{(k)}, \boldsymbol{C}_p^{(k)}]\!] \right\|_{\mathrm{F}}^2 < \varepsilon, \quad \| \mathcal{X}^{(k)} - \mathcal{X}^{(k-1)} \|_{\mathrm{F}}^2 < \varepsilon,$$

$$\left\| \left(\sum_p \mathcal{G}_p^{\mathrm{T}} \mathcal{G}_p \right)^{-1} \sum_p \mathcal{G}_p^{\mathrm{T}} [\![\boldsymbol{A}_p^{(k)}, \boldsymbol{B}_p^{(k)}, \boldsymbol{C}_p^{(k)}]\!] - \left(\sum_p \mathcal{G}_p^{\mathrm{T}} \mathcal{G}_p \right)^{-1} \sum_p \mathcal{G}_p^{\mathrm{T}} [\![\boldsymbol{A}_p^{(k-1)}, \boldsymbol{B}_p^{(k-1)}, \boldsymbol{C}_p^{(k-1)}]\!] \right\|_{\mathrm{F}}^2 < \varepsilon$$

令 $k \leftarrow k+1$

end While

输出： HR-HSI　$\mathcal{X}^{(k)}$

9.5　实验结果与分析

为了验证本章所提 NCTCP 算法的有效性，在两个数据集中将其与其他方法进行了比较。本节首先介绍数据集情况，接着对实验结果进行分析。

9.5.1　实验数据集与评价指标

1) Moffett Field 数据集

该图像包含了城市以及乡村的混合场景。它是由美国 JPL/NASA 的 AVIRIS 高光谱传感器所捕获的高光谱图像，其大小为395×185×176，波段范围为0.4～2.5μm，包含224个波段。在去除水汽波段后，总共有176个波段保留。

2) 帕维亚大学(University of Pavia)数据集

该高光谱图像是由ROSIS传感器在意大利帕维亚大学拍摄的。在去除水汽波段后，原图像中115个波段的103个波段得以保留。最终的图像大小为610×340×103。

为了给出各个方法的数值比较，采用峰值信噪比(peak signal-noise-ratio，PSNR)、SAM、ERGAS和CC作为评价指标。

9.5.2 实验参数及比较方法

在本章实验中，将NCTCP方法与现有的一些高光谱图像融合方法进行了比较，包括耦合非负矩阵分解(coupled nonnegative matrix factorization，CNMF)[16]、HySure (hyperspectral super-resolution)[17]、Naive Bayes[18]、Sparse Bayes[18]和耦合稀疏张量分解(coupled sparse tensor factorization，CSTF)[19]。对于每一幅高光谱图像，其对应的多光谱图像是由红、绿、蓝以及IIKONOS多光谱传感器的近红外波段光谱响应函数得到的。为获取相应的低分辨率高光谱图像，首先对每幅高光谱图像进行逐波段模糊，然后再逐波段进行空间降采样。其中，空间降采样方法采用每$d \times d$个像素中提取一个像素的方法，d为放大倍数。在本章的仿真实验中，d设置为5。对于本章所提算法NCTCP，我们设$R = 80$以及$N_p = 300$。关于这两个参数的选择，将在后面章节讨论。

9.5.3 实验结果

图9.3给出了不同算法在Moffett Field数据集上的实验结果。将参考图像(Reference)的第70、30和5波段图像组成的伪彩色图像显示于图9.3(b)，HR-MSI的伪彩色图像显示于图9.3(c)。为方便比较，所有比较方法的结果显示于图9.3(d)～图9.3(h)。从视觉上可以看出，通过融合多光谱图像信息，所有方法均能成功恢复高光谱图像的空间结构，但在某些区域一些算法不能很好恢复这些信息。例如，CNMF和HySure方法在中间偏右的农田区域所得到的结果过于光滑。Bayes方法的结果在顶部中间的区域存在光谱失真，CSTF方法的恢复结果中存在一些矩形结构，这是由于CSTF将高光谱图像建模为一个低秩张量，而没有考虑图像内部的非局部相似性。特别地，本章所提的NCTCP方法在空间结构和光谱特征保持上均优于其他算法。为了比较不同算法对光谱特征的刻画，图9.4(a)～图9.4(c)给出了图像中代表3个不同像元在各个波段的强度值(digital number，DN)，也就是给出了不同像元的光谱曲线。从中可以发现本章所提算法恢复出的光谱特征与参考光谱最为接近。图9.4(d)给出了每个波段的PSNR值，NCTCP方法在大多数波段都能够取得最高的PSNR值。进一步，表9.1给出了不同方法的数值比较结果，其中最优

的结果加粗显示。本章所提算法 NCTCP 在所有指标中均取得了最好的值，说明基于非局部张量 CP 分解的方法能够有效刻画高光谱图像空间和光谱结构。

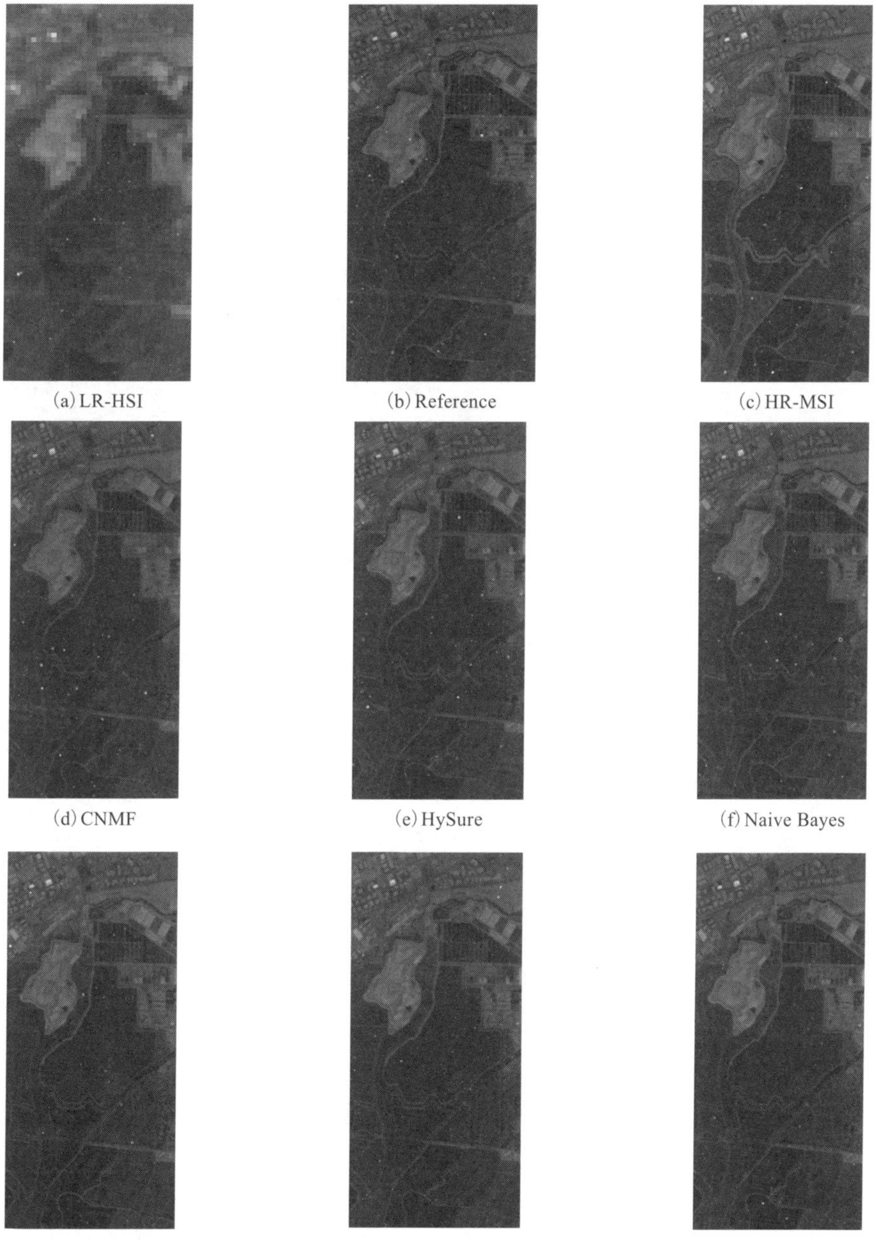

(a) LR-HSI　(b) Reference　(c) HR-MSI
(d) CNMF　(e) HySure　(f) Naive Bayes
(g) Sparse Bayes　(h) CSTF　(i) NCTCP

图 9.3　Moffett Field 数据集上的融合结果(见彩图)

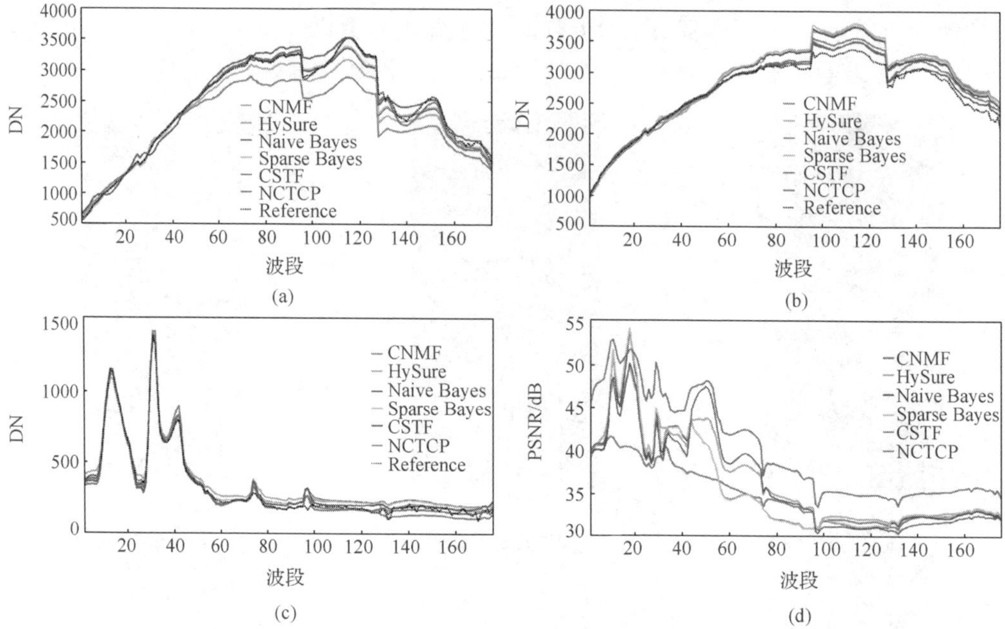

图 9.4　Moffett Field 数据集不同类别的像元光谱曲线比较以及各个波段的 PSNR 曲线比较(见彩图)

(a)～(c)为表示 3 个不同类别的像元的光谱曲线；(d)为各个波段的 PSNR 值比较

表 9.1　不同方法在 Moffett Field 数据集上的数值结果

方法	PSNR/dB	ERGAS	SAM	CC
CNMF	35.90	3.76	6.86	0.98
HySure	37.50	3.33	6.43	0.98
Naive Bayes	36.73	2.73	5.64	0.99
Sparse Bayes	36.88	2.62	5.62	0.99
CSTF	37.35	3.67	8.30	0.98
NCTCP	**41.21**	**2.36**	**4.61**	**0.99**

帕维亚大学数据集的实验结果如图 9.5 和表 9.2 中所示。在该数据集中，Sparse Bayes 方法在 PSNR 上比本章所提算法高出 0.65dB，表明 Bayes 方法和 CSTF 在空间结构刻画上略好于本章方法。然而，本章的方法在光谱结构保持上效果更好。图 9.6(a)～图 9.6(c)给出了图像中隶属于三个不同类别的 3 个像元的光谱曲线。在前 80 个波段中，本章算法的结果与参考曲线十分吻合。在最后几个波段，其他所对比的算法无法与参考曲线匹配，但是本章所提 NCTCP 算法的曲线与参考曲线最为接近。在图 9.6(d)，不同波段的 PNSR 比较显示 Bayes 方法在第 10～第 60 个波段内取得了最好的结果，说明在给定合适的先验信息的情况下，Bayes 方法能够达到

较好的空间结构保持。但是本章所提算法能够在有效刻画空间结构的同时，在光谱信息保持上取得最好的结果。

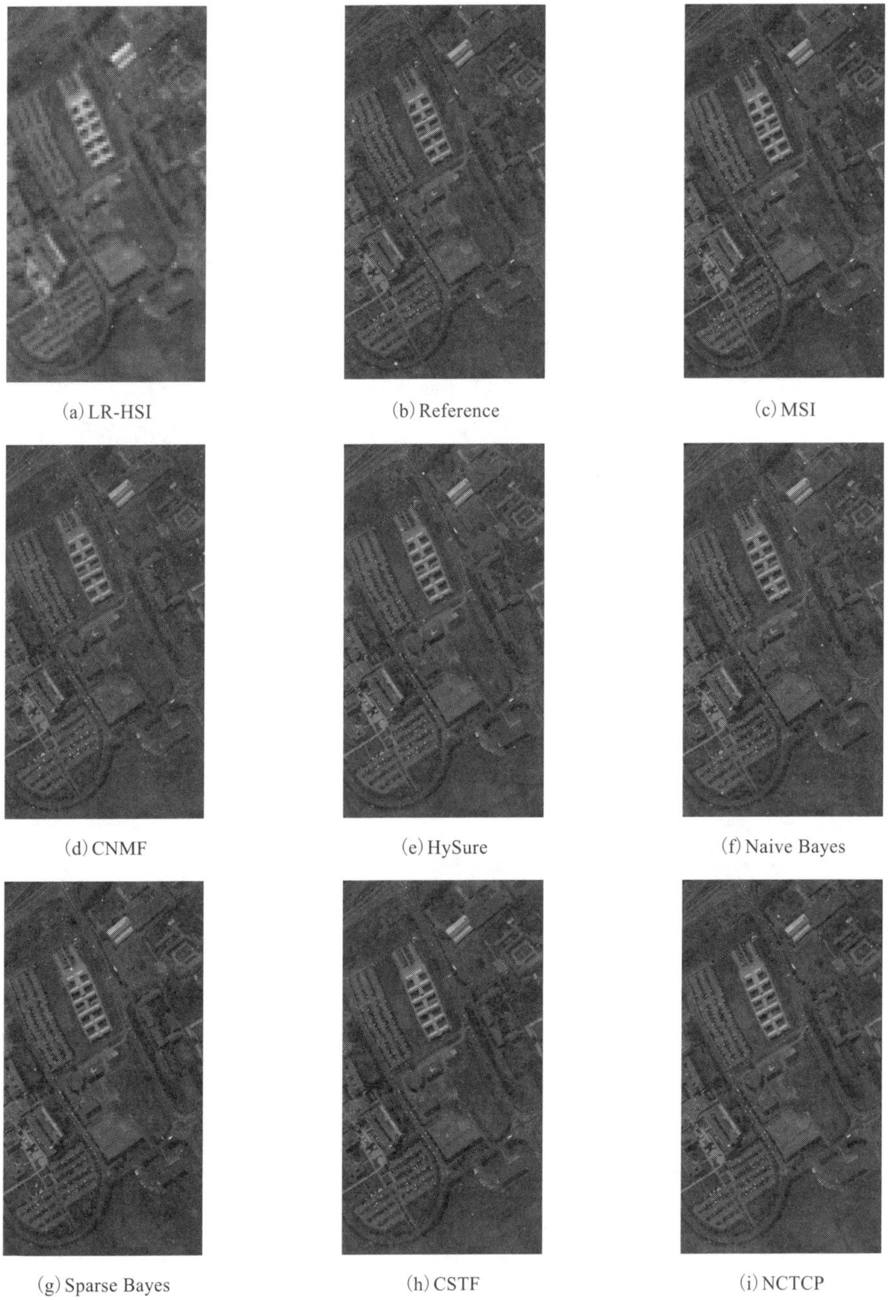

图 9.5　帕维亚大学数据集的融合结果(见彩图)

表 9.2　不同方法在帕维亚大学数据集上的数值结果

方法	PSNR/dB	ERGAS	SAM	CC
CNMF	31.48	3.84	5.85	0.92
HySure	36.61	3.34	5.41	0.92
Naive Bayes	37.76	3.21	5.99	0.93
Sparse Bayes	**37.80**	3.17	5.93	0.93
CSTF	37.19	2.95	6.06	0.94
NCTCP	37.15	**2.36**	**4.38**	**0.96**

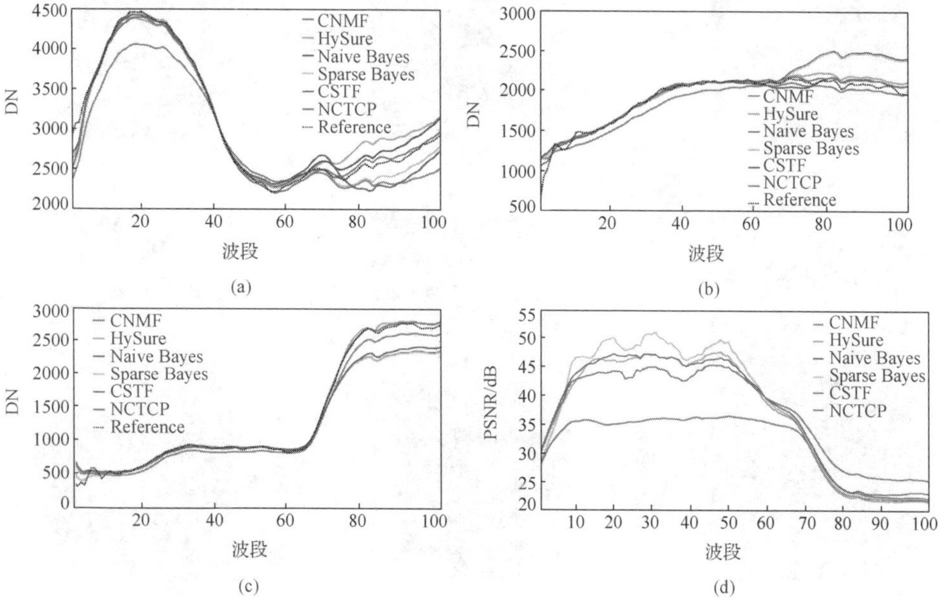

图 9.6　帕维亚大学数据集不同类别的像元光谱曲线比较以及各个波段的 PSNR 曲线比较(见彩图)
(a)～(c)为表示 3 个不同类别的像元的光谱曲线；(d)为各个波段的 PSNR 值比较

为了进一步验证本章中引入的 HR-MSI 的效果，将本章算法与未利用 HR-MSI 的算法进行了比较。表 9.3 给出了这两种方法在不同数据集上的数值结果。可以看出，在结合 HR-MSI 图像后，重构的图像有了极大的改善。因此得出有效利用 HR-MSI 与 HR-HSI 的关系可以极大提高重构高光谱图像的质量。

表 9.3　有无引入多光谱图像的方法的数值结果

数据集	方法	PSNR/dB	ERGAS	SAM	CC
Moffett Field	无 HR-MSI	29.74	5.84	8.86	0.94
	有 HR-MSI	**41.21**	**2.36**	**4.61**	**0.99**
University of Pavia	无 HR-MSI	27.48	5.32	5.77	0.88
	有 HR-MSI	**37.15**	**2.36**	**4.38**	**0.96**

9.5.4　参数选择

为了评估本章算法对参数的敏感性问题，观测秩 R 和每类中块的个数 N_p 对融合结果的影响。图 9.7 给出了融合后的 Moffett Field 数值结果与 R 以及 N_p 的关系。其中 R 在 20～120 之间取值，步长为 20；N_p 在 100～600 中取值，步长为 100。从图中可以看出，本章所提方法对 N_p 较为鲁棒。而当 R 在 40～100 范围内取值时，本章所提算法取得了较好的结果。当 $R>100$ 时，算法性能逐渐下降。综合这些结果，设 $R=80$，$N_p=300$。

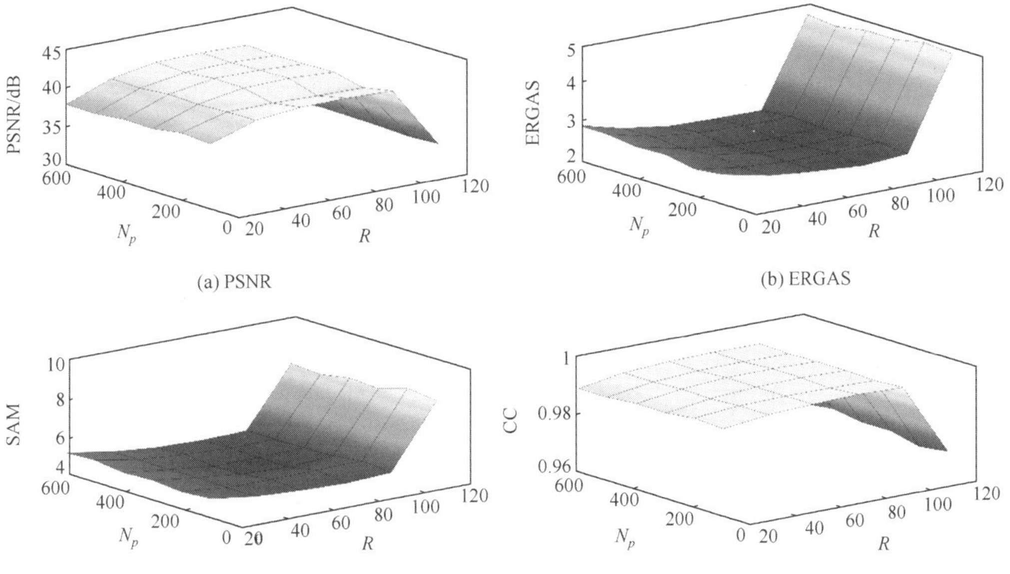

(a) PSNR　　(b) ERGAS

(c) SAM　　(d) CC

图 9.7　Moffett Field 数据集的参数分析

9.6　本 章 结 语

本章提出了一种基于非局部耦合张量 CP 分解的 HR-MSI 与 LR-HIS 图像融合方法。该方法利用图像中相似的非局部块构成非局部张量，同时假设这些非局部张量具有低秩结构，因而可以利用张量 CP 分解进行表示。此外，通过共享 HR-MSI 与 HR-HSI 非局部张量 CP 分解的因子矩阵，将 HR-MSI 的空间结构与非局部相似性引入高光谱图像中，因此构造了非局部耦合张量 CP 分解模型来重构 HR-HSI。鉴于真实的 HR-HSI 是未知的，用 HR-MSI 来对非局部块进行聚类。数值实验结果表明本章所提的 NCTCP 高光谱图像融合算法在测试图像时能够取得更高的重构精度以及更好的视觉效果。在未来研究方向中，将建立高阶张量模型对高光谱图像进行有效刻画；同时，其他的张量表示方法，如 Tucker 分解、Tensor Train 也值得进一步开发利用。

参考文献

[1] Huang K, Sidiropoulos N D, Liavas A P. A flexible and efficient algorithmic framework for constrained matrix and tensor factorization. IEEE Transactions on Signal Processing, 2016, 64(19): 5052-5065.

[2] Liavas A, Sidiropoulos N. Parallel algorithms for constrained tensor factorization via alternating direction method of multipliers. IEEE Transactions on Signal Processing, 2015, 63(20): 5450-5463.

[3] Carroll J, Chang J. Analysis of individual differences in multidimensional scaling via an *N*-way generalization of "Eckart-Young" decomposition. Psychometrika, 1970, 35(3): 283-319.

[4] Comon P. Tensors: A brief introduction. IEEE Signal Processing Magazine, 2014, 31(3): 44-53.

[5] Veganzones M, Cohen J, Farias R, et al. Canonical polyadic decomposition of hyperspectral patch tensors. Proceedings of the 24th European Signal Processing Conference, Budapest, 2016: 2176-2180.

[6] Kolda T, Bader B. Tensor decompositions and applications. SIAM Review, 2009, 51(3): 455-500.

[7] Zhang Y, Mou X, Wang G, et al. Tensor-based dictionary learning for spectral CT reconstruction. IEEE Transactions on Medical Imaging, 2016, 36(1): 142-154.

[8] Hosono K, Ono S, Miyata T. Weighted tensor nuclear norm minimization for color image denoising. Proceedings of the IEEE International Conference on Image Processing, Phoenix, 2016: 3081-3085.

[9] Xue J, Zhao Y. Rank-1 tensor decomposition for hyperspectral image denoising with nonlocal low-rank regularization. Proceedings of the International Conference on Machine Vision and Information Technology, Singapore, 2017: 40-45.

[10] Du B, Zhang M, Zhang L, et al. PLTD: Patch-based low-rank tensor decomposition for hyperspectral images. IEEE Transactions on Multimedia, 2016, 19(1): 67-79.

[11] Xie Q, Zhao Q, Meng D, et al. Multispectral images denoising by intrinsic tensor sparsity regularization. Proceedings of the IEEE Conference on Computer Vision and Pattern Recognition, 2016: 1692-1700.

[12] Ram I, Elad M, Cohen I. Image processing using smooth ordering of its patches. IEEE Transactions on Image Processing, 2013, 22(7): 2764-2774.

[13] Boyd S, Parikh N, Chu E. Distributed Optimization and Statistical Learning Via the Alternating Direction Method of Multipliers. Hanover: Now Publishers Inc, 2011.

[14] Wei Q, Dobigeon N, Tourneret J Y. Fast fusion of multi-band images based on solving a Sylvester equation. IEEE Transactions on Image Processing, 2015, 24(11): 4109-4121.

[15] Bartels R H, Stewart G W. Solution of the matrix equation $AX+XB=C$. Communications of the ACM, 1972, 15(9): 820-826.

[16] Yokoya N, Yairi T, Iwasaki A. Coupled nonnegative matrix factorization unmixing for hyperspectral and multispectral data fusion. IEEE Transactions on Geoscience and Remote Sensing, 2011, 50(2): 528-537.

[17] Simoes M, Bioucas-Dias J, Almeida L B, et al. A convex formulation for hyperspectral image superresolution via subspace-based regularization. IEEE Transactions on Geoscience and Remote Sensing, 2014, 53(6): 3373-3388.

[18] Wei Q, Bioucas-Dias J, Dobigeon N, et al. Hyperspectral and multispectral image fusion based on a sparse representation. IEEE Transactions on Geoscience and Remote Sensing, 2015, 53(7): 3658-3668.

[19] Li S, Dian R, Fang L, et al. Fusing hyperspectral and multispectral images via coupled sparse tensor factorization. IEEE Transactions on Image Processing, 2018, 27(8): 4118-4130.

第 10 章　张量框架高光谱计算融合成像

10.1　引　　言

本书前面章节主要介绍空谱遥感图像的融合和超分辨增强问题，所处理的数据皆是已经捕获的光谱数据和全色图像数据等。如果将计算融合与数据采集联合进行考虑，研究者发现由于传统香农-奈奎斯特采样体系形成的光谱数据本身是高度空谱冗余的，并不需要直接采集那么多的测量数据，依然可以通过计算重建获得高质量光谱成像。这一过程，在数学上表现为不完全测量下的计算重建问题。在光谱成像领域，称为光谱计算成像(computational imaging)，属于计算摄影学(Computational Photography)的研究[1]。

作为光谱细分遥感成像技术，高光谱成像仪研制朝着高光谱和空间分辨率发展[2]。随着地质勘探、军事侦察、精准农业、环境监测等重大战略需求以及公共安全监控、刑侦物证分析、生物医学的应用拓展，不仅需要解决遥感大数据智能信息处理与分析中的融合、分类与识别等挑战[3,4]，还迫切需要解决光谱数据获取领域的技术瓶颈，这归结为探索高光谱成像新体制和仪器设备研制。高光谱成像仪研制的技术难点在于空-谱-时多维度的高分辨率、高信噪比和图谱一致性要求。其研制的基本技术途径是：直接光谱采集方法和计算成像方法[1]。直接光谱采集方法是通过光学器件或成像设备直接获取光谱信息，实现高光谱成像，不需要间接的渠道计算重建“图谱合一”的图像。目前国内外商业化小型光谱成像仪有三种代表性实现形式：摆扫式(或称为光机扫描式，Whisk Broom)、推扫式(Push Broom)和凝视型。摆扫式高光谱成像仪是澳大利亚集成光电公司研制生产的机载成像光谱仪 HyMap，它成为国内外机载高光谱行业应用的主打仪器，在地质勘探特别是在矿物制图方面得到广泛应用。推扫式成像光谱仪有：芬兰 SPECIM 公司的高光谱成像仪，涵盖可见光和近红外(visible and near infrared，VNIR)(380～1000nm)、短波红外(short-wave infrared，SWIR)(1000～2500nm)和用于热成像的长波红外(long-wave infrared，LWIR)(7.6～12.4μm)光谱范围；美国 Headwall Photonics 公司推出的高分辨率高光谱成像光谱仪 Headwall，其可见与近红外光谱范围是 400～1000nm、光谱分辨率优于 4nm。短波红外成像范围是 1000～2500nm，光谱分辨率优于 10nm。凝视型成像光谱仪有美国 CRI 公司的液晶可调谐成像光谱仪 Varispec。直接光谱采集方法能够实现高的光谱分辨率，但是一帧图像记录的时间长，时间和空间分辨率低，不适合高帧频高空间分辨率高光谱图像获取。

早期光谱计算成像方法受计算断层成像的启发，如 1995 年 Descour 和 Dereniak 提出的计算断层光谱成像技术(computed topographic imaging spectrometry，CTIS)。CTIS 光谱成像方法采用传感器测量场景中不同采样点发出的光谱信号的积分值，并通过期望最大值(expectation maximization，EM)法重建得到最终的光谱信息[5]。随着压缩感知(CS)技术的兴起(见本书第 2 章)，有限压缩采样下的计算重建引领了计算成像方法，其基本核心思想是可压缩信号采样和计算重建。美国杜克大学 Brady 和 Gehm 提出了编码孔径快照光谱成像(coded aperture snapshot spectral imaging，CASSI)方法，通过计算压缩重构的方法编码光谱信号[6]，这种计算成像方法能够克服传统快照成像在空间和光谱分辨率下的性能平衡。CASSI 成像仪可以通过多次采集不同掩膜图案提升性能。在压缩感知计算成像框架下，可以采取数字微镜器件(digital micromirror device，DMD)多次拍摄光谱的形式，构建基于 DMD 的快照式光谱成像(DMD-based snapshot spectral imaging，DMD-SSI)装置[7]，这种方式可以实现更为灵活和实用的计算成像。文献[8]综合回顾了 CASSI 系统研究的重要进展和关键性问题。CASSI 计算成像需要解决如下四个方面的关键问题。

(1) 感知问题建模：主要解决 CASSI 系统从数据采集到计算成像的光学感知机制，依据符合 CS 重建的非相干(incoherence)测量原理，建立符合重建要求的测量系统，由前置物镜、孔径编码、带通滤波、中继透镜、色散元件和焦平面阵列等组成，目的是采集符合 CS 重建的测量数据(简称为 CS 测量)。

(2) 编码孔径优化：是建立符合压缩感知框架的测量矩阵。通常的编码孔径采取阿达马(Hadamard)矩阵、伯努利随机矩阵和亚高斯随机矩阵等。但是这些编码孔径并没有充分利用丰富的 CS 理论，因而不一定是最优的。考虑到编码孔径决定了感知矩阵的非零项，可以提出一个重要问题：编码孔径能否得到优化设计？数学上，约束等距性(RIP)提供了优化准则。在实际中，还需要综合考虑光学设计的简便性和可实现性。

(3) 计算重建算法：这是 CS 成像的核心问题，从 CS 测量到高质量高光谱图像的计算重建过程，往往是一个复杂的优化问题。在 CS 框架下，稀疏性、矩阵低秩、张量低秩甚至深度先验可以有机结合，与压缩测量过程联合形成统一的优化模型。这些模型是高度欠定的，甚至是非凸、非光滑的能量泛函，需要设计高效的求解算法。可从低复杂度、可并行性和重建质量等三方面衡量重建算法的性能。

(4) 计算光谱成像：编码孔径的模式能够决定 CS 测量的质量，而好的编码反过来也能促进更好的计算成像。耦合编码孔径与计算重建过程，可以设计更先进和新型的计算成像方式。计算光谱成像系统可从数据采集的高速性、高质高效重建和物理实现性等环节进行综合考量。同时计算光谱成像也可促进新的高光谱遥感应用模式的发展，例如遥感地物的精细分类和光谱异常检测问题，均可以在计算光谱成像体系下得到新的启发[9,10]。

在 CASSI 计算成像体系下，研究者提出各种新型或者改进形式(图 10.1)，或者进一步推广到光谱视频成像。例如，Cao 等提出棱镜掩膜式多光谱视频成像系统(prism mask multispectral video imaging system，PMVIS)[11](图 10.2(a))，其采用基于掩膜或微透镜阵列的空间采样方法，结合传统色散方式，使用高分辨率相机对散开的光谱进行采集，牺牲空间分辨率换取光谱分辨率，进而采集光谱视频。文献[12]采取可分离卷积随机投影的压缩感知高光谱成像，加速了计算重建过程。

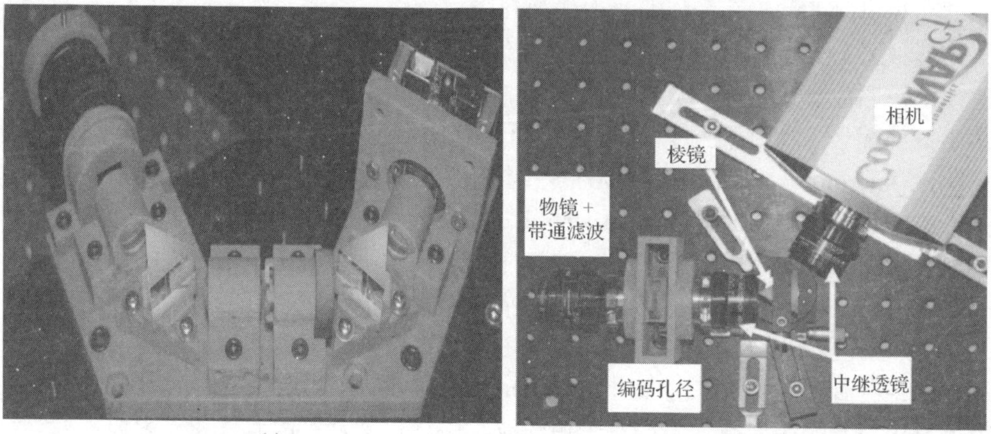

(a)　　(b)

图 10.1　编码孔径快照光谱成像仪 CASSI 及其改进形式

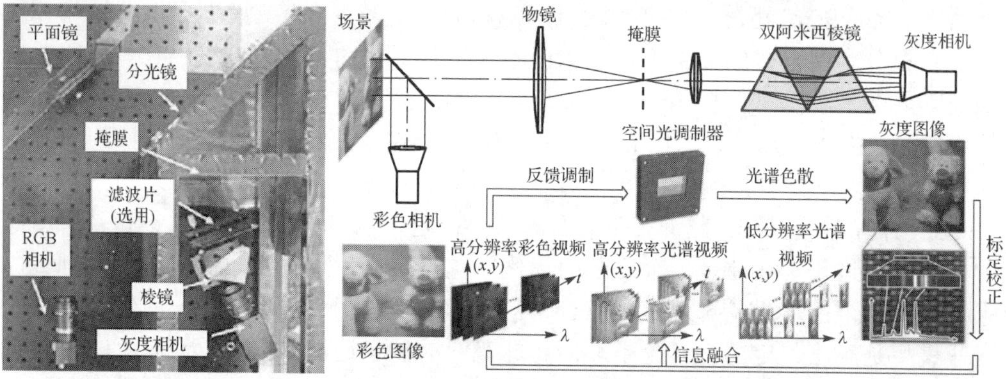

(a) PMVIS　　(b) 基于混合相机的自适应光谱视频采集系统结构

图 10.2　PMVIS 与基于混合相机的自适应光谱视频采集系统结构

最近，混合相机式光谱视频计算成像方法和系统逐步引起研究者的关注[13-19]。代表性研究思路是基于混合相机的自适应光谱视频采集系统(图 10.2(b))[14]，通过设计混合相机及以光谱传播为基础的重建算法，此自适应混合相机采集系统能高效采集同时具有高空间分辨率和高光谱分辨率的视频信息。

文献[17]和[18]给出了一个全色相机和编码孔径快照光谱成像(CASSI)混合的高速高光谱视频采集方法，并构建 DCCHI(dual-camera compressive hyperspectral imaging)系统，如图 10.3(a)所示。该系统装有并置的灰度相机，可以在压缩测量的同时收集全色相机提供的互补的未编码测量。通过合并 CASSI 相机的编码的高光谱信息和全色相机的未编码灰度信息，重建高保真度的 HSI。其计算重建模型是在多通道压缩感知框架下采取 K-SVD 字典学习构建合成模型进行计算重建。文献[19]通过 Lytro 相机与 CASSI 系统构建了一个快照式高光谱光场成像原型系统(图 10.3(b))，可实现 9×9 个视角和 25 个波段(450～690nm)，光谱分辨率 10nm，空间分辨率为 512×512。其计算重建模型采取基于 K-SVD 的 4 维字典表示下的压缩感知框架。最后，对双相机压缩感知高光谱成像进行了新的理论探索，提出非局部稀疏表示的计算成像模型[20]。

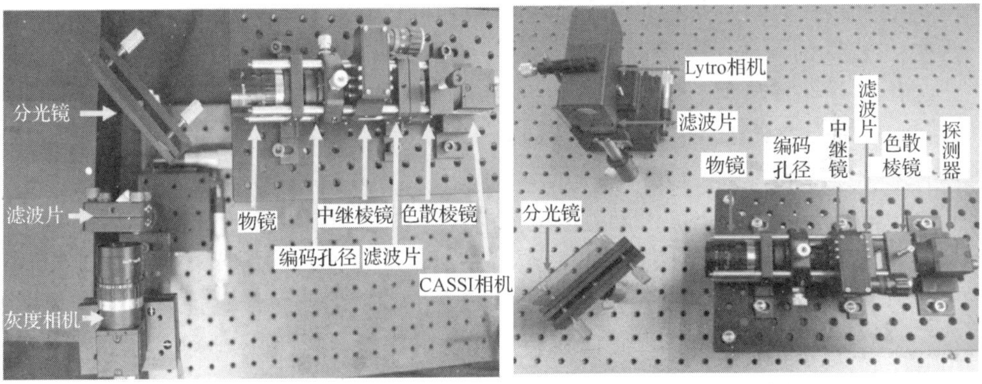

(a)　　(b)

图 10.3　DCCHI 系统和 Lytro 相机与 CASSI 混合原型系统

10.2　计算重建相关工作

前面简要回顾计算成像的相关研究现状，看到主要涉及编码光学设计、耦合采集与计算重建等过程，其中计算重建是一个关键问题。下面以一个典型的 DCCHI 系统为例，回顾与计算重建相关的代表性方法。

在 DCCHI 系统中，将分光镜和普通的灰度相机加入 CASSI 系统，形成混合相机采集系统。灰度全色图像可建模为所有光谱波段的线性组合。从 CS 测量和灰度图像联合重建 HSI 是 DCCHI 系统计算融合成像需要解决的主要问题。图像复原中的优化算法，如两步迭代阈值收缩(two iterative soft threshold，TwIST)[21]算法，也可以应用于光谱计算成像。例如，在文献[22]方法中，采用基于全变差(TV)正则化的计算重建模型，TV 正则项假设图像是分片常数的。文献[23]则采取梯度投影稀疏重建(gradient projection for sparse reconstruction，GPSR）的方法，并在小波域中估计数据立方体的稀疏表示。该方法假设 HSI 的每个波段图像与全色图像之间的空间结构具有一致性。文献[18]基于稀疏表示原理，采取全色图像训练得到的过完备字典来表示 HSI 的波段图像。由于该方法通过逐个波段来重建 HSI，因此忽略了光谱相关性和非局部相关性。为此，文献[20]提出了一种自适应的非局部稀疏表示方法，利用 3D 非局部相似性提升计算重建性能。在文献[24]中，使用 HSI 压缩测量数据和全色图像同时重建深度图像和 HSI，其结果表明从全色图像中学习自适应字典，有助于提高重构精度。

除了全色图像外，RGB 图像也可以用作辅助信息源[25]，从压缩测量值和相应的 RGB 图像中学习耦合字典，这样可以提高重建质量。在文献[26]中，提出了一种新颖的混合成像系统，以获取具有高空间和光谱分辨率的 4D 高速高光谱视频。该系统由两个分支组成，分别获得高帧率的全色视频和低帧率的高光谱视频。在重建过程中，同时结合光谱稀疏模型增强不同波段之间的结构相似性。

对于 HSI 的重建，基于张量的方法[27]引起了人们越来越多的兴趣。在文献[28]中，采用非线性稀疏编码从张量测量中重建 HSI，并开发了一种自训练恢复算法。在文献[29]中，张量 Tucker 分解用于近似 HSI，加权 3D 全变差（TV）正则化用于表征空间和光谱平滑度。文献[30]提出了一种基于 t-乘积（t-Product）的张量鲁棒主成分分析（tensor robust principal component analysis，TRPCA）模型，用于同时重建和光谱异常检测，并引入马氏（Mahalanobis）距离正则化进行光谱异常分离。在文献[31]中，假设潜在张量数据具有多线性低秩结构，从而由少量多路压缩测量重建张量数据。在文献[32]中构造了一个具有低秩和稀疏结构的张量，采用不同模式的结构来重构压缩张量。在文献[33]中，提出了基于联合感知矩阵和字典学习的张量压缩感知重建方法。在文献[34]和[35]中，采取 Tucker 分解对张量数据进行建模，从而可以使用 Kronecker 积结构构造字典。最近，基于非局部张量方法的 HSI 反问题的研究如火如荼。例如，在文献[36]中，针对多光谱图像去噪问题，假设相似的图像立方块共享空间和光谱字典，通过施加分块稀疏性建立一种非局部张量字典学习模型。而在文献[37]中，假设非局部块构成的 3D 张量为低秩，采取非局部低秩张量因子分析（nonlocal low-rank tensor factor analysis）方法，利用 CP 分解实现图像压缩感知重建。针对高光谱与多光谱融合问题，文献[38]采用稀疏张量分解对高分辨率高光谱图像进行建模。将相似的立方块进行聚类，并共享从高分辨率多光谱图像中学习得到的空间字典和从低分辨率 HSI 中学习得到的光谱字典，实现最终的重建。

10.3　张量表示框架的双相机计算融合光谱成像模型

本节针对 DCCHI 系统，提出了一种基于张量表示框架的双相机计算融合光谱成像算法，包括两路数据，分别是压缩光谱测量值和全色图像，它们由 DCCHI 系统同时在空间上进行同步配准。由于在 DCCHI 成像系统中，压缩测量值和全色图像均是从同一数据立方体生成的，因此全色图像可以提供高保真度的空间信息。计算重建的基本思想是通过将全色图像的潜在空间结构迁移到从 CS 测量中融合重建 HSI。

具体来说，将 HSI 中的局部立方块建模为 3 阶张量，并假设提取的立方块位于低维流形中。因此，这些 3 阶张量可以通过低秩 Tucker 分解来逼近。在 Tucker 分解中，使用核心张量和 3 个模态因子矩阵表示该张量。3 个因子矩阵的列表示空间、光谱三个模态上的基本向量。HSI 中，相似的立方块具有相似的空间和光谱结构，它们处于同一低维流形中，因此这些立方块的 Tucker 分解应共享相同的模态矩阵。为了融合非局部相似性，将相似的非局部立方块合并构成 4 阶张量，其第 4 模态为非局部维。该 4 阶张量可由 4 阶核心张量和光谱、空间模态中的三个因子矩阵的模-n 乘近似，进而转化为 4 阶张量的 Tucker3 分解，其中第 4 因子矩阵为单位矩阵[21]。这样，采用 Tucker3 模型，可以将 HSI 的局部立方体块的低秩性和非局部立方体块的相似性在一个模型中表示。

类似地，全色图像中的相应相似块也可以构成 4 阶张量，其中光谱维模态的维数为 1。根据全色图像与 HSI 的关系，两个图像在 Tucker3 分解中的空间因子矩阵和核心张量相同。使用此约束，可以将全色图像的空间信息迁移到重建的 HSI 中。应该注意的是，由于这些立方块位于低维流形中，因此各个模态的因子矩阵是非冗余的。为了充分利用这些因子矩阵中的原子，采用 ℓ_2 范数来约束核心张量。同时，引入代表光谱结构的光谱平滑度，以产生更连续的光谱曲线。

本节将介绍使用一般的 DCCHI 系统的计算重建问题。假设压缩测量是通过更通用的 CS 测量系统获得的，而不限定于 CASSI[18,19]。DCCHI 的示意流程图如图 10.4 所示。

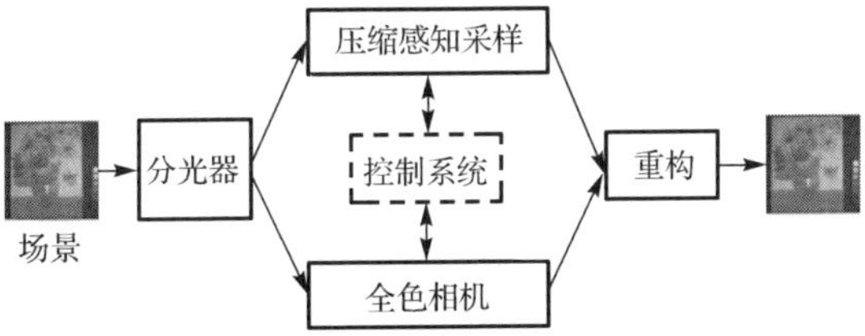

图 10.4　文献[18]中的 DCCHI 系统的示意流程图

总而言之，本章所提方法的主要贡献包括以下几个方面。

(1) 在 DCCHI 中提出了一种基于张量的重构方法，该方法同时考虑了空间结构信息和光谱信息。

(2) 提出了一种新颖的针对 4 阶张量的协同 Tucker3 (collaborative Tucker3 tensor decomposition，CT3D) 模型，该模型可以同时融合 HSI 的立方体块的低秩性和非局部块之间的相似性。

(3)将全色图像信息引入作为空间正则化。该方法通过将 HSI 的 Tucker3 分解中的空间因子矩阵和核心张量与全色图像的空间因子矩阵和核心张量建立耦合关系，可以保留 HSI 的空间结构。

(4)本章提出了一种基于 ADMM 的解决变分最小化问题有效优化方法。

10.3.1 符号与问题描述

记符号 $(\mathcal{X},\mathcal{Y},\cdots)$ 表示张量，通常为多维数组。比如张量 $\mathcal{X}\in\mathbb{R}^{I_1\times I_2\times\cdots\times I_d}$ 是一个 d 阶张量，I_i 是第 i 阶的维度。通过固定除 i 阶之外的所有索引，可以获得 i 模态纤维。通过将矩阵中的所有 i 模态纤维展开为列，可以获得由 $\boldsymbol{X}_{(i)}\in\mathbb{R}^{I_i\times I_1\times\cdots\times I_{i-1}I_{i+1}\times\cdots\times I_d}$ 表示的 i 模态展开矩阵。给定矩阵 $\boldsymbol{A}\in\mathbb{R}^{M\times I_n}$，张量与矩阵的 n-模式积表示为 $\mathcal{Z}=\mathcal{X}\times_n\boldsymbol{A}$，其中张量的大小为 $I_1\times\cdots\times I_{n-1}\times M\times I_{n+1}\times\cdots\times I_d$。$\mathcal{Z}$ 中的每个元素可以表示为

$$\mathcal{Z}(i_1,\cdots,i_{n-1},m,i_{n+1},\cdots,i_d)=\sum_{i_n=1}^{I_n}\mathcal{X}(i_1,\cdots,i_{n-1},m,i_{n+1},\cdots,i_d)\boldsymbol{A}(m,i_n)\tag{10.1}$$

从 n-模式积的定义，可得

$$\mathcal{Z}=\mathcal{X}\times_n\boldsymbol{A}\Leftrightarrow\boldsymbol{Z}_{(n)}=\boldsymbol{A}\boldsymbol{X}_{(n)}\tag{10.2}$$

另外，n-模式积有下列属性：

$$\mathcal{X}\times_m\boldsymbol{A}\times_n\boldsymbol{B}=\mathcal{X}\times_n\boldsymbol{B}\times_m\boldsymbol{A},\ m\neq n\tag{10.3}$$

$$\mathcal{X}\times_n\boldsymbol{A}\times_n\boldsymbol{B}=\mathcal{X}\times_n(\boldsymbol{B}\boldsymbol{A})\tag{10.4}$$

两个矩阵的 Kronecker 积表示为 $\boldsymbol{A}\otimes\boldsymbol{B}$。Kernecker 积和 n-模式积的重要属性如下：给定一个 n 阶因子 $\boldsymbol{A}_n\in\mathbb{R}^{J_n\times I_n}(n=1,2,\cdots,d)$，若

$$\mathcal{Z}=\mathcal{X}\times_1\boldsymbol{A}_1\times_2\boldsymbol{A}_2\times\cdots\times_d\boldsymbol{A}_d\tag{10.5}$$

则

$$\boldsymbol{z}=(\boldsymbol{A}_d\otimes\boldsymbol{A}_{d-1}\otimes\cdots\otimes\boldsymbol{A})\boldsymbol{x}\tag{10.6}$$

其中，$\boldsymbol{z}=\mathrm{vec}(\mathcal{Z})\in\mathbb{R}^J\left(J=\prod_{n=1}^d J_n\right)$ 和 $\boldsymbol{x}=\mathrm{vec}(\mathcal{X})\in\mathbb{R}^I\left(I=\prod_{n=1}^d I_n\right)$ 分别是向量化的 $\mathcal{Z}$ 和 $\mathcal{X}$。一个张量的 Frobenius 范数为 $\|\mathcal{X}\|_{\mathrm{F}}=\sqrt{\sum_{i_1,\cdots,i_d}|\mathcal{X}(i_1,\cdots,i_d)|^2}$。

在图 10.1 所示的 DCCHI 系统中，对原始高光谱图像 $\mathcal{X}\in\mathbb{R}^{N_h\times N_v\times B}$ 进行了两路测量：压缩测量 $\boldsymbol{f}\in\mathbb{R}^T$ 和二维全色图像 $\mathcal{Y}\in\mathbb{R}^{N_h\times N_v}$。这里 N_h、N_v 和 B 分别表示 HSI 的宽、高和光谱维度。压缩采样相机的系统前向响应为 $\boldsymbol{\Phi}$，全色相机的系统响应为 $\boldsymbol{R}\in\mathbb{R}^{1\times B}$。因此，有以下观测结果：

$$\boldsymbol{f}=\boldsymbol{\Phi}(\mathcal{X}),\mathcal{Y}=\mathcal{X}\times_3\boldsymbol{R}\tag{10.7}$$

给定 $\boldsymbol{f}$、$\boldsymbol{\Phi}$、$\mathcal{Y}$ 和 $\boldsymbol{R}$，我们的目标是高精度地重构高光谱图像 $\mathcal{X}$。

10.3.2 融合计算成像模型

本章将基于压缩测量和全色图像，采取张量分解和 ADMM 迭代优化重建 HSI。首先，假设可以将待估计的 HSI 在空间维划分成立方体，每个立方块是三阶张量，利用 Tucker 分解对其进行表示。因此，每个立方块都可以用一个核心张量乘以代表两个空间维度(水平和垂直)和一个光谱维度的三个因子矩阵来表示。其次，这些立方块可以聚类为若干类，每个类中的立方块具有相似的空间结构并且可以用一个四阶张量表示。本章使用耦合张量分解模型学习各个四阶张量的核心张量及其因子矩阵。最后，通过 ADMM 求解最小化全局目标函数来更新 HSI。

10.3.2.1 HSI 的非局部块张量表示

给定一个压缩测量值 $\boldsymbol{f}$，可以用 $\boldsymbol{\mathcal{X}}_0=\boldsymbol{\Phi}^{-1}(\boldsymbol{f})$ 来得到原始 HSI 的初始估计值。然后 $\boldsymbol{\mathcal{X}}_0$ 能够在空间域分成 N_p 个立方块(重叠或不重叠)，因此每个立方块是一个大小为 $h\times v\times B$ 的 3 阶张量。使用 Tucker 分解来表示每个 3 阶张量：

$$\boldsymbol{\mathcal{X}}_i=\boldsymbol{S}_i\times{}_1\boldsymbol{A}_i\times{}_2\boldsymbol{B}_i\times{}_3\boldsymbol{C}_i=[\![\boldsymbol{S}_i;\boldsymbol{A}_i,\boldsymbol{B}_i,\boldsymbol{C}_i]\!],i=1,\cdots,N_p \tag{10.8}$$

其中，$\boldsymbol{S}_i\in\mathbb{R}^{K_h\times K_v\times K_B}$ 是核张量；$\boldsymbol{A}_i\in\mathbb{R}^{h\times K_h}$ 和 $\boldsymbol{B}_i\in\mathbb{R}^{v\times K_v}$ 表示在空间域中的水平和垂直方向的因子矩阵；$\boldsymbol{C}_i\in\mathbb{R}^{B\times K_B}$ 表示光谱因子矩阵。因子矩阵中的列代表三种模式中的基本元素。将该三阶张量沿着所有模态展开，可得

$$\begin{aligned}\boldsymbol{X}_{i(1)}&=\boldsymbol{A}_i\boldsymbol{S}_{i(1)}(\boldsymbol{C}_i\otimes\boldsymbol{B}_i)^{\mathrm{T}}\\ \boldsymbol{X}_{i(2)}&=\boldsymbol{B}_i\boldsymbol{S}_{i(2)}(\boldsymbol{C}_i\otimes\boldsymbol{A}_i)^{\mathrm{T}}\\ \boldsymbol{X}_{i(3)}&=\boldsymbol{C}_i\boldsymbol{S}_{i(3)}(\boldsymbol{B}_i\otimes\boldsymbol{A}_i)^{\mathrm{T}}\end{aligned} \tag{10.9}$$

可以推断出 $\boldsymbol{X}_{i(j)}(j=1,2,3)$ 中的每一列是对应因子矩阵(即 $\boldsymbol{A}_i,\boldsymbol{B}_i,\boldsymbol{C}_i$)的列的线性组合。由于 HSI 的整个光谱特征都位于低维流形中，因此局部块中的光谱特征位于较低维中，代表光谱维度的因子矩阵 $\boldsymbol{C}_i$ 具有列数较少。同时，在空间水平和垂直维度上存在空间自相似性。因此，可以用具有等于或小于信号维数的原子数的两个空间因子 $\boldsymbol{A}_i$ 和 $\boldsymbol{B}_i$ 来表示两种类型的空间信息。

另外，考虑到相似块往往处于同一低维流形中，因此根据它们的相似性将提取的立方块进行聚类。具体来说，使用文献[39]中提出的方法将所有立方块重新排序，使得相似块在新的 1 维顺序中相邻，并将新的排序中 N_p 个连续的立方块提取为一个簇。因此，在同一簇中，所有立方块在三个方向上都可以用相同的因子矩阵表示。为此，将第 p 个簇中的每个立方块表示为

$$\boldsymbol{\mathcal{X}}_{p,i}=\boldsymbol{S}_{p,i}\times{}_1\boldsymbol{A}_p\times{}_2\boldsymbol{B}_p\times{}_3\boldsymbol{C}_p,i=1,2,\cdots,N_p \tag{10.10}$$

其中，N_p 表示第 p 个簇中立方块中的总数，$\boldsymbol{\mathcal{X}}_{p,i}$ 是在第 p 个簇中的第 i 个立方块。这里强制要求同一簇中的立方块共享相同的因子矩阵 $\boldsymbol{A}_p,\boldsymbol{B}_p,\boldsymbol{C}_p$，而核心张量彼此不同。然后，沿着第四模态将立方块相连接，并生成一个四阶张量 $\mathcal{G}_p\{\boldsymbol{\mathcal{X}}\}\in\mathbb{R}^{h\times v\times B\times N_p}$，其中 $\mathcal{G}_p\{\}$ 提取第 p 个聚类并形成 4 阶张量的算子。根据 n-模式积的定义，可以将式 (10.10) 重写为

$$\mathcal{G}_p\{\boldsymbol{\mathcal{X}}\}=\boldsymbol{\mathcal{K}}_p\times_1\boldsymbol{A}_p\times_2\boldsymbol{B}_p\times_3\boldsymbol{C}_p=[\![\boldsymbol{\mathcal{K}}_p;\boldsymbol{A}_p,\boldsymbol{B}_p,\boldsymbol{C}_p,\boldsymbol{I}]\!] \tag{10.11}$$

其中，$\boldsymbol{\mathcal{K}}_p\in\mathbb{R}^{K_h\times K_v\times K_B\times N_p}$ 是一个沿着第 4 维度堆积 $\boldsymbol{S}_{p,i}$ 形成的 4 阶张量；$\boldsymbol{I}\in\mathbb{R}^{N_p\times N_p}$ 是一个单位矩阵。这样的表示方法是 4 阶张量的 Tucker3 分解。图 10.5 显示了提取的 4 阶张量的 Tucker3 分解，等式(10.11)显示了一个类的立方块组成的张量分解方法。现在，我们将所有类组合在一起，并给出了整个 HSI 的紧凑的表示形式：

$$\boldsymbol{\mathcal{X}}=\left(\sum_p\mathcal{G}_p^{\mathrm{T}}\mathcal{G}_p\right)^{-1}\sum_p(\mathcal{G}_p^{\mathrm{T}}[\![\boldsymbol{\mathcal{K}}_p;\boldsymbol{A}_p,\boldsymbol{B}_p,\boldsymbol{C}_p,\boldsymbol{I}_p]\!]) \tag{10.12}$$

该表示方法可以通过将所有 4 阶张量聚合到 HSI 上获得。

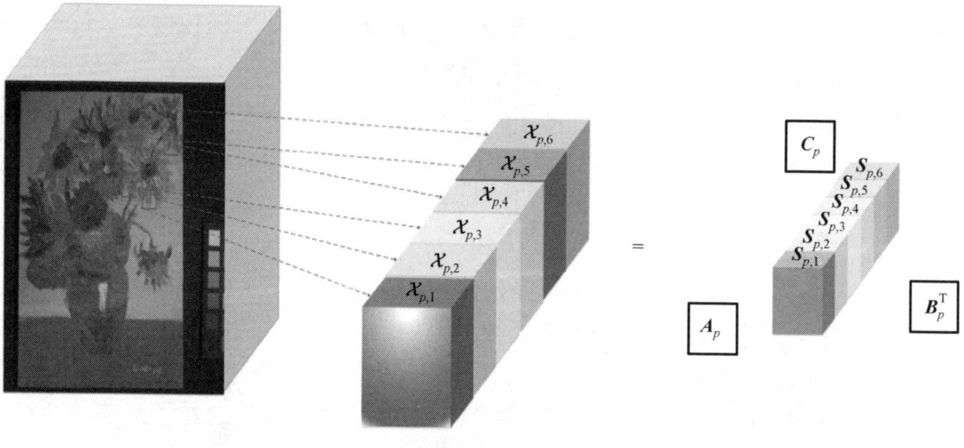

图 10.5　4 阶张量的 Tucker3 分解

现在，在同时获取压缩测量数据后，可以获得以下目标函数：

$$\begin{aligned}&\min_{\boldsymbol{\mathcal{X}},\boldsymbol{A}_p,\boldsymbol{B}_p,\boldsymbol{C}_p}\frac{1}{2}\|\boldsymbol{f}-\boldsymbol{\Phi}(\boldsymbol{\mathcal{X}})\|_{\mathrm{F}}^2\\&\text{s.t. }\boldsymbol{\mathcal{X}}=\left(\sum_p\mathcal{G}_p^{\mathrm{T}}\mathcal{G}_p\right)^{-1}\sum_p(\mathcal{G}_p^{\mathrm{T}}[\![\boldsymbol{\mathcal{K}}_p;\boldsymbol{A}_p,\boldsymbol{B}_p,\boldsymbol{C}_p,\boldsymbol{I}_p]\!])\end{aligned} \tag{10.13}$$

10.3.2.2 用全色图像重建

在上述目标函数中，没有使用全色图像的信息。下面介绍如何将全色图像合并到重建过程中。首先，在非局部块张量表示中，图像局部块的聚类是由立方体块的相似性确定。但是，在重建过程中，由于 HSI 是未知的，从中间重建结果估算出的相似性，并不可靠。在文献[19]中，提出了一种自适应相似度估计方法，该方法将中间估计的 HSI 和全色图像都用于估计相似度。由于全色图像保留了原始 HSI 的精确空间结构，因此使用全色图像中的 2D 图像块估算的相似度可以准确地表示原始 HSI 中相应的立方色块的相似度。因此，直接使用从全色图像估计的相似度来对 HSI 的局部立方块进行聚类。然而，仅仅估计块的相似性，并不能完全将全色图像中的空间结构注入待恢复的 HIS 中。现在，已经有 HSI 和全色图像之间的关系：$\boldsymbol{\mathcal{Y}}=\boldsymbol{\mathcal{X}}\times_3\boldsymbol{R}$，和第 p 个簇的四阶张量的张量分解，则有

$$
\begin{aligned}
\mathcal{G}_p\{\boldsymbol{\mathcal{Y}}\}&=\mathcal{G}_p\{\boldsymbol{\mathcal{X}}\}\times_3\boldsymbol{R}\\
&=\boldsymbol{\mathcal{K}}_p\times_1\boldsymbol{A}_p\times_2\boldsymbol{B}_p\times_3\boldsymbol{C}_p\times_3\boldsymbol{R}\\
&=[\![\boldsymbol{\mathcal{K}}_p;\boldsymbol{A}_p,\boldsymbol{B}_p,\boldsymbol{R}\boldsymbol{C}_p,\boldsymbol{I}]\!]
\end{aligned}
\tag{10.14}
$$

其中，$\mathcal{G}_p\{\boldsymbol{\mathcal{Y}}\}\in\mathbb{R}^{h\times v\times 1\times N_p}$。其中第一个等式成立是因为算子 $\mathcal{G}_p$ 只对空间维进行取块和聚类，不会破坏光谱信息，因而光谱退化关系仍然成立。类似地，$\boldsymbol{\mathcal{Y}}$ 也可以写成：

$$
\boldsymbol{\mathcal{Y}}=\left(\sum_p\mathcal{G}_p^{\mathrm{T}}\mathcal{G}_p\right)^{-1}\sum_p(\mathcal{G}_p^{\mathrm{T}}[\![\boldsymbol{\mathcal{K}}_p;\boldsymbol{A}_p,\boldsymbol{B}_p,\boldsymbol{R}\boldsymbol{C}_p,\boldsymbol{I}]\!])
\tag{10.15}
$$

从式(10.15)可以看出全色图像也能够提供相关因子矩阵和核心张量的信息。考虑到式(10.13)和式(10.15)，将提出的重构问题表示为以下优化问题：

$$
\begin{aligned}
&\min_{\boldsymbol{\mathcal{X}},\boldsymbol{A}_p,\boldsymbol{B}_p,\boldsymbol{C}_p,\boldsymbol{\mathcal{K}}_p}\frac{1}{2}\|\boldsymbol{f}-\boldsymbol{\Phi}(\boldsymbol{\mathcal{X}})\|_{\mathrm{F}}^2+\frac{\lambda}{2}\left\|\boldsymbol{\mathcal{Y}}-\left(\sum_p\mathcal{G}_p^{\mathrm{T}}\mathcal{G}_p\right)^{-1}\sum_p(\mathcal{G}_p^{\mathrm{T}}[\![\boldsymbol{\mathcal{K}}_p;\boldsymbol{A}_p,\boldsymbol{B}_p,\boldsymbol{R}\boldsymbol{C}_p,\boldsymbol{I}]\!])\right\|_{\mathrm{F}}^2\\
&\text{s.t. }\boldsymbol{\mathcal{X}}=\left(\sum_p\mathcal{G}_p^{\mathrm{T}}\mathcal{G}_p\right)^{-1}\sum_p(\mathcal{G}_p^{\mathrm{T}}[\![\boldsymbol{\mathcal{K}}_p;\boldsymbol{A}_p,\boldsymbol{B}_p,\boldsymbol{C}_p,\boldsymbol{I}]\!])
\end{aligned}
\tag{10.16}
$$

其中，λ是用于平衡两个项的重要性的参数。

10.3.2.3 协同张量分解和光谱平滑度先验

为了更好地重构 HSI，一般引入相关变量的先验信息来约束重构问题。由于核心张量为各个模态字典的表示系数，因此通常需要引入核心张量的正则项。在文献[40]中，同时引入了光谱模态和两个空间模态的稀疏性。目标函数中引入了核心

张量的 ℓ_1 范数正则化。但是，在我们的模型中，因子矩阵，即字典是不完备的。如果引入稀疏约束，则将从字典中选择少数几个原子，而这些原子可能无法有效地表征原始信号特征。因此，在这种情况下，应该在字典中使用尽可能多的原子来表示原始数据。ℓ_2 范数非常适合此种情况，因为它可以强制选择所有原子，并且避免对某些特定原子给予较大权重。实际上，文献[41]认为当字典不完备时，与使用稀疏表示相比，使用协同表示(将 ℓ_2 范数添加到表示系数)会导致较小的表示误差，因为协同表示使用更多的样本，这样有助于对测试样本精确表示。正因如此，协同方法已被广泛用于高光谱分析中。由于全色图像包含精确的空间信息，因此所求的因子矩阵 $\boldsymbol{A}_p$ 和 $\boldsymbol{B}_p$ 应该最小化(式 10.16 的第二项)。所以，无需对空间因子引入正则项。至于光谱因子 $\boldsymbol{C}_p$，关于光谱结构的直观先验是光谱向量中的相邻波段像素应该是相近的。因此，将光谱二次变分 $\left\|\boldsymbol{L}\boldsymbol{C}_p\right\|_{\mathrm{F}}^2$ 正则项引入目标函数中，这里有：

$$\boldsymbol{L}=\begin{bmatrix}1 & -1 & & & \\ & 1 & -1 & & \\ & & \ddots & \ddots & \\ & & & 1 & -1\end{bmatrix} \tag{10.17}$$

光谱二次变分约束在张量补全中已广泛使用[42]，从而能够使得光谱平滑。最后，可以构建了如下的 HSI 重构的最终模型：

$$\begin{aligned}&\min_{\mathcal{X},\boldsymbol{A}_p,\boldsymbol{B}_p,\boldsymbol{C}_p,\mathcal{K}_p}\frac{1}{2}\|\boldsymbol{f}-\boldsymbol{\Phi}(\mathcal{X})\|_{\mathrm{F}}^2+\frac{\lambda}{2}\left\|\mathcal{Y}-\left(\sum_p\mathcal{G}_p^{\mathrm{T}}\mathcal{G}_p\right)^{-1}\sum_p(\mathcal{G}_p^{\mathrm{T}}[\![\mathcal{K}_p;\boldsymbol{A}_p,\boldsymbol{B}_p,\boldsymbol{R}\boldsymbol{C}_p,\boldsymbol{I}]\!])\right\|_{\mathrm{F}}^2\\&+\sum_p\left(\frac{\beta}{2}\|\mathcal{K}_p\|_{\mathrm{F}}^2+\frac{\rho}{2}\|\boldsymbol{L}\boldsymbol{C}_p\|_{\mathrm{F}}^2\right)\\&\text{s.t. }\mathcal{X}=\left(\sum_p\mathcal{G}_p^{\mathrm{T}}\mathcal{G}_p\right)^{-1}\sum_p(\mathcal{G}_p^{\mathrm{T}}[\![\mathcal{K}_p;\boldsymbol{A}_p,\boldsymbol{B}_p,\boldsymbol{C}_p,\boldsymbol{I}]\!])\end{aligned} \tag{10.18}$$

其中，β 和 ρ 是确定其相应正则化权重的参数。

10.4 最优化算法

使用交替方向乘子法(ADMM)求解目标函数[43]。与其他优化方法(如分裂 Bregman、梯度下降、变量分离)相比，ADMM 的优势在于它灵活、易于并行化，并且损失函数不需要可微。首先，引入分割变量 $\boldsymbol{D}_p=\boldsymbol{R}\boldsymbol{C}_p$；那么，优化问题可以写为

$$\min_{\mathcal{X},A_p,B_p,C_p,\mathcal{K}_p} \frac{1}{2}\| f - \boldsymbol{\Phi}(\mathcal{X}) \| + \frac{\lambda}{2}\left\| \mathcal{Y} - \left(\sum_p \mathcal{G}_p^{\mathrm{T}}\mathcal{G}_p\right)^{-1} \sum_p (\mathcal{G}_p^{\mathrm{T}} [\![\mathcal{K}_p; A_p, B_p, RC_p, I]\!]) \right\|_{\mathrm{F}}^2$$
$$+\sum_p \left(\frac{\beta}{2}\| \mathcal{K}_p \|_{\mathrm{F}}^2 + \frac{\rho}{2}\| LC_p \|_{\mathrm{F}}^2 \right) \quad (10.19)$$
$$\text{s.t. } \mathcal{X} = \left(\sum_p \mathcal{G}_p^{\mathrm{T}}\mathcal{G}_p\right)^{-1} \sum_p (\mathcal{G}_p^{\mathrm{T}} [\![\mathcal{K}_p; A_p, B_p, C_p, I]\!]),\ D_p = RC_p,\quad p = 1,2,\cdots,P$$

以上函数的增广拉格朗日函数为

$$L(\mathcal{X}, A_p, B_p, C_p, D_p, \mathcal{K}_p)$$
$$= \frac{1}{2}\| f - \boldsymbol{\Phi}(\mathcal{X}) \|_{\mathrm{F}}^2 + \frac{\lambda}{2}\left\| \mathcal{Y} - \left(\sum_p \mathcal{G}_p^{\mathrm{T}}\mathcal{G}_p\right)^{-1} \sum_p (\mathcal{G}_p^{\mathrm{T}} [\![\mathcal{K}_p; A_p, B_p, D_p, I]\!]) \right\|_{\mathrm{F}}^2$$
$$+\sum_p \left(\frac{\beta}{2}\| \mathcal{K}_p \|_{\mathrm{F}}^2 + \frac{\rho}{2}\| LC_p \|_{\mathrm{F}}^2 \right) + \frac{\mu}{2}\left\| \mathcal{X} - \left(\sum_p \mathcal{G}_p^{\mathrm{T}}\mathcal{G}_p\right)^{-1} \sum_p (\mathcal{G}_p^{\mathrm{T}} [\![\mathcal{K}_p; A_p, B_p, C_p, I]\!]) + \mathcal{M}_1/\mu \right\|_{\mathrm{F}}^2$$
$$+\sum_p (D_p - RC_p + \mathcal{M}_{2,p}/\mu))$$
$$(10.20)$$

其中，$\mathcal{M}_1$ 和 $\mathcal{M}_{2,p}$ 是拉格朗日乘子，μ 是一个标量惩罚系数。然后，固定其他变量来求解一个变量。

(1) 更新 $\mathcal{X}$。关于 $\mathcal{X}$ 的目标函数是：

$$\min_{\mathcal{X}} \frac{1}{2}\| f - \boldsymbol{\Phi}(\mathcal{X}) \|_{\mathrm{F}}^2 + \frac{\mu}{2}\left\| \mathcal{X} - \left(\sum_p \mathcal{G}_p^{\mathrm{T}}\mathcal{G}_p\right)^{-1} \sum_p \mathcal{G}_p^{\mathrm{T}} [\![\mathcal{K}_p; A_p, B_p, C_p, I]\!] + \mathcal{M}_1/\mu \right\|_{\mathrm{F}}^2 \quad (10.21)$$

设 $\mathcal{T}_1 = \left(\sum_p \mathcal{G}_p^{\mathrm{T}}\mathcal{G}_p\right)^{-1} \sum_p (\mathcal{G}_p^{\mathrm{T}} [\![\mathcal{K}_p; A_p, B_p, C_p, I]\!]) - \mathcal{M}_1/\mu$，然后，通过将目标函数的导数设置为零来最小化目标函数，可得

$$(\boldsymbol{\Phi}^*\boldsymbol{\Phi} + \mu I)\mathcal{X} = \boldsymbol{\Phi}^*(f) + \mu\mathcal{T}_1 \quad (10.22)$$

其中，$\boldsymbol{\Phi}^*$ 是 $\boldsymbol{\Phi}$ 的伴随矩阵。使用满足 $\boldsymbol{\Phi}^*\boldsymbol{\Phi} = I$ 的压缩测量算子，可获得以下封闭形式的解：

$$\mathcal{X} = \left(\frac{I}{\mu} - \frac{\boldsymbol{\Phi}^*\boldsymbol{\Phi}}{\mu(\mu+1)} \right)(\boldsymbol{\Phi}^*(f) + \mu\mathcal{T}_1) \quad (10.23)$$

当使用 CASSI 成像系统进行压缩成像时，等式(10.22)可以通过共轭梯度算法有效求解。

(2) 更新 $\boldsymbol{A}_p$。关于 $\boldsymbol{A}_p$ 的目标函数为

$$\min_{\boldsymbol{A}_p}\frac{\lambda}{2}\left\|\boldsymbol{\mathcal{Y}}-\left(\sum_p\mathcal{G}_p^{\mathrm{T}}\mathcal{G}_p\right)^{-1}\sum_p(\mathcal{G}_p^{\mathrm{T}}[\![\boldsymbol{\mathcal{K}}_p;\boldsymbol{A}_p,\boldsymbol{B}_p,\boldsymbol{D}_p,\boldsymbol{I}]\!])\right\|_{\mathrm{F}}^2$$
$$+\frac{\mu}{2}\left\|\boldsymbol{\mathcal{X}}-\left(\sum_p\mathcal{G}_p^{\mathrm{T}}\mathcal{G}_p\right)^{-1}\sum_p(\mathcal{G}_p^{\mathrm{T}}\mathcal{G}_p)^{-1}\sum_p(\mathcal{G}_p^{\mathrm{T}}[\![\boldsymbol{\mathcal{K}}_p;\boldsymbol{A}_p,\boldsymbol{B}_p,\boldsymbol{C}_p,\boldsymbol{I}]\!])+\boldsymbol{\mathcal{M}}_1/\mu\right\|_{\mathrm{F}}^2 \tag{10.24}$$

由于每个 $\boldsymbol{A}_p$ 彼此独立，能逐个聚类求解这个问题。因此有：

$$\min_{\boldsymbol{A}_p}\frac{\lambda}{2}\|\mathcal{G}_p\{\boldsymbol{\mathcal{Y}}\}-[\![\boldsymbol{\mathcal{K}}_p;\boldsymbol{A}_p,\boldsymbol{B}_p,\boldsymbol{D}_p,\boldsymbol{I}]\!]\|_{\mathrm{F}}^2+\frac{\mu}{2}\|\mathcal{G}_p\{\boldsymbol{\mathcal{Y}}\}-[\![\boldsymbol{\mathcal{K}}_p;\boldsymbol{A}_p,\boldsymbol{B}_p,\boldsymbol{C}_p,\boldsymbol{I}]\!]+\mathcal{G}_p(\boldsymbol{\mathcal{M}}_1)/\mu\|_{\mathrm{F}}^2 \tag{10.25}$$

其中，$\mathcal{G}_p\{\boldsymbol{\mathcal{M}}_1\}$ 表示从 $\boldsymbol{\mathcal{M}}_1$ 提取出来的 4 阶张量。现在，可以将上面的目标函数重写为

$$\min_{\boldsymbol{A}_p}\frac{\lambda}{2}\left\|\mathcal{G}_p\{\boldsymbol{\mathcal{Y}}_1\}-\boldsymbol{A}_p\boldsymbol{U}_{1,p}\right\|_{\mathrm{F}}^2+\frac{\mu}{2}\left\|\mathcal{G}_p\{\boldsymbol{\mathcal{Y}}\}-\boldsymbol{A}_p\boldsymbol{V}_{1,p}+\mathcal{G}_p\{\boldsymbol{\mathcal{M}}_1\}/\mu\right\|_{\mathrm{F}}^2 \tag{10.26}$$

其中，$\boldsymbol{U}_{1,p}=(\boldsymbol{\mathcal{K}}_p\times_2\boldsymbol{B}_p\times_3\boldsymbol{D}_p)_{(1)}$ 和 $\boldsymbol{V}_{1,p}=(\boldsymbol{\mathcal{K}}_p\times_2\boldsymbol{B}_p\times_3\boldsymbol{C}_p)_{(1)}$。可以求得 $\boldsymbol{A}_p$ 的解如下：

$$\boldsymbol{A}_p=(\lambda\mathcal{G}\{\boldsymbol{\mathcal{Y}}\}_{(1)}\boldsymbol{U}_{1,p}^{\mathrm{T}}+\mu(\mathcal{G}_p\{\boldsymbol{\mathcal{X}}\}_{(1)}+\mathcal{G}_p\{\boldsymbol{\mathcal{M}}_1\}_{(1)}/\mu)\boldsymbol{V}_{1,p}^{\mathrm{T}})(\lambda\boldsymbol{U}_{1,p}\boldsymbol{U}_{1,p}^{\mathrm{T}}+\mu\boldsymbol{V}_{1,p}\boldsymbol{V}_{1,p}^{\mathrm{T}})^{-1} \tag{10.27}$$

(3) 更新 $\boldsymbol{B}_p$。类似于 $\boldsymbol{A}_p$ 的更新，可以获得以下等式：

$$\boldsymbol{B}_p=(\lambda\mathcal{G}_p\{\boldsymbol{\mathcal{Y}}\}_{(2)}\boldsymbol{U}_{2,p}^{\mathrm{T}}+\mu(\mathcal{G}_p\{\boldsymbol{\mathcal{X}}\}_{(2)}+\mathcal{G}_p\{\boldsymbol{\mathcal{M}}_1\}_{(2)}/\mu)\boldsymbol{V}_{2,p}^{\mathrm{T}})(\lambda\boldsymbol{U}_{2,p}\boldsymbol{U}_{2,p}^{\mathrm{T}}+\mu\boldsymbol{V}_{2,p}\boldsymbol{V}_{2,p}^{\mathrm{T}})^{-1} \tag{10.28}$$

其中，$\boldsymbol{U}_{2,p}=(\boldsymbol{\mathcal{K}}_p\times_1\boldsymbol{A}_p\times_3\boldsymbol{D}_p)_{(2)}$ 和 $\boldsymbol{V}_{2,p}=(\boldsymbol{\mathcal{K}}_p\times_1\boldsymbol{A}_p\times_3\boldsymbol{C}_p)_{(2)}$。

(4) 更新 $\boldsymbol{C}_p$。还可以逐个类地求解 $\boldsymbol{C}_p$，从而有以下优化问题：

$$\min_{\boldsymbol{C}_p}\frac{\mu}{2}\left\|\mathcal{G}_p\{\boldsymbol{\mathcal{X}}\}_{(3)}-\boldsymbol{C}_p\boldsymbol{V}_{3,p}+\mathcal{G}_p\{\boldsymbol{\mathcal{M}}_1\}_{(3)}/\mu\right\|_{\mathrm{F}}^2+\frac{\rho}{2}\left\|\boldsymbol{L}\boldsymbol{C}_p\right\|_{\mathrm{F}}^2+\frac{\mu}{2}\left\|\boldsymbol{D}_p-\boldsymbol{R}\boldsymbol{C}_p+\boldsymbol{\mathcal{M}}_{2,p}/\mu\right\|_{\mathrm{F}}^2 \tag{10.29}$$

其中，$\boldsymbol{V}_{3,p}=(\boldsymbol{\mathcal{K}}_p\times_1\boldsymbol{A}_p\times_3\boldsymbol{B}_p)_{(3)}$。将目标函数的导数设置为 0，可得

$$(\boldsymbol{R}^{\mathrm{T}}\boldsymbol{R}+(\rho/\mu)\boldsymbol{L}^{\mathrm{T}}\boldsymbol{L})\boldsymbol{C}_p+\boldsymbol{C}_p\boldsymbol{V}_{3,p}\boldsymbol{V}_{3,p}^{\mathrm{T}}=(\mathcal{G}_p\{\boldsymbol{\mathcal{X}}\}_{(3)}+\mathcal{G}_p\{\boldsymbol{\mathcal{M}}_1\}_{(2)}/\mu)\boldsymbol{V}_{3,p}^{\mathrm{T}}+\boldsymbol{R}^{\mathrm{T}}(\boldsymbol{D}_p+\boldsymbol{\mathcal{M}}_{2,p}/\mu) \tag{10.30}$$

这是一个西尔维斯特方程，可以使用 Bartels-Stewart 算法来解决问题。

(5) 更新 $\boldsymbol{D}_p$。$\boldsymbol{D}_p$ 独立求解，目标函数为

$$\min_{\boldsymbol{D}_p}\frac{\lambda}{2}\left\|\mathcal{G}_p\{\boldsymbol{\mathcal{Y}}\}_{(3)}-\boldsymbol{D}_p\boldsymbol{V}_{3,p}\right\|_{\mathrm{F}}^2+\frac{\mu}{2}\left\|\boldsymbol{D}_p-\boldsymbol{R}\boldsymbol{C}_p+\boldsymbol{\mathcal{M}}_{2,p}/\mu\right\|_{\mathrm{F}}^2 \tag{10.31}$$

因此，$\boldsymbol{D}_p$ 的解为

$$\boldsymbol{D}_p=(\mu\boldsymbol{R}\boldsymbol{C}_p-\boldsymbol{\mathcal{M}}_{2,p}+\lambda\mathcal{G}_p\{\boldsymbol{\mathcal{Y}}\}\boldsymbol{V}_{3,p}^{\mathrm{T}})(\lambda\boldsymbol{V}_{3,p}^{\mathrm{T}})(\lambda\boldsymbol{V}_{3,p}\boldsymbol{V}_{3,p}^{\mathrm{T}}+\mu\boldsymbol{I})^{-1} \tag{10.32}$$

(6) 更新 $\boldsymbol{\mathcal{K}}_p$。关于 $\boldsymbol{\mathcal{K}}_p$ 的最优化问题为

$$\min_{\boldsymbol{\mathcal{K}}_p}\frac{\lambda}{2}\left\|\mathcal{G}_p\{\boldsymbol{\mathcal{Y}}\}-\boldsymbol{\mathcal{K}}_p\times_1\boldsymbol{A}_p\times_2\boldsymbol{B}_p\times_3\boldsymbol{D}_p\right\|_{\mathrm{F}}^2+\frac{\mu}{2}\left\|\mathcal{G}_p\{\boldsymbol{\mathcal{X}}\}-\boldsymbol{\mathcal{K}}_p\times_1\boldsymbol{A}_p\times_2\boldsymbol{B}_p\times_3\boldsymbol{C}_p\right\|_{\mathrm{F}}^2+\frac{\beta}{2}\left\|\boldsymbol{\mathcal{K}}_p\right\|_{\mathrm{F}}^2 \tag{10.33}$$

由于 $\boldsymbol{\mathcal{K}}_p$ 是一个 4 阶张量，与因子矩阵相比，它有更多未知参数要求解，因此直接以矩阵格式进行计算代价非常高。在这里，仍然使用 ADMM 来解决此问题。引入分裂变量 $\boldsymbol{\mathcal{K}}_p=\boldsymbol{\mathcal{Z}}_p$，可以获得约束优化问题:

$$\begin{aligned}&\min_{\boldsymbol{\mathcal{K}}_p,\boldsymbol{\mathcal{Z}}_p}\frac{\lambda}{2}\left\|\mathcal{G}_p\{\boldsymbol{\mathcal{Y}}\}-\boldsymbol{\mathcal{K}}_p\times_1\boldsymbol{A}_p\times_2\boldsymbol{B}_p\times_3\boldsymbol{D}_p\right\|_{\mathrm{F}}^2+\frac{\mu}{2}\left\|\mathcal{G}_p\{\boldsymbol{\mathcal{X}}\}-\boldsymbol{\mathcal{Z}}_p\times_1\boldsymbol{A}_p\times_2\boldsymbol{B}_p\times_3\boldsymbol{C}_p\right\|_{\mathrm{F}}^2+\frac{\beta}{2}\left\|\boldsymbol{\mathcal{K}}_p\right\|_{\mathrm{F}}^2\\&\text{s.t.}\quad\boldsymbol{\mathcal{K}}_p=\boldsymbol{\mathcal{Z}}_p\end{aligned} \tag{10.34}$$

对应增广拉格朗日函数为

$$L(\boldsymbol{k}_p,\boldsymbol{z}_p)=\frac{\lambda}{2}\left\|\boldsymbol{y}_p-\boldsymbol{H}_p\boldsymbol{k}_p\right\|_{\mathrm{F}}^2+\frac{\mu}{2}\left\|\boldsymbol{x}_p-\boldsymbol{W}_p\boldsymbol{z}_p\right\|_{\mathrm{F}}^2+\frac{\beta}{2}\left\|\boldsymbol{k}_p\right\|_{\mathrm{F}}^2+\frac{\tau}{2}\left\|\boldsymbol{k}_p-\boldsymbol{z}_p+\boldsymbol{q}_p\right\|_{\mathrm{F}}^2 \tag{10.35}$$

其中，$\boldsymbol{y}_p=\mathrm{vec}(\mathcal{G}_p\{\boldsymbol{\mathcal{Y}}\})$，$\boldsymbol{k}_p=\mathrm{vec}(\boldsymbol{\mathcal{K}}_p)$，$\boldsymbol{z}_p=\mathrm{vec}(\boldsymbol{\mathcal{Z}}_p)$，$\boldsymbol{q}_p$ 是拉格朗日乘子，τ 是惩罚参数，$\boldsymbol{H}_p=\boldsymbol{I}\otimes\boldsymbol{D}_p\otimes\boldsymbol{B}_p\otimes\boldsymbol{A}_p$，$\boldsymbol{W}_p=\boldsymbol{I}\otimes\boldsymbol{C}_p\otimes\boldsymbol{B}_p\otimes\boldsymbol{A}_p$。逐一求解 $\boldsymbol{k}_p$ 和 $\boldsymbol{z}_p$。对于 $\boldsymbol{k}_p$，目标函数为

$$\min_{\boldsymbol{k}_p}\frac{\lambda}{2}\left\|\boldsymbol{y}_p-\boldsymbol{H}_p\boldsymbol{k}_p\right\|_{\mathrm{F}}^2+\frac{\tau}{2}\left\|\boldsymbol{k}_p-\boldsymbol{z}_p+\boldsymbol{q}_p\right\|_{\mathrm{F}}^2+\frac{\beta}{2}\left\|\boldsymbol{k}_p\right\|_{\mathrm{F}}^2 \tag{10.36}$$

闭式解为

$$\boldsymbol{k}_p=(\lambda\boldsymbol{H}_p^{\mathrm{T}}\boldsymbol{H}_p+(\tau+\beta)\boldsymbol{I})^{-1}(\lambda\boldsymbol{H}_p^{\mathrm{T}}\boldsymbol{y}_p-\tau(\boldsymbol{z}_p+\boldsymbol{q}_p)) \tag{10.37}$$

由于矩阵尺寸大，计算 $(\lambda\boldsymbol{H}_p^{\mathrm{T}}\boldsymbol{H}_p+(\tau+\beta)\boldsymbol{I})$ 的逆很困难。重写 $(\lambda\boldsymbol{H}_p^{\mathrm{T}}\boldsymbol{H}_p+(\tau+\beta)\boldsymbol{I})^{-1}$ 为

$$(\boldsymbol{I}\otimes\boldsymbol{U}_{D,p}\otimes\boldsymbol{U}_{B,p}\otimes\boldsymbol{U}_{A,p})(\lambda\boldsymbol{I}+(\tau+\beta)\boldsymbol{I}\otimes\boldsymbol{V}_{D,p}\otimes\boldsymbol{V}_{B,p}\otimes\boldsymbol{V}_{A,p})^{-1}(\boldsymbol{I}\otimes\boldsymbol{U}_{D,p}^{\mathrm{T}}\otimes\boldsymbol{U}_{B,p}^{\mathrm{T}}\otimes\boldsymbol{U}_{A,p}^{\mathrm{T}}) \tag{10.38}$$

其中，$\boldsymbol{U}_{D,p}$ 和 $\boldsymbol{V}_{D,p}$ 可以由 $\boldsymbol{D}_p^{\mathrm{T}}\boldsymbol{D}_p$ 的特征值分解来计算，即 $\boldsymbol{U}_{D,p}\boldsymbol{V}_{D,p}\boldsymbol{U}_{D,p}^{\mathrm{T}}=\boldsymbol{D}_p^{\mathrm{T}}\boldsymbol{D}_p$。同时 $\boldsymbol{V}_{D,p}$ 是对角矩阵。因此 $\boldsymbol{U}_{B,p},\boldsymbol{U}_{A,p},\boldsymbol{V}_{B,p},\boldsymbol{V}_{A,p}$ 可以使用相同的方法求解。这样 $(\tau\boldsymbol{I}+\boldsymbol{I}\otimes(\tau+\beta)\boldsymbol{V}_{D,p}\otimes\boldsymbol{V}_{B,p}\otimes\boldsymbol{V}_{A,p})$ 也是对角的，很容易计算它的逆矩阵。对于变量 $\boldsymbol{z}_p$，目标函数为

$$\min_{z_p} \frac{\mu}{2}\left\|\boldsymbol{x}_p-\boldsymbol{W}_p\boldsymbol{z}_p\right\|_{\mathrm{F}}^2+\frac{\tau}{2}\left\|\boldsymbol{k}_p-\boldsymbol{z}_p+\boldsymbol{q}_p\right\|_{\mathrm{F}}^2 \tag{10.39}$$

这可以通过类似于问题(10.36)的方式求解。然后乘子由 $\boldsymbol{q}_p=\boldsymbol{q}_p+(\boldsymbol{k}_p-\boldsymbol{z}_p)$ 更新。

(7)更新乘子和惩罚常量。乘子和惩罚常量更新如下：

$$\mathcal{M}_1=\mathcal{M}_1+\mu\left(\mathcal{X}-\left(\sum_p\mathcal{G}_p^{\mathrm{T}}\mathcal{G}_p\right)^{-1}\sum_p(\mathcal{G}_p^{\mathrm{T}}[\![\mathcal{K}_p;\boldsymbol{A}_p,\boldsymbol{B}_p,\boldsymbol{C}_p,\boldsymbol{I}]\!])\right) \tag{10.40}$$

$$\mathcal{M}_{2,p}=\mathcal{M}_{2,p}+\mu(\boldsymbol{D}_p-\boldsymbol{R}\boldsymbol{C}_p),\ p=1,2,\cdots,P \tag{10.41}$$

$$\mu=1.1\mu$$

设置 $\mathcal{T}=\left(\sum_p\mathcal{G}_p^{\mathrm{T}}\mathcal{G}_k\right)^{-1}\sum_p\left(\mathcal{G}_p^{\mathrm{T}}[\![\mathcal{K}_p;\boldsymbol{A}_p,\boldsymbol{B}_p,\boldsymbol{C}_p,\boldsymbol{I}]\!]\right)$，$r_1=\dfrac{\left\|\boldsymbol{x}^{\mathrm{iter}}-\mathcal{T}^{\mathrm{iter}}\right\|_{\mathrm{F}}^2}{\left\|\boldsymbol{x}^{\mathrm{iter}}\right\|_{\mathrm{F}}^2}$，$r_2=\dfrac{\left\|\boldsymbol{x}^{\mathrm{iter}}-\boldsymbol{x}^{\mathrm{iter}-1}\right\|_{\mathrm{F}}}{\left\|\boldsymbol{x}^{\mathrm{iter}}\right\|_{\mathrm{F}}^2}$和 $r_3=\dfrac{\left\|\mathcal{T}^{\mathrm{iter}}-\mathcal{T}^{\mathrm{iter}-1}\right\|_{\mathrm{F}}^2}{\left\|\boldsymbol{x}^{\mathrm{iter}}\right\|_{\mathrm{F}}^2}$；然后，设置算法的停止准则 $\max\{r_1,r_2,r_3\}<\varepsilon$。

算法 10.1 总结了求解问题(10.18)的 ADMM 算法步骤。

算法 10.1　高光谱图像的 CT3D 算法

输入： 压缩测量值 $\boldsymbol{f}$，全色图像 $\mathcal{Y},\boldsymbol{R},\lambda,\beta,\tau,h,v$

1:　初始值 $\mathcal{X}^0=\boldsymbol{\Phi}^{\mathrm{T}}(\boldsymbol{f})$，$\mathcal{M}_1^0=\boldsymbol{0}$，$\mathcal{M}_{(2,p)}^0=\boldsymbol{0}$，$\mathcal{K}_p^0$，$\boldsymbol{A}_p^0$，$\boldsymbol{B}_p^0$，$\boldsymbol{C}_p^0$，$\boldsymbol{D}_p^0$ $(p=1,2,\cdots,P)$ 是随机初始化，iter=1，$\mu=10^{-5}$，maxIter=100，$\varepsilon=10^{-3}$

2:　**while** not convergence and iter<maxIter　**do**

3:　　**for** p=1:P **do**

4:　　　通过式(10.27)更新 $\boldsymbol{A}_p^{\mathrm{iter}}$

5:　　　通过式(10.28)更新 $\boldsymbol{B}_p^{\mathrm{iter}}$

6:　　　通过求解式(10.30)更新 $\boldsymbol{C}_p^{\mathrm{iter}}$

7:　　　通过式(10.32)更新 $\boldsymbol{D}_p^{\mathrm{iter}}$

8:　　　通过求解式(10.33)更新 $\mathcal{K}_p^{\mathrm{iter}}$

9:　　end for

10:　　通过求解式(10.23)更新 $\mathcal{X}^{\mathrm{iter}}$

11:　　根据式(10.40)和式(10.41)更新乘子和惩罚项

12:　　检查收敛条件

13:　　iter←iter+1

14:　end while

输出：　$\mathcal{X}=\mathcal{X}^{\mathrm{iter}}$

10.5　计算成像实验研究与分析

本节将进行多次实验来评估所提出方法的性能。实验中使用公共 CAVE 数据集[44]。CAVE 数据集包含 32 个室内高光谱图像，空间维大小为 512×512 像素，从 400～700nm 的 31 个波段，其光谱分辨率为 10nm。灰度相机的光谱响应函数如图 10.6(a)所示，图 10.6(b)显示了由光谱响应函数产生的全色图像。使用 256×256×93 尺寸的图像作为参考图像，通过对参考高光谱图像的所有波段上求平均值来生成全色图像。

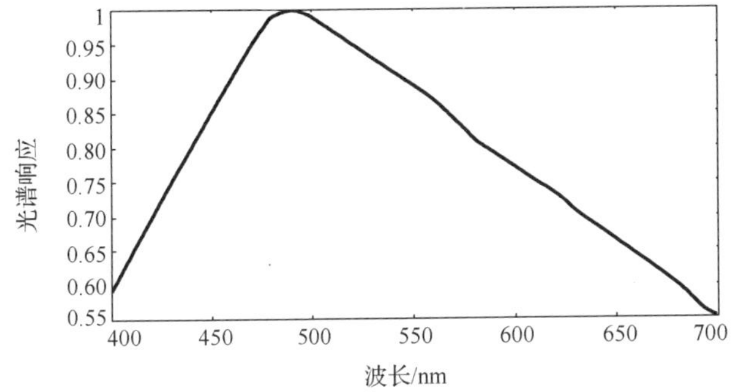

(a) 灰度相机的光谱响应曲线

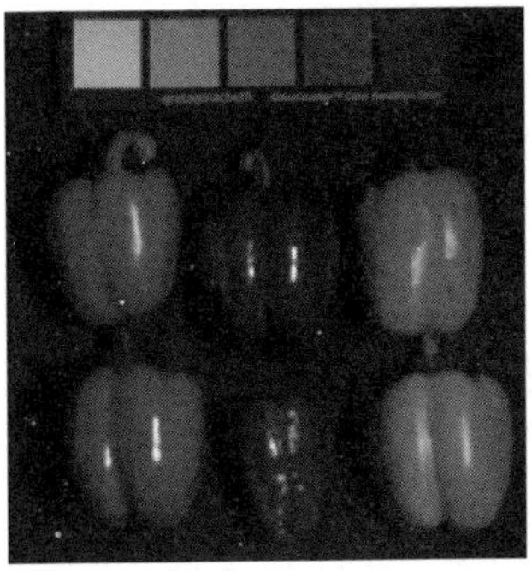

(b) 由光谱响应函数产生的全色图像

图 10.6　光谱响应和全色图像

在实验中，使用随机排列的 Hadamard 变换作为压缩算子。为了评估所提取的方法的性能，使用四个定量质量指标，分别是峰值信噪比(PSNR)、结构相似性(structural similarity index measurement，SSIM)、特征相似性(feature similarity index measurement，FSIM)和相对无量纲全局误差(ERGAS)。PSNR 和 SSIM 分别通过计算 RMSE 和结构一致性来评估重建图像和参考图像之间的相似性。FSIM 评估参考图像和重建图像之间的感知一致性。ERGAS 代表了重建图像质量的全局指标。更好的重建图像具有较高的 PSNR、SSIM 和 FSIM 指标和较低的 ERGAS 指标。

10.5.1　使用随机置换 Hadamard 变换的实验结果

与原始 DCCHI 系统不同，本实验中压缩采样的系统响应由 $\boldsymbol{\Phi}=\boldsymbol{D}\cdot\boldsymbol{H}\cdot\boldsymbol{P}$ 表示。在此，$\boldsymbol{D}$, $\boldsymbol{H}$ 和 $\boldsymbol{P}$ 代表随机下采样算子、Walsh-Hadamard 变换和随机置换矩阵。立方块大小是 32×32×31，且无重叠。在重建中，在一个簇中的块数设置为 8。其他的参数设置如下：$\lambda=10^3$，$\beta=10^{-2}$ 和 $\rho=10^{-3}$，核心张量的大小由 $K_h=30$、$K_v=30$ 和 $K_B=5$ 设置。

实验中采用三种不同的采样率(SR)，即 10%、1%、0.1%。将我们的结果与不使用全色图像的结果进行比较，这意味着 $\lambda = 0$。由于低秩约束是用于重构 HSI 的唯一先验知识，通过将核心张量设置为较小的大小来增强低秩张量约束。在这里，将此方法表示为 CT3DI。为了显示双摄像头相对于单个压缩传感器的优势，还提供了使用相同采样量的重建结果的比较。这里的采样是压缩测量值和全色图像的总和。因此，当压缩传感器的 SR 为 6.77%时，DCCHI 中的总输入量与 SR 为 10%的单个压缩传感器的输入量相同，为了清楚地显示结果，将 SR 为 6.77%的 CT3D 表示为 CT3D-Fair，并比较 SR 为 10%时 CT3DI 和 CT3D 的重建结果。

10.5.2　CAVE 数据集的实验结果

首先显示不同方法的定量指标结果。图 10.7、图 10.8 和图 10.9 分别显示了这些方法在 10%、1%和 0.1%SR 时的 PSNR、SSIM、FSIM 和 ERGAS 指标。x 轴是图像索引，y 轴代表相应的质量指标。从这些图中可以看到，提出的 CT3D 方法可以在 SR 分别为 10%和 1%的情况下重建 HSI。在表 10.1 中，给出了 32 个场景的平均定量质量指标，在非常低的 SR(如 0.1%)下，提出的 CT3D 还可以以 28.75dB 的平均 PSNR 重建 HSI。所提出的 CT3D 方法在所有图像和 SR 方面均优于 CT3DI。CT3D-Fair 的性能优于 CT3DI，PSNR 改善了 2.92dB，这表明在相同的输入量下，CT3D 方法具有较高的重构精度。CT3D-Fair 的 FSIM 非常接近 CT3D，因此，引入的全色图像

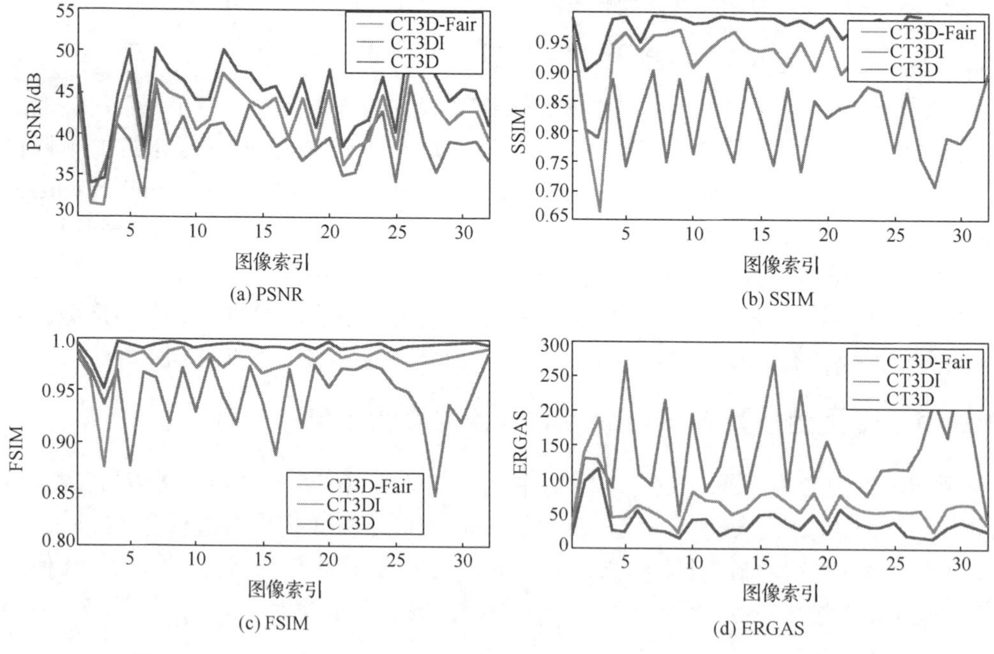

(a) PSNR　(b) SSIM　(c) FSIM　(d) ERGAS

图 10.7　CAVE 数据中所有 32 个 HSI 采样率为 10%时 PSNR、SSIM、FSIM 和 ERGAS 指标(见彩图)

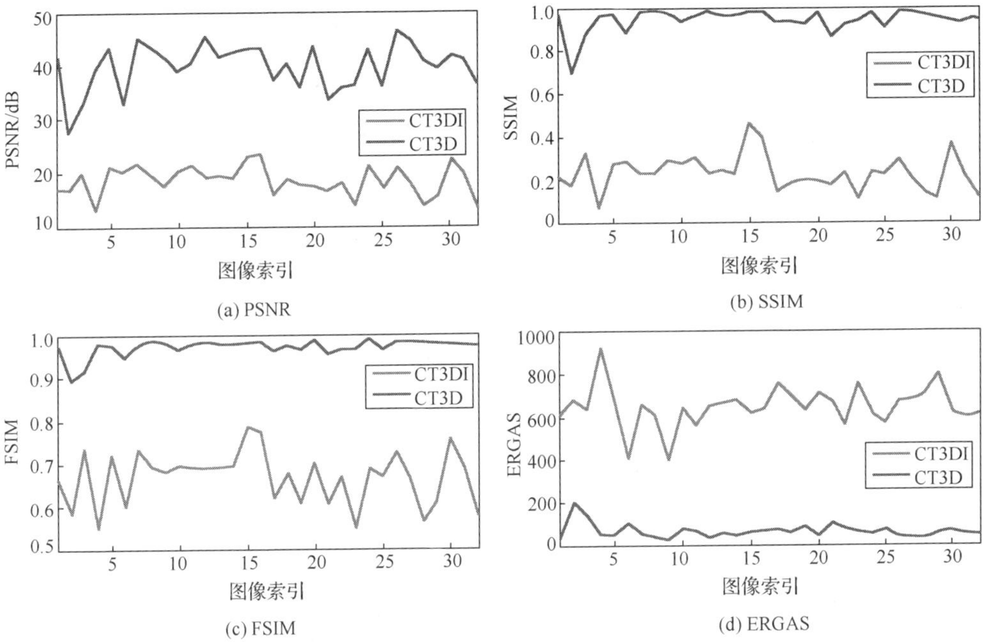

(a) PSNR　(b) SSIM　(c) FSIM　(d) ERGAS

图 10.8　CAVE 数据中所有 32 个 HSI 采样率为 1%时 PSNR、SSIM、FSIM 和 ERGAS 指标(见彩图)

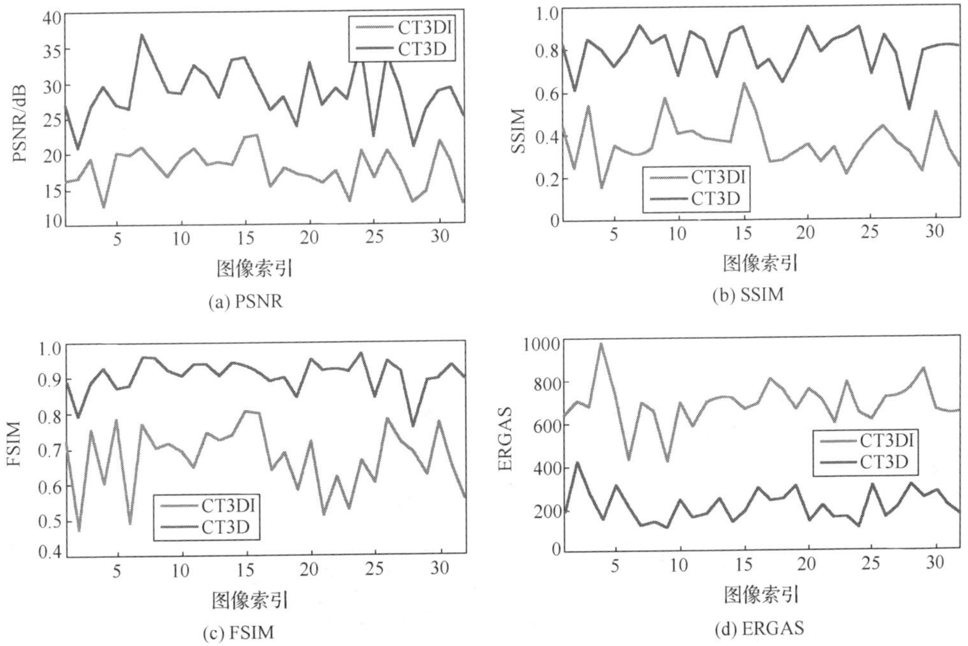

(a) PSNR　(b) SSIM　(c) FSIM　(d) ERGAS

图 10.9　CAVE 数据中所有 32 个 HSI 采样率为 0.1%时 PSNR、SSIM、FSIM 和 ERGAS 指标(见彩图)

表 10.1　提出的方法和 CT3DI 相对于 4 个定量质量指标的平均性能，通过在 CAVE 数据集中平均超过 32 种场景获得结果

SR		PSNR/dB	SSIM	FSIM	REGAS
SR=10%	CT3DI	39.07	0.82	0.95	137.48
	CT3D	44.55	0.98	0.99	36.68
	CT3D-Fair	41.99	0.93	0.98	62.83
SR=1%	CT3DI	18.47	0.23	0.67	648.69
	CT3D	39.77	0.94	0.97	63.56
SR=0.1%	CT3DI	17.88	0.36	0.67	690.15
	CT3D	28.75	0.79	0.90	214.18

可以在感知一致性方面极大地改善重建图像。具体而言，在 SR = 10%时 CT3DI 和 CT3D 之间的精度差距不是很大。然而，当 SR = 1%和 0.1%时，差距增加，这表明仅使用压缩测量值的传统压缩感知方法无法以低 SR 有效地重建原始图像。相反，利用全色图像提供的信息，提出的 CT3D 也可以有效地重建具有非常低 SR 的原始图像。关于结构相似性，我们的方法比 CT3DI 有了明显的改进，这是因为通过使用全色图像可以保留 HSI 的空间结构。在图 10.10 中，显示了所有 SR 的重构 RGB 图像和残差图像，其中 RGB 图像使用从重构的 HSI 中提取的波段(30、20、10)图像，残差图像是波段 20 中重建图像与真实图像之间的残差。可以清楚地观察到，CT3DI 可以在 SR = 10%时重建 HSI，当 SR = 1%和 0.1%时，CT3DI 的视觉效果较差。即使使用 0.1%的 SR，CT3D 的重建结果也能达到预期效果，并且可以有效地维持空间结构。此外，为了展示光谱一致性，在图 10.11～图 10.13 中显示了在像素点(200,300)处所有 SR 的重构光谱曲线。当 SR = 10%时，CT3D 的光谱曲线可以在所有波长下很好地逼近真实值(Ground Truth，GT)。但是，在某些波长下 CT3DI 的结果无法逼近真实值。同时，当 SR=1%和 0.1%时，CT3DI 的结果在所有波长下均无法逼近真实值。我们的结果仍然可以在低 SR 下重建光谱曲线。因此，可以说，即使对于非常低的 SR，所提出的 CT3D 方法也可以有效地重构原始 HSI。

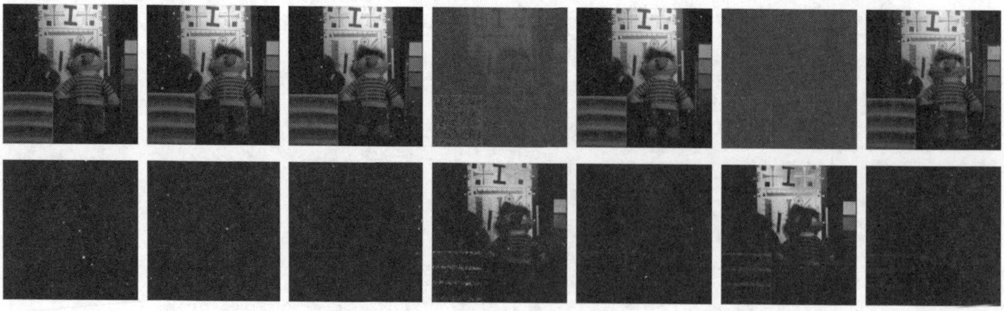

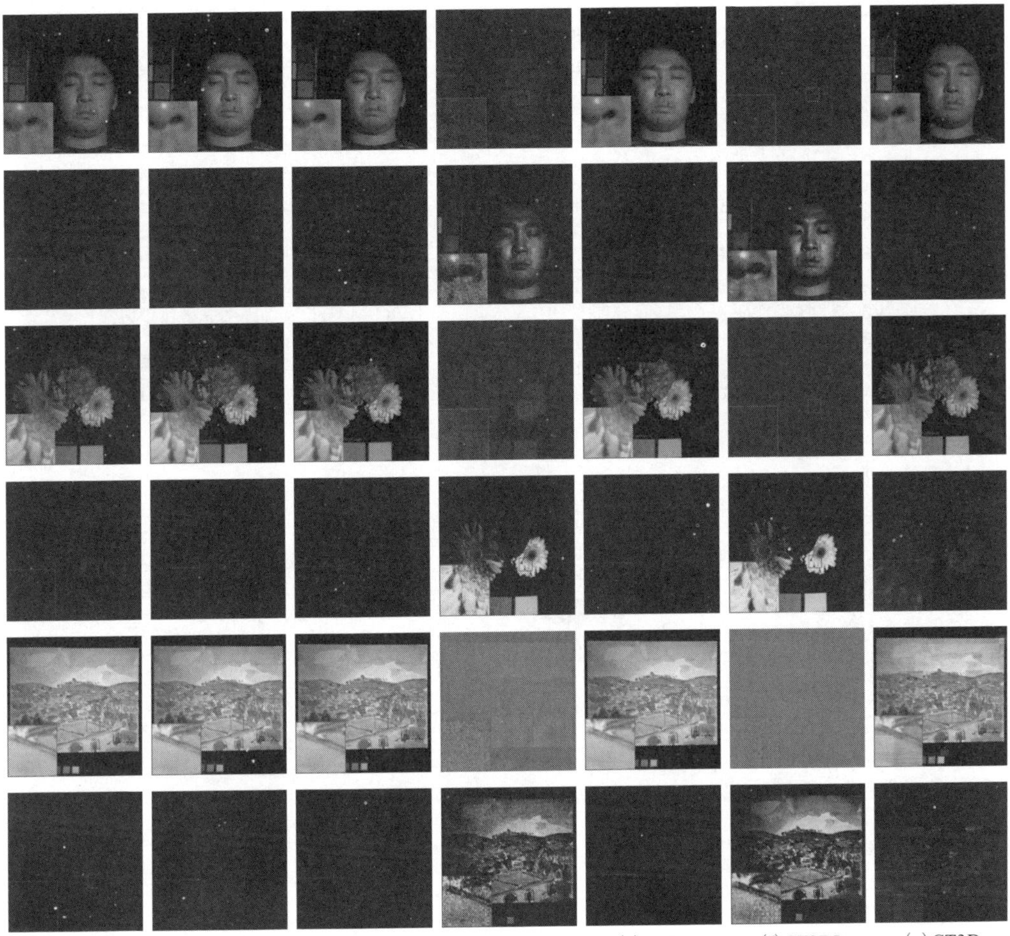

(a) CT3DI (SR = 10%)　(b) CT3D (SR = 10%)　(c) CT3D-Fair (SR = 6.77%)　(d) CT3DI (SR = 1%)　(e) CT3D (SR = 1%)　(f) CT3DI (SR = 0.1%)　(g) CT3D (SR = 0.1%)

图 10.10　CAVE 中 4 个代表性图像的重建图像的视觉质量比较(见彩图)

(第 1、3、5 和 7 行中的图片是使用波段(30、20、10)重建的彩色图像，
第 2、4、6 和 8 行中的图片是真实图像与重建后的残差图像中波段 20 的图像)

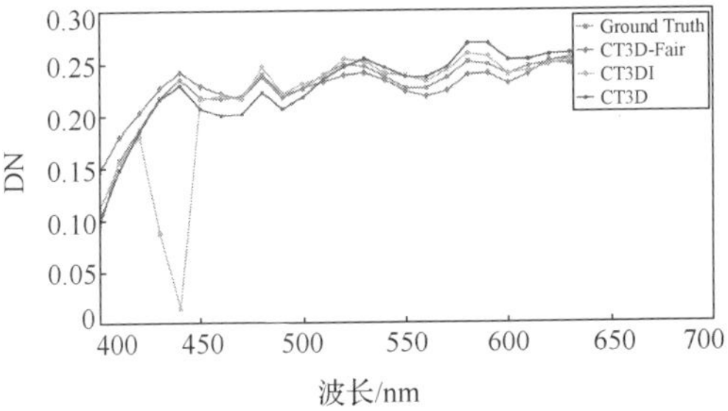

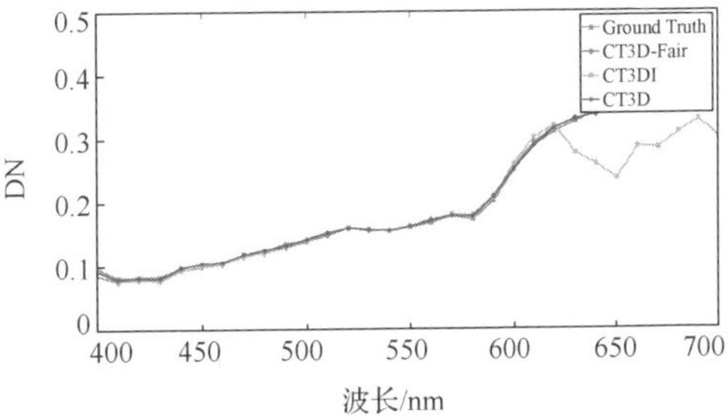

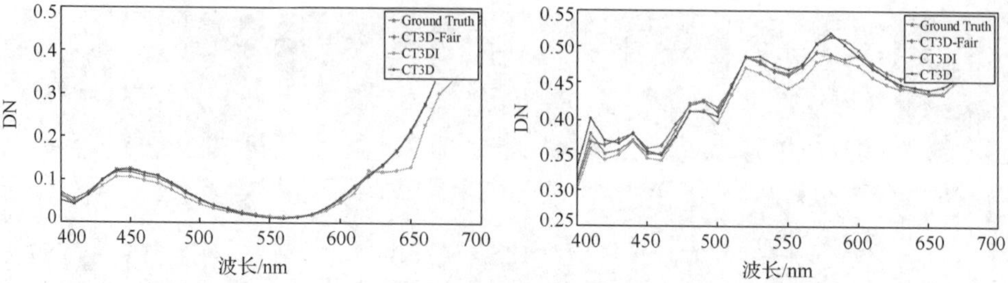

图 10.11　不同方法所重构的光谱曲线比较(见彩图)
(以 10%采样率重构的四幅 CAVE 数据库中的高光谱图像中(200, 300)位置像元的光谱曲线为例)

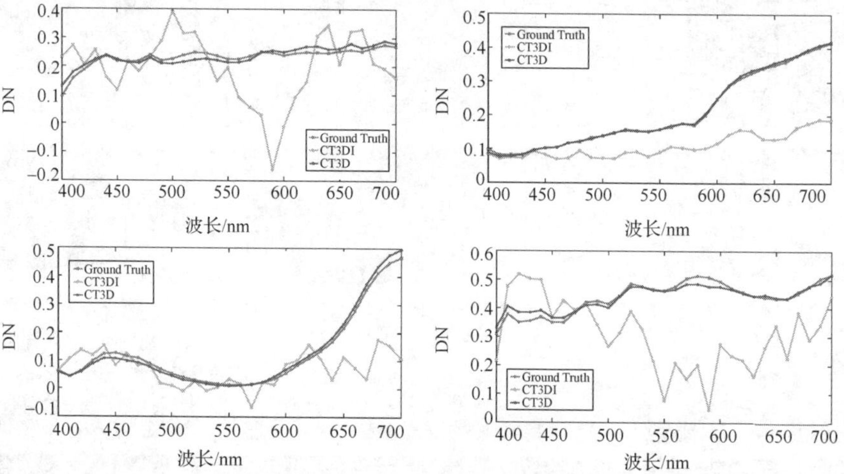

图 10.12　不同方法所重构的光谱曲线比较(见彩图)
(以 1%采样率重构的四幅 CAVE 数据库中的高光谱图像中(200, 300)位置像元的光谱曲线为例)

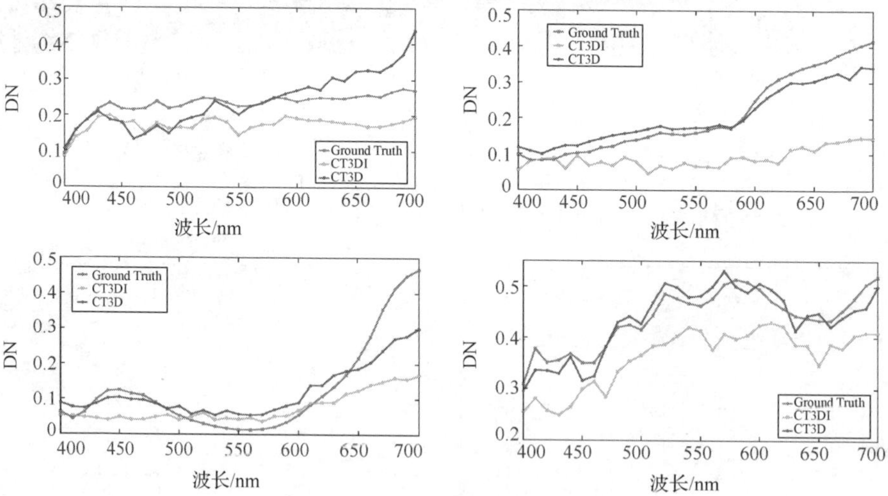

图 10.13　不同方法所重构的光谱曲线比较(见彩图)
(以 0.1%采样率重构的四幅 CAVE 数据库中的高光谱图像中(200, 300)位置像元的光谱曲线为例)

10.5.3　参数对计算成像性能的影响

本节将评估这些参数的灵敏度。首先，核心张量的大小是重建的重要因素。HSI 的光谱尺寸存在很高的冗余度，因此可以将光谱因子的大小固定为较小的数量。在这里，在所有的采样率下设置 $K_B = 5$。但是空间因子矩阵的大小难以确定。为此分析空间因子矩阵的大小，假设两个空间因子矩阵的大小相同，并用 $K_d = K_h = K_v$ 表示。另外，每个簇中块的数量 N_p 也决定了核心张量的大小。在图 10.14 中绘制了在 1%SR 下重建图像 6 的质量指标与空间因子矩阵大小 K_d 和 N_p 的关系。可以观察到，当 $24 \leqslant K_d \leqslant 32$ 和 $6 \leqslant N_p \leqslant 14$ 时，提出的方法显示出较好的结果。为了简化重建过程，为所有 SR 设置 $K_d = 30$ 和 $N_p = 8$。ρ 和 β 是控制正则化重要性的参数，在图 10.15 中绘制了在 1%SR 下 CAVE 中重构的第 6 张图像的质量指标与 ρ 和 β 的关系。可以看到，当 $10^{-4} \leqslant \rho \leqslant 10^{-1}$ 和 $10^{-4} \leqslant \beta \leqslant 10^{-2}$ 时，我们的方法可以获得高质量的重构 HSI。因此，在采样率下设置 $\rho = 10^{-3}$ 和 $\beta = 10^{-2}$。

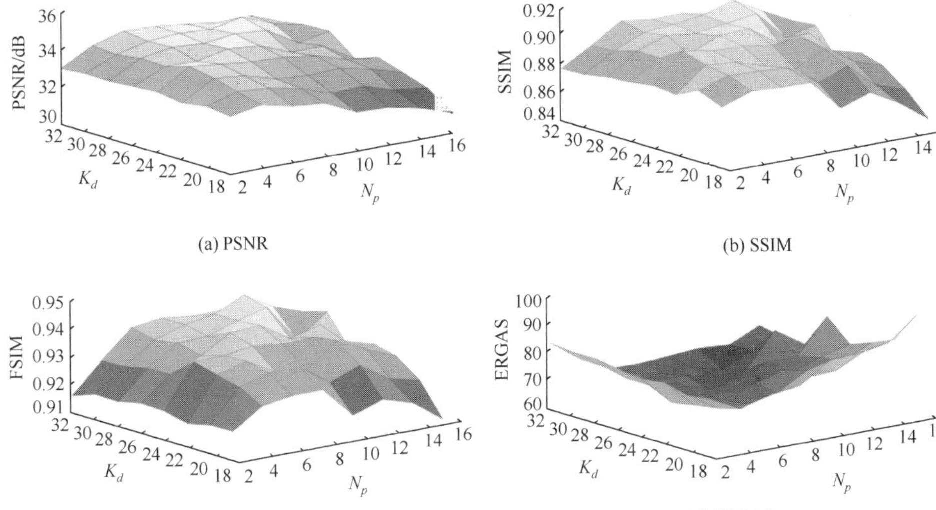

(a) PSNR　(b) SSIM

(c) FSIM　(d) ERGAS

图 10.14　CAVE 中第 6 张图像的质量指数曲线与每个簇中空间原子数和立方块数的关系

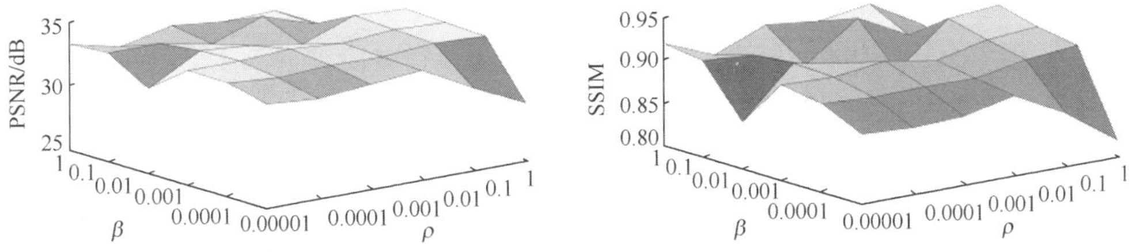

(a) PSNR　(b) SSIM

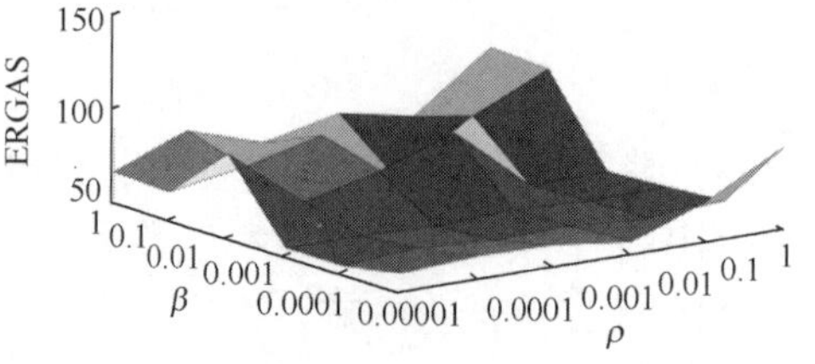

(c) FSIM

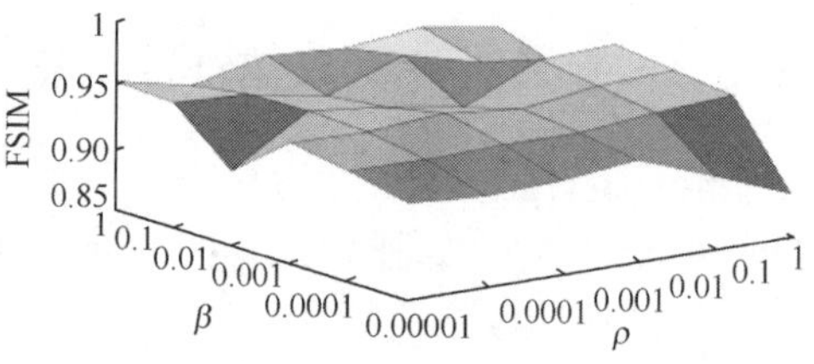

(d) ERGAS

图 10.15　CAVE 中第 6 张图像的质量指数曲线与ρ和 β 的关系

10.6　本 章 结 语

本章提出了一种协同 Tucker3 模型，用于根据压缩测量值和相应的全色图像重建 HSI。首先，为了保留 HSI 的空间光谱结构，将 HSI 中的立方块视为 3 阶张量，并将相似的立方块分组为 4 阶张量。为了表征 4 阶张量，将 Tucker3 模型用于 4 阶张量的分解。因此，立方块的低秩性和相似块之间的相似性被同时考虑；其次，为了整合全色图像的空间结构，HSI 的 Tucker3 分解中的空间因子矩阵和核心张量促使与全色图像的空间因子矩阵相同；另外，将光谱二次变化约束引入光谱因子矩阵以改善光谱结构。提出了一种基于 ADMM 的高效算法来求解目标函数。实验结果证明了该方法在室内 HSI 和遥感 HSI 上的优势。

从本章研究来看，双路相机的高光谱计算成像问题的核心是在多路复用成像框架下，充分挖掘多路压缩测量数据的互补性以及各自数据的先验知识，通过稀疏(或广义结构化稀疏)复用编码测量重建建模为联合优化问题，并借助强大的计算能力实现超分辨重建。因此从图像先验建模的角度看，如何进行图像先验表示是问题的关键。目前国际上关于图像表示理论从向量稀疏[13,14]、矩阵低秩[15]到最新发展的深度表示[16-19]，为计算重建提供新的契机。然而，计算成像视频光谱仪目前只停留在原理样机阶段，迫切需要解决如下关键问题。

(1) 目前计算成像视频光谱仪采取以棱镜为基础的分光器件，因此迫切需要新型高光谱分辨率分光器件；混合相机系统是全色相机和 CASSI 或者 Lytro 相机和 CASSI 的组合，其光谱分辨率较低，且大都在可见和近红外较窄波段(400～650nm)，如何构建宽谱段(400～1000nm，1000～2500nm)的高光谱分辨率视频光谱仪是挑战。在遥感地质应用、公安刑侦等领域，短波红外波段是关键。

(2) 在混合相机光谱视频融合计算成像中，如何最大限度的融合空间与光谱两方面的互补有效特征是十分重要的问题。

(3) 目前计算成像虽然采取了基于信号向量的稀疏性、非局部正则化先验和矩阵低秩先验等，但是高光谱视频是 4 阶以上的张量数据，如何通过张量结构表示先验以及深度学习先验的有机耦合[34-36]，提升计算成像的重建性能尚有大量工作可做。

综上所述，虽然国内相关光谱视频成像仪研制取得较大进步，但与国外相比，还有明显差距，尤其是在仪器的实用化、产业化应用方面差距显著，整体上仍停留在“科学研究型”和“技术展示型”阶段。

参考文献

[1] 戴琼海, 索津莉, 季向阳, 等. 计算摄像学. 北京: 清华大学出版社, 2016.

[2] 李德仁, 童庆禧, 李荣兴, 等. 高分辨率对地观测的若干前沿科学问题. 中国科学: 地球科学, 2012, 42(6): 805-813.

[3] Bioucas-Dias J M, Plaza A, Camps-Valls G, et al. Hyperspectral remote sensing data analysis and future challenges. IEEE Geoscience and Remote Sensing Magazine, 2013, 1(2): 6-36.

[4] 张兵, 高连如. 高光谱图像分类与目标探测. 北京：科学出版社, 2011.

[5] Descour M, Dereniak E. Computed-tomography imaging spectrometer: Experimental calibration and reconstruction results. Applied Optics, 1995, 34(22): 4817-4826.

[6] Brady D J, Gehm M E. Compressive imaging spectrometers using coded apertures. Proceedings of the International Society for Optics and Photonics, Orlando, 2006, 6246: 62460A.

[7] Wu Y, Mirza I O, Arce G R, et al. Development of a digital-micromirror-device-based multishot snapshot spectral imaging system. Optics Letters, 2011, 36(14): 2692-2694.

[8] Arce G, Brady D, Carin L, et al. Compressive coded aperture spectral imaging: An introduction. IEEE Signal Processing Magazine, 2013, 31(1): 105-115.

[9] Haupt J, Castro R, Nowak R, et al. Compressive sampling for signal classification. Proceedings of the 40th Asilomar Conference on Signals, Systems and Computers, Pacific Grove, 2006: 1430-1434.

[10] Fowler J, Du Q. Anomaly detection and reconstruction from random projections. IEEE Transactions on Image Processing, 2011, 21(1): 184-195.

[11] Cao X, Du H, Tong X, et al. A prism-mask system for multispectral video acquisition. IEEE Transactions on Pattern Analysis and Machine Intelligence, 2011, 33(12): 2423-2435.

[12] August Y, Vachman C, Rivenson Y, et al. Compressive hyperspectral imaging by random separable projections in both the spatial and the spectral domains. Applied Optics, 2013, 52(10): D46-D54.

[13] Ma C, Cao X, Wu R, et al. Content-adaptive high-resolution hyperspectral video acquisition with a hybrid camera system. Optics Letters, 2014, 39(4): 937-940.

[14] Ma C, Cao X, Tong X, et al. Acquisition of high spatial and spectral resolution video with a hybrid camera system. International Journal of Computer Vision, 2014, 110(2): 141-155.

[15] Cao X, Yue T, Lin X, et al. Computational snapshot multispectral cameras: Toward dynamic

capture of the spectral world. IEEE Signal Processing Magazine, 2016, 33(5): 95-108.

[16] Chen L, Yue T, Cao X, et al. High-resolution spectral video acquisition. Frontiers of Information Technology and Electronic Engineering, 2017, 18(9): 1250-1260.

[17] Wang L, Xiong Z, Gao D, et al. Dual-camera design for coded aperture snapshot spectral imaging. Applied Optics, 2015, 54(4): 848-858.

[18] Wang L, Xiong Z, Gao D, et al. High-speed hyperspectral video acquisition with a dual-camera architecture. Proceedings of the IEEE Conference on Computer Vision and Pattern Recognition, Boston, 2015: 4942-4950.

[19] Xiong Z, Wang L, Li H, et al. Snapshot hyperspectral light field imaging. Proceedings of the IEEE Conference on Computer Vision and Pattern Recognition, Honolulu, 2017: 3270-3278.

[20] Wang L, Xiong Z, Shi G, et al. Adaptive nonlocal sparse representation for dual-camera compressive hyperspectral imaging. IEEE Transactions on Pattern Analysis and Machine Intelligence, 2016, 39(10): 2104-2111.

[21] Bioucas-Dias J M, Figueiredo M A T. A new TwIST: Two-step iterative shrinkage/thresholding algorithms for image restoration. IEEE Transactions on Image processing, 2007, 16(12): 2992-3004.

[22] Kittle D, Choi K, Wagadarikar A, et al. Multiframe image estimation for coded aperture snapshot spectral imagers. Applied Optics, 2010, 49(36): 6824-6833.

[23] Wagadarikar A, John R, Willett R, et al. Single disperser design for coded aperture snapshot spectral imaging. Applied Optics, 2008, 47(10): B44-B51.

[24] Wang L, Xiong Z, Shi G, et al. Simultaneous depth and spectral imaging with a cross-modal stereo system. IEEE Transactions on Circuits and Systems for Video Technology, 2016, 28(3): 812-817.

[25] Yuan X, Tsai T H, Zhu R, et al. Compressive hyperspectral imaging with side information. IEEE Journal of Selected Topics in Signal Processing, 2015, 9(6): 964-976.

[26] Wang L, Xiong Z, Huang H, et al. High-speed hyperspectral video acquisition by combining Nyquist and compressive sampling. IEEE Transactions on Pattern Analysis and Machine Intelligence, 2018, 41(4): 857-870.

[27] Kang J, Wang Y, Schmitt M, et al. Object-based multipass InSAR via robust low-rank tensor decomposition. IEEE Transactions on Geoscience and Remote Sensing, 2018, 56(6): 3062-3077.

[28] Yang S, Wang M, Li P, et al. Compressive hyperspectral imaging via sparse tensor and nonlinear compressed sensing. IEEE Transactions on Geoscience and Remote Sensing, 2015, 53(11): 5943-5957.

[29] Wang Y, Lin L, Zhao Q, et al. Compressive sensing of hyperspectral images via joint tensor tucker decomposition and weighted total variation regularization. IEEE Geoscience and Remote Sensing Letters, 2017, 14(12): 2457-2461.

[30] Xu Y, Wu Z, Chanussot J, et al. Joint reconstruction and anomaly detection from compressive

hyperspectral images using Mahalanobis distance-regularized tensor RPCA. IEEE Transactions on Geoscience and Remote Sensing, 2018, 56(5): 2919-2930.

[31] Ding X, Chen W, Wassell I. Nonconvex compressive sensing reconstruction for tensor using structures in modes. Proceedings of the 2016 IEEE International Conference on Acoustics, Speech and Signal Processing, Shanghai, 2016: 4658-4662.

[32] Ding X, Chen W, Wassell I J. Joint sensing matrix and sparsifying dictionary optimization for tensor compressive sensing. IEEE Transactions on Signal Processing, 2017, 65(14): 3632-3646.

[33] Duarte M F, Baraniuk R G. Kronecker compressive sensing. IEEE Transactions on Image Processing, 2011, 21(2): 494-504.

[34] Caiafa C F, Cichocki A. Multidimensional compressed sensing and their applications. Wiley Interdisciplinary Reviews: Data Mining and Knowledge Discovery, 2013, 3(6): 355-380.

[35] Peng Y, Meng D, Xu Z, et al. Decomposable nonlocal tensor dictionary learning for multispectral image denoising. Proceedings of the IEEE Conference on Computer Vision and Pattern Recognition, Boston, 2014: 2949-2956.

[36] Zhang X, Yuan X, Carin L. Nonlocal low-rank tensor factor analysis for image restoration. Proceedings of the IEEE Conference on Computer Vision and Pattern Recognition, Salt Lake City, 2018: 8232-8241.

[37] Dian R, Fang L, Li S. Hyperspectral image super-resolution via non-local sparse tensor factorization. Proceedings of the IEEE Conference on Computer Vision and Pattern Recognition, Honolulu, 2017: 5344-5353.

[38] Ram I, Elad M, Cohen I. Image processing using smooth ordering of its patches. IEEE Transactions on Image Processing, 2013, 22(7): 2764-2774.

[39] Li S, Dian R, Fang L, et al. Fusing hyperspectral and multispectral images via coupled sparse tensor factorization. IEEE Transactions on Image Processing, 2018, 27(8): 4118-4130.

[40] Zhang L, Yang M, Feng X. Sparse representation or collaborative representation: Which helps face recognition?. Proceedings of the IEEE International Conference on Computer Vision, Barcelona, 2011: 471-478.

[41] Yokota T, Zhao Q, Cichocki A. Smooth PARAFAC decomposition for tensor completion. IEEE Transactions on Signal Processing, 2016, 64(20): 5423-5436.

[42] Boyd S, Parikh N, Chu E. Distributed Optimization and Statistical Learning via the Alternating Direction Method of Multipliers. Hanover: Now Publishers Inc, 2011.

[43] Yasuma F, Mitsunaga T, Iso D, et al. Generalized assorted pixel camera: Postcapture control of resolution, dynamic range, and spectrum. IEEE Transactions on Image Processing, 2010, 19(9): 2241-2253.

[44] Lin X, Liu Y, Wu J, et al. Spatial-spectral encoded compressive hyperspectral imaging. ACM Transactions on Graphics, 2014, 33(6): 1-11.

第 11 章　空谱遥感图像的深度学习融合方法

11.1　引　　言

本书已经介绍了稀疏表示、低秩表示、张量表示及其在空谱遥感图像融合的相关应用，体验到了数据表示理论在该问题中的应用魅力。本章将探索深度学习在空谱遥感图像融合中的应用。

深度学习是目前人工智能(AI)领域的热点问题，它是具有多层网络结构的机器学习模型，将“低层”特征逐层转化为“高层”特征，并通过非线性函数的多层复合，完成分类和回归等任务。多层感知机(MLP)是深度学习的雏形，其多层结构可表示多个简单函数的复合，每一次复合都为输入提供新的表示。深度学习强大的表示能力使其成为“特征学习”(feature learning)和“表示学习”(representation learning)的有效工具。相比于传统机器学习中，需要人工手动提取特征集，深度学习通过对数据自动挖掘来建立数据表示，其学习到的特征往往比手工设计的特征更好，并且仅需少量的人工干预，就能适应新任务。

深度学习可分层提取图像的抽象特征，为解决表观多样性的特征学习提供了有效途径。深度学习的代表性网络包括卷积神经网络(CNN)[1]、全卷积网络(fully convolutional networks，FCN)[2]、编码器-解码器[3]、循环神经网络[4]以及生成对抗网络(GAN)[5]等。例如，自编码器(autoencoder)是一个典型例子，它由一个编码器(encoder)和一个解码器(decoder)组合而成。编码器将输入数据转换为不同的表示，而解码器则将这种表示转换回原来的数据，并期望输入与输出间的重建误差最小化，此时编码器学习到的表示具有更好的性质。深度学习模型通常采用逐层训练方式，完成从底层到高层的特征学习过程，利用深层特征表示学习来获取数据的高层语义信息，强调模型对特征的学习能力，甚至可通过微调对特征进行调整，以便得到更有效的特征表示。关于深度学习方面的经典教程，可以参阅 Goodfellow、Bengio 和 Courville 撰写的专著，本书不再赘述。

近年来，基于深度学习方法在计算机视觉(如图像智能增强、目标检测、图像分割)、自然语言处理(natural language processing，NLP)、医学图像处理与分析、计算生物学等领域都取得巨大成果。在遥感领域，深度学习方法在遥感图像融合、场景分类、目标检测与识别等多个研究主题都有日新月异的发展[6-11]，智慧遥感的概念逐渐成为人们的探讨热点。在低层视觉处理任务中，基于深度学习的图像超分辨在多个计算机视觉应用任务上(如医学图像、视频、遥感图像超分辨)，取得了目前最优的性能。尽管深度学习在单幅图像的分辨率增强中获得了成功应用[12-14]，但将深度学习应用于空谱遥感图像融合面临两个问题：一是如何在深度学习模型中充分利用高光谱图像(或多光谱图像)的光谱相关性，并且联合重构高光谱图像的不同波段，以减少光谱畸变；二是如何在深度学习模型中融合多源图像(多光谱图像或全色图像)这一辅助信源，以利用其提供的额外的空间细节信息(结构和纹理)。

本章从深度学习的视角，探讨两类融合问题。其一是低分辨率多光谱图像(LRMS)和高分辨全色图像(PAN)融合生成高分辨多光谱图像(HRMS)，也称为 Pansharpening 技术；其二是低分辨率高光谱图像(LRHS)与高分辨多光谱图像(HRMS)的融合，生成高分辨高光谱图像(HRHS)。本章内容组织如下：在 11.2 节，回顾了基于深度学习的多源空谱遥感图像融合的进展，介绍了深度学习超分辨网络的采样模式、基本架构、能量函数等，然后介绍了一种结合多变量回归的全色与多光谱融合网络；在 11.3 节，简要讨论高光谱与多光谱融合的深度学习的基本思路，并在 11.4 节提出基于双通道卷积网络的高光谱-多光谱图像融合方法；11.5 节给出了高光谱与多光谱图像深度融合的应用实例，并建立一种无参考的高光谱图像质量评价方法，并对融合质量分析评价。

11.2　基于深度学习的多源空谱遥感图像融合进展

11.2.1　采样模式

与多源空谱遥感图像融合紧密相关的一个问题是图像超分辨。融合增强可以看作是多源图像的超分辨增强。如果仅仅是单幅图像，则转化为更具挑战的单幅图像超分辨问题，其本质是寻求一个非线性的超分辨映射。在 2015 年，我们基于全色图像的高-低分辨率图像块对(patch-pairs)，训练自编码器深度网络，学习超分辨映射，然后作用于 LRMS 得到 HRMS，这种方法可以看作是深度学习融合的早期尝试，取得了一定的效果[14]。

文献[12]和[13]综述给出了一个统一的深度学习视角，系统回顾了目前基于深度学习的单幅图像超分辨方法的国际进展。深度学习分辨率提升的算法关键是超分辨映射的学习，也就是如何在端对端的网络中实现上采样(upsampling)模式的自动学习。根据上采样在网络结构中的位置和采样方式，可以把超分辨网络结构设计分为如下四大类，其不同采样模式的网络架构见图 11.1。

(1) 前端上采样(pre-upsampling)。该模式采取双三次插值算法直接将低分辨率图像插值到目标分辨率，然后利用深度卷积网络等模型重建高质量细节信息。该类方法可显著降低学习的难度，但是预先设定的上采样方法会引入模糊、噪声等问题，同时因为网络在前端插值到高分辨率空间，所需的存储空间和计算量都远高于其他类型超分辨学习网络。

(2) 后端上采样 (post-upsampling)。这是目前主流的超分辨学习所采取的网络框架，通常在网络结构的最后一层或几层，使用端到端可学习的上采样层。其优点是在低分辨率空间学习映射关系，计算量和所需存储都明显降低，同时训练和测试速度也都明显提高。

(3) 渐进式上采样 (progressive upsampling)。上采样通过采用拉普拉斯金字塔或者级联 CNN 等方式，生成中间尺度的重建图像作为后续模块的输入。同时，可引入课程学习 (curriculum learning) 和多级监督 (multi-supervision) 等学习策略，以提升性能。该模式能够处理多个倍增系数 (upscaling factor) 和大倍增系数的超分辨问题。同时，该类方法可降低学习难度，特别是在高倍增系数时更明显。最后，多尺度递进传播计算方式可以减少参数量和计算。

(4) 迭代式上-下采样 (iterative up-and-down sampling)。该模式类似反向投影 (back-projection)，交替采用上采样和下采样层，最终超分辨结果会用到全部中间层，进而获得较好的超分辨性能。

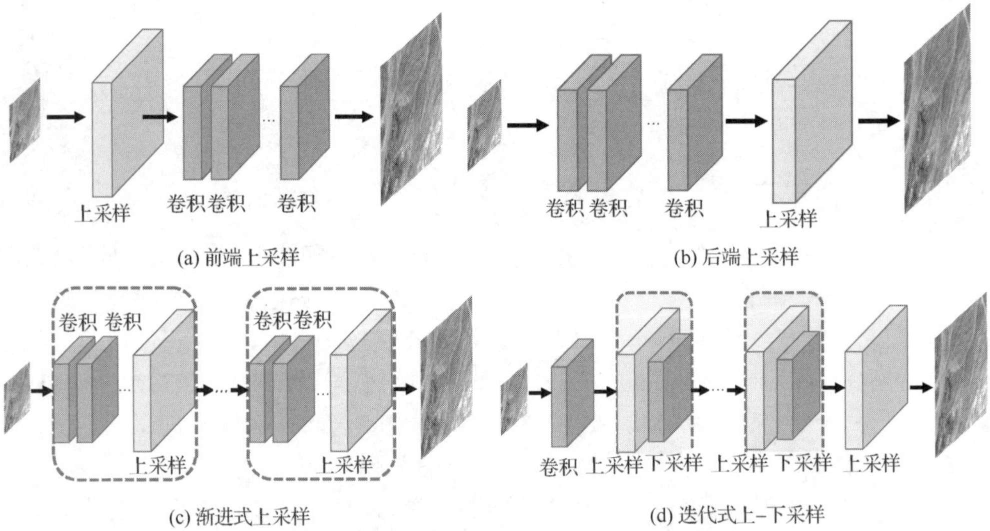

图 11.1 目前超分辨深度学习网络采取的采样模式[13]

11.2.2 超分辨网络的代表性学习策略

关于超分辨深度网络架构的代表性学习机制(图 11.2)，研究者提出了不同的学习架构方式，其学习策略多样。

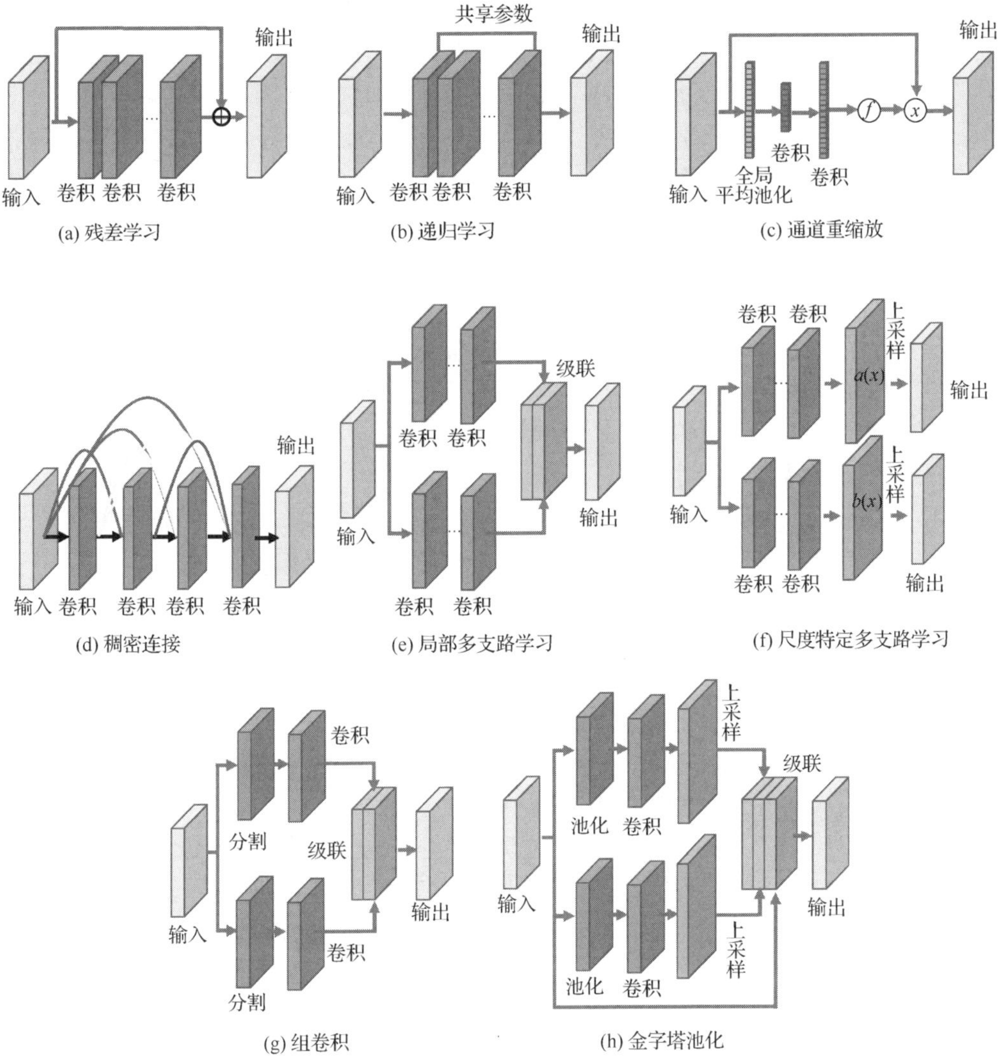

(a) 残差学习 (b) 递归学习 (c) 通道重缩放 (d) 稠密连接 (e) 局部多支路学习 (f) 尺度特定多支路学习 (g) 组卷积 (h) 金字塔池化

图 11.2 目前超分辨深度学习网络架构采取的学习策略[13]

残差学习(residual learning)[15]：通过引入恒等分支结构，学习期望输出与输入的残差，可以较好地解决梯度消失和爆炸的问题。

递归学习(recursive learning)[16]：通过递归使用同个模块，在不引入额外参数的同时，大大增加网络的感受野，可将大倍增系数的问题分解成多个子问题，使用递归的网络子结构来解决，但是递归学习容易出现梯度消失和爆炸的问题。

通道注意(channel attention)[17]也称为通道重缩放：建立挤压(squeeze)、激励(excitation)，以及注意力(attention)等机制，增加网络表示能力，其中注意力机制通常采取权重机制关注重要的特征并抑制不必要的特征。由于卷积运算通过混合跨通道和空间信息来提取信息特征，依次应用通道和空间注意模块来学习哪些信息需要强调或抑制，有效地帮助网络中特征信息的自适应加权汇聚。

多支路学习：主要包括局部多支路学习和尺度特定多支路学习，局部多支路学习可以同时提取不同感受野的空间信息，尺度特定多支路学习可以利用单个共享网络实现不同倍数的超分辨增强[18]。

稠密连接[19]：源自 DenseNet，不仅可以减轻梯度消失的问题，还可以对特征进行复用，提升效果，在使用小的增长率时，可以很好地控制参数量，目前越来越受到关注。

组卷积(group convolution)[20]：是把输入特征图在通道方向分成若干组，对每一组的特征分别卷积后再拼接起来，以减少参数数量，提高运算速度。组卷积是实现超分辨网络轻量化的一个有效途径。

金字塔池化[21]：通常使用多个不同的尺度参数，来聚合全局和局部上下文信息。

上述深度学习架构是针对单幅图像超分辨任务的，对于 MS+PAN、HS+PAN、HS+MS 等多源空谱图像融合问题，上述学习策略可以进一步扩展，目前有以下两种思路。

(1)利用类似迁移学习的思想，从高分辨 PAN 和模拟低分辨 PAN 图像的样本对训练深度学习网络，然后将超分辨映射应用到 MS 或者 HS 的各个波段上。我们早期提出的方法[14]正是这种思想，虽然这种方法能够得到各个波段超分辨结果，空间细节得到注入，但是光谱失真比较明显。

(2)改造网络结构。由于空谱融合问题基本含有两路数据，因此通常采取双分支前端和单分支输出端的深度网络架构形式。在此架构下，前面所述的上-下采样模式和学习架构策略都可以按照特定的方式进行设计，网络整体目标是几何细节注入和光谱保持。此外，网络的紧致表达能力和轻量化是深度学习的追求目标。

11.2.3 深度融合网络的基本架构

对于 MS+PAN 的图像融合，记观测的低分辨率多光谱图像 $\boldsymbol{M}_{\mathrm{L}}=\{\boldsymbol{M}_{\mathrm{L},k}\}_{k=1}^{B}$，其中 $\boldsymbol{M}_{\mathrm{L},k}$ 为第 k 个波段的图像；高分辨率全色图像记为 $\boldsymbol{P}$；MS+PAN 的任务是充分利用 $\boldsymbol{M}_{\mathrm{L}}$ 和 $\boldsymbol{P}$ 的互补信息，合成一个高分辨率多光谱图像 $\boldsymbol{X}=\{\boldsymbol{X}_k\}_{k=1}^{B}$，其中 $\boldsymbol{X}_k$ 为第 k 个波段的高分辨率图像。深度学习融合实质上是学习一个深层网络表达的非线性映射函数 $f_{\Theta}(\cdot)$：

$$\boldsymbol{X}=f_{\Theta}(\boldsymbol{M}_{\mathrm{L}},\boldsymbol{P}) \tag{11.1}$$

其中，Θ 表示深度学习网络的参数集合，包括各层神经元的权值和偏置；$f_{\Theta}(\cdot)$ 表示网络。参数集合 Θ 通过训练数据集训练深度网络得到。建立端至端深度网络的架构形式和目标函数是两个关键问题。

文献[22]给出了三种面向 MS+PAN 融合任务的深度网络架构，如图 11.3 所示。三种架构都采取了残差网络，并且是端到端的结构，其差异性在于：

(1) 在第一种(图 11.3(a))架构中仅仅是具有双分支前端残差网络，学习是基于图像原始内容的；

(2) 在第二种(图 11.3(b))的结构加入了一个全局上采样连接分支；

(3) 在第三种(图 11.3(c))的结构中不仅加入全局上采样连接分支，而且是在图像高频特征上进行学习的。

他们的研究表明前两种架构方式仅仅关注了谱信息保持方面，在细节注入和谱保持能力方面比第三种架构方式弱很多，为此他们提出基于第三种架构的超分辨深度学习网络，称之为 PanNet。

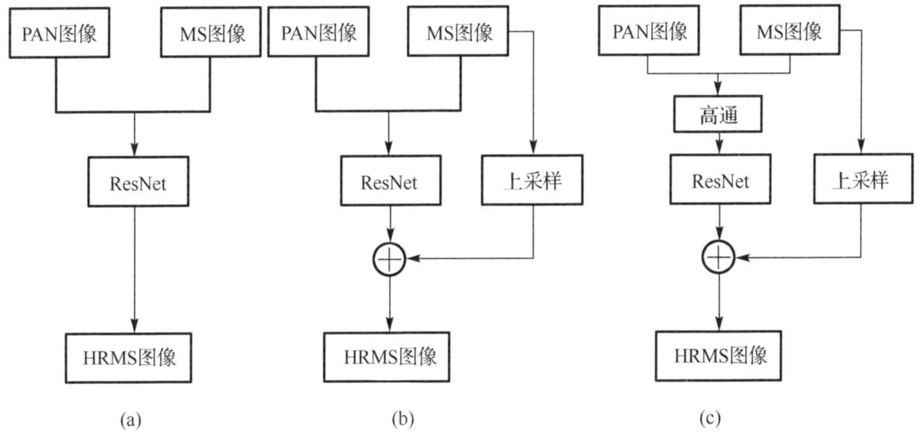

图 11.3　三种面向 MS+PAN 融合的深度网络基本架构[22]

11.2.4　能量函数

11.2.4.1　建模方法：变分观点

本节探讨 MS+PAN 融合深度网络的损失函数。我们知道，在变分正则化框架下，综合图像退化过程约束与图像先验约束，融合的目标能量函数可以表示为

$$L = \lambda_1 E_1(\boldsymbol{X},\boldsymbol{P}) + \lambda_1 E_2(\boldsymbol{X},\boldsymbol{M}_{\mathrm{L}}) + E_3(\boldsymbol{X}) \tag{11.2}$$

其中，λ_1 和 λ_2 为平衡各能量项作用的参数；对于各能量项，其作用分别描述如下。

(1) 第一项 $E_1(\boldsymbol{X},\boldsymbol{P})$，度量高分辨多光谱图像与全色图像之间的结构一致性。例如，在 P+XS 变分模型中[23]，$E_1(\boldsymbol{X},\boldsymbol{P}) = \left\| \sum_{k=1}^{B} w_k \cdot \boldsymbol{X}_k - \boldsymbol{P} \right\|_{\mathrm{F}}^2$，即假设全色图像 $\boldsymbol{P}$ 是各波段图像的线性组合，其中 $\{w_k\}_{k=1}^{B}$ 为各波段的加权因子，与光谱响应相关。这种线性组

合形式的结构保真约束可能出现光谱失真现象，特别是对于波段数较多或者高光谱图像时问题更突出。一些改进形式是施加高频细节一致性约束，例如文献[24]中定义 $E_1(\boldsymbol{X},\boldsymbol{P})=\left\|G\left(\sum_{k=1}^{B}w_k\cdot\boldsymbol{X}_k-\boldsymbol{P}\right)\right\|_{\mathrm{F}}^2$ 或 $\left\|\sum_{k=1}^{B}w_k\cdot G(\boldsymbol{X}_k-\boldsymbol{P})\right\|$，其中 $G(\cdot)$ 表示高通滤波算子。进一步，文献[25]采取超拉普拉斯概率分布，建立 $E_1(\boldsymbol{X},\boldsymbol{P})=\left\|G\left(\sum_{k=1}^{B}w_k\cdot\boldsymbol{X}_k-\boldsymbol{P}\right)\right\|_{1/2}$，以激励更多的细节注入。

(2) 第二项 $E_2(\boldsymbol{X},\boldsymbol{M}_{\mathrm{L}})$，度量高分辨多光谱图像与低分辨多光谱图像之间的光谱一致性。如果假设成像过程建模为线性平移不变系统，则

$$\boldsymbol{M}_{\mathrm{L},k}=\downarrow(\mathrm{PSF}*\boldsymbol{X}_k)+\boldsymbol{n}_k,k=1,2,\cdots,B \tag{11.3}$$

其中，$\downarrow$ 表示 $r\times r$（$r<1$）倍的下采样算子；PSF 为引起空间模糊的点扩散函数；$*$ 表示卷积运算；$\boldsymbol{n}_k$ 为波段独立的随机噪声，可假设为高斯白噪声。或利用上采样算子 $\uparrow$，将成像退化过程假设为 $\boldsymbol{M}_k=\uparrow\boldsymbol{M}_{\mathrm{L},k}=\mathrm{PSF}*\boldsymbol{X}_k+\boldsymbol{n}$，其中 $\boldsymbol{M}_k$ 称为上采样或插值后的低分辨多光谱波段图像。这样，可以构造光谱一致性保真项：

$$\sum_{k=1}^{B}\left\|\boldsymbol{M}_{\mathrm{L},k}-\downarrow(\mathrm{PSF}*\boldsymbol{X}_k)\right\|_{\mathrm{F}}^2 \quad 或 \quad \sum_{k=1}^{B}\left\|\boldsymbol{M}_k-\mathrm{PSF}*\boldsymbol{X}_k\right\|_{\mathrm{F}}^2 \tag{11.4}$$

(3) 第三项 $E_3(\boldsymbol{X})$ 为图像正则化项或称为先验项。大家熟知的先验项有很多，例如，广泛采取的梯度域稀疏性(全变差先验)以及变换基或者字典表示下的稀疏性。正则化项旨在促进符合特定光滑和数学性质的解，缩小解的求解空间，克服问题的欠定性。关于变分正则化建模方面的系统性知识，读者可参阅文献[26]和[27]。

11.2.4.2 深度学习融合网络的能量函数：空-谱结构保持

上述变分优化框架可以启发人们构造深度学习融合网络的能量函数。一种最直接的方法是利用简单的网络架构学习输入 $\boldsymbol{M}_{\mathrm{L}},\boldsymbol{P}$ 和输出 $\boldsymbol{X}$ 之间的非线性映射关系，使以下能量函数最小化：

$$L=\left\|f_{\Theta}(\boldsymbol{M}_{\mathrm{L}},\boldsymbol{P})-\boldsymbol{X}\right\|_{\mathrm{F}}^2 \tag{11.5}$$

这是早期全色锐化神经网络(pansharpening neural network，PNN)的目标函数[28]，该方法在超分辨卷积神经网络(SRCNN)[29]的基础上，简单地将 SRCNN 框架应用到 MS+PAN 融合问题上(图 11.4)。虽然能够取得不错的融合结果，但是并没有充分利用输入图像的结构信息，其融合性能仍有较大提升空间；其后续改进的思路是利用一些遥感特征指数来改进该网络，如归一化植被指数(normalized difference vegetation index，NDVI)和归一化水体指数(normalized differencc water index，NDWI)，从而针对具体遥感应用进行网络定制。

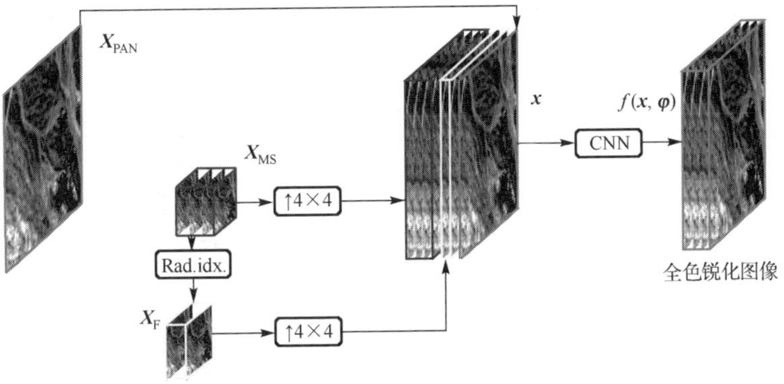

图 11.4　基于 CNN 网络的 PNN 网络架构[28]

进一步，学者们又提出了任务自适应 PNN 融合网络 TargetPNN，该网络采取更深的网络架构，并结合残差学习和 ℓ_1 范数损失函数进一步提升性能(图 11.5)，但是其网络只有 3 层[30]。文献[31]也提出深度残差全色锐神经化网络(deep residual pansharpening neural network，DRPNN)，网络深度可达 11 层，相比于 PNN 有较大的性能提升(图 11.6)；文献[32]则在两分支 CNN 后加入特征融合层、残差学习层和全局恒等分支，也可以达到更深层学习能力。

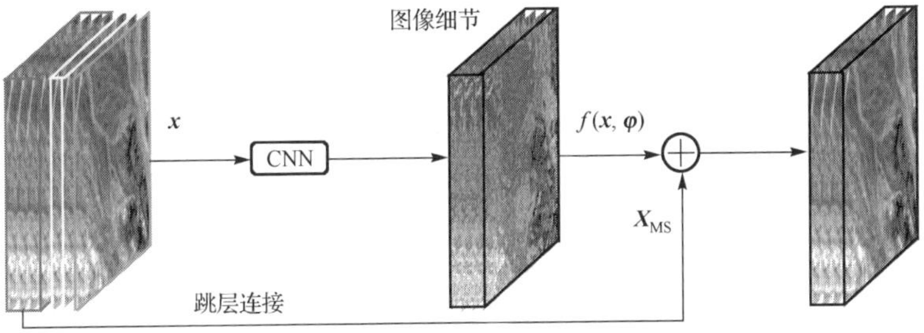

图 11.5　引入残差学习的 TargetPNN 网络架构[30]

在 PNN 中，借助于残差网络，可以设计 MS+PAN 的融合网络。但是直接建立如图 11. 3(a)的网络架构[29]，不能有效保持空谱结构。为了融合光谱信息，图 11.3(b)的网络是将插值后的 LRMS 图像 $\boldsymbol{M}$ 以恒等分支的形式添加到式(11.5)中得到以下形式的损失函数：

$$L=\left\|f_{\Theta}(\boldsymbol{M}_{\mathrm{L}},\boldsymbol{P})+\uparrow\boldsymbol{M}_{\mathrm{L}}-\boldsymbol{X}\right\|_{\mathrm{F}}^{2} \tag{11.6}$$

这里，f_{Θ} 表示残差网络 ResNet，该式强制 $\boldsymbol{X}$ 共享 $\boldsymbol{M}$ 的光谱信息。与变分正则化方法不同，没有采取如式(11.4)的卷积退化过程去建立目标函数，而是使用深层网络。该模型被称为 ResNet + “光谱映射”。

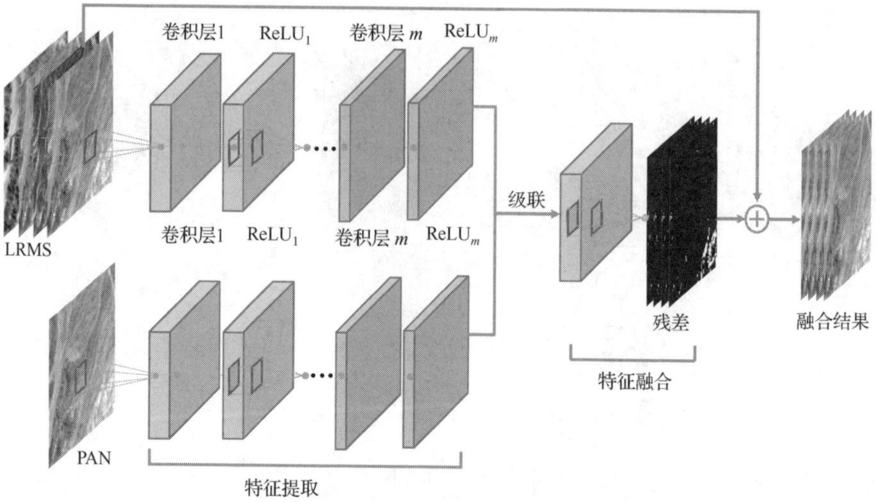

图 11.6 DRPNN 网络架构[31]

进一步，受高通空谱细节保持思想的启发，文献[22]采取如图 11.3(c) 网络结构，称为 PanNet，其能量函数为

$$L = \left\| f_{\Theta}(G(\boldsymbol{P}), \uparrow G(\boldsymbol{M}_{\mathrm{L}})) + \uparrow \boldsymbol{M}_{\mathrm{L}} - \boldsymbol{X} \right\|_{\mathrm{F}}^{2} \tag{11.7}$$

其中，$G(\cdot)$ 表示高通滤波算子。

分析上述能量函数，可以发现式(11.7)本质上是一种广义细节注入格式：

$$\boldsymbol{X} \approx \uparrow \boldsymbol{M}_{\mathrm{L}} + f_{\Theta}(G(\boldsymbol{P}), G(\uparrow \boldsymbol{M}_{\mathrm{L}})) \tag{11.8}$$

其中，$E = f_{\Theta}(G(\boldsymbol{P}), G(\uparrow \boldsymbol{M}_{\mathrm{L}}))$ 是深度学习网络表征的空谱细节部分。因此通过深度残差网络学习空谱细节，具有更好的空谱结构保持性能。最终，PanNet 网络架构如图 11.7 所示。

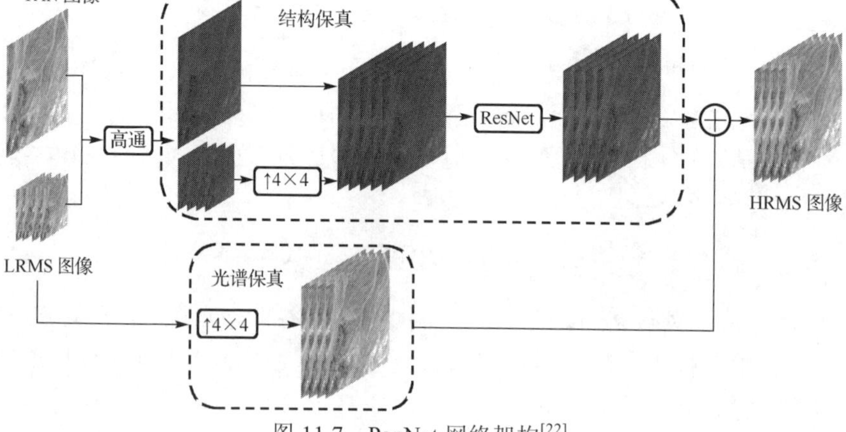

图 11.7 PanNet 网络架构[22]

11.2.5　结合多变量回归的全色与多光谱融合网络

对于全色与多光谱图像融合，由式(11.8)可知，PanNet 可以与细节注入格式建立联系。将成分替代(component substitution，CS)方法进一步扩展，假设具有更为精细的细节注入形式：

$$\begin{aligned} &\boldsymbol{X}_k = \boldsymbol{M}_k + g_k(\boldsymbol{P} - \boldsymbol{I}) + \boldsymbol{E} \\ &\text{s.t.} \quad \boldsymbol{I} = \sum_k w_k \boldsymbol{M}_k, \quad 1 \leqslant k \leqslant N \end{aligned} \tag{11.9}$$

其中，$\boldsymbol{I} = \sum_k w_k \boldsymbol{M}_k$ 表示平均亮度图像，$\boldsymbol{w} = [w_1, w_2, \cdots, w_N]^{\mathrm{T}}$ 为波段加权向量；$\boldsymbol{g} = [g_1, g_2, \cdots, g_N]^{\mathrm{T}}$ 表示直接成分替代的增益参数；$\boldsymbol{E}$ 表示更精细的空谱特征细节。由此，可以建立一个结合多变量回归的全色与多光谱融合网络[33]，其中空谱特征细节将由深度残差网络进行表征，而权重和增益参数将采取多变量回归估计方法。

11.2.5.1　加权与增益参数回归估计

当 $\boldsymbol{E} = \boldsymbol{0}$ 时，转化为非负的权重向量和细节注入增益参数 $\boldsymbol{w}$ 和 $\boldsymbol{g}$ 的多变量回归估计问题。为此，采取一种自适应的权重计算方式，在 PAN 图像和 MS 波段之间执行波段无关的多变量回归[34]。首先将全色图像 $\boldsymbol{P}$ 经过 MTF 低通滤波后的图像 $\boldsymbol{P}_{\mathrm{L}}$ 下采样至观测的多光谱图像 $\boldsymbol{M}_{\mathrm{L}}$ 的大小，并且记为 $\boldsymbol{P}_d = \boldsymbol{P}_{\mathrm{L}} \downarrow r$；接着假设 $\boldsymbol{P}_d$ 和 $\{\boldsymbol{M}_{\mathrm{L},1}, \boldsymbol{M}_{\mathrm{L},2}, \cdots, \boldsymbol{M}_{\mathrm{L},N}\}$ 之间存在线性关系 $\boldsymbol{P}_d = \sum_k w_k \boldsymbol{M}_{\mathrm{L},k} + \boldsymbol{n}$，则权重向量 $\boldsymbol{w} = [w_1, w_2, \cdots, w_N]^{\mathrm{T}}$ 可以通过最小二乘估计求得；然后根据得到的权重向量 $\boldsymbol{w}$ 合成一个新的亮度分量 $\boldsymbol{I}$。其中，权值计算公式为

$$\begin{aligned} \hat{\boldsymbol{w}} &= \arg\min_{\boldsymbol{w}} \left\| \boldsymbol{P}_d - \sum_k w_k \boldsymbol{M}_{\mathrm{L},k} \right\|_{\mathrm{F}}^2 \\ &= (\boldsymbol{M}_{\mathrm{L}}^{\mathrm{T}} \boldsymbol{M}_{\mathrm{L}})^{-1} \boldsymbol{M}_{\mathrm{L}}^{\mathrm{T}} \cdot \boldsymbol{P}_d \end{aligned} \tag{11.10}$$

上述方法的隐含假设是，在 LRMS 图像的尺度上计算的回归系数实际上与在原始 PAN 图像的尺度上计算的回归系数相同，即数据集的光谱响应实际上不受空间分辨率变化的影响。这样做的好处是，亮度分量不再由 MS 图像的平均得到，而是加权平均，求得的权重向量考虑了多光谱波段和全色波段的光谱响应。

而细节注入增益 g_k 可以采用 Gram-Schmidt(GS)正交化融合中的增益系数计算方法[35]，即

$$g_k = \frac{\mathrm{cov}(\boldsymbol{M}_k, \boldsymbol{I})}{\mathrm{var}(\boldsymbol{I})} \tag{11.11}$$

其中，$\mathrm{cov}(\boldsymbol{M}_k, \boldsymbol{I})$ 表示求两者之间的协方差；$\mathrm{var}(\cdot)$ 表示求方差。

11.2.5.2　深度残差网络学习

接下来，采取深度残差网络表征式(11.9)中的空谱细节项$E = f_{\Theta}(G(\boldsymbol{P}), G(\uparrow \boldsymbol{M}_{\mathrm{L}}))$，因此修改网络的能量函数为

$$L = \left\| f_{\Theta}(G(\boldsymbol{P}), G(\uparrow \boldsymbol{M}_{\mathrm{L}})) + \boldsymbol{M} + \boldsymbol{g} \cdot (\boldsymbol{P} - \boldsymbol{I}) - \boldsymbol{X} \right\|_1 \tag{11.12}$$

其中，f_{Θ}为网络模型，采用残差网络 ResNet 作为基本结构；$G(\cdot)$表示抽取高频成分，从原始图像中减去由均值滤波得到的低频成分；↑表示上采样操作，可以通过反卷积实现。式中的g_k和$\boldsymbol{I}$由上述方法估计得到。注意，上述能量函数中，采用基于ℓ_1范数代替基于ℓ_2范数的均方误差(mean square error，MSE)作为目标函数，其目的是使得重构误差更具稀疏性，增强空谱结构的注入能力。上述目标函数均通过反向传播和随机梯度下降方法优化[36]。

图 11.8 描述了提出方法的流程框图。图中 DeConv 表示反卷积层，Conv 表示卷积层，Relu 为激活函数，Residual Block 为残差网络单元。网络的激活函数采取线性整流单元 Relu (Rectified Linear Unit)，数学表示为：Relu(x)= max$(0,x)$。相比 sigmoid 函数和 tanh 函数，Relu 激活函数的优点在于：①符合神经元稀疏激活的特性，因此使用 Relu 实现稀疏后的网络能够更好地挖掘训练数据的相关特征；②梯度

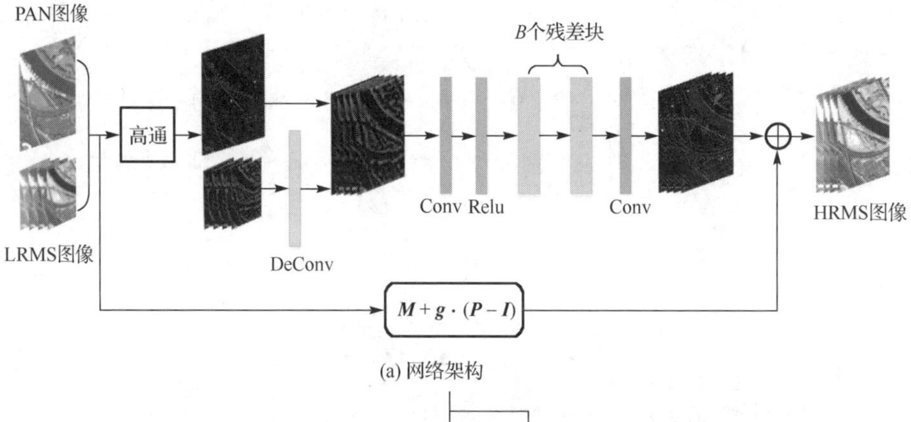

(a) 网络架构

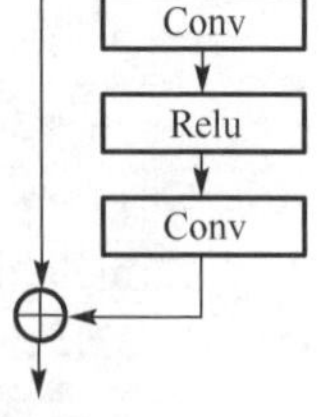

(b) 残差模块

图 11.8　基于多变量回归的深度残差网络架构

为常数 $1(x>0)$，因此可以减轻梯度弥散问题；③计算速度快，在正向传播的过程中，sigmoid 和 tanh 函数都需要计算指数，而 Relu 函数只需与阈值做比较，因此加快了正向传播的计算速度。

由深度网络的架构形式，记网络参数为 $\Theta=\{\boldsymbol{W}^{(l)},\boldsymbol{b}^{(l)}\}_{l=1}^{L}$，其中 $\boldsymbol{W}^{(l)}$ 表示网络的权重，$\boldsymbol{b}^{(l)}$ 表示偏置；对于层数为 L 的网络，记 $l=1,\cdots,(L-2)/2$，$\boldsymbol{Y}^{(l)}$ 表示第 l 层的输出，stack 表示将 N 个波段的 LRMS 图像与 PAN 图像叠加，则网络的前向传播过程为

$$\begin{aligned}
\boldsymbol{Y}^{(1)} &= \max(\boldsymbol{W}^{(1)} * \mathrm{stack}(G(\boldsymbol{P}),\uparrow G(\boldsymbol{M}_{\mathrm{L}}))+\boldsymbol{b}^{(1)},0)\\
\boldsymbol{Y}^{(2l)} &= \max(\boldsymbol{W}^{(2l)} * \boldsymbol{Y}^{(2l-1)}+\boldsymbol{b}^{(2l)},0)\\
\boldsymbol{Y}^{(2l+1)} &= \boldsymbol{W}^{(2l+1)} * \boldsymbol{Y}^{(2l)}+\boldsymbol{b}^{(2l+1)}+\boldsymbol{Y}^{(2l-1)}\\
\boldsymbol{X} &\approx \boldsymbol{W}^{(L)} * \boldsymbol{Y}^{(L-1)}+\boldsymbol{b}^{(L)}+\boldsymbol{M}+\boldsymbol{g}\cdot(\boldsymbol{P}-\boldsymbol{I})
\end{aligned} \tag{11.13}$$

对于第一层，使用大小为 $c\times s_1\times s_1\times a_1$ 的滤波器组和整流线性单元 $\max(0,x)$ 计算 a_1 个特征映射，$c=N+1$；在第 2 层到 L–1 层，使用 B 个残差块(图 11.8)计算 a_2 个特征映射，滤波器组的大小为 $a_1\times s_2\times s_2\times a_2$；最后一层，使用 $s_3\times s_3$ 大小的卷积感受野，滤波器组的大小为 $a_2\times s_3\times s_3\times N$，$\boldsymbol{X}$ 为网络的输出，s_1、s_2、s_3 表示滤波器空间尺寸。

11.2.6　融合应用实例

11.2.6.1　实验设置

采用 Worldview2(简写为 WV2)卫星拍摄的华盛顿(Washington)的数据进行网络的训练，并在不同传感器以及不同场景下进行实验，以验证算法有效性，具体的实验设置如表 11.1 所示。

表 11.1　实验设置

测试集	实验类型	实验条件	表	图
Washington-WV2	仿真实验	favorable	表 11.2	
Rome-WV2	仿真实验	typical	表 11.3	
Stockholm-WV2	仿真实验	typical	表 11.4	
Sydney-WV2	真实实验	typical	表 11.5	图 11.9
Capetown-GeoEye1	仿真实验	challenging	表 11.6	图 11.10

实验设置条件分为“有利的”(favorable)、“典型的”(typical)和“挑战性”(challenging)三类。favorable 是指训练集和测试集虽然是分开的，但是从同一场景

中获取的，值得强调的是，由于数据的缺乏，这是一种非常常见的情况，也是以前的工作中经常使用的实验条件[28]。typical 是指训练集和测试数据来自不同场景，例如，在 Washington-WV2 场景上训练的网络可以用于斯德哥尔摩(Stockholm)的 WV-2 图像的测试。最后，challenging 是指尝试使用在给定传感器上训练的网络来处理从不同传感器获取的图像。

另外，Worldview2 卫星采集的 MS 图像具有 8 个波段，但是为了在不同的卫星数据上进行实验，本节只取其中四个波段(R、G、B 和 NIR)进行训练。由于没有真正的 HRMS 图像，实验中采用 Wald 等提出的策略进行仿真生成与性能评价[37]，即将原始的 MS 图像和 PAN 图像进行空间退化和下采样后参与融合，则原始的 MS 图像作为参考 HRMS 图像，以便于对网络进行训练。

实验中，合计收集了大小为 64×64 的 PAN/LRMS/HRMS 的图像对 20164 个，并将其中的 90%用于训练，另外的 10%用于交叉验证。在网络的训练过程中，选择 Adam(adaptive moment estimation)作为优化函数。Adam 是一种计算每个参数的自适应学习率的方法，它通过计算梯度的一阶矩估计和二阶矩估计而为不同的参数设计独立的自适应性学习率。此外，权重衰减设置为 10^{-5}，Adam 的初始学习率设置为 0.001，动量设置为 0.9，每次训练的样本数量即 batch-size 为 64，并在迭代 1×10^4 次后终止训练。设置网络深度 $L = 12$，滤波器尺寸 $s_1 = s_2 = s_3 = 3$，滤波器数目 $a_1 = a_2 = 32$，残差块的数目 B 由实验设定为 5。

所比较的基准算法包括：BDSD、GSA、MTF_ GLP_CBD、AVWP 以及 MVLR；深度学习比较算法包括 PNN[28]、PanNet[22]和本章提出的算法 PResNet。为了对结果进行评价，并计算融合性能评价的定量指标，包括 RMSE、Q4、UIQI、SAM、ERGAS 和 SCC。实验中，使用 GPU(Nvidia GeForce 940MX 2GB，CUDA 9.0)通过 TensorFlow 在 Windows 10 操作系统中进行训练。

11.2.6.2 仿真数据实验结果

首先在 Worldview2 卫星采集的三个城市(Washington、Rome 和 Stockholm)的数据上进行实验，表 11.2、表 11.3 和表 11.4 分别给出了定量评价指标的计算结果。从表中可以看出，对于 Washington-WV2 数据集，深度学习的算法具有很大的优势，它们的六个指标上都优于传统方法，而其中所设计的 PResNet 取得最好的结果。而在 Rome-WV2 数据集上，PNN 只在 SCC 这个指标上优于传统方法，其他五个指标都比传统方法差，PanNet 只在 RMSE、SAM、ERGAS 和 SCC 上取得比传统方法好的结果，PResNet 方法则在所有的指标上都取得最优的值。对于 Stockholm-WV2 数据集，PNN 方法的 UIQI、ERGAS 和 SCC 指标优于传统方法，PanNet 和 PResNet 的所有指标都较传统方法更好，其中 PResNet 取得所有指标的最优值。综合上述结果，PNN 能提高空间细节注入和增强效果，但是容易造成光谱失真，

PanNet 在一定程度上减少了光谱失真，PResNet 则在提高空间质量的同时较好地保持光谱信息。

表 11.2　Washington-WV2 仿真实验的定量分析结果(融合图像大小：256×256)

	RMSE	Q4	UIQI	SAM	ERGAS	SCC
理想值	0	1	1	0	0	1
BDSD	0.0515	0.7689	0.7591	8.3573	6.1231	0.7247
GSA	0.0522	0.7699	0.7551	8.7288	6.0523	0.7112
MTF_GLP_CBD	0.0525	0.7676	0.7541	8.6721	6.1029	0.7076
MVLR	0.0510	0.7830	0.7755	8.2044	6.0838	0.7276
PNN	0.0347	0.9223	0.9207	5.9876	3.9393	0.8782
PanNet	0.0327	0.9271	0.9260	5.6951	3.7630	0.8889
PResNet	0.0299	0.9372	0.9373	4.9366	3.5191	0.9098

表 11.3　Rome-WV2 仿真实验的定量分析结果(融合图像大小：256×256)

	RMSE	Q4	UIQI	SAM	ERGAS	SCC
理想值	0	1	1	0	0	1
BDSD	0.0286	0.9137	0.9170	5.9678	4.1414	0.8586
GSA	0.0292	0.9130	0.9133	5.5878	4.2012	0.8551
MTF_GLP_CBD	0.0309	0.9025	0.9064	5.8393	4.4742	0.8458
MVLR	0.0285	0.9130	0.9168	6.0913	4.1216	0.8646
PNN	0.0339	0.8172	0.8619	7.1395	6.1341	0.8766
PanNet	0.0271	0.8967	0.9074	5.5479	4.0810	0.8648
PResNet	0.0239	0.9286	0.9317	4.6850	3.6091	0.8977

表 11.4　Stockholm-WV2 仿真实验的定量分析结果(融合图像大小：512×512)

	RMSE	Q4	UIQI	SAM	ERGAS	SCC
理想值	0	1	1	0	0	1
BDSD	0.0413	0.8187	0.8079	8.5977	6.5845	0.7569
GSA	0.0433	0.8114	0.7874	9.3803	6.8412	0.7247
MTF_GLP_CBD	0.0436	0.8086	0.7871	9.1490	6.8556	0.7282
MVLR	0.0410	0.8228	0.8145	8.4299	6.5468	0.7628
PNN	0.0450	0.8023	0.8471	8.4241	8.0484	0.8556
PanNet	0.0340	0.8758	0.8721	7.4117	5.9879	0.8576
PResNet	0.0329	0.8793	0.8803	6.5284	5.4734	0.8705

11.2.6.3　真实数据实验结果

下面在 Worldview2 卫星采集的 Sydney 的数据上进行全分辨率尺度的真实数据

实验。表 11.5 给出了定量评价指标的计算结果；图 11.9 显示了各方法在 Sydney 数据上的融合结果图。由表 11.5 可知，对于 Sydney-WV2 数据，MVLR 方法取得最优的 D_S，PResNet 得到其余两个指标的最优值，且 D_S 的值与最优值非常接近。

表 11.5　Sydney-WV2 真实数据实验定量分析结果(融合图像大小：512×512)

	D_λ	D_S	QNR
理想值	0	0	1
BDSD	0.0345	0.0143	0.9517
GSA	0.0311	0.0269	0.9428
MTF_GLP_CBD	0.0273	0.0162	0.9569
MVLR	0.0346	0.0142	0.9517
PNN	0.0598	0.0937	0.8521
PanNet	0.0130	0.0156	0.9716
PResNet	0.0046	0.0146	0.9809

观察图 11.9 可以发现，GSA 的光谱和空间质量均不理想，红色屋顶区域有显著的光谱失真效应；MTF_GLP_CBD 得到相对较好的光谱效果；BDSD 和 MVLR 的空间质量较好。PNN 表现出最严重的光谱和空间失真；PanNet 大大减少了光谱失真，但空间质量并不比 BDSD 和 MVLR 更好。PResNet 虽然空间效果不是最优，但与最优结果相差不大，同时，它的光谱信息保持得最完整。综合来看，PResNet 在保持光谱信息的同时最大限度地增强了空间细节，综合融合性能最佳。

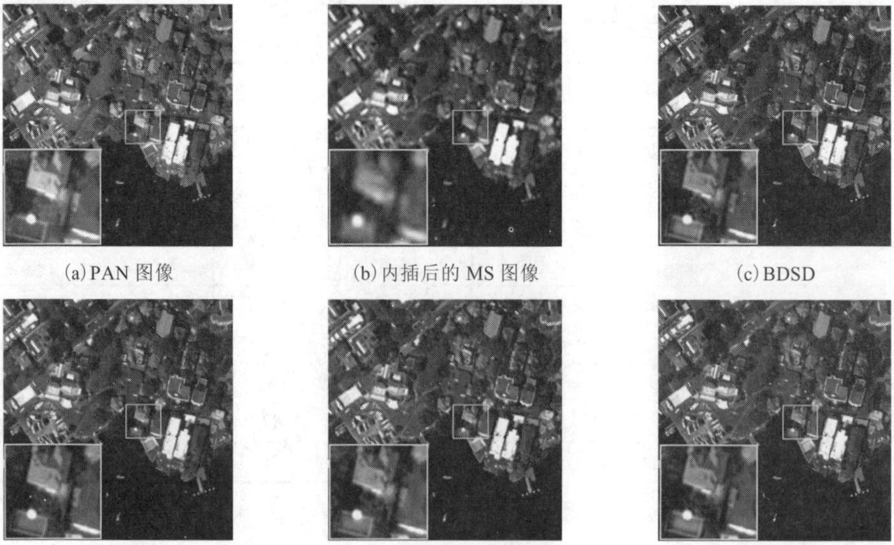

(a) PAN 图像　(b) 内插后的 MS 图像　(c) BDSD

(d) GSA　(e) MTF_GLP_CBD　(f) MVLR

(g) PNN

(h) PanNet

(i) PResNet

图 11.9　各方法在 Sydney-WV2 真实数据集上的融合结果(见彩图)

11.2.6.4　鲁棒性及参数分析

下面通过跨卫星的实验证明所提 PResNet 方法的鲁棒性。在 Capetown-GeoEye1 数据集上进行仿真实验，以验证 PResNet 的鲁棒性。仍然使用 Washington-WV2 数据集训练网络。表 11.6 列出了定量评价指标；图 11.10 是融合结果图。由表 11.6 可知，在 Capetown-GeoEye1 数据集上，PResNet 得到所有指标的最优值。观察图 11.10 可以发现，虽然三种方法得到的空间细节类似，但 PNN 表现出明显的光谱失真，如图 11.10 中的红色屋顶区域和绿色的树林区域；PanNet 有所改善，但仍然表现出明显的光谱失真；相比之下，PResNet 表现出最少的光谱失真，同时也得到了最清晰的空间细节。因此，PResNet 对不同传感器具有较好的鲁棒性，有助于完成训练数据缺乏下的超分辨问题。

表 11.6　Capetown-GeoEye1 仿真实验的定量分析结果

	RMSE	Q4	UIQI	SAM	ERGAS	SCC
理想值	0	1	1	0	0	1
PNN	0.0298	0.6145	0.6544	10.4700	9.9177	0.7606
PanNet	0.0246	0.7284	0.7053	7.4170	7.5998	0.7804
PResNet	0.0245	0.7353	0.7166	7.3602	6.7512	0.7943

(a) 参考 MS 图像

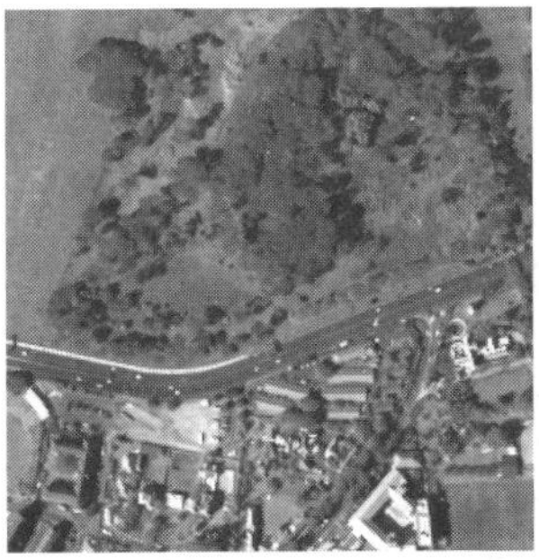

(b) PAN 图像

(c) 内插后的 MS 图像

(d) PNN　　(e) PanNet　　(f) PResNet

图 11.10　各方法在 Capetown-GE1 仿真数据集上的融合结果(见彩图)

11.3　高光谱与多光谱图像融合的深度学习

目前已有的基于深度学习的单幅图像超分辨模型主要从空间维学习高低分辨率图像间的映射关系[12-21]，将其应用于高光谱图像分辨率增强时，难以有效利用高光谱图像的光谱相关性。本书在光谱维学习高低分辨率高光谱图像间的映射关系。如图 11.11 所示，高低分辨率高光谱图像在光谱维的映射关系与空间维类似。在图 11.11(a) 中，左图是从 AVIRIS 数据库 Indian pine 场景截取的原始图像，将其下采样 2 倍，再通过插值方式上采样，模拟低分辨率高光谱图像，如图 11.11(a) 右图所示。从图中可以看出，在空间维，低分辨率的图像和高分辨率的图像高度相关，但低分辨率图像丢失高频信息后模糊。在图 11.11(b) 中，选取不同地物的光谱曲线，可以看出，在光谱维，低分辨率高光谱图像的光谱曲线和高分辨率高光谱图像的光谱曲线也高度相关，但相比较高分辨率的高光谱图像，低分辨率高光谱图像的光谱曲线丢失了高频信息，光谱曲线更为平滑。

综上，高低分辨率高光谱图像在光谱维的映射关系和空间维类似。本书在光谱维学习高低分辨率高光谱图像间的映射关系。在光谱维学习映射关系具有三个优势：首先，深度学习模型能够方便地从光谱维提取光谱特征，从而有效利用光谱相关性；

(a)

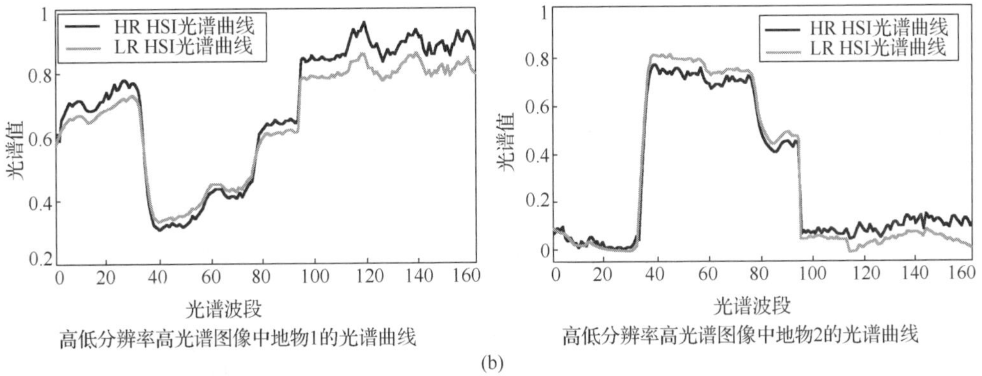

图 11.11 高分辨率图像(HR HSI)与低分辨率图像(LR HSI)光谱示意图

(a)高分辨率(左图)和低分辨率(右图)高光谱图像的伪彩色合成图(波段 29、16 和 8)，图像从 AVIRIS 数据库 Indian pines 场景截取；(b)高低分辨率高光谱图像中不同地物的光谱曲线，相关地物在(a)中标出

然后，深度学习网络重构的是高分辨率高光谱图像的光谱曲线，所有的波段能够被联合重构，有利于减少重构过程中的光谱畸变；最后，从高光谱图像的光谱曲线中提取光谱特征，相比较从三维的高光谱图像块中提取光谱特征，具有更少的计算量和更低的网络复杂度。

本章介绍一种基于深度学习的高光谱-多光谱图像融合框架，如图 11.12 所示[38,39]。该模型基于深度学习从高光谱图像的光谱曲线提取特征，学习高低分辨率高光谱图像的光谱曲线间的映射关系。为了在映射关系的学习中融合多光谱图像，该模型也从多光谱图像中提取特征，并与高光谱图像的特征融合。完成学习后，该模型表示的是低分辨率高光谱图像、高分辨率多光谱图像与高分辨率高光谱图像间的映射关系。

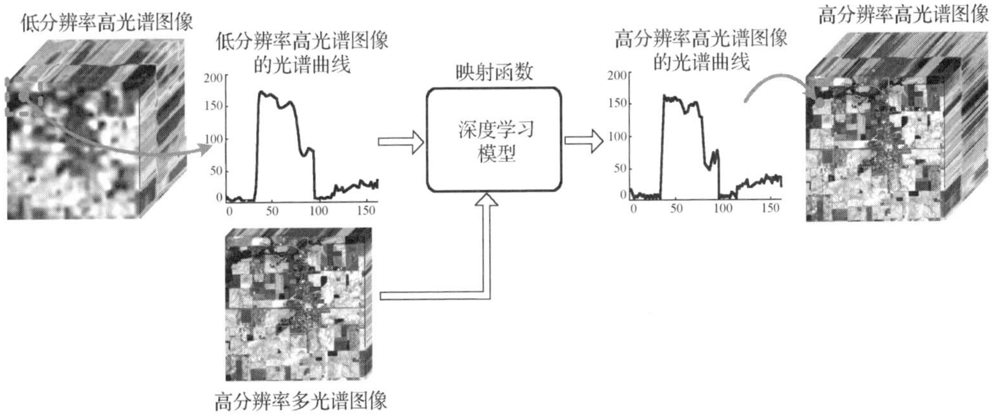

图 11.12 基于深度学习的高光谱-多光谱图像融合框架

11.4　基于双通道卷积网络的高光谱-多光谱图像融合方法

11.4.1　双通道融合网络架构

图像增强本质上是多变量的回归问题，通过深度学习模型学习高低分辨率图像间的映射关系，可以求解这样的多变量回归问题。根据图 11.12 的框架，本书基于卷积神经网络设计了双通道卷积神经网络(Two-CNN-Fu)模型，用于高光谱-多光谱图像融合，如图 11.13 所示。该网络的两个卷积神经网络分支分别从高光谱图像和多光谱图像提取特征。低分辨率的高光谱图像首先经过插值预处理，经过插值的低分辨率高光谱图像和多光谱图像具有相同的尺寸。Two-CNN-Fu 网络的两个分支分别从低分辨率高光谱图像每个像素对应的光谱曲线和该像素在多光谱图像对应的空间邻域提取特征。以第 n 个像素为例，在高光谱图像上对应的光谱曲线 $\boldsymbol{s}_n^{\mathrm{LR}}$ 作为高光谱分支的输入，经过 l 层的卷积运算后，可以从高光谱图像光谱曲线提取特征 $\boldsymbol{F}_{\mathrm{HSI}}^l(\boldsymbol{s}_n^{\mathrm{LR}})$。需要指出的是，高光谱分支的输入 $\boldsymbol{s}_n^{\mathrm{LR}}$ 是一维信号，因此该分支上所有的卷积退化为一维运算，每个卷积层的卷积核和特征图也退化为一维。

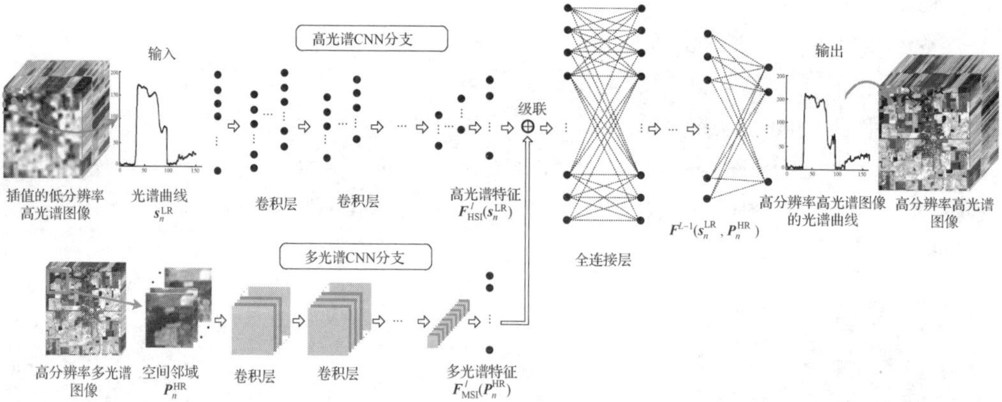

图 11.13　用于高光谱-多光谱图像融合的双通道卷积神经网络模型(Two-CNN-Fu)

为了融合多光谱图像，特别是多光谱图像的空间信息，将第 n 个像素在多光谱图像中对应的空间邻域 $\boldsymbol{P}_n^{\mathrm{HR}} \in \mathbb{R}^{r\times r\times b}$ (如图 11.13 中实方框所示)作为多光谱分支的输入，其中 r 是空间邻域的尺寸，在实验中固定为 31×31，b 是多光谱图像波段数。需要指出的是，为了利用多光谱图像的光谱信息以减少光谱畸变，多光谱图像所有的波段都被用于融合。经过 l 层卷积运算后，可以从多光谱图像得到特征 $\boldsymbol{F}_{\mathrm{MSI}}^l(\boldsymbol{P}_n^{\mathrm{HR}})$。

高光谱分支和多光谱分支的特征图经过向量化得到 $\boldsymbol{F}_{\mathrm{HSI}}^l(\boldsymbol{s}_n^{\mathrm{LR}})$ 和 $\boldsymbol{F}_{\mathrm{MSI}}^l(\boldsymbol{P}_n^{\mathrm{HR}})$。为了融合高光谱图像和多光谱图像，将向量化后的 $\boldsymbol{F}_{\mathrm{HSI}}^l(\boldsymbol{s}_n^{\mathrm{LR}})$ 和 $\boldsymbol{F}_{\mathrm{MSI}}^l(\boldsymbol{P}_n^{\mathrm{HR}})$ 级联，同时传递给全连接层，第$(l+1)$个全连接层的输出为

$$F^{l+1}(s_n^{\mathrm{LR}}, P_n^{\mathrm{HR}}) = g\{W^{l+1} \cdot [F_{\mathrm{HSI}}^{l}(s_n^{\mathrm{LR}}) \oplus F_{\mathrm{MSI}}^{l}(P_n^{\mathrm{HR}})] + b^{l+1}\} \tag{11.14}$$

其中，W^{l+1} 和 b^{l+1} 分别是全连接层的权重矩阵和偏置；$\oplus$ 表示将高光谱图像特征和多光谱图像特征级联。全连接层的神经元间密集连接，将高光谱图像特征和多光谱图像特征传递给全连接层，可以充分融合高光谱图像和多光谱图像的信息。经过若干层的全连接层，网络输出的是高分辨率高光谱图像在第 n 个像素处的光谱曲线：

$$\hat{s}_n^{\mathrm{HR}} = W^{L} \cdot F^{L-1}(s_n^{\mathrm{LR}}, P_n^{\mathrm{HR}}) + b^{L} \tag{11.15}$$

其中，W^{L} 和 b^{L} 分别是第 L 个全连接层的权重矩阵和偏置；$F^{L-1}(s_n^{\mathrm{LR}}, P_n^{\mathrm{HR}})$ 是第 $(L-1)$ 个全连接层提取的特征，网络中的所有卷积核、权重矩阵和偏置通过端到端的方式训练。

在训练阶段，低分辨率的高光谱图像首先经过插值预处理，尽管插值后的图像和高分辨率图像具有相同尺寸，但插值后的图像仍然模糊，仍然视为低分辨率图像，如图 11.13 所示。插值的目的仅仅是为了使低分辨率高光谱图像和多光谱图像的尺寸匹配(对应为前端上采样模式，见 11.2 节)。测试阶段，低分辨率的高光谱图像用同样的插值方法预处理。

11.4.2　网络离线训练与在线重构

卷积核、权重矩阵和偏置都需要通过训练得到。Two-CNN-Fu 网络输出的是高分辨率高光谱图像的光谱曲线，该网络通过最小化光谱曲线的重构误差训练。损失函数中，用 ℓ_2 范数度量光谱曲线的重构误差。训练样本集表示为 $\{s_n^{\mathrm{LR}}, P_n^{\mathrm{HR}}, s_n^{\mathrm{HR}}\}$ $(n=1,2,\cdots,N)$，目标函数为

$$J = \frac{1}{N}\sum_{n=1}^{N} \| s_n^{\mathrm{HR}} - \hat{s}_n^{\mathrm{HR}} \|_2^2 \tag{11.16}$$

其中，N 是训练样本数；对第 n 个训练样本，s_n^{LR} 是其在低分辨率高光谱图像中的光谱曲线，P_n^{HR} 是其在多光谱图像中对应的空间邻域图像块，s_n^{HR} 是其在高分辨率高光谱图像中的光谱曲线，$\hat{s}_n^{\mathrm{HR}}$ 是 Two-CNN-Fu 重构的高分辨率高光谱图像的光谱曲线。上述目标函数通过反向传播和随机梯度下降方法优化[36]。

在训练阶段，卷积核、权重矩阵通过高斯随机初始化，其中高斯分布的均值为 0，标准差为 0.01；偏置初始化为 0。随机梯度下降方法涉及的参数有学习率、动量和批尺寸，分别设置为 0.0001、0.9 和 128。训练迭代轮次(Epoch)设为 200 轮。

在测试阶段，抽取低分辨率高光谱图像每个像素点的光谱曲线，及其在多光谱图像对应的空间邻域，输入给 Two-CNN-Fu 网络，得到高分辨率高光谱图像的光谱曲线，最后将该光谱曲线返回每个像素，得到高分辨率的高光谱图像，如图 11.13 所示。

11.4.3 融合实验、性能评测与可视分析

11.4.3.1 融合实验与性能评测

实验中，在多个高光谱数据集上评价 Two-CNN-Fu 融合方法的性能。一个数据集是 AVIRIS 传感器采集①，该数据集包含 Indian pines、Moffett Field、Cupirte 和 Lunar Lake 四个场景图像，对应的尺寸分别为 753×1923、614×2207、781×6955 和 614×1087。空间分辨率为 20m，光谱范围是 400～2500nm，包含 224 个波段。去除水吸收波段和噪声波段后，剩余 162 个波段。另一个是 EnMAP 数据集②，由 HyMAP 传感器于 2009 年 8 月在柏林(Berlin)上空拍摄[40]，图像尺寸为 817×220，空间分辨率 30m，光谱范围是 420～2450nm，共有 244 个波段。上述高光谱图像被视作原始的高分辨率图像，作为参考图像评估融合性能，并用来模拟低分辨率高光谱图像和高分辨率多光谱图像。在空间维高斯下采样，模拟得到低分辨率高光谱图像；依据 Landsat-7 多光谱传感器的光谱响应曲线进行光谱下采样，模拟得到多光谱图像。Landsat-7 多光谱传感器共有 6 个波段，光谱范围分别是 450～520nm、520～600nm、630～690nm、770～900nm、1550～1750nm 和 2090～2350nm。分别从 AVIRIS Indian pines 图像中截取尺寸为 256×256 的子图像，从 EnMAP Berlin 图像中截取尺寸为 256×160 的子图像，作为测试图像。从每个数据集中各自抽取 50000 个样本训练 Two-CNN-Fu。

网络参数的选取往往需要在计算量、训练时间、算法性能间取得折中。实验中，Two-CNN-Fu 网络参数设置如表 11.7 所示。

表 11.7　Two-CNN-Fu 网络参数设置

每层卷积核数	20(高光谱 CNN 分支)
	30(多光谱 CNN 分支)
卷积核尺寸	45×1(高光谱 CNN 分支)
	10×10(多光谱 CNN 分支)
全连接层神经元数	450(前两层全连接层)
	高光谱波段数(最后层)
卷积层数	3
全连接层数	3

实验中，将 Two-CNN-Fu 融合算法和其他当前最优算法对比，对比方法包括：耦合非负矩阵分解(CNMF)方法[41]，空间-光谱稀疏表示(spatial-spectral sparse representation，SSR)方法[42]，贝叶斯稀疏表示(Bayes sparse representation，BayesSR)方法[43]。对比

① http://aviris.jpl.nasa.gov/data/free_data.html
② http://dataservices.gfz-potsdam.de/enmap/showshort.php?id=escidoc:1480925

算法的 MATLAB 代码都由原始作者提供，其中的参数设置首先遵从原始文献，然后经过进一步调节以获得最佳性能。CNMF 方法中，端元数量是一个重要参数，实验中设置为 30。SSR 方法的参数包括字典原子个数、每次迭代的原子数和图像块尺寸，分别设置为 300、20 和 8×8。BayesSR 方法涉及的主要参数有：Gibbs 采样过程稀疏编码次数和字典学习次数，分别设置为 32 和 50000。

高光谱-多光谱图像融合结果用峰值信噪比(PSNR)、SSIM[44]、FSIM[45]和 SAM 指标评价。计算所有波段的 PSNR、SSIM、SAM 和 FSIM 指标，给出这些指标在所有波段上的均值，如表 11.8 所示。

表 11.8　不同融合算法在两个测试数据上的指标(分辨率提升 2 倍)

测试数据	指标	SSR[42]	BayesSR[43]	CNMF[41]	Two-CNN-Fu
Indian pines	PSNR/dB	31.5072	33.1647	33.2640	34.0925
	SSIM	0.9520	0.9600	0.9650	0.9714
	FSIM	0.9666	0.9735	0.9745	0.9797
	SAM	3.6186	3.4376	3.0024	2.6722
Berlin	PSNR/dB	30.0746	29.8009	32.2022	34.8387
	SSIM	0.9373	0.9272	0.9569	0.9684
	FSIM	0.9512	0.9468	0.9705	0.9776
	SAM	2.8311	3.2930	1.4212	1.0709

从表 11.8 看出，Two-CNN-Fu 方法的 PSNR、SSIM 和 FSIM 指标均超过其他对比算法，说明该方法重构的高分辨率高光谱图像更接近原始图像。SSR 方法基于稀疏表示，首先学习光谱字典，再结合多光谱图像的丰度重构高分辨率高光谱图像。在 CNMF 方法中，低分辨率高光谱图像的端元和多光谱图像的丰度通过交替优化的方式得到，其精度高于 SSR 方法中的光谱字典和丰度，因此 CNMF 比 SSR 表现出了更好的性能。BayesSR 方法在非参数贝叶斯框架下进行稀疏编码，通常比参数框架下的 SSR 方法具有更好的重构性能。Two-CNN-Fu 网络提取层级特征，比字典、丰度等人工设计特征具有更强的表示能力[41,42]。在两个测试数据上，Two-CNN-Fu 方法得到了最佳的性能，证明了深度学习在高光谱-多光谱图像融合中的有效性和潜力。为了验证所提算法对较大分辨率提升倍数的鲁棒性，模拟 4 倍下采样的低分辨率高光谱图像，将其与多光谱图像融合，Two-CNN-Fu 算法依然可以取得较好融合性能，如表 11.9 所示。

表 11.9　不同融合算法在两个测试数据上的指标(分辨率提升 4 倍)

测试数据	指标	SSR[42]	BayesSR[43]	CNMF[41]	Two-CNN-Fu
Indian pines	PSNR/dB	30.6400	32.9485	32.7838	33.6713
	SSIM	0.9516	0.9601	0.9603	0.9677
	FSIM	0.9651	0.9730	0.9696	0.9769
	SAM	3.7202	3.5334	3.1227	2.8955

续表

测试数据	指标	SSR[42]	BayesSR[43]	CNMF[41]	Two-CNN-Fu
Berlin	PSNR/dB	29.7133	29.2131	30.1242	31.6728
	SSIM	0.9357	0.9265	0.9464	0.9531
	FSIM	0.9516	0.9420	0.9586	0.9608
	SAM	2.9062	5.6545	3.8744	2.2574

值得指出的是，Two-CNN-Fu 算法的融合结果具有更低的光谱角，说明其光谱畸变更少。该网络学习高低分辨率高光谱图像光谱曲线间的映射关系，直接重构高分辨率高光谱图像的光谱曲线，在网络训练中以最小化光谱曲线的重构误差为损失函数。此外，在该方法中，所有波段能够被联合重构。Two-CNN-Fu 算法的这些特性使得其融合结果中的光谱畸变可以得到较好的抑制。

图 11.14 和图 11.15 给出了部分融合后分辨率增强的图像。为了对比不同的融合结果，还给出了均方根误差图，其度量了融合结果在每个像素点的重构误差。可以看到，Two-CNN-Fu 融合结果具有更少的重构误差，CNMF 等算法依赖人工设计特征，如字典和端元，其融合结果有明显的与端元相关的误差分布。Two-CNN-Fu 方法通过学习映射关系重构高光谱图像，在训练中以最小化重构误差为目标函数，有助于减少融合结果的误差。

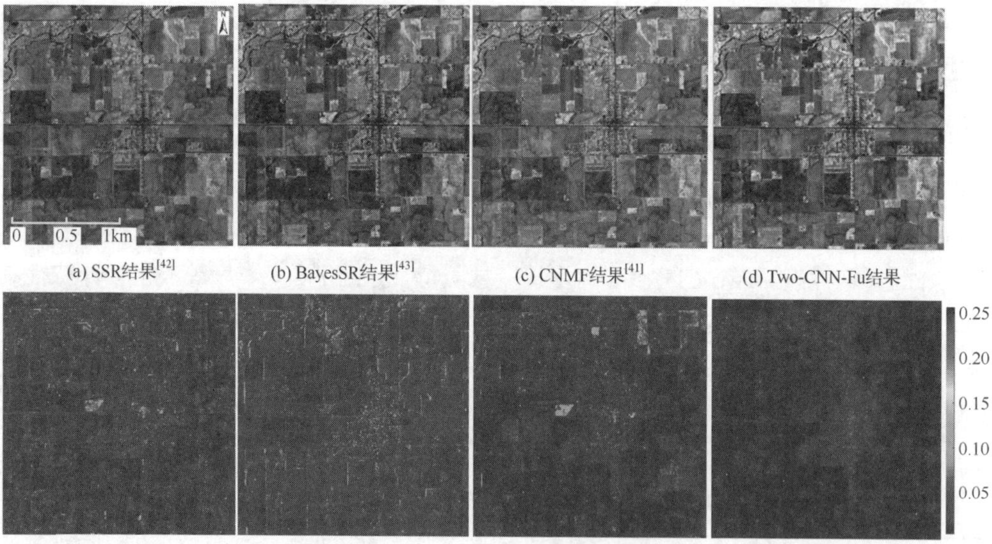

(a) SSR结果[42]　(b) BayesSR结果[43]　(c) CNMF结果[41]　(d) Two-CNN-Fu结果

(e) SSR结果的均方根误差图　(f) BayesSR结果的均方根误差图　(g) CNMF结果的均方根误差图　(h) Two-CNN-Fu结果的均方根误差图

图 11.14　AVIRIS Indian pines 测试数据不同融合算法结果(见彩图)

(上排为重构图像(波段 70)；下排为均方根误差图，分辨率提升 4 倍，图像尺寸 256×256)

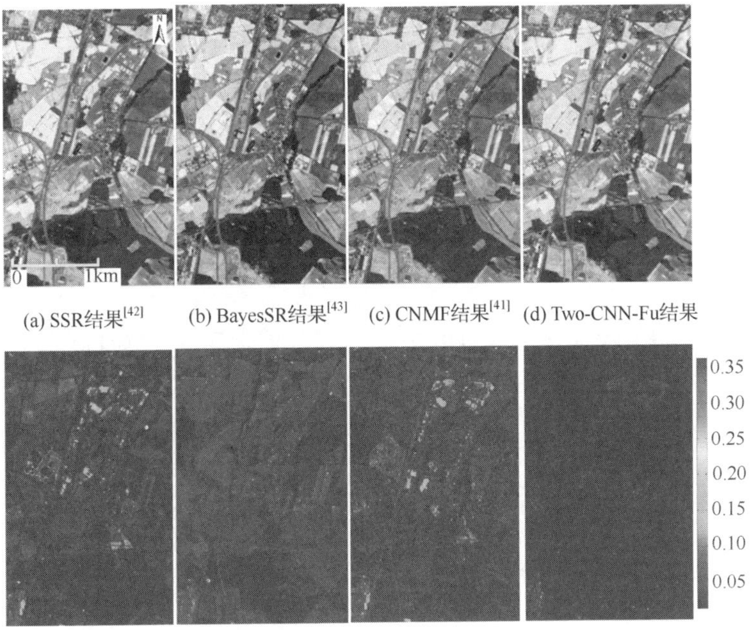

(a) SSR结果[42]　(b) BayesSR结果[43]　(c) CNMF结果[41]　(d) Two-CNN-Fu结果

(e) SSR结果的均方根误差图　(f) BayesSR结果的均方根误差图　(g) CNMF结果的均方根误差图　(h) Two-CNN-Fu结果的均方根误差图

图 11.15　EnMAP Berlin 测试数据不同融合算法结果(见彩图)
(上排为重构图像(波段 200)；下排为均方根误差图，分辨率提升 2 倍，图像尺寸 256×160)

11.4.3.2　训练数据鲁棒性分析

在前面的实验中，用于训练 Two-CNN-Fu 和测试的数据来自同一传感器。下面分析 Two-CNN-Fu 网络对训练数据的鲁棒性。在 AVIRIS 数据集上预训练 Two-CNN-Fu，将预训练的网络迁移传递给 EnMAP Berlin，测试在 EnMAP Berlin 上的融合性能。由于 AVIRIS 传感器和 EnMAP 传感器波段数不同，因此第一层全连接层和最后一层全连接层需要在 EnMAP 数据集上微调，其余层可以从预训练的网络中直接迁移而来。EnMAP Berlin 数据上的融合性能随着微调训练轮次的变化曲线如图 11.16 所示。可以看出，在 AVIRIS 上预训练的网络迁移给 EnMAP 数据后，经过少数轮次的微调，在 EnMAP Berlin 数据上的融合性能可逼近或超过在 EnMAP 数据上原始训练的 Two-CNN-Fu 网络。

尽管 AVIRIS 和 EnMAP 的传感器存在较大的差异，尤其在分辨率和光谱波段上，但是在 AVIRIS 数据上预训练的网络仍然能够迁移给 EnMAP 数据，完成高光谱-多光谱图像融合。这种鲁棒性可以通过深度学习的层级特性解释，由于底层网络提取的是低层特征，主要描述边缘、纹理等信息，这些特征具有通用性，可以被迁移给不同数据、不同传感器。而顶层网络提取高层特征，与数据相关，需要在当前目标数据上微调[46-48]。因此，当把一个充分训练好的 Two-CNN-Fu 网络应用于新的数据时，并不需要重新训练整个网络，只需要微调少数的全连接层，即可以较少的训练时间得到满意的性能。

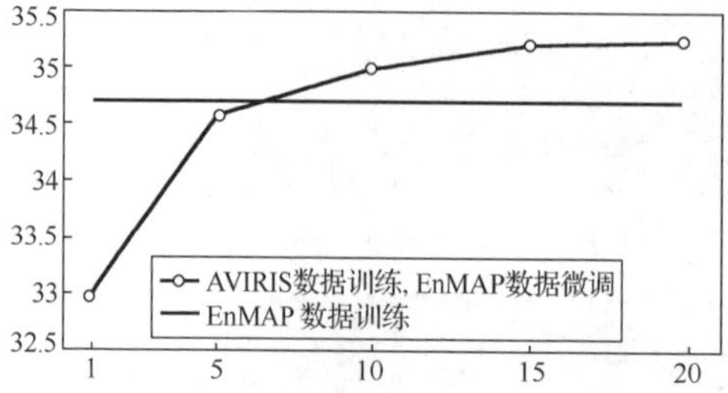

(a) 第一层和最后一层全连接层在EnMAP上微调

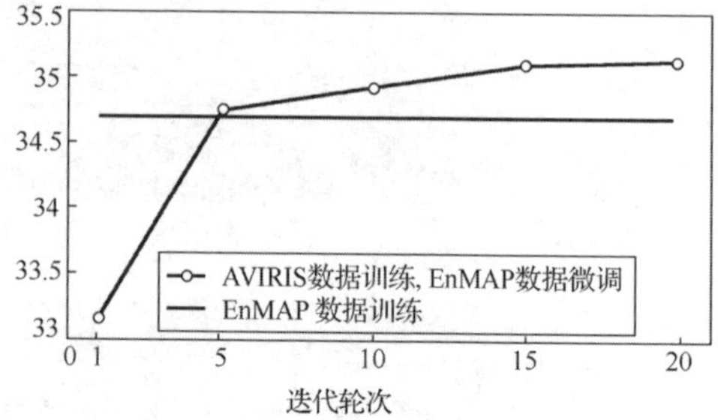

(b) 所有全连接层在EnMAP上微调

图 11.16　融合性能随着微调轮次的变化曲线(测试数据为 EnMAP Berlin)

11.4.3.3　深度特征可视化和分析

为了更好地理解 Two-CNN-Fu 网络，下面对部分特征进行可视化分析。图 11.17 给出了 Two-CNN-Fu 网络多光谱分支上的部分卷积核，该网络在 EnMAP 数据上训练得到。可以看出，不同层的卷积核揭示了不同的信息。例如，图 11.17(a)给出的是第一个卷积层的卷积核，第一行第一列的卷积核类似高斯滤波器，第二行前两列卷积核类似拉普拉斯滤波器，用于提取高频信息。图 11.17(b)和图 11.17(c)分别给出了第二和第三个卷积层的卷积核。相比于第一个卷积层，第二和第三个卷积层的卷积核更抽象。

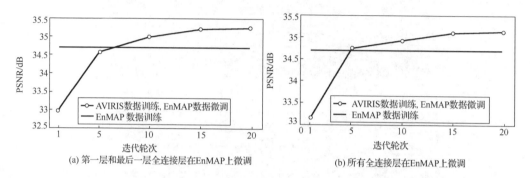

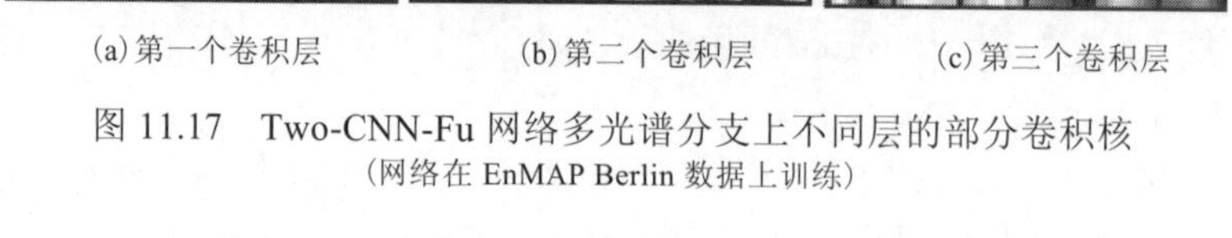

(a) 第一个卷积层　　(b) 第二个卷积层　　(c) 第三个卷积层

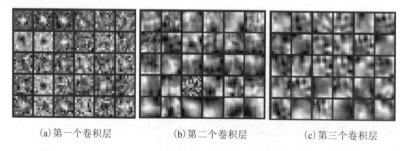

图 11.17　Two-CNN-Fu 网络多光谱分支上不同层的部分卷积核
(网络在 EnMAP Berlin 数据上训练)

图 11.18 给出了多光谱分支的部分特征图。输入的图像是从 EnMAP Berlin 数据上截取的 128×128 大小的子图像。从图 11.18(b)前三个特征图中可以看出，第一个卷积层提取了高频信息，如纹理和不同方向的边缘信息。相比较第一个卷积层，第二和第三个卷积层提取的特征图更为抽象。

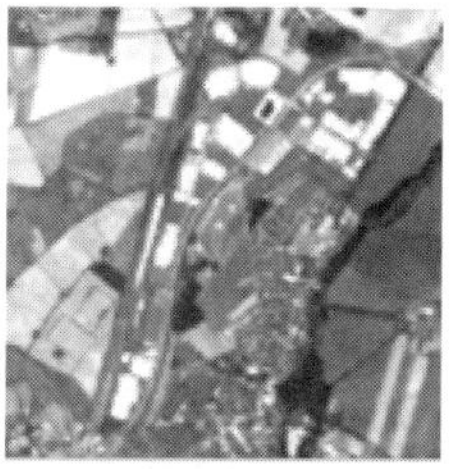

(a) 输入的多光谱图像

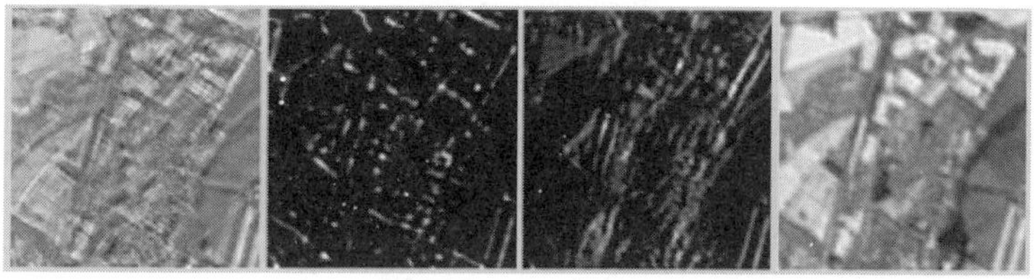

(b) 第一个卷积层特征图

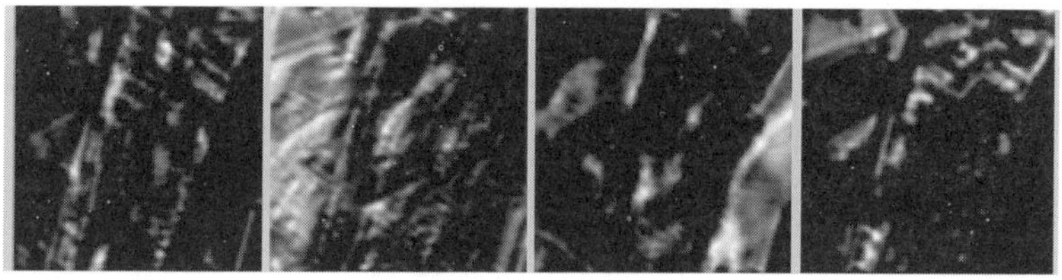

(c) 第二个卷积层特征图

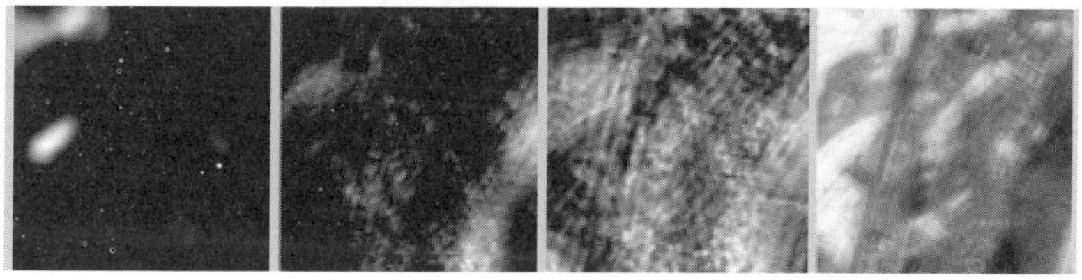

(d) 第三个卷积层特征图

图 11.18　Two-CNN-Fu 网络多光谱分支上不同层的部分特征图
（输入图像为从 EnMAP Berlin 数据模拟的尺寸为 128×128 的多光谱图像）

图 11.19 给出高光谱分支上提取的部分特征。高光谱分支的输入是 AVIRIS Indian pines 数据上(76,185)像素处对应的光谱曲线。如图 11.19(a)所示，第一个卷积层提取的特征揭示了光谱的形状和部分高频分量。和多光谱分支类似的是，高光谱分支上第二和第三个卷积层提取的特征也更为抽象。不同层网络提取了不同层级的特征，这些特征从不同方面描述了高光谱和多光谱图像。

Two-CNN-Fu 网络的训练在 Caffe 平台上借助 NVIDIA GTX 980Ti 显卡完成[49]。训练迭代 200 轮次耗时约两天。测试阶段，由于仅有前向运算，重构高分辨率的高光谱图像耗时约 3s。和不同融合算法的运行时间对比如表 11.10 所示。

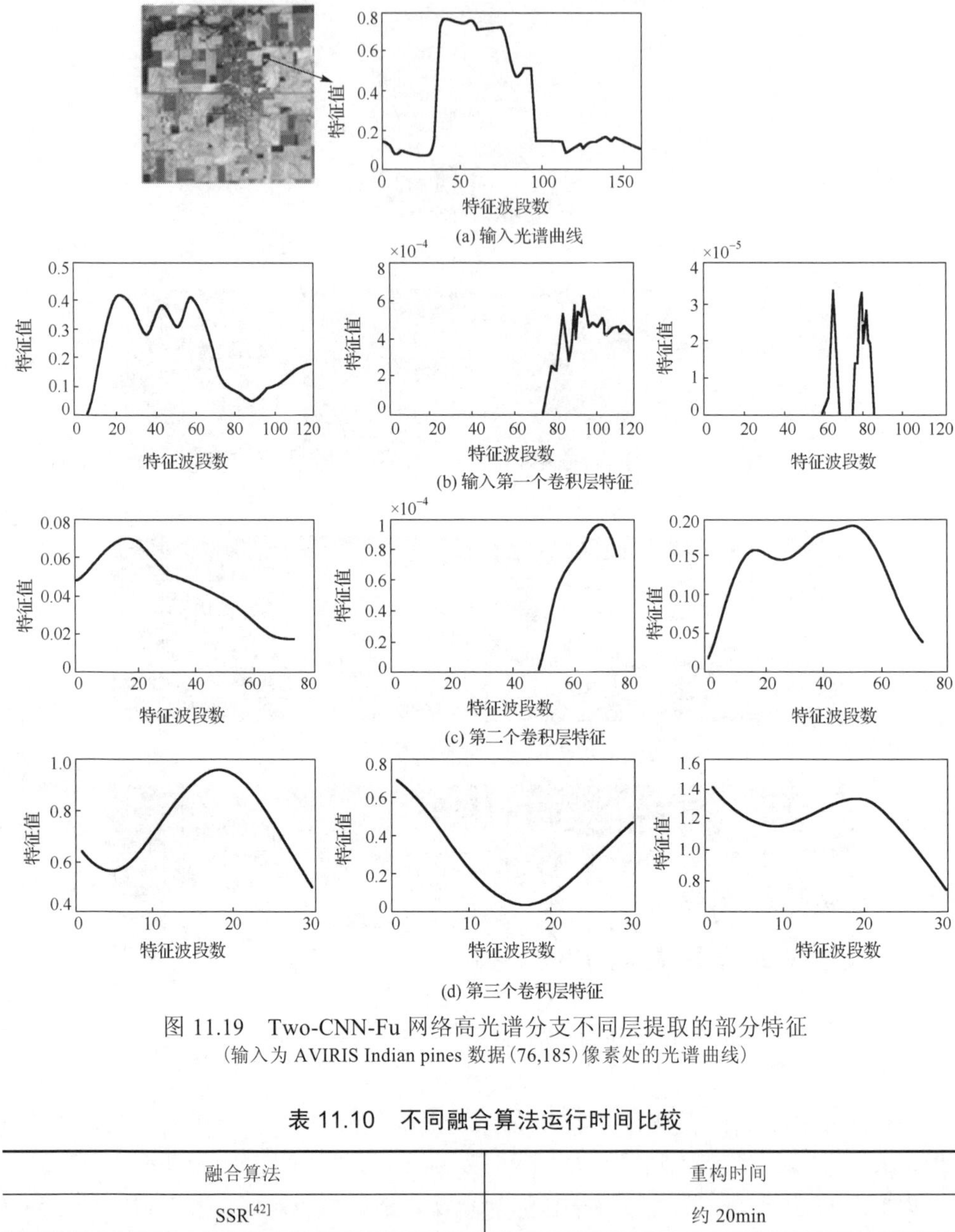

图 11.19　Two-CNN-Fu 网络高光谱分支不同层提取的部分特征

（输入为 AVIRIS Indian pines 数据(76,185)像素处的光谱曲线）

表 11.10　不同融合算法运行时间比较

融合算法	重构时间
SSR[42]	约 20min
CNMF[41]	约 1min
BayesSR[43]	约 10h
Two-CNN-Fu	约 3s

11.4.4　小结与讨论

本节介绍了一种深度学习框架下的高光谱-多光谱图像融合方法，设计了具有双通道结构的卷积神经网络，分别从高光谱图像和多光谱图像提取特征。为了充分利用高光谱图像的光谱相关性，并且融合多光谱图像，双通道卷积神经网络的两个分支分别从低分辨率高光谱图像每个像素点的光谱曲线和该像素点在多光谱图像对应的空间邻域提取特征。将从高光谱图像和多光谱图像提取的特征级联，传递给全连接网络，使得高光谱图像和多光谱图像的信息能够充分融合。全连接网络输出的是高分辨率高光谱图像的光谱曲线。在实验中，在 AVIRIS 和 EnMAP 数据上和不同算法对比，验证了提出算法的有效性。

11.5　高光谱与多光谱图像深度融合应用

在本节中，将高光谱-多光谱图像融合算法应用于实测星载遥感图像，并将融合后的高光谱图像应用于地物分类，以分析其实用性。由于在实际遥感中，缺少高分辨率的参考图像，无法通过传统的峰值信噪比等指标评价分辨率增强的性能，本节首先对高光谱图像的空-谱维质量敏感特征进行统计分析，介绍一种无参考高光谱图像质量评价方法[50]，在无参考图像的情况下对不同的融合结果进行质量评价。此外，地物分类的精度可以间接的评价分辨率增强的性能。

11.5.1　空谱维质量敏感特征统计分析

图像含有对质量畸变敏感的统计量，当图像存在质量畸变时，这些统计量将偏离原有分布。提取这些统计量作为特征，度量它们偏离原有分布的程度，使得在无参考图像下评价高光谱图像的质量成为可能[51,52]。已有部分相关工作从图像的空间维提取质量敏感特征[53,54]。为了利用高光谱图像的光谱相关性，并对其光谱维进行质量评价，本节在高光谱图像的光谱维分析其统计特性，提取光谱维的质量敏感特征，并将其与空间维质量敏感特征融合，构成空间-光谱质量敏感特征。

11.5.1.1　光谱维质量敏感特征统计建模

在光谱维，通过实验观察发现，原始的干净高光谱图像经过局部归一化，其光谱曲线趋向服从高斯分布；而对含有质量畸变的高光谱图像而言，经过局部归一化后，其光谱曲线将偏离高斯分布。对原始的干净高光谱图像 $\boldsymbol{I} \in \mathbb{R}^{M \times N \times L}$，首先在光谱维对其光谱曲线 $\boldsymbol{s}$ 进行局部归一化：

$$\overline{\boldsymbol{s}}(\lambda) = \frac{\boldsymbol{s}(\lambda) - \mu(\lambda)}{\sigma(\lambda) + C} \tag{11.17}$$

其中，$\lambda=1,2,\cdots,L$ 是光谱维坐标(即波段)；C 是稳定常数，以防止分母为零。在实验中，C 取常数 1。$\mu(\lambda)$ 和 $\sigma(\lambda)$ 分别是局部均值和标准方差：

$$\mu(\lambda)=\sum_{k=-K}^{K} w_k \boldsymbol{s}(\lambda+k) \tag{11.18}$$

$$\sigma(\lambda)=\sqrt{\sum_{k=-K}^{K} w_k[\boldsymbol{s}(\lambda+k)-\mu(\lambda)]^2} \tag{11.19}$$

其中，$w=\{w_k \mid k=-K,-K+1,\cdots,K\}$ 是高斯权重窗口，K 决定了窗口尺寸。局部归一化从光谱曲线中移除了局部均值，并且使得局部方差稳定，光谱曲线更为平坦，具有解相关的效果。干净高光谱图像的光谱曲线在局部归一化后具有零均值和单位方差。

从 AVIRIS 数据集中截取一个子图像，对其在光谱维进行上述的局部归一化，结果如图 11.20 所示。由于噪声和模糊是高光谱图像面临的两种常见的质量畸变因素[55,56]，因此在原始的干净高光谱图像中添加噪声或模糊核进行模糊，来模拟质量畸变的高光谱图像。图 11.21 给出了不同强度高斯噪声和不同强度均值模糊下模拟的畸变图像，对这些畸变图像进行光谱维局部归一化后，其光谱曲线的直方图如图 11.22 所示。可以看出，经过光谱维局部归一化，原始的干净高光谱图像，其光

(a) 原始的干净高光谱图像
(从AVIRIS Indian pines数据截取，
波段20，尺寸256×256)

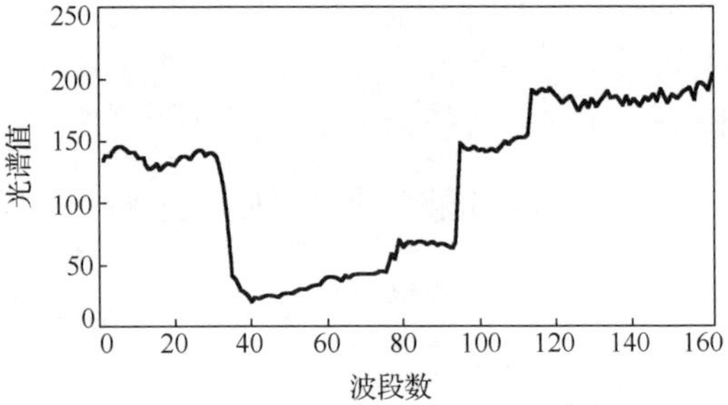

像素坐标(180, 100)处光谱曲线

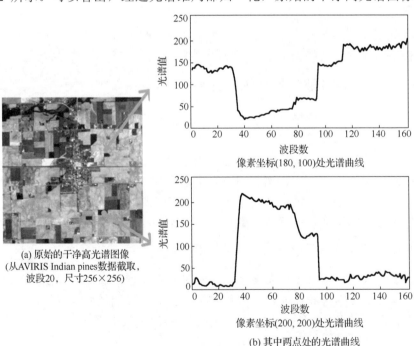

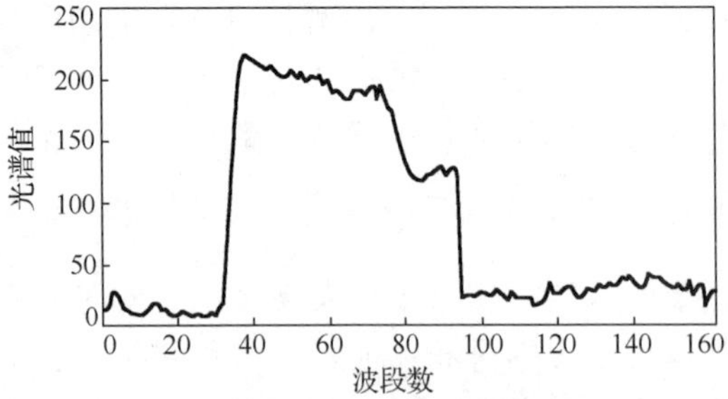

像素坐标(200, 200)处光谱曲线

(b) 其中两点处的光谱曲线

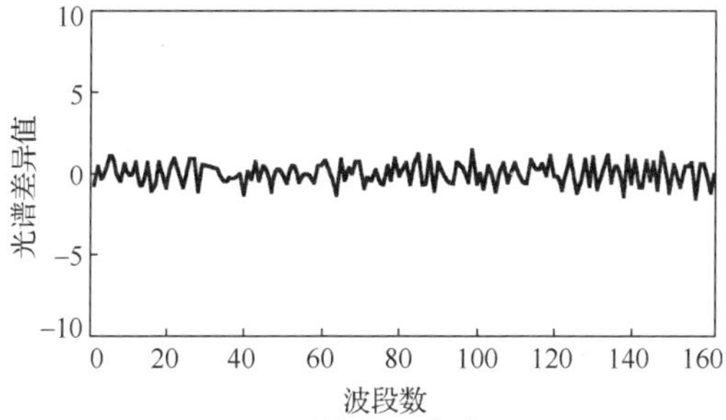

局部归一化后

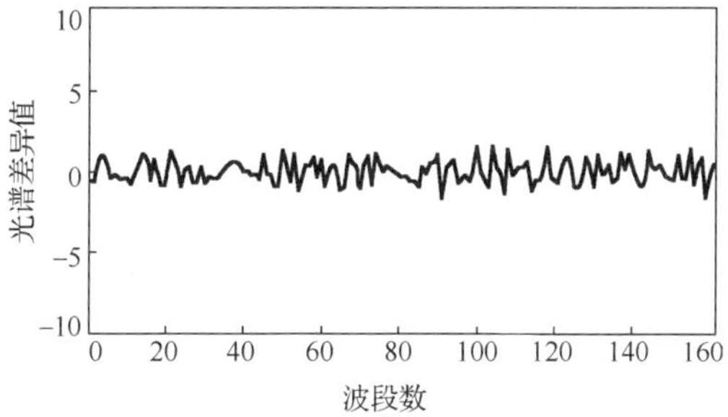

局部归一化后

(c) 局部归一化后的光谱曲线

图 11.20　光谱维局部归一化示意图

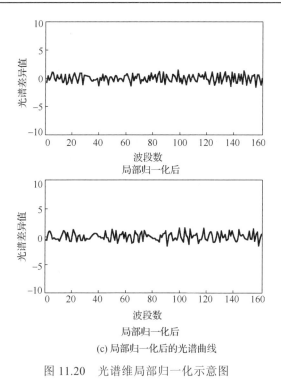

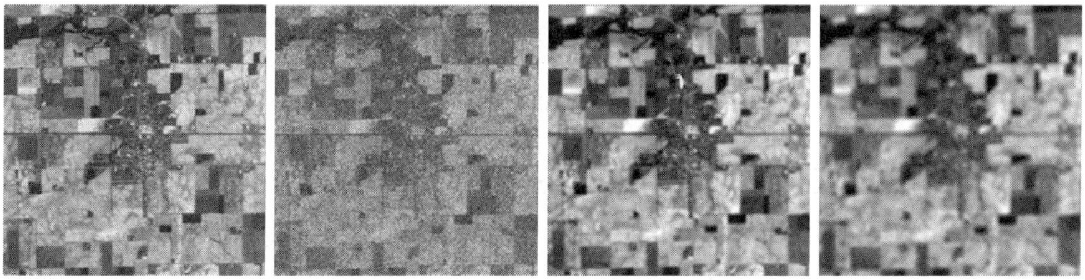

(a) 高斯噪声（$\sigma = 0.05$）　(b) 高斯噪声（$\sigma = 0.20$）　(c) 3×3 均值滤波核模糊　(d) 5×5 均值滤波核模糊

图 11.21　不同类型的畸变图像

谱曲线服从零均值高斯分布；而质量畸变的高光谱图像，其光谱曲线偏离高斯分布。进一步观察发现，不同类型的畸变导致光谱曲线直方图偏离高斯分布的方式不同。例如，当图像含有噪声时，直方图曲线变得平坦，趋向均匀分布；当图像模糊时，直方图曲线变得尖锐，趋向拉普拉斯分布。此外，畸变越严重导致偏离程度越大。当高斯噪声标准差 $\sigma = 0.20$ 时，直方图曲线比高斯噪声标准差 $\sigma = 0.05$ 时对应的直方图曲线更平坦；当均值模糊核尺寸为 5×5 时，对应的直方图曲线比模糊核尺寸为 3×3 更趋向拉普拉斯分布。

因此，高光谱图像的光谱维存在一些统计量，这些统计量的分布特性会随着质

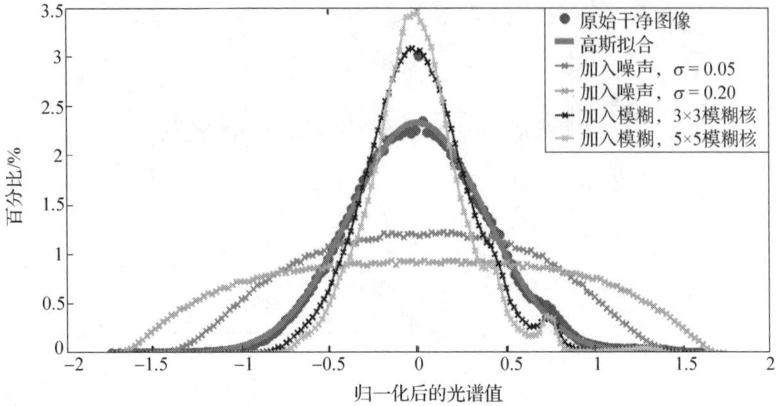

图 11.22　光谱维局部归一化后，原始的干净高光谱图像和不同畸变高光谱图像的光谱曲线直方图

量畸变而偏离原有分布，度量偏离程度使得评价光谱维的质量畸变成为可能。广义高斯分布(generalized Gaussian distribution，GGD)可以用来描述图 11.22 中统计量的变化。零均值的广义高斯分布函数为

$$f(x;\alpha,\beta,\sigma^2)=\frac{\alpha}{2\beta\Gamma(1/\alpha)}\exp\left[-\left(\frac{|x|}{\beta}\right)^{\alpha}\right] \tag{11.20}$$

其中

$$\beta=\sigma\sqrt{\frac{\Gamma(1/\alpha)}{\Gamma(3/\alpha)}} \tag{11.21}$$

$$\Gamma(a)=\int_0^{\infty}t^{a-1}\mathrm{e}^{-t}\mathrm{d}t,\quad a>0 \tag{11.22}$$

其中，α 和 β 表示广义高斯分布的形状系数和尺度系数，σ 是标准差。广义高斯模型能够描述多种分布，当 $\alpha=1$ 和 $\alpha=2$ 时，广义高斯模型分别退化为拉普拉斯分布和高斯分布；当 α 趋向无穷大时，广义高斯模型退化为均匀分布。当高光谱图像含有质量畸变时，归一化后光谱曲线的直方图将偏离高斯分布，趋向均匀分布或拉普拉斯分布，而这些分布的统计特性都可以由广义高斯模型描述。广义高斯模型由其模型参数，即形状系数 α 和尺度系数 β 描述。因此，选取模型参数 $[\alpha,\beta]$ 作为光谱维的质量敏感特征，该模型参数可以通过动量匹配(moment matching)算法估计[51]。

为了验证提取的质量敏感特征确实对图像质量敏感，随机从 AVIRIS 数据集中抽取 200 个子图像，每个子图像尺寸为 64×64×224。随后，对加入不同类型畸变的各个子图像，进行光谱维的局部归一化后，用广义高斯模型拟合光谱曲线直方图，提取不同子图像的质量敏感特征。图 11.23 中给出不同子图像的质量敏感特征 $[\alpha,\beta]$。可以看出，同一类型质量畸变对应的质量敏感特征趋向聚集为一类，在特征空间中，不同类型质量畸变具有很强的可分性。

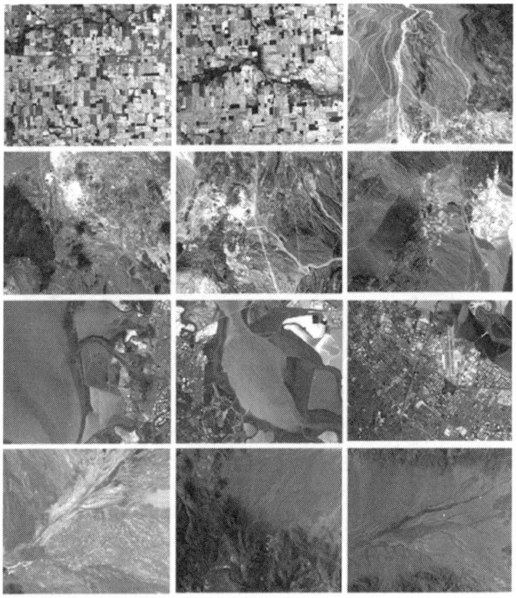

(a) AVIRIS数据集示意图(200个子图像从中随机截取)

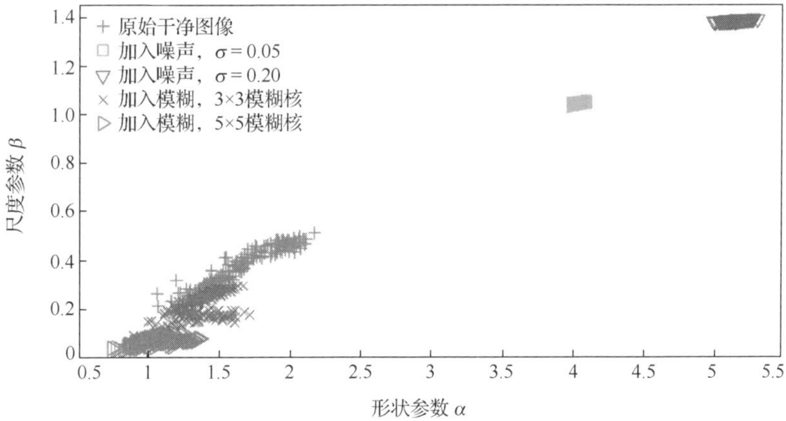

(b) 光谱维质量敏感特征可视化
(不同点代表不同子图像的特征，不同颜色代表不同类型的畸变)

图 11.23　光谱敏感特征空间示意图

11.5.1.2　空间维质量敏感特征统计建模

高光谱图像质量还可以通过图像的局部结构[51]、图像梯度[53]和多尺度特征[54]反映。本节分析高光谱图像空间维的多种统计量，并提取空间维的质量敏感特征。

1) 模拟全色图像的质量敏感统计量

高光谱图像具有大量的连续波段，从每一波段逐波段地分析提取质量敏感特征不仅耗费时间，还会产生大量的冗余特征。为了从高光谱图像的空间维简单快速的提取质量敏感特征，在模拟的全色图像上分析其统计特性。全色图像通过加权平均模拟[6]：

$$\boldsymbol{P} = w_r \boldsymbol{I}_r + w_g \boldsymbol{I}_g + w_b \boldsymbol{I}_b \tag{11.23}$$

其中，$\boldsymbol{I}_r$、$\boldsymbol{I}_g$ 和 $\boldsymbol{I}_b$ 分别是对应红色中心波长、绿色中心波长和蓝色中心波长的高光谱图像不同波段图像。根据文献[57]建议，实验中，权值 w_r、w_g 和 w_b 分别取 0.06、0.63 和 0.27。图 11.24 给出了红色、绿色、蓝色三个波段图像和模拟的全色图像。可以看出，模拟的全色图像含有高光谱图像的结构和纹理信息。和光谱维类似，对模拟的全色图像进行局部归一化：

$$\bar{\boldsymbol{P}}(i,j) = \frac{\boldsymbol{P}(i,j) - \mu(i,j)}{\sigma(i,j) + C} \tag{11.24}$$

其中，i 和 j 是图像的空间坐标，$\mu(i,j)$ 和 $\sigma(i,j)$ 分别是局部均值和标准方差[1]：

$$\mu(i,j) = \sum_{s=-S}^{S} \sum_{t=-T}^{T} w_{s,t} \boldsymbol{P}(i+s, j+t) \tag{11.25}$$

$$\sigma(i,j) = \sqrt{\sum_{s=-S}^{S} \sum_{t=-T}^{T} w_{s,t} [\boldsymbol{P}(i+s, j+t) - \mu(i,j)]^2} \tag{11.26}$$

其中，$w = \{w_{s,t} \mid s = -S,\cdots,S; t = -T,\cdots,T\}$ 是高斯权重窗口，S 和 T 决定窗口尺寸。局部归一化后，模拟全色图像中的像素趋向 0，除了边缘，其余部分变得平坦，如图 11.25(a)所示。图 11.25(b)给出空间维局部归一化后，不同类型的畸变下的模拟全色图像直方图。可以看出，经过空间维局部归一化，在原始的干净高光谱图像中，其对应的模拟全色图像直方图趋向零均值的高斯分布，存在不同类型的畸变时，对应的直方图偏离高斯分布[51,57]。当图像受畸变干扰时，图 11.25(b)中的全色图像直方图分布的变化规律和图 11.22 中光谱曲线直方图类似。同样的，可以采用广义高斯模型描述全色图像直方图的统计特性变化，将广义高斯模型的形状系数和尺度系数作为空间维的一个质量敏感特征。

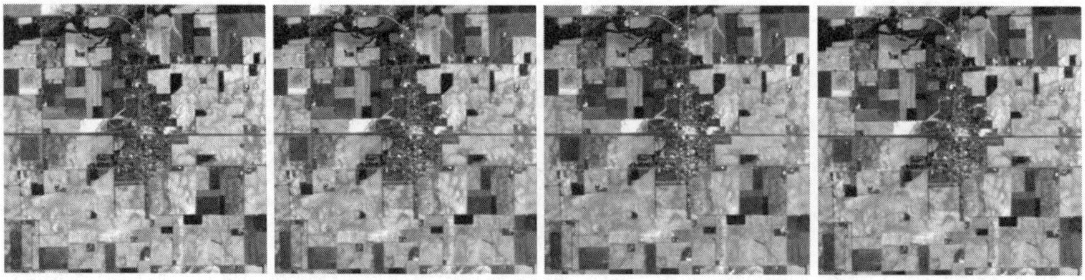

(a) 红色波段(665.59nm)　(b) 绿色波段(589.31nm)　(c) 蓝色波段(491.90nm)　(d) 模拟的全色图像

图 11.24　红色、绿色和蓝色三个波段图像和模拟的全色图像

(a) 局部归一化后的模拟全色图像

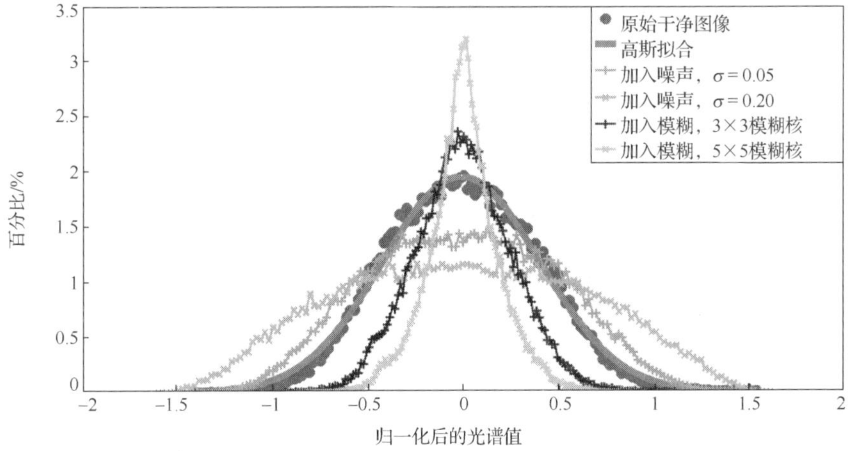

(b) 直方图

图 11.25　模拟全色图像空间统计量

2) 纹理信息的质量敏感统计量

图像的质量还可以通过图像纹理信息反映。Log-Gabor 滤波器能够在不同角度、不同尺度上分解图像，从而捕捉图像不同角度的纹理信息。由于模拟的全色图像包含了高光谱图像的主要空间纹理信息，在模拟全色图像上进行 Log-Gabor 滤波，Log-Gabor 滤波器的公式为[57]

$$G(\omega,\theta)=\exp\left(-\frac{(\log(\omega/\omega_0))^2}{2\sigma_r^2}\right)\cdot\exp\left(-\frac{(\theta-\theta_j)^2}{2\sigma_\theta^2}\right) \tag{11.27}$$

其中，$\theta_j = j\pi/J, j=\{0,1,\cdots,J-1\}$ 代表不同角度，J 是角度数；ω_0 是滤波器中心频率；σ_r 和 σ_θ 分别表示滤波器的径向带宽和角度带宽。假设 Log-Gabor 滤波器含有 N 个中心频率和 J 个角度，滤波后产生 $2NJ$ 个响应图 $\{(e_{n,j},o_{n,j})\,|\,n=0,\cdots,N-1, j=0,\cdots,J-1\}$，其中 $e_{n,j}$ 和 $o_{n,j}$ 分别代表滤波响应的实部和虚部。

图 11.26(a)给出了 Log-Gabor 滤波响应图 $o_{1,3}(N=3, J=4)$，可以看出滤波结果描述了全色图像的边缘和纹理。为了分析原始干净高光谱图像和畸变图像 Log-Gabor 滤波结果的统计差异，以滤波响应图 $o_{1,3}$ 为例，画出其在不同畸变下的直方图，如图 11.26(b)所示。可以看出，不同类型的质量畸变导致 Log-Gabor 滤波结果的直方图产生不同变化，因此 Log-Gabor 滤波响应分布的统计特性也对图像质量敏感。此处，依然用广义高斯模型描述 Log-Gabor 滤波响应 $e_{n,j}$ 和 $o_{n,j}$ 的分布[57]，将对应的形状系数和尺度系数作为空间维的另一质量敏感特征。

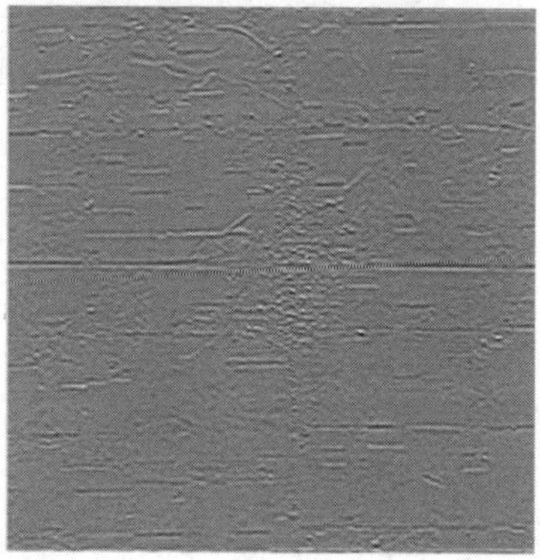

(a) 模拟全色图像的Log-Gabor滤波响应图$o_{1,3}$

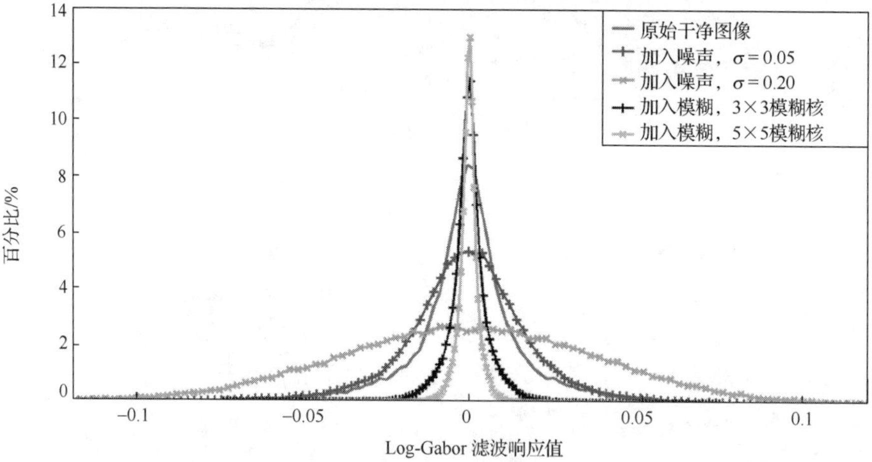

(b) 直方图

图 11.26　模拟全色图像的 Log-Gabor 滤波响应空间统计量

为了进一步利用纹理信息，还需要分析 Log-Gabor 滤波响应图梯度的统计特性。图 11.27(a)给出了 $o_{1,3}$ 的垂直方向梯度，图 11.27(b)给出不同畸变下 $o_{1,3}$ 垂直方向梯度的直方图。从图中可以看出，Log-Gabor 响应图的梯度也对图像质量敏感，不同畸变下直方图分布的变化规律和 Log-Gabor 响应图类似，因此，仍然采用广义高斯模型描述 Log-Gabor 响应图 $e_{n,j}$ 和 $o_{n,j}$ 在水平和垂直两个方向上梯度的直方图[57]，将对应的形状系数和尺度系数作为空间维的另一质量敏感特征。

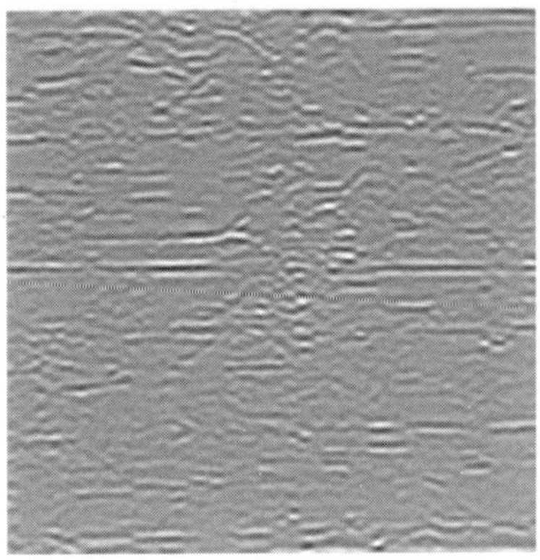

(a) 垂直方向梯度

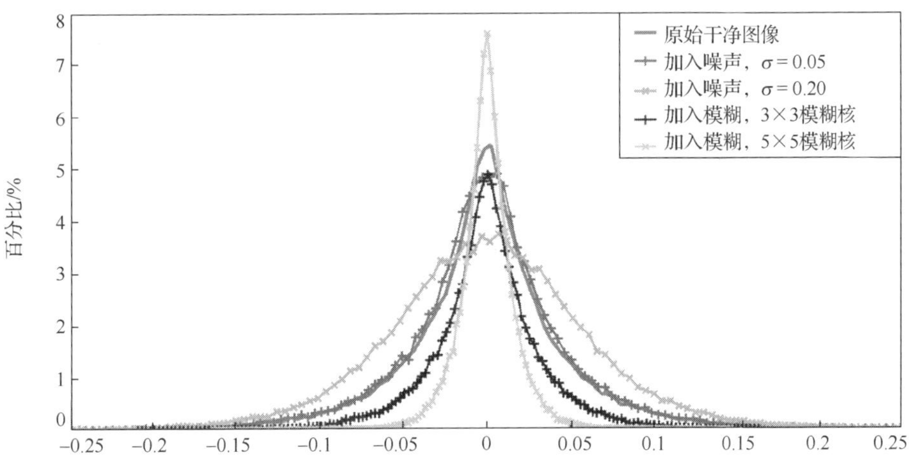

(b) 直方图

图 11.27　模拟全色图像 Log-Gabor 滤波响应图梯度的空间统计量

除了方向梯度，还分析了 Log-Gabor 滤波响应图的梯度幅值，图 11.28(a)给出了 Log-Gabor 滤波响应图 $o_{1,3}$ 的梯度幅值。不同质量畸变下，$o_{1,3}$ 的梯度幅值的直方图如图 11.28(b)所示，直方图服从韦布尔(Weibull)分布[57,58]：

$$f(x;\lambda,k)=\begin{cases}\dfrac{k}{\lambda}\left(\dfrac{x}{\lambda}\right)^{k-1}\exp\left(-\left(\dfrac{x}{\lambda}\right)^{k}\right), & x\geqslant 0\\ 0, & x<0\end{cases} \tag{11.28}$$

其中，λ 和 k 分别是 Weibull 模型的尺度系数和形状系数。Log-Gabor 响应图的梯度幅值服从 Weibull 分布，因此，用 Weibull 分布度量 Log-Gabor 响应图梯度幅值的统计特性变化，将 Weibull 模型参数 λ 和 k 作为空间维的另一质量敏感特征。

(a) 梯度幅值

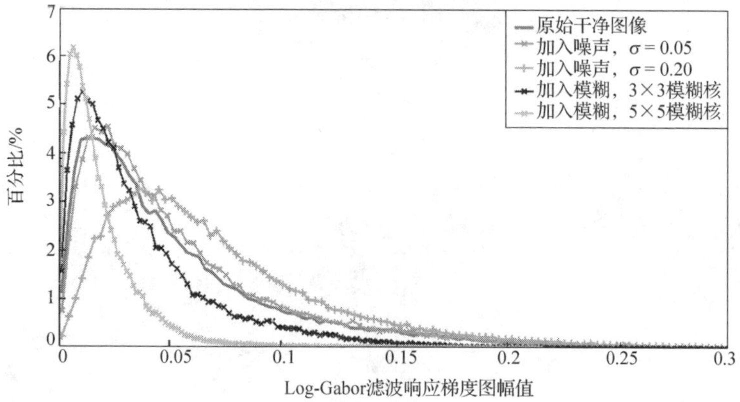

(b) 直方图

图 11.28　模拟全色图像 Log-Gabor 滤波响应图梯度幅值的空间统计量

为了验证空间维所提取的特征确实对图像质量敏感，对这些特征进行了可视化分析。随机从 AVIRIS 数据集抽取 200 个原始的干净子图像作为样本，每个子图像尺寸为 64×64×224，并加入噪声或模糊等质量畸变。对每个子图像进行 Log-Gabor 滤波，得到每个子图像 Log-Gabor 滤波响应图 $o_{1,3}$、滤波响应图 $o_{1,3}$ 垂直方向梯度和梯度幅值的直方图，并用广义高斯模型或 Weibull 模型拟合，将对应的模型参数作为质量敏感特征。在图 11.29～图 11.31 中画出每个子图像的质量敏感特征。从图中看出，尽管不同类型畸变对应的特征间存在部分重叠，大部分同一类型畸变对应的特征能够聚集为一类，不同畸变类型在特征空间中占据不同区域，且具有良好的可分性，表明在高光谱图像空间维所提取的统计特征确实对图像质量敏感。

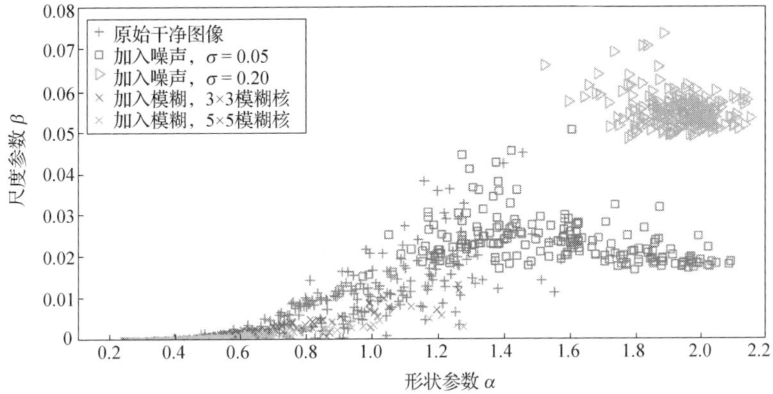

图 11.29　Log-Gabor 滤波响应图 $o_{1,3}$ 中所提取的质量敏感特征可视化

（不同点代表不同子图像的特征和不同类型畸变）

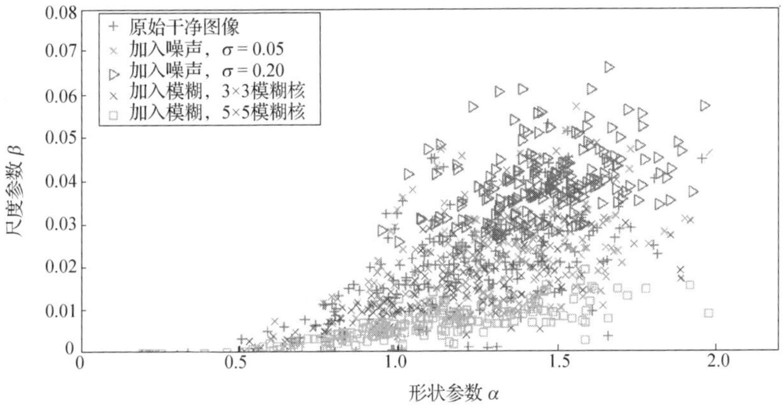

图 11.30　Log-Gabor 滤波响应图 $o_{1,3}$ 垂直方向梯度中所提取的质量敏感特征可视化

（不同点代表不同子图像的特征和不同类型畸变）

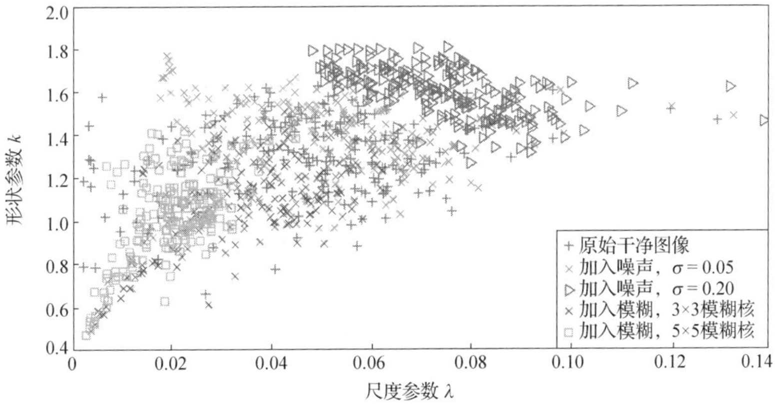

图 11.31　Log-Gabor 滤波响应图 $o_{1,3}$ 梯度幅值中所提取的质量敏感特征可视化

（不同点代表不同子图像的特征和不同类型畸变）

为了能够综合评价高光谱图像空间维和光谱维的质量，需要将光谱维和空间维提取的多个质量敏感特征融合。采用级联方式，将从光谱维和模拟全色图像、Log-Gabor 滤波响应图、Log-Gabor 滤波响应图的梯度及梯度幅值中提取的统计特征级联，构成空间-光谱质量敏感特征，如图 11.32 所示。

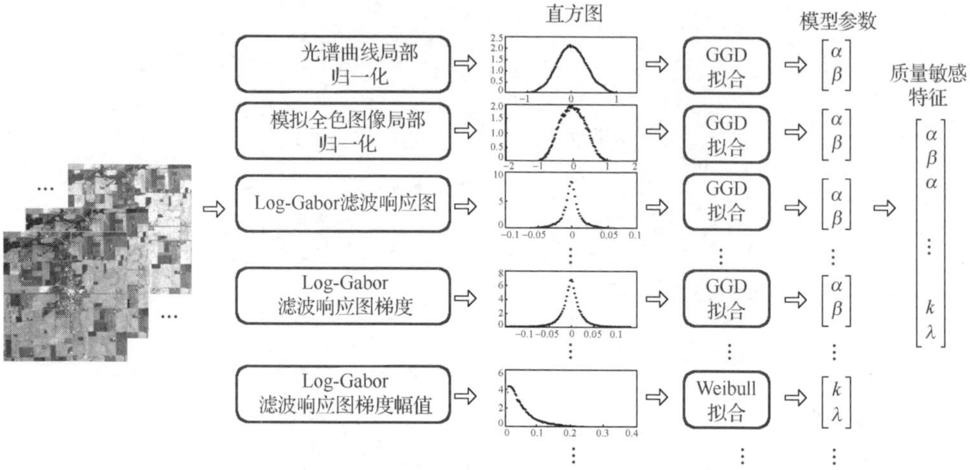

图 11.32　高光谱图像空间-光谱质量敏感特征提取流程

11.5.2　高光谱图像融合质量无参考图像评价方法

11.5.2.1　无参考质量评价：从特征到评分

为了评价重构的高光谱图像(和训练图像非同一场景)，分别从训练集图像和重构图像上提取质量敏感特征，而训练集和重构图像对应的质量敏感特征间的距离，可以作为无参考图像下的高光谱图像质量评价测度。可以采用多变量高斯分布模型[52]来分别表示训练集和重构图像的空间-光谱质量敏感特征，将多变量高斯分布间的距离作为重构图像的质量评分。其中，在训练阶段，包含三个步骤：建立训练数据集、提取特征和学习多变量高斯分布模型，具体流程图如图 11.33 所示。

选取不同场景原始的干净高光谱图像，去除噪声波段和水吸收波段，建立训练集。由于图像的不同局部区域包含不同结构，对图像整体质量的贡献不同[51,57]。为了充分利用不同局部区域的图像结构，将高光谱图像分割成互不重叠的 3D 图像块，从每个 3D 图像块提取空间-光谱质量敏感特征，记为 $\boldsymbol{x}\in\mathbb{R}^{d\times1}$，其中 d 为空间-光谱质量敏感特征的维度。假设从训练集中分割出 n 个 3D 图像块，其空间-光谱质量敏感特征构成特征矩阵 $\boldsymbol{X}=[\boldsymbol{x}_1,\boldsymbol{x}_2,\cdots,\boldsymbol{x}_n]\in\mathbb{R}^{d\times n}$。

从光谱维和空间维所提取的多个质量敏感特征，存在冗余性，例如，Log-Gabor 滤波响应图的梯度和梯度幅值间具有很强的相关性。为了移除质量敏感特征间的冗

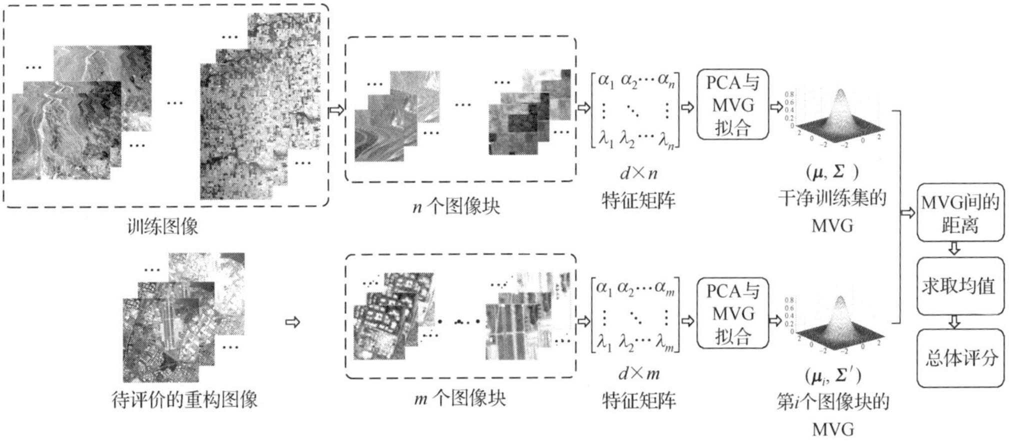

图 11.33　无参考高光谱图像质量评价方法流程

余相关性，减少计算量，通过主成分分析对特征矩阵 $\boldsymbol{X}$ 进行降维，得到投影矩阵 $\boldsymbol{\Phi}$ 和降维后的特征矩阵：

$$\boldsymbol{X}'=\boldsymbol{\Phi}\boldsymbol{X} \tag{11.29}$$

其中，$\boldsymbol{X}'=[\boldsymbol{x}'_1,\boldsymbol{x}'_2,\cdots,\boldsymbol{x}'_n]\in\mathbb{R}^{d'\times n}$ 是降维后训练集的特征矩阵。由于 $\boldsymbol{X}'$ 中的不同特征是从互不重叠的高光谱图像块中提取，因此，$\boldsymbol{X}'$ 中每列对应的特征间是独立的，并且假设服从同一个多变量高斯分布[51,52]。通过最大似然估计方法，可以从 $\boldsymbol{X}'$ 中拟合一个多变量高斯分布模型：

$$f(\boldsymbol{x})=\frac{1}{(2\pi)^{d'/2}\,|\boldsymbol{\Sigma}|^{1/2}}\exp\left[-\frac{1}{2}(\boldsymbol{x}-\boldsymbol{\mu})^{\mathrm{T}}\boldsymbol{\Sigma}^{-1}(\boldsymbol{x}-\boldsymbol{\mu})\right] \tag{11.30}$$

其中，$\boldsymbol{\mu}\in\mathbb{R}^{d'\times 1}$ 和 $\boldsymbol{\Sigma}\in\mathbb{R}^{d'\times d'}$ 分别是均值向量和协方差矩阵。由于训练集中的数据是原始的干净高光谱图像，该多变量高斯模型表示了原始干净的高光谱图像质量敏感特征的正常分布，可以作为基准分布[52]。当重构的高光谱图像中存在质量畸变时，其质量敏感特征所对应的分布将偏离基准分布，该偏离程度可以作为无参考图像下的质量评分。

为了评价重构的高光谱图像，和训练集数据的处理流程类似，将其分割为互不重叠的图像块。从每个图像块中提取质量敏感特征，所有图像块的质量敏感特征构成特征矩阵 $\boldsymbol{Y}=[\boldsymbol{y}_1,\boldsymbol{y}_2,\cdots,\boldsymbol{y}_m]\in\mathbb{R}^{d\times m}$，其中 m 是从重构图像分割得到的图像块总数。经过主成分分析降维后的特征矩阵为

$$\boldsymbol{Y}'=\boldsymbol{\Phi}\boldsymbol{Y} \tag{11.31}$$

其中，$\boldsymbol{Y}'=[\boldsymbol{y}'_1,\boldsymbol{y}'_2,\cdots,\boldsymbol{y}'_m]\in\mathbb{R}^{d'\times m}$ 是降维后的重构图像质量敏感特征矩阵。由于不同局部区域对整体质量贡献不同，在重构图像的每个局部图像块上计算质量评分，再

求取均值作为图像整体评分。每个图像块的质量敏感特征可以被一个多变量高斯分布 $(\boldsymbol{\mu}_i,\boldsymbol{\Sigma}_i)$ 拟合，将该分布和基准分布 $(\boldsymbol{\mu},\boldsymbol{\Sigma})$ 对比，以评价该图像块质量。需要指出的是，每个图像块质量敏感特征对应的多变量高斯分布 $(\boldsymbol{\mu}_i,\boldsymbol{\Sigma}_i)$ 可以从其邻域估计得到，但计算过程较为耗时。为了简便，第 i 个图像块质量敏感特征对应的多变量高斯分布的均值 $\boldsymbol{\mu}_i$ 和协方差 $\boldsymbol{\Sigma}_i$ 分别由 $\boldsymbol{y}'_i$ 和特征矩阵 $\boldsymbol{Y}'$ 的协方差 $\boldsymbol{\Sigma}'$ 来近似，用 Bhattacharyya 距离来度量其和基准分布 $(\boldsymbol{\mu},\boldsymbol{\Sigma})$ 间的偏离程度[57]：

$$\mathrm{dis}_i=\sqrt{(\boldsymbol{\mu}-\boldsymbol{y}'_i)^{\mathrm{T}}\left(\frac{\boldsymbol{\Sigma}+\boldsymbol{\Sigma}'}{2}\right)^{-1}(\boldsymbol{\mu}-\boldsymbol{y}'_i)} \tag{11.32}$$

该距离度量的是重构图像中第 i 个图像块和训练集间的偏离程度，该距离越小，偏离程度越低，图像畸变越少，其图像质量越高。求取所有图像块质量评分的均值，得到重构图像的总体质量评分。

11.5.2.2 评价指标应用分析

为了验证无参考图像质量评价方法的有效性，首先选取 5 种代表性的超分辨算法对模拟的低分辨率高光谱图像进行分辨率增强，分别用本章的无参考图像评价方法和现有的有参考图像评价指标对超分辨结果进行评价，验证无参考图像质量评分和峰值信噪比等指标间是否具有一致性。

实验中采用的 5 种代表性的超分辨算法分别为：CNMF[41]、SSR[42]、基于稀疏表示的高光谱图像融合(Sparse Image Fusion，SparseFU)[59]、BayesSR[43]、基于光谱解混合的高光谱图像超分辨方法(Spectral Unmixing，SUn)[60]。

实验中，在两个数据集上验证本章评价算法的有效性。第一个数据集由 AVIRIS 传感器采集，包括 Moffett Field、Cuprite、Lunar Lake 和 Indian pines 四个场景的数据，其尺寸分别为 753×1923、614×2207、781×6955 和 614×1087；光谱范围是 400～2500nm，共 224 个波段；空间分辨率为 20m；去除噪声波段和水吸收波段，剩余 162 个波段。第二个数据集由 Headwall Hyperspec-VNIR-C 传感器在日本 Chikusei 上空拍摄[61]，其尺寸为 2517×2335；光谱范围 363～1018nm，共 128 个波段；空间分辨率 2.5m；去除噪声波段后，剩余 125 个波段。

从每个数据集中截取两个子图像作为测试场景；其余部分视作原始的干净图像，作为无参考图像评价模型的训练数据。对测试场景进行超分辨重构，分别采用无参考图像的评价方法和有参考图像的评价指标对重构结果进行评价。在无参考图像评价方法中，每个图像块在空间维尺寸为 64×64，在光谱维尺寸为其波段数。光谱维局部归一化中，窗口尺寸 $K=3$；空间维局部归一化中，窗口尺寸 $S=T=2$。采用主成分分析对质量敏感特征降维时，保留特征的 90%信息。Log-Gabor 滤波参数设置如下[6]：N=3，J=4，$\sigma_r=0.60$，$\sigma_\theta=0.71$，ω_0^1=0.417，ω_0^2=0.318，ω_0^3=0.243，其中，ω_0^1，ω_0^2 和 ω_0^3 是 Log-Gabor 滤波器不同尺度的中心频率。五种超分辨算法中的相关参数根据原始文献的建议设置。

PSNR、SSIM[44]、FSIM[45]是最常见的几种有参考图像评价指标，广泛用于高光谱图像重构的质量评价。PSNR 主要度量重构图像的均方根误差，SSIM 和 FSIM 侧重比较重构图像和参考图像间的主观相似度。本节中，将这几个有参考图像评价指标和无参考图像质量评分进行对比。

分别从 Indian pines 中截取一个尺寸为 128×128 的子图像，从 Chikusei 数据中截取一个尺寸为 256×256 的子图像(记为 Chikusei-1)作为测试场景。对测试图像进行 2 倍下采样得到低分辨率图像，采用 5 种超分辨算法进行超分辨重构。需要指出的是，本小节的目的是比较本书提出的无参考图像质量评价方法(Our Score)和传统的有参考图像评价指标间的一致性，为了计算这些评价指标，需要原始图像作为参考图像，因此，在下采样图像上进行超分辨重构。重构图像评价指标如表 11.11 和表 11.12 所示。为了更好地对比不同评价指标，将各个重构图像的评价指标画成曲线，如图 11.34 和图 11.35 所示。图 11.36 和图 11.37 分别给出了测试图像不同方法的超分辨结果。

表 11.11　PSNR、SSIM、FSIM 和本节提出的无参考图像质量评价方法的对比
(测试数据为 AVIRIS Indian pines)

	SparseFU	SUn	BayesSR	SSR	CNMF
PSNR/dB	23.6208	28.7583	29.0122	30.5461	30.9304
SSIM	0.8317	0.9514	0.9455	0.9513	0.9616
FSIM	0.9125	0.9634	0.9640	0.9683	0.9698
本节提出的评价方法	30.4231	26.6541	25.8696	25.7163	25.3713

表 11.12　PSNR、SSIM、FSIM 和本节提出的无参考图像质量评价方法的对比
(测试数据为 Chikusei-1)

	SparseFU	SSR	SUn	BayesSR	CNMF
PSNR/dB	29.1765	33.1108	34.5367	36.5812	36.9954
SSIM	0.9521	0.9714	0.9735	0.9650	0.9883
FSIM	0.9557	0.9769	0.9828	0.9823	0.9899
本节提出的评价方法	21.3899	15.4410	15.3373	14.1547	13.9024

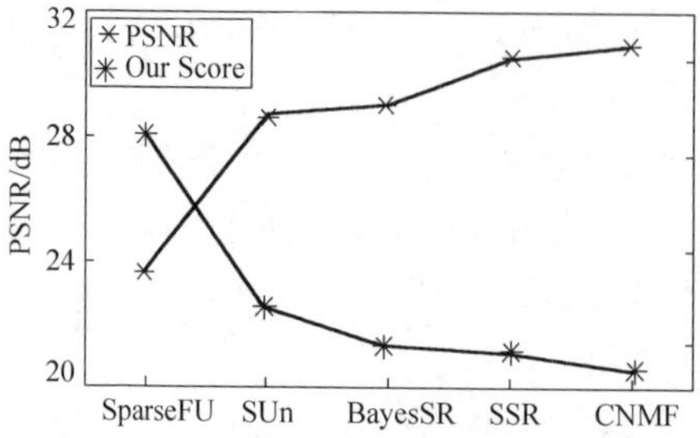

(a) 本节提出的评价方法和PSNR对比

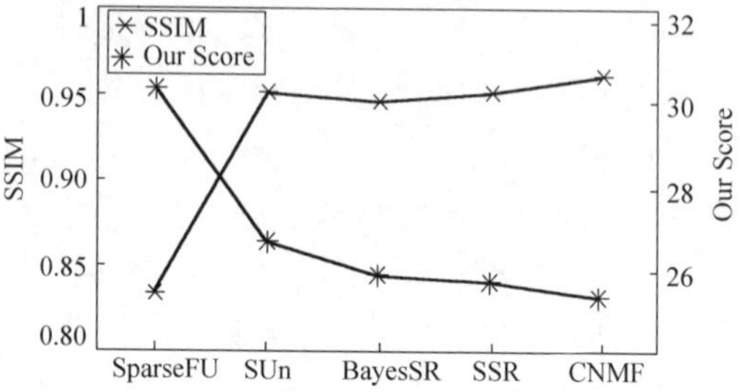

(b) 本节提出的评价方法和SSIM对比

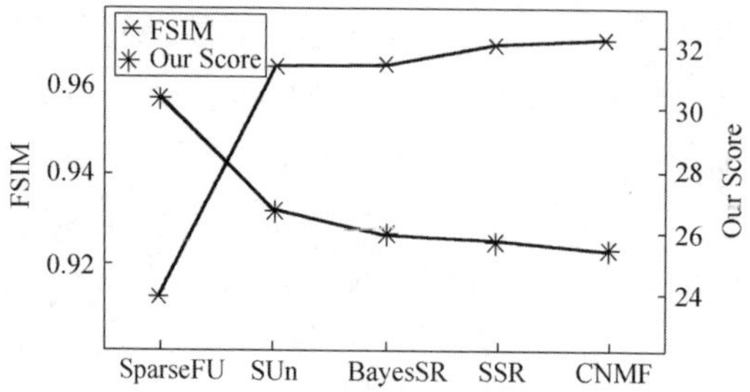

(c) 本节提出的评价方法和FSIM对比

图 11.34　AVIRIS Indian pines 数据上本节提出的无参考图像质量评价方法和传统的有参考图像评价指标间的一致性分析

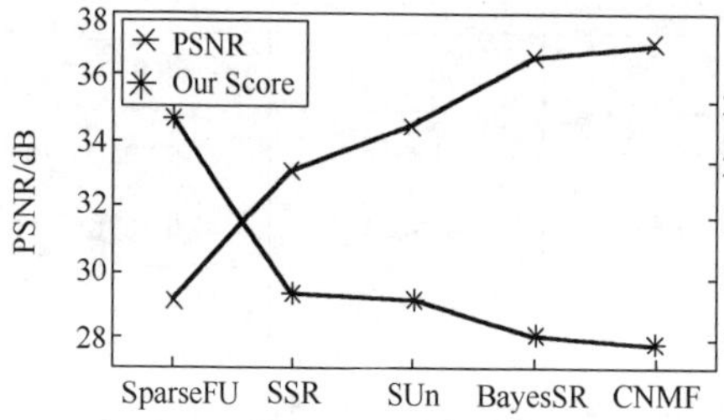

(a) 本节提出的评价方法和PSNR对比

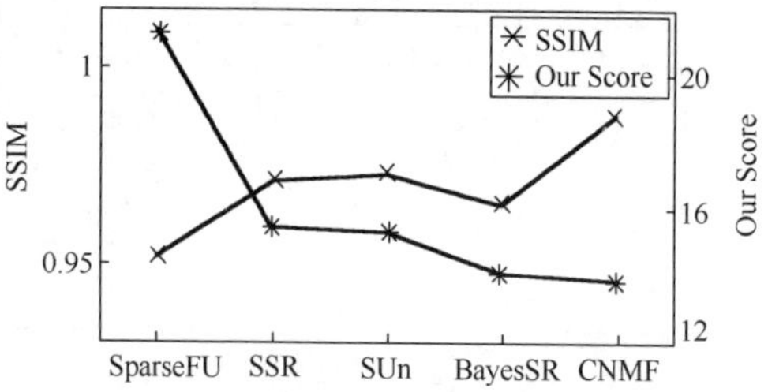

(b) 本节提出的评价方法和SSIM对比

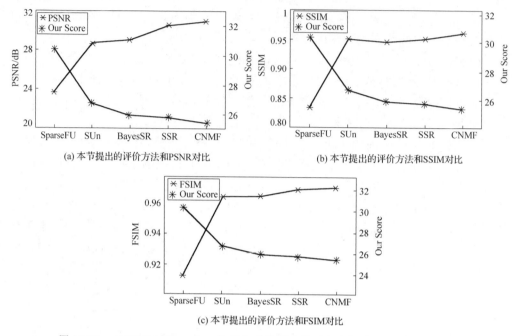

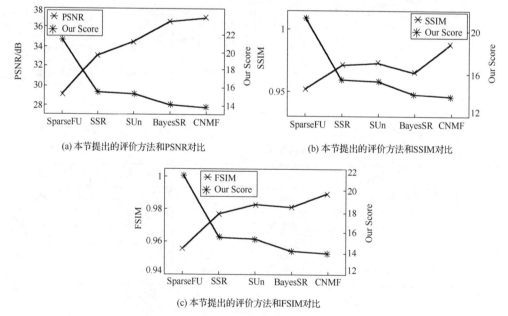

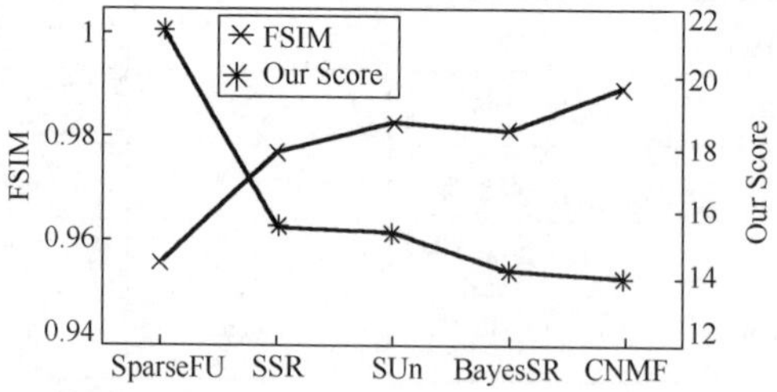

(c) 本节提出的评价方法和FSIM对比

图 11.35　Chikusei-1 数据上本节提出的无参考图像质量评价方法和传统的有参考图像评价指标间的一致性分析

(a) 原始图像

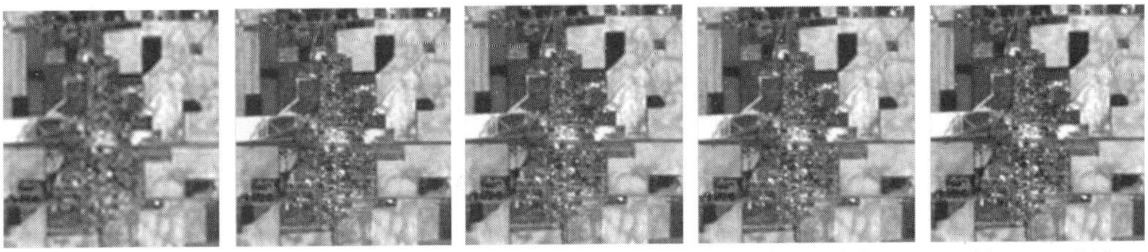

(b) SparseFU 方法　　(c) SUn 方法　　(d) BayesSR 方法　　(e) SSR 方法　　(f) CNMF 方法

图 11.36　AVIRIS Indian pines 数据不同超分辨方法重构结果彩色合成图(见彩图)
(波段(35,25,15)，图像尺寸为 128×128×162)

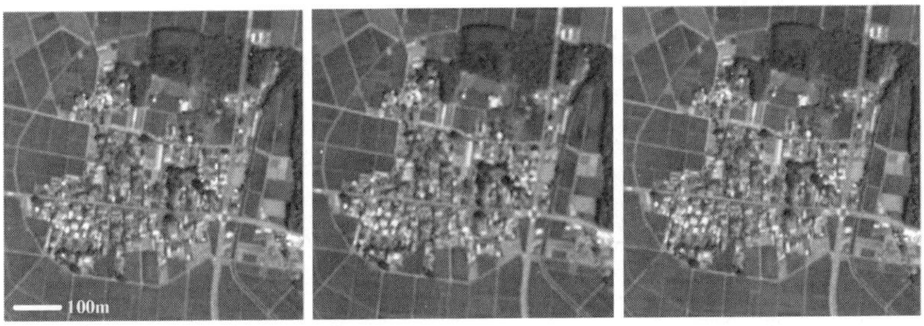

(a) 原始图像　　(b) SparseFU 方法　　(c) SSR 方法

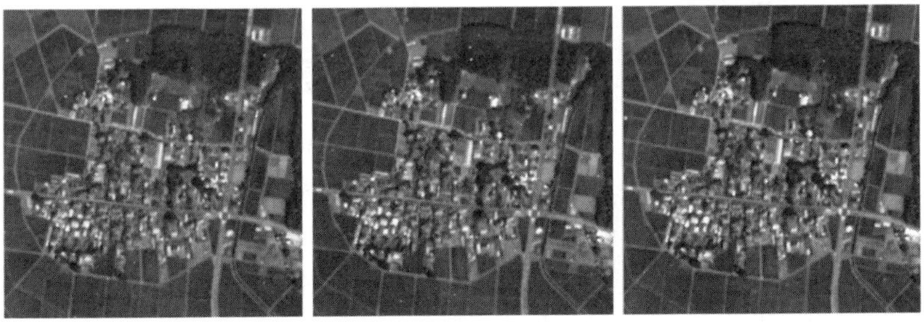

(d) SUn 方法　　(e) BayesSR 方法　　(f) CNMF 方法

图 11.37　Chikusei-1 数据不同超分辨方法重构结果彩色合成图(见彩图)
(波段(56,34,19)，图像尺寸为 256×256×125)

无参考图像质量评分度量的是重构图像的畸变程度，因此，质量评分越高，畸变程度越严重，对应的 PSNR 等指标越低。在表 11.11 和表 11.12 中和图 11.34 和

图 11.35 中，不同超分辨方法根据 PSNR 指标的升序从左到右依次排列。从图表中可以看出，从左到右不同超分辨结果的无参考图像质量评分数值依次降低，说明无参考图像质量评分与 PSNR 等现有指标具有一致性。需要指出的是，SSIM 和 FSIM 两种指标本身主要反映主观视觉效果，与 PSNR 等指标不完全一致，这在图 11.35(b)和图 11.35(c)中也可以观察到。总体而言，无参考图像质量评价与 PSNR、SSIM 和 FSIM 指标的评价结果一致。PSNR、SSIM 和 FSIM 指标是有参考图像评价方法中常用的指标，无参考图像质量评分与这些常用指标一致，说明其具有一定的有效性。

11.5.3　高光谱与多光谱图像深度融合实验与质量分析

11.5.3.1　EO-1/Hyperion 高光谱传感器与数据获取参数

Earth Observing-1(EO-1)卫星如图 11.38(a)所示，隶属于美国国家航空航天局，属于“新千年计划”的一部分[62]，于 2000 年 11 月发射并投入使用。EO-1 卫星上搭载了三个传感器，分别是 Hyperion 高光谱成像传感器、Advanced Land Imagers(ALI)多光谱成像传感器和在轨大气校正仪。EO-1 卫星的主要科研使命是为后续的 ETM+ Landsat 等成像传感器的开发设计提供技术验证，并且在全球范围内为地球生态环境监测等任务提供高光谱数据，数据在 https://earthexplorer.usgs.gov/ 上对研究者开放。

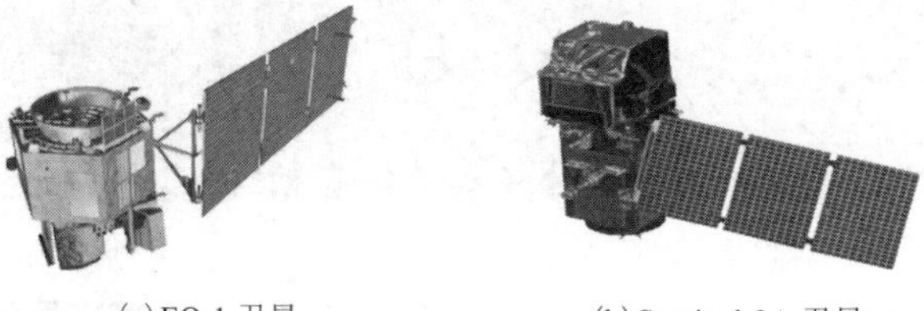

(a) EO-1 卫星　　(b) Sentinel-2A 卫星

图 11.38　EO-1 卫星和 Sentinel-2A 卫星

Hyperion 高光谱成像传感器的主要参数指标如表 11.13 所示。由于 Hyperion 传感器受噪声干扰严重，在实验中去除噪声波段和水吸收波段后，剩余 83 个波段。在本节中，对 EO-1/Hyperion 高光谱数据进行分辨率增强。

表 11.13　EO-1/Hyperion 高光谱成像传感器主要参数

光谱范围/nm	波段数	光谱带宽/nm	空间分辨率/m	幅宽/km	轨道高度/km	重访周期/天
400～2500	220	10	30	7.5	705	16

11.5.3.2　Sentinel-2 多光谱传感器与数据获取参数

Sentinel-2 多光谱成像卫星如图 11.38(b)所示，该计划主要为陆地监测和灾害响应提供高分辨率的多光谱图像[63]。为了缩短重访周期，由 Sentinel-2A 和 Sentinel-2B 两个具有相同轨道的子卫星组成星座，这两个子卫星分别于 2015 年 6 月和 2017 年 3 月发射并投入使用。Sentinel-2 多光谱数据在 https://scihub.copernicus.eu/dhus/#/home 上对研究者开放，其主要参数如表 11.14 和表 11.15 所示。需要指出的是，由于 Sentinel-2A 不同波段具有不同的空间分辨率，在本实验中，只选取波段 2、波段 3、波段 4 和波段 8 四个具有 10m 空间分辨率的波段作为辅助信源，与 Hyperion 高光谱图像融合，增强 Hyperion 数据的空间分辨率。

表 11.14　Sentinel-2 多光谱成像传感器主要参数

光谱范围/nm	波段数	空间分辨率/m	幅宽/km	轨道高度/km	重访周期/天
420～2300	13	10/20/60	290	786	5

表 11.15　Sentinel-2 多光谱成像传感器光谱波段参数

波段	中心波长/nm	光谱带宽/nm	空间分辨率/m
波段 1	443.9	27	60
波段 2	496.6	98	10
波段 3	560.0	45	10
波段 4	664.5	38	10
波段 5	703.9	19	20
波段 6	740.2	18	20
波段 7	782.5	28	20
波段 8	835.1	145	10
波段 8A	864.8	33	20
波段 9	945	26	60
波段 10	1373.5	75	60
波段 11	1613.7	143	20
波段 12	2202.4	242	20

实验场景选择美国印第安纳州 Lafayette 地区，该地区包含了城市、农村、森林等不同地貌。EO-1/Hyperion 和 Sentinel-2A 两个传感器在 Lafayette 上空的拍摄时间分别为 2015 年 10 月 15 日和 2015 年 11 月 15 日。通过 Hyperion 高光谱数据和 Sentinel-2A 多光谱数据的地理坐标间的匹配完成配准。从 Hyperion 高光谱数据和 Sentinel-2A 多光谱数据的重叠部分截取尺寸为 341×365 和 1023×1095 的子图像作为测试场景，如图 11.39 所示。重叠部分的其他区域作为深度学习模型的训练数据。

11.5.3.3　Hyperion-Sentinel 融合案例与质量分析

下面采用 11.4 节中基于双通道卷积神经网络(Two-CNN-Fu)的融合方法，将

Hyperion 高光谱图像与 Sentinel-2 多光谱图像融合，生成具有 10m 分辨率的 Hyperion 高光谱图像。对比算法包括：CNMF[41]，SSR[42]，BayesSR[43]，所有参数设置和 11.4 节中的实验相同。

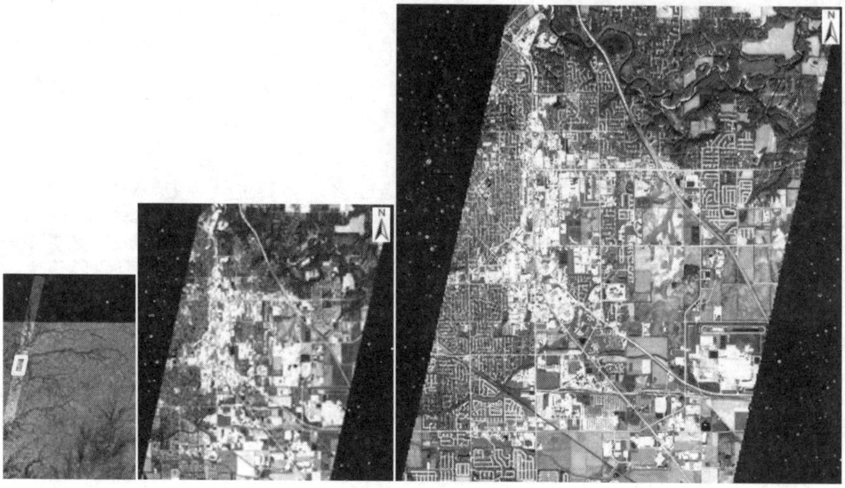

(a)　(b)　(c)

图 11.39　Lafayette 地区的实验数据(见彩图)

(a) Hyperion 高光谱图像和 Sentinel-2A 多光谱图像覆盖示意图，红色部分是 Hyperion 高光谱图像，绿色部分是 Sentinel-2A 多光谱图像，白色部分是重叠区域，黄色框标出测试场景；(b) 测试场景 Hyperion 高光谱图像的彩色合成图(波段 31,21,14)，尺寸为 341×365；(c) 测试场景 Sentinel-2A 多光谱图像的彩色合成图(波段 4,3,2)，尺寸为 1023×1095

图 11.40 中给出了不同方法的融合结果，图 11.41 和图 11.42 给出局部区域放大图。可以看出，在 SSR 和 CNMF 融合结果中，存在部分噪声，如图 11.41(b) 和图 11.41(d) 所示。在图 11.42 中可以发现，SSR 和 CNMF 融合结果的部分细节被模糊，如图中黄色虚线框所示。BayesSR 和 Two-CNN-Fu 融合结果模糊程度更低，边缘结构更清晰。相比较 BayesSR 方法，Two-CNN-Fu 融合结果的光谱保真度更高，将 BayesSR 结果和原始 30m 低分辨率图像对比可以发现，尽管 BayesSR 方法提高了空间分辨率，但伪彩色合成图存在颜色偏差，说明在光谱上存在较大畸变，会影响后续的地物分类性能。

需要指出的是，实验使用的 Hyperion 高光谱数据和 Sentinel-2A 多光谱数据不是在严格相同的时间段采集，拍摄时间有一个月的间隔。一些地物端元可能会发生变化，这也是导致融合结果中产生光谱畸变的一个因素。虽然图 11.41 和图 11.42 中所有方法的融合结果都含有光谱畸变，相比于其他方法，Two-CNN-Fu 结果的光谱畸变更低，这也证明了在实测数据上，Two-CNN-Fu 具有更好的鲁棒性。

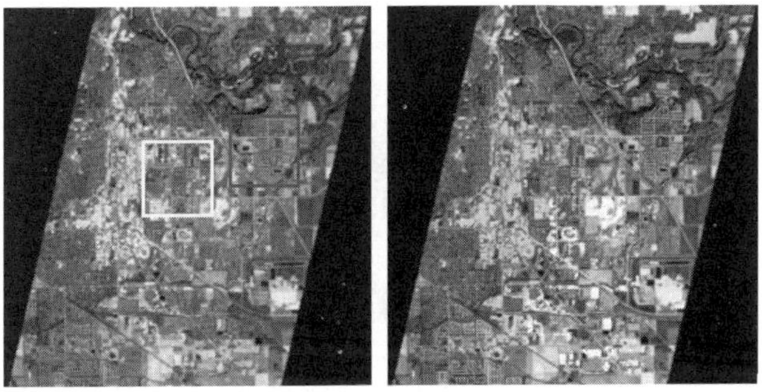

(a) SSR 结果[42]　　(b) BayesSR 结果[43]

(c) CNMF 结果[41]　　(d) Two-CNN-Fu 结果

图 11.40　Hyperion-Sentinel 融合结果的伪彩色合成图(见彩图)

(波段(45,21,14)，分辨率 10m，尺寸 1023×1095)

(a) 低分辨率原始图像

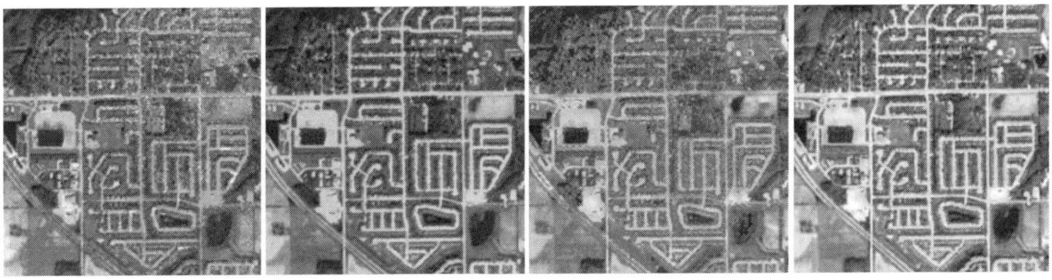

(b) SSR 结果[42]　　(c) BayesSR 结果[43]　　(d) CNMF 结果[41]　　(e) Two-CNN-FU 结果

图 11.41　图 11.40 中蓝色框内的局部放大图(尺寸为 200×200)(见彩图)

(a) 低分辨率原始图像

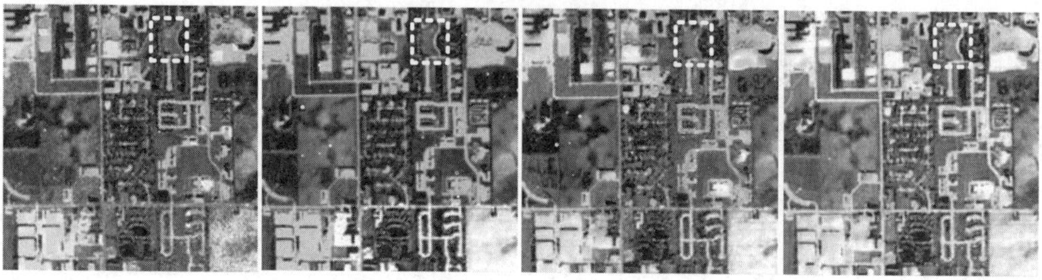

(b) SSR 结果[42]　　(c) BayesSR 结果[43]　　(d) CNMF 结果[41]　　(e) Two-CNN-FU 结果

图 11.42　图 11.40 中黄色框内的局部放大图(尺寸为 200×200)(见彩图)

表 11.16 给出了不同融合结果的无参考图像质量评分，可以看出，Two-CNN-Fu 融合结果对应的质量评分最佳，说明融合结果中存在的质量畸变最少。其他对比方法的融合结果质量评分较差，可能是由融合结果中的噪声或模糊引起的。

表 11.16　Hyperion-Sentinel 融合结果的无参考图像质量评分(分辨率 10m)

融合方法	SSR[42]	BayesSR[43]	CNMF[41]	Two-CNN-Fu
质量评分	22.8317	20.9626	22.8317	20.2425

地物分类是高光谱图像的重要应用，在本节中，分析不同融合方法对后续地物分类精度的影响。地物类别信息由 Open Street Map(OSM)数据提供①。根据 OSM 数据，测试场景中含有 12 类不同地物，从每类地物中选取部分像素进行标记，如图 11.43 所示。从每类中提取 50 个样本训练分类器，其余样本作为测试样本，如表 11.17 所示。本节的目的是分析不同融合结果对应的分类性能，由于支持向量机(SVM)[64]和典型关联森林(canonical correlation forest，CCF)[65]分类器性能良好，在小样本情况下具有较好的鲁棒性，是高光谱图像地物分类最常见的分类器，因此选择 SVM 和 CCF 进行地物分类。SVM 分类器通过 LIBSVM 工具包实现[66]，核函数为径向基函数，正则参数通过五折的交叉验证在 $[2^{-10},2^{-9},\cdots,2^{19},2^{20}]$ 范围内调节。

① https://www.openstreetmap.org/relation/127729#map=11/40.3847/-86.8490

CCF 分类器的主要参数是树的数目，实验中设置为 200。重复分类实验 10 次，计算总体分类精度(overall accuracy，OA)的均值和标准方差，如表 11.18 所示。

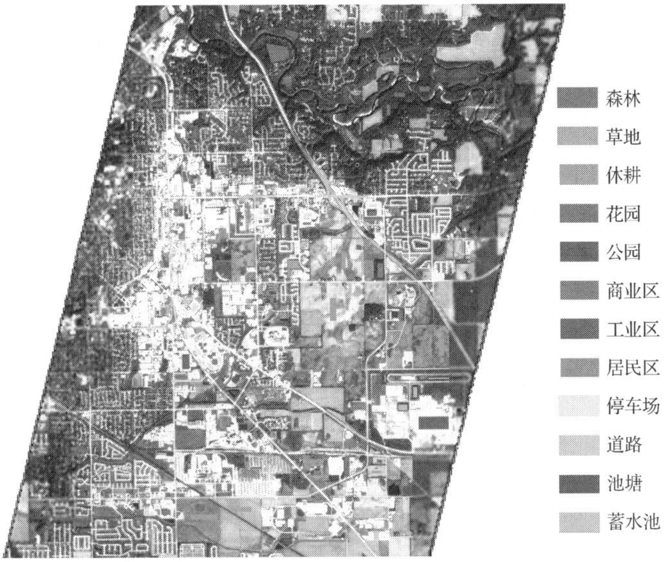

图 11.43　每个地物类别标记的真实值(见彩图)

表 11.17　测试场景中不同地物的训练样本和测试样本数

地物类别	训练样本数	测试样本数
森林	50	1688
草地	50	466
休耕	50	1856
花园	50	226
公园	50	836
商业区	50	548
工业区	50	1618
居民区	50	524
停车场	50	918
道路	50	1053
池塘	50	375
蓄水池	50	397
总计	600	10505

表 11.18　不同融合结果在两个分类器上地物分类的精度

融合方法	SSR[42]	BayesSR[43]	CNMF[41]	Two-CNN-Fu
SVM	81.53±1.18%	77.01±0.97%	86.54±0.98%	89.81±0.86%
CCF	85.04±0.64%	80.74±0.73%	89.75±1.50%	94.15±0.47%

在表 11.18 中，可以看出在 Two-CNN-Fu 融合结果上，SVM 和 CCF 分类器都能得到很好的分类精度，其对应的分类精度高于其他的融合结果。如图 11.41 和图 11.42 所示，Two-CNN-Fu 融合结果含有的光谱畸变和噪声都较其他方法更少，相应的分类精度也较高。图 11.44 给出了 Hyperion-Sentinel 融合结果的分类图，其中大部分地物能够得到正确分类。经过分辨率增强后，甚至一些精细结构，如道路、居民区等都可以正确分类。当然也存在不少误分类的地物，如森林和花园，这种误分类可能是森林和花园光谱的类间差异性较低导致的。值得指出的是，融合图像的分类精度只能间接的评价融合性能，一方面是由于实验中标记的样本仅仅是测试场景的一小部分，数量非常有限；另一方面，分类性能还取决于分类器的选取。此处的分类实验仅仅证明，Two-CNN-Fu 方法具有被应用于实测遥感卫星图像的潜力，并且分辨率增强后的高光谱图像在地物分类等应用中，能够取得良好的分类性能。

图 11.44　Hyperion-Sentinel 融合结果的分类图(见彩图)
(融合方法为 Two-CNN-Fu，分类器为 CCF)

11.6　本 章 结 语

深度学习的高光谱-多光谱图像融合方法可以看成数据驱动模型，相比于模型驱动的融合方法，如稀疏融合方法[67]、低秩融合方法[68]，数据驱动的融合方法无须各种先验假设，仅仅需要大量的高低分辨率图像作为训练数据，从中学习数据间的映射关系。一方面，在高光谱-多光谱图像融合问题中，单纯的数据驱动深度学习融合方法忽略了高光谱图像在空间维和光谱维的退化模型，没有利用低分辨率高光谱图像、高分辨率多光谱图像和高分辨率高光谱图像间的退化关系，限制了最终融合性能的提升。另一方面，单纯的数据驱动深度学习融合方法忽略了高光谱图像的某些先验知识，如光谱维上的低秩先验[56]、空间维上的非局部相似先验[69]，如果能在融合中充分利用好这些先验信息，可以进一步提升高光谱图像的重构性能。

近年来，已有部分学者在深度学习方法中结合高光谱图像的先验信息，以提高融合性能[70-73]。Dian 等首先根据高光谱图像在空间维和光谱维的退化模型，通过求解 Sylvester 方程得到初始的融合图像，利用卷积神经网络表示初始融合图像与高分辨率高光谱图像间的映射，重构出高分辨率的高光谱图像，并再次根据退化模型通过求解 Sylvester 方程得到最终的融合图像[70]。文献[71]中，Xie 等在深度学习模型中结合高光谱图像的退化模型和低秩先验，提出高光谱和多光谱图像的融合目标函数，并利用卷积神经网络展开目标函数的优化过程，在数据驱动的深度学习模型中很好地结合了高光谱图像的低秩先验。文献[72]提出了多尺度深度学习的高光谱-多光谱图像融合模型，并在网络的损失函数中增加了梯度损失，以利用高光谱图像的梯度先验。文献[73]在深度学习多光谱图像超分辨模型中结合稀疏先验，提出了基于稀疏表示的多光谱图像超分辨目标函数，利用卷积深度网络展开目标函数的优化过程，在深度学习中利用了稀疏先验。

综上所述，在深度学习中考虑高光谱图像的退化模型、先验知识等信息，研究模型和数据混合驱动的融合方法是未来深度学习融合方法的发展方向之一。

参 考 文 献

[1] LeCun Y, Bottou L, Bengio Y, et al. Gradient-based learning applied to document recognition. Proceedings of the IEEE, 1998, 86(11): 2278-2324.

[2] Long J, Shelhamer E, Darrell T. Fully convolutional networks for semantic segmentation. Proceedings of the IEEE Computer Society Conference on Computer Vision and Pattern Recognition, Boston, 2015: 3431-3440.

[3] Sutskever I, Vinyals O, Le Q V. Sequence to sequence learning with neural networks. Proceedings of the International Conference on Neural Information Processing Systems, Montreal, 2014: 3104-3112.

[4] Rumelhart D, Hinton G, Williams R. Learning representations by back-propagating errors. Cognitive Modeling, 1986, 323: 533-536.

[5] Goodfellow I, Pouget-Abadie J, Mirza M, et al. Generative adversarial nets. Proceedings of the

International Conference on Neural Information Processing Systems, Montreal, 2014: 2672-2680.

[6] Goodfellow I, Bengio Y, Courville A. Deep Learning. Cambridge: MIT Press, 2017.

[7] Zhu X X, Tuia D, Mou L, et al. Deep learning in remote sensing: A comprehensive review and list of resources. IEEE Geoscience and Remote Sensing Magazine, 2017, 5 (4) : 8-36.

[8] Li S, Song W, Fang L, et al. Deep learning for hyperspectral image classification: An overview. IEEE Transactions on Geoscience and Remote Sensing, 2019, 57 (9) : 6690-6709.

[9] Audebert N, Le Saux B, Lefèvre S. Deep learning for classification of hyperspectral data: A comparative review. IEEE Geoscience and Remote Sensing Magazine, 2019, 7 (2) : 159-173.

[10] Cheng G, Han J, Lu X. Remote sensing image scene classification: Benchmark and state of the art. Proceedings of the IEEE, 2017, 105 (10) : 1865-1883.

[11] Dong G, Liao G, Liu H, et al. A review of the autoencoder and its variants: A comparative perspective from target recognition in synthetic-aperture radar images. IEEE Geoscience and Remote Sensing Magazine, 2018, 6 (3) : 44-68.

[12] Hayat K. Super-resolution via deep learning. arXiv preprint arXiv: 1706.09077. 2017.

[13] Wang Z, Chen J, Hoi S C H. Deep learning for image super-resolution: A survey. IEEE Transactions on Pattern Analysis and Machine Intelligence, 2021.

[14] Huang W, Xiao L, Wei Z, et al. A new pan-sharpening method with deep neural networks. IEEE Geoscience and Remote Sensing Letters, 2015, 12 (5) : 1037-1041.

[15] He K, Zhang X, Ren S, et al. Deep residual learning for image recognition. Proceedings of the IEEE Conference on Computer Vision and Pattern Recognition, Las Vegas, 2016: 770-778.

[16] Kim J, Lee J, Lee K. Deeply-recursive convolutional network for image super-resolution. Proceedings of the IEEE Conference on Computer Vision and Pattern Recognition, Las Vegas, 2016: 1637-1645.

[17] Zhang Y, Li K, Li K, et al. Image super-resolution using very deep residual channel attention networks. Proceedings of the European Conference on Computer Vision, Munich, 2018: 286-301.

[18] Lai W S, Huang J B, Ahuja N, et al. Deep Laplacian pyramid networks for fast and accurate super-resolution. Proceedings of the IEEE Conference on Computer Vision and Pattern Recognition, Honolulu, 2017: 624-632.

[19] Huang G, Liu Z, van der Maaten L, et al. Densely connected convolutional networks. Proceedings of the IEEE Conference on Computer Vision and Pattern Recognition, Honolulu, 2017.

[20] Ahn N, Kang B, Sohn K A. Fast, accurate, and lightweight super-resolution with cascading residual network. Proceedings of the European Conference on Computer Vision, Munich, 2018: 252-268.

[21] Zhao H, Shi J, Qi X, et al. Pyramid scene parsing network. Proceedings of the IEEE Conference

on Computer Vision and Pattern Recognition, Honolulu, 2017: 2881-2890.

[22] Yang J, Fu X, Hu Y, et al. PanNet: A deep network architecture for pan-sharpening. Proceedings of the IEEE International Conference on Computer Vision, Venice, 2017: 5449-5457.

[23] Ballester C, Caselles V, Igual L, et al. A variational model for P+XS image fusion. International Journal of Computer Vision, 2006, 69(1): 43-58.

[24] Fang F, Li F, Shen C, et al. A variational approach for pan-sharpening. IEEE Transactions on Image Processing, 2013, 22(7): 2822-2834.

[25] Jiang Y, Ding X, Zeng D, et al. Pan-Sharpening with a hyper-Laplacian penalty. Proceedings of the IEEE International Conference on Computer Vision, Santiago, 2015: 540-548.

[26] 肖亮, 韦志辉, 邵文泽. 基于图像先验建模的超分辨增强理论与算法: 变分 PDE、稀疏正则化与贝叶斯方法. 北京: 国防工业出版社, 2017.

[27] 肖亮, 刘鹏飞. 多源空谱遥感图像融合机理与变分方法. 北京: 科学出版社, 2020.

[28] Masi G, Cozzolino D, Verdoliva L, et al. Pansharpening by convolutional neural networks. Remote Sensing, 2016, 8(7): 594.

[29] Dong C, Loy C, He K, et al. Image super-resolution using deep convolutional networks. IEEE Transactions on Pattern Analysis and Machine Intelligence, 2016, 38(2): 295-307.

[30] Scarpa G, Vitale S, Cozzolino D. Target-adaptive CNN-based pansharpening. IEEE Transactions on Geoscience and Remote Sensing, 2017, 56(9): 5443-5457.

[31] Wei Y, Yuan Q, Shen H, et al. Boosting the accuracy of multispectral image pansharpening by learning a deep residual network. IEEE Geoscience and Remote Sensing Letters, 2017, 14(10): 1795-1799.

[32] Shao Z, Cai J. Remote sensing image fusion with deep convolutional neural network. IEEE Journal of Selected Topics in Applied Earth Observations and Remote Sensing, 2018, 11(5): 1156-1169.

[33] 张玉飞. 基于深度表示先验和多变量回归的光谱图像融合方法. 南京: 南京理工大学, 2019.

[34] Aiazzi B, Baronti S, Selva M. Improving component substitution pansharpening through multivariate regression of MS+Pan data. IEEE Transactions on Geoscience and Remote Sensing, 2007, 45(10):3230-3239.

[35] Laben C, Brower B. Process for enhancing the spatial resolution of multispectral imagery using pan-sharpening: 6011875. 2000-01-04.

[36] Bottou L. Stochastic gradient descent tricks//Neural Networks: Tricks of the Trade. Berlin: Springer, 2012: 421-436.

[37] Wald L, Ranchin T, Mangolini M. Fusion of satellite images of different spatial resolutions: Assessing the quality of resulting images. Photogrammetric Engineering and Remote Sensing, 1997, 63:691-699.

[38] Yang J, Zhao Y, Chan J. Hyperspectral and multispectral image fusion via deep two-branches convolutional neural network. Remote Sensing, 2018, 10(5): 800.

[39] 杨劲翔. 基于深度学习的高光谱图像分辨率增强研究. 西安: 西北工业大学, 2019.

[40] Okujeni A, van der Linden S, Hostert P. Berlin-Urban-Gradient dataset 2009: An EnMAP Preparatory Flight Campaign. https://dx.doi.org/10.5880/enmap.2016.008[2016-08-30].

[41] Yokoya N, Yairi T, Iwasaki A. Coupled nonnegative matrix factorization unmixing for hyperspectral and multispectral data fusion. IEEE Transactions on Geoscience and Remote Sensing, 2012, 50(2): 528-537.

[42] Akhtar N, Shafait F, Mian A. Sparse spatio-spectral representation for hyperspectral image super-resolution. Proceedings of the European Conference on Computer Vision, Zurich, 2014: 63-78.

[43] Akhtar N, Shafait F, Mian A. Bayesian sparse representation for hyperspectral image super resolution. Proceedings of the IEEE Conference on Computer Vision and Pattern Recognition, Boston, 2015: 3631-3640.

[44] Wang Z, Bovik A, Sheikh H, et al. Image quality assessment: From error visibility to structural similarity. IEEE Transactions on Image Processing, 2004, 13(4): 600-612.

[45] Zhang L, Zhang L, Mou X, et al. FSIM: A feature similarity index for image quality assessment. IEEE Transactions on Image Processing, 2011, 20(8): 2378-2386.

[46] Oquab M, Bottou L, Laptev I, et al. Learning and transferring mid-level image representations using convolutional neural networks. Proceedings of the IEEE Conference on Computer Vision and Pattern Recognition, Columbus, 2014: 1717-1724.

[47] Yosinski J, Clune J, Bengio Y, et al. How transferable are features in deep neural networks. Proceedings of the Advances in Neural Information Processing Systems, Montreal, 2014: 3320-3328.

[48] Donahue J, Jia Y, Vinyals O, et al. DeCAF: A deep convolutional activation feature for generic visual recognition. Proceedings of the International Conference on Machine Learning, Beijing, 2014: 647-655.

[49] Jia Y, Shelhamer E, Donahue J, et al. Caffe: Convolutional architecture for fast feature embedding. Proceedings of the 22nd ACM International Conference on Multimedia, Orlando, 2014: 675-678.

[50] Yang J, Zhao Y, Yi C, et al. No-reference hyperspectral image quality assessment via quality-sensitive features learning. Remote Sensing, 2017, 9(4): 305.

[51] Mittal A, Moorthy A K, Bovik A C. No-reference image quality assessment in the spatial domain. IEEE Transactions on Image Processing, 2012, 21(12): 4695-4708.

[52] Mittal A, Soundararajan R, Bovik A C. Making a "completely blind" image quality analyzer.

IEEE Signal Processing Letters, 2012, 20(3): 209-212.

[53] Xue W, Mou X, Zhang L, et al. Blind image quality assessment using joint statistics of gradient magnitude and Laplacian features. IEEE Transactions Image Processing, 2014, 23: 4850-4862.

[54] Zhang Y, Chandler D. No-reference image quality assessment based on log-derivative statistics of natural scenes. Journal of Electronical Imaging, 2013, 22: 043025.

[55] Berisha S, Nagy J, Plemmons R. Deblurring and sparse unmixing of hyperspectral images using multiple point spread functions. SIAM Journal of Scientific Computing, 2015, 37(5): S389-S406.

[56] Zhao Y Q, Yang J. Hyperspectral image denoising via sparse representation and low-rank constraint. IEEE Transactions on Geoscience and Remote Sensing, 2014, 53(1): 296-308.

[57] Zhang L, Zhang L, Bovik A C. A feature-enriched completely blind image quality evaluator. IEEE Transactions on Image Processing, 2015, 24(8): 2579-2591.

[58] Scholte H S, Ghebreab S, Waldorp L, et al. Brain responses strongly correlate with Weibull image statistics when processing natural images. Journal of Vision, 2009, 9(4): 29.

[59] Zhu X X, Bamler R. A sparse image fusion algorithm with application to pan-sharpening. IEEE Transactions on Geoscience and Remote Sensing, 2012, 51(5): 2827-2836.

[60] Lanaras C, Baltsavias E, Schindler K. Hyperspectral super-resolution by coupled spectral unmixing. Proceedings of the IEEE International Conference on Computer Vision, Santiago, 2015: 3586-3594.

[61] Yokoya N, Iwasaki A. Airborne hyperspectral data over Chikusei: SAL-2016-5-27. Tokyo: Space Application Laboratory, the University of Tokyo, 2016.

[62] Middleton E, Ungar S, Mandl D, et al. The earth observing one (EO-1) satellite mission: Over a decade in space. IEEE Journal of Selected Topics in Applied Earth Observations and Remote Sensing, 2013, 6(2): 243-256.

[63] Drusch M, Del Bello U, Carlier S, et al. Sentinel-2: ESA's optical high-resolution mission for GMES operational services. Remote Sensing of Environment, 2012, 120: 25-36.

[64] Melgani F, Bruzzone L. Classification of hyperspectral remote sensing images with support vector machines. IEEE Transactions on Geoscience and Remote Sensing, 2004, 42(8): 1778-1790.

[65] Rainforth T, Wood F. Canonical correlation forests. arXiv preprint arXiv:1507.05444, 2015.

[66] Chang C C, Lin C J. LIBSVM: A library for support vector machines. ACM Transactions on Intelligent Systems and Technology, 2011, 2(3): 1-27.

[67] Wei Q, Bioucas-Dias J, Dobigeon N, et al. Hyperspectral and multispectral image fusion based on a sparse representation. IEEE Transactions on Geoscience and Remote Sensing, 2015, 53(7): 3658-3668.

[68] Veganzones M A, Simoes M, Licciardi G, et al. Hyperspectral super-resolution of locally low rank images from complementary multisource data. IEEE Transactions on Image Processing, 2015, 25(1): 274-288.

[69] Zhao Y, Yang J, Chan J C W. Hyperspectral imagery super-resolution by spatial-spectral joint nonlocal similarity. IEEE Journal of Selected Topics in Applied Earth Observations and Remote Sensing, 2013, 7(6): 2671-2679.

[70] Dian R, Li S, Guo A, et al. Deep hyperspectral image sharpening. IEEE Transactions on Neural Networks and Learning Systems, 2018, (99): 1-11.

[71] Xie Q, Zhou M, Zhao Q, et al. Multispectral and hyperspectral image fusion by MS/HS fusion net. Proceedings of the IEEE Conference on Computer Vision and Pattern Recognition, Long Beach, 2019: 1585-1594.

[72] Zhou F, Hang R, Liu Q, et al. Pyramid fully convolutional network for hyperspectral and multispectral image fusion. IEEE Journal of Selected Topics in Applied Earth Observations and Remote Sensing, 2019, 12(5): 1549-1558.

[73] Wen B, Kamilov U S, Liu D, et al. DeepCASD: An end-to-end approach for multi-spectral image super-resolution. Proceedings of the IEEE International Conference on Acoustics, Speech and Signal Processing, Calgary, 2018: 6503-6507.

彩 图

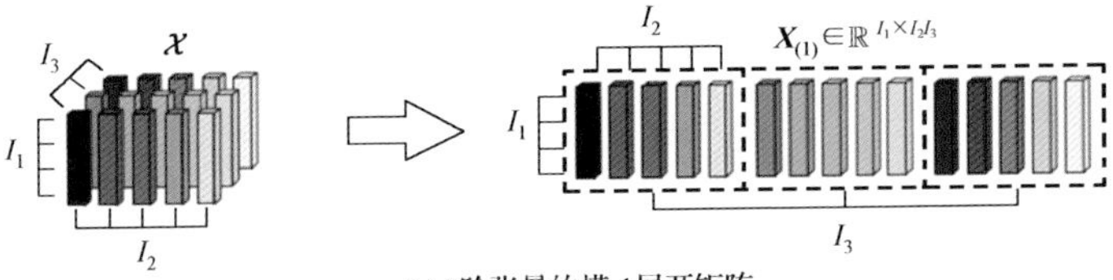

(a) 3阶张量的模-1展开矩阵

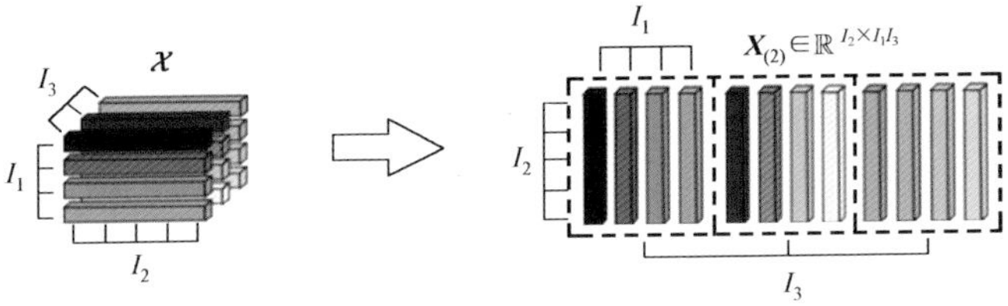

(b) 3阶张量的模-2展开矩阵

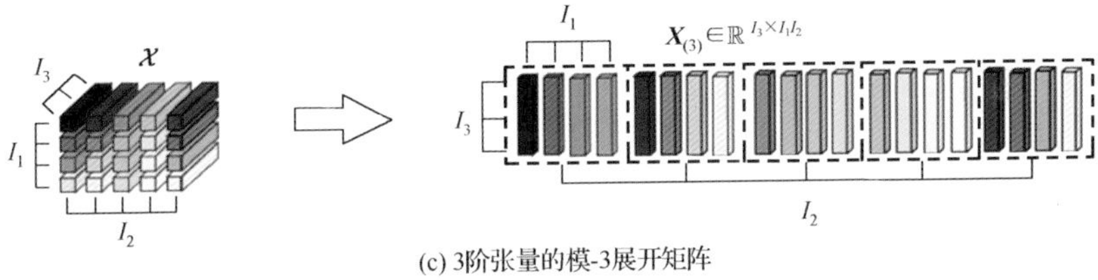

(c) 3阶张量的模-3展开矩阵

图 5.6　张量的矩阵化(展开)

(a) 多光谱图像

(b) 全色图像

(c) AIHS

(d) Brovey

(e) Wavelet

(f) SparseFI

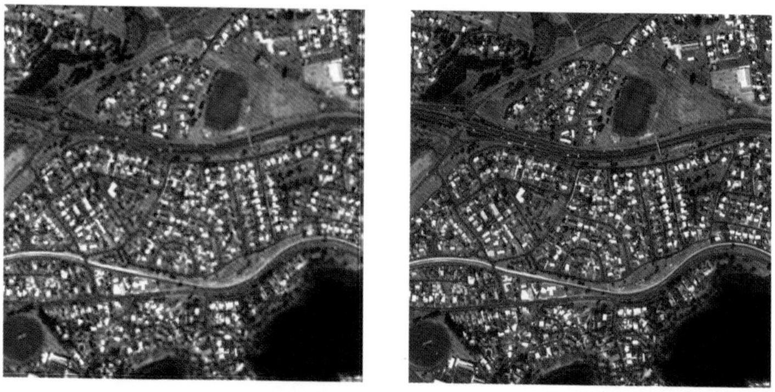

(g) 提出的 JDLSR　　　　(h) Ground Truth

图 7.5　不同方法在 IKONOS 数据上的融合结果

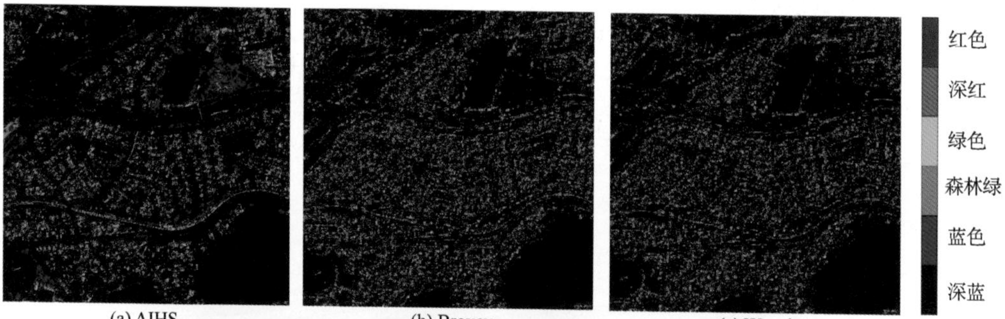

(a) AIHS　　(b) Brovey　　(c) Wavelet

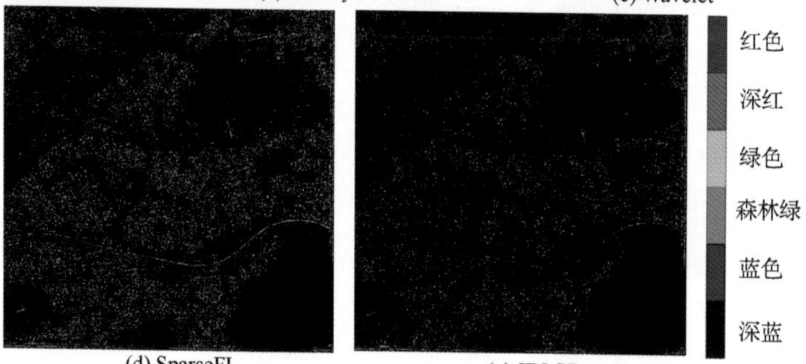

(d) SparseFI　　(e) JDLSR

图 7.6　图 7.5 中各种方法融合后的多光谱图像与参考高空间分辨率多光谱图像间的差异图

（深蓝色代表差异最小，红色代表差异最大）

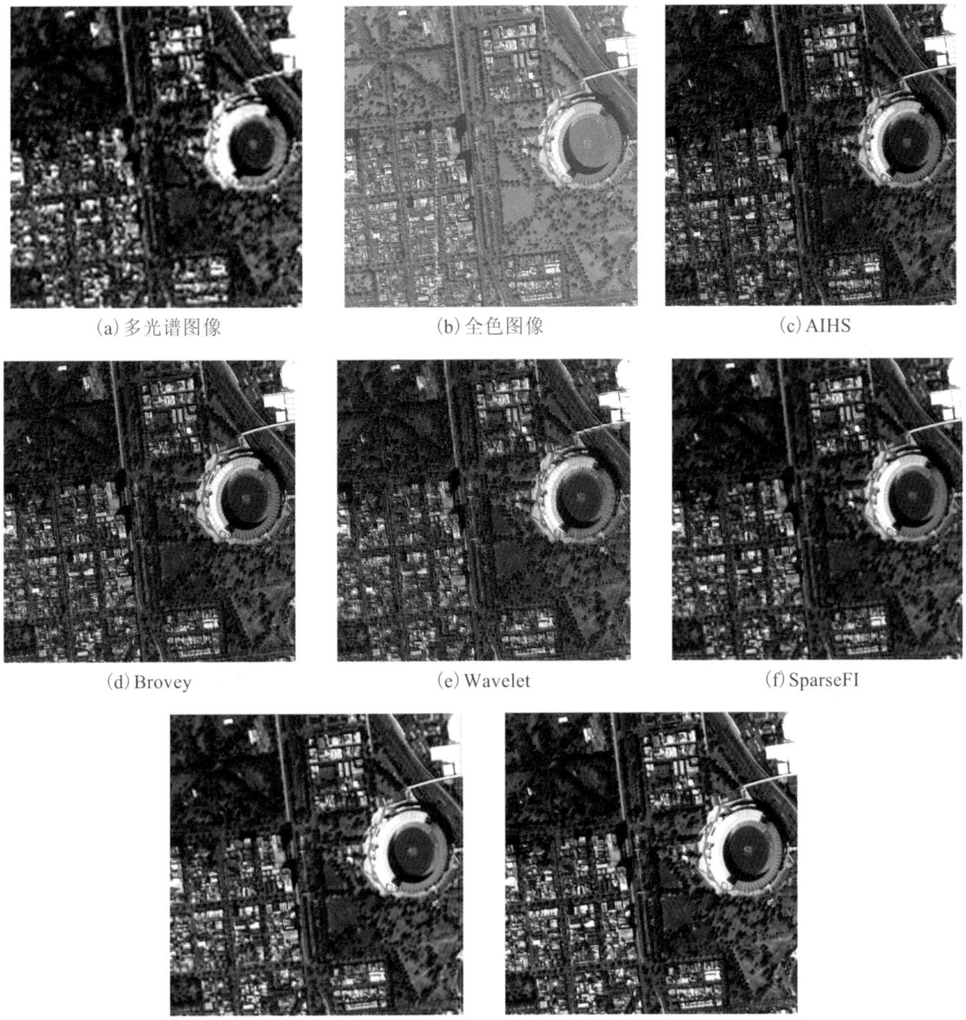

(a) 多光谱图像　(b) 全色图像　(c) AIHS

(d) Brovey　(e) Wavelet　(f) SparseFI

(g) JDLSR　(h) Ground Truth

图 7.7　不同方法在 WorldView-2 数据上的融合结果

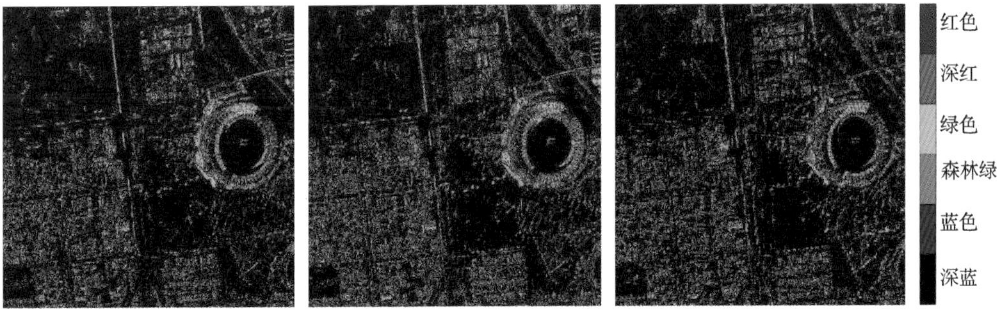

(a) AIHS　(b) Brovey　(c) Wavelet

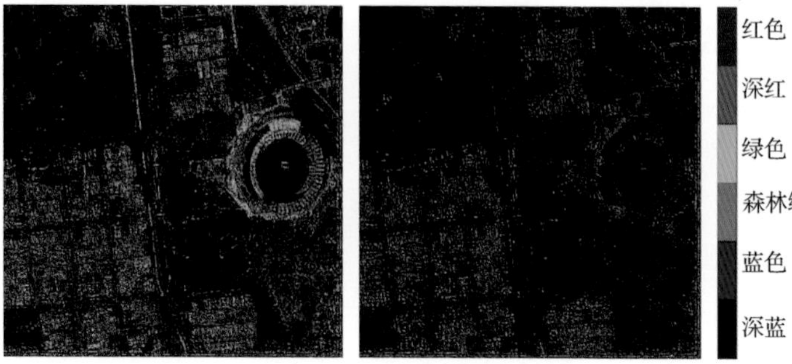

（d）SparseFI　　（e）JDLSR

图 7.8　图 7.7 中各种方法融合后的多光谱图像与参考高空间分辨率多光谱图像间的差异图
（深蓝色代表差异最小，红色代表差异最大）

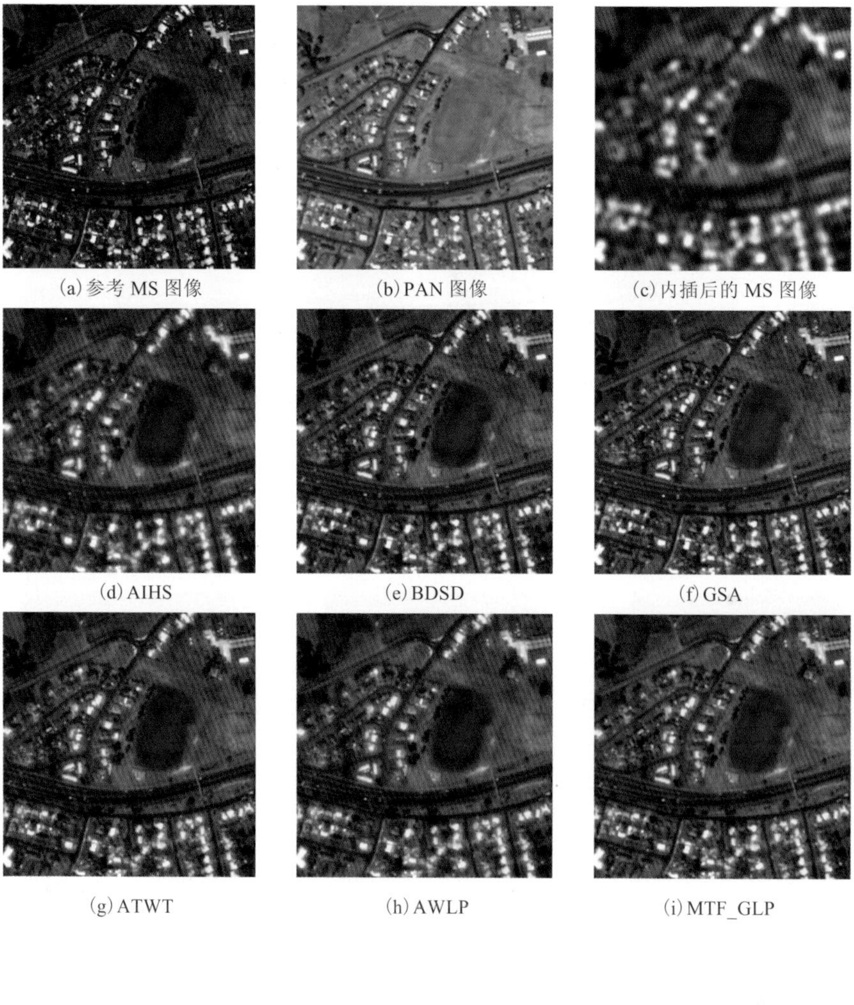

（a）参考 MS 图像　　（b）PAN 图像　　（c）内插后的 MS 图像

（d）AIHS　　（e）BDSD　　（f）GSA

（g）ATWT　　（h）AWLP　　（i）MTF_GLP

(j) MTF_GLP_CBD

(k) AVWP

(l) MVLR

图 8.5　各方法在 GeoEye-1 仿真数据集上的融合结果

(a) PAN 图像

(b) 内插后的 MS 图像

(c) AIHS 方法

(d) BDSD 方法

(e) GSA 方法

(f) ATWT 方法

(g) AWLP 方法

(h) MTF_GLP 方法

(i) MTF_GLP_CBD 方法

(j) AVWP 方法

(k) MVLR 方法

图 8.7　各方法在 Pléiades 真实数据集上的融合结果

(a) PAN 图像

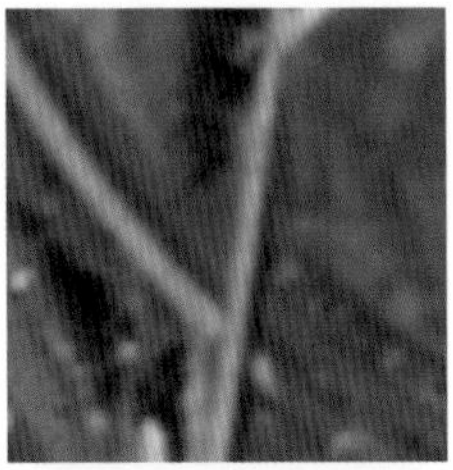

(b) 内插后的 MS 图像

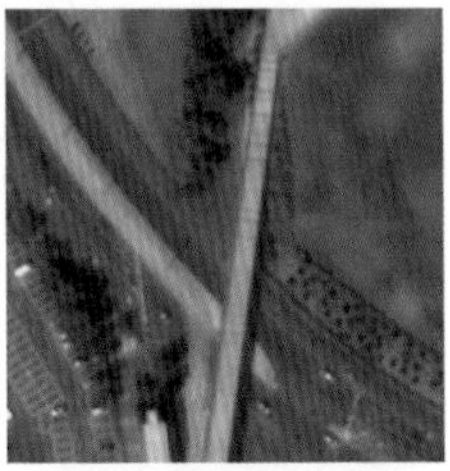

(c) AIHS 方法

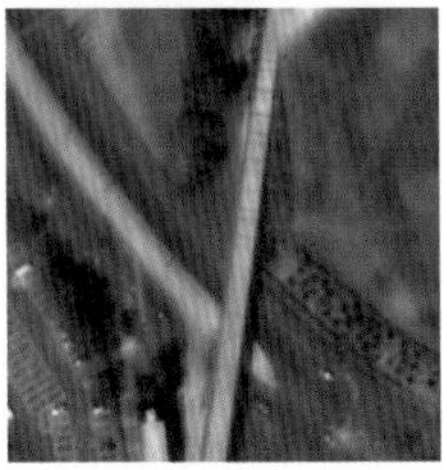

(d) BDSD 方法

(e) GSA 方法

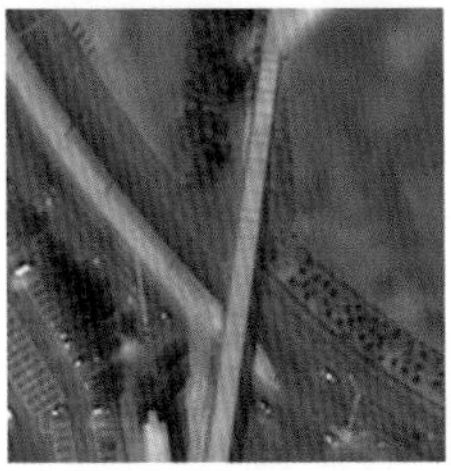

(f) ATWT 方法

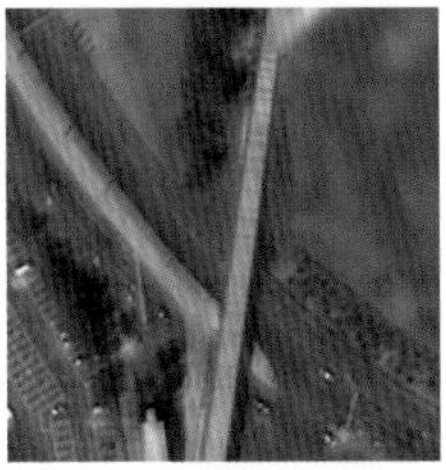

(g) AWLP 方法

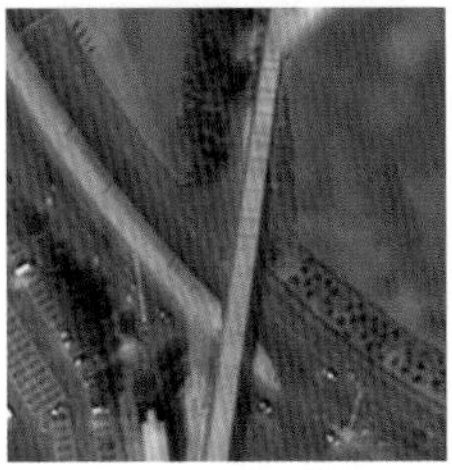

(h) MTF_GLP 方法

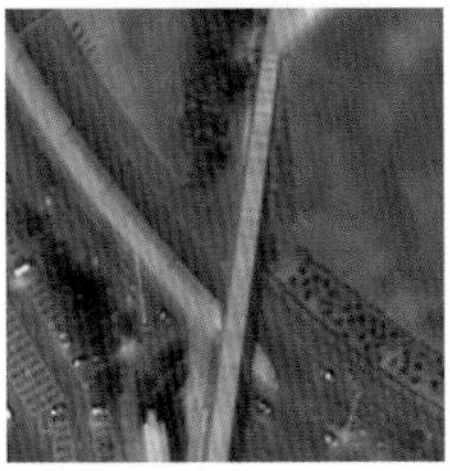

(i) MTF_GLP_CBD 方法

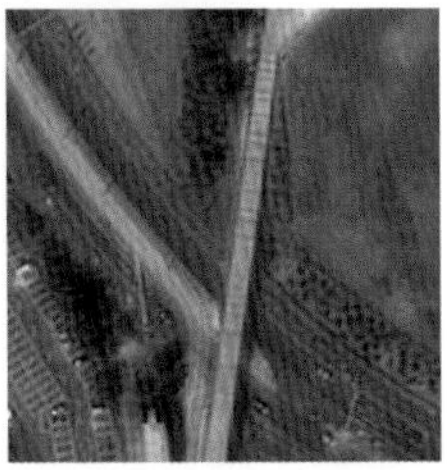

(j) AVWP 方法

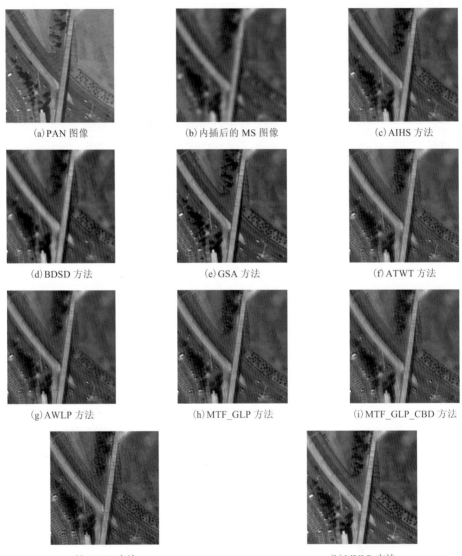

(k) MVLR 方法

图 8.8　各方法在 Pléiades 真实数据集上的融合结果的局部放大图

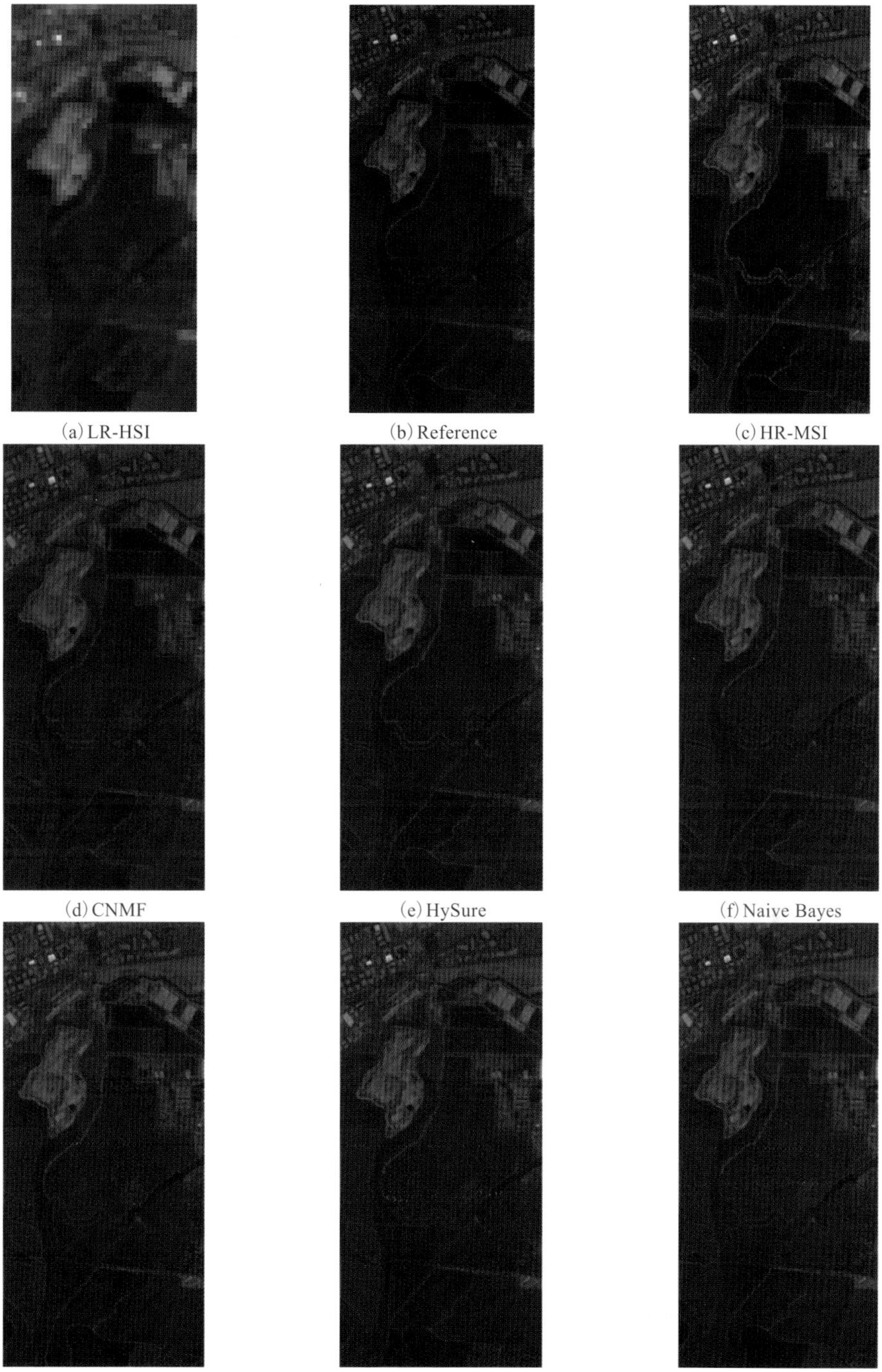

(a) LR-HSI　(b) Reference　(c) HR-MSI

(d) CNMF　(e) HySure　(f) Naive Bayes

(g) Sparse Bayes　(h) CSTF　(i) NCTCP

图 9.3　Moffett Field 数据集上的融合结果

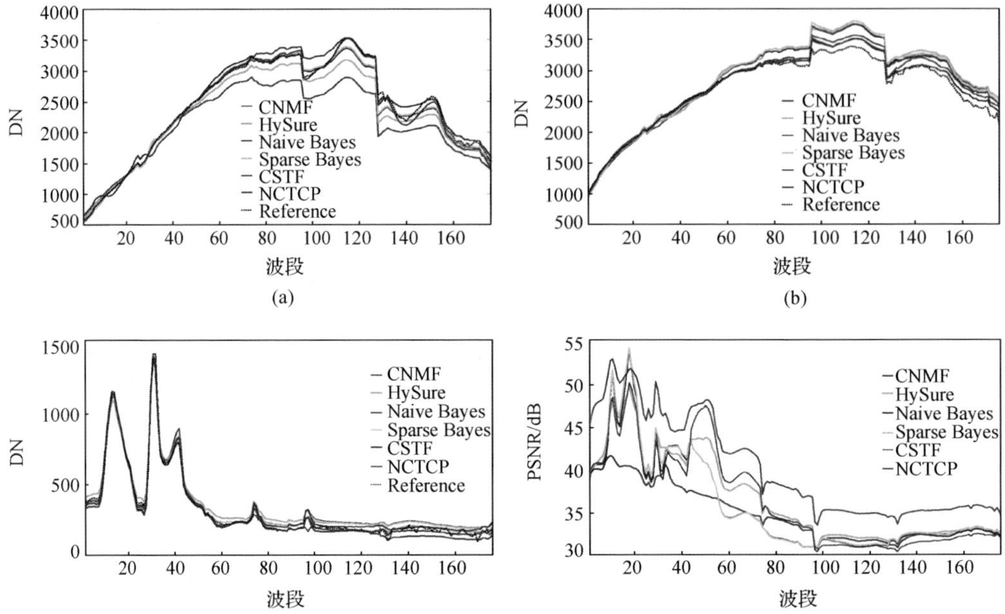

图 9.4　Moffett Field 数据集不同类别的像元光谱曲线比较以及各个波段的 PSNR 曲线比较

(a)～(c)为表示 3 个不同类别的像元的光谱曲线；(d)为各个波段的 PSNR 值比较

(a) LR-HSI　　(b) Reference　　(c) MSI

(d) CNMF

(e) HySure

(f) Naive Bayes

(g) Sparse Bayes

(h) CSTF

(i) NCTCP

图 9.5　帕维亚大学数据集的融合结果

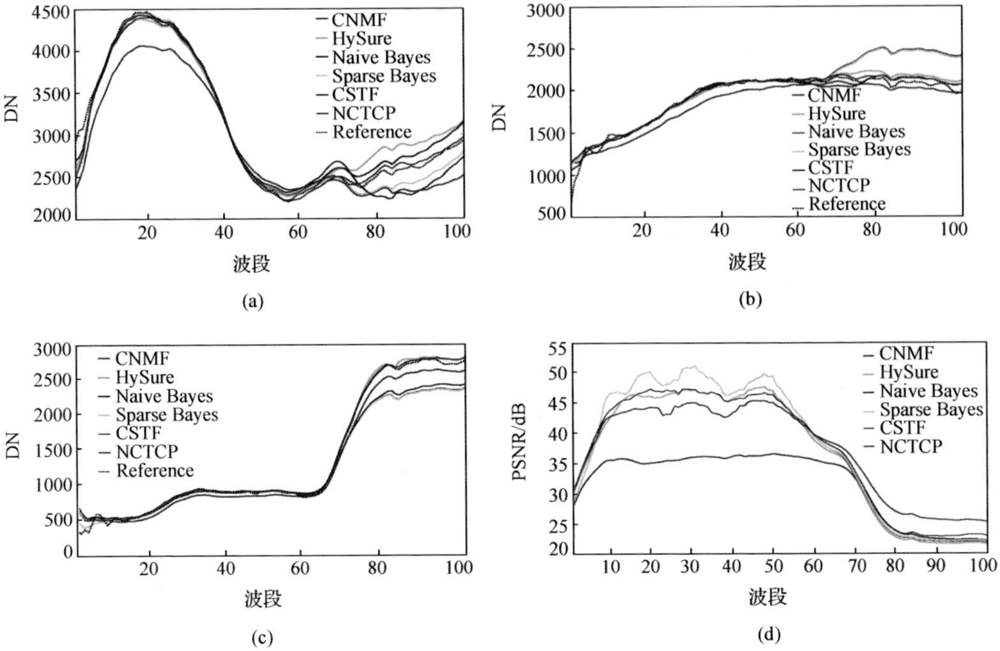

图 9.6　帕维亚大学数据集不同类别的像元光谱曲线比较以及各个波段的 PSNR 曲线比较

(a)～(c) 为表示 3 个不同类别的像元的光谱曲线；(d) 为各个波段的 PSNR 值比较

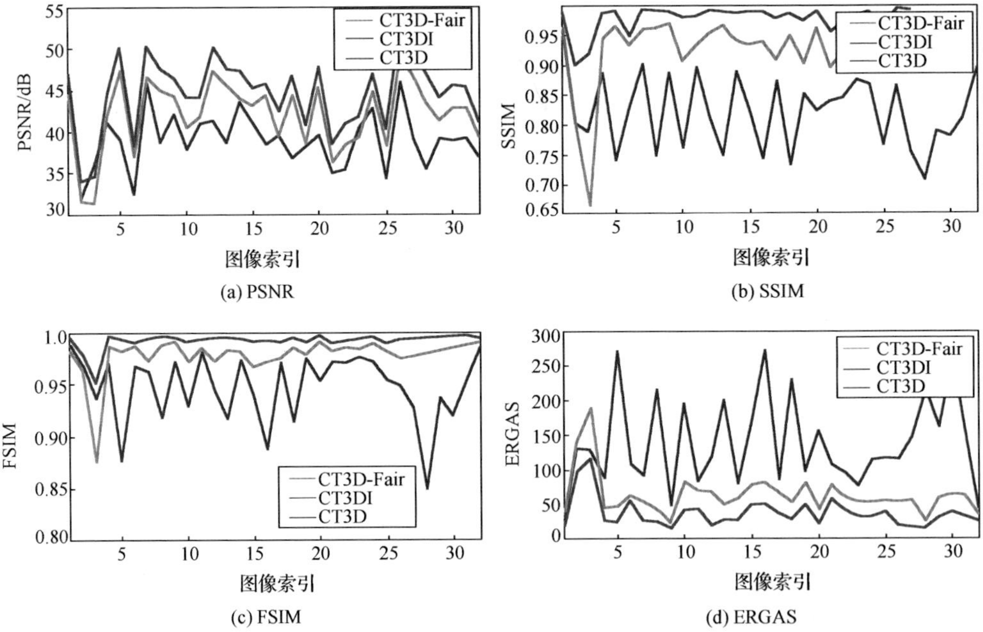

图 10.7　CAVE 数据中所有 32 个 HSI 采样率为 10%时 PSNR、SSIM、FSIM 和 ERGAS 指标

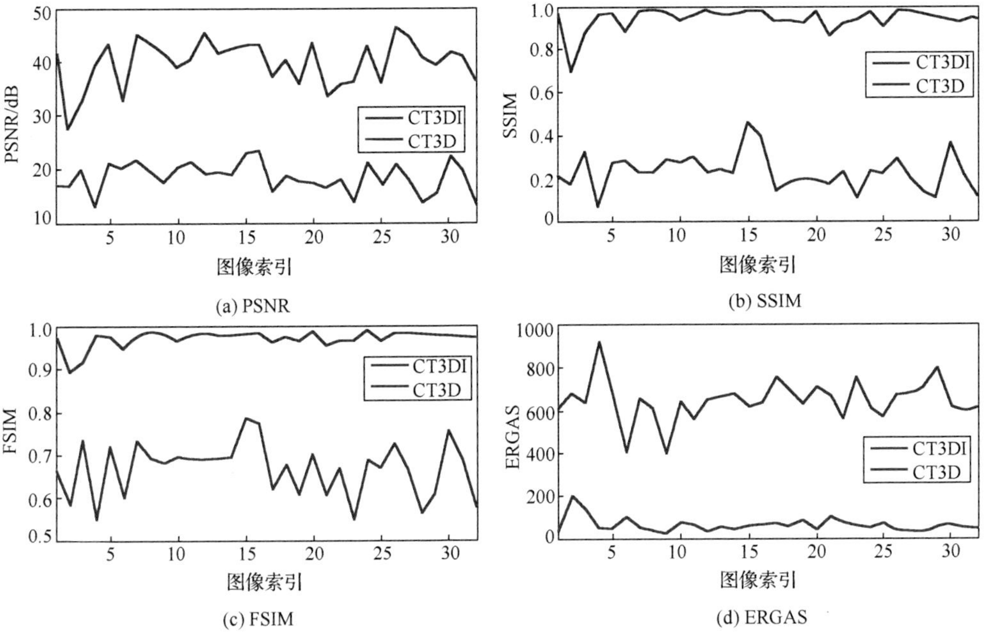

图 10.8　CAVE 数据中所有 32 个 HSI 采样率为 1%时 PSNR、SSIM、FSIM 和 ERGAS 指标

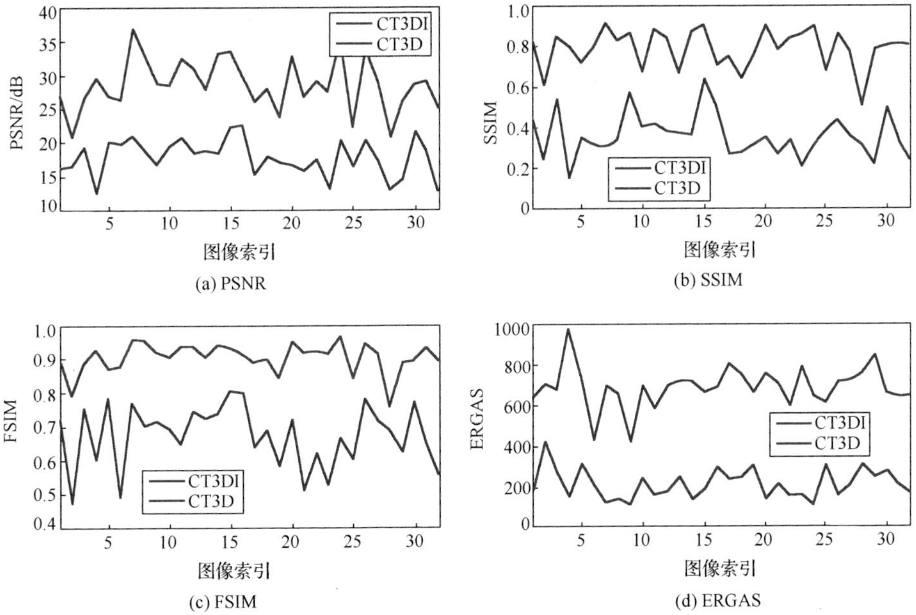

图 10.9　CAVE 数据中所有 32 个 HSI 采样率为 0.1%时 PSNR、SSIM、FSIM 和 ERGAS 指标

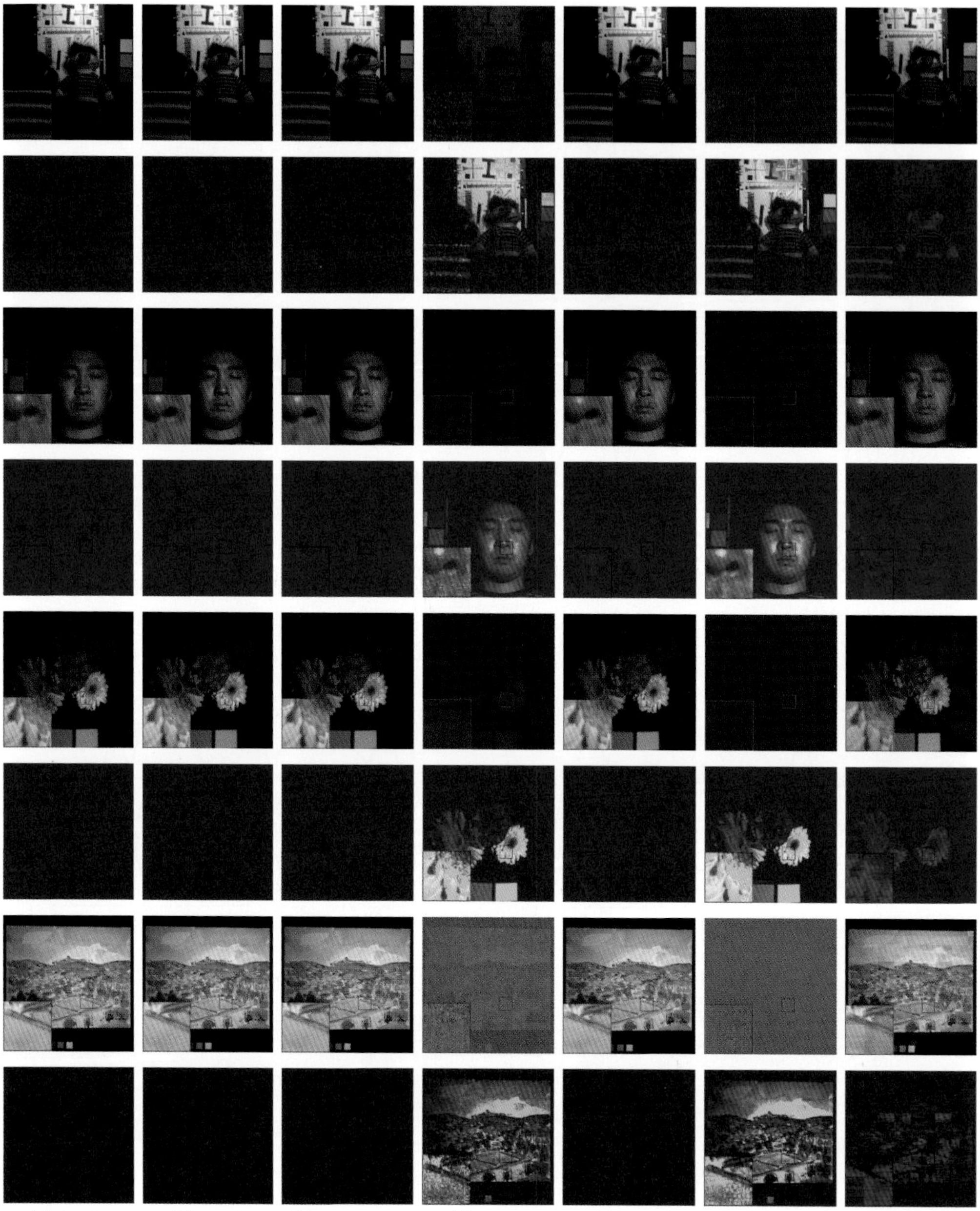

(a) CT3DI (SR = 10%)　(b) CT3D (SR = 10%)　(c) CT3D-Fair (SR = 6.77%)　(d) CT3DI (SR = 1%)　(e) CT3D (SR = 1%)　(f) CT3DI (SR = 0.1%)　(g) CT3D (SR = 0.1%)

图 10.10　CAVE 中 4 个代表性图像的重建图像的视觉质量比较
(第 1、3、5 和 7 行中的图片是使用波段(30、20、10)重建的彩色图像，
第 2、4、6 和 8 行中的图片是真实图像与重建后的残差图像中波段 20 的图像)

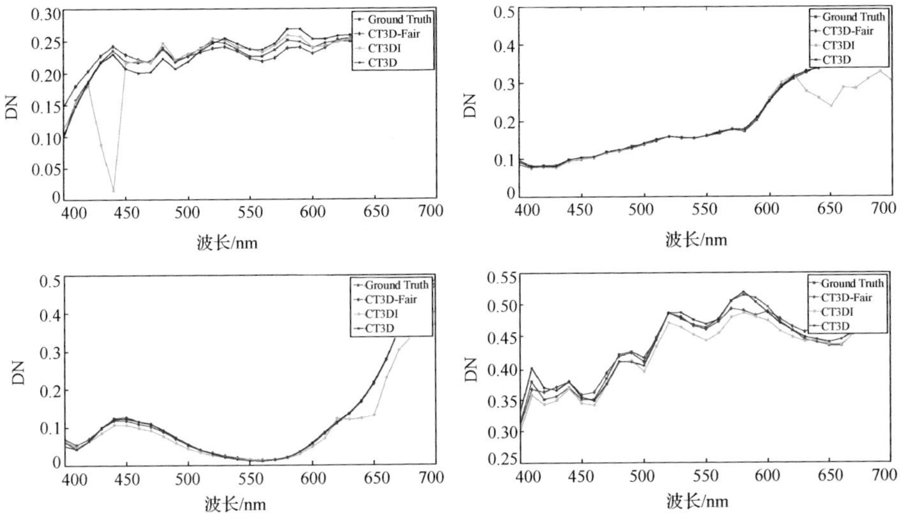

图 10.11　不同方法所重构的光谱曲线比较

（以 10%采样率重构的四幅 CAVE 数据库中的高光谱图像中(200, 300)位置像元的光谱曲线为例）

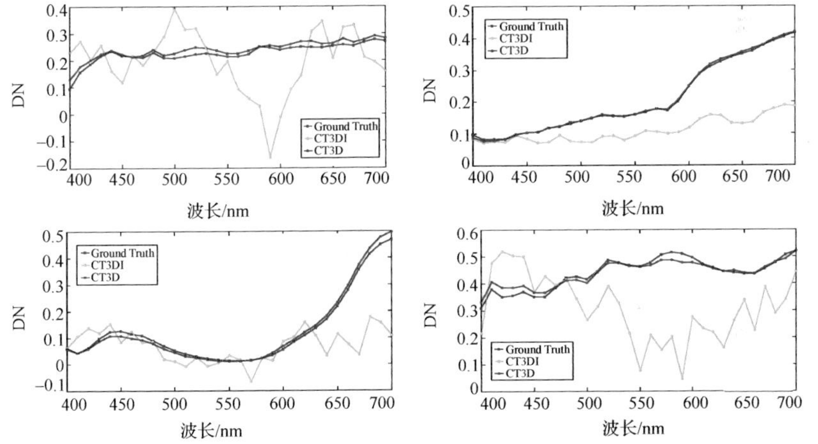

图 10.12　不同方法所重构的光谱曲线比较

（以 1%采样率重构的四幅 CAVE 数据库中的高光谱图像中(200, 300)位置像元的光谱曲线为例）

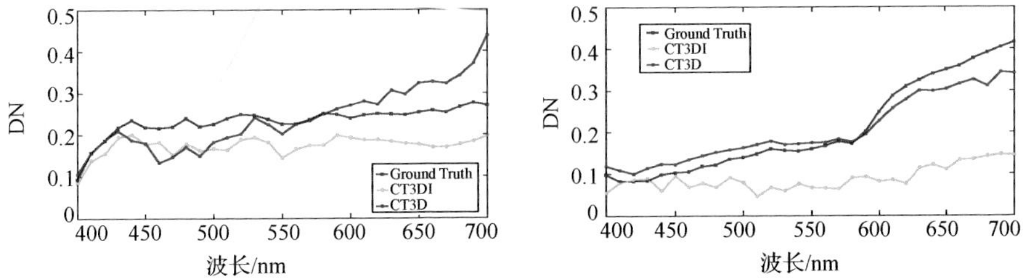

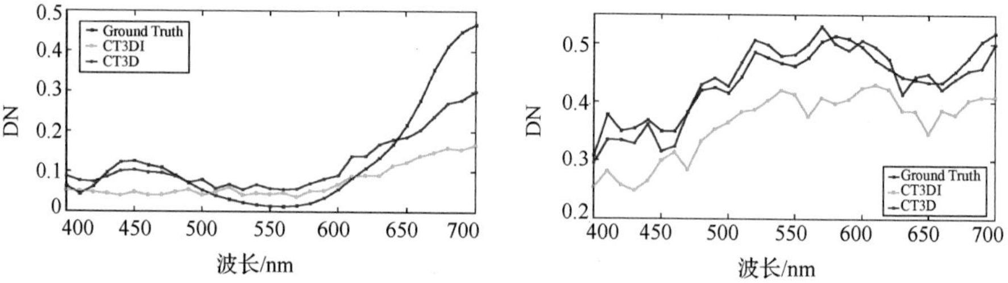

图 10.13 不同方法所重构的光谱曲线比较

(以 0.1%采样率重构的四幅 CAVE 数据库中的高光谱图像中(200, 300)位置像元的光谱曲线为例)

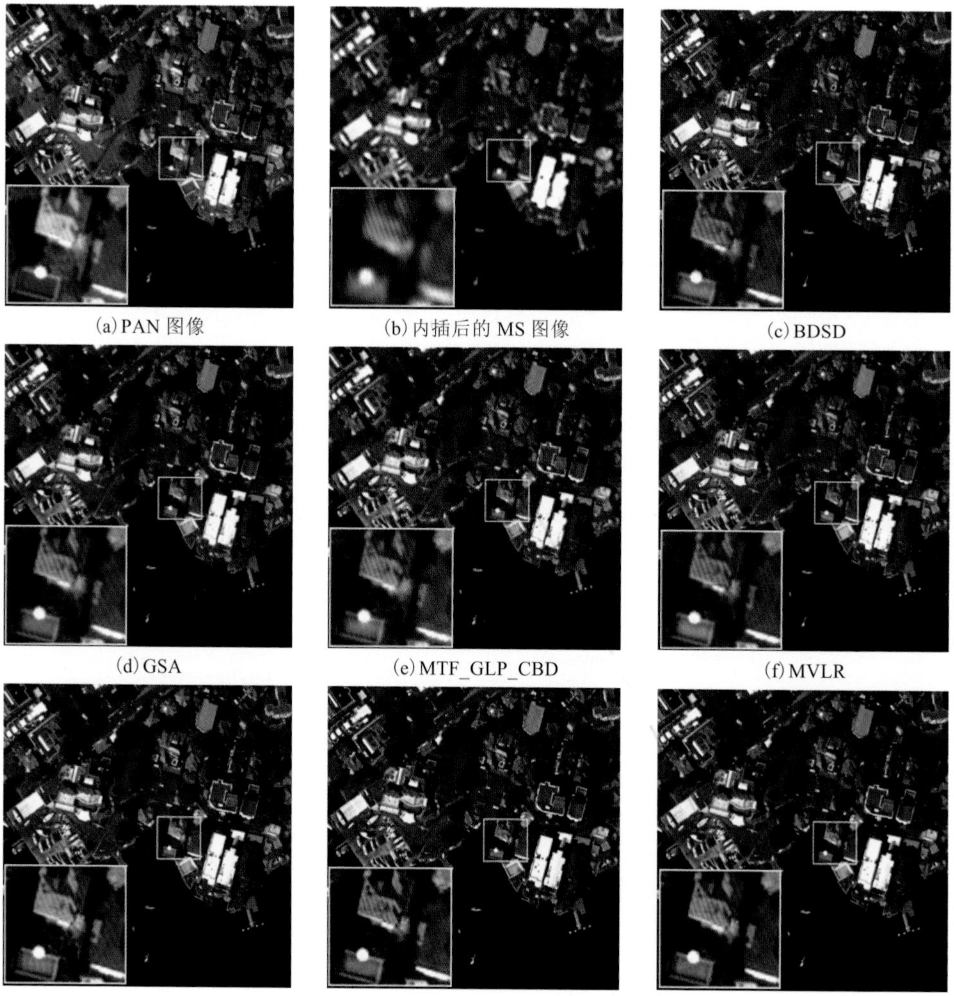

(a) PAN 图像 (b) 内插后的 MS 图像 (c) BDSD

(d) GSA (e) MTF_GLP_CBD (f) MVLR

(g) PNN (h) PanNet (i) PResNet

图 11.9 各方法在 Sydney-WV2 真实数据集上的融合结果

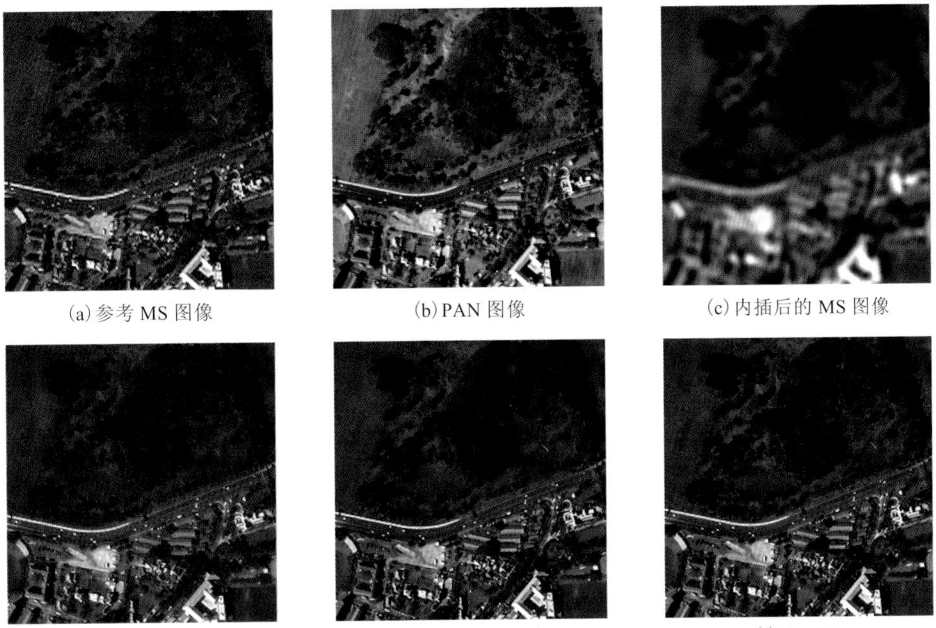

(a) 参考 MS 图像　(b) PAN 图像　(c) 内插后的 MS 图像

(d) PNN　(e) PanNet　(f) PResNet

图 11.10　各方法在 Capetown-GE1 仿真数据集上的融合结果

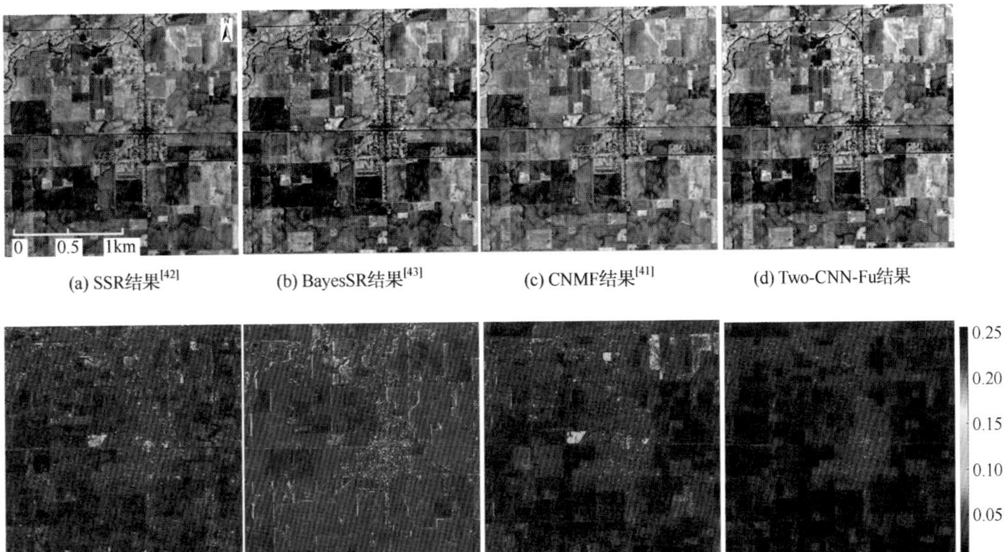

(a) SSR结果[42]　(b) BayesSR结果[43]　(c) CNMF结果[41]　(d) Two-CNN-Fu结果

(e) SSR结果的均方根误差图　(f) BayesSR结果的均方根误差图　(g) CNMF结果的均方根误差图　(h) Two-CNN-Fu结果的均方根误差图

图 11.14　AVIRIS Indian pines 测试数据不同融合算法结果

(上排为重构图像(波段 70)；下排为均方根误差图，分辨率提升 4 倍，图像尺寸 256×256)

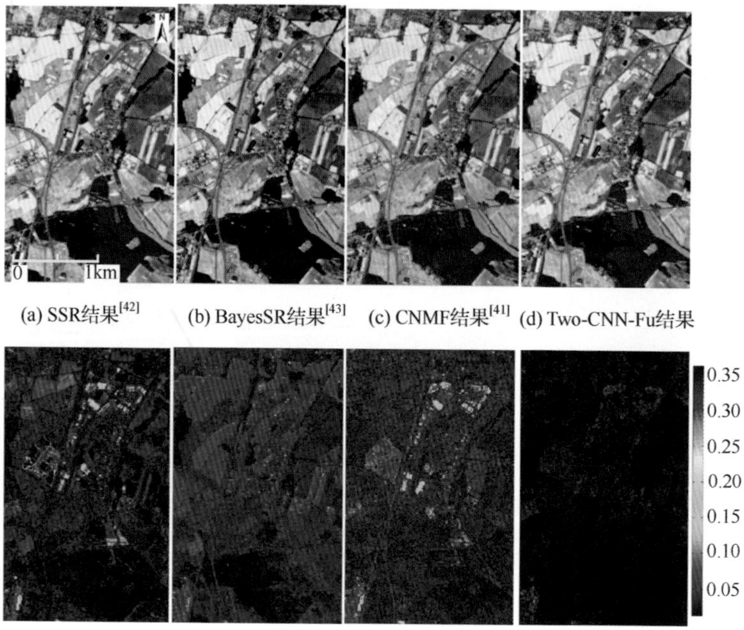

(a) SSR结果[42]　(b) BayesSR结果[43]　(c) CNMF结果[41]　(d) Two-CNN-Fu结果

(e) SSR结果的均方根误差图　(f) BayesSR结果的均方根误差图　(g) CNMF结果的均方根误差图　(h) Two-CNN-Fu结果的均方根误差图

图 11.15　EnMAP Berlin 测试数据不同融合算法结果

(上排为重构图像(波段 200)；下排为均方根误差图，分辨率提升 2 倍，图像尺寸 256×160)

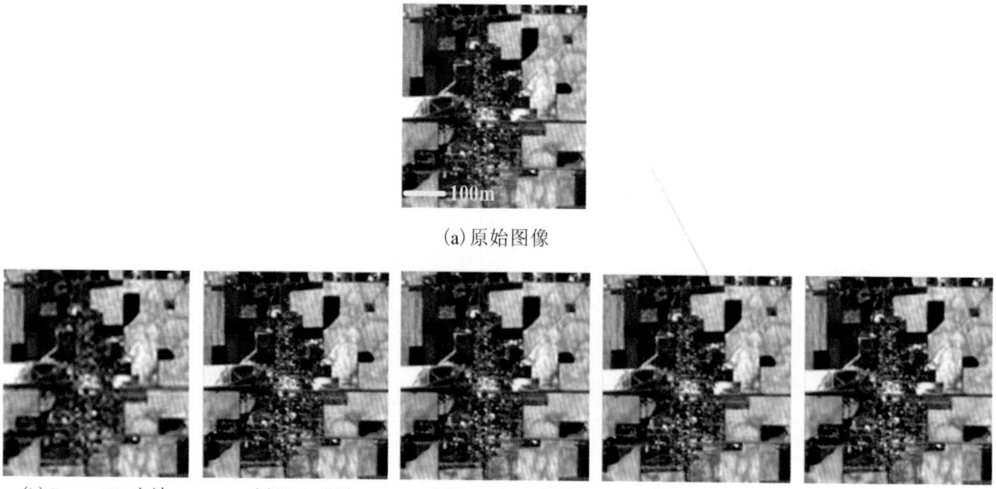

(a) 原始图像

(b) SparseFU 方法　(c) SUn 方法　(d) BayesSR 方法　(e) SSR 方法　(f) CNMF 方法

图 11.36　AVIRIS Indian pines 数据不同超分辨方法重构结果彩色合成图

(波段(35,25,15)，图像尺寸为 128×128×162)

(a) 原始图像　　(b) SparseFU 方法　　(c) SSR 方法

(d) SUn 方法　　(e) BayesSR 方法　　(f) CNMF 方法

图 11.37　Chikusei-1 数据不同超分辨方法重构结果彩色合成图

(波段(56,34,19)，图像尺寸为 256×256×125)

(a)　　(b)　　(c)

图 11.39　Lafayette 地区的实验数据

(a) Hyperion 高光谱图像和 Sentinel-2A 多光谱图像覆盖示意图，红色部分是 Hyperion 高光谱图像，绿色部分是 Sentinel-2A 多光谱图像，白色部分是重叠区域，黄色框标出测试场景；

(b) 测试场景 Hyperion 高光谱图像的彩色合成图(波段 31,21,14)，尺寸为 341×365；

(c) 测试场景 Sentinel-2A 多光谱图像的彩色合成图(波段 4,3,2)，尺寸为 1023×1095

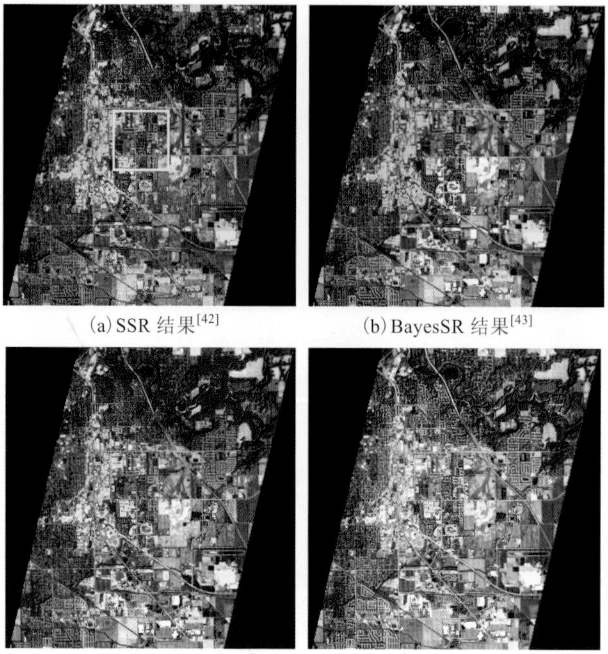

(a) SSR 结果[42]　(b) BayesSR 结果[43]

(c) CNMF 结果[41]　(d) Two-CNN-Fu 结果

图 11.40　Hyperion-Sentinel 融合结果的伪彩色合成图

(波段(45,21,14)，分辨率 10m，尺寸 1023×1095)

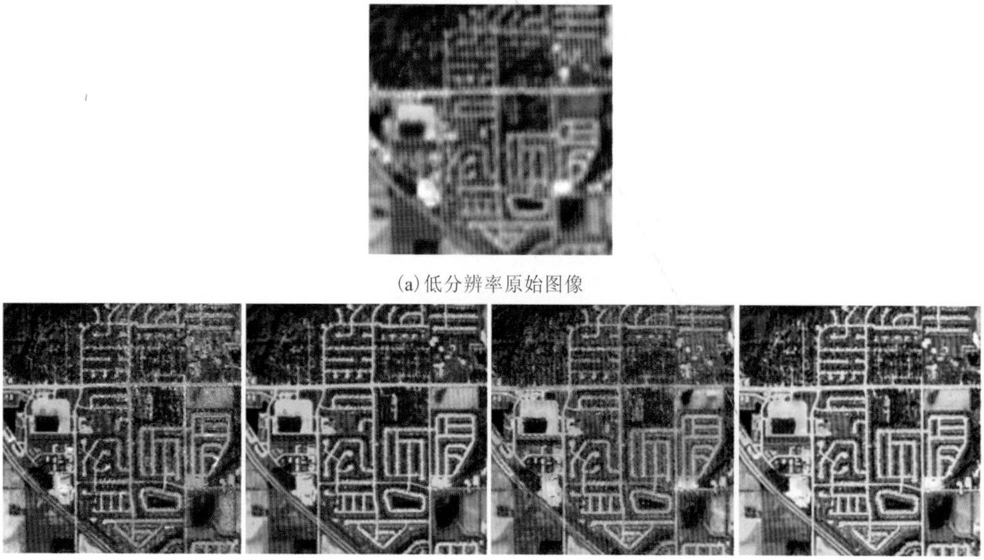

(a) 低分辨率原始图像

(b) SSR 结果[42]　(c) BayesSR 结果[43]　(d) CNMF 结果[41]　(e) Two-CNN-FU 结果

图 11.41　图 11.40 中蓝色框内的局部放大图(尺寸为 200×200)

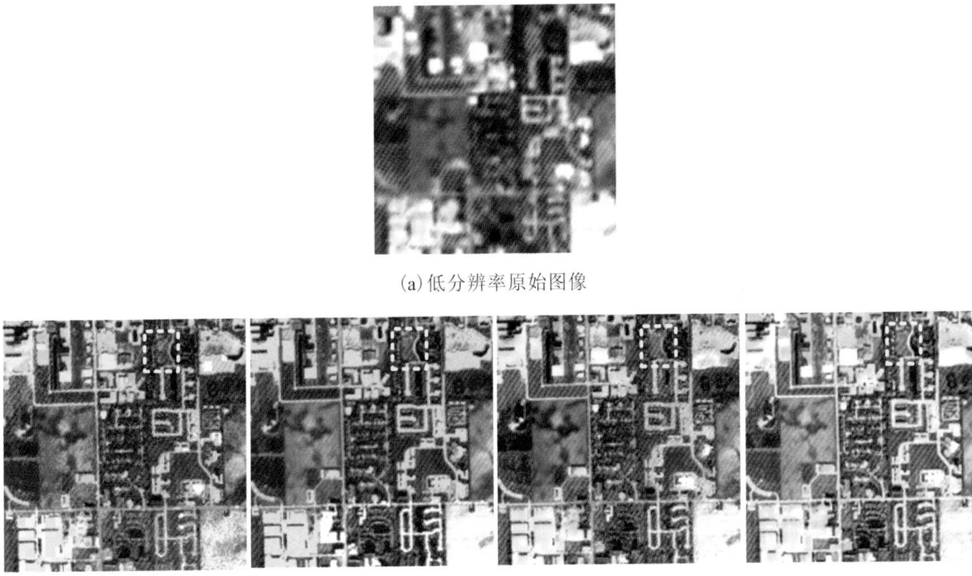

(a) 低分辨率原始图像

(b) SSR 结果[42]　(c) BayesSR 结果[43]　(d) CNMF 结果[41]　(e) Two-CNN-FU 结果

图 11.42　图 11.40 中黄色框内的局部放大图(尺寸为 200×200)

图 11.43　每个地物类别标记的真实值

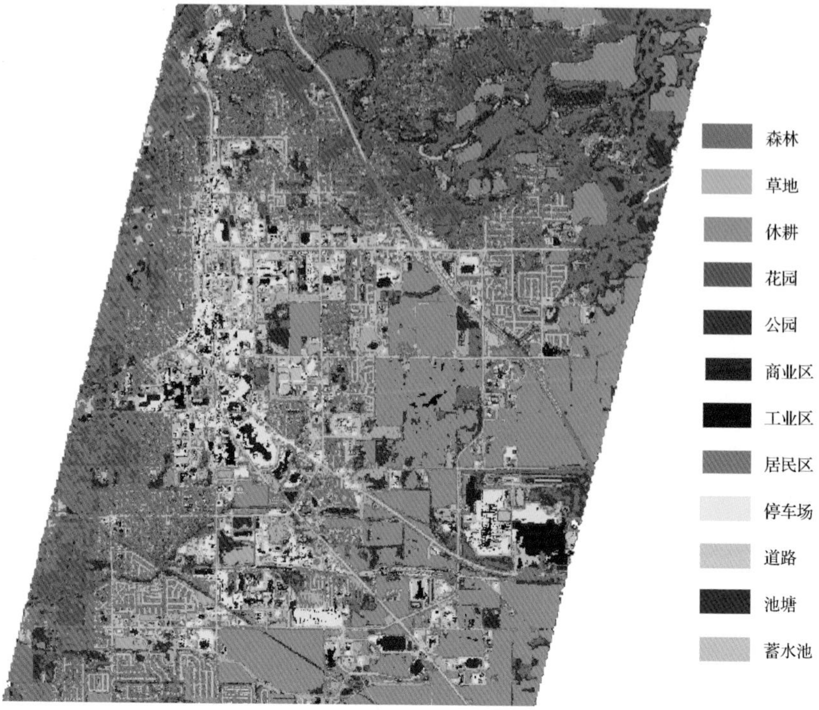

图 11.44　Hyperion-Sentinel 融合结果的分类图
（融合方法为 Two-CNN-Fu，分类器为 CCF）